天气预报技术文集

（2015）

国家气象中心　编

气象出版社
China Meteorological Press

内容简介

本书收集了 2015 年 4 月在北京召开的"2015 年全国重大天气过程总结和预报技术经验交流会"上交流的文章 51 篇,分为"大会报告"、"暴雨、暴雪"、"台风与海洋气象"、"强对流天气"、"雾霾、高温等灾害性天气及中期预报"五部分内容。

本书可供全国气象、水文、航空气象等部门中从事天气预报预测业务、科研和管理的人员参考。

图书在版编目(CIP)数据

天气预报技术文集. 2015 / 国家气象中心编. -- 北京 :
气象出版社,2016.10

ISBN 978-7-5029-6366-8

Ⅰ.①天⋯　Ⅱ.①国⋯　Ⅲ.①天气预报-中国-2015-文集
Ⅳ.①P45-53

中国版本图书馆 CIP 数据核字(2016)第 149721 号

出版发行:气象出版社

地　　址:北京市海淀区中关村南大街 46 号	邮政编码:100081
电　　话:010-68407112(总编室)　010-68409198(发行部)	
网　　址:http://www.qxcbs.com	E-mail: qxcbs@cma.gov.cn
责任编辑:张锐锐　杨柳妮	终　审:邵俊年
责任校对:王丽梅	责任技编:赵相宁
封面设计:王　伟	
印　　刷:北京中石油彩色印刷有限责任公司	
开　　本:787 mm×1092 mm　1/16	印　张:31.625
字　　数:815 千字	
版　　次:2016 年 10 月第 1 版	印　次:2016 年 10 月第 1 次印刷
定　　价:110.00 元	

编者的话

2015 年 4 月 16 至 17 日,由中国气象局预报与网络司与国家气象中心联合举办的"2015 年全国重大天气过程总结和预报技术经验交流会"在京顺利召开。

本次会议主要针对 2014 年重大天气事件,重点围绕暴雨(暴雪)、台风与海洋气象、强对流、雾霾、高温等灾害性天气、中期及延伸期预报技术方法、数值预报产品释用、预报平台开发应用技术等多方面进行了深入地交流和总结。会议得到了各级气象预报业务单位预报员们和科研人员的积极响应,大会共收到来自全国各省(区、市)气象部门、相关科研院(所)以及气象部门外单位的论文 191 篇,其中各省(区、市)气象局论文 174 篇,国家级业务单位论文 12 篇,部队 2 篇,院校 3 篇。内容涉及 2014 年灾害性天气及其次生灾害发生发展的成因、预报业务的技术难点、重大社会活动气象保障、数值预报技术、业务平台技术以及应用等多个方面。谨此将经过专家推荐的 51 篇论文全文纳入《天气预报技术文集(2015)》,与读者共同分享我国天气预报技术总结与发展成果。

本文集的出版,得到了中国气象局有关职能司、省(区、市)气象局及气象出版社的大力支持。借此机会对各单位及所有论文作者的支持一并表示感谢。

由于水平有限,编辑过程中肯定存在许多不足之处,殷切希望读者指出并提出宝贵意见。

编者

2016 年 4 月

目　录

第三部分　台风与海洋气象

第四部分　强对流天气

第五部分　雾霾、高温等灾害性天气及中期预报

第一部分
大会报告

1409号超强台风"威马逊"强度再分析

许映龙

(国家气象中心,北京 100081)

摘 要

通过对1409号超强台风"威马逊"影响期间的地面观测、卫星、雷达及文昌卫星发射基地浅层风观测数据以及中国气象局《台风年鉴》资料、中国台湾气象部门台风年度调查报告资料、登陆点灾情资料等,结合台风风压关系进行细致的分析,结果表明:"威马逊"为有气象记录以来登陆我国最强的台风。

引言

2014年第9号台风"威马逊"(超强台风级)于7月12日在西北太平洋上生成,先后登陆菲律宾中部、我国海南省文昌市翁田镇、广东省徐闻县龙塘镇和广西省防城港市光坡镇。"威马逊"登陆海南时强度大、风力和破坏力极大,为历史罕见的极端台风事件。但鉴于我国目前的地面监测系统尚不具备对极端台风事件的监测能力,因此在实时的台风业务定强分析中,只能根据实时获取的地面最大平均风速观测数据,将"威马逊"登陆海南省文昌市翁田镇时的强度确定为17级(60 m/s),为1973年以来登陆华南最强的台风。为了探究"威马逊"的真实强度,事后对其进行深入的分析。

1 资料

1409号超强台风"威马逊"影响期间的地面观测、卫星、雷达及文昌卫星发射基地浅层风观测数据,以及中国气象局《台风年鉴》资料、中国台湾气象部门台风年度调查报告资料、登陆点灾情资料等。

2 强度分析

2.1 地面风速观测数据分析

根据海口雷达监测图像(图1),"威马逊"于2014年7月18日12时至15时由海南七州列岛北仕岛与文昌外海浮标间通过,因此,"威马逊"业务定强的主要依据是海南七州列岛北仕岛和文昌外海浮标测站的实际风速资料,其中北仕岛的地理位置为19.982°N,111.269°E,距离文昌市约33 km,测站海拔高度172.6 m("威马逊"过后,海南省气象局重新对该站海拔高度进行了测量和标定,最后经海南省测绘局认定为174.586 m);文昌外海浮标的地理位置为19.633°N,111.528°E,距离文昌沿岸约52 km(图2)。18日13时前后,北仕岛自动站和文昌外海浮标站均位于"威马逊"的眼壁附近,其中,12时39分,浮标站距离台风中心约20 km,观测到55.1 m/s的平均风和74.1 m/s的极大瞬时风(图3a);而12时50分,北仕岛距离台风中心约 30 km 时,自动站观测到 58.7 m/s 的平均风速和 72.4 m/s 的瞬时极大风速(图 3b),此后北仕岛自动站的风速仪被摧毁。而根据 17 日晚向海南省气象局相关业务人员询问到北仕岛和浮标自动站风速仪的最大测风极限均为 70 m/s 左右,也即目前国内机械式强风仪的观测极限。也就是说 18 日 13 时前后北仕岛和浮标站的测风仪均已达到其测量风速的极限值(图 3b),因此,中央气象台当时只能据此将"威马逊"的强度最终定格为 60 m/s。

事后得知,北仕岛测风塔被强风摧毁;文昌外海浮标自动站 1 路风传感器整体被风吹走,另 1 路风速传感器风速轴承发生严重形变。虽然浮标站记录到了完整的风速观测数据,但考虑到其风速传感器风速轴承发生严重形变,且在 13.8 m 的大浪情况下,其测得的风速应较实际的风速偏小很多。因此,北仕岛和浮标站均未能真正记录到"威马逊"的最强风力,其实际强度应超过 60 m/s。

图 1　海口雷达回波(0.5°仰角)

(a)2014 年 7 月 18 日 12 时 52 分;(b)2014 年 7 月 18 日 13 时 22 分

("△"为北仕岛位置;"＋"为海浮标位置)

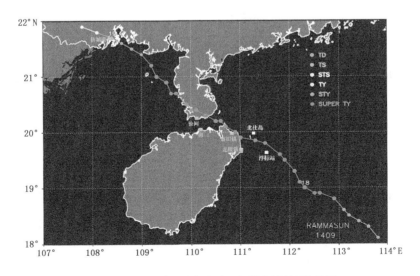

图 2　1409 号台风"威马逊"(超强台风级)路径图

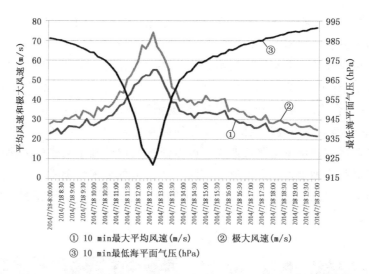

图3a　2014年7月18日08时至18日20时海南文昌外海浮标10 min
最大平均风速、极大风速和最低海平面气压时间演变

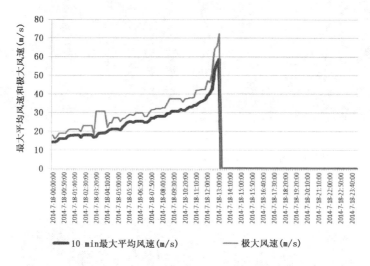

图3b　2014年7月18日00时至19日00时海南七洲列岛北仕岛10 min最大平均风速（粗实线）
和极大风速（细实线）时间演变

2.2　基于台风风压关系的强度估计分析

2014年7月18日12—15时，"威马逊"由海南七洲列岛北仕岛与文昌外海浮标测站间通过，由于海南七洲列岛北仕岛和文昌外海浮标测站风速仪均被强风所摧毁，均未能留下最大观测风记录，但上述两个测站却均记录到了台风中心气压在近海变化的数据（图3a、图4），其中，12时33分，浮标站记录到最低气压达922.0 hPa，但没有出现静风，说明"威马逊"的眼区并没有经过浮标站；13时21分，北仕岛自动站记录到的最低本站气压为881.2 hPa（换算为海平面气压为899.2 hPa），这是有气象观测记录以来所记录到的影响我国（包括台湾地区）台风的最低极端气压，也是全球较为罕见的台风/飓风影响下的由气象仪器所直接记录到的最低气压之一（表1）。

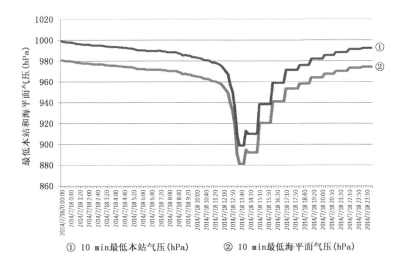

① 10 min最低本站气压(hPa)　　② 10 min最低海平面气压(hPa)

图4　2014年7月18日00时至18日23时50分海南七洲列岛北仕岛10 min
最低海平面气压和最低本站气压时间演变

表1　全球台风/飓风观测最低气压记录一览表

（西北太平洋台风：中心气压≤890 hPa；北大西洋飓风：中心气压≤905 hPa）

台风/飓风名称 （编号）	最低气压 （hPa）	观测时间	观测地点	观测说明
Tip(7919)	870	1979.10.12	16.7°N,137.7°E	飞机观测估计气压
Nora(7315)	875	1973.10.06	14.8°N,128.2°E	飞机观测估计气压
June(7519)	875	1975.11.20	14.0°N,140.2°E	飞机观测估计气压
Ida(5827)	877	1958.09.24	18.9°N,135.3°E	飞机观测估计气压
Rita(7822)	878	1978.10.25	12.8°N,132.1°E	飞机观测估计气压
Vanessa(8416)	879	1984.10.26	15.9°N,131.8°E	飞机观测估计气压
Kit(6604)	880	1966.06.26	20.7°N,130.9°E	飞机观测估计气压
Rammasun(1409)	881.2	2014.07.18	海南七洲列岛北仕岛	气压计观测(本站气压)
五级飓风 Wilma	882	2005.10.19	17.3°N,82.8°W	飞机观测估计气压
Forrest(8310)	883	1983.09.23	18.5°N,133.7°E	飞机观测估计气压
Irma(7130)	884	1971.11.12	16.0°N,131.5°E	飞机观测估计气压
Joan(5904)	885	1959.08.29	21.4°N,124.7°E	飞机观测估计气压
Marge(5116)	886	1951.08.15	20.9°N,134.1°E	飞机观测估计气压
台风名称不详	887	1927.08.18	吕宋岛以东约850公里	荷兰商船观测
Nancy(6123)	888	1961.09.12	15.7°N,137.2°E	飞机观测估计气压
Abby(8305)	888	1983.08.09	17.6°N,131.2°E	飞机观测估计气压
五级飓风 Gilbert	888	1988.09.14	19.7°N,83.8°W	飞机观测估计气压
Emma(6228)	890	1962.10.05	23.0°N,144.5°E	飞机观测估计气压
Elsie(6911)	890	1969.09.24	20.3°N,137.2°E	飞机观测估计气压
Wynne(8019)	890	1980.10.09	18.8°N,137.6°E	飞机观测估计气压

台风/飓风名称 (编号)	最低气压 (hPa)	观测时间	观测地点	观测说明
Megi(1013)	890	2010.10.17	17.6°N、124.6°E	飞机观测估计气压
Haiyan(1330)	890	2013.11.08	10.6°N、127.0°E	CMA 估计气压
五级飓风 Labor Day	892	1935.09.02	美国长礁(Long Key)	气压计观测气压
Haiyan(1330)	895	2013.11.07	10.2°N、129.0°E	JTWC 估计气压
五级飓风 Rita	895	2005.09.22	24.7°N、87.3°W	飞机观测估计气压
五级飓风 Allen	899	1980.08.08	21.8°N、86.4°W	飞机观测估计气压
Rammasun(1409)	899.2	2014.07.18	海南七洲列岛北仕岛	气压计观测(海平面气压)
五级飓风 Camille	900	1969.08.18	美国路易斯安那州	登陆时估计气压
五级飓风 Katrina	902	2005.08.29	26.3°N、88.6°W	飞机观测估计气压
五级飓风 Mitch	905	1998.10.27	16.9°N、83.1°W	飞机观测估计气压
五级飓风 Dean	905	2007.08.21	18.7°N、87.7°W	飞机观测估计气压
Sarah(5907)	908.3	1959.09.15	日本宫古岛	气压计观测气压
Betty(6104)	908.7	1961.05.26	中国台湾兰屿	气压计观测气压
Nelson(8510)	912.2	1985.08.23	中国台湾彭佳屿	气压计观测气压

资料来源:中国台湾中央气象局台风百问、中国气象局台风年鉴、美国国家飓风中心年度报告。

根据海口雷达监测显示,"威马逊"中心并未直接经过北仕岛,只是其眼区边缘扫过北仕岛(图5),"威马逊"中心与其距离最近约为 10 km(图2),因此,北仕岛测得的 881.2 hPa 的本站气压(海平面气压为 899.2 hPa),应不是"威马逊"实际的最低气压,由台风中心附近气压与距离的中心的距离经验关系,保守估计为 1 hPa/km。"桑美"登陆浙江前后,浙江苍南霞关周围平均气压梯度达 1.2 hPa/km,而北仕岛与浮标站的距离约为 47 km,18 日 13 时 40 分前后两者之间的平均气压梯度为 1.2~1.4 hPa/km,而 13—14 时,"威马逊"中心与北仕岛和浮标站的距离为 15~35 km,其中 14 时浮标站测得的最低气压为 966.5 hPa,浮标站与台风中心的距离约为 35 km,若以 899.2 hPa 作为台风中心最低气压,则浮标站与台风中心的平均气压梯度为 1.9 hPa/km,因此"威马逊"中心附近的平均气压梯度应大于 1.4 hPa/km。由此可以得到,"威马逊"实际的最低气压估计可能为 870 hPa(本站气压)左右,对应的海平面气压可能为 888 hPa 左右,甚至更低。

由于海南七洲列岛北仕岛自动站风速仪为强风所摧毁,未能记录下"威马逊"的最大风速数据,但气压计未受到较大破坏,仍记录了"威马逊"经过前后其完整连续的气压变化。因此,为了得到"威马逊"的真实风速情况,可以借助于台风/飓风的风压关系,来近似得到"威马逊"的真实强度信息。

台风风压关系是一种基于台风中心环流近似满足梯度风平衡以及历史实际观测资料得到的台风中心风速与气压之间的统计关系。在不同海域,由于台风生成发展的地理区域和环境条件不同,台风风压关系存在明显的差异[1]。目前在西北太平洋和南海海域,业务中使用的台风风压关系主要有以下三种:

图 5　2014 年 7 月 18 日 13 时 46 分海口雷达回波(0.5°仰角)

("△"为北仕岛位置;"+"为海浮标位置)

(1)Atkinson & Holliday 风压关系

该风压关系为 Atkinson 等在 20 世纪 70 年代末根据 1947—1974 年 76 个西北太平洋台风实测的平均风速和海平面气压资料建立的风压统计关系[2],适用于西北太平洋和南海台风,至今仍被列入联合国亚太经社会(ESCAP)和世界气象组织(WMO)台风委员会的台风业务手册中[3]和我国的台风业务与服务规定中[4],我国和美国联合台风警报中心在台风业务中一直沿用该风压统计关系。

$$V_{max} = 6.7(1010 - P_c)^{0.644}$$

式中,P_c 为台风中心最低海平面气压,单位为 hPa;V_{max} 为台风中心 1 min 平均持续风速,单位为 kt。

(2)修订的 Atkinson & Holliday 风压关系(燕芳杰等)

该风压关系是燕芳杰和范永祥在 20 世纪 90 年代初,基于 1975—1985 年美国飞机观测资料对 Atkinson 等建立的风压关系进行纬度和季节订正后的风压统计关系[5],但订正后的关系仍然是 1 min 平均持续风速的风压关系。

$$V_{max} = 6.7(1010 - P_c)^{0.653} \qquad (0° \sim 14°N)$$
$$V_{max} = 6.7(1010 - P_c)^{0.645} \qquad (15° \sim 24°N)$$
$$V_{max} = 6.7(1010 - P_c)^{0.636} \qquad (\geqslant 25°N)$$

式中,P_c 为台风中心最低海平面气压,单位为 hPa;V_{max} 为台风中心 1 min 平均持续风速,单位为 kt。

(3)修订的 Atkinson & Holliday 风压关系(Guard & M. A. Lander)

该风压关系是美国联合台风警报中心(JTWC)对 Atkinson & Holliday 风压关系的修订形式,主要适用于微型(midget)台风[6]。

$$V_{max} = 17.548(1010 - P_c)^{0.435}$$

式中,P_c 为台风中心最低海平面气压,单位为 hPa;V_{max} 为台风中心 1 min 平均持续风速,单位为 kt。

表 2 给出了基于北仕岛气压计数据和台风风压关系的"威马逊"强度估计结果,可见"威马

逊"的强度估计应为 70～75 m/s 较为合理。

表 2 基于台风风压关系的"威马逊"强度估计分析表

风压关系	最低海平面气压 观测值(hPa)	中心风速(m/s)	最低海平面气压 估计值(hPa)	中心风速(m/s)
Atkinson & Holliday		71.4		76.0
燕芳杰等	899.2	71.7	888.0	76.3
Guard & M. A. Lander		69.9		72.9

2.3 卫星观测数据分析

为了直观地了解"威马逊"的真实强度,下面将"威马逊"登陆前的卫星监测图像与"桑美"、"海燕"和"卡特里娜"等国内外极端台风/飓风事件巅峰时和登陆前的卫星图像进行比较,可以明显发现,"威马逊"登陆前,其密闭云区的云顶亮温明显低于"桑美"和"卡特里娜"巅峰时和登陆前的云顶亮温,也就是说其密闭云区的对流强度明显强于"桑美"和"卡特里娜"巅峰时和登陆前的对流强度,这表明"威马逊"登陆前的强度要明显强于"桑美"和"卡特里娜"巅峰时和登陆前的强度。而较"海燕"而言,"威马逊"的强度则要明显偏弱一些(图 6)。

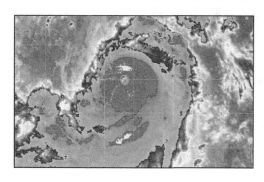

图 6a　1409 台风"威马逊"彩色增强云图
2014 年 7 月 18 日 13 时 30 分
JTWC 业务强度:922 hPa,135 kt

图 6b　1330 号台风"海燕"最强时的彩色增强云图
2013 年 11 月 8 日 01 时 30 分
JTWC 最佳路径强度:895 hPa,170 kt

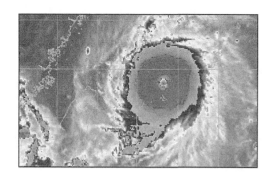

图 6c　0608 号台风"桑美"最强时的彩色增强云图
2006 年 8 月 9 日 19 时 30 分
JTWC 最佳路径强度:898 hPa,140 kt

图 6d　0608 号台风"桑美"登陆浙江前的彩色增强云图
2006 年 8 月 10 日 13 时 30 分
JTWC 最佳路径强度:910 hPa,130 kt

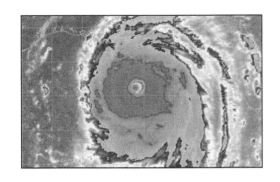
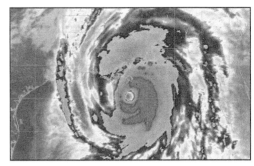

图6e 五级飓风"卡特里娜"最强时的彩色增强云图
2005年8月29日02时00分
美国NHC最佳路径强度:902 hPa,150 kt

图6f 五级飓风"卡特里娜"登陆美国前的彩色增强云图
2005年8月29日13时30分
美国NHC最佳路径强度:913 hPa,125 kt

为了客观定量地分析"威马逊"、"桑美"和"卡特里娜"的强度差异,利用美国威斯康星大学气象卫星研究合作研究所(CIMSS)研发的台风强度客观估计系统(Advanced Dvorak Technique,缩写ADT)[7]对"威马逊"、"桑美"和"卡特里娜"的强度进行了客观定量估计分析,ADT分析的"威马逊"登陆前的强度为:台风强度现实指数(CI指数)7.2、中心风速75 m/s、中心气压891.7 hPa,明显强于"桑美"和"卡特里娜"巅峰时和登陆前的强度,但要弱于"海燕"登陆前的强度(CI指数8.0、中心风速87.4 m/s、中心气压862.1 hPa),具体见表3。此外,ADT估计分析的"威马逊"的中心气压为891.7 hPa,这与海南七州列岛北仕岛的实际观测和估计的气压分析结果(899.2 hPa和888 hPa左右)基本一致。

因此,综合上述卫星观测数据及对比分析的结果,"威马逊"登陆前的强度应估计为70~75 m/s较为合理。

表3 "威马逊"、"桑美"、"海燕"和"卡特里娜"客观定强结果比较表

台风/飓风名称(编号)	观测时间	基于卫星的台风强度客观分析结果(ADT)			CMA/JTWC/JMA/NHC业务及最佳路径强度		
		CI指数	中心风速(m/s)	中心气压(hPa)	中心风速(m/s)	中心气压(hPa)	发布单位
"威马逊"(1409)	2014年7月18日14时(最强时)	7.2	75.0	891.7	60.0	915	CMA
					69.4	922	JTWC
					46.3	940	JMA
	2014年7月18日15时(登陆前)	7.2	75.0	891.7	60	910	CMA
"桑美"(0608)	2006年8月9日20时(最强时)	6.4	64.0	916.3	60.0	915	CMA
					72.0	898	JTWC
					54.0	925	JMA
	2006年8月10日14时(登陆前)	5.70	55.1	934.6	60	920	CMA
					66.8	910	JTWC
					51.4	935	JMA

台风/飓风 名称(编号)	观测时间	基于卫星的台风强度 客观分析结果(ADT)			CMA/JTWC/JMA/NHC 业务及最佳路径强度		
		CI 指数	中心风速 (m/s)	中心气压 (hPa)	中心风速 (m/s)	中心气压 (hPa)	发布 单位
"海燕" (1330)	2013 年 11 月 8 日 02 时(最强时)	8.1	88.9	857.5	78	890	CMA
					87.4	895	JTWC
					64.3	895	JMA
	2013 年 11 月 8 日 05 时(登陆前)	8.0	87.4	862.1	75	890	CMA
"卡特里娜" (Katrina)	2005 年 8 月 29 日 02 时(最强时)	6.6	66.1	929.4	77.1	902	NHC
	2005 年 8 月 29 日 14 时(登陆前)	6.6	66.1	927.9	64.3	913	NHC

2.4 雷达观测数据分析

图 7 给出了"威马逊"和"桑美"登陆前的雷达回波和径向速度监测图像,可以明显看出,与"桑美"相比,"威马逊"的眼壁回波更为完整和清晰,眼区更圆,且强回波主要集中在其眼壁附近(图 7b)。而从最大雷达径向速度分析看,"桑美"登陆浙江苍南前,其最大雷达径向速度为 70.6 m/s(图 7c),出现时间为 2006 年 8 月 10 日 17 时 02 分,与浙江苍南霞关站观测到的 68.0 m/s 最大瞬时风速的出现时间(10 日 17 时 50 分)基本一致。而在 2014 年 7 月 18 日 12 时 33 分和 46 分,"威马逊"的最大雷达径向速度"威马逊"分别达 87.6 m/s 和 93.1 m/s。可见,"威马逊"强度明显强于"桑美"。

根据海口雷达回波和北仕岛测站风速(图 3b)的连续监测数据,可以看到,18 日 10 时至 13 时,随着"威马逊"眼壁强回波带接近北仕岛测站,北仕岛风力迅速增大,平均风由 10 时的 31.7 m/s(11 级)增强至 13 时的 58.7 m/s(17 级),极大瞬时风速则由 37.5 m/s(13 级)增强至 72.4 m/s(17 级以上)。而 13 时以后,当"威马逊"眼壁强回波带移至北仕岛测站后,北仕岛测站风速仪被强风完全摧毁,表明此时北仕岛的实际风速已超出其风速仪测量最大极限(70 m/s),迅速增大的强风还导致了海口雷达 0.5°仰角的雷达径向速度监测产品在 13 时 28 分和 34 分出现严重异常,并无法进行正常的速度退模糊处理(图 7g~h)。

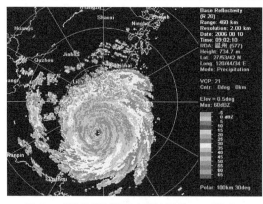

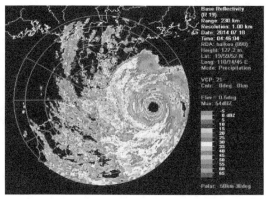

图 7a "桑美"温州雷达回波图像(0.5°仰角)
2006 年 8 月 10 日 17 时 02 分

图 7b "威马逊"海口雷达回波图像(0.5°仰角)
2014 年 7 月 18 日 12 时 46 分
("＋"为七州列岛北仕岛测站位置)

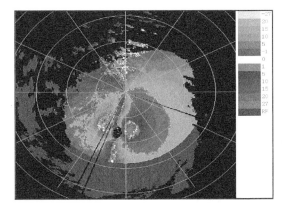

图 7c "桑美"退模糊后的温州雷达径向速度图像
2006 年 8 月 10 日 17 时 02 分(0.5°仰角)
(最大径向速度为 70.6 m/s,高度 1.7 km)

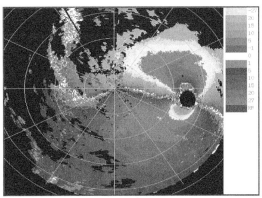

图 7d "威马逊"退模糊后的海口雷达径向速度
图像 2014 年 7 月 18 日 12 时 46 分(0.5°仰角)
(最大径向速度为 93.1 m/s,高度 1.7 km)

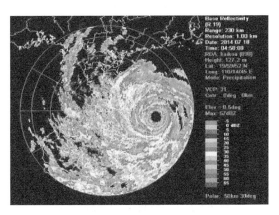

图 7e "威马逊"海口雷达回波图像(0.5°仰角)
2014 年 7 月 18 日 12 时 58 分
("+"为七州列岛北仕岛测站位置)

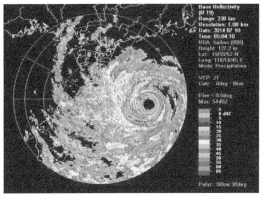

图 7f "威马逊"海口雷达回波图像(0.5°仰角)
2014 年 7 月 18 日 13 时 04 分
("+"为七州列岛北仕岛测站位置)

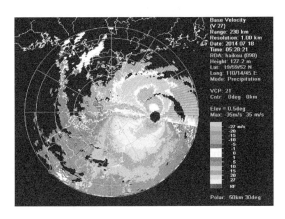

图 7g "威马逊"未退模糊的海口雷达径向速度图像
2014 年 7 月 18 日 13 时 28 分(0.5°仰角)

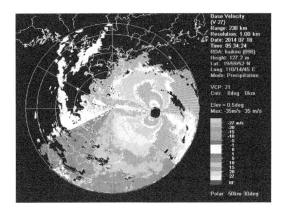

图 7h "威马逊"未退模糊的海口雷达径向速度图像
2014 年 7 月 18 日 13 时 34 分(0.5°仰角)

因此,"威马逊"实际强度应超过 60 m/s,结合雷达径向速度分析结果,其合理强度估计应为 70～75 m/s。

2.5 文昌卫星发射基地风塔浅层风观测数据分析

在"威马逊"影响海南期间,位于海南文昌市龙楼镇的文昌卫星发射中心的浅层风观测塔记录下了不同高度的平均风速和瞬时极大风速的变化情况。该风塔为文昌卫星发射中心自建塔,在 10 m、20 m、35 m、50 m、70 m 和 90 m 高度分别安装有测风风速仪,风速仪均采用长春天信 EWS-III 型超声波脉冲风速仪,最大风速测量极限可人工设置,最大为 200 m/s。

图 8 给出了该浅层风风塔在 2014 年 7 月 18 日 00 时至 19 日 23:59 分在不同高度的平均风速和瞬时极大风速的时间演变,可以看出,18 日,随着"威马逊"逐渐向海南文昌靠近,不同高度的平均风速和瞬时极大风速均表现为迅速增大的变化过程,且强风持续时间长,其中 12级以上大风(平均风)持续时间 8～21 h,17 级以上大风(瞬时风)持续时间达 7～14 h(表 4)。

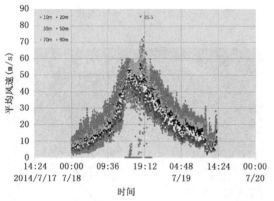

图 8a　2014 年 7 月 18 日 00 时至 19 日 14 时
海南文昌卫星发射中心浅层风观测塔
不同高度的平均风速时间演变

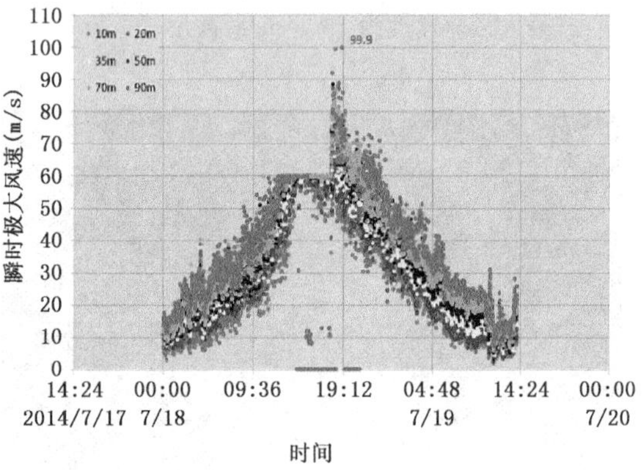

图 8b　2014 年 7 月 18 日 00 时至 19 日 14 时
海南文昌卫星发射中心浅层风观测塔
不同高度的瞬时极大风速时间演变

表 4　文昌卫星发射基地风塔浅层风观测一览表

高度	平均风速		极大风速		
	最大值 (m/s)及出现时间	12 级以上大风 持续时间 (≥32.7 m/s)	最大值 (m/s)及 出现时间	14 级以上大风 持续时间 (≥41.5 m/s)	17 级以上大风 持续时间 (≥56.1 m/s)
10 m	46.8 18 日 15:01	近 8 h 18 日 13:20—20:59	72.5 18 日 18:07	近 13 h 18 日 11:15—23:46	近 7 h 18 日 13:20—20:13
20 m	55.1 18 日 15:02	近 13 h 18 日 11:15—23:47	71.8 18 日 18:18	近 17 h 18 日 8:53—19 日 1:31	近 9 h 18 日 12:28—21:03
35 m	58.7 18 日 18:06	近 14 h 18 日 11:15—19 日 1:12	82.2 18 日 18:07	近 18 h 18 日 8:40—19 日 2:08	近 11 h 18 日 12:10—22:33
50 m	63.2 18 日 18:06	近 16 h 18 日 11:15—19 日 2:21	88.4 日 18:07	近 18 h 18 日 8:40—19 日 2:25	近 11 h 18 日 12:09—22:41

高度	平均风速		极大风速		
	最大值 (m/s)及出现时间	12级以上大风 持续时间 (≥32.7 m/s)	最大值 (m/s)及 出现时间	14级以上大风 持续时间 (≥41.5 m/s)	17级以上大风 持续时间 (≥56.1 m/s)
70 m	70.23 18日18:17	近16 h 18日10:40—19日2:44	87.2 18日18:07	近19 h 18日8:28—19日3:39	近14 h 18日10:40—23:45
90 m	85.5 18日18:15	近21 h 18日8:37—19日5:32	99.9 18日19:05	近20 h 18日8:28—19日4:18	近13 h 18日11:15—23:44

由图8还可以看出,该风塔在不同高度上的风速峰值的出现时间存在较大的差异,相差在3~4 h。其中10 m和20 m高度的平均风速峰值出现在15时前后,也即"威马逊"登陆期间,分别在15时01分和15时02分观测到46.78 m/s(15级)和55.05 m/s(16级)的平均风速;而10 m和20 m高度的瞬时极大风速以及35 m、50 m、70 m和90 m高度的平均风速和瞬时极大风速的峰值则均出现18时至19时前后,也即在"威马逊"登陆后的回南风影响期间,其中90 m高度分别在18时15分和19时05分观测到85.5 m/s的平均风速和99.9 m/s的瞬时极大风速。不同高度的风速峰值的出现时间存在较大差异的原因是,现场观测人员在18时前,一直将风塔风速仪的最大风速测量极限设置为60 m/s,而在18时以后,才将其观测风速极限设置为100 m/s。从图8中可见,尽管15—18时不同高度的瞬时极大风速没有变化,一直为60 m/s,但实际风速应超过该数值。此外,最大风速测量极限设置偏晚,还导致了15—18时期间较多时次观测的风速值出现缺测或异常现象,如图8中接近0 m/s的离散点就是观测的异常值。

考虑到文昌卫星发射中心风塔风速仪测风极限范围在18时由60 m/s调整为100 m/s,而风塔在10 m和20 m高度上的平均风速的峰值出现时间为15时前后,同时结合海口雷达观测和卫星连续观测分析,15时前后,龙楼镇处于"威马逊"眼壁的强回波带上(图9a)和"威马逊"云系的眼壁附近(图9c),18—19时则是处于外围螺旋雨带上(图9b)和外围云带上(图9d)。而在理论上,台风眼壁附近的风速要明显强于外围螺旋雨带或云带上,因此,我们可以推断风塔在不同高度上的风速峰值的出现时间应该在15时前后,且平均风速和瞬时极大风速的峰值也应超过18—19时的风速峰值,那么,据此可以推断15时前后风塔90 m高度的平均风速和瞬时极大风速则应分别至少为85.5 m/s和99.9 m/s,瞬时极大风速甚至可能超过100 m/s。

结合上述分析以及七州列岛北仕岛的海拔高度(174.586 m),13时前后北仕岛位于"威马逊"眼壁附近时的平均风速和瞬时极大风速也应至少分别为85.5 m/s和99.9 m/s,瞬时极大风速甚至可能超过100 m/s。因此"威马逊"的实际强度应超过60 m/s。而根据强风速条件下,不同高度的风速换算关系[8],北仕岛相应海拔高度与10 m风速之间的换算关系为0.8~0.9,那么"威马逊"的实际强度则由此为70~75 m/s。

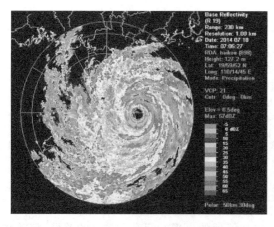 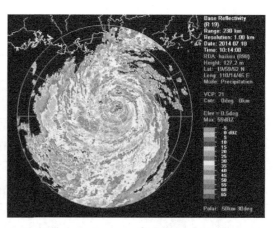

图 9a "威马逊"海口雷达回波图像（0.5°仰角）
2014 年 7 月 18 日 15 时 05 分
（"＋"为龙楼镇位置）

图 9b "威马逊"海口雷达回波图像（0.5°仰角）
2014 年 7 月 18 日 18 时 14 分
（"＋"为龙楼镇位置）

 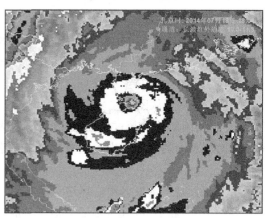

图 9c "威马逊"红外 BD 增强云图
2014 年 7 月 18 日 15 时 05 分
（"＋"为龙楼镇位置）

图 9d "威马逊"红外 BD 增强云图
2014 年 7 月 18 日 18 时 05 分
（"＋"为龙楼镇位置）

2.6 历史极端台风强度对比分析

表 5 为根据中国气象局《台风年鉴》资料和中国台湾中央气象局台风年度调查报告统计得到的 1949 年以来登陆我国且中心风速大于 55 m/s 的台风一览表及相应的地面测站实际风速和气压观测情况。

由表 5 可见,登陆我国(包括台湾地区)最强的台风为 5904 号台风 Joan,其登陆台湾台东(台湾气象部门确定的登陆地点为花莲至成功间)时,中心风速和中心气压分别为 75 m/s(17 级以上)和 930 hPa。但从地面观测数据分析来看,《台风年鉴》明显高估了 Joan 登陆台湾时的强度,因为 Joan 影响台湾期间,观测到的最大平均风速、瞬时极大风速和最低气压仅分别为 43 m/s、55.8 m/s 和 940.8 hPa,台湾因灾死亡(失踪)仅 20 人,因此,地面实测支持的 Joan 合理登陆强度应为 50 m/s(15 级)、940 hPa。而 0608 号台风"桑美"影响浙闽期间,观测到的最大平均风速、瞬时极大风速和最低气压仅分别为 42.1 m/s、68 m/s 和 938.2 hPa,出现地点均

表 5　1949 年以来登陆我国中心风速大于 55 m/s 的台风一览表

序号	台风编号	英文名称	台风年鉴（业务）确定的登陆时间	年鉴（业务）确定的登陆地点	年鉴登陆强度 中心风速 (m/s)	年鉴登陆强度 中心气压 (hPa)	地面实际观测 观测地点	最大平均风速 (m/s)	最大瞬时风速 (m/s)	最低气压 (hPa)	最大过程雨量 (mm)	因灾死亡失踪人数	登陆强度是否合理	地面观测支持的登陆地点	中心风速 (m/s)	中心气压 (hPa)
1	1409	Rammasun	2014.07.18	海南文昌	60	910	海南北峙岛 昌江昌化镇	>58.7	>72.4	881.2	726.5	83	明显低估	海南文昌	70～75	890
2	5904	Joan	1954.08.29	台湾台东	75	930	台湾成功 台湾鹿林山	43	55.8	940.8	506.8	20（仅台湾）	明显高估	台湾花莲至成功间	50	940
3	5612	Wanda	1956.08.01	浙江象山	60～65	923	浙江石浦 河北井陉	>40	—	923	376.0	>5000	合理	浙江象山	—	—
4	6208	Opal	1962.08.05	台湾花莲至宜兰间	65	920	台湾宜兰 台湾阿里山	>50.7	>66.0	942.1	546.1	79（仅台湾）	明显高估	台湾宜兰	55	930
5	5810	Winnie	1958.07.15	台湾台东至花莲间	60	945	台湾花莲 台湾大武	38.8	54.2	963.2	581.0	49（仅台湾）	明显高估	台湾花莲至成功间	40	960
6	5905	Louise	1959.09.03	台湾花莲	60	964	台湾花莲 台湾阿里山	44.3	62.1	978.5	541.3	7（仅台湾）	明显高估	台湾花莲至成功间	45	965
7	6122	Pamela	1961.09.12	台湾花莲	60	940	台湾宜兰 台湾基隆 台湾乌来	35.0	44.8	970.4	347.2	293（仅台湾）	明显高估	台湾宜兰至花莲间	40	960
8	7314	Marge	1973.09.14	海南琼海	60	925	海南琼海 海南东方	>48	—	925.0	191.0	903	合理	海南琼海	—	—
9	0608	Saomai	2006.08.10	浙江苍南	60	920	浙江苍南鹤顶山 福建福鼎合掌岩 浙江霞关 浙江苍南昌禅	>42.1	81.3 75.8 >68.0	938.2	606.0	483	略微高估	浙江苍南	55	930

序号	台风编号	英文名称	台风年鉴(业务)确定的登陆时间	年鉴(业务)确定的登陆地点	年鉴登陆强度 中心风速(m/s)	年鉴登陆强度 中心气压(hPa)	观测地点	最大平均风速(m/s)	最大瞬时风速(m/s)	最低气压(hPa)	最大过程雨量(mm)	因灾死亡失踪人数	登陆强度是否合理	登陆地点	中心风速(m/s)	中心气压(hPa)
10	5305	Kit	1953.07.04	台湾花莲	55	960	台湾淡水	36.0	—	—	—	35 (仅台湾)	明显高估	台湾花莲	45	950
							台湾花莲	34.0	54.3	954.2	—					
							台湾阿里山	—	—	—	559.0					
11	6007	Shirley	1960.07.31	台湾宜兰	55	940	台湾宜兰	35.0	—	—	—	183 (仅台湾)	明显高估	台湾宜兰 至花莲间	38	965
							台湾花莲	—	35.3	970.0	—					
							台湾阿里山	—	—	—	1094.0					
12	6513	Mary	1965.08.19	台湾宜兰	55	960	台湾兰屿 (海拔342 m)	35.0	—	991.1	—	20 (仅台湾)	明显高估	台湾宜兰 至花莲间	35	970
							台湾基隆	—	35.7	—	—					
							台湾花莲	—	—	976.8	—					
							台湾阿里山	—	—	—	915.9					
13	7503	Nina	1975.08.03	台湾花莲	55	940	台湾花莲	38.3	56.0	946.5	—	29 (仅台湾)	明显高估	台湾宜兰 至花莲间	45	945
							台湾阿里山	—	—	—	497.0					
14	8015	Percy	1980.09.18	台湾恒春	55	925	台湾兰屿 (海拔342 m)	52.8	59.2	970.0	—	7 (仅台湾)	明显高估	台湾台东 至恒春间	45	945
							台湾恒春	22.8	42.4	951.6	—					
							台湾花莲	—	—	—	482.4					
15	0010	Bilis	2000.08.22	台湾台东	55	930	台湾成功	52.3	78.4	931.2	—	15 (仅台湾)	合理	台湾成功	—	—
							台湾天祥	—	—	—	1057.5					

为浙江苍南霞(海拔高度 67 m)。虽然浙江苍南鹤顶山和福建福鼎合掌岩分别观测到 81.3 m/s 和 75.8 m/s 的瞬时极大风速,但上述两个测站海拔较高,分别为 998.5 m 和 717 m,因此,《台风年鉴》略微高估了"桑美"的登陆强度,地面实测支持的合理登陆强度应为 55 m/s(16 级)、930 hPa。

从 1949 年以来登陆我国中心风速大于 55 m/s 的登陆台风的整体情况来看,除了 5612 号台风 Wanda、7314 号台风 Marge 和 0010 号台风"碧利斯"的登陆强度有实际地面观测数据支持外,《台风年鉴》对其他台风登陆我国时的强度均有不同程度的高估(表5)。而 1409 号台风"威马逊"登陆海南文昌翁田镇前后,观测到的最大平均风速、瞬时极大风速和最低气压则分别为 58.7 m/s、74.1 m/s 和 881.2 hPa,且其合理的登陆强度估计为 70~75 m/s、890 hPa,因此,"威马逊"是 1949 年以来登陆我国(包括台湾地区)最强的台风,也是有气象记录以来登陆我国最强的台风。

这里需要顺便指出的是,中国气象局《台风年鉴》除了存在上述对登陆强度估计明显偏强的问题外,还存在如下较大问题:①《台风年鉴》过去确定登陆台湾的一些台风,根据台湾气象部门台风年度调查报告的实际地面观测数据,其实并未登陆台湾地区;②对一些历史极端台风,《台风年鉴》明显高估其峰值强度,特别是《台风年鉴》中还存在一些峰值强度达到 100 m/s 以上的台风(表6),而根据台风风压关系,在现实的气象条件下中,这基本是不可能出现的;③此外,《台风年鉴》也存在一些低估台风强度的现象。

表 6　1949 年以来台风中心极值风速≥100 m/s 的台风一览表

序号	年份	台风编号	台风英文名称	台风极值强度						
				中国气象局		日本气象厅			美国联合台风警报中心		
				中心风速(m/s)	中心气压(hPa)	中心风速(kts)	中心风速(m/s)	中心气压(hPa)	中心风速(kts)	中心风速(m/s)	中心气压(hPa)
1	1958	5827	Ida	110	878	—	—	877	175	90	877
2	1958	5822	Grace	100	901	—	—	905	165	85	905
3	1959	5904	Joan	100	885	—	—	885	170	87	885
4	1959	5911	Dinah	100	915	—	—	915	150	77	915
5	1961	6123	Nancy	100	888	—	—	890	185	95	882
6	1964	6416	Sally	100	897	—	—	895	170	87	895

2.7　登陆点灾情分析

受"威马逊"影响,琼、粤、桂、滇 4 省(区)154 个县(市、区)超过 1100 万人受灾,83 人死亡(失踪),86.2 万人紧急转移安置;4 万间房屋倒塌,23.2 万间受损;农作物受灾 1913.9 千公顷①,其中绝收 258.2 千公顷;直接经济损失 384.8 亿元;灾区电力、供水、道路、通信等基础设施损毁严重。

在"威马逊"登陆点翁田镇附近,部分乡镇 90% 的瓦房被掀顶或损毁;沿岸的木麻黄防风林几乎全部被强风所摧毁;近 50% 的树木被拦腰折断、拧断或倒伏,4 人合抱的大榕树被连根

①　1 公顷＝10000 m²。

拔起；绝大部分树木的树叶被强风吹落，部分树木的树皮被强风剥落，经济作物（包括胡椒、橡胶、香蕉、甘蔗等）大范围受损；所有海产养殖场被破坏或摧毁；沿海及海岛自动站设备部分受损或被摧毁；大量电线杆由根部被折断或拦腰折断；大量建筑塔吊、输电塔、通讯铁塔倒伏或严重受损；沿岸风暴潮位高，最高达 5.5 m，铺前镇、罗豆农场等地海水倒灌现象严重，部分房屋进水达 1.5～2 m，大量船只受损或翻沉。

与 2006 年台风"桑美"的灾情影响相比，"威马逊"的灾害影响范围和影响程度均明显强于"桑美"。但由于台风预警服务成功和及时有效，伤亡人数和经济损失均明显较"桑美"偏少。

3 小结

综合以上分析表明，"威马逊"登陆海南省文昌市翁田镇的强度的合理估计应为：中心附近最大风力达 17 级以上（70～75 m/s）、中心最低气压为 890 hPa 左右，是 1949 年以来登陆我国大陆及台湾地区最强的台风，也是有气象记录以来登陆我国最强的台风。

参考文献

[1] Harper B A. Tropical cyclone parameter estimation in the Australian region：Wind-pressure relationships and related issues for engineering planning and design. A discussion paper. Systems Engineering Australia Pty Ltd (SEA) for Woodside Energy Ltd[R]. Newstead Qld：Systems Engineering Australia Pty Ltd，2002.

[2] Atkinson G D，Holliday C R. Tropical Cyclone Minimum Sea Level Pressure/Maximum Sustained Wind Relationship for the Western North Pacific[J]. *Month Weather Review*，1977，**105**：421-427.

[3] World Meteorological Organization. Tropical Cyclone Programme Report No. TCP-23：Typhoon Committee Operational Manual：Meteorological Component 2014 Edition，WMO/TD-No. **196**[S]. 2014.

[4] 中国气象局. 台风业务和服务规定(第四次修订版)[S]. 北京：气象出版社，2012.

[5] 燕方杰，范永祥.西北太平洋台风近中心最大风速与中心最低海平面气压的统计相关[J].气象科技，1994，(1)：56-59.

[6] Guard C P，Lander M A. A wind-pressure relationship for midget TCs in the western North Pacific. 1996 Annual Tropical Cyclone Report of Joint Typhoon Warning Center[R]. Hawaii Pearl Harbor：Joint Typhoon Warning Center，1996.

[7] Olander T L，Velden C S. The advanced Dvorak technique：continued development of an objective scheme to estimate tropical cyclone intensity using geostationary infrared satellite imagery[J].*Wea Forecasting*，2007，**22**：287-298.

[8] Tang J，Wu D. Intensity identification of typhoon Haikui (1211) during the landing stage[J]. *Tropical Cyclone Research and Review*. 2013，**2**(1)：25-34.

高空偏北风背景下高污染形成的环境气象机制研究

廖晓农[1]　孙兆彬[1]　唐宜西[1]　蒲维维[1]　李梓铭[1]　卢 冰[2]

(1. 中国气象局京津冀环境气象预报预警中心,北京 100089;

2. 中国气象局北京城市气象研究所,北京 100089)

摘　要

利用气象资料和地面 $PM_{2.5}$ 浓度分析了产生在 850 hPa 以上为偏北风的背景下高污染过程的形成机制。结果表明,在污染物累积过程中,环境大气并不总是处在层结稳定状态,有利的气象条件来自垂直运动和散度在垂直方向上的"分层"结构。在对流层中层以下,垂直速度呈上升—下沉—上升、散度呈辐合—辐散—辐合的结构。近地层的辐合导致周边污染物汇集,上升运动将它们送向空中。但是,叠置在其上空的、长时间维持的下沉气流层却阻止了垂直扩散,导致污染浓度不断升高。出现"分层"结构是由于高空偏北风未侵入到边界层内,冷空气太弱或者无冷空气活动是高空偏北风不能到达近地层的主要原因。而下沉气流层的形成则与其上空的空气辐合有关,该辐合层源自偏北气流中的风速脉动。因此,环境大气动力作用是高空偏北气流型空气污染过程形成的关键机制。

关键词:高空偏北气流　高污染　动力作用　下沉气流层　风速脉动

引言

大气污染与气象条件关系密切。高污染一般出现在近地层空气流动性较差的阶段[1~14],而且稳定层结这种与大气热力结构有关的条件也非常重要[15~20]。当大气处于稳定状态时,通常会有逆温层或等温层,底层气块受到某种强迫上升达到逆温层或等温层底时,就会因存在负浮力或正浮力减小而开始减速,并可能最终不能顺利通过稳定层。这样,逆温层或等温层就对底层空气的垂直上升运动起到了"抑制"作用。由于污染物主要聚集在地面附近,上述"抑制"作用实际上也限制了污染物向空中扩散。因此,稳定层结是一种由大气热力学特征决定的不利于污染物垂直扩散的条件。上述不利于污染物扩散的气象条件通常出现在特定的环流背景下。地面形势主要有均压场、鞍型场、高压控制、高压底部、高压后部、冷锋低压等几类;高空则多为平直的西风气流、暖高压脊、西太平洋副高边缘等[3,15,21~33]。当台风或热带低压靠近时,其中心环流的近周边和远周边气流也有利于污染物的积累[21,26]。此外,华北地区的污染还可以发生在槽后脊前[32]。然而,目前关于污染环流型的研究多侧重于揭示其中的统计规律,对于在某种大气环流背景下污染产生的机制也限于对"静稳"等热力条件的讨论,却很少涉及大气在垂直方向上的动力作用。

研究表明,整层的偏北风特别是近地面层明显的北风是北京地区重要的空气污染清除条件[24,27,34~38]。当近地层北风增大时,不仅改善了水平扩散条件,而且与北风相伴的、接地的下沉运动也会破坏之前的稳定层结。由于目前业务数值天气预报模式输出的主要是标准等压面产品,垂直分辨率较低,特别是边界层内的信息非常少,因此预报人员只能根据 500~850 hPa

层次内有偏北风、850 hPa 受下沉区控制来预测近地面层的扩散条件。然而,在实际预报中发现,当数值模式准确地预报了上述气象条件时,有时空气质量预报仍然有很大偏差。究其原因是高空的北风和下沉运动并没有到达近地层,地面的扩散条件未改善,从而导致污染物浓度仍然维持在较高的水平,这是一类发生在高空偏北风背景下的污染。统计表明,2005 年以来北京地区此类重污染占 9.7%。本研究遴选了发生在 2013 年 3 月份的典型个例,利用常规气象观测资料、NCEP 再分析资料和地面 $PM_{2.5}$ 浓度监测结果通过分析细颗粒物浓度增长过程中对流层中下层垂直速度、散度等的垂直结构,揭示了环境大气的动力作用对污染物积累的作用,并且讨论了这种动力因素形成的机制。最后,给出了高空偏北气流背景下高污染过程形成机制的概念模型。本研究表明,加强对大气垂直动力结构的分析、进一步丰富数值模式对流层中下层特别是边界层的预报信息,将有助于提高空气质量预报的准确性。

1 个例与资料

1.1 个例

遴选个例的标准:北京地区 500 hPa 为偏北气流控制,而且北风区至少向下伸展到 700 hPa 以下,近地面层则是偏南风或者风速小于 $2 \, m \cdot s^{-1}$ 的弱风,上述形势维持 48 h 以上。其间,地面 $PM_{2.5}$ 最大日均浓度超过 115 $\mu g \cdot m^{-3}$,小时平均浓度峰值超过 200 $\mu g \cdot m^{-3}$。本研究普查了 2005 年以来 $PM_{2.5}$ 日均浓度和气象资料,其中符合上述标准的污染过程共 14 个(49 d)。本研究将出现在 2013 年 3 月 13—15 日的污染过程作为主要分析对象。

1.2 资料

考虑到温湿风廓线的分辨率,本研究采用 6 h 间隔、水平分辨率为 $1° \times 1°$、垂直分辨率为 $25 \sim 50$ hPa 的 NCEP 再分析资料、地面观测和气象探空等资料来研究相关的气象条件,并取 $116°E$、$40°N$ 格点代表北京。由于此次污染事件主要发生在平原地区,因此选择了海淀区的宝联、朝阳、大兴几个监测站为代表考察细颗粒物浓度。对比分析表明,3 个监测站 $PM_{2.5}$ 小时平均浓度变化趋势一致,浓度值相近。为了与 NCEP 再分析资料格点匹配,本研究选择大兴站的细颗粒物浓度表征污染的程度和演变情况。

2 污染过程的大气动力结构及形成机制

2.1 污染物浓度的演变特征

污染过程主要发生在 2013 年 3 月 13 日入夜以后(图 1)。13 日 20:00 至 14 日 02:00 细颗粒物浓度在 6 h 内增加了 50 $\mu g \cdot m^{-3}$ 左右,最大小时平均浓度接近 100 $\mu g \cdot m^{-3}$。$PM_{2.5}$ 浓度的第二个峰值出现在 14 日 14:00,为 116 $\mu g \cdot m^{-3}$。14 日 20:00 后,浓度迅速上升,并在 15 日 14:00 达到最高值 267 $\mu g \cdot m^{-3}$。15 日 14:00—20:00 浓度下降。可将此次高污染过程细颗粒物浓度的演变特点概括为:呈波动式上升,中后期陡增;有 3 个峰值,最后一个峰值也是浓度的最大值。

2.2 高空大气环流背景

高污染产生在高空偏北气流背景下(图 2)。13 日 08:00 亚欧中纬度地区为一槽一脊型,脊线在 $85°E$ 附近,槽控制着中国东北地区,北京上空为槽后西北气流。14 日 08:00 脊线东移到 $95°E$,中国东北也脱离了高空槽的影响,东部大部分地区 500 hPa 都是西北风。24 h 后,

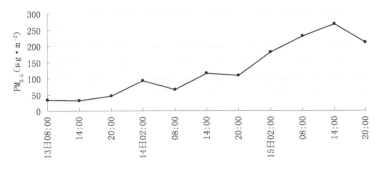

图 1 2013 年 3 月 13—15 日北京海淀区宝联 PM$_{2.5}$浓度变化图

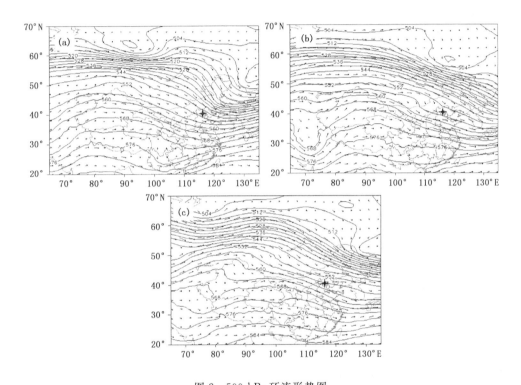

图 2 500 hPa 环流形势图

(a)2013 年 3 月 13 日 08:00;(b)2013 年 3 月 14 日 08:00;(c)2013 年 3 月 15 日 08:00

（十字星"＋"指示北京的位置）

110°E 以东、40°～55°N 范围内的环流形势没有明显改变。700 hPa 的位势高度分布和风场与 500 hPa 相近。因此,在污染累积的过程中,700～500 hPa 层次内盛行西北风。

高空为深厚的西北气流一般出现在冷气团中,而在冷气团控制下的扩散条件通常良好,那么为什么还会出现高污染呢? 从北京上空水平风的垂直分布可知(图 3),西北风只向下影响到 800 hPa 左右的高度,1000～800 hPa 基本上是偏南风或者为风速在 1 m·s^{-1}的东风和东北风。因此,高空的西北风没有"接地"是本文分析的个例污染物浓度能够逐渐升高的重要环境气象因素,这是一类不同于以往研究成果的污染过程。

为了分析西北风没有"接地"的原因,分别考察了 500 hPa 和 700 hPa 的温度(表 1)。在 500 hPa 高度上,13 日 08:00—20:00 温度降低了 1.2℃,说明该期间有冷空气沿着西北气流南下。但是,700 hPa 的温度波动却只有 0.1℃,冷空气的影响已经很弱。此后,500 hPa 的温度一直在上升,而且 700 hPa 也基本如此。从图 2 可以看到,13 日北京位于等高线的密集带边缘,还没有完全脱离冷空气的影响,而 14 日和 15 日 120°～130°E 范围内的密集带已经移到 45°N 以北,北京从槽后转为脊前,说明西北气流的性质发生了转变。

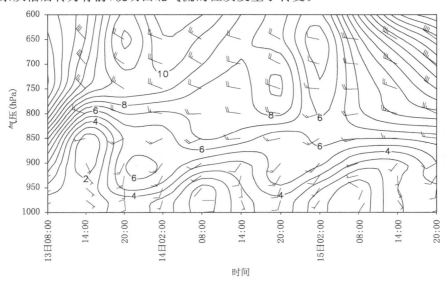

图 3 2013 年 3 月 13 日 08:00 至 15 日 20:00 北京上空水平风时间－气压图
（图中等值线为全风速,单位:m·s^{-1};风标指示风的来向）

表 1 2013 年 3 月 13 日 08:00 至 15 日 20:00 北京 500 hPa 和 700 hPa 高度上的温度 （单位:℃）

高度(hPa)	13 日 08:00	13 日 14:00	13 日 20:00	14 日 02:00	14 日 08:00	14 日 14:00	14 日 20:00	15 日 02:00	15 日 08:00	15 日 14:00	15 日 20:00
500	−27.3	−28.2	−28.5	−28.1	−27.7	−27.1	−26.0	−23.8	−23.3	−21.9	−21.3
700	−11.2	−11.3	−10.2	−10.8	−10.1	−8.8	−8.4	−7.2	−7.9	−7.0	−6.1

对 2005—2013 年另外 13 个相似污染过程几个层次 24 h 变温平均值的分析表明(表 2),边界层内只有 1 个个例为负变温,其余 12 个均是正变温,而且 700 hPa 和 500 hPa 也多为正变温。尽管个例 9 和个例 10 在对流层中上层都有明显的负变温,但是冷空气没有侵入到边界层内。因此,尽管高空是偏北风,但是由于高空西北气流不具有冷的特征或者对应的冷空气势力太弱不能侵入到对流层底层,才出现了高空是西北风而边界层内却是偏南风或弱风的情况,从而导致地面附近的细颗粒物能够逐渐累积并最终出现高污染。

表 2 高空西北风下 13 个相似污染过程不同高度平均 24 h 变温 （单位:℃）

高度 (hPa)	过程												
	1	2	3	4	5	6	7	8	9	10	11	12	13
500	−1.1	1.8	1.4	0.1	1.9	0.6	0.9	1.6	−1.5	−3.1	1.8	2.4	5.0
700	0.5	2.7	1.6	−0.9	1.1	1.2	0.0	1.4	−0.6	−2.5	1.2	1.6	4.3
850	1.0	−0.2	1.2	0.1	0.8	1.7	0.2	0.0	0.8	1.1	2.8	2.5	4.8
925	1.1	0.2	0.8	0.4	1.0	2.5	0.1	0.1	0.5	1.3	0.5	1.1	3.1

2.3 决定污染物浓度变化的关键气象条件

地面长时间维持低于 2 m·s^{-1} 的弱风是一种不利于污染物水平扩散的气象条件。在本研究分析的污染过程中,尽管 PM$_{2.5}$ 浓度上升期间的有些时次地面风速的确较小,有利于污染物的累积,但是在 14 日 14:00 和 15 日 14:00 浓度出现峰值时地面的南风分别达到 6 m·s^{-1} 和 3 m·s^{-1}(表3),说明在此次污染过程中地面扩散条件起了一定的作用,但是还应该有其他的影响因素。

表3   2013 年 3 月 13 日 08:00 至 15 日 20:00 北京观象台地面风速

气象因素	13 日 08:00	13 日 14:00	13 日 20:00	14 日 02:00	14 日 08:00	14 日 14:00	14 日 20:00	15 日 02:00	15 日 08:00	15 日 14:00	15 日 20:00
风向	东北	东北	南	西南	东北	西南	西南	东南	东北	南	东南
风速 (m·s^{-1})	4	3	2	2	2	6	2	1	1	3	1

多数研究者认为,逆温层的存在是阻止污染物垂直扩散的必要条件。此外,夏季在没有逆温层的情况下,当大气处于对流性稳定状态时,也会导致污染物在近地面层累积[39]。然而,本文分析的污染过程环境大气的垂直稳定性特征并不十分明显(图4)。13—15 日期间早晨 08:00 前后有逆温,但是持续时间短,与污染物浓度持续上升没有很好的对应关系,多数时段边界层内大气处于静力不稳定状态。而且,由于 3 月份属于北京地区的春季,低层大气湿度小,与夏季有本质差别,因此讨论对流抑制能量没有意义。所以,基于经典的、由热力作用形成稳定层结导致污染加重的理论不能完全解释本文分析的污染个例。

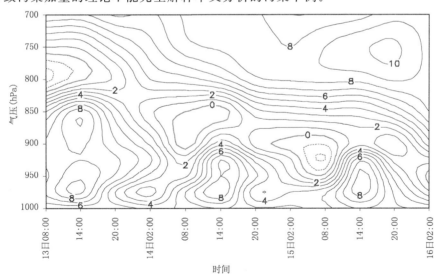

图 4   2013 年 3 月 13—16 日北京的 dt/dp 时间—气压图(单位:×10^{-2}℃·hPa^{-1})

对 2013 年 3 月 13—16 日垂直速度分布特征的分析表明,污染物浓度上升与垂直速度的分布有关(图5)。13 日 14:00 在 790～660 hPa 层内有一个下沉气流层,此后其下边界下降至 880 hPa 高度附近,并基本稳定。下沉气流层的上、下是上升运动,与发生在台风外围下沉气流中的高污染不同[40]。而且,14 日 02:00、14:00 和 15 日 14:00 地面附近分别有上升速度中心,其中以 15 日 14:00 最强,达到 $-0.7\ Pa\cdot s^{-1}$。上述 3 个时次也正是高污染过程 $PM_{2.5}$ 浓度的峰值出现的时刻,而且浓度水平与上升运动的强度呈正相关。近地面层的上升运动则是由地面辐合产生的(图 6),即浓度上升与地面气流辐合有关。

垂直速度和散度的上述分布导致污染物累积的主要原因在于:一般来讲,细颗粒物主要分布在近地面层[41~44],因此源自地面的上升气流会将它们送向空中,使得地面附近的浓度降低。在浓度一定的前提下,上升气流越深厚,则垂直扩散效果越好。而图 5 中的下沉气流层起到了抑制底层上升气流向上伸展的作用,它将污染物"抑制"在大气的低层,而且在污染过程初期下沉层的下边界明显降低,大气的容量体积减小,导致单位体积内的污染物浓度增大。观测表明,13—16 日北京周边也有污染,因此地面的气流辐合同时也是污染物的汇集,这就是细颗粒物浓度峰值与地面辐合有较好的对应关系的原因。此外,空中的下沉中心与近地面层的上升中心基本上是成对的(图 5),即强的上升气流上空往往有强的下沉气流,该特点在 15 日 14:00 表现得最为清晰。因此,尽管地面辐合加强导致上升速度加大,但是由于空中的下沉气流也同时加强,"压制力"加大,上升气流和下沉气流的这种动态平衡使得垂直速度的结构得以维持,从而有利于污染物的不断累积。15 日 20:00,下沉层消失,$PM_{2.5}$ 浓度降低。上述分析表明,垂直速度呈现分层结构和近地面层辐合加强等环境大气的动力作用是决定本文研究的高污染过程细颗粒物浓度的关键气象因素。

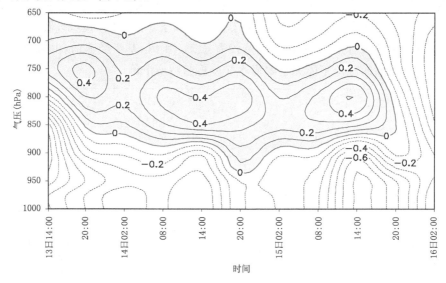

图 5 2013 年 3 月 13—16 日北京上空垂直速度演变图
(负值表示上升,单位:$Pa\cdot s^{-1}$)

2.4 导致垂直速度出现分层结构的机制讨论

通常,下沉气流与冷空气活动密切相关。但是,在本研究中下沉层维持期间 700 hPa 及以下并没有明显的冷空气活动,温度呈现上升趋势。而且,下沉层内有气流辐散(图 6),在其上方 750~600 hPa 是一个辐合层。14 日和 15 日两天的 02:00—14:00 分别有辐合中心,15 日 14:00 在 650 hPa 高度上的辐合最强。根据质量连续定理,当某气层内出现辐合时就会导致空气的垂直运动,从而达到新的质量平衡。因此,790~660 hPa 出现下沉层与其上方空气辐合有

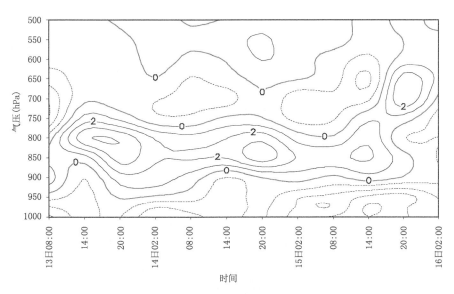

图 6   2013 年 3 月 13—16 日北京上空散度演变图

（负值表示辐合,单位:$\times 10^{-5}\ s^{-1}$)

关。15 日 14:00 下沉速度最大可能是 650 hPa 高度上辐合最强的结果。15 日 20:00 以后,散度的垂直分布特征发生了变化,辐合层从地面一直伸展到 700 hPa,700 hPa 以上则转为辐散,下沉层形成的条件不再存在。因此,垂直速度分层与冷暖空气活动没有密切的关系,而是空气动力作用的结果。

为了分析空中辐合形成的机制,计算了 700~600 hPa 北京以及上游两个格点(115°E、40°N 和 115°E、41°N)的平均风速(图 7)。13—16 日,尽管从温度变化中看不到冷空气活动的迹象,但是偏北气流中仍然有风速的脉动,它反映的是具有高动量的空气的运动特征。当空中风速出现脉动时,上游的风速会大于北京,于是明显的辐合就出现在每次风速的脉动之后。

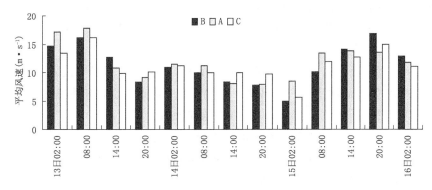

图 7   2013 年 3 月 13—16 日 700~600 hPa 层内平均风速变化图

(B 为北京,A 为(115°E、41°N)格点值,C 为(115°E、40°N)格点值)

2.5   概念模型

根据上述分析得到了高空偏北风背景下高污染过程的形成机制概念模型(图 8):边界层

顶以上是深厚的西北风,边界层内为偏南气流或风速小于 2 m·s⁻¹ 的弱风。垂直运动呈现分层结构,边界层顶到 700 hPa 之间有下沉气流层,它阻止了底层的污染物向高空扩散,同时近地面层为辐合上升,气流辐合导致周边地区的污染物向本地聚集,上述配置长时间维持为高污染创造了关键的环境气象条件。下沉层的上空是一个辐合层,该层次内的气流辐合在其下方的下沉层形成中起了关键性的作用。西北风带中的速度脉动是导致该层次内产生辐合的机制。因此,这是一类主要由空气的动力作用而形成的高污染。

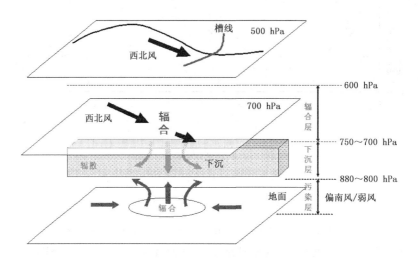

图 8   北京上空偏北风背景下高污染形成机制概念模型

3   结论和讨论

(1)2005 年以来,北京地区的高污染日中产生在高空偏北风背景下的占 9.7%。环境大气的动力作用是此类污染过程的关键影响因素。本研究表明,尽管在污染物累积的过程中没有明显的逆温层,但是对流层中下层空气的垂直运动呈现上升—下沉—上升、散度呈辐合—辐散—辐合的"分层"结构,中间的下沉气流层阻止了底层因空气辐合而积累的污染物的垂直向上扩散,其作用与逆温层类似。当该动力结构长时间维持并且下沉层底部高度呈现逐渐下降趋势,就为形成重污染创造了条件。

(2)空气垂直运动分层结构形成的机制之一在于高空的偏北风没有侵入边界层,近地面层维持偏南风或者小风。此种情况一般出现在冷空气势力弱或北京脱离冷空气影响转入高压脊前西北气流控制。另外,地面至 850 hPa 为正变温是重要的预报判据。

(3)对污染物累积起着关键作用的下沉气流层也是大气动力作用的结果。在下沉层的上方是一个因风速脉动而形成的辐合层,根据质量连续原理——空气的辐合必然产生垂直运动,因此下沉层的形成正是这种垂直运动的体现。

本文针对发生在北京地区的一类不同于以往研究结果的污染过程展开了讨论。由于在污染物累积的过程中底层盛行偏南风,而河北省中南部是我国污染比较严重的地区之一,因此除环境大气的动力作用外,污染物的区域输送也可能是浓度上升的原因之一。然而,依靠观测资料分析却很难将两者的作用完全剥离,需要通过数值模拟试验来做进一步的研究。

参考文献

[1] 吴兑,廖碧婷,吴晟,等.2010年广州亚运会期间灰霾天气分析[J].环境科学学报,2012,32(3):521-527.

[2] 刘咸德,李军,赵越,等.北京地区大气颗粒物污染的风向因素研究[J].中国环境科学,2010,30(1):1-6.

[3] 杨欣,陈义珍,刘厚凤,等.北京2013年1月连续强霾过程的污染特征及成因分析[J].中国环境科学,2013,34(2):282-288.

[4] 王莉莉,王跃思,吉东升,等.天津滨海新区秋冬季大气污染特征分析[J].中国环境科学,2011,31(7):1077-1086.

[5] 杨东贞,于海青,丁国安,等.北京北郊冬季低空大气气溶胶分析[J].应用气象学报,2002,13(1):113-126.

[6] 谢付莹,王自发,王全喜.2008年奥运会期间北京地区 PM_{10} 污染天气形势和气象条件特征研究[J].气候环境研究,2010,15(5):584-594.

[7] 吴蒙,范绍佳,吴兑,等.广州地区灰霾与清洁天气变化特征及影响因素分析[J].中国环境科学,2013,32(8):1409-1415.

[8] 隋珂珂,王自发,杨军,等.北京 PM_{10} 持续污染及与常规气象要素关系[J].环境科学研究,2007,20(6):77-82.

[9] 陈敏,马雷鸣,魏海平,等.气象条件对上海世博会期间空气质量影响[J].应用气象学报,2013,24(12):140-150.

[10] 张人文,范绍佳.珠江三角洲风场对空气质量的影响[J].中山大学学报(自然科学版),2011,50(6):130-134.

[11] 朱佳雷,王体健,邢莉,等.江苏省一次重霾污染天气的特征和机理分析[J].中国环境科学,2011,31(12):1943-1950.

[12] 邓利群,钱俊,廖瑞雪,等.2009年8—9月成都市颗粒物污染及其与气象条件的关系[J].中国环境科学,2012,32(8):1433-1438.

[13] 李颖敏,范绍佳,张人禾.2008年秋季珠江三角洲污染气象分析[J].中国环境科学,2011,31(10):1585-1591.

[14] 刘晓慧,朱彬,王红磊,等.北京大气颗粒物数浓度粒径分布特征及与气象条件的相关性[J].中国环境科学,2012,33(7):1153-1159.

[15] 王丛梅,范引琪,张海霞.京津冀采暖季大气污染天气特征[J].气象科技,2010,38(6):689-694.

[16] 高健,张岳翀,王淑兰,等.北京2011年10月连续灰霾过程的特征与成因初探[J].环境科学研究,2012,25(11):1201-1207.

[17] 李霞,杨静,麻军,等.乌鲁木齐重污染日的天气分型和边界层结构特征研究[J].高原气象,2012,31(5):1414-1423.

[18] 龙时磊,曾建荣,刘可,等.逆温层在上海市空气颗粒物积聚过程中的作用[J].环境科学与技术,2013,36(6L):104-109.

[19] 殷达中,洪钟祥.北京地区严重污染状况下的大气边界层结构与参数研究[J].气候与环境研究,1999,4(3):303-307.

[20] 段凤魁,贺克斌,马永亮.北京 $PM_{2.5}$ 种多环芳烃的污染特征及来源研究[J].环境科学学报,2009,29(7):1363-1371.

[21] 任阵海,苏福庆,陈朝晖,等.夏秋季节天气系统对边界层内大气中 PM_{10} 浓度分布和演变过程的影响.大气科学[J].2008,32(4):741-751.

[22] 王明洁,张蕾,陈垣昭,等.大运会期间深圳重度灰霾天气特征及环流形势[J].广东气象,2010,32(3):

5-8.

[23] 苏福庆,杨明珍,钟继红,等.华北地区天气型对区域大气污染的影响[J].环境科学研究,2004,**17**(3):16-20.

[24] 范青,程水源,苏福庆,等.北京夏季典型环境污染过程个例分析[J].环境科学研究,2007,**20**(5):12-19.

[25] 王丛梅,杨永胜,李永占,等.2013年1月河北省中南部严重污染的气象条件及成因分析[J].环境科学研究,2013,**26**(7):695-702.

[26] 王全喜,齐彦斌,王自发,等.造成北京PM_{10}重污染的二类典型天气形势[J].气候与环境研究,2007,**12**(1):81-86.

[27] 孟燕军,程丛兰.影响北京大气污染物变化的天气形势分析[J].气象,2002,**28**(4):42-47.

[28] 李国翠,范引琪,岳艳霞,等.北京市持续重污染天气分析[J].气象科技,2009,**37**(6):656-659.

[29] 王宏,冯宏芳,隋平,等.福州市灰霾气象要素场特征分析[J].气象科技,2009,**37**(6):670-675.

[30] 王建国,王业宏,盛春岩,等.济南市霾气候特征分析及其与地面形势的关系[J].热带气象学报,2008,**24**(3):303-306.

[31] 邓雪娇,黄坚,吴兑,等.深圳地区典型带污染过程分析[J].中国环境科学,2006,**26**(增刊):7-11.

[32] 王莉莉,王跃思,王迎红,等.北京夏末秋初不同天气形势对大气污染浓度的影响[J].中国环境科学,2010,**30**(7):924-930.

[33] 杨欣,陈义珍,刘厚凤,等.北京2013年1月连续强霾过程的污染特征及成因分析[J].中国环境科学,2013,**34**(2):282-288.

[34] 徐晓峰,李青春,张小玲.北京一次局地重污染过程气象条件分析[J].气象科技,2005,**33**(6):543-547.

[35] 蒲维维,赵秀娟,张小玲.北京地区夏末秋初气象要素对$PM_{2.5}$污染的影响[J].应用气象学报,2011,**22**(6):716-723.

[36] 张晓勇,张裕芬,冯银厂等.天气类型对天津大气PM_{10}污染的影响分析[J].环境科学研究,2010,**23**(9):1115-1121.

[37] 杨素英,赵秀勇,刘宁微.北京秋季一次重污染天气过程的成因分析[J].气象与环境学报,2010,**26**(5):13-16.

[38] 周兆媛,张时煌,高庆先等.京津冀地区气象要素对空气质量的影响及未来变化趋势分析[J].资源科学,2014,**36**(1):191-199.

[39] 廖晓农,张小玲,王迎春,等.北京地区冬夏季持续性雾—霾发生的环境气象条件对比分析[J].环境科学,2013,**35**(6):2031-2044.

[40] 夏冬,吴志权,莫伟强,等.一次热带气旋外围下沉气流造成的珠三角地区连续灰霾天气过程分析[J].气象,2013,**39**(6):759-767.

[41] 姚青,蔡子颖,韩素芹,等.2009年秋冬季天津低能见度天气下气溶胶污染特征[J].气象,2012,**38**(9):1096-1102.

[42] 徐婷婷,秦艳,耿福海,等.环上海地区干霾气溶胶垂直分布的季节变化特征[J].环境科学,2012,**33**(7):2165-2171.

[43] 陈鹏飞,张蔷,权建农,等.北京地区3500 m高空内污染物的时空分布特征[J].中国环境科学,2012,**32**(10):1729-1735.

[44] 刘琼,耿福海,陈永航,等.上海不同强度干霾期间气溶胶垂直分布特征[J].中国环境科学,2012,**32**(2):207-213.

ECMWF 对西北太平洋台风路径的异常预报误差原因分析

漆梁波[1]　徐　伟[2]　杜予罡[1]

(1.上海中心气象台,上海 200030；2.上海金山区气象局,上海 200030)

摘　要

以百分位和标准差作为依据,挑选出 2010—2013 年 ECMWF-IFS 的西太台风路径异常预报误差(AFE)个例。对形成这些个例的相关因子进行了分析,并讨论了可能改进的途径,有以下主要结论:(1)大多数 AFE 个例(约 60%)位于台湾以东和菲律宾以东洋面上(5°～25°N,120°～140°E)。但是黄海和东海海域(25°～35°N,120°～130°E)是出现 AFE 个例概率最高的海域。(2)影响 AFE 个例最常见的因素是台风在预报时效内登陆或经过大型岛屿(简称为 LP),其他因素还包括台风接近消亡(简称 PS)、弱引导气流(简称 WS)、台风处在初始编报时刻(IP)和台风变性(简称 ET)。(3)尽管 ECMWF-IFS 的平均预报水平领先于其他模式,但对于 AFE 个例而言,其他模式的表现可能更好,尤其是 NCEP-GFS 模式。业务预报中,当预报员预期会出现 AFE 个例时,应该多参考 NCEP-GFS,ECMWF-EPS 甚至是 JMA-GSM 的预报结果。如何事先预期有 AFE 个例发生,仍是业务中的难题,还值得深入探讨。

关键词:ECMWF　台风路径　异常预报误差　原因分析

引言

自 20 世纪 90 年代以来,西北太平洋台风路径预报的业务水平得到了飞速的提高。过去 5 年间,中国气象局中央气象台(以下简称 CMA)的 24 h 和 48 h 台风路径预报误差较 20 年前减小约 50%(许映龙等,2010)。数值模式预报性能的提高是很重要的原因。欧洲中期天气预报中心全球模式(以下简称 ECMWF-IFS)的 48 h 台风路径预报误差在 2012 年和 2013 年分别达到惊人的 140 km 和 120 km(陈国民等,2014)。基于集合预报系统(EPS)的台风路径预报技术也在发展并投入业务使用(Qi *et al*,2014;钱奇峰等,2014),使得我国台风路径预报水平的提高逐渐走到世界前列(陈国民等,2014)。

尽管台风路径预报的平均误差有显著提高,业务预报中台风路径预报出现明显偏差的个例仍时有发生。例如,2012 年的"启德(Kai-tak)"台风,ECMWF-IFS 的 48 h 路径误差达到 521 km(8 月 14 日 08 时起报,北京时间,下同),同期的 CMA 官方预报误差也达到 445 km;同年 8 月 1 日 20 时起报的"达维(Damrey)"台风 48 h 路径误差更是达到 1013 km(ECMWF-IFS),相应的 CMA 官方预报误差要小很多,但也达到 553 km。在这些预报误差异常大的个例中(以下简称为 AFE 个例,源自 Abnormal Forecast Error 的首字母),预报员很难给公众或决策机构提供满意的预报。导致 AFE 个例的原因以及如何改进是业务预报中的重要难题。

本研究将首先挑选出 2010—2013 年的 AFE 个例,并对造成误差异常大的原因进行分析;

资助项目:2014 年中国气象局预报员专项(CMAYBY2014-023)。

然后就改进 AFE 个例的预报误差提出一些可能的途径或建议。鉴于 ECMWF-IFS 的台风路径预报性能明显领先于其他数值模式结果,包括 National Center of Environment Prediction's Global Forecast System（以下简称 NCEP-GFS）和 Japan Meteorological Agency's Global Spectral Model（以下简称 JMA-GSM）(Yamaguchi *et al*,2012；Qi *et al*,2014),其预报结果同时也是目前预报员非常倚重的预报参考,因此,本文在挑选 AFE 个例时,均以 ECMWF-IFS 的预报结果为依据,预报时效选定为 48 h。以下第 1 节介绍研究所涉及的数据以及挑选 AFE 个例的标准;第 2 节进行原因分析和改进途径探讨;最后是结论和讨论。

1 数据和方法

本研究所涉及数据,包括来自 ECMWF-IFS、NCEP-GFS 和 JMA-GSM 的台风路径预报。此外,在进行改进途径探讨时,ECMWF 的集合预报（ECMWF-EPS）结果也被使用。关于这些全球模式的详细描述,请参阅 Yu *et al*(2013)和 Qi *et al*(2014)的工作。台风最佳路径数据来自中国气象局上海台风研究所的相关网站(http://tcdata.typhoon.gov.cn/)。

挑选 AFE 个例时,距离误差和移向误差的大小均在考虑之列。考虑移向误差的主要原因来自业务预报的考量:在很多可能登陆的预报个例中,即使距离误差不算很大,如果出现较大的移向误差,将明显影响登陆点的预报,导致公众和政府无法进行有效的防御。2010—2013年,ECMWF-IFS 有 774 次可检验的预报(检验时效 48 h),从中挑选中 AFE 个例的步骤如下:

(1)从上述 774 次预报中,按 5％的百分位,挑选出距离误差较大的 39 次预报。

(2)按 10％的百分位,先挑选出移向误差较大的 77 次预报,在这 77 次预报中,再挑选出距离误差较大的 39 次预报。

(3)将步骤(1)和步骤(2)中挑选出来的个例合并,并剔除重复的个例,得到 57 次预报;在这 57 次预报中,有 2 次预报在统计意义上不算异常,他们的距离误差和移向误差和所有样本(774 次)的平均距离误差及平均移向误差的差别均小于 1 倍标准方差,因此也做了剔除处理。因此,在考虑了百分位方法和偏离度(1 倍标准方差)因素之后,得到了 55 个 AFE 个例。

这 55 个 AFE 个例的平均距离误差为 410.3 km,标准方差为 214.8 km;平均移向误差和标准方差分别为 30.6°和 25.4°。其中有 10 个 AFE 个例（约 18.2％）仅仅是由于移向误差异常大而被挑选出来,他们的距离误差与总体平均距离误差的差别在 1 倍标准方差以内。有 23个 AFE 个例（约 41.8％）仅仅是由于距离误差异常大而被挑选出来。剩余约 40％的 AFE 个例则是由于距离误差和移向误差均达到异常才被挑选出来。

2 AFE 个例影响原因分析和改进途径探讨

2.1 地理和月际分布

图 1 显示的是 AFE 个例的起始预报位置以及所有预报个例的起始预报位置。可以看出,大多数 AFE 个例(约 60％)位于台湾以东和菲律宾以东洋面上（5°～25°N,120°～140°E）。但是,如果将发生的个例总数考虑在内,黄海和东海海域(25°～35°N,120°～130°E)是出现 AFE个例概率最高的海域。4 年中总共有 54 次预报,其中 6 次为 AFE 个例,概率约为 11％。台湾以东和菲律宾以东洋面的概率仅为 8.3％。南海出现 AFE 个例的概率最低,约为 3.8％,但其中近半数 AFE 个例由异常移向误差所致(见图 1a 中的圆点)。而黄海及东海海域的 AFE 个

例基本上都与异常距离误差有关(见图 1a 中的十字和三角形)。

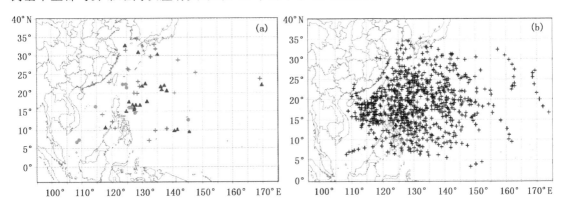

图 1　AFE 个例的起始位置地理分布(a)和所有样本的起始位置地理分布(b)

(图 a 中圆点表示由异常移向误差所致的 AFE 个例,十字表示由异常距离误差所致的 AFE 个例,

三角形表示由移向误差和距离误差共同所致的 AFE 个例;图 b 中十字表示所有预报个例的起始位置)

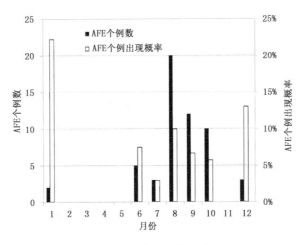

图 2　AFE 个例的月际变化

　　图 2 显示的是 AFE 个例的月际分布。可以看出,发生在 6—10 月的 AFE 个例最多。如果考虑发生概率的话,则是 1 月和 12 月的概率最高,1 月的概率甚至超过 20%(见图 2)。除此以外,8 月份出现 AFE 个例的概率也达到 10%。这表明,尽管 8 月的 AFE 个例经常引起关注(台风活动靠近陆地),但冬季出现 AFE 个例的概率其实是最高的,预报难度也最大。

2.2　导致 AFE 个例的原因分析

　　通过普查上述 55 个 AFE 个例,发现有以下 7 个原因可以导致 AFE,见表 1。在所有 55 个 AFE 个例中,只有 4 个个例与环境背景场(副热带高压、西风槽等)的明显预报误差(简称为 OE,见表 1,下同)有关。其他 51 个个例则与剩下的 6 种因素有关。最常见的因素是台风在预报时效内登陆或经过大型岛屿(简称为 LP),55 个个例中,有 21 次出现了这一因素。影响次数第二多的因素是多台风(低压)相互作用(简称 CO),约三分之一的 AFE 个例受到此因素的影响。其他因素还包括台风接近消亡(简称 PS)、弱引导气流(简称 WS)、台风处在初始编报时刻(IP)和台风变性(简称 ET)。

有 19 个 AFE 个例是由 2 个或以上的因素所导致,约占总数的 34.5%,其余 65.5% 的个例主要由单一因素引起。从表 1 可以看出,登陆或经过大型岛屿(LP)这个因子单独出现时,并不会导致太多 AFE 个例(仅有 5 个个例,见表 1),它通常与其他因素共同作用而导致 AFE 个例的出现(有 21 个个例与 LP 有关)。而 ET 单独存在时,未导致导致 AFE 个例出现,主要原因是处在 ET 阶段的台风,通常也会处在接近消亡阶段(PS)。

表 1　与 AFE 个例有关的因子及其发生次数

影响因子	初始阶段 (IP)	消亡阶段 (PS)	登陆或经 过大型岛 屿(LP)	与其他台风 或云团共存 (CO)	变性阶段 (ET)	弱引导流 (WS)	形势预报 显著误差 (OE)
出现次数	10	14	21	16	9	13	4
仅与 1 个因子有关的 AFE 个例数	8	2	5	9		8	4
受 2 个因子影响的 AFE 个例数				13			
受 3 个因子影响的 AFE 个例数				4			
受 4 个或更多因子影响 的 AFE 个例数				2			

2.3　改善 AFE 个例的可能途径探讨

提高台风路径预报水平的方法有很多,但过去的经验表明,最根本的途径还是提高数值预报水平。这主要包含数据同化系统和数值模式构架本身的提高。这一根本途径,主要与研究者和模式开发者有关。从业务预报角度而言,其他途径或方法也必须发展,以更有针对性地帮助预报员在数值预报的基础上,得出更佳的路径预报。最近几年,多模式集成以及集合预报产品也逐渐被业务应用。当出现 2.2 节中提到的 7 个可能引起 AFE 个例的因素时,预报员通常应该多参照多模式集成或集合预报的结果,而不仅仅是依赖 ECMWF-IFS 的结果。

表 2 显示的不同模式对前述 55 个 AFE 个例的平均预报误差。尽管 ECMWF-IFS 的平均预报水平领先于其他模式,但对于 AFE 个例而言,其他模式的表现可能更好。令人吃惊的是,NCEP-GFS 的预报结果均好于 ECMWF-IFS,尤其是在 PS、LP、CO 和 ET 等因素存在的情况下。2013 年,JMA-GSM 的 48 h 平均预报误差为 170 km,远远落后于 ECMWF-IFS 的 120 km。但就 AFE 个例而言,JMA-GSM 在 PS、LP 和 ET 等因素存在的情况下,其表现要好于 ECMWF-IFS(见表 2)。另外一个值得注意的产品是 ECMWF-EPS。平均而言,ECMWF-EPS 的平均路径误差要略差于 ECMWF-IFS 的结果,但对 AFE 个例,除 IP 因素影响以外,ECMWF-EPS 的表现均要好于 ECMWF-IFS(见表 2)。

表 2　不同模式对 AFE 个例的平均预报误差(km)

(括号中的数字表示某一因素存在时的样本数)

模式	IP	PS	LP	CO	ET	WS	OE
ECMWF-IFS	427.4(4)	492.5(9)	440.1(15)	386.0(8)	535.5(7)	484.7(6)	323.3(4)
NCEP-GFS	345.9(4)	261.7(9)	219.0(15)	222.0(8)	222.0(7)	457.8(6)	236.0(4)
ECMWF-IFS	321.8(8)	346.8(7)	406.9(15)	304.7(9)	446.0(5)	409.6(13)	282.3(2)
JMA-GSM	392.7(8)	336.7(7)	362.9(15)	353.4(9)	391.0(5)	465.7(13)	323.7(2)
ECMWF-IFS	292.9(2)	492.8(10)	445.4(16)	454.0(12)	583.6(9)	391.6(6)	323.3(4)
ECMWF-EPS	339.2(2)	401.4(10)	373.7(16)	382.0(12)	460.8(9)	377.4(6)	281.9(4)

除了参考多模式集成和集合预报平均的结果,还有其他途径可以改善 AFE 个例的预报。比如在台风初始编报阶段,由于 ECMWF-IFS 模式没有模式台风初始化的相关模块,很容易导致模式台风的初始位置与实际台风的初始位置出现较大偏差,进而影响后续的预报。如能将模式台风预报路径依据上述初始位置的偏差进行相应的平移处理(Qi *et al*,2014),则 AFE 个例的预报也可得到有效改善。另外,为了推算出模式台风路径,有一套专门的模式台风中心识别算法(TC-Tracker),这一算法本身在一定情况下,也会出现识别的偏差,导致模式台风预报路径的异常,这在 2012 年"达维(Damrey)"台风的预报中尤为明显,因此,改进 TC-Tracker 算法也是改善 AFE 个例的有效途径。

3 结论和讨论

利用 2010—2013 年,ECMWF-IFS 的 774 次可检验的预报(检验时效 48 h),采用百分位和标准方差为依据,从中挑选出 55 个 AFE 个例。对形成这些个例的相关因子进行了分析,并讨论了了可能改进的途径,得出以下主要结论:

(1)大多数 AFE 个例(约 60%)位于台湾以东和菲律宾以东洋面上 ($5°\sim25°N$,$120°\sim140°E$)。但是,如果将发生的个例总数考虑在内,黄海和东海海域($25°\sim35°N$,$120°\sim130°E$)是出现 AFE 个例概率最高的海域。尽管 8 月的 AFE 个例经常引起关注(台风活动靠近陆地),但冬季出现 AFE 个例的概率其实是最高的,预报难度也最大。

(2)影响 AFE 个例最常见的因素是台风在预报时效内登陆或经过大型岛屿(简称为 LP),55 个个例中,有 21 次出现了这一因素。影响次数第二多的因素是多台风(低压)相互作用(简称 CO),约三分之一的 AFE 个例受到此因素的影响。其他因素还包括台风接近消亡(简称 PS)、弱引导气流(简称 WS)、台风处在初始编报时刻(IP)和台风变性(简称 ET)。

(3)尽管 ECMWF-IFS 的平均预报水平领先于其他模式,但对于 AFE 个例而言,其他模式的表现可能更好,尤其是 NCEP-GFS 模式,值得多加关注。平均而言,ECMWF-EPS 的平均路径误差要略差于 ECMWF-IFS 的结果,但对 AFE 个例,除 IP 因素影响以外,ECMWF-EPS 的表现均要好于 ECMWF-IFS。业务预报中,当预报员预期会出现 AFE 个例时,应该多参考 NCEP-GFS,ECMWF-EPS 甚至是 JMA-GSM 的预报结果。

(4)其他改进 AFE 个例的途径还包括:依据观测实况,对模式台风预报路径进行修正、改进 TC-Tracker 算法等。

尽管本文对影响 AFE 个例的相关因子进行了分析,也就可能改进的途径进行了探讨,但如何在业务预报中预期有 AFE 个例发生,仍是难题。集合预报的发散度是权衡预报不确定性的重要因子,但研究表明,对于 AFE 个例,其平均发散度并未达到异常大的程度,只是接近平均值,因此很难用发散度来确认或预期 AFE 个例是否发生。这方面的研究工作,还值得深入探讨。

参考文献

陈国民,曹庆. 2013 年西北太平洋热带气旋预报精度评定[J]. 气象. 2014,**40**(12):1549-1557.

钱奇峰,张长安,高拴柱,等. 台风路径集合预报的实时订正技术研究[J]. 热带气象学报,2014,**30**(5):905-910.

许映龙,张玲,高拴柱.我国台风预报业务的现状及思考[J].气象,2010,**36**(7):43-49.

Qi L，Yu H，Chen P Y. 2014. Selective ensemble-mean technique for tropical cyclone track forecast by using ensemble prediction systems [J]. *Quarterly Journal of the Royal Meteorological Society*. **140**:805-813.

Yu H，Chen P Y，Qi L，*et al*. 2013. Current Capability of Operational Numerical Models in Predicting Tropical Cyclone Intensity in the Western North Pacific [J]. *Weather and Forecasting*,**28**:353-367.

两种雷暴大风的结构特征及其环境条件对比分析

农孟松　黄海洪　翟丽萍　屈梅芳　赖珍权

(广西壮族自治区气象台,南宁 530022)

摘　要

2014 年 3 月 29—31 日,广西连续两个晚上在同一区域出现了两种不同类型的雷暴大风,这两类雷暴大风在形态结构演变和环境条件上存在明显的差异。30 日雷暴大风表现为多个孤立、松散、排列无序的强单体风暴,属于微湿下击暴流、低层暖平流强迫类,其层结为条件性不稳定,由地面辐合线触发;31 日的雷暴大风则是由有组织的、紧密排列的多单体强风暴组成的飑线系统,其后侧入流明显,有平流作用,风暴范围大,属于高空冷平流强迫类,其层结为对流性不稳定,由地面锋面南压触发产生。从环境条件上来看,30 日雷暴大风的温湿廓线呈倒"V"型结构,中层湿度相对较大,低层干且温度直减率近乎干绝热;31 日雷暴大风的温湿廓线表现为 850 hPa 以下大气层结曲线与露点曲线紧靠,水汽充足,以上两者分离,干层显著,呈"漏斗"状。另外,31 日雷暴大风的垂直风切变较大,更有利于对流的组织化。

关键词:雷暴大风　微下击暴流　飑线　环境条件

引言

雷暴大风是指对流风暴产生的除龙卷以外的地面强风事件。雷暴大风主要由风暴的强下沉气流造成,Fujita 等[1]把在地面附近形成 17.9 m/s(8 级风)以上的向外爆发的流出的强下沉气流称为下击暴流。按照尺度,下击暴流可分为微下击暴流(<4 km)和宏下击暴流(4 km);根据地面降水量和回波强度,还可分为干下击暴流和湿下击暴流。在弱垂直风切变条件下的强对流风暴只有脉冲风暴,由于尺度较小,一般对应微下击暴流,产生微下击暴流的环境通常具有弱天气尺度强迫和强垂直不稳定性的特点[2]。Johns 等[3]总结了微下击暴流温湿廓线特征,指出干微下击暴流温湿廓线呈倒"V"型,湿下击暴流的边界层湿度较大,湿层深厚,湿层以上相对湿度小。在中等到强的垂直风切变环境下产生下击暴流(包括灾害性地面直线风)的对流风暴种类很多,包括孤立的强单体风暴、多单体风暴,还有弓形回波,强垂直风切变下产生的雷暴大风,一般由有组织的飑线或弓形回波造成。经研究表明,弓形回波存在一个强烈的后侧入流急流,它向下沉气流提供干燥的和高动量的空气,通过垂直动量交换和增加的雨水蒸发,增加地面大风的强度[4~5]。而对于形成飑线的环境条件及其物理机制,国内外已经开展了大量的研究,研究表明,大气的静力稳定度、温度、水汽等对飑线的组织形式和强度的影响有重要的作用[6~8],飑线中大风的形成与雷暴高压、冷池、冷池密度流、降水粒子的拖曳、蒸发和融化冷却、高压前侧的强气压梯度以及飑线的移速等因子相关[9~12]。

近年来我国基于雷达、卫星及其他非常规资料等对雷暴大风的形成演变、环境条件和发展机制的研究较多,但大多是基于个例的总结和模拟,对雷暴大风的分类研究较少。张文龙等[13]按照发生时刻的探空曲线特征,将北京地区雷暴大风分为干型和湿型两类,并对其参数特征进行了诊断分析,为雷暴大风分类预报提供了思路;王秀明等[14]对 2009 年 6 月 3 日在相邻两个区域先后出现两种雷暴大风类型的环境条件进行对比研究,指出低层湿度成为风暴结构的决定因素。2014 年 3 月 29—31 日广西连续两个晚上在同一区域出现了两种不同类型的雷暴大风,本文从风暴形态结构的演变和环境条件的差异来分析研究造成两种类型雷暴大风的原因,为雷暴大风分类潜势预报和短时临近预报预警服务提供参考。

1 过程特点概述

2014 年 3 月 29 日晚上至 30 日早晨和 30 日夜间至 31 日早上,广西连续两个晚上出现了大范围的雷暴大风天气过程。这两次天气过程出现了两种不同类型的雷暴大风,29 日晚上至 30 日早上(以下简称 30 日雷暴大风),在广西的中部、北部和贵州南部先后有对流云团生成并东移南下影响广西东部和北部地区,出现了大范围的雷暴大风,其中 8 级以上大风有 14 站次,由多个尺度较小的对流风暴造成,所形成的大风风向多变且时间上没有次序,并伴随大范围的雷暴天气,同时造成了小时雨量在 30～40 mm/h 的短时强降水;30 日夜间至 31 日早上(以下简称 31 日雷暴大风),午后在滇黔交界生成的对流云团于夜间移入广西,形成一条中尺度飑线自西北向东南方向移动影响广西的北部和东部,飑线影响广西将近 5 h,先后产生了连续的 8 级以上大风 24 站次,都为一致的西北风,但伴随的雷暴天气较 29 日的雷暴少,而小时雨强却较大,最大达到 86 mm/h。从影响区域上来看,两次过程的影响范围较相似,都为广西的北部至东部区域,但从影响系统和对流云团的形态及尺度来看却存在明显的差别。因此,本文将采用常规观测资料、水平分辨率为 1°×1°的 NCEP 再分析资料以及雷达卫星等非常规资料对这两次过程进行详细的对比分析,尤其是这两类雷暴大风的形态结构及其环境条件,以期寻找短时临近预报预警的切入点,提升短临预警时效。

2 雷暴大风的形态及风暴结构特征

2.1 雷暴大风的形态特点及其演变

29 日 19 时左右,在广西中部最先有对流云团生成,之后东移发展影响广西东部地区;21 时前后,在广西北部河池—巴马一带又有几个小对流云团生成,之后合并、发展并东移;30 日凌晨贵州南部对流云团开始移入广西,影响广西北部地区。29 日 22 时 5 km 分辨率的可见光云图(图 1a)上可见广西上空有多个近似呈圆团状的对流云团,这说明此时广西上空的高空风不是很大,环境风垂直切变相对较弱,实况对应 20 时广西北部和东部三个探空站的 0～6 km的平均垂直风切变仅为 12 m/s。这几个对流云团边界清晰,相互独立,对应雷达组合反射率因子图(图 1d)可知,卫星云图上每个对流云团下都分别对应着几个对流单体,回波强度达到55 dBZ 以上,其回波顶高度能达到 10～15 km,最强风暴单体的垂直累积液态水含量能达到65 kg/m²,并伴随有中气旋,为超级单体,造成了小范围的强风,在弱垂直风切变条件下只有一种强对流风暴,即脉冲风暴,对应产生下击暴流,由于伴有短时强降水和冰雹,为强脉冲风暴,因而其雷暴大风以湿下击暴流为主。随后,对流云团以东移为主,出现合并,其西面不断有小对流云团生成、并入,呈后向式发展,30 日 03 时(图 1b),小对流云团合并发展成 3 个较大的形状不规则的对流云团,云团后边界清晰,在亮温梯度大值区处,雷达组合反射率因子图(图1e)上对应着多个尺度较小、分布稀松、相对孤立的对流单体,它们中有一般单体、超级单体、以及由单体演变而成的单体弓形回波等,形态不一,持续时间相对较短,属于微湿下击暴流。一些单体自西向东移动先后经过同一个地方,形成列车效应,造成了局地暴雨天气,速度图(图1f)上表现为环境风场为西南风,西南气流携带着水汽向风暴区输送;大片的正速度区中加夹着一些负速度区,有"逆风区"存在,说明风暴区中存在着多个小尺度垂直环流,为风暴单体的持续和发展提供有力的动力条件;另外,单体弓形回波对应着小范围的风速大值区,为地面大风的预警提供参考信息。08时(图1c),云图上的对流云团已经膨胀合并成两个,北边云团处于减弱消散阶段,南边云团则膨胀发展,云顶亮温较低,范围变大并逐渐移出广西。

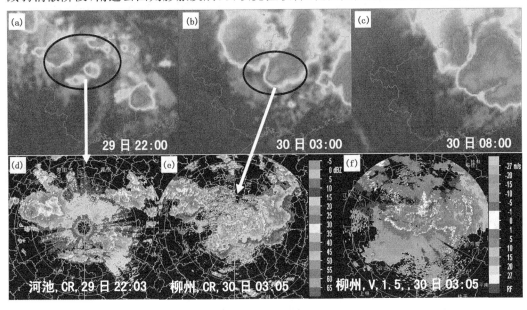

图1 30日雷暴大风的云图(a~c)和雷达组合反射率因子图(d~f)

与造成30日雷暴大风的松散的、尺度较小的对流云团和多单体风暴有所不同,31日的雷暴大风则是由尺度相对较大的对流云团和有组织的对流单体所造成的。30日17时左右,在云南和贵州交界有圆团状对流云团生成,随着850 hPa切变线南压,使得槽前激发的对流单体组织加强,对流单体沿着切变线有组织地发展,并随之移入广西。22:30红外云图(图2a)显示在广西和贵州交界处有一个呈长块状的对流云团,该云团南侧边界光滑,亮温梯度大,由河池雷达组合反射率因子图(图2d)可知,对流云团南侧边界处对应着几个排列成带状、最大反射率因子强度在60 dBZ以上的强对流单体,镶嵌在大片层状云中,其速度图显示这几个强单体中层有中气旋,其前侧存在明显的入流,后侧有出流,为后方单体提供入流,几个强风暴单体相互依存,在其后方不断地激发出新生单体,自西北向东南移动。31日凌晨,后面跟随着冷温槽的中尺度短波槽移至广西北部,其携带着大量的西北干冷空气大举入侵广西北部,02:30云图(图2b)显示对流云团演变呈盾状,形成高空槽云系,后边界光滑,说明短波槽已移至对流云团处影响对流云团的发展,其西北干冷空气的入侵使得云团后边界出现明显的内凹。云团内凹边界处在雷达图像上为一条长180 km、宽15 km左右的中尺度弓形回波,回波中单体排列紧密,其速度图上(图2f)弓形回波前沿有明显的辐合线,后侧紧跟大范围的大风速区,说明其后有大范围的西北干冷空气入侵,高动量的干冷空气下传是造成地面大风的原因之一;同时弓形回波前沿为西南风,西南暖湿气流入流进入弓形回波主上升气流,在提供水汽的同时也与中高层后侧下沉气流之间形成中层辐合,加强垂直涡度,使地面气压下降,从而形成向下的气压梯度力扰动,加强地面大风[15]。随着中尺度短波槽东移南压,干冷空气进一步入侵,云图上(图2c)高空槽云系膨胀变大,后边界更加光滑整齐,内凹明显,说明后侧有干冷空气入侵,对应地面上弓形回波有所发展逐渐演变成一条飑线,造成广西北部和东部自西北向东南出现了一致的西北大风。

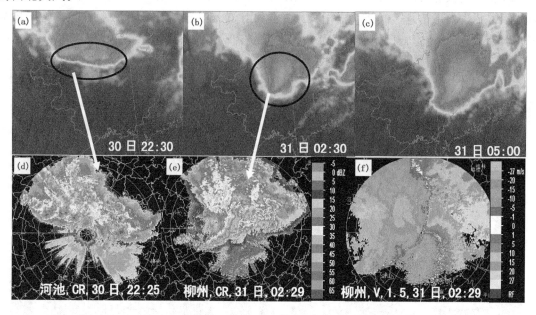

图2 31日雷暴大风的云图(a~c)和雷达组合反射率因子图(d~f)

30日雷暴大风和31日雷暴大风在形态上有明显的区别,30日雷暴大风在云图上表现为几个尺度较小的呈圆团状的对流云团,历经合并—发展—膨胀—消亡,对应雷达图像上则显现为多个孤立、松散、排列无序的强单体风暴,属于微湿下击暴流;而31日的雷暴大风则是由有组织的、紧密排列的多单体强风暴形成的弓形回波和飑线系统造成的,系统性比较明显,在云图上则表现为一个中-α尺度的呈盾状的短波槽云系,后边界内凹明显。

2.2 风暴结构特征

两类雷暴大风除了在形态上有明显的不同外,其造成地面大风的风暴单体在结构上也存在一定的差异。图3为30日雷暴大风中其中一个风暴单体及其垂直剖面图,该风暴单体造成了30日01:23柳城大风,从图3a中可以看出该风暴单体是由一个强对流单体演变成的单体弓形回波,速度图(图3e)上弓形回波后面对应着小范围的大风速区,最大风速达到15 m/s,其垂直剖面图反映出此次的下降过程,图3b~d显示该单体风暴发展很高,回波顶达到12 km以上,有悬垂回波,00:54风暴单体发展到最旺盛,01:24风暴单体减弱,高度降低,反射率因子核心接地,说明此时大风已经接地;其速度图(图3f~h)上可见前侧有明显的入流,后侧有小范围的下沉气流,00:54出现明显的中层径向辐合(MARC),预示着即将出现地面大风,01:24后侧有下沉气流接地,中层被出流截断,此时已出现地面大风。对比31日雷暴大风的飑线垂直剖面(图4b~d)可以知道,飑线中的强单体高度较30日雷暴大风的低,反射率因子强度也相对较弱,但是同样显示有悬垂回波、反射率因子核心下降接地的过程;其速度剖面图(图4f~h)上同样反映前侧和后侧都有明显的入流,中层也出现径向辐合,但是辐合强度较29日

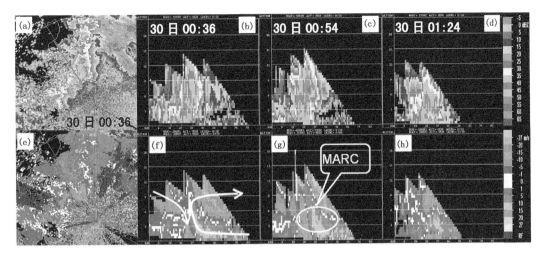

图3　30日雷暴大风中的风暴单体(a、e)及其垂直剖面图(b～d,f～h)

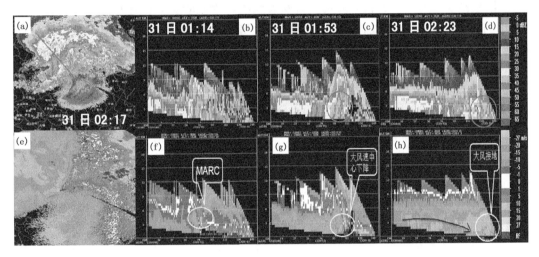

图4　31日雷暴大风中的风暴单体(a、e)及其垂直剖面图(b～d,f～h)

雷暴大风的弱,后侧入流是一个大范围连续的平流过程,反映出后侧入流有大值中心下降的现象。

综上所述,30日雷暴大风和31日雷暴大风除在形态上有明显的区别外,在其风暴结构上也存在一定的差异,30日雷暴大风中风暴尺度较小,但是回波伸展高度高,回波强度更强,其中层径向辐合强度更为强烈;而31日雷暴大风最为显著的结构特征是其后侧入流明显,有平流作用,风暴范围大。但是这两者还是有其相同之处的,即风暴单体有悬垂结构,前侧入流明显,一次大风接地过程伴随有反射率因子核心下降接地现象。那么,环境因素对导致这两类雷暴大风在结构和形态上的差异有什么影响?下面将对这个问题进行进一步的分析。

3　环境条件对比分析

3.1　影响系统及其作用

两次雷暴大风均出现在20时后至第二天08时前,因此,本文选取了2014年3月29日20时和30日20时的资料来进行对比分析这两次过程的天气尺度背景条件。从这两次雷暴大风的大尺度环流配置来看,这两次过程均属于发生在高原槽前的雷暴大风,500 hPa高原冷槽为主要的影响系统。29日20时(图5a),500 hPa高原槽位于四川和云南中东部,配合的冷温槽不明显,在贵州、湖南和广西三省交界处存在一个跟随前一个高空槽的冷温槽,说明在广西北部上空仍有弱冷空气影响,有利于干冷空气的夹卷作用,对于下沉气流的发动起重要的作用[16];700 hPa以下转为偏南风,地面广西转为高压后部,地面锋面还在长江以北,西南暖低压开始发展,低层暖脊快速建立,强烈发展的暖湿平流对建立热力不稳定起了主导作用,与许爱华等[17]对中国中东部强对流天气所进行的天气形势分类中低层暖平流强迫这一类形势相似,属低层暖平流强迫类;而31日雷暴大风则属于高空冷平流强迫类,30日20时(图5b)在广西西北部激发出一个中尺度短波槽,配合有明显的冷温槽,西北方向跟随大范围的冷平流,为飑线的形成和发展提供原动力;850 hPa切变线已压到广西和贵州交界,地面图上西南暖低压控制广西西部,地面锋面压至贵州南部,850 hPa暖脊位于广西北部,上下温度差动平流有利于形成强的热力不稳定,中高空干冷平流起着主导作用,系统性更为明显。

另外,中高层干冷空气的侵入对两次雷暴大风的产生起着重要的作用。干侵入是指对流层顶附近下沉至低层的干空气,可用相对湿度和位涡场来表征[18]。图6为109°E,24°N(即柳州站附近)的位涡和相对湿度随时间和高度的演变图,从图中可以看到,29日08—20时,柳州上空500~400 hPa上有一个位涡大于0.5 PVU和相对湿度小于50%的干区,说明此时上空存在一定的相对较弱的干冷空气,正是这干冷空气夹卷进入,为30日雷暴大风的产生提供了所需的"原材料";而31日雷暴大风的干侵入更明显,30日14时至31日08时,高位涡区呈漏斗状向下延伸至850 hPa附近,位涡中心值大于0.8 PVU,位于250 hPa附近,同时在700 hPa附近存在一个位涡中心,此位涡高值区的强度和范围明显大于前一天过程,说明31日雷暴大风的干侵入更为明显,强度更大,同时,低层西南暖低压发展,蓄积了大量的具有较高的湿球位温的湿空气,具有较低湿球位温的干空气块,沿着密集的等熵面下滑,侵入到对流层低层,增强大气的对流不稳定性,从而更易产生强对流天气。Browning等[19]指出,一旦干冷空气从对流层顶附近快速侵入低层强斜压区,并凌驾于具有高湿球位温的边界层之上时,能导致飑线的产生和发展。因此,干侵入的强度对形成雷暴大风的种类有一定的影响。

通过分析这两次雷暴大风的环流形势可以发现,500 hPa高原冷槽为主要的影响系统,30日雷暴大风属于低层暖平流强迫类,由低层强烈发展的暖湿平流对建立热力不稳定起了主导作用;31日雷暴大风则由中高空干冷平流对形成热力不稳定起着主导作用,属于高空冷平流强迫类。干侵入对雷暴大风的产生起着重要的作用,其强度对雷暴大风的种类有一定的影响。

3.2 不稳定条件及其抬升触发

强对流的发生是与大气不稳定性密切相关的。层结不稳定是雷暴发生的三要素之一,也是短时预报分析的重点,各种中尺度不稳定在雷暴发生中有不同的作用[20]。孙继松等[21]指出,对于湿大气,我们一般用条件性静力稳定度来判断层结稳定性,实际大气中发生的对流都是条件性不稳定的结果,其判据为$\partial\theta_{se}/\partial z<0$,即假相当位温随高度减小。图7为沿109°E假相当位温的垂直剖面图,图8为两次过程中发生雷暴大风区域中三个探空站(河池、桂林和梧州)的合成探空图。

图7a为29日20时沿109°E假相当位温的垂直剖面图,从图中可以看出,25°N以南即广西上空500 hPa以下假相当位温随高度减小,为条件不稳定层结,同样,图8a中对流有效位能

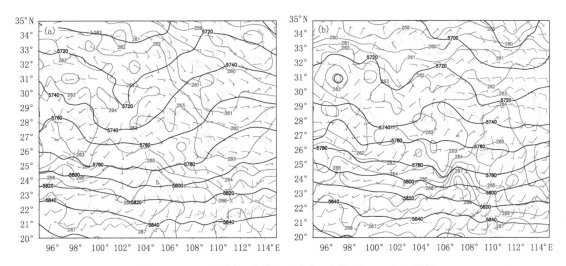

图 5 500 hPa 高度场(实线)、温度场(虚线)和 850 hPa 风场

(a)29 日 20 时;(b)30 日 20 时

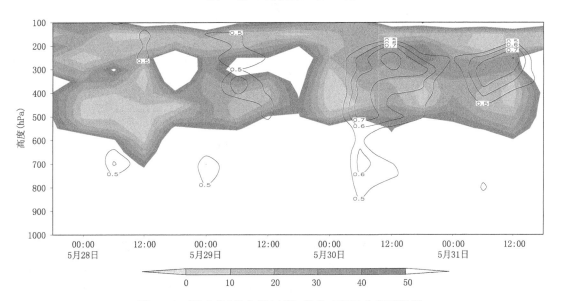

图 6 109°E,24°N 的位涡(实线,单位:PVU)和相对湿度

(阴影,<50%,单位:%)随时间和高度的演变图

CAPE 为 712 J/kg,说明气层条件不稳定,具有潜在的不稳定能量。条件不稳定转化为现实的不稳定有两个途径:(1)低层增湿使气层达到饱和;(2)低层辐合抬升使得气块达到自由对流高度(LFC)。实况表明,29 日 17—21 时,在广西的中部和北部对应对流起源地存在小尺度的地面辐合线,而 29 日 20 时的合成探空显示自由对流高度仅为 663 m,小尺度的地面扰动足以使气块抬升达到自由对流高度而获得正浮力,从而产生强对流。条件性不稳定本质上是基于气块理论的浮力不稳定,局地的热力或动力因子对空气的抬升可将不稳定释放,通常产生的是局地性的、孤立的雷暴。

30 日 20 时(图 7b),广西上空 900 hPa 以下的假相当位温随高度增大,说明是条件稳定的。对流天气一般发生在条件性不稳定的情况下,但有时在上干下湿的条件性稳定的层结的条件下,如果有较大的抬升运动,也可能产生对流天气,即对流性不稳定[22]。从图 8b 的探空曲线可以看出,广西北部和东部上空具备上干下湿的湿度层结,说明上空存在对流不稳定区,在有大范围抬升条件下同样会产生强对流。假相当位温的垂直剖面图(图 7b)上显示在贵州南部(26.5°N 附近)上空存在一条假相当位温密集带,随高度向北倾斜,温度梯度明显,为一条冷锋,自北向南移来,而锋前为暖湿气团的不稳定能量聚集区,随后,锋面南压,抬升气团,使条件性稳定的气层被整层抬升达到饱和从而转变成条件性不稳定,触发对流。对流性不稳定即位势不稳定需要有较大范围的抬升触发作用,可由较强的较大范围的中尺度系统(非浮力抬升)造成,可引发大范围的区域性强对流天气,造成的对流天气往往比较剧烈,水平范围也大。

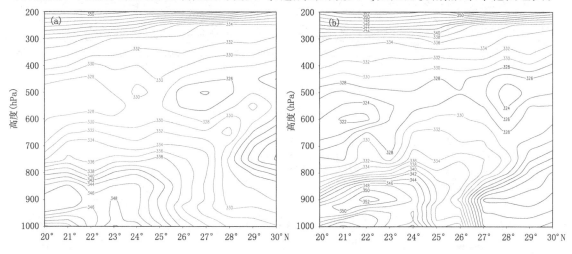

图 7 沿 109°E 假相当位温的垂直剖面图

(a)3 月 29 日 20 时;(b)3 月 30 日 20 时

4.3 温湿廓线特征及其对风暴类型的影响

大气层中水汽的含量及其垂直分布也会对雷暴大风的组织和形态产生一定的影响。从图 8 两个过程发生前 20 时的合成探空廓线可以看出,大体上雷暴大风发生前期广西北部和东部上空均呈现上干下湿的温湿层结,存在"喇叭口"特征,中高层有干冷空气,为典型雷暴大风的层结廓线。然而,从细节上来看,两者还是存在一些明显的差异,正是这些差异,对两次雷暴大风出现不同的形态特征造成了一定的影响。29 日 20 时(图 8a)的合成探空图显示,850 hPa 以下低层的水汽含量相对较小,温度露点差在 7℃左右,温度廓线近似平行于干绝热线,温度直减率近乎干绝热,呈倒"V"形;850～700 hPa 为湿层,温度露点差在 3℃,700 hPa 以上为"喇叭口"状的干层,有干冷空气侵入,850～500 hPa 温差为 26℃,NCEP 资料表明 29 日 20 时至 30 日 02 时 900～850 hPa 有 1℃左右的弱升温,同时 500～400 hPa 有 1～2℃的弱降温,温度直减率有所增大。综上所述,其温湿廓线呈倒"V"型结构,中层湿度相对较大,低层干且温度直减率近乎干绝热,与 Atkins 等[23]得到的湿微下击暴流的温湿廓线极为相似,这种温湿廓线特征有利于降水粒子在下降过程中,干空气夹卷进入下沉气流加速了云雨粒子的蒸发和升华,使云下温度降低,形成负浮力,在随后的下沉过程中,由于近地面的环境温度近乎干绝热递减率,气块与环境的温差得以保存保持,由于热浮力的作用加速下沉,从而造成地面大风,形成局地性和突发性强的微湿下击暴流。

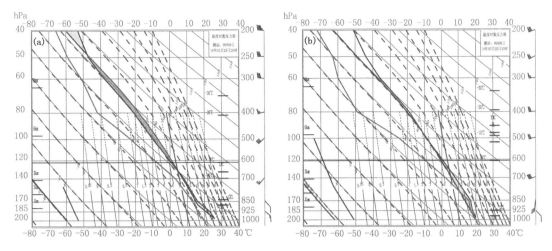

图 8　三个探空站(河池、桂林和梧州)的合成探空图

(a)3 月 29 日 20 时;(b)3 月 30 日 20 时

31 日雷暴大风的合成探空图(图 8b)与 30 日雷暴大风的相比,700 hPa 以上更为干冷,说明干冷空气侵入更为明显,700 hPa 以下都为湿层,湿层厚度大,温度露点差在 1℃左右,湿度更大,925~850 hPa 有弱的逆温;850~500 hPa 温差同样为 26℃,但是 NCEP 资料表明 30 日20 时至 31 日 02 时 600~500 hPa 有较为明显的降温(2~3℃),低层升温不明显,说明中高层强的降温对此次雷暴大风的作用更为明显。31 日雷暴大风的温湿廓线表现为整个大气层水汽分布不均匀,850 hPa 以下大气层结曲线与露点曲线紧靠,水汽充足,850 hPa 以上两者分离,尤其是 500 hPa 以上相对湿度急剧减小,干层显著,呈"漏斗"状,为典型的上干下湿的大气层结,与樊李苗等[24]得出的中国短时强对流雷雨大风型的 T-$\ln p$ 图温室曲线形态相一致。此次雷暴大风的下沉气流是由降水粒子的下降拖曳作用和干冷平流入侵的高动量下传所发动,而大气的温湿廓线状态中的低层高湿环境对下沉气流的维持和加强是非常重要的[25]。另外,孙建华等[8]通过数值试验研究了整层水汽含量及其垂直分布对中尺度对流系统的组织类型的影响,指出在保持整层水汽含量不变的情况下,线状对流易发生在中层干、低层(特别是 850hPa 以下)湿的环境中。因此,低层高湿度环境有利于线状对流的形成以及下沉气流的维持和加强。

30 日雷暴大风的温湿廓线呈倒"V"型结构,中层湿度相对较大,低层干且温度直减率近乎干绝热,有利于云雨粒子在下降过程中由于夹卷作用加速蒸发和升华,使得气块与环境温差加大或保持,增大负浮力,气块加速下沉从而造成地面大风;31 日雷暴大风的温湿廓线表现为850 hPa 以下大气层结曲线与露点曲线紧靠,水汽充足,以上两者分离,干层显著,呈"漏斗"状,低层高湿度环境有利于线状对流的形成以及下沉气流的维持和加强。

3.4　垂直风切变

两次雷暴大风过程中从整体上来看都具有一定的风垂直切变,低层风速较小,中高层风速大,呈顺时针旋转。30 日雷暴大风 0~6 km 的垂直风切变为 12 m/s,属于中等偏弱的垂直风切变,0~2 km 的垂直风切变仅为 1 m/s,低层垂直风切变较小,有利于脉冲风暴的发展;而 31日雷暴大风的垂直风切变比 29 日雷暴大风强,0~6 km 的垂直风切变为 24 m/s,具有较强的垂直风切变,同时 0~2 km 的垂直风切变为 9 m/s,强的垂直风切变有利于对流倾斜发展,是上升和下沉气流分离,从而有利于风暴的维持,同时,深层强的垂直风切变有利于风暴单体高度组织化,从而形成弓形回波和飑线;另外,低层强的垂直风切变与低层的充沛水汽相互作用能形成高度组织化的超级单体和弓形回波,反之则形成一般单体和脉冲风暴。因此,垂直风切变的大小对雷暴大风的形态和结构也会产生一定的影响。

4　小结与讨论

(1)两类雷暴大风在形态和结构上存在明显的差异,30日雷暴大风表现为多个孤立、松散、排列无序的强单体风暴,属于微湿下击暴流,其回波伸展高度高,回波强度强,中层径向辐合强度强烈;而31日的雷暴大风则是由有组织的、紧密排列的多单体强风暴组成的飑线系统,其后侧入流明显,有平流作用,风暴范围大。

(2)两次雷暴大风的主要影响系统均有500 hPa高原冷槽,30日雷暴大风属于低层暖平流强迫类,由低层强烈发展的暖湿平流对建立热力不稳定起了主导作用;31日雷暴大风则由中高空干冷平流对形成热力不稳定起着主导作用,属于高空冷平流强迫类。干侵入对雷暴大风的产生起着重要的作用,其强度对雷暴大风的种类有一定的影响。

(3)30日雷暴大风为条件性不稳定层结,由地面辐合线触发,产生了局地性的、孤立的雷暴;31日雷暴大风的层结则属于对流性不稳定,由地面冷锋南下触发产生,造成了较为强烈、大范围的强对流天气。

(4)从环境条件上来看,30日雷暴大风的温湿廓线呈倒V型结构,中层湿度相对较大,低层干且温度直减率近乎干绝热,有利于云雨粒子在下降过程中由于夹卷作用加速蒸发和升华,使得气块与环境温差加大或保持,增大负浮力,气块加速下沉从而造成地面大风;31日雷暴大风的温湿廓线表现为850 hPa以下大气层结曲线与露点曲线紧靠,水汽充足,以上两者分离,干层显著,呈"漏斗"状,低层高湿度环境有利于线状对流的形成以及下沉气流的维持和加强。另外,31日雷暴大风的垂直风切变较大,更有利于对流的组织化。

连续两天在同一地区形成了雷暴大风等强对流天气,形成了两种不同类型的雷暴大风,实属罕见,如何提前预报出强对流天气的类型、及时做好预警服务工作?给短时临近预报预警服务带来了新的问题和挑战。本文仅如何从形态和结构上判断雷暴大风类型,从环境条件上区分两者,这两个方面入手进行了详细的探讨,但对其形成机理方面涉及较少,尤其是环境的温、湿条件对风暴类型的作用有多大的影响,这些都值得深入地研究。

参考文献

[1] Fujita T T. Manual of downbursts identification for Project NIMROD. SMRP Research Paper 156, University of Chicago,1978,104.

[2] 俞小鼎,姚秀萍,熊廷南,等.多普勒天气雷达原理与业务应用[M].北京:气象出版社,2006,155-160.

[3] Johns R H, Doswell III C A. Severe local storms forecasting. *Wea Forecasting*,1992,**7**(4):588-612.

[4] Smull B F and Houze R A Jr. A mid-latitude squall line with a trailing region of stratiform rain:Radar and statellite observations[J]. *Mon Wea Rev*,1985,**113**:117-133.

[5] Smull B F, Houze R A Jr. Rear inflow in squall line with trailing stratiform precipitation[J]. *Mon Wea Rev*,1987,**115**:2869-2889.

[6] James R P, Markowski P M, Fritsch J M. Bow echo sensitivity to ambient moisture and cold pool

strength [J]. *Mon Wea Rev*，2006，**134**（3）：950-964.

[7] Takemi T. A sensitivity of squall-line intensity to environmental static stability under various shear and moisture conditions [J]. *Atmos Res*，2007，**84**（4）：374-389.

[8] 孙建华,郑淋淋,赵思雄.水汽含量对飑线组织结构和强度影响的数值试验[J].大气科学,2014,**38**（4）：742-755.

[9] 牛淑贞,张一平,席世平,等.基于加密探测资料解析 2009 年 6 月 3 日商丘强飑线形成机制[J].暴雨灾害，2012,**31**(3):255-263.

[10] 刘香娥,郭学良.灾害性大风发生机理与飑线结构特征的个例分析模拟研究[J].大气科学,2012,**36**(6):1150-1164.

[11] 王秀明,俞小鼎,周小刚,等."6·3"区域致灾雷暴大风形成及维持原因分析[J].高原气象,2012,**31**(2):504-514.

[12] 金龙,赵坤,谢利平,等.一次弓形回波结构和演变机制的多普勒雷达观测分析[J].气象科学,2013,**33**(6):591-601.

[13] 张文龙,王迎春,崔晓鹏,等.北京地区干湿雷暴数值实验对比研究[J].暴雨灾害,2011,**30**（3）:202-209.

[14] 王秀明,周小刚,俞小鼎.雷暴大风环境特征及其对风暴结构影响的对比研究[J].气象学报,2013,**71**(5):839-852.

[15] Roberts R D, Wilson J W. Aproposed microbust nowcasting procedure using single-Doppler radar[J]. *J Appl Meteor*,1989,**28**,285-303.

[16] Raymond D J, Solomon R, Blyth A M. Mass flux in New Mexico mountain thunderstorms from radar and aircraft measurements[J]. *Quart J Roy Meteor Soc*,1991,**117**,587-621.

[17] 许爱华,孙继松,许东蓓,等.中国中东部强对流天气的天气形势分类和基本要素配置特征[J].气象,2014,**40**(4):400-411.

[18] 于玉斌,姚秀萍.干侵入的研究及其应用进展[J].气象学报,2003,**61**(6):769-778.

[19] Browning K A,Golding B W. Mesoscale aspect of a dry intrusion within a vigorous cyclone[J]. *Quart J Roy Meteor Soc*，Part A,1995,**121**(523):465-493.

[20] 王秀明,俞小鼎,周小刚.雷暴潜势预报中几个基本问题的讨论[J].气象,2014,**40**(4):389-399.

[21] 孙继松,陶祖钰.强对流天气分析与预报中的若干基本问题[J].气象,2012,**38**(2):164-173.

[22] 寿绍文,励申申,姚秀萍.中尺度气象学[M].北京:气象出版社,2003,143.

[23] Atkins N T, Wakimoto R M. Wet microburst activity over the southeastern United State[J]. *Wea Forecasting*,1991,**6**,470-482.

[24] 樊李苗,俞小鼎.中国短时强对流天气的若干环境参数特征分析[J].高原气象,2013,**32**(1):156-165,doi:10.7522/ j.issn.1000-0534.2012.00016.

[25] Srivastsva R C. A simple model of evaporatively driven downdrafts:Application to microburst downdraft [J]. *J Atmos Sci*,1985,**44**,1752-1773.

河北副热带高压外围降水特征与预报

李江波　　曾建刚　　孔凡超

(河北省气象台,石家庄 050021)

摘　要

应用 NCEP/NCAR 再分析资料、MICAPS 常规观测资料、京津冀降雨量资料,对 2000—2014 年,河北 69 次副高外围(西风带冷空气与副高外围暖湿气流相互作用)的降水个例进行了综合分析,总结了这类天气的特征和降水分布规律,同时根据副高形态,将这类天气分成 3 种类型。对这 3 类天气的环流背景场和物理量场进行了合成分析,结果表明:(1)69 个西风带冷空气与副高外围暖湿气流相互作用的降水个例雨量统计显示,暴雨和大暴雨发生频次自西北向东南明显增加,有三个区域较易出现暴雨和大暴雨,即燕山南麓的唐山和秦皇岛、太行山东麓的邢台、河北平原东部的衡水,而保定西北部山区最不易出现暴雨。(2)按照副高形态,将 69 个西风带冷空气与副高相互作用的暴雨分为 3 类:块状副高类、准东西带状副高类、东北西南向副高类,其降水分布特征有所不同;(3)在预报西风带冷空气与副高相互作用的降水过程时,除了关注西风槽和副高的位置、强度、形态外,更要关注中低层及地面辐合系统,强降水一般发生在副高外围 584~586 dagpm,低层 700 hPa 和 850 hPa 的低涡和切变线系统及地面倒槽和低压系统附近。(4)对环流背景场和物理量场进行了合成分析,统计了该类暴雨的相关多个物理量的平均值和极大值,可作为副高外围暴雨强度及落区预报重要参考。通过对该类天气特征和规律的总结,有助于更好地应用和订正数值预报产品。

关键词:西太平洋副热带高压　西风带冷空气　副高外围　暴雨预报

引言

华北暴雨中,重要的一类是副高外围暴雨,它们是由西太平洋副热带高压(简称副高)与西来冷空气(常伴有西风槽、低涡、切变线等)相互作用产生的。据统计,在北京地区,这类暴雨占该地区强降水的 46%(刘还珠等,2007)。河北省气象台根据环流特征和影响系统,将河北暴雨分为 5 类:低槽冷锋类、低涡类、台风类、气旋类、切变线类(河北省气象台,1987),低槽冷锋类所占比例最多,副高与西来冷空气相互作用产生的暴雨也包含其中。

每年 7—9 月,伴随着副高的北跳和南退,华北进入雨季,尤以"七下八上"突出,华北历史上著名的极端暴雨过程如"63·8"、"75·8"、"96·8"、"12·7"均出现在 7 月下旬到 8 月上旬,发生在三带系统(西风带、副热带、热带)相互作用的大尺度环流背景下(丁一汇等,1978;胡欣等,1998;于玉斌,1999;冯伍虎等,2001;俞小鼎,2012;孙建华等,2013),而直接的影响则是西风带冷空气与副高外围的暖湿气流的相互作用。暴雨可发生在副高东退的过程中(王欢,2007;李云,2007;王莉萍,2004),也可发生在西进过程中(汇吉喜,1997)。降水性质可能是对流性降水(王宗敏等,2013;孙军等,2012),也可能是稳定性降水,还可能是对流加稳定性的混

资助项目:城市气象科学研究基金项目(UMRF201262);中国气象预报员专项(CMAYBY2013-007);河北省强对流创新团队。

合性降水(尤凤春等,1999)。

由于副热带高压气团具有高温、高湿、高能特征,一旦有合适的触发机制,便可产生较强降水,落区和强度具有明显的不均匀性。在实际天气预报业务中,预报员常常把 584 dagpm 或 586 dagpm 等高线作为副高外围的标志线,一般预报暴雨发生这两条等高线之间或附近,因此副热带高压的形状、位置、强度对雨带的位置和强度起着决定性作用。在华北暴雨中,一般根据副高的形状可分为块状副高和带状副高,它们所造成的雨带位置和强度有很大的不同。例如 2005 年 8 月 16 日和 2000 年 8 月 8—9 日的华北东部大暴雨过程中,尽管副高呈块状,但位置不同,强降水中心也不同,分别位于天津和衡水。

由于三带(西风带、副热带、热带)系统相互作用的复杂性,导致副热带高压的位置和强度的不确定性,因此长期以来,副高外围降水落区和强度预报一直是暴雨预报中的难点和重点。近些年,以欧洲中心为代表的数值天气预报已经取得了长足进步,准确率越来越高,然而在盛汛期,副高强度和位置的预报仍有较大误差,从而导致副高雨带预报的失误。因此如何更好地应用和订正数值预报,是目前预报员面临的主要问题,而详细地总结和分析本地不同地形下、不同系统造成降水的规律和特征,可以有效地弥补数值预报的不足。本文将对 2000—2013 年河北省(包括京津)69 次副高外围暴雨过程进行分析,总结副高外围降水特征和规律,建立天气概念模型,总结预报着眼点,以期更好地订正数值预报产品,提高副高外围暴雨预报准确率。

1 资料和分析方法

1.1 资料说明

所用资料包括:(1)2000—2013 年河北及京津 178 个气象观测站 08—08 时降雨量资料;(2)2000—2013 年常规地面、高空 MICAPS 格式资料;(3)2000—2013 年 NCAR/NCEP 0.5×0.5 再分析资料。

1.2 分析方法说明

副高外围暴雨过程:根据京津冀 178 站逐日 08—08 时降雨量,有 5 个站及以上出现暴雨(≥50 mm),为一次暴雨过程,如果在当日 500 hPa 天气图上,584 dagpm 等高线位于河北南部(36°N 及以北),就认为该过程受副热带高压影响,是一次副高外围降水过程(西风带冷空气与副高外围暖湿气流相互作用降水过程)。以此标准,2000—2013 年共有 69 次暴雨过程(表 1)。

副高形态:以 588 dagpm 等高线所围区域形态分为 3 类:块状副高;准东西带状副高、东北—西南向带状副高。其中块状副高影响的个例 16 个,准东西带状副高 40 个,东北—西南向带状副高 13 个(表 1)。

表 1 2000—2013 年河北省副高外围暴雨过程个例统计表(69 个例)

日期	落区	≥50 mm 站数	≥100 mm 站数	极值	类型	副高形状
20000703	中南部|西部	54	19	254.1	低涡类	块状副高
20000904	南部	25	10	164	冷锋|辐合线	块状副高
20020728	南部|东北部	6	0	98	台风类	块状副高
20030726	东北部	5	0	111	低槽冷锋类	块状副高
20040914	东北部	20	1	102.5	台风类	块状副高
20050722	中南部	47	9	228	台风类	块状副高

日期	落区	≥50 mm 站数	≥100 mm 站数	极值	类型	副高形状
20050812	北部|东北部	7	3	177.8	低槽冷锋类	块状副高
20070728	南部	12	0	98.3	切变线类	块状副高
20070730	中部	20	3	158.1	低槽冷锋类	块状副高
20080809	西北部|西部	5	1	108.7	切变线类	块状副高
20080810	中北部|南部	18	2	138		块状副高
20080811	东北部	9	1	222		块状副高
20100818	全省	21	1	104	低槽冷锋类	块状副高
20120721	中北部	37	22	364	低槽冷锋类	块状副高
20130715	北部|南部	9	1	122.9	低槽冷锋类	块状副高
20130718	东部	5		84		块状副高
20000715	南部|东部	13	1	115.5	低涡类	带状—东西向
20000727	中南部|东北部	23	3	116.2	低槽冷锋类	带状—东西向
20000808	东部	35	13	244.9	低涡类	带状—东西向
20010720	东部	19	1	111	低槽冷锋类	带状—东西向
20010724	北京	16	2	114	低槽冷锋类	带状—东西向
20020803	中部|东北部	6	2	204.6		带状—东西向
20030723	东部	6	4	159	低槽冷锋类	带状—东西向
20030727	中南部|东北部	26	1	149.5	低槽冷锋类	带状—东西向
20030730	东部	18	10	155.9	低槽冷锋类	带状—东西向
20030826	南部	5		79.8	切变线类	带状—东西向
20030916	中部|东北部	14	1	120	低槽冷锋类	带状—东西向
20040811	中南部	14	4	133.2	台风类	带状—东西向
20050730	东北部	4	1	108	低槽冷锋类	带状—东西向
20050802	中部	5	2	103	低槽冷锋类	带状—东西向
20050816	中南部	43	4	123	低槽冷锋类	带状—东西向
20060714	中部	20	4	143	台风类	带状—东西向
20060730	中部|东部	8	2	122	低槽冷锋类	带状—东西向
20060812	东北部|中南部	9	1	138.3	低槽冷锋类	带状—东西向
20060828	南部	34	6	163.4	低槽冷锋类	带状—东西向
20070801	中部	11	3	131.2	低槽冷锋类	带状—东西向
20070825	东北部|东南部	7	0	62	低槽冷锋类	带状—东西向
20080714	中南部|东北部	54	4	161.1	低槽冷锋类	带状—东西向
20080820	南部	2	0	62.9	气旋类	带状—东西向
20090708	西部	14	1	107	气旋类	带状—东西向
20090716	南部	8	1	101.9	低槽冷锋类	带状—东西向
20090717	中部	8		69.3	低槽冷锋类	带状—东西向
20090816	东部	16	2	109.6	低槽冷锋类	带状—东西向
20090825	中部	14	2	131.2	低槽冷锋类	带状—东西向
20090904	东部|东北部	13	4	153	低槽冷锋类	带状—东西向

日期	落区	≥50 mm 站数	≥100 mm 站数	极值	类型	副高形状
20110701	中南部	17		78	切变线类	带状—东西向
20110724	南部|东北部	36	5	124	低槽冷锋类	带状—东西向
20110729	中南部|东北部	62	8	127	低槽冷锋类	带状—东西向
20110813	中北部	25	6	221	切变线类	带状—东西向
20120725	东部|东北部	5	2	206.4	暖区暴雨	带状—东西向
20120726	南部|东部	19	3	169.6	切变线类	带状—东西向
20120728	东北部	12	6	151.6	低槽冷锋类	带状—东西向
20120803	东北部	10	9	230.3	台风类	带状—东西向
20120811	中部	13	1	109.5	低槽冷锋类	带状—东西向
20130701	中东部	23	8	213.2	低槽冷锋类	带状—东西向
20130725	中部	7	1	104.9	切变线类	带状—东西向
20010818	中南部|东部	10	1	121.8	低槽冷锋类	带状—东北西南向
20040728	东部|南部	6	0	77.6	低槽冷锋类	带状—东北西南向
20060825	东部	21	6	131.2	低槽冷锋类	带状—东北西南向
20070807	东北部	5	0	98.1	低槽冷锋类	带状—东北西南向
20080813	中部	15	3	142	切变线类	带状—东北西南向
20100719	东部|东北部	37	15	158	低涡类	带状—东北西南向
20100804	东部|东北部	19	4	162	低槽冷锋类	带状—东北西南向
20110809	西部	4	2	127	切变线类	带状—东北西南向
20120731	东部|东北部	39	4	125.6		带状—东北西南向
20120901	中部	30	1	108	低槽冷锋类	带状—东北西南向
20130708	中南部	22	1	112.8		带状—东北西南向
20130709	中南部	18	0	88.2	低槽冷锋类	带状—东北西南向
20130714	北部	7	0	93.8		带状—东北西南向

物理量场合成分析:应用 NCEP 再分析资料对一类所有过程物理量进行平均。

物理量场极值分析:应用 NCEP 再分析资料对一类所有过程物理量逐格点挑选一个极值为该类极值场。

暴雨类型:根据河北省预报员手册,将河北暴雨分为 5 类:低槽冷锋类、低涡类、台风类、气旋类、切变线类(河北省气象台,1987)。

2 河北省副热带高压外围暴雨统计特征

从表 1 看出,在西风带冷空气与副高外围暖湿气流相互作用带来降水的 69 个个例中,发生在 7 月 1 日至 9 月 17 日之间,24 h 暴雨站数出现最多的过程是 2011 年 7 月 29—30 日,河北省有 62 个站点超过 50 mm(总站数 142);24 小时大暴雨站数出现最多的过程是 2012 年 7 月 21—22 日,有 22 个站点超过 100 mm,最大降水量达到 364 mm,这也是 2000—2013 年河北省气象观测站降水极值。在这些降水过程中,低槽冷锋类所占比例最多,有 41 次,占 59%;其次是切变线类,有 9 次,占 13%。

图 1 给出了副高外围 69 个暴雨个例雨量统计情况,图 1a 和 1b 分别为 24 h 降雨量在 50 mm 以上和 100 mm 以上的站次空间分布图。可以看出,暴雨和大暴雨发生频次自西北向东南明显增加,有三个区域较易出现暴雨和大暴雨:燕山南麓的唐山和秦皇岛、太行山东麓的邢台、河北平原东部的衡水。就暴雨发生频次而言,69 次暴雨过程,张家口、保定西北部仅为 1～3 次,而东北部的唐山、秦皇岛及东部的衡水则达 18～24 次,滦县、抚宁达 24 次。对大暴雨发生频次看,张家口、承德北部没有大暴雨出现,而在东北部、东部达 5～8 次,昌黎出现次数最多,达 8 次。69 次暴雨过程的平均降水量分布也呈西北少,东部、东北部多的规律,平均雨量为 7～27 mm(图 1c)。从 69 次过程的极端降水量看(图 1d),高值区有四个:北京西部、保定北部及廊坊;秦皇岛东部、唐山南部;石家庄、邢台西部;沧州、衡水东部,24 h 最大降雨量出现在固安,为 364 mm。

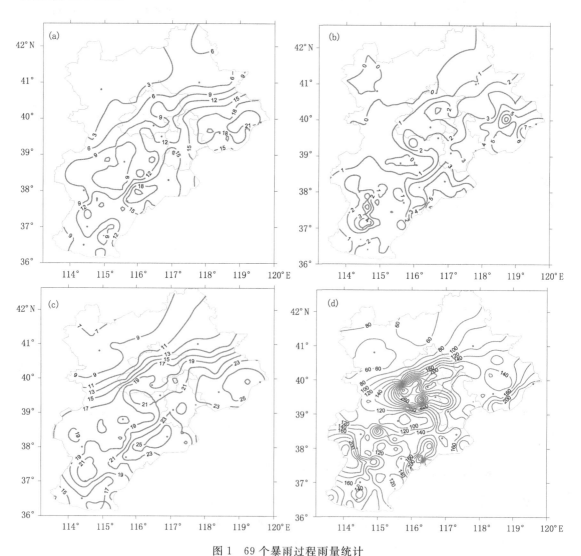

图 1 69 个暴雨过程雨量统计

(a)≥50 mm 站次空间分布;(b)≥100 mm 站次空间分布;

(c)平均降水量分布(单位:mm);(d)极端降水量分布图(单位:mm)

3 3类副高外围降水500 hPa流型及降水特征

3.1 块状副高类

在69个西风带冷空气和副高外围暖湿气流相互作用的暴雨个例中,此类暴雨有16例。该类暴雨大多发生在经向型环流背景下,暴雨开始前,副热带高压呈块状,一般位于黄渤海(图2a)、黄河以南的我国东部地区(图2b)、我国东海(图2c),高压中心多位于海上,584 dagpm线控制河北中部以北地区,西来槽于河套地区东移加深,槽前偏南气流强盛,中低层700 hPa、850 hPa配合有低涡或切变线,地面或有冷锋、低压倒槽、台风倒槽。强降水绝大多数发生在西风槽东移、副高东退过程中,在16个暴雨个例中,只有一例发生在副高西进过程中。

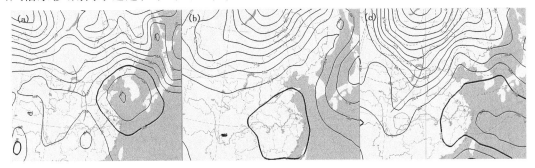

图2 16个块状副高类暴雨过程3种500 hPa典型环流型(a~c)

对于块状副高类的暴雨过程,最易出现强降水的区域有两个(图3a、b),一个位于中北部,即保定东北部、廊坊南部、北京西部、天津北部、承德南部、秦皇岛北部,在16次暴雨过程中,该区域出现50 mm以上降水次数达4~6次,承德兴隆县最多,为6次,而出现100 mm以上降水为1~2次;另一个中心位于河北南部的邢台东部,该区域出现50 mm以上降水次数达4~8次,鸡泽最多,为8次,而出现100 mm以上降水为2~3次。16个个例的平均降水量全省为1~35 mm,中部和南部的两个降水中心平均降水量为25~35 mm(图3c)。从24 h降水量极值看,中部的保定、廊坊、北京西部最大,为200~300 mm,固安最大达364 mm,发生在2012年7月21—22日。

预报该类暴雨应重点关注中低层700 hPa和850 hPa的低涡和切变线系统即地面倒槽和低压系统,强降水区域一般和上述系统相对应,多发生在副高外围584~586 dagpm线。

3.2 准东西向带状副高类

在69个西风带冷空气和副高外围暖湿气流相互作用的暴雨个例中,此类暴雨所占比例最大,有40例。该类暴雨大多发生在纬向型环流背景下,500 hPa多短波槽活动,暴雨开始前,副热带高压呈准东西带状分布,位于黄河以南的我国东部地区(图4ab),高压中心多位于海上,584 dagpm线控制河北中南部,短波槽前为西南气流,中低层700 hPa、850 hPa配合有低涡或切变线,地面或有冷锋、低压倒槽、中尺度辐合线。强降水均发生在西风槽东移、副高东退过程中。

对于准东西向带状副高类的暴雨过程,暴雨多发区位于河北东部东北部(包括天津),呈东北—西南向带状分布,在40次暴雨过程中,该区域出现50 mm以上降水次数达6~16次,其中衡水、沧州南部地区达8~16次,衡水武强县最多,为16次(图5a);而出现100 mm以上降

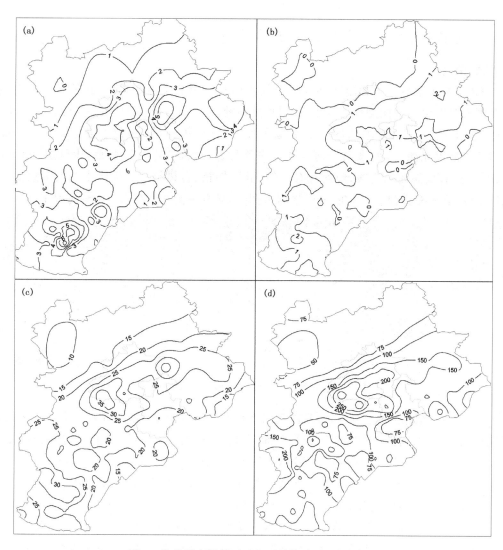

图 3 块状副高类暴雨过程雨量统计(16 个个例)

(a)≥50 mm 站次空间分布;(b)≥100 mm 站次空间分布;

(c)平均降水量分布(单位:mm);(d)极端降水量分布图(单位:mm)

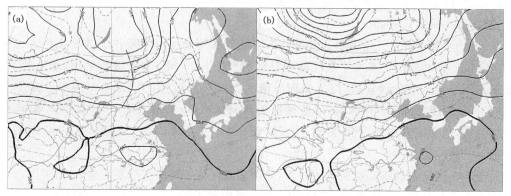

图 4 40 个准东西带状副高类暴雨过程几种 500 hPa 典型环流型

(a)2001 年 7 月 21 日;(b)2006 年 8 月 28 日

水为 2～5 次,沧州南部的东光县最多,为 5 次(图 5b)。40 个个例的平均降水量全省为 4～35 mm,唐山南部、沧州南部两个强降水中心平均降水量为 25～35 mm(图 5c)。从 40 次过程的 24 h 降水量极值看,唐山南部、秦皇岛南部、沧州南部、衡水的东部为 200～270 mm,衡水的景县最大,达 278 mm(图 5d)。

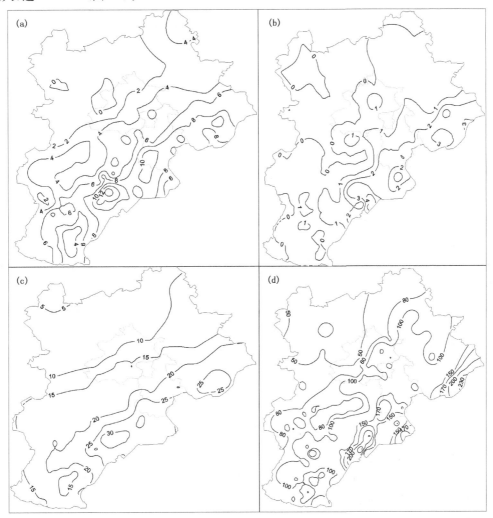

图 5　带状副高类暴雨过程雨量统计(40 个个例)

(a)≥50 mm 站次空间分布;(b)≥100 mm 站次空间分布;

(c)平均降水量分布(单位:mm);(d)极端降水量分布图(单位:mm)

预报该类暴雨应重点关注中低层 700 hPa 和 850 hPa 的低涡和切变线系统及地面倒槽和低压系统,强降水区域一般和上述系统相对应,多发生在副高外围 584～586 dagpm 线。

3.3　东北—西南向带状副高类

在 69 个西风带冷空气和副高外围暖湿气流相互作用的暴雨个例中,此类暴雨所占比例最小,有 13 例。该类暴雨大多发生在经向型环流背景下,500 hPa 为两高对峙型,副热带高压呈东北—西南向带状分布,位于黄河以南的我国东部地区(图 6a、c),或位于黄渤海(图 6b),高压中心多位于海上,584 dagpm 线位于河北中东部,短波槽位于河套及以西地区,槽前西南气流强盛,中低层700 hPa、850 hPa配合有低涡或切变线,地面或有冷锋、低压倒槽、中尺度辐合线。在13例中,有12例强降水均发生在西风槽东移、副高东退过程中。

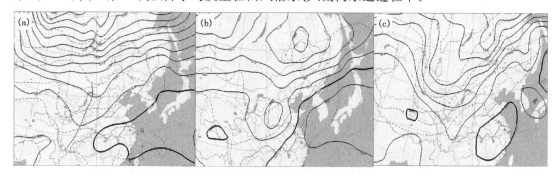

图6　13个东北西西南向带状副高类暴雨过程3种500 hPa典型环流型
(a)2006年8月25日;(b)2010年7月19日;(c)2012年09月01日

对于东北西南向带状副高类的暴雨过程,最易出现强降水的区域有两个,一个位于东北部,即唐山东部、秦皇岛南部,在13次暴雨过程中,该区域出现50 mm以上降水次数达4～6次,秦皇岛和唐山的乐亭县最多,达6次,而出现100 mm以上降水为1～3次,昌黎最多为3次;另一个中心位于沧州东部,该区域出现50 mm以上降水次数达4～6次,南皮最多,为6次,而出现100 mm以上降水为1～2次。13个个例的平均降水量全省为10～40 mm,上述两个降水中心平均降水量分别为25～30 mm和35～40 mm。从24小时降水量极值看,东北部的唐山、秦皇岛最大降水量为120～162 mm,秦皇岛最大达162 mm,发生在2010年8月4—5日。

和前两类相似,预报该类暴雨应重点关注中低层700 hPa和850 hPa的低涡和切变线系统及地面倒槽和低压系统,强降水区域一般和上述系统相对应,多发生在副高外围584～586 dagpm线。

4　3类副高外围降水环流背景场及物理量场合成分析

4.1　环流背景场合成分析

分别对3类副高外围降水的海平面气压场及高空高度场、风场、温度场进行合成分析,既有相似之处,又有不同之处。从海平面气压场看(图7c),3类暴雨过程极其相似,河北东北部及中南部受西南—东北走向的低压倒槽控制,辐合条件较好,恰好这一区域是暴雨到大暴雨的高发区(图1a、b)。从200 hPa高空形势看,3类暴雨过程也比较相似,华北中纬度地区上空风场上出现分流型辐散场,河北东部、东北部及山东西北部处于高空急流轴出口区右侧,高层辐散作用明显(图7a)。500 hPa形势场则有较大区别,块状副高类呈现为典型的经向型环流,高空槽位于110°E,槽前西南气流强盛,块状副高位于海上,河北东部、东北部处于584 dagpm线外围,为典型的华北暴雨形势(图7b);而另两类带状副高类则为平直的纬向环流,高空槽不明显,副高为带状,584 dagpm线位于河北南部。

4.2　物理量场合成分析

4.2.1　水汽条件

水汽场合成分析表明,3类副高外围降水的比湿场、大气可降水量场、露点温度场都比较相似,湿舌自西南向东北伸展,河北中南部及东北部处于湿舌控制。以准东西向副高暴雨过程

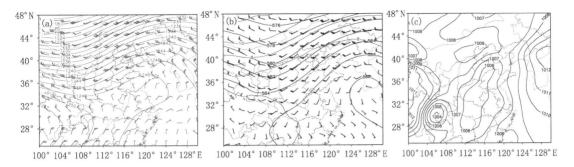

图7 块状副高类暴雨过程(16个个例)环流背景场合成分析

(a)200 hPa;(b)500 hPa;(c)海平面气压

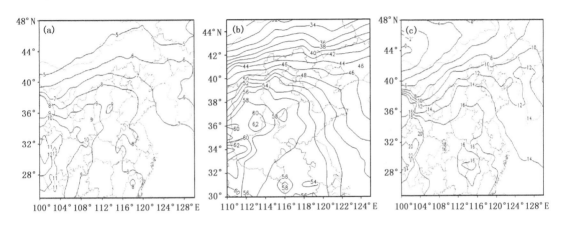

图8 准东西向副高类暴雨过程(40个个例)水汽场合成分析

(a)700 hPa比湿(单位:g/kg);(b)大气可降水量(单位:mm);(c)850 hPa露点温度(单位:℃)

为例(图8):700 hPa的平均比湿为7~9 g/kg(图8a);平均大气可降水量在冀、鲁、豫三省交界处,有一西南伸向东北的48~60 kg/m² 大值区(图8b);850 hPa的露点温度在12~16℃(图8c)。

4.2.2 动力条件

从高层200 hPa散度场看出,3类暴雨过程华北地区均为辐散场,散度值在 $0.4×10^{-5}$ ~ $1.2×10^{-5}$ s^{-1},中心值位于河北中北部;在低层850 hPa,河北南部、东部及东北部为辐合区,散度值为 $-0.2×10^{-5}$ ~ $-0.6×10^{-5}$ s^{-1},高层辐散强于低层辐合,产生的强烈抽吸作用,有利于垂直上升速度维持,产生强降水天气。

涡度场合成分析特征如下:3类暴雨过程均表现为,在东部、东北部的强降水区,涡度从低层到高层减少,从 850 hPa 和 700 hPa 的 $0.2×10^{-5}$ ~ $2.4×10^{-5}$ s^{-1},减小到 500 hPa 和 200 hPa 为 $-1.6×10^{-5}$ ~ $-4.2×10^{-5}$ s^{-1}。

从垂直速度场合成分析看,3类副高外围降水过程在中南部和东北部的强降水区域内为上升运动,850 hPa 和 700 hPa 的垂直速度在 -0.2 ~ -1.6 Pa/s。

4.2.3 能量场

分析3类副高外围暴雨过程的假相当位温平均场,可以看出,从低层到高层在河北中南部有一高能舌存在,且高能舌从低层到高层自东南向西北倾斜。对块状副高类而言,850 hPa 高能舌呈南北向,自河北南部伸向北京,假相当位温数值在 $338\sim342$ K;而另外两类带状副高,850 hPa 假相当位温高能舌呈东北—西南向,位于冀鲁交界处,数值在 $338\sim346$ K。这种自低层到高层一致的高温高湿舌分布,给这一区域暴雨的发生提供了充足的能量条件,这是和强对流天气过程假相当位温的垂直分布:500 hPa 低能舌叠加在 850 hPa 高能舌之上(李江波,2011),有着明显的不同。

从对流有效位能(CAPE)的合成分析看,3 类副高外围暴雨过程的 CAPE 值都比较小,说明暴雨的发生不一定需要较高的对流有效位能,这一点和强对流天气要求较高的 CAPE 有所不同。

4.2.4 稳定度分析

从 K 指数的合成分析看,3 类暴雨过程较相似,暴雨区的平均 K 指数在 $30\sim34℃$,要高于强对流发生的平均数(李江波,2011)。

4.3 物理量均值及极大值统计

以上分别对 3 类副高外围的暴雨过程个例进行了合成分析,给出了暴雨过程中环流形式及相关物理量空间分布状况,下面给出河北范围内 69 个暴雨过程相关物理量的平均值和极大值的统计情况(表 2),可作为副高外围暴雨预报的参考。

表 2 副高外围降水过程物理量平均及极值统计(69 个个例)

	平均值	极大值
700 hPa 比湿($g \cdot kg^{-1}$)	$7\sim9$	$11\sim13$
850 hPa 比湿($g \cdot kg^{-1}$)	$9\sim13$	$13\sim18$
大气可降水量(mm)	$40\sim56$	$64\sim82$
850 hPa 露点(℃)	$9\sim16$	$16\sim20$
700 hPa 露点(℃)	$2\sim6$	$8\sim12$
850 hPa 水汽通量散度($10^{-7}g \cdot hPa^{-1} \cdot cm^{-2} \cdot s^{-1}$)	$-1\sim-2$	$-2\sim-4$
850 hPa 假相当位温	$330\sim346$ K ($57\sim73℃$)	$344\sim366$ K ($71\sim93℃$)
K 指数(℃)	$28\sim34$	$38\sim42$
CAPE($J \cdot kg^{-1}$)	$200\sim1400$	$2000\sim5000$
200 hPa 散度($10^{-5}\,s^{-1}$)	$0.6\sim1.2$	$6\sim13$
850 hPa 散度($10^{-5}\,s^{-1}$)	$-0.2\sim0.6$	$-4\sim-12$
500 hPa 涡度($10^{-5}\,s^{-1}$)	$-0.4\sim0.4$	$7\sim13$
700 hPa 涡度($10^{-5}\,s^{-1}$)	$0.4\sim1.6$	$8\sim16$
850 hPa 涡度($10^{-5}\,s^{-1}$)	$1.2\sim2.4$	$6\sim21$
700 hPa 垂直速度($hPa \cdot s^{-1}$)		
850 hPa 垂直速度($hPa \cdot s^{-1}$)		

5 副高外围暴雨的数值预报检验及订正

对照欧洲中心降水数值预报产品,对近 3 年副高外围降水预报失误的过程进行了检验,发现对此类过程,EC数值预报常会在保定西北部报出一暴雨中心,如2013年7月8—11日,2012年9月1—2日,而实况表明,该处雨量并不大。实际上,前面第2节对69次该类过程统计表明,保定西北部山区不易出现暴雨(图2a、b、c),如果在实际业务中能够对照该类过程降水的特征和规律,可以较好的订正数值预报,有效地减少空报和漏报。

6 结论

利用NCEP/NCAR再分析资料、MICAPS常规观测资料、卫星资料、多普勒天气雷达资料和区域自动站资料对2000年以后,69次西风带冷空气与副高外围暖湿气流相互作用的降水个例进行了综合分析,总结了这类天气的特征和降水分布规律,同时根据副高形态,将这类天气分成3种类型,对这3类天气的环流背景场和物理量场进行了合成分析,结果表明:

(1)69个西风带冷空气与副高外围暖湿气流相互作用的降水个例雨量统计表明,暴雨和大暴雨发生频次自西北向东南明显增加,有三个区域较易出现暴雨和大暴雨:燕山南麓的唐山和秦皇岛、太行山东麓的邢台、河北平原东部的衡水。保定西北部山区最不易出现暴雨。

(2)按照副高形态,将69个西风带冷空气与副高相互作用的暴雨分为3类:块状副高类、准东西带状副高类、东北—西南向副高类,其降水分布特征有所不同:块状副高类最易出现强降水的区域有两个,一个位于中北部,即保定东北部、廊坊南部、北京西部、天津北部、承德南部、秦皇岛北部,另一个中心位于河北南部的邢台东部,该类最容易出现大范围较强暴雨到大暴雨过程;准东西向带状副高类的暴雨多发区位于河北东部东北部(包括天津),呈东北—西南向带状分布,衡水、沧州南部地区最多;东北—西南向带状副高类最易出现强降水的区域有两个,一个位于东北部,即唐山东部、秦皇岛南部,另一个区域位于沧州东部。

(3)对环流背景场和物理量场进行了合成分析,统计了该类暴雨的相关物理量的平均值和极大值,可作为副高外围暴雨强度及落区预报重要参考。

(4)在预报西风带冷空气与副高相互作用的降水过程时,除了关注西风槽和副高的位置、强度、形态外,更要关注中低层及地面辐合系统,强降水一般发生在副高外围584~586 dagpm线或附近,低层700 hPa和850 hPa的低涡和切变线系统及地面倒槽和低压系统附近。

参考文献

边清河,丁治英,董金虎,等.2006."96·8"华北暴雨数值模拟与稳定性分析[J].气象,**32**(8):17-22.

丁一汇,蔡则怡,李吉顺.1978.1975年8月上旬河南特大暴雨的研究[J].大气科学,**2**:276-396.

冯伍虎,程麟生.2001."96·8"特大暴雨和中尺度系统发展结构的非静力数值模拟[J].气象学报,**59**(3):294-307.

河北省气象局.1987.河北省天气预报手册[M].北京:气象出版社.

胡欣,等.1998.海河南系"96·8"特大暴雨的天气剖析[J].气象,**24**(5):8-13.

江吉喜,项续康.1997."96·8"河北特大暴雨成因初探[J].气象,**23**(7):19-23.

李江波,王宗敏,王福霞,等.2011.华北冷涡连续降雹的特征与预报.高原气象,**30**(4):1119-1131.

李云,缪起龙,江吉喜.2007.2005年8月16日天津大暴雨成因分析[J].气象,**33**(5):83-88.

刘还珠,王维国,邵明轩,等.2007.西太平洋副热带高压影响下北京区域性暴雨的个例分析[J].大气科学,**31**(4):727-734.

孙建华,赵思雄,傅慎明,等.2013.2012年7月21日北京特大暴雨的多尺度特征[J].大气科学,**37**(3):

705-718.

孙建华,张小玲,卫捷,等.2005.20 世纪 90 年代华北大暴雨过程特征的分析研究[J].气候与环境研究,**10**(3):492-506.

孙军,湛芸,杨舒楠,等.2012.北京 7·21 特大暴雨极端性分析及思考(二)极端性降水成因初探及思考[J].气象,**38**(10):1267-1277.

王欢.2007."8·16"华北大暴雨的数值模拟和诊断分析[D].南京信息工程大学硕士论文.

王莉萍.2004.一次冷涡暴雨的诊断分析和数值模拟研究[D].南京信息工程大学硕士论文.

王秀荣,王维国,刘还珠,等.2008.北京降水特征与西太副高关系的若干统计[J].高原气象,**27**(4):822-829.

王宗敏,丁一汇,张迎新,等.2014.副高外围对流雨带中的对流—对称不稳定及锋生的诊断分析[J].大气科学,**38**(1):133-145.

尤凤春,景华,李江波.1999."9·68"河北特大暴雨雷达回波和闪电特征分析[J].气象,**25**(8):46-49.

俞小鼎.2012.2012 年 7 月 21 日北京特大暴雨成因分析[J].气象,**38**(11):1313-132.

于玉斌,姚秀萍.对华北一次特大台风暴雨过程的位涡诊断分析[J].高原气象,**19**(1):111-120.

张庆红,刘彦张,玉玲.1998.中尺度对流复合体的诊断分析[J].自然科学进展,**8**(2):213-219.

赵洋洋,张庆红,杜宇,等.2013.北京"7·21"特大暴雨环流形势极端性客观分析[J].气象学报,**71**(5):817-824.

朱官忠,刘恭淑.1998.华北南部产生中尺度对流复合体的环境条件分析[J].应用气象学报,**9**(4):441-448.

深圳新一代天气雷达山体阻挡的订正方案及其效果检验

胡 胜[1] 张 羽[1] 邓文剑[1] 陈训来[2]

(1. 广东省气象台,广州 510080;2. 深圳市气象局,深圳 518040)

摘 要

分析了深圳新一代天气雷达受山体阻挡情况及其对雷达产品的影响。多个山体使得深圳雷达在其探测区的北部、东北部出现了较大范围的阻挡,对于 1 km 和 3 km 的垂直高度,有效探测距离仅分别为 15 km 和 50 km。阻挡致使低仰角 PPI 和 3 km CAPPI 产品出现了明显的缺测区。为了解决阻挡问题,采取了反射率因子平均垂直廓线(WVPR)订正技术。对于 2008 年 6 月 25 日"风神"个例,垂直廓线订正弥补了低层探测信息,使得阻挡区域内的定量降水估测得到了很好改善,对于较强降水相对误差约为 10%;同时廓线订正对于阻挡区域外的降水估测也有一定的改进作用。对于以层状云为主的大范围降水系统,由于反射率因子垂直廓线易获取且具有较好的代表性,因此订正效果较好;但对于孤立的对流风暴,廓线技术难以发挥作用。为此,开发了 1 km 高度上组合反射率因子产品。选择 2010 年 5 月 7 日广州强对流个例,该产品既减轻了阻挡影响、能较好探测到阻挡区域内的风暴,又避免了测站周围其他地物杂波干扰。

关键词:雷达 阻挡 垂直廓线 组合反射率 检验

引言

新一代天气雷达的探测能力不仅受到雷达各种参数、目标物衰减、折射和性质等因素的影响,还受到雷达站周围高大建筑物、地形(如山脉)等的阻挡影响[1]。雷达电磁波能量在近距离被山脉等地形部分阻挡后,使得该雷达波束只有部分向远方传播,有效照射体积变小,造成回波强度探测值偏低;而当雷达电磁波能量完全被遮挡时,则探测不到实际回波。为此,处理办法往往通过抬高雷达探测仰角来减少地物对雷达波束的影响。而在实际工作中,雷达探测环境常受到诸多因素的影响,使得部分业务雷达地物阻挡比较严重,此时基于雷达的定量降水估测与预报产品、雷达回波外推预报产品,以及一些强天气探测产品(如风暴识别与追踪产品、中尺度气旋等)会受到非常明显的干扰和影响,在这种条件下,仅仅依靠抬升雷达探测仰角是不够的,这会导致近地层探测信息严重不足。

一些专家与学者针对雷达探测山体阻挡这一问题进行了针对性的研究,他们采取的主要订正方案为雷达反射率因子垂直廓线技术。Germann 等[2]利用雷达反射率因子和 70 km 范围内的雨量计资料,获取中尺度的雷达反射率因子垂直廓线,对地物阻挡区域内的回波强度进行订正,并重新估算了整个雷达扫描区域内的降水。Andrieu 等[3]和 Vignal 等[4]尝试运用统计学方法,以寻找较好的雷达反射率因子平均垂直廓线。Joss 等[5]以 5 分钟的时间间隔获取 70 km 范围内的雷达反射率因子垂直廓线。张亚萍等[6]提出了计算波束阻挡系统的平均值距离库填充法,对雷达波束阻挡区域的降水进行了订正研究。杨凡等[7]针对层状云降水为主的天气过程,根据地面降水与某一高度的雷达反射率因子存在最佳匹配关系,按照雷达回波均匀程度分别获取不同区域上的平均雷达反射率因子垂直廓线,对雷达波束阻挡区域内的降水进行了估测试验。这些研究表明,对于以层状云性质为主的大范围降水系统,由于反射率因子垂直廓线易获取且具有较好的代表性,因此订正效果较好。而对于孤立的、分散的对流风暴单体,垂直廓线技术难以有效发挥作用。

2006 年 5 月,深圳新一代天气雷达投入业务运行。由于地理环境所限,深圳雷达北部山体遮挡导致一定方位角范围内有超过 2°仰角的探测盲区,使得对深圳北部的天气系统难以进行有效的探测[8]。本文首先简要介绍深圳新一代天气雷达的山体阻挡情况以及对不同雷达产品的影响。其次,针对层状云降水,设计了深圳雷达反射率因子垂直廓线获取技术,对山脉阻挡区域内的降水估测进行了校正,并联合自动站雨量资料进行了效果评估。最后,针对孤立的分散的对流性回波,开发了 1 km 高度以上的垂直方向上的最大反射率因子产品,并对其进行外推预报和客观检验。

1 深圳新一代天气雷达山体阻挡及其对雷达产品的影响

1.1 山体阻挡情况

2006 年 5 月,深圳新一代天气雷达投入业务运行。由于受地理环境所限,雷达北部、东北部、东南部均有较为明显的山体阻挡。主要的阻挡区域集中在北部和东北部,为塘朗山多个山峰造成的。最高阻挡物的海拔高度为 430 m,距离深圳雷达站 4569 m,遮挡角为 3°38′;而造成最严重遮挡的山峰高度为 378 m,距离雷达站 3268 m,遮挡的仰角达到了 4°。多个阻挡物使得在深圳雷达北部和东北部的一定方位角范围内出现了 2°以上的较大面积的探测盲区。表 1 给出了深圳雷达北部、东北部主要障碍物的距离、方位角、仰角及高度。

表 1　深圳雷达北部、东北部主要障碍物的方位角、仰角及高度

主要障碍物	海拔高度(m)	距离(m)	方位角	仰角
山脉 1	378	3 268	352°53′	4°00′
山脉 2	340	2 888	345°03′	3°47′
山脉 3	430	4 569	328°50′	3°38′
山脉 4	280	3 473	19°34′	2°09′
山脉 5	391	6 061	40°24′	2°16′

为进一步分析深圳雷达不同方向上的阻挡情况,图 1 给出了深圳新一代天气雷达的遮挡角图和等射束高度图。从遮挡角图中可以看出,除前面分析的北部、东北部出现的较大范围的 2°以上阻挡区域,在深圳雷达的东南部也出现了较明显阻挡。在等射束高度图上,对应的北部阻挡区域,对于 1 km 高度,有效探测距离仅约 15 km;对于 3 km 高度,有效探测距离也只有 50 km;而对于 100 km 之外的地方,6 km 高度以下雷达回波无法探测到。对于东南部阻挡区域,3 km 高度上的有效探测距离也只有 100 km 左右。

1.2 深圳雷达地物阻挡对不同雷达产品的影响

前面给出了深圳新一代天气雷达的山脉阻挡情况,严重的阻挡区域集中在雷达北部、东北部,这些山体阻挡必然严重影响了不同雷达产品的质量。为了进一步说明深圳雷达地物阻挡对不同雷达产品的影响,选择了 0806 号台风“风神”影响珠江三角洲的个例。

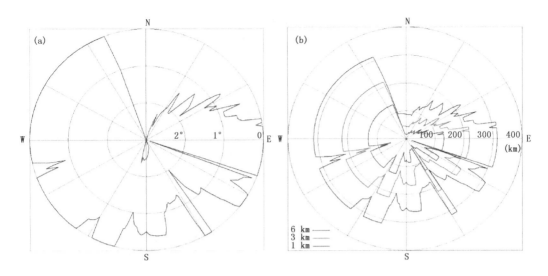

图 1　深圳新一代天气雷达遮挡角(a)和等射束高度图(b)

　　图 2 给出了"风神"影响期间深圳新一代天气雷达的不同产品(2008 年 6 月 25 日 13 时 43 分,世界时),这些产品包括 0.5°PPI、1.5°PPI、2.4°PPI、CR、THP,以及"雨燕"(SWIFT)系统[9]中 3 km CAPPI 与 COTREC 矢量场的叠加产品。从组合反射率因子(CR)图中可以看出,雷达回波的主体位于深圳雷达的西部及北部。

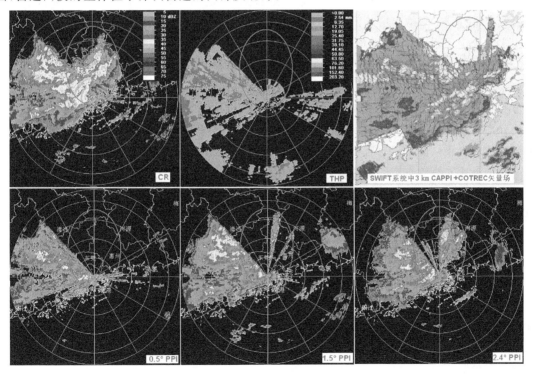

图 2　2008 年 6 月 25 日 13:43:50(UTC)深圳新一代天气雷达不同产品

　　从深圳雷达站开始向北至离雷达站 150 km 的正北区域内(图中圆圈所示),存在着较强的雷达回波,但由于深圳北部塘朗山脉的阻挡,0.5°PPI、1.5°PPI 完全无法探测到该回波。当仰角抬升到 2.4°时,方位角 0～40°范围内开始出现了较强的雷达回波,表明在这一方位范围内 2.4°仰角的波束已经能够越过阻挡物的顶部,从而能探测到实际的降水回波;但对于方位角 320°～360°范围内的雷达回波,仍然无法探测到。同时,受阻挡影响的还包括 3 km CAPP 及其外推预报产品。由于北部多个低仰角上的雷达回波被阻挡,3 km CAPPI 产品出现了明显的缺测区;在缺测区内无法计算 COTREC 矢量;在阻挡边界,COTREC 矢量因边界条件限制而显得较为混乱。至于定量降水估测产品(QPE),无论使用低仰角雷达资料,还是四层混合模式,由于多个低层次 PPI 资料被阻挡,因此无法准确给出山体阻挡区域内的定量降水估测的结果。

2 垂直廓线技术对阻挡区域内雷达回波的订正及其效果检验

雷达定量降水估测一直一来是雷达气象的一个重要的研究领域。在经历了重点研究 Z-R 关系和用雨量计实时调整阶段后,至 20 世纪 90 年代,一些学者们开始认识到雷达回波垂直廓线(Vertical Profile of Reflectivity,VPR)对雷达估测降水订正的重要性,他们认为雷达估测降水误差的重要来源之一就是雷达波束采样随距离增加而抬升和展宽,以及大气中降水强度在垂直方向自然分布的不均匀性。

2.1 垂直廓线生成方法

雷达回波垂直廓线的生成方法主要有三类,即参数法[10]、平均法[11]和识别法[12]。参数法又称分析法,试图用一条理想化的点廓线模拟实际大气的局地廓线。该方法用 S 波段雷达获取大量 RHI 资料,归纳出层状云降水的典型 VPR 模型,然后根据雷达实测、地面气温和卫星云图实时决定 VPR 的一些局地特征并进行地面降水订正。平均法即为用平均算法求取雷达垂直廓线的方法,简称 MVPR。它是在一个特定区域 D 内,对雷达实测的反射率因子值分层求取平均值得到的。因此它可以当做 D 域内的代表性廓线,当然代表性的好坏取决于地理、季节和不同的天气条件。通过雷达实测得到 MVPR 后,用 Menky 反算理论的逆算法,求出一个消除了雷达波束平滑作用的所谓真实廓线,称之为识别法。Berne 等人认为识别法相对于平均法改进效果一般,但识别法计算工作量十分庞大,业务上难以实行。

对于上述三类垂直廓线生成方法,从实用效果来衡量,目前当推平均法。为此本节在研究平均垂直廓线生成方法的基础上,对深圳新一代雷达阻挡区域内的降水估测做订正,并进行效果评估。

2.2 反射率因子平均垂直廓线法(MVPR)

首先,在雷达探测范围内水平方向上选择一个具有代表性的区域(称为 D 域),D 域内某点 $u(r,\alpha)$ 上雷达回波强度 R 随高度 h 的分布,以 $R(u,h)$ 表示,称之为垂直廓线 VPR(其中 r 为距离,α 仰角)。D 域上某点雷达回波强度 $R(u,h)$ 与地面回波强度 $R(u,0)$ 的比值随高度的分布,以 $P(u,h)$ 表示,称之为 VPR 的比值廓线。MVPR 是指在 D 域内雷达回波强度平均值随高度的分布;而其比值廓线则是众多 $P(u,h)$ 在 D 域内的平均,用 $P_D(u,h)$ 表示,可有以下两种算法获取。

$$P_{D1}(h) = \frac{\mathrm{AVE}[R(u,h)]_D}{\mathrm{AVE}[R(u,0)]_D} \tag{1}$$

$$P_{D2}(h) = \mathrm{AVE}\left[\frac{R(u,h)}{R(u,0)}\right]_D \tag{2}$$

其次,生成 MVPR 的参数包括:雷达站海拔高度、参考层海拔高度、反射率因子阈值、D 域的起始距离、外围距离和顶高,以及垂直分层厚度等。MVPR 的运算方式有局地法、二种平均算法、时间平均等。如何合适地选取生成参数,对 MVPR 的质量影响很大:例如 D 域参数起始距离 DS 和外围距离 D0 的选取。不同的 DS 会对 1 km 以下的廓线产生明显影响,相应对订正降水估测会产生不同的作用;而 D0 的作用显然表现在近地层以上至 6 km,D0 越小波束展宽平滑作用越小,越接近真实廓线。

最后,由于 MVPR 的主要作用是对 D 域外的雷达回波强度进行垂直订正,因此 D 内必须分布有(最好充满)能够代表整个雷达探测范围主要降水系统性质的回波。

2.3 MVPR 对阻挡区域内反射率因子 PPI 的订正试验

根据前面介绍的反射率因子平均垂直廓线法,对深圳雷达的遮挡情况进行订正。选取 D 域范围距离雷达站中心 5～50 km,方位 210°～300° 的区域,因为此区域内雷达各仰角无遮挡,当此区域充满代表整个雷达探测范围主要降水系统性质回波的时候就可以适用此方法。利用公式(1)计算 D 域内每个雷达体扫的平均垂直廓线数据,对其他被遮挡的仰角区域进行订正。例如 A 区域最低仰角有阻挡,第二层仰角无阻挡,则利用 A 区域的第二层回波结合平均垂直廓线订正出最低仰角被阻挡的回波信息;如果最低一、二层仰角都有阻挡,第三层仰角无阻挡,则利用第三层回波结合平均垂直廓线订正出被阻挡的一、二层仰角的回波信息。

为了便于比较,仍然取 2008 年 6 月 25 日"风神"影响深圳期间的个例。图 3 给出了 2008 年 6 月 25 日 13 时 43 分(世界时)经过订正后的深圳新一代雷达产品和"雨燕"(SWIFT)产品,这些产品包括 0.5°PPI、1.5°PPI、THP 和 CR。从图中 0.5° 和 1.5°PPI 中可以看出,与订正前相比,在最低两个仰角层次上的因塘朗山脉阻挡所形成的回波缺口不见了,平均垂直廓线订正效果较好。特别是对于 3 h 定量累积降水产品(THP),订正前深圳雷达站北部的大范围的缺测区有了降水数据,且原来的缺测区很有可能是主要的降水区域,填补的效果非常好。对于 CR 产品,廓线订正前后变化不大。基于上面的对比分析,对于此类降水回波,由于在该降水系统内反射率因子平均垂直廓线具有较好的代表性,因此在遮挡区域内对反射率因子订正的效果也较好。

2.4 雷达定量降水估测订正前后的对比分析

在前面利用反射率因子垂直廓线对深圳雷达遮挡区域进行订正的基础上,还进一步检验了廓线订正技术对雷达定量估测降水的改进效果。

这里使用的雷达定量估测降水算法由广州中心气象台研发的。该算法不是建立在长期的观测资料基础上,因为定量降水算法的统计代表性可能不在于遍历各种资料,而在于能否实时刻画降水系统的时间变化。为此,建立了动态分级 Z-I 关系法。为了得到最合理的 a、b 值,且节省计算时间,将 a 从 16 开始到 1200 之间以 20 为间隔(60 个 a 值)、b 从 1.0 开始到 2.87 之间以 0.05 为间隔(38 个 b 值)计算 60×38 组 $Z = a_m \cdot I^{bn}$($m = 1, 2, \cdots, 60; n = 1, 2, \cdots, 38$),同时计算 60×38 个判别函数 CTF2,当 CTF2 最小时的 $Z = a \cdot I^b$ 作为最优 Z-I 关系。将回波反射率从 10 到 75 之间以 5 dBZ 为间隔分为 13 个等级,对每个时刻每个等级进行 60×38 组的雷达 QPE 和 CTF2 的计算,然后根据 CTF2 最小原则判据选择最优的一组 $Z = a_k \cdot I^{bk}$($k = 1, 2, \cdots, 13$ 个等级)。算法输出利用最优 Z-I 关系反演出来的降水估计产品,并且最优分级 Z-I 关系也可用于雷达回波反射率因子预报场中,以计算定量降水预报产品。

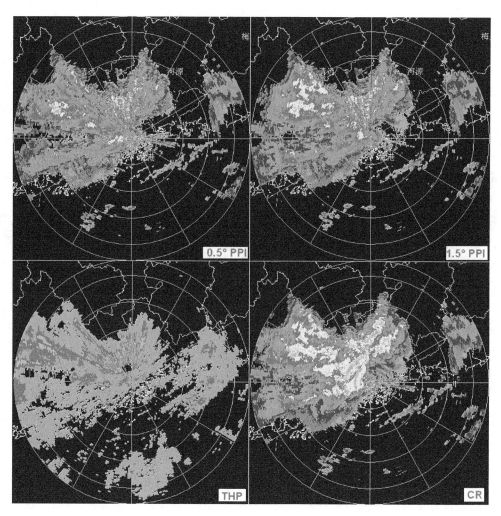

图3　2008年6月25日13:43(UTC)经过廓线订正后深圳新一代天气雷达不同产品

依然选择2008年6月25日"风神"影响深圳期间的个例,持续时段为6月25日09—14时(UTC)。利用上述基于动态分级Z-I关系的定量降水估测算法和深圳雷达低仰角数据,逐时计算一小时累积降水估测产品。选择深圳雷达遮挡区域内、外各8个独立的自动气象观测站实测雨量(这些自动站不参与雷达定量降水估测算法中的雨量计订正)。将廓线订正前、后获得的一小时累积降水估测产品与实测雨量进行对比,并计算整个时段内的绝对误差平均值,结果见表2和表3。

一方面,在深圳雷达地物遮挡区域内,反射率因子垂直廓线技术对雷达定量估测降水有非常好的订正效果(表2)。在订正前,由于地物阻挡使得雷达最低几个仰角(0.5°、1.5°和2.4° PPI)无法探测到降水系统,因此基于低仰角的雷达估测降水算法也就无法正确的反演出降水。通过廓线技术订正后,被阻挡的低仰角PPI上出现了降水回波,反演出的定量降水与实测雨量非常接近。尤其是对于较强的降水(如整个时段累积雨量超过100 mm的三个自动站G1946、G1957和G1927),订正后的累积估测降水与实测雨量相比,相对误差仅为12.1%、12.4%和7.3%,逐时绝对误差平均值分别为5.14 mm、5.84 mm和4.04 mm。当然,对于弱降水(如G1710和G5300),经过廓线订正虽然取得了一定的效果,当累积估测降水的相对误差较大(52.7%和55%),因此订正效果一般。

    另一方面,对于深圳雷达地物阻挡之外的区域,反射率因子垂直廓线技术对雷达定量估测降水也有一定的改进效果(表3)。在选定的8个自动站中,有6个点经过廓线订正后雷达定量估测降水的逐时绝对误差平均值是减少的,且相应的累积估测降水更接近于实测雨量。例如对于遥测站59480(顺德),绝对误差平均值由订正前的4.51 mm下降到4.17 mm,累积估测降水由订正前的68.5 mm上升到82.6 mm,更接近于实测雨量86.8 mm。

表2　廓线订正前后雷达定量降水估测产品与实测雨量的对比(遮挡区域)

站号	QPE绝对误差平均值(mm)		09:00—14:00时段累积雨量		
	廓线订正前	廓线订正后	订正后QPE	自动站实测	相对误差
G1946	20.96	5.14	117.5	104.8	12.1%
G1979	16.28	4.53	60.1	81.4	26.2%
G1957	28.06	5.84	122.93	140.30	12.4%
G1720	16.90	5.59	56.6	84.5	33.1%
G1927	20.14	4.04	108.1	100.7	7.3%
G1930	13.94	2.14	62.5	69.7	10.3%
G5300	7.62	4.19	17.2	38.1	55%
G1710	3.48	1.87	8.2	17.4	52.7%

表3　廓线订正前后雷达定量降水估测产品与实测雨量的对比(非遮挡区域)

站号	QPE绝对误差平均值(mm)		09:00—14:00时段累积雨量		
	廓线订正前	廓线订正后	订正前QPE	订正后QPE	自动站实测
G3131	7.24	5.01	40.4	51.5	76.6
G1071	1.24	1.09	14.9	18.3	20.9
G1086	8.31	5.62	46.2	59.7	87.8
G3133	8.47	6.11	39.1	50.9	81.4
59480	4.51	4.17	68.5	82.6	86.8
G1089	5.45	4.33	39.3	55.9	66.5
G2128	1.62	1.87	25.5	31.7	22.4
G1251	2.28	3.05	23.3	26.3	30.4

3　1 km高度上组合反射率因子外推预报产品及效果检验

    对于以层状云或热带气旋为主的大范围降水系统,由于反射率因子平均垂直廓线具有很强的代表性,因此订正效果较好。但对于山脉地形遮挡区域内的孤立的、分散的对流风暴,由于不同风暴单体之间反射率因子垂直廓线差异较大或风暴处于遮挡区域内,因此该廓线技术难以有效发挥作用。而此时,预报员迫切需要获取遮挡区域内的强对流回波的探测和预报信息,为此,设计了1 km高度上组合反射率因子产品,并运用COTREC技术进行外推。一方面,选择1 km高度以上的反射率因子,避免了地物杂波的污染;另一方面,垂直方向上最大反射率因子的水平投影,既在一定程度上减轻了遮挡的影响,又保留了主要的目标回波。

3.1 1 km高度上组合反射率因子产品的生成

在制作 1 km 高度上组合反射率因子时,首先输入雷达体扫描基资料,其次利用经过地球曲率订正的雷达测高公式,过滤掉 1 km 高度下的所有回波,最后按照组合反射率因子算法,获得水平网格内垂直方向上的最大反射率因子。

选择 2010 年 5 月 7 日凌晨对广州造成城市积涝、水浸街、大量车辆被淹的强对流个例,对比分析新生成的 1 km CR 产品与其他常用产品(CR、1.5°PPI 和 3 km CAPPI)的差别。2010年 5 月 6 日 16:42(UTC),影响广州的强风暴正好位于深圳雷达北部的遮挡区域内,3 km CAPPI 和 1.5°PPI 产品出现了明显的缺测,探测不到强风暴的主体回波;对于 CR,虽然能够较完整的探测到该风暴,但雷达站附近的地物杂波较多,这在一定程度上会影响到对流风暴探测的准确率;而对于新生成的 1 km 组合反射率因子,既能较好的探测到该风暴,又能避免测站周围地物回波的污染(图 4)。

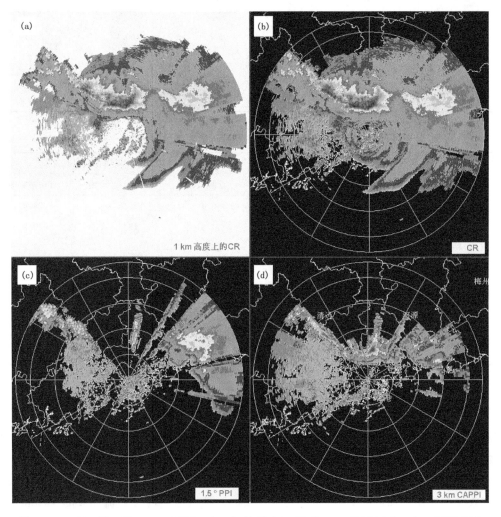

图 4 2010 年 5 月 6 日 16:42(UTC)1 km 高度 CR(a)、CR(b)、1.5°PPI(c)和 3 km CAPPI(d)

3.2　1 km 高度上组合反射率因子外推预报及其效果检验

为进一步探讨 1 km 高度上组合反射率因子面对深圳雷达遮挡区域内的强回波区的探测效果,仍然选择 2010 年 5 月 7 日凌晨广州强降水实例(2012 年 5 月 6 日 16:00—24:00 时段,UTC)。计算该时段内 1 km 高度上组合反射率因子产品,利用 COTREC 技术获取运动矢量,并利用该 COTREC 运动矢量进行外推预报,预报时效为 6～60 min(间隔为 6 min)。然后利用实况资料对 1 km 高度上组合反射率因子外推预报产品进行检验评估,给出 POD、FAR 和 CSI,以及均方根误差和偏差。

按照反射率因子强度将 1 km 高度上组合反射率因子产品划分为 5 个等级,分别为 5～15 dBZ、15～30 dBZ、30～45 dBZ、45～55 dBZ 和 55～65 dBZ(注:5 dBZ 以下和 65 dBZ 以上不做检验)。表 4 给出了不同等级、不同预报时效的反射率因子外推预报客观检验的 POD、FAR 和 CSI 结果。对于强度较弱的反射率因子(如 5～15 dBZ 等级),预报效果一般,30 min 预报时效 POD、FAR 和 CSI 分别为 0.26、0.38 和 0.22。但对于频次出现较高的较强回波(如 30～45 dBZ 等级),在 30 min 预报时效时,POD 为 0.82,FAR 为 0.21,CSI 达到 0.67;当预报时效拓展到 60 min 时,POD、FAR 和 CSI 分别为 0.71、0.31 和 0.54,预报效果比较好。

表 4　不同等级、不同预报时效反射率外推预报产品的检验结果

等级 (dBZ)		预报时效(min)									
		6	12	18	24	30	36	42	48	54	60
5～15	POD	0.67	0.51	0.40	0.31	0.26	0.21	0.18	0.16	0.13	0.12
	FAR	0.11	0.10	0.28	0.34	0.38	0.42	0.46	0.50	0.53	0.55
	CSI	0.61	0.45	0.34	0.27	0.22	0.18	0.16	0.13	0.12	0.10
15～30	POD	0.97	0.93	0.90	0.87	0.84	0.82	0.79	0.77	0.74	0.72
	FAR	0.05	0.08	0.10	0.12	0.15	0.17	0.19	0.21	0.22	0.24
	CSI	0.92	0.87	0.82	0.78	0.74	0.70	0.67	0.64	0.61	0.59
30～45	POD	0.96	0.92	0.88	0.85	0.82	0.79	0.77	0.75	0.73	0.71
	FAR	0.05	0.10	0.14	0.18	0.21	0.23	0.26	0.28	0.30	0.31
	CSI	0.92	0.84	0.78	0.72	0.67	0.64	0.61	0.58	0.56	0.54
45～55	POD	0.94	0.86	0.79	0.74	0.68	0.63	0.58	0.54	0.49	0.45
	FAR	0.06	0.11	0.16	0.20	0.24	0.28	0.31	0.34	0.37	0.39
	CSI	0.89	0.78	0.68	0.62	0.56	0.51	0.46	0.42	0.38	0.35
55～65	POD	0.86	0.71	0.59	0.51	0.43	0.38	0.33	0.28	0.25	0.23
	FAR	0.08	0.19	0.30	0.38	0.47	0.54	0.60	0.66	0.71	0.74
	CSI	0.80	0.61	0.48	0.39	0.31	0.26	0.21	0.18	0.15	0.13

而对于强度更强的反射率因子(如 55～65 dBZ 等级),预报初期效果不错,但随着预报时效的增加预报准确率迅速下降,如 CSI 在 6 min、30 min、60 min 分别为 0.8、0.31 和 0.13。

此外,图 5 还给出了反射率因子外推预报的均方根误差随时间的分布情况,对于 30 min 和 60 min 预报时效,均方根误差分别为 4.1 dBZ 和 5.8 dBZ。

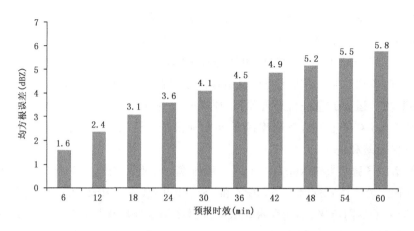

图 5　反射率因子外推预报的均方根误差随时间分布图

4　小结

在分析深圳新一代天气雷达山体阻挡及其对不同雷达产品影响的基础上,针对层状云性质为主的大范围降水系统和孤立的、离散的对流风暴,分别设计了反射率因子平均垂直廓线技术和 1 km 高度以上组合反射率产品,对深圳雷达阻挡区域内的回波做订正并进行效果检验评估。

(1)多个山体使得深圳雷达北部和东北部出现了较大范围的阻挡。造成最严重遮挡的山峰高度为 378 m,距离 3 268 m,遮挡仰角达 4°。对于 1 km 和 3 km 垂直高度,有效探测距离仅约 15 km 和 50 km;而对于 100 km 之外的地方,6 km 高度以下雷达回波无法探测到。

(2)严重的阻挡使得 0.5°、1.5°、2.4°和 3 km CAPPI 产品在雷达北部出现了明显的缺测区,同时低层探测信息的不足,使得阻挡区域内的定量降水估测效果不好。

(3)对于层状云为主的大范围降水,设计了平均垂直廓线技术并对阻挡区内的雷达回波做订正,在最低两个仰角 PPI 上的因塘朗山脉阻挡所形成的回波缺口得到了很好的弥补。

(4)对于热带气旋"风神",垂直廓线技术对雷达定量降水估测的订正结果表明:一方面在阻挡区域内,对于较强降水(自动站 G1946、G1957 和 G1927),订正后的相对误差仅为 12.1%、12.4% 和 7.3%,逐时绝对误差平均值分别为 5.14 mm、5.84 mm 和 4.04 mm,效果较好;另一方面,垂直廓线对于阻挡区域外的降水估测也有一定的改进作用。

(5)对于孤立的、离散的对流风暴,开发了 1 km 高度以上的组合反射率产品,既减轻了阻挡的影响,并能较好探测到阻挡区域内的风暴,又避免了测站周围其他地物杂波的污染。

(6)选择 2010 年 5 月 7 日广州强对流个例,利用 COTREC 矢量对 1 km 组合反射率产品进行外推预报,客观检验结果表明:对于较弱回波(5~15 dBZ),预报效果一般。但对于出现频次较高的较强回波(如 30~45 dBZ),在 30 min 预报时效,POD、FAR 和 CSI 分别为 0.82、0.21 和 0.67,当预报时效拓展到 60 min 时,CSI 仍达到 0.54,预报效果较好。对于更强的回波(如 55~65 dBZ),预报效果随时效增加而明显下降,CSI 在 6 min、30 min 和 60 min 时分别为 0.80、0.31 和 0.13。

参考文献

[1] 俞小鼎,姚秀萍,熊廷南,等.多普勒天气雷达原理与业务应用[M].北京:气象出版社,2006:63-72.

[2] GERMANN U, JOSS J. Mesobeta profiles to extrapolate radar precipitation measurements above the Alps to the ground level[J]. *J Appl Meteor*, 2002, **41**(5): 542-557.

[3] ANDRIEU H, CREUTIN J D. Identification of vertical profiles of radar reflectivity for hydrological applications using an inverse method: I-Formulation[J]. *J Appl Meteor*, 1995, **34**(1): 225-239.

[4] VIGNAL B, ANDRIEU H, CREUTIN J D. Identification of vertical profiles of reflectivity from volume scan radar data[J]. *J Appl Meteor*, 1999, **38**(8): 1214-1228.

[5] JOSS J, LEE R. The application of radar-gauge comparisons to operational precipitation profiles corrections[J]. *J Appl Meteor*, 1995, **34**(12): 2612-2630.

[6] 张亚萍,刘均.雷达定量估测区域降水波束阻挡系统的计算[J].南京气象学院学报,2002,**10**(5): 640-647.

[7] 杨凡,顾松山,黄兴友,等.利用雷达回波垂直廓线估测地物阻挡区域层状云降水的技术研究[J].南京气象学院学报,2009,**32**(1):145-150.

[8] 张凯,孙向明.深圳新一代天气雷达数据合成系统简介[J].气象研究与应用,2009,**30**(S2):141-142.

[9] 胡胜,罗兵,黄晓梅,等.临近预报系统(SWIFT)中风暴产品的设计及应用[J].气象,2010,**36**(1):54-58.

[10] KOISTINEN J. Operational Correction of Radar Rainfall Errors due to the Vertical Reflectivity Profile [C]//25th *Int Radar Meteor Conf*, AMS, 1991:91-94.

[11] SEO D J, BREIDENBACH J, FULTON R, *et al*. Real-time adjustment of range dependent biases in WSR-88D rainfall estimates due to nonuniform vertical profile of reflectivity[J]. *J Hydrometeor*, 2000, **1**:222-240.

[12] BERNE A, DELRIEU G, ANDRIEU H, *et al*. Influence of the vertical profile of reflectivity on radar-estimated rain rates at short time steps[J]. *J Hydrometeor*, 2004, **5**:296-310.

2014 年初湖南三次雨雪过程对比分析 *

姚 蓉[1] 唐 佳[1] 唐明晖[1] 陈红专[2] 王晓雷[1] 杨云芸[1]

(1.湖南省气象台,长沙 410118；2.怀化市气象台,怀化 418000)

摘 要

本文利用多种气象资料,对 2014 年 2 月上、中旬发生在湖南的三次雨雪过程进行了对比分析。结果表明:(1)第一次过程湘南出现冻雨,850～700 hPa 有明显逆温层,700 hPa 温度高于 0℃,850 hPa 和 925 hPa 温度低于－4℃,地面温度低于 0℃。700 hPa 强盛的西南急流为水汽输送和融化层的形成和维持起到了重要作用,地面静止锋和深厚的冷垫是湘南冻雨维持的原因。(2)第二、三次过程以降雪为主,温度层结显示地面温度为 0℃左右,地面以上层次温度低于 0℃。(3)第三次雨雪强度最强,暖湿空气沿锋面强迫抬升,在低层冷空气共同作用下,导致较强雨雪天气的发生。雷达回波显示强降雪过程具有积层混合性降水回波及低质心高效降水回波特征。

关键词:降水相态 锋区强度 概念模型 过程对比

引言

冬季冻雨、暴雪过程是湖南的主要灾害性天气。2008、2011 年冬季的雨雪冰冻过程给湖南省交通运输、电力、通信及工农业生产造成了严重损失,社会影响很大(胡爱军等,2010；马宗晋,2009)。强冷空气暴发南侵,降水性质的转变以及降水相态的区别给预报带来一定难度。为此,漆梁波(2012a,b)提出了用温度因子和厚度因子作为判据条件和阈值来识别冬季雨、雨夹雪、雪及冻雨(冰粒),以及通过云顶高度、暖层强度和厚度、地面气温来区分江南区域冻雨和冰粒天气。许爱华等(2006)分析 2005 年 3 月一次寒潮天气过程得出 925 hPa 气温低于－2℃可作为南方雨转雪的判据。杜小玲等(2014)分析指出,贵州地区冻雨发生时,锋面逆温高度最低、逆温梯度最大、逆温厚度最薄,云层高度在 600 hPa 以下；降雪发生时,锋面逆温高度较高、逆温梯度最小、云层伸展高度超过 500 hPa。

本文通过对 2014 年 2 月上、中旬 3 次雨雪过程中主要影响系统、降水相态演变特点与温度层结变化特征分析,结合三次雨雪过程锋生动力作用与南风强弱变化、雷达回波特征,探讨雨雪过程降水相态变化及降雪强弱成因,对湖南降水相态落区预报有一定指示意义,为提高冬季冻雨、暴雪等灾害性天气过程预报提供一定参考。

1 雨雪过程实况特点

第一次雨雪过程从 6 日开始,10 日结束,全省自北向南出现相态转变,多种降水相态相继出现,包括雨、雨夹雪、雪以及冻雨。其中 6—8 日降雪或雨夹雪主要出现在湘西北、湘北,9 日

项目资助:中国气象局预报员专项"2014 年湖南三次雨雪冰冻天气过程降水相态预报指标分析"和中国气象局关键技术集成(CMAGJ2014M37)"集成预报技术在中期天气预报中的应用"共同资助。

全省大范围出现降雪,湘南部分地区出现冻雨,10日自北向南降水结束。

第二次雨雪过程(2月12日):全省大部分地区出现降雪,其中湘东南局部地区出现中到大雪。这次过程雨雪时间短且量级小,主要降水相态表现为纯雪。

第三次雨雪过程(2月17日晚至18日晚):全省自北向南转雪(湘东南局地雨夹雪),影响范围广,湘中以南大部分地区出现中到大雪,并且湘中8个县市出现暴雪。此次过程降水相态以雪为主。

2 影响系统及温度层结分析

2.1 影响系统及温度层结概念模型

6—10日低温雨雪冰冻过程:500 hPa有低槽东移,湖南大部分地区的温度在−14℃以下;700 hPa湘中以南西南急流超过20 m/s,0℃线位于湘中附近;850 hPa及925 hPa湖南处于较强偏东北气流控制下,0℃线均位于南岭附近;地面为静止锋控制,气温也已达0℃,湘北由雨夹雪转为纯雪,而湘中以南存在逆温,且850 hPa以下冷垫深厚,地面气温也达0℃以下,此外,湘南处于南岭山脉北侧,低层冷空气由于山脉阻挡,易形成南岭静止锋,是出现冻雨的典型形势,并能基本反映混合性雨雪冻雨过程的概念模型。

11日晚至12日降雪过程:500 hPa有低槽东移,全省大部分地区温度在−10℃以下,湘北为−12℃以下;700 hPa湖南上空为偏西南气流控制,湘北已转北风,并有弱切变线,全省温度在0℃以下;850 hPa及以下层湖南处于偏东北气流控制下,全省温度也在0℃以下,其中850 hPa湘东南有切变线,地面冷锋自北向南影响并移至华南,由于500 hPa以下整层温度在0℃以下,且大部分地区动力条件相对较弱,是出现弱降雪的形势,提炼的概念模型说明了此次过程以降雪为主,且雪的量级较小。

17日晚至18日强降雪过程:500 hPa南支低槽分裂东移,湖南大部分地区温度在−10℃以下,湘北在−12℃以下;700 hPa湘南西南风超过20 m/s,切变线位于湘北,湘北转北风,850 hPa及以下层湖南处于偏东北气流控制下,全省温度均在0℃以下,850 hPa切变线与地面冷锋位于南岭附近,由于高空横槽带动冷空气南下,地面冷锋自北向南影响湖南,整层温度在0℃以下,加之冷暖气流在湘中附近交汇,且中层切变由北向南缓慢移动,导致了湘中偏北及偏南出现较大范围大到暴雪。本次过程提炼的湖南大范围强降雪的概念模型,与第一次过程相比,主要差别在于地面为冷锋而非静止锋,且700 hPa与850 hPa 0℃线均在南岭附近,位置偏南,此外,第一次过程700 hPa的0℃线较850 hPa偏北。与第二次过程相比,本次过程中700 hPa西南急流位置偏北,且偏南分量更明显。

2.2 温度层结与雨雪相态变化

2.2.1 三次雨雪过程温度对数压力图

9日14时桂阳出现冻雨,分析该时刻探空曲线,可以发现900～700 hPa存在逆温层,700 hPa有一层浅薄的融化层,850 hPa温度−4℃左右,14时地面图显示地面温度0℃。此温度层结符合湖南冻雨形成的条件,但是700 hPa融化层不深厚,且降水较弱,故冻雨强度不大。

12日14时长沙开始降雪,结合地面天气图和探空曲线分析,地面温度1℃,地面以上层温度低于0℃。18日邵阳出现暴雪,积雪深度达12cm。14时探空曲线显示,地面温度1℃,地面以上气温低于0℃,因此降雪相态表现为纯雪。

漆梁波等(2012b)指出当某一层的温度<0℃且≥−20℃时,温度露点差≤4℃可认为是云内,从探空曲线发现,桂阳 600 hPa 以下、长沙 500 hPa 以下、邵阳 400 hPa 以下均为云内,由此看出冻雨云顶高度最低,与杜小玲等(2014)的结论一致。

2.2.2 站点各层温度变化

选取长沙、怀化、桂阳三个代表站,分析温度层结剖析降水相态的转变。第一次过程 9 日 14 时桂阳出现冻雨,从温度曲线可看出,850~700 hPa 存在较明显的逆温层,700 hPa 存在一个温度大于 0℃的暖性层结,850~925 hPa 温度低于−4℃,并且地面温度低于 0℃。长沙和怀化站虽然有逆温层存在,但不存在融化层,除了地面温度为 0℃左右,其他层均在 0℃以下,因此降水相态表现为雨夹雪(雪)。第二次过程全省大部分地区除了地面温度为 0℃左右,其他层均低于 0℃,因此过程开始便出现纯雪,不像其他两次过程存在先雨后雪的阶段,并且全省由北向南逐渐转雪。

3 物理量条件差异分析

3.1 水汽条件对比

分析雨雪过程期间水汽通量表明(图 1a),第一次过程和第三次过程开始前,华南的水汽通量都明显加强,且在降水过程中,两次过程水汽通量中心值超过 10 g·cm^{-1}·hPa^{-1}·s。而第二次过程期间,水汽通量的加强并不明显,位置也偏南。而分析比湿的区域平均发现(图 1b),第一次和第三次过程比湿垂直伸展高度较高,分别到达 700 hPa 和 800 hPa,并且第三次过程比湿最大,中心最大值超过 6 g·kg^{-1},对应降雪强度最大。

3.2 动力条件对比

分析 850 hPa 经向风沿 113°E 的纬向时间演变发现(图 2),三次过程期间中低层切变线有三次自北向南推进的过程,与三次雨雪天气过程相对应。第一次雨雪过程开始前,偏南气流明显加强,华南出现 12 m·s^{-1}南风中心,而且偏南气流向北推到了湖南北部。第二次过程开始前,南风最大中心值为 6 m·s^{-1}。第三次过程开始前,偏南气流特别强盛,向北伸展到 35°N,18 日南下的北路冷空气强度最强,造成冷暖空气交汇最剧烈,降水量级最大。

3.3 热力不稳定条件

从湖南区域平均的锋区强度图上可见(图 3),2 月上、中旬有三次明显的锋区加强的过程,与三次雨雪天气出现的时段一致。而且锋区强度的变化与雨雪天气的强度对应较好,第一次和第三次过程的锋区强度较强,有利于暖湿空气沿锋面强迫抬升,导致较强雨雪天气的发生。

4 雷达特征分析

分析三次过程主要降水时段的长沙雷达回波反射率因子图,发现第二次过程以层状云降水回波为主,回波比较松散,沿强回波中心做垂直剖面结果表明,反射率因子较其他两次过程明显偏低,最大值为 25 dBZ 左右,扩展的高度位于 3 km 以下。第一、三次过程都以积层混合性降水回波为主且最大值超过了 45 dBZ,分别对二次过程最强回波中心做垂直剖面结果显示,35 dBZ 的回波扩展的高度位于 3 km 以上,为低质心的高效率的降水回波;在第三次过程,从 0.5°仰角径向速度图上分析出,25 km 距离圈内(对应的最大高度为 2.5 km)负速度面积大于正速度面积,低层有辐合的存在,有利于降水的维持与发展,因此降水回波在湘中停留的时

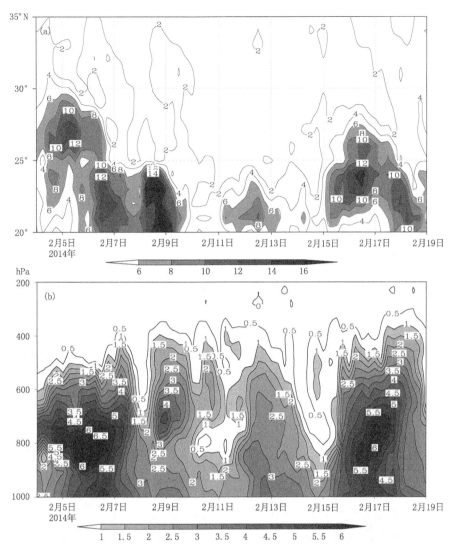

图1　2014年2月4—19日850 hPa水汽通量(单位:g·cm⁻¹·hPa⁻¹·s⁻¹)沿113°E剖面图(a)和
比湿(单位:g·kg⁻¹)区域平均(25°~32°N,108°~120°E)垂直变化图(b)

间长,故导致了第三次过程在湘中出现了局部暴雪。

5　结论

(1)三次降雪过程中影响系统配置、急流的强弱以及锋区强度与雨雪强度密切相关。第三次过程急流和冷空气强度最强,冷暖空气交汇最剧烈,故降水强度最强,同时,水汽与动力条件诊断分析结果,能较好的反映三次过程强弱差异原因。

(2)温度层结的不同对应了三次过程降水相态的差异,第一次过程850~700 hPa之间逆温层较明显,700 hPa存在温度≥0℃的融化层,并且925~850 hPa温度低于−4℃,地面温度在0℃以下,因此湘南部分地区出现冻雨;第二次过程地面温度为0℃左右,其他层在0℃以下,因此一开始就降雪;第三次过程受强冷空气影响,并且整层温度下降较快,全省自北向南转雪。

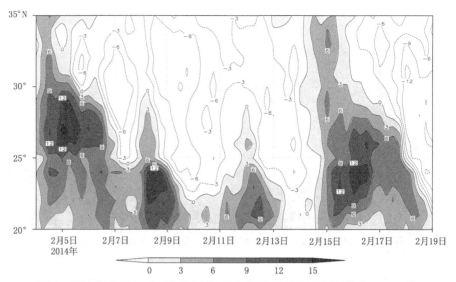

图 2　2014 年 2 月 4—19 日 850 hPa 经向风沿 113°E 剖面图（单位：m·s^{-1}）

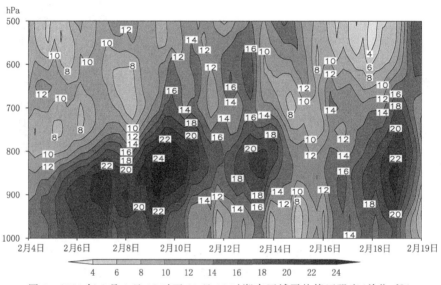

图 3　2014 年 2 月 4 日 08 时至 19 日 08 时湖南区域平均锋区强度（单位：℃）

（3）多普勒雷达资料分析能反映降雪量级的差异。第二次过程以层状云降水回波为主，第一、三次过程都以混合性降水回波为主，为低质心的高效率的降水回波。

参考文献

杜小玲,高守亭,彭芳.2014.2011 年初贵州持续低温雨雪冰冻天气成因研究[J].大气科学,**38**(1)：61-72.

胡爱军,李宁,祝燕德,等.2010.论气象灾害综合风险防范模式——2008 年中国南方低温雨雪冰冻灾害的反思[J].地理科学进展,**29**(2):159-165.

马宗晋.2009.2008 年华南雪雨冰冻巨灾的反思[J].自然灾害学报,**18**(2):1-3.

漆梁波.2012a.我国冬季冻雨和冰粒天气的形成机制及预报着眼点[J].气象,**38**(7):769-778.

漆梁波,张瑛.2012b.中国东部地区冬季降水相态的识别判据研究[J].气象,**38**(1):96-102.

许爱华,乔林,詹丰兴,等.2006.2005 年 3 月一次寒潮天气过程的诊断分析[J].气象,**32**(3):49-55.

一次暴雨天气的西南低涡结构特征分析

邓承之　翟丹华　刘婷婷　何　跃　牟　容

（重庆市气象台，重庆 401147）

摘　要

采用常规观测、NCEP 1°×1°资料，结合雷达四维变分风场反演及卫星资料对一次西南涡暴雨的成因及结构进行了诊断分析，结果表明：(1)此次暴雨天气由高原涡与西南涡共同影响四川盆地形成。西南涡的辐合流场主要存在于 850 hPa 以下的边界层内和对流层中层 500 hPa 附近。其中边界层内的流场辐合较强，旋转较弱，500 hPa 附近旋转较强，而辐合略弱，并且是倾斜涡度柱的正涡度中心，700 hPa 则主要以旋转流场为主，无显著的辐合辐散。强降水区东侧存在一支东西向的次级环流。强上升运动及强降雨出现在向东倾斜的正涡度柱前侧、正涡度中心下方及次级环流的主上升支附近。(2)雷达资料及风场反演显示，此次暴雨过程中，西南涡内部不仅存在着 β 中尺度气旋的活动，同时也存在着 γ 中尺度气旋的活动和发展。不同高度上的 β 中尺度气旋生成并在低空气流汇合区上空耦合，β 中尺度气旋及气旋附近的低空气流汇合区成为强回波的主要生成源地。γ 中尺度气旋的活动和发展则为强回波带中短时强降雨中心的出现提供了有利条件。

关键词：暴雨　西南涡　次级环流　中尺度气旋

引言

西南涡的主要源地位于四川九龙地区和四川盆地，属 α 中尺度涡旋，是影响我国夏季暴雨的重要天气系统[1,6,7,8,12]。就西南涡所造成的暴雨天气的强度、频数和范围而言，仅次于台风，我国历史上许多罕见的特大洪涝灾害都与西南涡活动密切相关[1~5]。如 1998 年长江流域发生罕见的全流域大洪水，其上游地区夏季降水异常偏多的成因与西南涡活动较常年偏多密切相关[2]。2004 年 9 月上旬渝北川东的持续性大暴雨天气，发生在四川盆地持续受西南涡影响的环流背景下，造成了上述地区极为严重的局地洪涝灾害[3,4]。西南涡的结构研究表明，西南涡呈近圆形而非对称特性，在不同发展阶段其结构是不同的[1,9]。但由于个例、资料密度及分析阶段的不同，对西南涡结构及成因的认识，仍存在很多争论[8]。邹波等的研究发现，大气边界层顶的非平衡动力强迫及 500 hPa 正涡度平流对低涡的形成和发展有重要贡献，而低涡环流在边界层内的演变具有非连续性的特征[10]。陈忠明等对一次西南涡三维结构的诊断显示，成熟阶段的西南低涡正涡度可伸展到 100 hPa 以上，中心轴线垂直，流场和高度场存在贯穿对流层的中尺度气旋和低压[9]。赵大军等对一次西南涡暴雨的诊断和模拟显示，发展的西南低涡在 300 hPa 附近出现"暖心"结构，在 850 hPa 以下呈现北冷南暖。低涡中心南北两侧的次级环流圈上升支在低涡中心附近汇合，是促使西南低涡发展加强的重要动力因子[11]。赵思雄等的分析发现，西南涡上层为暖性结构，开始时为一 β 中尺度系统，最后发展为 α 中尺度

资助项目：公益性行业（气象）科研专项（GYHY201206028）和预报员专项（CMAYBY2014-057）。

系统[3]。还有许多研究通过诊断分析及数值模拟等方法对西南涡的降水特征、成因及与高原涡等其他天气系统之间的相互作用等做了讨论[13~17]。另外,西南涡降水具有明显的中尺度特征[1,8],在西南涡形成的 MCC 云团内部常存在多个中 β 尺度对流系统[18],采用更多的非常规资料,如雷达、卫星资料等,通过数值预报模拟技术和资料同化技术,将有助于更细致和客观地揭示西南涡的结构及其演变[1]。

2013 年 6 月 30 日至 7 月 1 日,受一次西南涡活动影响,四川盆地出现局地特大暴雨天气。本文采用常规资料、NCEP 1°×1°资料及雷达风场反演、卫星资料等,对此次特大暴雨天气的成因和动力机制进行了分析,讨论了西南涡中多尺度系统的活动特征及其与强降雨的相互关系。

1 降雨、天气形势及西南涡活动特征

1.1 降雨情况

2013 年 6 月 30 日 08 时至 7 月 1 日 08 时,四川遂宁到重庆西部地区出现局地特大暴雨天气,降雨强度大,范围集中。24 h 雨量极值遂宁老池(四川)达到 510.9 mm,大足回龙(重庆)达到 350.7 mm。图 1 显示,30 日 08—14 时及 14—20 时(图 1a~b)强降水维持在四川遂宁地区,降雨中心地区的 6 h 雨量均在 100 mm 以上。30 日 20 时以后,遂宁地区强降雨减弱,重庆西部地区降雨开始增强,形成另一个 6 h 雨量达到 100 mm 以上的降雨中心(图 1c)。之后雨带维持在重庆西部到四川东南部,其中川东南地区形成了又一个 6 h 雨量在 100 mm 以上的降雨中心(图 1d)。暴雨造成四川盆地涪江流域出现罕见洪峰,并引起嘉陵江与长江流域(重庆段)出现涨水。

1.2 天气形势及西南涡活动特征

2013 年 6 月 29—30 日,亚洲中高纬西西伯利亚地区盘踞着强大的冷性低涡,极锋急流位于冷涡南侧 40°~50°N。冷涡底部不断有短波系统分裂出来沿着急流向东传播。中低纬度地区,巴尔喀什湖长波槽维持在高原西侧,高原南侧有孟湾风暴存在,使得高原西侧与南侧存在显著的正涡度输送,高原上空不断有短波槽或低涡生成东移。副热带高压控制我国华南地区,随着南海热带低压"温比亚"逐渐增强并向西北方向移动,副热带高压的西脊点东退至 112°E 附近,脊线也由 22°N 北抬至 24°N 附近。29 日 20 时至 30 日 08 时,在高原低涡和低层西南急流的共同作用下,盆地中部有西南低涡生成并缓慢东移。至 30 日 20 时,200 hPa 急流位于 45°N 附近,青藏高原东部及川渝地区处于南亚高压控制下的高空辐散区,高层的辐散抽吸作用有利于对流层中下层低涡系统的发展(图 2a)。500 hPa 副热带高压脊线北抬至 24°N 附近,西脊点位于 112°E 附近,盆地北部 500 hPa 低涡在副热带高压的北抬过程中东移速度缓慢,中心逐渐向盆地中部的低空西南涡靠近,盆地东北部至盆地南部形成了东北—西南向的正涡度大值区(图 2b)。850~700 hPa 低空西南涡自 30 日 08 时形成后,始终维持在盆地中部地区,低涡中心位势高度分别达到 305 dagpm 和 139 dagpm,低涡直径为 300~400 km。700 hPa 低涡前部为云南东部经贵州西北部至重庆西部的一支强西南气流,急流轴位于昆明—贵阳—恩施一带,20 时贵阳 700 hPa 西南风速达到 14 m·s^{-1}。850 hPa 低涡前部盛行南风气流,急流轴位于怀化—达州一带左侧,20 时怀化 850 hPa 南风风速达到 16 m·s^{-1},而达州和沙坪坝的东南风速均达到 12 m·s^{-1}(图 2c~d)。

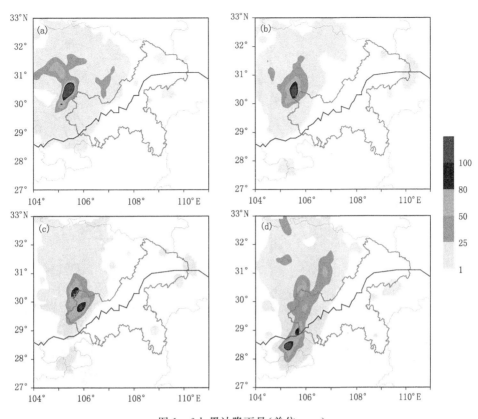

图1　6 h累计降雨量(单位:mm)

(a)6月30日08—14时;(b)6月30日14—20时,

(c)6月30日20—7月1日02时;(d)7月1日02—08时

上述分析显示,30日08—20时,700 hPa和850 hPa低空中α尺度西南涡维持在四川盆地中部,稳定少动,涡前部已经形成显著的西南风急流和南风急流,500 hPa低涡在副高的阻塞作用下东移缓慢并逐渐向低空西南涡中心靠近,不同层次低涡的耦合逐渐增强,从而显著增强了正涡度柱的厚度和垂直上升运动,同时高层南亚高压也提供了有利的辐散抽吸条件。

在TBB云图上,6月30日上午对流云团在遂宁地区逐渐增强,中心TBB值达到−70℃以下,中午12时以后逐渐减弱消散,云型也由不规则的椭圆形逐渐破碎。夜间20时以后,如图3所示,对流云团在遂宁及渝西地区再次迅速发展,云型呈近圆形,中心TBB值迅速下降,6月30日21时—7月1日0时TBB值的负值中心维持在渝西北地区上空,并达到−70℃以下,对应时段渝西北地区出现50 mm以上的降雨落区,最大累计雨量位于大足回龙站,达到203.8 mm。7月1日01时之后渝西北地区对流云团逐渐减弱,新的对流云团中心在四川南部逐渐发展起来。可见,此次暴雨过程中,强降雨随着对流云团TBB值的迅速下降而迅速发展,降雨中心位于云团TBB的负值中心下方,随着云团TBB值的迅速减弱降雨亦减弱。

2　西南涡结构诊断

2013年6月30日21时至7月1日02时的6 h观测降水区出现在105°~106.5°E,强降水中心出现在106°E附近,强降水中心6 h降雨量超过100 mm。强降水区上空30日02时

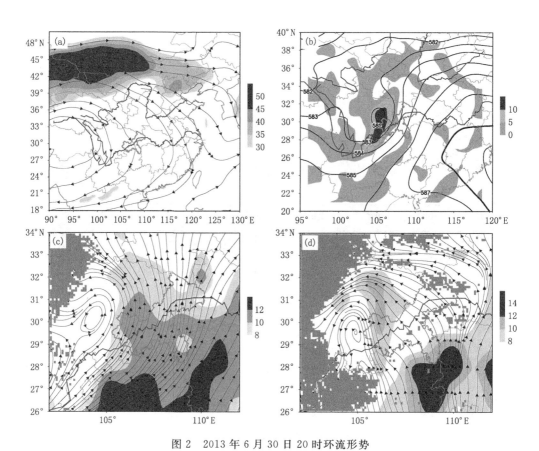

图 2 2013 年 6 月 30 日 20 时环流形势

(a)200 hPa 流场,阴影区风速≥30 m·s^{-1};(b)500 hPa 位势高度场,单位:dagpm,阴影区为正涡度区,
单位:10^{-5}s^{-1};(c)700 hPa 流场;阴影区风速≥8 m·s^{-1};(d)850 hPa 流场,阴影区风速≥8 m·s^{-1}
(灰色阴影区域为地形覆盖区域)

500 hPa 和 850 hPa 形成两个正涡度区,并分别向下和向上发展,30 日 08 时形成垂直方向上的正涡度柱(图略)。至 30 日 20 时,降水区正涡度柱发展非常深厚,垂直伸展至 200 hPa 以上,并由低层向上逐渐向东倾斜。正涡度中心位于 400 hPa 至 500 hPa 之间,强降雨区位于倾斜正涡度柱东侧,正涡度中心下方,如图 4a 所示。降水区垂直方向上的涡度增长过程表明,500 hPa 高原涡在东移的过程中与低空西南涡存在耦合作用。图 4b 显示,30 日 20 时强降水区 500 hPa 附近和 850 hPa 以下的边界层内均为辐合区,其中 500 hPa 的辐合中心达到—0.6×10^{-5}s^{-1},850 hPa 以下边界层内的辐合中心达到—0.9×10^{-5}s^{-1},700 hPa 附近为散度值接近于零的弱辐散场。涡度场与散度场在强降水区的垂直分布表明,西南涡在边界层和 500 hPa 附近分别存在两个气旋式旋转辐合流场,其中 500 hPa 附近的旋转辐合流场,也是倾斜涡度柱的正涡度中心,旋转风最强,而辐合风略弱,边界层内的旋转辐合流场以辐合风为主,与涡度场相关的旋转风较弱,700 hPa 则主要以旋转气流为主,无显著的辐合辐散。这一结论与翟丹华等关于西南涡 700 hPa 附近为气旋性旋转、800 hPa 及以下以辐合为主的论述基本一致[21]。有所不同的是,此次过程正涡度中心出现在 500 hPa 附近,这可能与此次西南涡暴雨形成的过程中高原涡与低空西南涡形成的耦合作用有关。图 4c~d 显示,强降水区东侧 105°~108°E 的经度带内存在一支东西向的次级环流,环流的下沉支位于 108°E 附近,而上升

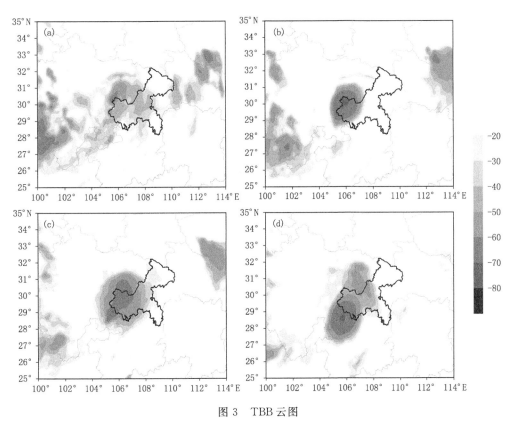

图 3　TBB云图

(a)6月30日20时;(b)6月30日23时;(c)7月1日02时;(d)7月1日05时

支的区域较宽,主要上升支位于106°~107°E,垂直上升运动剧烈,垂直速度ω的负值区从900 hPa附近伸展至200 hPa左右,并在500 hPa附近达到最强,出现中心值达到−0.3 Pa·s⁻¹负值中心,位于500 hPa正涡度中心前侧。

　　由上述分析可见,此次西南涡暴雨过程中存在高原涡与西南涡的耦合作用,低涡的辐合流场主要存在于对流层中层500 hPa附近和850 hPa以下的边界层内,其中边界层内的辐合较强,旋转略弱,500 hPa附近为倾斜涡度柱的正涡度中心,旋转最强而辐合略弱,700 hPa以无显著辐合辐散的旋转流场为主。强上升运动位于500 hPa正涡度中心前侧,次级环流的主上升支附近。强降水产生在向东倾斜的正涡度柱前侧,正涡度中心下方与次级环流西侧主上升支的附近。

3　西南涡内部β、γ中尺度气旋活动

3.1　β中尺度气旋

　　通过多普勒天气雷达资料的四维变分同化方法进行风场反演能够更清晰的揭示降水回波内部的风场结构,探讨强对流天气内部中小尺度系统的演变过程。该方法由孙娟珍等建立[19],并在原方法的基础上经过一定的简化和改进[20]。

　　雷达组合反射率因子及反演风场显示,自31日夜间21时26分的雷达体扫开始,反演的5 km高度水平风场上,雷达坐标(−100 km,55 km)附近出现一β中尺度气旋,气旋的前部形成了"人"字型的强回波带,回波中心强度达到50 dBZ以上。随后,这一β中尺度气旋迅速向东

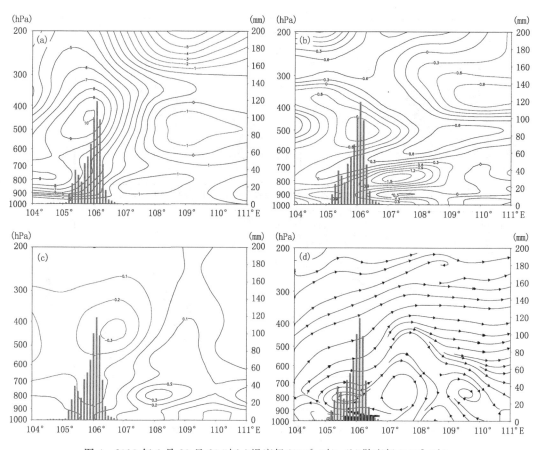

图 4　2013 年 6 月 30 日 20 时(a)涡度场(10^{-5}s^{-1});(b)散度场(10^{-5}s^{-1});

(c)垂直速度(Pa·s^{-1});(d)风流线沿 30°N 的垂直剖面

(直方图为 2013 年 6 月 30 日 20 时至 7 月 1 日 02 时的 6 小时观测降水)

南方向移动,22 时 08 分中心移至雷达坐标(−55 km,10 km)处,气旋后部的西北风逐渐切断了"人"字型强回波带的西南段与主体之间的联系,主体的强回波带演变为"枝"状形态,中心强度维持在 50 dBZ 以上。此后 β 中尺度气旋转为准静止状态,主体的"枝"状回波逐渐融合为"块"状,并在 β 中尺度气旋的西北部不断演变,中心强度仍维持在 50 dBZ 以上,直至 23 时 02 分以后,随着此中尺度气旋的减弱消失,回波强度逐渐减弱。1.5 km 和 2.5 km 高度的水平风场反演则显示强回波带位于 1.5 km 和 2.5 km 高度上 β 中尺度气旋西北侧、南风急流左侧的气流汇合区。当 5 km 高度上 β 中尺度气旋移至东南方向的低空强的气流汇合区上空时,1.5 km 和 2.5 km 高度的 β 中尺度气旋中心同样在向气流汇合区移动,不同高度的 β 中尺度气旋逐渐耦合,新的中尺度气旋具有更加深厚的垂直尺度,并和低空气流汇合区共同构成了强降水回波的主要生成源地,强回波在这一区域不断生成并向东北方向移动,气旋区东北部的组合发射率因子和地面雨量均达到最强,这也解释了 5 km 高度 β 中尺度气旋移到此处转为准静止状态的原因。

综上所述,强回波带出现在 1.5 km 和 2.5 km 高度上显著的气流汇合区附近,不同高度上的 β 中尺度气旋生成后,逐渐移向低空显著的气流汇合区上空,这可能与汇合区上空的强降雨释放的大量的凝结潜热有关。当不同高度上的 β 中尺度气旋移至低空气流汇合区上空并产生耦合时,新的β中尺度气旋的垂直尺度显著增长,而移动趋势显著减弱,转为准静止状态,稳定而深厚的β中尺度气旋及气旋附近1.5 km和2.5 km高度上显著的气流汇合区共同构成了强回波的直接生成源地,导致强降雨回波在此区域不断生成发展及下游地区最强降雨时段的来临。

3.2　γ中尺度气旋

暴雨的出现常常跟中小尺度天气系统的活动有关。研究显示,雷达观测到的单体风暴、逆风区辐合带及中气旋等中小尺度回波系统的活动和发展,是暴雨落区形成的重要因素[22]。此次暴雨的雷达资料分析显示,强降雨回波从21时逐渐移入重庆西部地区,在雷达平均径向速度图上表现为风切变迅速东移。22时08分的雷达平均径向速度场在潼南南部的风切变附近、强回波区的前沿识别出γ中尺度气旋的存在,直径为7 km左右,该中气旋持续至22时38分退化为三维相关切变,中气旋附近组合反射率因子中心值超过55 dBZ,位于中气旋移动路径上的铜梁侣俸站22—23时出现小时雨量达到78.6 mm的短时强降雨中心。可见,此次西南涡暴雨过程中,不仅存在着β中尺度气旋的活动,同时也存在着γ中尺度气旋的活动和发展,γ中尺度气旋的活动对短时强降雨中心的形成提供了重要动力作用。

4　结论与讨论

2013年四川遂宁至重庆西部地区的"6·30"暴雨过程降雨强度大,范围集中,造成了涪江流域罕见的洪峰灾害。本文通过常规观测、NCEP1°×1°资料,结合雷达四维变分风场反演及卫星资料对这次暴雨过程的成因及西南涡结构进行了诊断研究。

(1)此次暴雨天气由高原涡与西南涡共同影响四川盆地形成。500 hPa低涡在副高的阻塞作用下东移缓慢,并和低空西南涡逐渐耦合,低涡内部正涡度柱的厚度和垂直上升运动显著增强。700 hPa和850 hPa在低涡前部分别形成了显著的西南风急流和南风急流。同时高层南亚高压也为中低层系统的发展提供了有利的辐散抽吸条件。

(2)此次暴雨过程中,强降雨随着对流云团TBB值的迅速下降而迅速发展,降雨中心位于云团TBB的负值中心下方,随着云团TBB值的迅速减弱降雨亦减弱。

(3)此次暴雨过程中西南涡的辐合流场主要存在于850 hPa以下的边界层内和对流层中层500 hPa附近。其中边界层内的辐合较强,与涡度场相关的旋转风较弱,500 hPa附近是倾斜涡度柱的正涡度中心,旋转较强,而辐合略弱,700 hPa则主要以旋转流场为主,无显著的辐合辐散。强降水区东侧存在一支东西向的次级环流,环流的下沉支位于108°E附近,上升支的区域较宽,主要位于106°~107°E。强上升运动及强降雨出现在向东倾斜的正涡度柱前侧、正涡度中心下方及次级环流西侧主上升支的附近。

(4)雷达资料及风场反演显示,此次西南涡暴雨过程中,不仅存在着β中尺度气旋的活动,同时也存在着γ中尺度气旋的活动和发展。不同高度上的β中尺度气旋生成后,具有移向低空显著的气流汇合区上空的趋势,在低空气流汇合区上空耦合并转为准静止状态后,新的β中尺度气旋的垂直尺度显著增长。深厚的β中尺度气旋及气旋附近1.5 km和2.5 km高度上显著的气流汇合区共同构成了强降雨回波的直接生成源地,强回波在这一区域不断生成发展并向下游地区移动,为强降雨的出现提供了重要的动力维持机制。γ中尺度气旋的活动和发展则为强回波带中短时强降雨中心的出现提供了有利条件。

致谢:感谢四川省气象台青泉对文章的指导和帮助,感谢 NCAR 孙娟珍博士提供了变分同化算法源程序!

参考文献

[1] 何光碧.西南低涡研究综述[J].气象,2012,38(2):155-163.

[2] 陈忠明,徐茂良,闵文彬,等.1998 年夏季西南低涡活动与长江上游暴雨[J].高原气象,2003,22(2):162-167.

[3] 赵思雄,傅慎明.2004 年 9 月川渝大暴雨期间西南低涡结构及其环境场的分析[J].大气科学,2007,31(6):1059-1075.

[4] 周兵,文继芬.2004 年渝北川东大暴雨环流及其非绝热加热特征[J].应用气象学报,2006,17(增刊):71-78.

[5] 陈涛,张芳华,端义宏.广西"6·12"特大暴雨中西南涡与中尺度对流系统发展的相互关系研究[J].气象学报,2011,69(3):472-485.

[6] 陈启智,黄奕武,王其伟,等.1990—2004 年西南低涡活动的统计研究[J].南京大学学报(自然科学),2007,43(6):633-642.

[7] 谌贵殉,何光碧.2000—2007 年西南低涡活动的观测事实分析[J].高原山地气象研究,2008,28(4):59-65.

[8] 李国平.高原涡、西南涡研究的新进展及有关科学问题[J].沙漠与绿洲气象,2013,7(3):1-6.

[9] 陈忠明,缪强,闵文彬.一次强烈发展西南低涡的中尺度结构分析[J].应用气象学报,1998,9(3):273-282.

[10] 邹波,陈忠明.一次西南低涡发生发展的中尺度诊断[J].高原气象,2000,19(2):141-149.

[11] 赵大军,江玉华,李莹.一次西南低涡暴雨过程的诊断分析与数值模拟[J].高原气象,2011,30(5):1158-1169.

[12] 陈忠明,闵文彬,崔春光.西南低涡研究的一些新进展[J].高原气象,2004,23(增刊):1-5.

[13] 周春花,顾清源,何光碧.高原涡与西南涡相互作用暴雨天气过程的诊断分析[J].气象科技,2009,37(5):538-544.

[14] 赵玉春,王叶红.高原涡诱生西南涡特大暴雨成因的个例研究[J].高原气象,2010,29(4):819-831.

[15] 朱禾,邓北胜,吴洪.湿位涡守恒条件下西南涡的发展[J].气象学报,2002,60(3):343-351.

[16] 周国兵,隆宵.重庆市"5·29"暴雨天气过程诊断分析与数值模拟.气象科技.2006,34(1):29-33.

[17] 张秀年,段旭.低纬高原西南涡暴雨分析[J].高原气象,2005,24(6):941-947.

[18] 马红,郑翔飚,胡勇,等.一次西南涡引发 MCC 暴雨的卫星云图和多普勒雷达特征分析[J].大气科学学报,2010,33(6):688-696.

[19] Sun J, Crook A. 1997. Dynamical and microphysical retrieval from Doppler radar observations using a cloud model and its adjoint, Part I: Model development and simulated data experiments. *J Atmos Sci*, 4(12):1642-1661.

[20] 牟容,刘黎平,许小永,等.四维变分方法反演低层风场能力研究[J].气象,2007,33(1):11-18.

[21] 翟丹华,刘德,李强,等.引发重庆中西部暴雨的西南低涡特征分析[J].高原气象,2014,33(1):140-147.

[22] 段丽,卞素芬,俞小鼎,等.用 SA 雷达产品对京西三次局地暴雨落区形成的精细分析[J].气象,2009,35(3):21-31.

一次罕见路径雷暴造成的北京局地强降水过程的成因分析

郭金兰　雷　蕾　曾　剑　何　娜　刘　卓　王　华

(北京市气象台,北京 100089)

摘　要

本文应用大尺度常规资料、NECP 再分析资料、地面加密自动站、风廓线及 VDRAS 反演的中尺度再分析资料,研究了此次强对流天气发生、发展的大尺度影响系统、动力条件、水汽来源、稳定度条件及雷暴加强、减弱、进入城区再度加强的中尺度系统及触发因子。结果表明,此次过程前北京地区具备了位势不稳定层结、低层湿舌和水汽辐合、低空急流等强对流天气发生的环境条件,而北京附近大尺度动力条件较弱,不足以触发北京自北向南暴发的强对流天气。冷池出流是触发局地强降水的主要因子,中尺度锋区、地面辐合线与地形(迎风坡或山谷)叠置处,为强降水中心;偏东风是城区强降水触发因子;VDRAS 反演的风场及扰动温度场进一步分析发现,冷池中心的北侧 200~4000 m 高空出现垂直次级环流,边界层辐合线对应其上升支,边界层辐合线在强降水落区及时间的短临预报中有一定的指示意义。

关键词:冷池出流　偏东风　地面辐合线　中尺度锋区　地形

引言

北京地区夏季由强对流导致的局地强降水天气时有发生,此类天气具有突发性、局地性及高强度的特点。由于其影响系统尺度小,生命期短及变化快,难以准确了解其动力抬升、水汽输送等因素,落区和强度的预报历来是预报工作中的难点,北京地区的特殊地形又为此类天气的预报增加了难度,由于复杂的地形和下垫面环境,雷暴在移入北京地区过程中往往呈现加强或减弱趋势,局地激发或合并加强的新雷暴也屡见不鲜(陈双等,2011 年)。

近年来许多气象工作者利用北京地区多种高时空观测数据和 VDRAS 的高分辨率分析场资料,从地形、城市热岛、冷池、边界层环境风等对北京局地强降水的成因进行了分析(代刊等,2010;段丽等,2009;陈明轩等,2006)。孙继松(2005)还对地形与环境风场的相互作用过程在地形雨落区中的作用进行了探讨,指出地形越靠近城区,山前越容易形成强的水平温度梯度。地形坡度越大的地方,产生的上升运动越强,中尺度系统的水平尺度越小。孙靖和王建捷(2010)就北京地区一次引发强降水的中尺度对流系统的组织发展特征及成因进行了探讨。吴庆梅等(2009)经过对 2010 年 7 月 9 日北京城区中尺度暴雨过程的精细分析,研究了地形、热岛效应以及两者相互作用对暴雨的影响。Wilhelmson 和 Chen(1982)认为雷暴出流可以触发多单体风暴中对流单体形成。

经过对北京夏季雷暴移动路径统计分析发现,其路径以西北、偏西、偏南路径为主,从北京东北部移入雷暴的次数较少。在 2014 年北京夏季 20 次不同程度的局地强降水过程的雷暴移动路径中,只有 1 次为东北路径移入雷暴造成北京东北部及城区局地强降水天气,可谓罕见路径。这次罕见路径移入雷暴过程发生在 2014 年 6 月 16 日半夜前后至 17 日清晨。据北京市人民政府防汛抗旱指挥部办公室 2014 年(第 22 期)汛情通报报告,此次过程中密云县古北口镇、太师屯镇共转移 22 户 42 人,城区强降水造成 3 处路面积水,积水深度至 30~70 cm,个别路段还出现塌方现象。可见此次过程给北京的城市运行及人民生活带来了不利影响,算是 2014 年北京地区夏季的一次高影响天气。

本文应用大尺度常规资料、NECP 再分析资料、地面加密自动站、风廓线及 VDRAS 反演的中尺度再分析资料,研究了此次强对流天气发生、发展的大尺度影响系统、动力条件、水汽来源、稳定度条件及雷暴加强、减弱、进入城区再度加强的中尺度系统及触发因子。

1 天气实况

2014 年 6 月 16 日入夜后受发展加强的对流云团影响,河北东北部、北京东北部及城区、天津北部自北向南先后出现局地短时强降水、大风和冰雹天气。北京主要降雨时段出现在 16 日 23 时到 17 日 04 时(见图 1)。16 日 23 时至 17 日 00 时河北东北部对流云团进入北京东北部密云一带,并不断发展加强,00—01 时密云大部出现强雷雨天气,穆家峪小时雨量达 59 mm;01—02 时强雷雨云团向南移动,顺义东部及平谷相继出现强对流天气,顺义的西樊各庄小时雨量达 46.1 mm,平谷中心村小时雨量达 69.8 mm。02—03 时对流云团南移减弱,17 日 03 时之后,强雨团分为两个,一个向西南继续影响北京,并与城区局地发展的对流云团合并,于 17 日 03—04 时朝阳区王四营小时雨量达 63.8 mm,海淀观测站小时雨量达 40.7 mm,另一个向东南影响天津北部。04 时之后,降水范围逐渐减小,强度减弱。此次强对流过程中,同时伴有短时大风及局地冰雹天气。从北京地区加密自动观测站显示 17 日 00:00—02:30 在位于

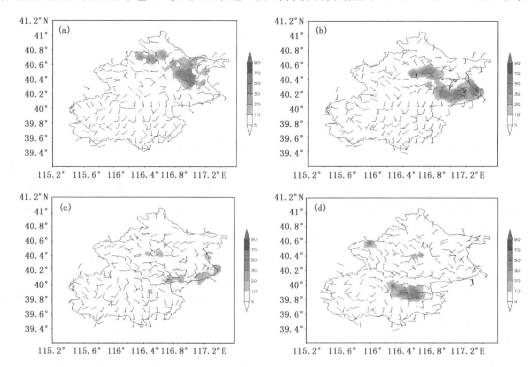

图 1 2014 年 6 月 17 日 00 时至 17 日 03 时逐小时风场及未来 1 h 降水量(mm)

(a)00 时;(b)01 时;(c)02 时;(d)03 时

北京东北部的平谷、顺义出现 8 站次 8～10 级短时大风,02:13 平谷的玻璃台瞬时风速达 25.7 m/s(10 级),其间,平谷局地观测到冰雹。

2 天气尺度背景分析

2.1 影响系统分析

强降水都是在一定的环流背景下受天气尺度系统的影响由中尺度系统直接影响产生的,天气尺度系统为强降水提供了能量和水汽条件,中尺度系统为强降水提供了动力触发条件(杨晓霞等,2013)。从 16 日 20 日形势场分析可见,在此次局地强降水过程前 500 hPa 高度场上,我国中北部地区受贝加尔湖冷涡南部西北或偏西气流影响,并有分裂弱冷空气随短波槽东移;700 hPa 冷切变沿西北偏西气流移至河北东北部与内蒙东南部暖切变交汇,形成"人字形"切变;850 hPa 高度上暖切变位于内蒙东南部,河北及京津地区为暖区控制,同时可见 850 hPa 上一支偏南急流经山东—河北东部沿海地区向北伸展,提供了明显的暖湿气流。16 日 20 时至 17 日 02 时地面气压场实况可见,地面气旋中心位于河北北部至内蒙中东部,京津冀地区位于气旋东南部的暖锋后部冷锋前部,并处于地面高压后部,东高西低的气压场中,气旋稳定少动,东高维持。

此次过程前期,2014 年第 7 号台风"海贝思"(热带风暴级)于 15 日 16:50 在广东省汕头市濠江区沿海登陆后,20:00 在广东省汕头市潮阳区境内减弱为热带低压,23:00 前后减弱为低气压并向东北方向移动。16 日 20 时至 17 日 08 时华北东部对流层低层受其外围向北伸展的偏南气流影响。

2.2 大尺度物理量场分析

2.2.1 垂直速度及水汽条件分析

16 日 20 时垂直速度条件分析发现,河北北部至内蒙东南部为深厚的上升运动区控制,北京附近上空上升运动区仅在 800 hPa 以下(见图 2a)。表明此时北京地区上空的大尺度动力条件并不理想。从各层水汽通量散度分布可见,华北中南部地区只在 925 hPa 以下存在水汽通量的辐合区,而在 850 hPa 为水汽通量的辐散中心,从地面至 850 hPa 形成了有利水汽垂直输送的辐合辐散配置,但大尺度垂直运动浅薄,不利于形成深厚的湿层。在 16 日 20 时经北京自东北向西南的比湿垂直剖面可见,北京、河北东北部至内蒙东南部低层湿度条件理想,925 hPa 以下比湿已达 12～14 g/kg。同时,从 16 日 20 时低层比湿及风场分布可见,由 7 号台风"海贝思"减弱形成的低气压外围的偏南气流,将东南部沿海地区的水汽向北输送,在 850 hPa、925 hPa 比湿分布图上出现一向北伸展的高比湿舌。

2.2.2 能量及稳定度条件分析

分析 16 日 20 时 500 hPa、850 hPa 温度平流分布发现,北京东北部至内蒙东南部,500 hPa 为弱冷平流区,850 hPa 为强的暖平流区,在这种冷、暖平流作用下,层结不稳定度进一步加大。从 850hPa 假相当位温(θ_{se})的水平分布及沿 116°E 的 θ_{se} 垂直剖面可见(图 2),高能舌从河北西南部向北伸展(红色虚线所示)。500 hPa 北京上空的 θ_{se} 低值中心,正好叠置于 850 hPa 高值中心之上,形成强的位势不稳定。

从 16 日 54511 站探空曲线可见(见图 3),08 时 925 hPa 附近存在明显的逆温层,有利于能量的积累。20 时探空曲线显示接近于产生湿的下击暴流的大气热力层结,高空存在相对干

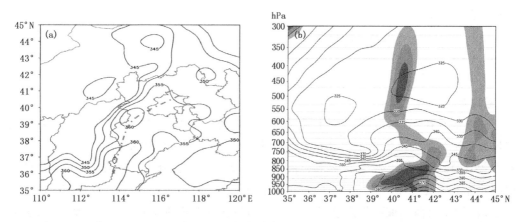

图 2   2014 年 6 月 16 日 20 时 850 hPa 假相当位温(θ_{se})(K)水平分布(a)和沿 116°E θ_{se} 及
上升速度垂直剖面(b)

的空气层,经过午后加热作用在地面至 1.5 km 之间产生干绝热层。从风的时空演变可见,
500～400 hPa 上 08 时到 20 时风向呈现由西南到西北的转变,同时 $T-T_d$ 增大,表明对流层
中层有干冷空气插入并向下伸展,层结的热力不稳定加大,$\triangle\theta_{se}(500-850\ hPa)=-20℃$;
700 hPa 以下风随高度顺转,暖平流明显,700～400 hPa 暖平流随高度减弱,400 hPa 以上呈
现风随高度逆转,转为弱冷平流,0～6 km 垂直风切变为 9.28 m/s。北京 54511 站 20 时 K 指
数达 37℃、CAPE 为 1184 J/kg、SI 指数为－4.6。

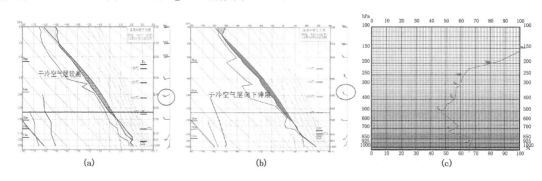

图 3   16 日 08 时(a)、20 时(b)54511 站探空曲线及 20 时 θ_{se} 垂直分布(c)

上述分析及实况均表明北京地区具备了位势不稳定层结、低层湿舌和水汽辐合、低空急流
等强对流天气发生的环境条件。而高空冷空气、低空切变线及地面气旋是河北东北部至内蒙
东南部对流云团发展的主要影响系统,北京附近大尺度动力条件较弱,不足以触发北京自北向
南暴发的强对流天气,因此,需应用多种加密探测资料进行中尺度分析,研究北京地区局地动、
热力环境的特征,寻找局地强降水的触发因子。

3   应用加密探测资料对此次局地强降水过程的成因分析

3.1   雷达回波特征

从北京雷达回波径向速度及发射率因子分析发现,18:00—22:00 北京大部地区低层为一
致的偏南风,弱辐合区偏北,回波主体在河北北部发展,影响北京怀柔、密云北部;16 日 23:00

至17日05:00雷达回波组合反射率因子(图4a)可见,23:00主体回波南压至密云北部边界,密云境内有分散回波新生,同时北部线状对流系统自北向南移动,在移动过程中,17日00—02时雷暴前沿局地激发新生雷暴合并加强。17日02:00—03:00回波移出迎风坡或山谷区,减弱并分为东西两段,东段进入天津,西段南移进入北京城区,03:00后,与城区局地发展的对流云团合并,带来城区局地短时强降水。从径向速度图可见(图4b),03:00—04:00在城区出现偏南、偏北、偏东三支气流汇合,回波加强发展。从对应时次强降水回波的反射率因子垂直剖面图分析发现,50 dBZ以上的强回波中心位于5 km以下,呈现低质心的强降水回波特征。

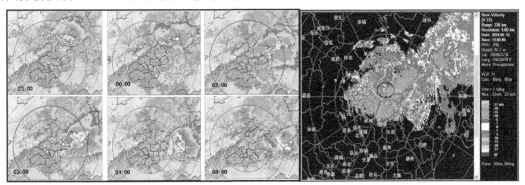

图4 2014年6月16日23:00至17日05:00北京雷达回波组合反射率因子叠加地形图(a)和
17日03:00 1.5°仰角雷达径向速度图(b)(箭头:风向)

3.2 北京东北部地区局地强降水成因的初步分析

怀柔、密云、平谷、顺义位于北京的东北部地区,从图5a可见,此区域地形北高南低,逐渐向平原过渡,怀柔南部、顺义、密云中南部及平谷南部呈现朝向南部平原开口的"喇叭口"地形。此次过程东北部的三个降水中心点分别位于密云水库附近浅丘平原区的穆家峪、迎风坡前的顺义西樊各庄和平谷站。我们知道,在大尺度天气形势建立起来的位势不稳定区以及强的垂直风切变条件下,特殊的地形(如迎风坡、地形喇叭口等)可成为强对流的局地发生源地和移入对流系统的加强地(孙继松等,2014)。

经过雷达发射率因子、自动站温度及风场结合北京地形分布特征综合分析发现,强降水前在北京境内已存在一准东北西南向的地面辐合线,经过密云、怀柔南部、昌平东南部、海淀北部至门头沟东部,沿地形分布。23:00—00:00密云北部零散回波不断组织发展,偏北冷池出流形成,加强了地面辐合线北侧的偏北风,从京津冀自动站温度分布演变可见(图5a),17日00—01时北京东北部温度梯度加大,中尺度温度锋区加强,在与地形叠置处,由于地形对气流的抬升作用,使位于密云水库附近、三面环山(北部及东、西两侧)的穆家峪地区,出现局地辐合加强,促进回波组织发展,回波中心强度达55 dBZ以上,出现59 mm/h的强降水中心(图1)。

在此次雷暴发展过程中,近地面维持偏南风,当强回波前沿的偏北冷池出流与这支持续的偏南风相遇后,辐合加强,产生强烈的上升运动,由于正反馈作用,近地面偏南风明显增大,在与地形叠置处(顺义西樊各庄、平谷站),相继出现局地对流的强烈发展,回波呈现飑线特征(图5b),并出现强降水中心(图1)。由17日02—03时雷达回波组合反射率因子叠加地形图(图4a)及自动站逐小时降水量可见(图1),回波移出地形区进入平原开始明显减弱,无强降水中心出现。因此,可认为偏北冷池出流是触发局地强降水的主要因子,偏南风的增强使低空垂直风切变增大,加剧了动力及暖湿输送作用,常态的地形起到了明显的增幅作用。

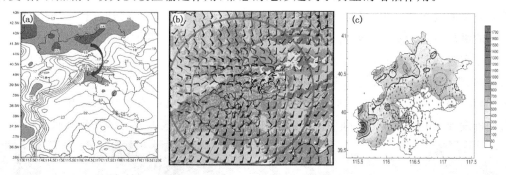

图5　2014年6月17日00:01京津冀自动站温度(a)(℃;填充:暖中心;填充:冷中心)、6月17日01:00
北京雷达组合反射率因子及VDRAS 200 m风场(b)、北京地形及强降水中心(虚线圈)(c)

3.3　地面中尺度锋区、偏东风在此次城区局地强降水中的作用

在关于下垫面热力不均匀引起的中尺度环流的理论中(张玉玲,1999),指出加热作用引起的不均匀的温度分布,可使涡度发生变化,从而产生局地环流。由不可压缩连续方程(浅薄环流):

$$\frac{\partial w}{\partial z} = -\left(\frac{\partial u}{\partial x} + \frac{\partial v}{\partial y}\right)$$

可见,由于水平温度梯度产生的水平加速度如果是不均匀的,也会产生垂直运动和相应的垂直环流。因此,可以通过分析水平温度梯度的不均匀(温度锋区的变化)状况,揭示局地动力条件的变化。这里利用京津冀自动站逐小时温度分布分析发现,冷空气团自北向南沿偏东路径(河北东部)南压,而自北京南部向北伸展的暖区维持,冷暖气团逐渐接近,中尺度锋区加强,对流强烈发展,在加强的冷空气团的推动下,中尺度锋区南移。从3 h变压及变温分析发现,锋区北部冷空气对应正变压及负变温区,此时北京城区暖中心区始终维持,02—03时中尺度锋区在城区东部至顺义南部维持并缓慢南移,呈现出准东西向的中尺度锋区,暖空气上升,冷空气下沉,锋区北侧的冷的下沉气流,使局地加压,从自动站3 h变压分布可见明显的正变压中心沿北京东部南压,同时看到一支地面偏东风逐渐进入城区东部,03时进入天津北部一带的强回波形成的出流加强了这支偏东风,因此,这支冷湿(温度、露点分布可见)的偏东风不断加强,此时,城区南部的偏南风及中北部的偏北风维持,这样,在城区便形成了偏南、偏北、偏东三支气流的汇合(图4b)。从自动站风场及降水变化可见,随着偏东风的出现,降水开始增强。因此,可以认为这支偏东气流在城区局地强降水中起到了触发因子的作用。同时从自动站逐小时露点温度分布可见,此时城区及南部露点仍维持在19~20℃,反映了城区近地面在强降水前始终维持暖湿状态,能量条件理想。

从海淀风廓线、5 min强降水及风切变分析发现,强降水前(17日03:00前)低层偏南超低空急流维持,在17日03时800 m以下突然转为8~12 m/s的偏东风,其上仍维持偏南风,此时海淀站0~3 km低层垂直风切变曲线出现突增现象,15 min后,03:15海淀降水强度开始加大。低空垂直风切变的增长,为强降水的产生提供了有利的动力条件。也再次说明低空偏东风的增强是城区局地强降水的触发因子。而海淀处于西部山前,偏东气流在地形迎风坡处强迫抬升,地形对海淀的降水也起到了一定的增幅作用。

3.4 利用 VDRAS 反演的风场及扰动温度场进一步分析冷池的作用

这里选取 2014 年 6 月 17 日 01:59 时雷暴强烈发展中的 VDRAS 反演的风场及扰动温度场进行分析。

大水滴(雨滴)在下落过程中由于其拖带力和蒸发冷却作用,加强云体后部的湿下沉气流(陆汉城和杨国祥,2004)。图 6a 显示,在雷暴的强烈发展中,与下沉气流对应在北京东北部有一强的扰动温度负值区,其中心达 −6℃,形成强大的冷池,冷池前沿在近地面形成水平风速达 10 m/s 以上的偏北冷出流。这支偏北冷出流与其前侧的偏南暖湿气流(10 m/s)形成边界层辐合线。图 6b 显示,冷池中心的北侧从 200～4000 m 高空形成垂直环流,垂直环流是中纬度各类对流风暴发展和组织起来的重要因素,垂直环流的上升支为剧烈天气的发生地(丁一汇,2005)。此时,扰动温度低于 −1℃ 的冷池已经向上伸展到 3500 m,冷池出流和前侧的偏南暖区入流形成的边界层辐合线高度达 1500 m,其产生的狭窄的辐合上升气流,高度延伸至 4000 m 以上,上升速度中心位于 2000～2500 m,达 1.4 m/s,并超前于强降水出现。边界层辐合线的出现与强降水有很好的对应关系,但其提前量需作进一步的统计分析,至少可以证明边界层辐合线(对应垂直环流的上升支)在强降水落区及时间的短临预报中有一定的指示意义。

上述研究进一步表明低层冷池在此次局地强降水过程中起到了触发因子的作用。

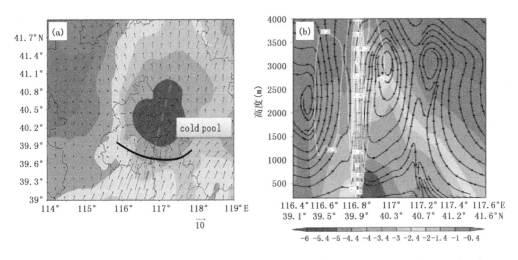

图 6　2014 年 6 月 17 日 01:59 VDRAS 水平风场(风矢量)叠加扰动温度场(填色)(a)和沿如图所示剖面(垂直速度—白色等值线、扰动温度—阴影填色、流场叠加图)(b)

4　小结

(1)强降水前期,北京地区具备了位势不稳定层结、低层湿舌和水汽辐合、低空急流等强对流天气发生的环境条件。北京附近大尺度动力条件较弱,不足以触发北京自北向南暴发的强对流天气。华北东部对流层低层受 2014 年第 7 号台风"海贝思"登陆减弱的低气压外围向北伸展的偏南气流影响,有明显的暖湿输送作用。

(2)在此次雷暴发展过程中,近地面偏南风与冷池出流相遇,使边界层辐合线形成或加强,在与地形(迎风坡或山谷)叠置处,局地对流云团强烈发展,产生局地强降水,过程中存在明显的正反馈作用。冷池出流是局地强降水触发因子,持续的偏南风及常态的地形(迎风坡或山谷)加剧了动力辐合作用。

(4)中尺度锋区自北南移进入城区东部,锋区冷空气一侧的下沉气流对应正变压区,使城区东部由偏南风转为偏东风,出现偏东与偏南、偏北三支气流的汇合,加强了城区的局地辐合,且城区在强降水前始终处于暖湿状态。偏东风在城区局地强降水中起到了触发因子的作用。

(5)雷暴强烈发展阶段的 VDRAS 反演的风场及扰动温度场分析发现,冷池中心的北侧200~4000 m 高空出现垂直次级环流,边界层辐合线对应其上升支,狭窄的辐合上升气流伸展至 4000 m 以上。边界层辐合线在强降水落区及时间的短临预报中有一定的指示意义。进一步表明低层冷池在此次局地强降水过程中起到了触发因子的作用。

参考文献

陈明轩,俞小鼎,谭晓光,等.2006.北京 2004 年"7·10"突发性强对流降水的雷达回波特征[J].应用气象学报,**17**(3):333-345.

陈双,王迎春,张文龙,等.2011.复杂地形下雷暴增强过程的个例研究[J].气象,**37**(7):802-813.

代刊,何立富,金荣花.2010.加密观测资料在北京 2008 年 9 月 7 日雷暴过程分析中的综合应用[J].气象,**36**(7):160-167.

丁一汇.2005.高等天气学[M].北京:气象出版社.

段丽,卞素芬,俞小鼎,等.2009.用 SA 雷达产品对京西三次局地暴雨落区形成的精细分析[J].气象,**35**(3):21-28.

陆汉城,杨国祥.2004.中尺度天气原理和预报[M].北京:气象出版社.

孙继松,戴建华,何立富,等.2014.强对流天气预报的基本原理与技术方法[M].北京:气象出版社.

孙靖,王建捷.2010.北京地区一次引发强降水的中尺度对流系统的组织发展特征及成因探讨[J].气象,**36**(12):19-27.

孙明生,高守亭,孙继松,等.2012.北京地区暴雨及强对流天气分析与预报技术[M].北京:气象出版社.

吴庆梅,郭虎,杨波,等.2009.地形和城市热力环流对北京地区一次 β 中尺度暴雨的影响[J].气象,**35**(12):58-64.

杨晓霞,吴炜,姜鹏,等.2013.山东省三次暖切变线极强降水的对比分析[J].气象,**39**(12):1550-1560.

张玉玲.1999.中尺度大气动力学引论[M].北京:气象出版社.

Wilhelmson R B,Chen C S. 1982. A simulation of the development of successive cells along a cold outflow boundary[J]. *J Atmos Sci*,**39**(7):1466-1483.

第二部分
暴雨、暴雪

光流法在暴雨预报检验中的应用研究

朱智慧　黄宁立　陈　义

（上海海洋气象台，上海 201306）

摘　要

在数值模式暴雨预报检验领域引入了光流检验方法，首先利用理论模拟对光流检验方法的原理进行了阐述，然后通过对两次不同类型暴雨过程中 ECMWF 和 T639 模式的 24 h 降水预报进行检验，分析了光流检验方法在暴雨预报检验中的实际应用。结果表明：(1)利用光流检验方法可以将数值模式的预报误差分解为强度、位移和角度三种误差场，从而实现对数值模式暴雨预报误差的精确量化分析。(2)通过对梅雨期和西南涡等两次不同类型暴雨过程进行光流检验方法的应用，可以发现，不同数值模式对同一次降水过程的预报在强度、位移、角度误差方面一般表现不同，光流检验方法在反映不同模式对降水预报的强弱、雨带偏移的角度和距离差异方面具有较高的实用价值。

关键词：光流法　暴雨预报　检验

引言

在数值模式检验领域，准确评价数值模式的预报性能一直是很有挑战性的工作，尤其是对定量降水的检验。当前国内外应用最广泛的 TS 评分检验方法只针对单点检验，没有考虑预报场和观测场之间在空间上的联系（高松影等，2011），因此也就无法对天气系统和雨带的范围、偏移误差等在二维空间场上给予体现。由于此类原因，许多考虑预报场和观测场空间结构的数值模式检验方法被研发出来（公颖，2010）。

光流是计算机视觉领域的重要概念，最初主要应用于目标识别和追踪等领域（Camus，1997）。一些研究（Hoffman et al.，1995）在数值模式检验领域第一次引入了光流的概念，这种方法可以直接利用物理单位（比如位移误差用 km）来衡量数值预报的误差。一些学者（Marzban *et al.*，2010）利用光流法对中尺度模式的海平面气压预报进行了检验。但是，光流法在暴雨预报检验方面的应用研究还没有展开，为此，本文在描述光流检验方法原理的基础上，结合两次不同类型暴雨过程，对光流法在暴雨预报检验中的应用进行了分析研究，以验证该方法在实际业务应用中的可行性。

1　方法与资料

1.1　光流检验计算方法

本文使用的光流场的计算方法为 LK(Lucas-Kanade)方法（Lucas and Kanade，1981）。考虑一个图像上的像素点(x,y)，在 t 时刻的强度为 $I(x,y,t)$，该点在图像平面上的位置

资助项目：上海市气象局面上项目(MS201409)，中国气象局预报员专项项目(CMAYBY2013-023)。

移动到了$(x+dx, y+dy, t+dt)$。假定它的强度不变,则:

$$I(x,y,t) = I(x+dx, y+dy, t+dt) \tag{1}$$

对数值模式检验而言,用I_o和I_f代表同一时次($dt=0$)的气象要素I的观测场和预报场,则方程变为:

$$I_o(x,y) = I_f(x+dx, y+dy) \tag{2}$$

如果场强(即物理量数值大小)不为常数,LK方程可以写为:

$$I_o(x,y) = I_f(x+dx, y+dy) + A(x,y) \tag{3}$$

其中,$A(x,y)$代表预报场相对观测场的强度误差。将$I_f(x+dx, y+dy)$进行一阶泰勒展开,即

$$I_o(x,y) = A(x,y) + I_f(x,y) + \frac{\partial I_f}{\partial x}dx + \frac{\partial I_f}{\partial y}dy \tag{4}$$

令$u=dx, v=dy$,则得到光流约束方程:

$$I_x u + I_y v + A = dI \tag{5}$$

即

$$[I_x \ I_y \ 1] \cdot \begin{bmatrix} u \\ v \\ A \end{bmatrix} = dI \tag{6}$$

其中,I_x和I_y分别代表I_f在x和y方向的梯度,$dI=I_o-I_f$代表观测场与预报场的差值。需要求解的参数为u,v,A。(u,v)称为光流,每个格点上(u,v)所构成的矢量场就是光流场。

将u,v转化为极坐标系表示:

$$u = r\cos\theta$$
$$v = r\sin\theta \tag{7}$$

其中,极径r和角度θ就分别代表位移误差和角度误差,可以分别表征天气系统偏移的距离和方向。这样,对某一气象要素I,利用光流法就求得了数值模式预报场相对于观测场的光流检验场和强度、位移和角度的三种误差场,其中,角度误差都是指极坐标系下的角度。

1.2 光流法模拟应用详解

作为应用光流法进行数值预报检验的示例,首先构造两个圆的方程:

$$I_{o(i,j)} = x_{i,j}^2 + y_{i,j}^2$$
$$I_{f(i,j)} = (x_{i,j}-a)^2 + (y_{i,j}-b)^2 \tag{8}$$

方程中,I_o代表观测场,I_f代表预报场,其中$x \in [-20, 20]$,$y \in [-10, 10]$。取x和y方向的空间步长为0.2,这样就构造了两个201×101格点数的二维空间场。

取$a=2+(i-1) \times 0.01$和$b=2+(j-1) \times 0.01$分别代表I_f相对于I_o在x和y方向上的偏移。

对强度误差,越靠近x和y数值集合的两端,I_f相对于I_o的误差越大。

对位移误差,误差取值范围为$[\sqrt{a_{min}^2+b_{min}^2}, \sqrt{a_{max}^2+b_{max}^2}]$,即位于$[2,5]$。

对角度误差,偏移的角度可以用下式求得:

$$\theta = k\pi + \arctan\frac{b}{a} \quad (k=0,1,2) \tag{9}$$

由于 I_f 相对于 I_o 都是向右上方偏移,这样偏移角度 $\theta \in \left[\arctan\left(\dfrac{1}{2}\right), \arctan\left(\dfrac{3}{2}\right)\right]$,数值在 20° 至 60° 之间。

图 1 给出了模拟场的光流检验计算结果。在图 1a 中,光流检验场上箭头的长短代表了偏移距离(即位移误差)的大小,而箭头的方向则代表了偏移的方向(即角度误差)。从图 1b 和图 1e 看到,越靠近 x 和 y 数值集合的两端,强度误差越大。从图 1c 和图 1f 看到,位移误差随着 i, j 的增加而增大,误差统计显示位移误差在 $2 \sim 5$(无量纲量)。图 1d 和图 1g 预报场相对于观测场的角度误差为 $20^\circ \sim 70^\circ$,即偏向东北向。利用光流检验技术得到的强度、位移和角度误

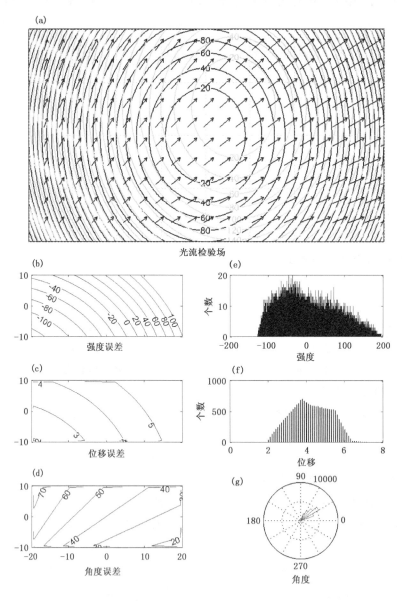

图 1　模拟场的光流检验场以及强度、位移和角度误差场

(a)为光流检验场(箭头表示光流场,灰线代表预报场,黑线代表观测场);(b)、(c)、(d)为三种误差场的空间分布;(e)、(f)、(g)为三种误差场的统计直方图(即统计某一数值在所有格点中出现的次数)

差结果与前面理论分析的结果都十分吻合,可以实现整个空间场预报误差的精确量化。

1.3 资料

本文所使用的资料为:

(1) 实况资料:中国气象局 Micaps 系统中每日 08:00 前 24 h 降水实况,时间为 2013 年 6 月 28 日 08:00、7 月 1 日 08:00。

(2) 模式资料:Micaps 系统中 ECMWF 模式和 T639 模式的 24 h 降水预报场,时间与实况降水时间对应。

2 光流法在暴雨预报检验中的应用

长江流域产生暴雨的天气系统以梅雨锋、低涡切变和台风暴雨系统为主。其中,西南低涡是夏半年造成我国暴雨天气的主要原因之一。梅雨锋暴雨降雨范围广,持续时间长。了解数值预报对这几种暴雨预报的误差特点,将有助于提高暴雨预报能力,因此本文选取 2013 年影响长江流域的梅雨锋和西南涡暴雨个例,利用光流检验方法,分析了 ECMWF 和 T639 模式的预报误差。

2.1 梅雨锋暴雨个例

2013 年 6 月 27-28 日的降水是长江中下游到西南一带进入梅雨期后的一次强降水过程,尤其是湖南北部到浙江北部一带出现大范围大到暴雨天气,局部地区大暴雨。

图 2 和图 3 给出了 6 月 28 日 08:00 的 ECMWF 和 T639 模式前 24 h 定量降水的光流检验结果,图 2a 和图 3a 中只给出了 25 mm 以上的实况和预报降水区以及光流检验场。从图 2a 和图 3a 中可知,在江西东北部,ECMWF 对降水区预报较实况偏西,而 T639 则主要是偏东;在广西西北部,ECMWF 偏北,而 T639 偏西。在强度误差方面,ECMWF 对浙江和安徽交界处、广西中部的降水预报偏弱,对江西北部预报偏强;T639 对湖南北部、江西西北部和广西中部的降水预报偏弱,而对江西东北部及浙江西部的降水预报偏强。在位移误差方面,ECMWF 对湖南北部到浙江北部一带的降水预报偏移基本在 0.4 个经纬距,对广西中北部的降水预报偏移 0.6 个经纬度左右;T639 对湖南北部到浙江北部一带的降水预报偏移 0.4 个经纬距,对广西中北部的降水预报偏移 0.6~0.8 个经纬度。在角度预报误差方面,ECMWF 对湖南北部到浙江北部一带的降水预报误差为 180° 左右,即预报以偏西为主,对广西中北部的降水预报误差在 90° 左右,预报偏北;T639 对江西北部到浙江西部的降水误差为 315°~345°,即预报主要偏东南到东;对湖南中部的降水预报角度误差为 270° 左右,即预报偏南;对广西中北部降水误差为 135°~180°,预报偏西北到西。此外,从图 3a 中可见,T639 对梅雨带上降水区的预报角度误差缺少一致性,变化较大。从图 2e~g 和图 3e~g 的误差统计可见,对大雨以上降水区,ECMWF 强度误差主要分布在 -25~45 mm,而 T639 主要分布在 5~40 mm;ECMWF 的位移误差为 0.3 和 0.5 的个数较多,而 T639 为 0.2 和 0.4 的个数较多;ECMWF 的角度误差在 180°~210° 的个数较多,而 T639 在 10° 和 270° 左右的个数较多。

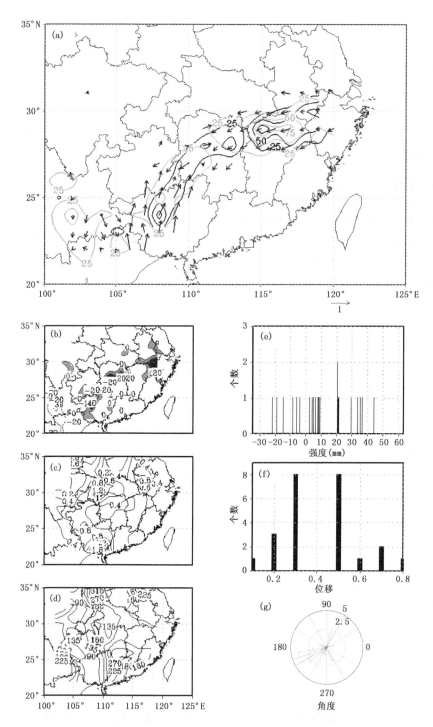

图 2 2013 年 6 月 28 日 08:00 ECMWF 模式前 24 h 定量降水预报光流检验

(a)为光流检验场(箭头表示光流场,灰线代表预报场,黑线代表观测场,图中只分析了 25 mm 以上的降水区),
(b)、(c)、(d)分别为强度误差(单位:1 mm,阴影部分代表降水预报比实况偏弱)、位移误差(单位:1 经纬距)
和角度误差(单位:°)的空间分布,(e)、(f)、(g)为三种误差场的统计直方图(只统计观测场雨量 25 mm
以上格点的误差值)

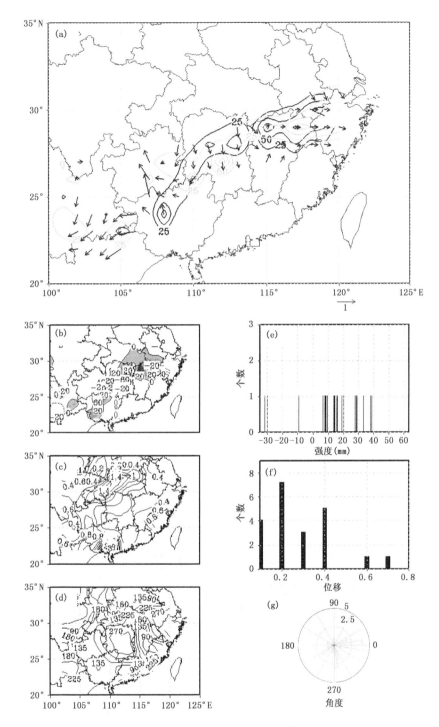

图 3　与图 2 类似,但为 T639 模式

2.2　西南涡暴雨个例

2013 年 6 月 30 日 08:00—7 月 1 日 08:00,受低涡切变和低空急流影响,四川省东部和重庆西部地区出现大范围暴雨天气,四川省遂宁市 24 h 降水量达 416 mm。

图 4 和图 5 给出了 7 月 1 日 08:00 ECMWF 和 T639 模式前 24 h 降水的光流检验结果。

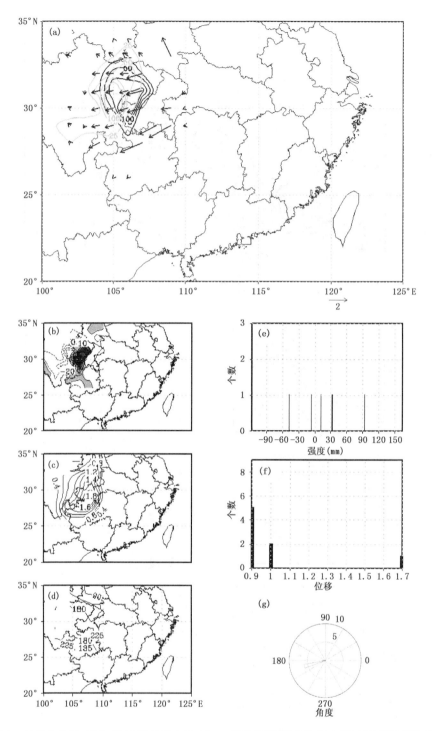

图 4　与图 2 类似，但为 2013 年 7 月 1 日 08：00 ECMWF 模式前 24 h 降水预报光流检验

从图中可见，对此次西南涡暴雨过程，ECMWF 模式对降水中心的预报明显偏西（图 4a），而 T639 模式则偏北（图 5a）。正因为存在这样的预报偏移，ECMWF 在四川东部地区预报偏弱，而在四川中部地区预报偏强（图 4b），T639 在四川东部地区预报偏弱，而在四川北部地区预报偏强（图 5b）。从预报位移误差来看，ECMWF 对降水中心区的预报位移误差为 0.8～1.4 个

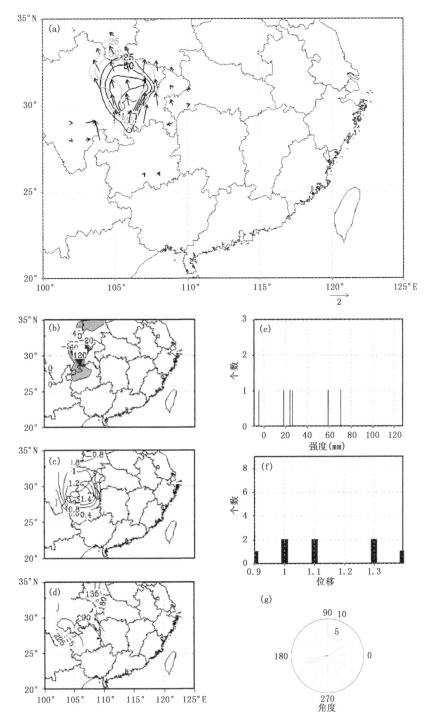

图 5　与图 2 类似，但为 T639 模式

经纬距(图 4c)，T639 为 0.8～1.3 个经纬距(图 5c)，两个模式相近。从图 4d 和图 5d 中可知，角度误差场也准确量化了两个模式的预报误差，ECMWF 模式为 180°左右，即偏西为主(图 4d)，而 T639 模式为 90°～135°，即偏北到西北向，且以偏北为主(图 5d)。从图 4e～g 和图 5e ～g 的误差统计可见，对大雨以上降水区，ECMWF 强度误差主要分布在－50～90 mm，而

T639 主要分布在 0~70 mm；ECMWF 的位移误差为 0.9 的个数较多，而 T639 为 1~1.3 的个数较多；ECMWF 的角度误差集中在 200°左右，而 T639 在 110°左右。从以上的分析可知，对本次西南涡暴雨过程，光流检验方法也较好地表征了 ECMWF 和 T639 模式的预报误差，两个模式对强降水中心的预报都与实况差异较大，位置明显偏移，强度明显偏弱，此外，两个模式预报偏移的方向存在显著差异，但偏移距离相近。同时也可以看到，对降水集中的西南涡暴雨过程，模式在暴雨区域的角度误差具有很好的一致性。

3 结论

本文结合两次不同类型暴雨过程中 ECMWF 和我国 T639 模式的预报结果，分析了光流法在暴雨预报检验中的应用，主要得出以下几点结论：

（1）不同数值模式对同一次降水过程的预报在强度、位移、角度误差方面一般表现不同，光流检验方法在反映一次降水过程中不同模式对降水预报的强弱、雨带偏移的角度和距离方面具有较高的实用价值。同时，同一数值模式对不同的降水过程，在强度、位移、角度误差方面往往不会有一致的表现。

（2）不同于传统的 TS 等单点降水预报检验方法，光流检验方法表现的是整个降水空间场的误差，结果量化直观，在分析不同模式的预报效果和特点方面具有明显的指导意义，为预报员进行多模式比较和模式结果订正提供了客观量化的工具，未来随着该方法的应用和推广，其在气象业务领域可以发挥重要作用。

参考文献

高松影，刘天伟，李慧琳，等.2011.日本数值产品对丹东暴雨预报的天气学检验与误差分析[J].暴雨灾害.30（3）：234-240.

公颖.2010.SAL 定量降水预报检验方法的解释与应用[J].暴雨灾害.29(2)：153-159.

Camus T. 1997. Real-time quantized optical flow [J]. *Real-Time Imaging*. **3**：71-86.

Hoffman R N，Liu Z，Louis J F，*et al*. 1995. Distortion representation of forecast errors [J]. *Mon Wea Rev*. **123**：2758-2770.

Lucas B D，Kanade T. 1981. An iterative image registration technique with an application to stereo vision [C].
    Proceedings of Imaging Understanding Workshop，Symopsium，Vancouver，25-26 April. 121-130.

Marzban C，Sandgathe S. 2010. Optical flow for verification [J]. *Wea Forecasting*. **25**：1479-1494.

青藏高原东北部一次暴雨过程分析

曹晓敏　　马海超

(青海省气象台,青海 西宁 810001)

摘　要

利用 NCAR/NCEP 资料对发生在青海东部农业区的一次区域性大到暴雨过程进行了诊断分析。结果表明:(1)暴雨天气过程的主要影响是系统的西伸,500 hPa 风场上,冷空气入侵北部高原。(2)等熵位涡大值中心东北侧的强度及位置的演变反映了暴雨落区与西南急流的发展,这对预报暴雨强度和落区有较好的指示意义。通过垂直剖面图可看到,西北急流将高层的高等熵位涡向东向下输送,当正的 ζ_{IP} 平流出现时,强降水发生,负的 ζ_{IP} 平流时,降水趋于结束。(3)较低的高原东北部的冷空气插入高原下部南侧西南暖湿气流中,产生高层与低层之间的风切变和强上升气流为暴雨的发生提供了有力的环流条件。(4)高原热低压中的上升气流分别与冷锋后的上升气流和副高中的下沉气流形成纬向闭合环流与经向闭合环流,这些闭合环流的形成对降水地区暖湿气流的持续输送及上升动力的持续提供起着重要作用,是此次暴雨天气形成的重要条件。(5)θ_{se} 的等密集锋区与强烈的上升运动和大气层结对流不稳定配合,为此次暴雨的发生提供了稳定度条件。(6)副高外围强盛的西南气流的稳定维持使得充足的水汽输送到高原东部暴雨地区。

关键词:暴雨　等熵位涡　不稳定能量　垂直运动

引言

青海省位于青藏高原东北部,由于地处高原边缘下坡地带,青海省内地形总体呈现西南高、东北低的状态。青海东部地区地处西北内陆腹地,汛期期间常处于副高外围偏西南暖湿气流控制下,加之高原夏季独特的热力及动力作用,该地区极易形成局地突发性强降水,影响当地人民生活。为了更有效地了解高原东部暴雨的形成机理,本文对青海东部的一次强降水天气过程进行了分析和总结。

1　天气过程概况

2010 年 9 月 20—21 日,青海省东部地区出现区域性的强降水天气过程,有 10 个站出现大到暴雨,其中同仁县为全省降水中心,过程降水总量达 79.2 mm,强降水集中在 20 日 20—22 时,降雨量达 57.7 mm,较为罕见。

2　500 hPa 环流形势分析

9 月 18—19 日,500 hPa 高纬地区呈一高一低环流形势,其中乌拉尔山附近存在高压脊线,贝加尔湖(简称贝湖)有低涡维持。中纬地区巴尔喀什湖附近有一低压槽发展东移,我国东部地区受西太副高环流控制,青海省处于副高外围西南暖湿气流中。20 日 06 时(世界时,下同),500 hPa 高空图显示贝湖北侧低涡底部短波槽有向东移动的趋势,受该系统影响,青海北部地区有冷空气东移南下;中高纬地区表现为为较强的高空锋区,且在青海省南侧地区有南支槽生成。至 20 日 12 时,短波槽不断东移影响下,冷空气活动范围扩大至 102°E 附近,而南支槽移动相对较缓慢。另外,此时第 11 号台风"凡亚比"登陆福建省,使得低纬地区副高南压东退,西脊点达 105°E 附近,使得处于副高西北侧的青海省东部地区受到较强的偏西南气流影响。此次暴雨过程中等高线的变化表现并不明显,只表现为副高东西向的移动,但是在风场的变化中可清晰看到风向切变的变化情况。从 19 日 18 时起,在南疆地区就有明显的西北—西南向的风向切变存在,并且随着时间的推移,该切变不断东移加深,在小时降水量达到最大时,20 日 13:00 该切变恰好压在青海省东部地区,其后该切变减弱、东移。并且随着该切变的东移,-4℃等温线也不断南压。

对 500 hPa 环流形势分析发现,受短波槽影响南下的冷空气在青海东部地区与西太平洋副热带高压外围西南暖湿和孟加拉湾暖湿气流交汇,加之 500 hPa 风场上有明显的风向切变,共同形成此次强降水过程的环流背景。

3　等熵位涡

图 1 分别给出了 2010 年 9 月 20 日 18 时(图 1a)和 21 日 00 时(图 1b)在 319 K 等熵面上位涡的分布。针对此次过程中等熵位涡的分析发现,在暴雨发生前一日即 19 日 12 时,在 85°~110°E、35°~43°N 有两条明显的位涡大值带,其一是沿河西走廊与青海省北部的呈东西走向的中心值大于 1.2 PVU 的位涡大值带;其二是位于青海东部—甘肃中部的呈南北走向的中心值大于 1.3 PVU 的位涡大值带。结合 19 日 12 时 500 hPa 风场、高度场发现,东西走向的位涡大值带位置与副高 5840 gpm 等值线位置基本重合,与西风急流大于 14 m/s 的位置重合,并且在青海省海西西部有一短波活动;在 5880 gpm 等值线的左侧存在南北走向的位涡大值带,它与副高外围西南急流发展最强盛的区域重合。到 20 日 00 时,北部位涡大值带南压,中心位于柴达木盆地,中心值大于 1.5 PVU,而东部南北向的位涡大值带也略有东移,青海省东部地区的位涡大于 0.8 PVU。结合 500 hPa 风场发现,此时随着副高的东退,5840 gpm 等值线南撤至青海省中部,北部短波槽加深南压,西风急流与西南急流有不同程度的南压和东移,导致位涡大值带的移动。到 06 时北部位涡大值带进一步南压,而东部位涡大值带呈现出西南—东北走向。结合 500 hPa 高度场和风场发现,此时高度场变化并不明显,而风场上青海省中部的切变明显加深。到 12 时(图 1a)北部的位涡大值带南压、减弱,中心位于青海湖附近,强度减小至 0.6 PVU,而东部的位涡大值带明显北抬,与位于内蒙古东部的西北走向的位涡大值带合并,青海东部地区位涡大于 0.8 PVU。结合 500 hPa 风场发现,此时风场上的切变进一步加深,从玉树—海西东部—海北地区均在切变之中,而 5880 gpm 外围的西南急流明显增大北抬,风速超过 20 m/s。到 18 时(图 1b),从海西中部—海北—海东地区位涡大于 0.8 PVU,而位于内蒙古东部的位涡大值带略有南压。此时 500 hPa 风场上切变已经东移至青海省东部地区,其偏东地区处在 5880 gpm 外围的西南急流中。

在此次降水过程中,319 K 等熵面上高位涡中心的移动、强度变化与副高的东退、西风急流的发展、移动,以及风场上的切变有很好对应关系:发生暴雨的黄南同仁地区与高位涡中心位置几乎重合,而高位涡中心与切变位置重合,位于西风急流的西南侧。并且在高位涡中心出现在黄南地区(20 日 12 时,UTC)后 8 h 内,黄南地区发生暴雨。在此次过程中,异常高位涡

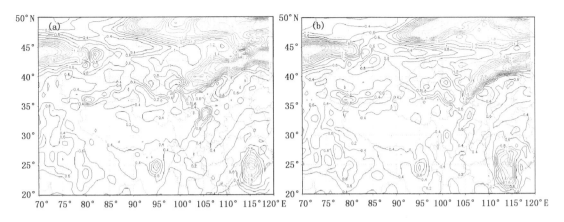

图1 9月319 K 等熵面位涡(位涡等值线间隔0.1 单位:PVU)

(a)20 日 18 时;(b)21 日 00 时

中心的出现对于暴雨发生有一定的指示意义,而异常高位涡中心的出现与风场切变和西风急流有直接的对应关系。

图2分别给出了9月20日18时(图2a)、21日00时(2b)通过暴雨区中心区沿36°N的纬向ζ_{IP}和气压垂直分布。在暴雨发生当日9月20日00时在93°E上空500 hPa处有一中心值大于1.1 PVU的位涡大值中心,但其高层300 hPa附近则为一个小于0.1 PVU的低位涡中心,而并没有高位涡的下传。另外在暴雨区102°E底层有大于1.1 PVU的高位涡中心,其高层也有一个大于0.9 PVU的高位涡中心存在。并且在105°E以东低层有一中心值超过1.9 PVU的高位涡中心存在。到06时,暴雨区上空的低层、高层两个高位涡中心均向东移动,到达105°E附近,且高层的高位涡中心向低层发展,低层的高位涡中心强度较前一时次有所减弱。到12时,原本位于105°E的高位涡中心消失,而102°E低层的位涡突然增大至1.1 PVU。到18时(图2a),在100°E东西两侧高低空均有位涡高值区存在,西侧大于0.7 PVU的高位涡中心位于450 hPa处,东侧的高位涡中心则位于500 hPa左右,中心值为1.2 PVU。另外在105°E高空有一大于1.2 PVU的高位涡中心存在,其低层位涡也大于1.0 PVU。由此整个位

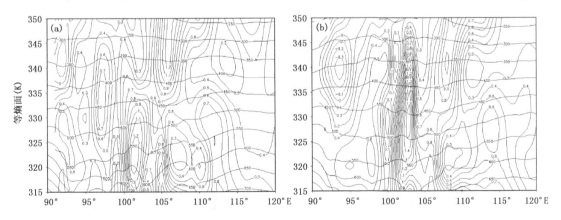

图2 9月20—21日沿36°N位涡(虚线)、等压线(实线)的纬向等熵面剖面图

(a)20 日 18:00;(b)21 日 00:00

涡高值区域影响到暴雨区,并且位涡高值区域向低层扩散,从低层到高层均存在明显的正ζ_{IP}平流,此时正对应暴雨发生的时段。到21日00时(图2b),100°E西侧的高位涡中心东移合并到东部的高位涡中心,使其中心值超过1.5 PVU。位涡中心高度在500~450 hPa。到21日06时(图略),暴雨区从低层到高层ζ_{IP}高值区域进一步东移到105°E以东,暴雨区处在高位涡中心后部,此时降水结束。

4 垂直环流

4.1 纬向风(u)和经向风(v)的垂直结构

对暴雨发生前后垂直环流的变化特征进行分析可以较好地了解暴雨发生的成因。暴雨发生前,降水区北侧45°N附近高层大气有西风急流中心,风速极值达60 m/s,该急流对暴雨的产生有重要影响,36°N附近的近地面为弱的偏东气流(图3a);同时,45°N附近中高层有强偏南风中心,与西风急流中心位置近乎一致,可见强南风中心与西风急流有关,近地面有弱北风存在(图3b),祁连山区北部的冷空气已逐渐翻越高海拔地形,逐渐接近降水区,并以东北风的形式楔形插入降水区低层大气。暴雨开始时(20日12时),降水区低层仍具有明显的垂直风向切变,主要表现为700~600 hPa以偏东风为主,中高层则多为偏西气流(图3c);高空偏西急流仍维持在45°N附近,随着冷空气向南推进,使得高层偏南风与偏北风的辐散区域移动至降水区上空(图3d),中低空风向切变更加明显,风速切变也较大。可以看到,强的风切变是这次

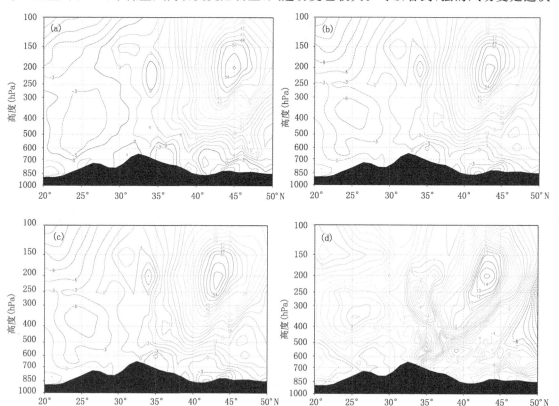

图3 2010年9月20日102°E纬向风u和经向风v的纬度—高度剖面(单位:m/s)
(a)12:00纬向风u;(b)12:00经向风v;(c)18:00纬向风u;(d)18:00经向风v

暴雨天气发生的有利环流条件。暴雨发生前,降水区南侧的中低层大气受较强西南气流影响,最大风速达 12 m/s 以上,北侧冷空气逐渐靠近并不断南下移上高原,使得高原西南暖湿气流的底部有南压的冷空气进入形成冷锋,高低层间大风产生较强的风切变,随着冷锋的继续南推,风切变逐渐减弱,降水结束。

4.2 经向和纬向垂直环流

对降水区的垂直经向环流做剖面(图 4a),可以看到暴雨发生前,由于冷空气尚未推进至降水区附近,该处的上升气流并不明显,降水区北侧有较明显的垂直环流;当冷锋逐渐南压(图 4b),高层强偏南急流与高原上空偏北气流在降水区上空形成较强的辐散中心,降水区附近有明显的上升气流,对暴雨的产生有较大影响。另外,在暴雨发生前后,纬向垂直环流也发生了显著的变化。

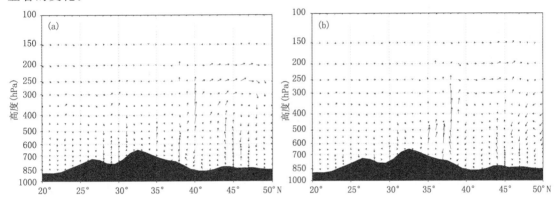

图 4 9 月 20 日沿 102°E 经向风速与垂直速度合成矢量的纬度—高度垂直剖面(单位:m/s)
(a)06:00;(b)12:00

沿暴雨中心 36°N 的垂直纬向环流剖面图显示,暴雨发生前(图 5a)高层主要以偏西气流为主,中低层有若干较弱的垂直闭合环流;至暴雨发生时(图 5b),高原大气上升运动明显加强,最强上升气流位于 $100°\sim105°E$,垂直伸展高度达到 200 hPa 以上,这是由于冷锋南压侵入高原,锋前上升气流与高原热低压上升气流叠加造成的,同时,经向上升气流与冷锋后的下沉气流重新组成闭合环流,使得之前部分弱的垂直闭合环流消失,高原东部上空表现为大范围的

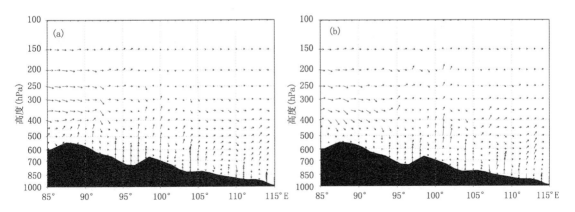

图 5 9 月 20 日沿 36°N 纬向风速与垂直速度合成矢量的经度—高度垂直剖面(单位:m/s)
(a)06:00;(b)12:00

上升运动,为强降水的发生提供了稳定的上升动力条件。值得注意的是,在高原独特热力作用下,中层 400 hPa 以下大气中,高原热低压中的上升气流与副高外围下沉气流形成了稳定的纬向闭合环流,副高后部西南气流持续地将水汽输送至高原,导致此次降水维持时间较长,形成暴雨,直至 21 日 12 时左右,降水区上空闭合环流逐渐消退,降水结束。

5 稳定度条件

沿暴雨中心 102°E 作等 θ_{se} 和垂直速度剖面图显示,暴雨发生前 20 日 00 时(图 6a)在暴雨区上空 450~650 hPa 是 $-\partial\theta_{se}/\partial p < 0$,大气层结存在潜在的不稳定条件,但被弱的下沉气流控制,36°N 附近 600 hPa 高空有较密集的等 θ_{se} 线锋区,且呈近乎垂直分布;06 时(图 6b),等 θ_{se} 线密集的锋区加强且仍然稳定在 36°N 附近地区,而且在暴雨区上空 $-\partial\theta_{se}/\partial p < 0$,表明中低层存在不稳定条件,同时 500 hPa 以下的暴雨区近地面有明显的上升运动出现,此时最大上升速度为 -0.8×10^{-4} hPa/s,而在 40°N 附近 500 hPa 层以上也有明显的上升运动中心存在,中心值达到 -1.8×10^{-4} hPa/s,上升运动强度和范围不断增大。到暴雨出现时的 20 日 12 时(图6c),低层等 θ_{se} 线密集的锋区已翻越祁连山南移到 36°~38°N 的暴雨区,在近地面近乎垂直,表示假相当位温梯度大,锋区强,在其上空是强的上升运动区,在 400 hPa 上升运动的中心值达到 -1.2×10^{-4} hPa/s;另外,高原上热低压在此期间有所加强,其向东延伸的暖区使得暴雨区附近上空 700~400 hPa 的等 θ_{se} 差绝对值大 18 K 左右,即大气层结异常不稳定。可以看到,潜在不稳定层结与最大垂直上升运动位置几乎一致,垂直运动与不稳定层结同时激发形成此次

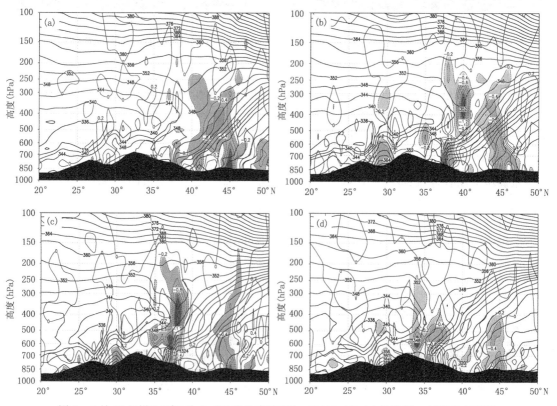

图 6 9 月 20 日沿 102°E 处 θ_{se}(K)和垂直速度(-1×10^{-4} Pa/s)的纬度—高度垂直剖面

(a)00:00;(b)06:00;(c)12:00;(d)18:00

降水过程。

6 水汽通量分析

充足的水汽输送是造成此次暴雨天气的重要基础。过程前期青海省东部一直处于副高西侧,南海的水汽沿副热带高压西南侧的东南气流向北部输送(图7a),并与南支槽前的西南气流汇合。西南暖湿气流经由中南半岛到孟加拉湾转向北,在偏西气流的推动下到达高原腹地。从20日06时(图7b)水汽通量场上分析,在台风登陆后,青海省南部到四川盆地一线来自南部的水汽通量强度开始增大,该水汽通量大值区维持时间较长(图7c),至12时降水中心西侧为明显的水汽辐合区,高原南侧的水汽被偏南气流持续输送至降水区,并配合该处流场辐合,使暴雨发生的条件得以满足。

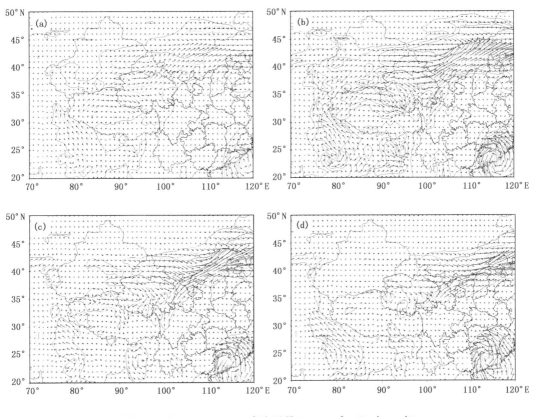

图7 9月20日500 hPa水汽通量$(g \cdot cm^{-2} \cdot Pa^{-1} \cdot s^{-1})$
(a)00:00;(b)06:00;(c)12:00;(d)18:00

7 小结

(1)此次降水过程主要受西伸至高原的副高、高原上的热低压、低空风切变及高原北部入侵的冷空气等系统共同作用形成。

(2)等熵面上的位涡演变反映了暴雨区的落区即西风急流的发展,等熵面上正位涡大值中心的异常出现对于暴雨的发生有很好的对应;另外,等熵面上的西北急流将高层的等熵位涡向东向下输送,强降水发生在正的ζ_{IP}平流,降水结束在负的ζ_{IP}平流中。

(3)高原北侧的冷空气与西南暖湿气流结合产生了风切变与强上升气流,为暴雨发生提供了优越条件。

(4)高原热低压中的上升气流分别与冷锋后的上升气流和副高中的下沉气流形成纬向闭合环流与经向闭合环流,这些闭合环流的形成对降水地区暖湿气流的持续输送及上升动力的持续提供起着重要作用。

(5)θ_{se}等密集线锋区与强烈的上升运动和强的大气层结对流不稳定结合是暴雨发生的稳定度条件。

(6)副高外围西南风稳定维持为此次过程提供了充足的水汽条件。

参考文献

陈创买,等.1980.气象常用参数和物理量查算表[M].北京:气象出版社.

杜继稳,李明娟,张宏,等.2004.青藏高原东北侧突发性暴雨地面能量场特征分析[J].高原气象,**23**(4):453-457.

顾清源,康岚,徐琳娜.2004.川北两次特大暴雨天气过程成因的对比分析[J].气象科技,**32**(1):29-33.

何华,孙绩华.2004.高低空急流在云南大范围暴雨过程中的作用及共同特征[J].高原气象,**23**(5):629-634.

慕建利,李泽椿,李耀辉.2009.高原东侧特大暴雨过程中秦岭山脉的作用[J].高原气象,**28**(6):1282-1290.

矫梅燕,毕宝贵.2007.2007年灾害性天气预报技术论文集.北京:气象出版社,110-117.

陶诗言,等.1980.中国之暴雨[M].北京:科学出版社.

赵思雄,傅慎明.2007.2004年9月川渝大暴雨期间西南低涡结构及其环境场的分析[J].大气科学,**31**(6):1059-1074.

朱乾根,等.2000.天气学原理与方法(第三版)[M].北京:气象出版社.

一次初春季节伴随强降温的暴雨天气分析

何 军 廖芷仪 张 虹 吴志鹏

(重庆市气象台,重庆 401147)

摘 要

2014 年 3 月 19—22 日,重庆出现了一次强降温天气,各地日平均气温下降 8～12℃,且在中西部产生暴雨。本文采用常规观测、地面加密和 NCEP/NCAR 1°×1°等资料,并利用中尺度滤波方法,对强降温及暴雨的成因进行了分析,结果表明:(1)强降温产生前,重庆地区气温较常年同期偏高 6～10℃,500 hPa 的北方横槽快速转竖,携带地面强冷空气爆发南下,使得本次强降温天气具有强度大、持续时间短的特点;(2)两股冷空气在重庆地区形成锢囚锋,暴雨落区与锢囚锋位置相吻合,锢囚锋、切变线和西南低涡是暴雨产生的主要天气系统;(3)经中尺度滤波后的高度场和流场显示,西南低涡主要影响重庆中西部地区,暴雨区位于滤波流场上流线密集带内,偏向于低涡东侧,与反气旋流场结合区域;(4)强降水产生于散度和垂直速度值最显著的时期,而暴雨区位于 850 hPa 层散度负值大梯度区;(5)重庆前期温度异常偏高导致上空积累了较多不稳定能量,冷空气南下推动能量锋区(θ_{se} 线密集带)经过重庆上空,触发不稳定能量释放,产生了对流性降水,结合锋面降水使得重庆中西部产生暴雨;(6)暴雨的水汽主要源地为南海,水汽经广西到贵州入重庆,水汽辐合区随冷空气的移动而移动,暴雨区在 700 hPa 上为水汽通量散度大负值区,在 850 hPa 上为水汽通量散度负值中心北侧大梯度区。

关键词:强降温 暴雨 西南涡 尺度分析

引言

2014 年 3 月 19—22 日,受北方强冷空气影响,重庆各地出现了一次强降温天气,72 h 内,各站日平均气温先后出现了 8～12℃的下降。20 个区县站日平均气温下降≥10℃,7 个区县降温≥11℃,巴南站日平均气温降幅最大(达 12℃)。降温前 3 月 18 日平均气温与常年同日平均气温差值相比,各站有 6～10℃气温距平值,显示在本次强降温开始前,重庆地区各地气温异常偏高,上升到了 3 月份的历史同期较高水平,为强降温奠定了较高的基础温度。伴随冷空气的入侵,3 月 19 日夜间到 20 日白天,重庆地区产生了一次区域性的暴雨天气过程,属有气象记录以来最早。暴雨落区主要位于西部到中部的结合带,涪陵站产生了最大降水(100.9 mm)。强降水主要发生在 19 日夜间,涪陵站 19 日 20 时至 20 日 20 时的逐小时雨量、温度和气压时序变化图显示:强降水出现在气温剧降、气压涌升的时段,与冷锋过境,冷暖气流强烈交汇相对应。

本次大范围强降温产生的成因是什么? 初春季节暴雨发生的动力、水气、能量条件如何? 其预报分析的疑难点何在? 本文利用常规观测资料、NCEP/NCAR 再分析资料,结合尺度分离方法,着重分析强降温及低温条件下暴雨的成因[1],为春季强降温和暴雨实时预报业务提供参考依据。

1 环流形势和主要影响系统

本次强降温过程前亚洲中高纬呈两槽一脊经向环流形势,里海地区为一长波槽,中国东北到河西走廊为一强大横槽,贝加尔湖以西是一高脊;印缅地区南支槽较浅,云南到四川盆地多南支槽前波动槽脊活动。19 日 08 时 500 hPa 层横槽从我国东北部一直延伸到河套以西地区,低槽后有冷空气积聚,出现−36℃的冷中心。四川盆地上空有一弱脊,重庆受脊前西北气流控制,但高原上波动活跃,并配合 5～7 dagpm 的负变高。19 日 20 时,北方横槽明显南压,横槽西段到达河套北部;南支槽东移加深,高原到盆地受槽前西南气流影响,弱脊移到重庆东部地区。20 日 08 时,北方槽继续东移南压,槽后由东北气流转为西北气流,横槽转竖,携冷空气大规模东移南下。21 日 20 时,重庆主要受偏西气流控制,但位势高度下降较明显,稳定维持 2～5 dagpm 的负变高。因此本次强降温主要是 500 hPa 层上横槽转竖,引导槽后冷空气大规模向南爆发而成,500 hPa 横槽和地面冷高压是本次强降温天气的主要影响系统。

2 冷空气强度、路径及影响时间

19 日 08 时,地面冷高压主体位于蒙新高地,中心强度达 1060 hPa,包括重庆在内的西南地区东部则受热低压控制,中心最低气压 1008 hPa,两地压差超过 50 hPa,且冷高压中心与热低压中心在 850 hPa 层高度差达 16 dagpm,表明冷空气势力较强。19 日 14 时重庆 850 hPa 层上空仍无明显负变温,表明冷空气还未进入,此时冷平流主体位于新疆东部与甘肃、青海交界处,中心强度超过−30×10⁻⁵℃·s⁻¹。19 日 20 时,冷高压有所南移,冷空气分别沿两个主要路径南下(西北路径和北方路径),受秦岭的阻挡,仅部分冷空气翻越秦岭进入四川盆地,另一部分则从东面回流入盆地,西南地区热低压消失转而受低压倒槽控制,地面等压线在重庆附近呈 W 型,两股来自不同方向的冷空气在重庆形成锢囚锋,锢囚锋形成及稳定少动阶段,也为主要的降雨时段。从河套到秦岭 850 hPa 层为强东北风,风向与等温线的交角近乎垂直,冷平流强劲,输送入四川盆地,在重庆东北部地区 6 h 有 10～40℃的负变温,且有超过−40℃的变温中心。而 19 日夜间是冷空气主要影响重庆的时段,同时也伴有较强降水。20 日 08 时,冷高压主体迅速移至河套地区,重庆处于高压底部,850 hPa 层高度值升至 156 dagpm,冷空气在偏东气流引导下以回流形式进入重庆,经过一夜冷空气的入侵重庆各地气温迅速下降,4℃线南压至重庆偏南地区。20 日 14 时,冷高压继续南压控制重庆整个地区,降温幅度及降水量较前期明显减弱,850 hPa 层已无明显冷平流。因此本次强降温过程冷空气具有强度大,南下爆发快的特点。

3 暴雨成因分析

本次过程冷空气主要影响重庆时段为 19 日 20 时至 20 日 20 时,伴随冷空气入侵,在重庆中西部结合区域产生了大到暴雨,局部大暴雨,暴雨落区与锢囚锋位置有密切联系。分别从西南低涡的作用、暴雨产生的动力条件、能量条件和水汽条件 4 个方面来分析暴雨成因。

3.1 西南低涡对暴雨的作用

西南低涡是四川盆地暴雨产生的主要天气系统,据统计在重庆地区 70% 的暴雨与西南低涡有关,本次暴雨天气在 700 hPa 和 850 hPa 层有西南低涡生成,其稳定维持少动是造成重庆中西部暴雨天气的主要原因。分析重庆地区19日20时至20日20时逐小时的雨量分布变化显示,低涡辐合生成即是强降水产生的开始阶段,到20日白天,全市降水逐渐西移与低涡西移也配合较好。为更好地分析西南低涡对本次暴雨的作用,采用Barnes滤波方法对高度场和流场进行中尺度滤波分析,Barnes滤波参数选择为:G1＝G2＝0.35,C1＝5000,C2＝70000,滤波结果保留水平尺度在300～800 km的中尺度天气系统,最大响应波长为500 km。

850 hPa高度场上,从19日20时(图1a)冷空气自北向南暴发,到20日02时冷高压控制重庆大部地区(图1b),高度场的变化清晰地反映出了冷空气南下的路径特征。而在高度滤波场上大尺度冷锋的结构形式被滤掉,重庆上空一直受中心强度为−2℃的低值系统控制着(图1d～e),低值中心位于重庆中西部,且范围稳定维持,至降水减弱后期(20日20时,图1f),低值系统才逐渐减弱消散,因此滤波场清楚地显示西南低涡主要影响重庆中西部地区,使得该地区比其他区域降水量更大。

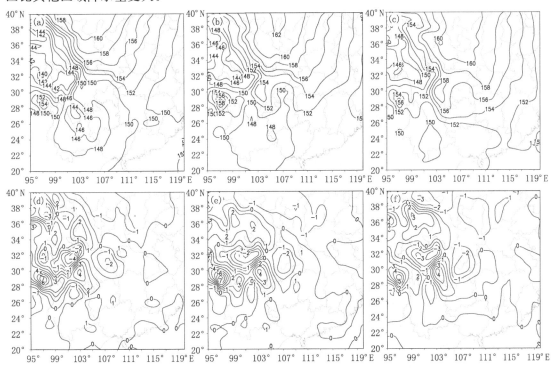

图1　850 hPa未滤波高度场:(a)19日20时;(b)20日02时;(c)20日08时 850 hPa滤波高度场:
(d)19日20时;(e)20日02时;(f)20日08时

对比分析6 h降雨量与850 hPa未滤波流场与滤波流场分别的叠加图,19日20时,850 hPa未滤波流场上,重庆地区受一致的东北风影响,云贵交界上空为气流辐合中心(图2a);经滤波处理之后云贵辐合中心依然存在,但在重庆上空出现了结构完整的低涡(图2d),辐合中心位于重庆中西部上空,且在低涡东西两侧,各有一个结构完整的反气旋式流场中心,三个中心位置呈西北—东南向直线排列,自此降水开始。20日02时,6 h雨量的分布上看,中西部大部分站点已达中雨到大雨,涪陵站达到暴雨,在850 hPa流场上(图2b),重庆依然受东北气流控制,最大风速中心位于四川盆地境内,川渝贵三省交界边缘,气流辐合;在滤波流场上(图2e),低涡增强并向西南移到重庆中西部上空,低涡东西两侧反气旋环流也增强,利于低涡辐合加强,雨区位于低涡东南侧,流场密集带内,且雨带与两反一正涡旋中心连线垂直。自 20 日 08 时,两反气旋环流稍有减弱,对低涡的发展也有减弱作用(图 2f),降水量级明显减弱。

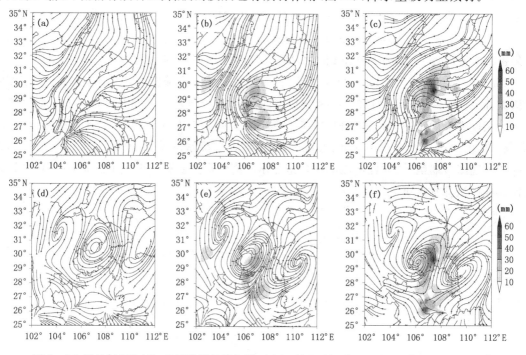

图 2　6 h 雨量与 850 hPa 未滤波流场叠加图:(a)19 日 20 日;(b)20 日 02 时;(c)20 日 08 时

6 h 雨量与 850 hPa 滤波流场叠加图:(d)19 日 20 时;(e)20 日 02 时;(f)20 日 08 时

通过对 850 hPa 高度场和流场滤波前后对比分析,滤波场可以很好的揭示降水发生时中尺度系统的位置和强弱变化[2],并且也更能揭示雨带的分布与低涡的关系,流场经滤波后一般有气旋和反气旋环流相互交替呈现,而雨带一般位于滤波流场上流线密集带内,偏向于低涡东侧,与反气旋流场结合区域。可见本次初春暴雨得以产生,在地面上锢囚锋在重庆中西部稳定少动,在 850 hPa 层这一区域位于西南低涡东侧强辐区内,500 hPa 层有波动小槽过境,上述高低空系统配置为暴雨产生提供了较强的辐合动力条件。

3.2　动力条件分析

为分析暴雨区上空大气动力条件,主要对其上空散度和垂直速度条件进行分析。暴雨中心涪陵附近(107.25°E、29.45°N)散度与垂直速度时间—高度剖面显示(图 3a),19 日 08 时其上空无明显气流辐合,仅有很弱上升运动。19 日 20 时以后,随冷空气进入,中低层辐合和上升运动迅速增强,到 20 日 02 时,800 hPa 层形成超过 $-12 \times 10^{-5} s^{-1}$ 的散度负值中心,上方 500 hPa 则叠加有超过 -3.5 Pa·s^{-1} 的垂直速度中心,300 hPa 形成大于 $12 \times 10^{-5} s^{-1}$ 散度正值中心,低层强辐合,中层强烈上升,高层强辐散的贯穿运动形成,为暴雨产生提供了强劲的动力条件。而 850 hPa 层 20 日 02 时的散度平面分布显示(图 3b),重庆西南部到贵州为小于 $-10 \times 10^{-5} s^{-1}$ 的散度负值中心,重庆暴雨区位于散度负值区内,且散度梯度很大。到了 20 日 08 时涪陵上空垂直速度趋向为 0,上升运动基本结束;辐散区下降到 700~600 hPa 层,而 850 hPa 层以下的散度负值也减小明显,低层辐合强度迅速减弱,上述变化显示涪陵上空已无明显辐合辐散。以上分析发现,降水的开始与结束期与散度和垂直速度值的变化对应很好,最大的降水产生在二个物理量值最显著的时期,而暴雨区并不对应于 850 hPa 层散度负值中心区域,而是负值大梯度区。

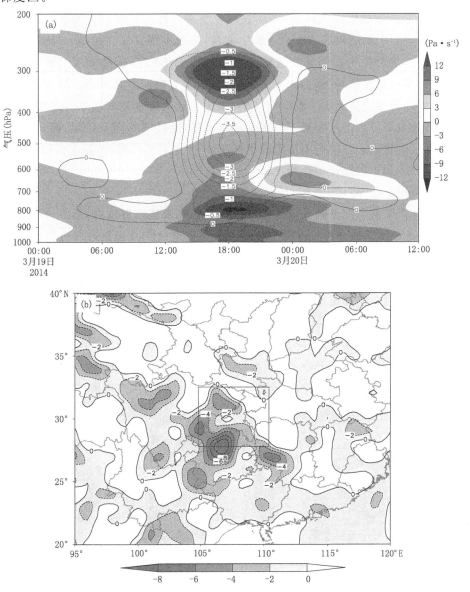

图 3　(a)2014 年 3 月 19 日 00 时至 20 日 12 时(UTC)涪陵(107.25°E、29.45°N)上空散度(等值线,单位:×10⁻⁵ s⁻¹)与垂直速度(阴影)时间—高度剖面;(b)19 日 18 时 850 hPa 散度分布

3.3　能量条件分析

暴雨主要由对流性降水产生,对流天气则需要有不稳定能量,而涪陵站逐小时降水显示其也达到了短时强降水。重庆西部的沙坪坝站过程前(19 日 20 时)探空显示,其上空由于前期晴热,聚焦了较多不稳定能量,CAPE 值为 457 J/kg,K 指数达到了 41.5℃,Si 指数为 -5.74℃,K 指数和 Si 指数值超过了很多夏季强对流天气发生时的值。非常不稳定的层结和一定的不稳定能量加上强冷空气的入侵,利于重庆中西部产生对流性降水,并累计为暴雨。

850 hPa 假相当位温图可以看出:19 日 08 时,能量锋区(即 θ_{se} 等值线密集区)位于秦岭及其以北地区,到 19 日 20 时,能量锋区快速南压至川渝地区,θ_{se} 等值线分布与对应时刻的地面等压线和 850 hPa 温度平流线分布基本一致;四川盆地位于呈 Ω 形的高能舌内,重庆中西部位于 θ_{se} 高能舌东侧,能量梯度较大区域,暴雨往往发生在高能舌区靠近低能区一侧。由于重庆地区前期气温较高,中低层积累了大量不稳定能量,形成不稳定大气层结,θ_{se} 锋区的移动有利于触发对流天气,从而在初春季节产生较强降水。20 日 08 时,能量锋区明显南压至云贵北部,重庆地区的能量条件减弱明显,20 日白天雨量较 19 日夜间明显减弱。20 日 20 时,能量锋区整体继续南压,假相当位温梯度较前期减弱,重庆地区的降水基本结束。上述分析表明,重庆前期温度异常偏高导致上空积累了较多不稳定能量,随冷空气南下,推动能量锋区(θ_{se} 线密集带)南移,在经过重庆上空使得不稳定能量释放,产生了对流性降水,是本次初春季节重庆中西部产生暴雨到大暴雨的能量条件特征。

3.4 水汽条件分析

暴雨的产生需要有源源不断的异地水汽输送并在降水区附近辐合,而在有寒潮发生下产生暴雨,充沛的水汽尤为重要[3~4]。对 700 hPa 水汽通量及水汽通量散度分析发现:19 日 08 时,重庆西部有弱的水汽辐合,此时东部水汽辐散较强,到 19 日 20 时,从孟加拉湾经云南到重庆的水汽通道建立,但云南上空水汽通量较小,风速显示该层无急流建立,因此 700 hPa 的水汽输送不强。重庆除东南部偏南地区外,此时其余地区水汽辐合迅速增强,最大水汽通量散度达到 -8.5×10^{-5} g/(cm² · hPa · s),降水开始;20 日 02 时(图 4a),贵州北部水汽通量较大,到重庆中西部偏南地区迅速减小,使得重庆中西部的暴雨区位置有明显水汽辐合,水汽通量散度值也超过 -8×10^{-5} g/(cm² · hPa · s),降水强度达最强。20 日 08 时,水汽通量散度的分布无明显变化,但强度减小,至 20 日 20 时,全市大部分地区已转为水汽辐散,降水结束。

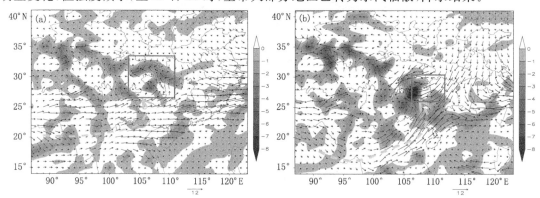

图 4 2014 年 3 月 20 日 02 时水汽通量散度(单位:$\times 10^{-5}$ g/(cm² · hPa · s))
(a)700 hPa;(b)800 hPa

而 850 hPa 水汽通量及水汽通量散度的变化更能展现北方冷空气南下推动水汽南移及与暴雨落区的关系:19 日 08 时,重庆偏南地区水汽处于辐散,而东北部偏北地区有强烈的水汽辐合(-9.1×10^{-5} g/(cm² · hPa · s)),说明冷空气与暖湿气流在此地交汇,19 日 20 时,两支水汽分别从孟湾和南海汇合输入重庆,其中孟湾水汽在中南半岛发生辐散后再进入广西到重庆,南海水汽通道显示其水汽通量值大,进入贵州产生辐合,风场也显示南海到重庆有低空急流建立,因此本次暴雨的主要水汽源地为南海,路径为经广西到贵州入重庆。由于此时冷空气迅速南下,重庆东北部已经为水汽通量散度正值区,在重庆东南部有个水汽通量散度大值区,水汽通量散度最大值区域出现在贵州西部,重庆中西部处于上述两个水汽通量大值区中间,梯度较大。20 日 02 时(图 4b),东北风和西南风在贵州东南部交汇折向西北方,水汽通量在贵州西北部迅速减小,因此在这一地区形成了一个水汽通量大的负值中心,中心值超过 -8×10^{-5} g/(cm² · hPa · s),重庆暴雨区位于该水汽辐合中心北侧梯度大值区,也是锢囚锋所在的位置,强烈的上升运动及中低层较强的水汽辐合梯度使得该地区产生了暴雨。20 日白天,水汽通量散度在重庆暴雨区是由强到弱的一个转换过程,至 20 日 20 时,重庆基本被冷空气占据,水汽通量散度转为正值,降水结束。上面的分析显示,水汽的辐合区随冷空气的移动而移动,暴雨区在 700 hPa 上为水汽通量散度大负值区,但在 850 hPa 上为水汽辐合中心北侧水汽通量散度梯度大值区。

从对暴雨区能量、水汽和动力条件分析可以得出:主要发生在 3 月 19 夜间重庆中西部的暴雨天气,具有前期积温高、冷空气强,冷暖空气交汇形成的典型锋面降水,同时伴有对流性天气的特点。由于受秦岭山脉的阻挡,仅部分冷空气翻越秦岭进入四川盆地,另一部分从东面回流入盆地,在重庆中西部形成稳定少动的锢囚锋,表现在 19 日 20 时假相当位温的能量锋区与对应时刻的地面等压线和 850 hPa 温度平流线的分布在重庆上空呈 W 型,具有锢囚锋面的特征,暴雨落区与锢囚锋的位置配合较好。另外,初春冷空气势力比夏季冷空气强,偏南气流输送暖湿空气的作用不再明显,20 日白天重庆上空迅速被干冷空气占据,水汽急剧减小、能量快速释放,因而降水时间较短;春季的背景温度不如夏季高,空气中的含水量比夏季少,即便具备对流性天气的触发条件,也难以达到夏季对流性天气的降水量。

4　小结

通过对发生在 2014 年 3 月 19—22 日重庆地区的强降温的主要天气系统及冷空气的路径、强度等方面的分析,并对 19 日夜间伴随的暴雨天气的影响系统,动力、能量和水汽等方面条件的分析,得到以下结论:

(1)强降温发生前,重庆地区气温较常年同期异常偏高,为强降温奠定了较高的基础温度;500 hPa 的北方横槽快速转竖,携带地面强冷空气暴发南下,使得本次强降温天气具有强度大、降温快的特点;850 hPa 冷平流的大值区与强降温中心配合较好,经秦岭过盆地北部的与从盆地东北部回流的两股冷空气在重庆地区形成锢囚锋,地面等压线在该区域呈 W 型。

(2)本次暴雨天气是典型的强冷空气触发了较强降水,暴雨落区与锢囚锋位置相吻合;锢囚锋、切变线和西南低涡是暴雨产生的主要天气系统;经中尺度滤波后的高度场和流场显示,西南低涡主要影响重庆中西部地区,使得该地区比其他区域降水量更大;滤波场可以很好的揭示降水发生时中尺度系统的位置和强弱变化,并且也更能揭示雨带的分布与低涡的关系,流场经滤波后一般有气旋和反气旋环流相互交替呈现,而雨带一般位于滤波流场上流线密集带内,偏向于低涡东侧,与反气旋流场结合区域。

(3)降水的开始、结束期与散度和垂直速度值的变化对应很好,最大的降水产生在二个物理量值最显著的时期,而暴雨区位于 850 hPa 层散度负值大梯度区;重庆前期温度异常偏高导致上空积累了较多不稳定能量,冷空气南下推动能量锋区(θ_{se} 线密集带)经过重庆上空,触发不稳定能量释放,产生了对流性降水,结合锋面降水使得重庆中西部产生暴雨到大暴雨;本次暴雨的主要水汽源地为南海,水汽经广西到贵州入重庆,水汽辐合区随冷空气的移动而移动,暴雨区在 700 hPa 上为水汽通量散度大负值区,但在 850 hPa 上为水汽辐合中心北侧水汽通量散度梯度大值区。

参考文献

[1] 何军,刘德,李晶,等.低空急流在重庆 2010 年"6·7"低能暴雨中的作用[J]. 暴雨灾害,2012,**31**(1):52-58.

[2] 张虹,李国平,王曙东.西南涡区域暴雨的中尺度滤波分析[J]. 高原气象,2014,**33**(2):361-371.

[3] 许爱华,乔林,詹丰兴,等.2005 年 3 月一次寒潮天气过程的诊断分析[J]. 气象,2006,**32**(3):49-55.

[4] 贺程程,金琪.一次春季寒潮暴雨天气过程的诊断分析[J]. 湖北气象,2006,(3):18-21.

2014 年春末华南一次暖区暴雨的成因初探及数值预报检验

于　超　张芳华　陈　涛

（国家气象中心，北京 100081）

摘　要

利用常规气象观测资料、自动站加密观测资料和 NCEP 1°×1°逐 6 h 的再分析资料以及卫星云图、雷达探测资料，对 2014 年 5 月 8—10 日华南暖区暴雨过程的成因进行了初步探讨，同时对这次暴雨过程的 EC、T639、JAPAN 模式的预报性能也进行了检验等，结果表明：(1)边界层西南急流、东南风急流造成的强烈辐合与广东珠三角地区的强降水关系密切；(2)在有利的天气尺度环境条件下，相继发展的 MCS 具有明显的 Back-Building 特征，MCS 的低质心结构表明对流系统具有明显的热带季风暖云对流性质，具有极高的降水效率，有利于造成局地较高的累积降水量；(3)数值模式对影响系统及降水量级的预报存在一定偏差，尤其对强降水落区和强度的预报仍需进一步订正，预报员受数值模式预报结果影响，对暴雨和大暴雨在华南中东部存在明显的空报。此外，对 8 日的暴雨过程的中尺度数值模拟表明，降水物理方案的选择对于暖区对流系统的发生发展影响明显，试验结果表明在采用 WM6 的微物理方案下，母网格采用 Grell 对流参数化方案的 Run02 试验降水模拟结果最为理想，一定程度上反映了暖区对流系统演变状况。

关键词：华南暖区暴雨　MCS　LLJ　数值模式检验

引言

华南暖区暴雨一般是指发生在地面锋面南侧暖区里或是南岭附近至南海北部没有锋面存在，华南没有受冷空气或变性冷高脊控制时产生的暴雨。20 世纪 70 年代末开展的华南暴雨实验研究肯定了华南前汛期暴雨和大暴雨主要是暖区暴雨的观测事实[1]。经过多年的研究，人们对华南暖区暴雨的认识逐渐深入，所取得的研究成果为更加准确地预报此类暴雨事件提供了依据。如从影响系统的角度出发，华南的预报员常把暖区暴雨分为三类：(1)"回流暴雨"，即由变性冷高脊后部气流辐合或暖湿切变引起的暴雨；(2)由强西南季风暴发或强西南急流引起的暴雨；(3)由高空槽前和副热带急流共同作用引起的暴雨等。针对这些不同类型暴雨形势及成因进行分析和研究所取得的成果，已成为目前暴雨预报的重要依据[2]。

暖区暴雨的形成与中尺度对流系统的活动关系密切，是由中 β 尺度对流系统直接影响造成的。马禹等[3]在对 1993—1995 年我国夏季中尺度对流系统活动进行普查分析时发现，期间中 β 尺度对流系统的个数比中尺度对流系统个数多一倍以上。因此相对于中 α 尺度对流系统来说，中 β 尺度对流系统的活动对我国暴雨有着更重要的作用。目前针对这些直接引发暴雨的中 β 尺度对流系统的研究已成为暴雨研究中一项十分重要的内容[4]，这些中 β 尺度对流系统的形成，除了有利的大尺度环境条件之外，与地形、边界层过程（如重力流、中尺度辐合线、露

———————————
资助项目：中国气象局气象关键技术集成与应用项目"气象预报科研业务结合"（CMAGJ2013ZX-ZH1）资助。

点锋、海陆风)、中尺度重力波等的触发作用有着更密切的关系[5~7]。

2014年5月8—10日,在多种天气系统作用下,我国江南、华南地区出现一次大范围的强降雨过程,针对此次过程的业务数值模式预报和主观预报都出现了一定偏差。华南地区受到锋面、LLJ、低层切变线等多种尺度天气系统的共同作用,同时受到复杂的中尺度地形、海陆分布等外界因素影响,具有极大的预报难度和研究价值。本文利用常规气象观测资料、自动站加密观测资料和NCEP 1°×1°逐6 h的再分析资料以及卫星云图、雷达探测资料,重点分析此次过程中中尺度对流系统的演变特征和天气尺度的环境条件,包括与强降水相关的MCS活动特征、强对流发生前后雷达显著特征、水汽条件分析等,初步总结此次强降雨过程成因。同时,从业务预报需要出发,针对此次暖区暴雨过程中EC和T639模式预报性能进行了检验分析,并利用中尺度数值模拟检验了暖区暴雨对于降水物理过程的敏感性。

1　天气实况

2014年5月8日至10日,华南地区出现大范围强降雨天气,该过程覆盖范围广、持续时间长、累积降雨量大、局地降雨强度强,其中,广西东部、广东西北部和南部降雨量为100~200 mm,广东中部沿海部分地区、广西东北部局地有250~350 mm,广东深圳、中山、珠海、江门和阳江局地达400~600 mm,江门台山市端芬镇达834 mm。此外,局地降雨强度强,其中汕尾5月8日降雨180 mm,为该站历史5月日雨量第6位;5月10日,广东省台山市上川岛降雨272.9 mm,突破该站历史5月日雨量极值[8]。

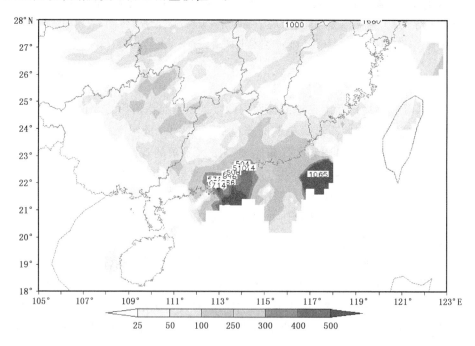

图1　2014年5月8日08时至11日08时累积雨量图(单位:mm)

2 天气尺度系统分析

2.1 暴雨主要影响系统

2014 年 5 月 7—8 日，华南西部的 200 hPa 高空槽快速东移入海，从 8 日起，青藏高原东部上空 200 hPa 又生成一个新的高空槽，此后该槽缓慢东移，8 日 20 时，该高空槽移至广西上空，至 10 日 14 时，该槽缓慢东移至粤西地区，华南中东部地区始终处于槽前辐散区域中，此后该高空槽快速东移，整个华南地区转为槽后西北气流控制。南亚高压位置较典型华南前汛期南亚高压位置偏南，华南地区整体仍然处于西风带控制下。500 hPa 上副热带高压脊线位于南海中部，与历史同期相比较为偏南，西脊点位置较为偏西，整体不太利于西南季风的暴发。

在西风带控制下，华南地区上空气流相对平直，500 hPa 短波槽活动频繁，从天气尺度上还是有利于低层暖湿气流的增强。图 2a 表明 8 日起随着高空短波槽从华南西部东移，低层切变线北抬到江南中部，华南地区低空始终处于偏南气流控制下，降雨具有明显的暖区暴雨性质。从 850 hPa 的 θ_{se} 分析，华南中南部已经高于季风指标定义的 340 K，表明西南气流具有高水汽含量以及内在的对流不稳定属性，有利于华南地区水汽输送，并出现具有高降水效率的热带季风性质对流。从阳江单站低层探空风速的时间演变看，8 日下午 850 hPa 和 925 hPa 低空急流也同时开始加强，在急流其出口区的右侧强降雨也几乎同步加强，阳江站 6 h 雨量达120 mm 以上(图 3a)。在整个过程期间，低层 LLJ 虽然在最大风速上有一定波动，但低层显著的暖湿

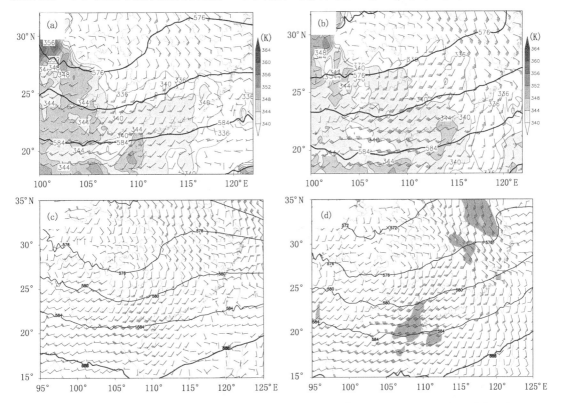

图 2 （a)、(b)分别为 8 日 14 时、9 日 08 时 500 hPa 高度场和 850 hPa 风场以及假相当位温场

（c)、(d)分别为 8 日 14 时、9 日 08 时 500 hPa 高度场和 925 hPa 风场

（填色区为风速≥12 m/s）

平流输送条件始终没有发生大的变化,高 θ_{se} 的气流输送导致的水汽输送、局地对流不稳定性的增强都有利于暖区中对流系统的发生发展,最终导致持续性暴雨出现。

2.2 水汽条件分析

LLJ 的建立机制相对复杂。从天气尺度系统分析,随着短波槽东移发展,与副高之间气压梯度增强,有利于 LLJ 的建立。从 8 日 20 时地面气压场可见,在云贵桂三省交界高原山地地区,在日间辐射加热作用下,地面出现了明显的热低压系统,在热低压东部边缘气压梯度增强,也有利于 LLJ 的形成。

低空急流(LLJ)加强有利于低空水汽输送和辐合生成,有利于强降雨的发生发展。图 3 表明广东南部 LLJ 在 8 日 14 时建立,20 时达到最强。由广东恩平(阳江探空)和深圳(香港探空)850 hPa 和 925 hPa 风速与其后 6 h 降水量可见(表1),8 日 14 时至 20 时,恩平 850 hPa 风速迅速增大到 16 m/s,925 hPa 风速增大到 12 m/s,同一时段深圳站 850 hPa 风速迅速增大到 14 m/s,925 hPa 风速增大到 12 m/s,在上述风速增大过程中,降雨也相应加强,风速减小,降雨强度也减弱。925 hPa 上广东中南部沿海地区出现西南、东南两支急流汇合造成强烈辐合,由此引起的低层抬升对广东中东部沿海区域性暴雨的产生有关键作用。

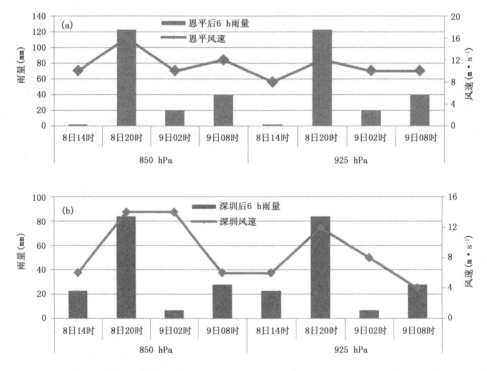

图 3 (a)、(b)分别为恩平和深圳 5 月 8 日 14 时至 9 日 08 时 850 hPa、925 hPa 风速及其后 6 h 雨量

从绝对水汽条件看,8 日 14 时两广大部区域的 850 hPa 比湿都大于 12 g/kg(图4a),整层可降水含量大于 40 mm,沿海地区大于 55 mm。在强盛的西南气流持续水汽输送作用下,两广地区一直保持较高的整层可降水含量。从水汽动力条件看,8—9 日来自南海和中南半岛的两支西南气流,在华南中南部地区产生较强的水汽通量辐合,持续时间较长,有利于产生持续性暴雨。分析区域平均的水汽通量散度垂直分布的时间演变特征发现(图4b),水汽通量辐合集中在 850 hPa 以下,中心在 975 hPa,强度达 -3×10^{-5} g·cm^{-2}·hPa^{-1}·s^{-1},持续的水汽

输送和辐合为暴雨的产生提供了充沛的水汽条件。

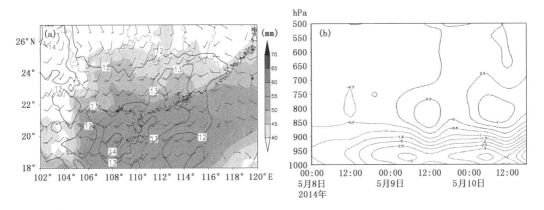

图4 (a)8日14时850 hPa比湿(实线,单位:g·kg⁻¹)与风场,阴影区为整层可降水含量(单位:mm);
(b)区域平均(107°~119°E,19°~25°N)水汽通量散度(单位:10⁻⁵·g·cm⁻²·hPa⁻¹·s⁻¹)
垂直分布随时间的变化

3 MCS活动特征分析

3.1 MCS红外云图特征

  此次华南暖区暴雨的形成与活跃的MCS直接相关,MCS在触发机制、组织结构、持续时间上都存在显著的区别。图5表明了华南区的地形分布以及三个MCS的大致移动路径,在连续发生发展的MCS影响下,广东南部阳江到珠江口周边地区连续4日出现强降雨过程,从而形成了较大的累积降雨量。相继发展的3个MCS都具有极高的降水效率,最强雨强达102 mm/h。

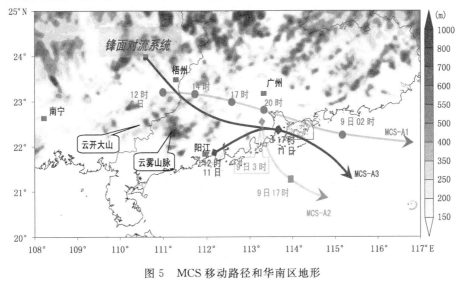

图5 MCS移动路径和华南区地形

  8日对流活动自午后13:00开始暴发,持续性发展MCS激发的地点有三处,一处从两广交界附近的十万大山附近开始迅速发展,其余两处位于广东沿海。从两广交界处的发展的MCS-A1在东移过程中迅速发展,其水平尺度迅速增大,并与附近激发的中β尺度的MCS

有合并过程。8 日 20 时对流系统到达广东东部,具有明显的近圆状冷云云顶,其外围尺度接近 MCC 的水平,组织方式具有明显的 Back-Building 特征。该 MCS 的生命史极长,东移入海以后还延续了相当长的时间。

9 日夜间 03 时,MCS-A1 主体已经移出广东到达海面,广东珠江口附近的降水基本停止。受到 MCS-A1 后部冷池出流影响,从珠江口西岸到近海出现一系列中 β 尺度的 MCS,构成明显的弧状对流线,其中在珠江口附近的对流系统 MCS-A2 发展最快,持续时间也较长,该 MCS 的组织特征具有也明显的 Back-Building 特征,其系统中心在珠江口西部停滞长达 8 个小时,造成珠江口西岸的强降雨,MCS-A2 在 9 日夜间后减弱并缓慢南压,9 日 22 时左右趋于结束。

10 日 08 时,华南大部地区位于 200 hPa 槽后,受大尺度下沉气流影响,对流发展受到抑制,华南大部地区以浅薄对流为主,没有出现强的降水。10 日 14 时之后华南地区转受 200 hPa 高空急流出流区辐散气流控制,广东阳江附近又开始有局地对流开始发展,造成阳江局地出现了 186 mm 的单日累积降水。11 日早上冷锋自江南地区南下,当冷锋尾部进入广西后,受到高空槽系统影响,广西北部低层有低涡生成,伴随 MCS 迅速发展并向东移动。对流系统进入广东后有一定减弱趋势;随着锋面接近,锋区暖区中广东西南部沿海的对流开始活跃,从阳江附近逐步东移的 MCS 发展较快,并逐步取代了减弱的锋面对流系统;到了 11 日 17 时,在广东南部沿海出现的较强的 MCS-A3,入夜以后 MCS-A3 逐渐减弱消亡。

3.2 MCS 的雷达观测特征

雷达观测能够直观揭示 MCS 内部的复杂结构。从广州雷达 8 日 21:24 的 0.4°仰角上的反射率因子看(图 6a),在 MCS 发展成熟期,回波表现出显著的层云积云混合型降水特征,35 dBZ 以上的回波团面积较大并成片,在大片层云降水后部,出现了 50 dBZ 强线状对流线,具有明显的气旋性弯曲特征,呈现类似于飑线弓形回波的结构。径向速度图显示(图 6b),强对流线位置也对应着明显的辐合线,在辐合线上疑似有中气旋环流发展,相伴的强上升运动能够进一步增强局地的降水效率。

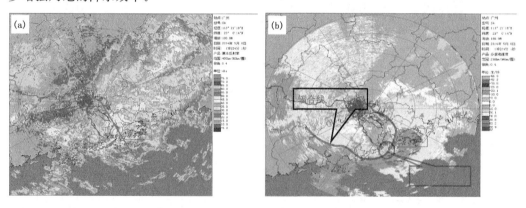

图 6 5 月 8 日广州雷达 21 时 24 分 0.4°仰角基本反射率因子(a)和径向速度(b)

3.3 MCS 形成强降雨的成因

Doswell(1996)[10]分析了构成暴洪的 MCS 特征,指出总降雨量实质是降雨效率与系统持续时间的乘积。对于相继发生发展并影响珠江口地区的 MCS-A1、MCS-A2、MCS-A3 而言,系统整体移动的速度都相当慢,在局地停留的时间较长,每个 MCS 都形成了较大的降水量。

从 MCS-A1 的成熟期反射率因子剖面图分析(图7),对应 30 dBZ 的回波顶高一般不超过 5 km,低质心型分布的对流具备显著的热带降水性质,对流单体的降水效率极高,观测表明线状对流附近的降水强度可能高达 50~90 mm,1~2 h 就能够形成暴雨或者大暴雨。

强降水的形成不但依赖于对流系统移动,也依赖于对流系统的内部结构。具体到每个单独 MCS,组织结构中的 MBE 具有最高的降水效率,当 MCS 中的 MBE 形成与海岸线平行的线状对流结构后,对流线中的多个 MBE 相继稳定东移经过珠江口周边地区,对提高总降雨量起到关键性作用,这在成熟阶段的 MCS-A1、MCS-A3、阳江附近的暖区对流系统中都表现的相当显著。

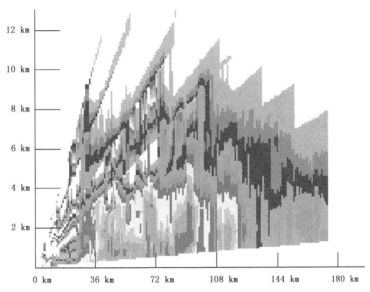

图7　5月8日21时24分沿图6a中实线所作雷达径向剖面

4　模式与 QPF 预报检验分析及中尺度数值模拟

4.1　模式与 QPF 预报检验

以 8 日 20 时至 9 日 20 时较强降雨时段的降水预报为例,QPF 主观预报的暴雨区较实况降水量明显偏大,而对珠三角地区的大暴雨区预报量级偏弱;EC 模式对珠三角地区的大暴雨中心有所体现但量级偏弱,对广东东部沿海的暴雨预报量级偏弱;T639 和 JAPAN 模式对强降水中心预报存在较大偏差,量级明显偏弱。

对 850 hPa 风场预报进行检验(如图8)发现,T639、EC 模式对阳江和深圳站的风速预报均比实况偏弱 4 m/s,且预报深圳站为西南风,而实况为东南风,从而导致辐合区存在严重误差,对降水预报有较大的影响。对 925 hPa 风场预报的检验结果与 850 hPa 预报结果类似,对广东中南部的辐合区预报效果较差。

4.2　中尺度数值模拟

利用 WRFV3.5.1 模式,对 7 日 20 时至 9 日 08 时期间的降水过程进行中尺度数值模拟,模式模拟采用三重双向嵌套,最细分辨率为 4 km。从模拟采用的 4 km 地形看(图9),对应触发对流有关键作用的两广交界处的云开大山、云雾山脉,已有了足够的细节表现,但阳江附近

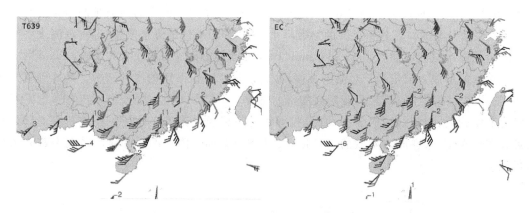

图 8　T639(左图)、EC(右图)模式 5 月 8 日 20 时 850 hPa 实况场及对应 24 h 预报

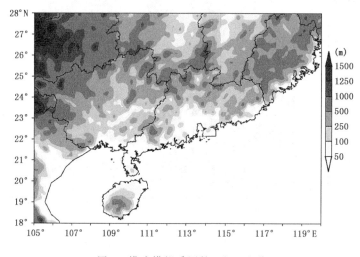

图 9　模式模拟采用的 4 km 地形

的小尺度地形,4 km 的模式分辨率还不足以体现。数值模拟时段对应于 MCS 第一次爆发期间,重点分析中尺度数值模式在反映从 8 日中午前后的对流触发、入夜后 MCS 在珠江口附近组织发展的状况表现。模式主要参数、对流参数化和微物理过程方案的选择如表 1、表 2 所示。微物理过程(MP):1＝Kessler scheme,2＝ Lin et al. scheme,5＝Ferrier (new Eta) microphysics,6＝WSM 6－class graupel scheme。对流参数化(CU):1＝Kain－Fritsch (new Eta);2＝Betts－Miller－Janjic scheme;3＝Grell－Freitas ensemble scheme

表 1　模式的主要参数

网格分辨率	36 km	12 km	4 km
边界层方案	YSU	YSU	YSU
辐射方案	RRTM	RRTM	RRTM
积分步长	90 s	30 s	10 s
地形资料分辨率	5 min	2 min	30 s
积分时段	7 日 20 时至 9 日 08 时	7 日 20 时至 9 日 08 时	8 日 08 时至 9 日 08 时

表 2　数值模拟试验使用的物理方案

	Run00	Run01	Run02	Run03	Run04
4 km 微物理过程（MP）	6	6	6	1	5
4 km 对流参数化（CU）	None	None	None	None	None
12 km 微物理过程（MP）	6	6	6	1	1
12 km 对流参数化（CU）	1	2	3	1	1

　　8 日 08 时 9 日 08 时在广东河源—龙川一带、沿海地区出现了两条主要的暴雨带,其中广东恩平(207 mm)、汕尾(180 mm)出现了极大降雨中心。采用表 2 所示五种方案进行模拟的结果显示(图 10),虽然 4 km-WRF 模式对雨强和落区的表现不尽相同,但都不同程度体现了对于两条强降雨带的模拟能力,由此可见,对于暖区强降水,具有较高分辨率的中尺度模式较全球模式可能具备一定优势。

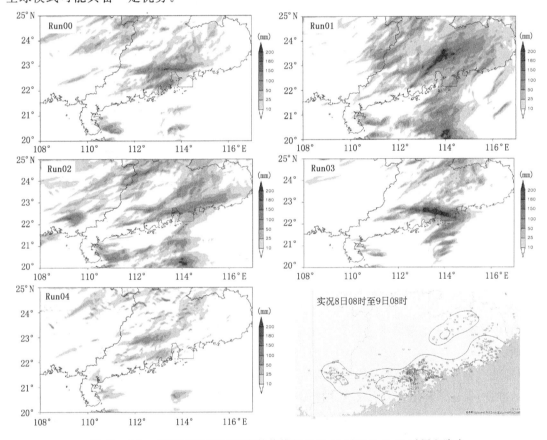

图 10　4 km-WRF 五种不同方案数值模拟 8 日 08 时至 9 日 08 时累积降水

　　由于采用双向嵌套方案,4 km 网格的降水结果显然应主要受微物理过程影响,但模拟结果表明在其他物理过程一致的情况下,母网格对流参数化方案也能够在相当大的程度上影响细网格的模拟结果,这显然与母网格的对流参数化方案的水汽、热量调整处理方法以及通过细网格边界的平流过程直接相关。从同样采用 WM6 微物理方案的 Run00—Run01—Run02 方案看,其中在母网格 KF 和 Grell 方案影响下的降水结果较为接近,而母网格 BM 方案导致在细网格有较强的降水量出现,产生了较大范围的 200 mm 以上的强降水带,位置也相对偏北一些,与实况相比显然属于相对虚假的降水。

从微物理过程对比的角度分析,采用 WM6 微物理方案的 Run00－Run01－Run02、采用 Kessler 暖云微物理方案的 Run03 在模拟结果中均在珠江口附近出现超过 200 mm 的降水,kessler 方案超过 200 mm 的降雨范围过大,高估了降水量,但降水带的位置与实况分布较为一致。采用 Ferrier 方案的 Run04 试验最大降水量为 100 mm 左右,显然是低估了降水量,降水带位置也偏在珠江口西侧,整体上是效果最佳的模拟结果。综合数值试验结果来看,针对 8 日的暖区暴雨过程,在采用 WM6 的微物理方案下,母网格采用 Grell 方案的 Run02 试验模拟结果最为理想。

从 Run02 的模拟结果看(图 11),8 日午后 14 时有若干对流系统首先在广东西南部云雾山附近触发,在东移过程中增强较为明显,与其他相对小尺度 MCS 有合并增强过程。8 日 20 时 MCS 移动到珠江口,其组织结构具有明显的 Back-Building 特征,因此模式还是一定程度上反映了实际 MCS 的演变过程,其结果有待于进一步分析。

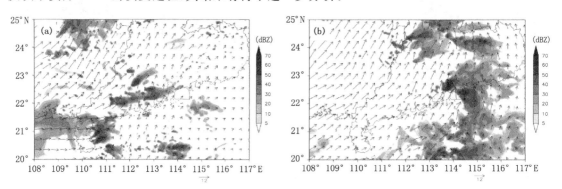

图 11   Run02 试验组合反射率(a)8 日 14 时;(b)8 日 20 时

5   结论及讨论

5.1   结论

(1)8 日至 10 日的强降雨过程发生在华南前汛期季风接近爆发之时,具有典型的暖区暴雨性质。

(2)此次强降雨过程中有 3 次较为清楚的 MCS 发生发展过程,由于低层 LLJ 或者边界层 LLJ 的维持,保证了环境场上大尺度水汽输送以及对流不稳定能量的维持;MCS 的发展具有明显的 Back-Building 特征,低质心的暖云对流结构表明降水具有明显的热带季风对流降水性质,具有极高的降水效率,有利于造成局地较高的累积降水量。

(3)数值模式对影响系统及降水量级的预报存在一定偏差,尤其对强降水落区和强度的预报仍需进一步订正;预报员受模式影响,对暴雨和大暴雨在华南中东部存在明显的空报;对 8 日的暖区暴雨过程,中尺度数值模拟表明 Grell 对流参数化方案下降水模拟结果最为理想,一定程度上反映了暖区对流系统的演变特征。

5.2   讨论

广东珠三角及东部沿海的暴雨和大暴雨落区和强度难以把握。此次过程中,华南中南部高层不断有短波槽东移,中低层则处于切变系统南侧的偏南气流控制下,这种暖区内暴雨强度

和落区的预报难度较大。基于本文的分析及结论,对业务预报改进提出以下建议:

(1)加强对数值预报天气形势分析和应用

从本次大暴雨过程数值模式的应用情况来看,EC 和 T639 模式对中高纬大气环流形势和副高位置的预报与实况较为接近,但对低层风场的预报存在偏差。因此需检验数值模式预报的稳定性,加强多模式的比较分析,利用实况场及时订正环流形势、风场、物理量场与降水落区、强度预报。

(2)进一步加强中尺度数值模式产品的应用

相对于低分辨率全球模式,4 km-WRF 中尺度模式对 5 月 8 日强降水过程的暴雨量级、落区预报有一定的指示意义,不同的参数化方案和微物理过程的选取会得到不同的结果,因此,在今后类似的强降水预报服务中,应加强对中尺度数值模式的应用,并及时改进调整模式的参数化方案,提高模式的降水预报能力。

参考文献

[1] 黄士松,李真元,包澄澜,等.华南前汛期暴雨[M].广州:广东科技出版社,1986.

[2] 林良勋,冯业荣,黄忠,等.广东省天气预报技术手册[M].北京:气象出版社,2006.

[3] 马禹,王旭,陶祖钰.中国及其邻近地区中尺度对流系统的普查和时空分布特征[J].自然科学进展,1997,**7**(6):701-706.

[4] 倪允琪,周秀骥."我国重大天气灾害形成机理与预测理论研究"取得的主要研究成果[J].地球科学进展,2006,**21**(9):881-894.

[5] MENG Weiguang,WANG Anyu,LI Jiangnan,et al. Numerical simulation of a mesoscale convective system(MCS) during first rainy season over south China[J]. *Acta Meteorologica Sinica*,2003,**17**(1):79-92.

[6] 夏茹娣,赵思雄,孙建华.一次华南锋前暖区暴雨β中尺度系统环境特征的分析研究[J].大气科学,2006,**30**(5):988-1 008.

[7] 蒙伟光,张艳霞,戴光丰,等.华南沿海一次暴雨中尺度对流系统的形成和发展过程[J].热带气象学报,2007,**23**(6):521-529.

[8] 黄志刚.灾害性天气过程评估.暴雨评估第二期.

[9] 潘筱龙,田莹.2011 年初夏湖南首场大暴雨成因分析[J].天气预报,2011,**3**(6):51-57.

[10] Doswell C A,Brooks H E,Maddox R A. Flash flood forecasting:An ingredients-based methodology [J]. Wea Forecasting,1996,**11**:560-581.

[11] 陶诗言,等.中国之暴雨[M].北京:科学出版社,1980.

[12] 孙建华,赵思雄.一次罕见的华南大暴雨过程的诊断与数值模拟研究[J].大气科学,2000,**24**(3):381-392.

[13] 孙建华,赵思雄.华南"94·6"特大暴雨的中尺度对流系统及其环境场研究Ⅰ.引发暴雨的β中尺度对流系统的数值模拟研究[J].大气科学,2002,**26**(4):541-557.

[14] 王鹏云,阮征,康红文.华南暴雨中云物理过程的数值研究[J].应用气象学报,2002,**13**(2):78-87.

[15] 孙健,赵平,周秀骥.一次华南暴雨的中尺度结构及复杂地形的影响[J].气象学报,2002,**60**(3):333-342.

[16] 胡亮,何金海,高守亭.华南持续性暴雨的大尺度降水条件分析[J].南京气象学院学报,2007,**30**(3):345-351.

[17] 梁志和.边界层对广西"94·6"特大暴雨的作用[J].广西气象,1994,**15**(3):150-153.

一次大暴雨的干侵入和卫星云图演变特征分析

金　巍[1,4]　俞小鼎[2]　曲　岩[1]　孙建元[3]

(1. 鞍山市气象局,辽宁 鞍山 114004；2. 中国气象局气象干部培训学院,北京 100081；

3. 天津市气象台,天津 300074；4. 中国气象科学研究院国家重点灾害性实验室,北京 100081)

摘　要

利用常规观测资料、再分析资料和卫星雷达资料,对 2013 年 7 月 1—2 日发生在辽宁出现的大暴雨过程,从大暴雨发生区附近低空急流、干侵入活动和卫星云图演变角度进行较为系统的分析,结果表明:大暴雨发生前低空急流迅速向低层扩展加强,超低空东南急流迅速加强,抬升触发,为辽宁大暴雨发生输送了充足水汽;干层的存在加强了暴雨过程的对流性不稳定,此次辽宁大暴雨湿度梯度锋区形成和维持的重要原因是干冷空气侵入。此次大暴雨形成过程中的卫星云图演变特征得出:暴雨发生前有低湿、高位涡的冷空气向低纬度移动,并不断加强特征;在雨带维持阶段,强降水区在红外和水汽图像及其动画上,主要特征有向北、向东北、向东、向东南、向南、向西南疏散的外流丝缕状卷云,同时西北侧不断有小尺度的暗区补充;强降水结束前,从南亚高压脊的北侧没有很小尺度的和风速很大相伴随的动力干带东移,反气旋脊快速扩大,结构更加松散,周围副热带西风急流逐渐消失,同时得出强降水发生在强对流云团梯度最大值时段,所以利用卫星云图特征预报强降水发生过程有很好的指示意义。同时此次大暴雨过程的辽宁两个强降水中心位于背风坡附近,说明地形抬升对此次对流性强降水的对流加强起到一定的推动作用。

关键词:辽宁　大暴雨　干侵入　云图演变　地形影响分析

引言

暴雨和大暴雨研究一直受到气象学者的高度重视[1~3],并在天气分析及基础理论研究中取得了重大进展[4]。可是,目前由于对流层上部常规资料缺乏等原因,国内暴雨分析研究和预报工作较多地关注对流层中下部天气系统的活动,也取得了丰富的成果[5~6]。

近年来,随着数值预报模式不断发展、完善以及广泛卫星产品资料的应用,目前国内研究较多的是造成江淮梅雨期暴雨和华南暴雨的中尺度对流系统的结构和发生、发展过程,而对东北暴雨,特别是辽宁暴雨的研究相对较少。辽宁暴雨主要出现在夏季,具有次数少,持续时间短和强度大等特征[8~10]。受丘陵、山区地形条件的影响,辽宁东部大暴雨的突发性和局地性更为显著,所以说局部大暴雨是辽宁灾害性天气预报中的一个难点。在近几年对辽宁中尺度对流系统与暴雨个例统计分析和预报业务中发现,高空短波槽型暴雨局地性强,常引发城市严重积水、山洪和泥石流等严重灾害,严重时甚至导致人员伤亡。

目前,国内暴雨的中尺度对流系统研究主要通过数值预报模式或者观测资料进行诊断分析,受观测资料的限制,辽宁暴雨的大多数中尺度系统研究主要采用了数值模拟的方式。例

资助项目:中国气象局 2014 年预报员专项(CMAYBY2014-012)、国家 973 项目(2012CB957800)、国家 973 项目(2013CB430103)和灾害天气国家重点实验室 2012 年开放课题"辽宁持续性冰雹天气分析和研究"共同资助。

如,马福全等[8]利用非静力平衡的中尺度模式MM5V3,对1997年8月20日Winnie台风减弱的热带风暴,进行了48 h数值模拟。近年来也有人利用非常规资料进行研究。例如寿亦萱等[13]利用常规资料和卫星资料,揭示出2005年6月10日黑龙江省中东部发生暴雨具有多单体风暴结构特征的孤立中尺度对流系统,该中尺度对流特征强烈发展导致沙兰河上游的强雷暴天气发生;许秀红等[14]采用地面加密降水资料和卫星云图及产品,揭示出1998年8月上旬的嫩江、松花江流域中尺度云团发生、发展、移动及消亡特征。袁美英等[15]分析究2006年8月10日东北中西部百年一遇短历时特大暴雨中尺度对流系统(MCS)加强和产生暴雨的原因表明:暴雨发生前夕暴雨区域具有高温、高湿和对流性不稳定层结,并存在明显的对流有效位能增加、抬升凝结高度及自由对流高度降低的现象,有利于暴雨发生。

随着卫星、雷达反演出来的预报产品信息越来越多,如根据卫星云迹风产品是目前数值预报中使用效果最显著的非常规资料之一[16~17],现在我国已具有大量高分辨率的卫星云图资料及其导出产品资料,这些都为研究我国强对流天气的中尺度演变特征,以及动力成因提供了的条件。

本文试图利用常规观测资料、NCEP和卫星资料产品相结合的方法,以2013年7月1—2日发生在辽宁从西到东发展的一次大暴雨过程为对象,研究东北地区大暴雨中尺度对流系统发生水汽、动力和热力条件特征,以及暴雨发生过程前后的卫星云图演变特征。

1 资料

文中所使用的资料为:2013年7月1日08:00到2日20:00加密自动地面观测资料;2013年7月1—2日24 h辽宁加密自动站降水量观测资料;2013年6月30日00:00—7月2日18:00(世界时)的每天4次的NCEP 1°×1°再分析资料。FY2D\E静止卫星资料:2013年7月1日00:00—2日14:00(世界时)的1 h一次的卫星云图数据(为30 min间隔);2013年6月30日12:00—2日12:00(世界时)每天4次的卫星的云迹风资料;2013年6月30日00:00—7月2日12:00卫星反演的1 h一次的TBB资料资料。

2 天气实况

由2013年7月1日08:00—2日08:00辽宁24 h雨量图(图1)可以了解,辽宁省大部出现暴雨,局部大暴雨区主要集中在西部和东南部的丘陵地带。实况天气显示,1日08:00到2日08:00此次降水伴有强雷暴天气。

从实况降水资料来看(图1),2013年6月30日—7月2日,在河北、辽宁依次出现了一次大范围的强降水过程,最大雨量出现在河北省宁晋县四芝兰达409 mm,辽宁最大降水量出现在丹东青堆子达到了212 mm。辽宁省主要降水出现在1日08:00到2日08:00。从2013年7月1日08:00到7月2日08:00过程雨量分布可以清楚地(图1)看到,雨带整体呈东北—西南向分布,值得注意的是,100 mm以上大暴雨中心集中在辽宁的西部(黑山和北宁附近)、150 mm以上在辽宁东南部(丹东和庄河附近)。从资料分析可以明显看到,辽宁西北部和东南部过程雨量比中部站点超过2倍以上。那么在辽宁这样一个比较小的范围内雨量为什么会明显区别,也是需要我们去分析探讨的。

2013年7月1—2日辽宁大暴雨,主要降水时间在1日10:00—14:00、1日23:00至2日

08:00,最主要降水时间在 1 日 23:00 至 2 日 08:00,发生在副高后部西风槽引起的降水过程,在西风槽缓慢东移过程中产生降水,并于后期形成低压中心,东移北抬入海。西风槽最初于 6 月 30 日 08:00 形成于内蒙古东北部,而后在偏北冷空气南下引导下,向西南移动,1 日 08:00 低压中心在吉林境内,在其引导西风槽在辽宁西部边界呈东北—西南走向,辽宁西南急流不断加强,2 日 08:00 强降水时段的低空和超低空东南急流达到 20 m·s^{-1},2 日 20:00 减弱到 12 m·s^{-1},低空转为西南急流,并开始减弱,低压中心移出辽宁。从东北低压引导西风槽发展看,低压中心在内蒙古东北部形成,产生的主要降水时段在 2 日 08:00 附近,低压引导槽在东移过程中,其引导槽东侧西南急流加强,超低空东南急流加强到 20 m·s^{-1},强降水中心位于地面华北气旋引导准静止锋的东北部,而后随着低压中心东移南下,辽宁脱离其影响降水结束。

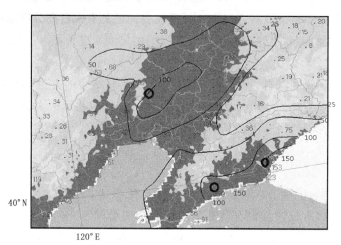

图 1　2013 年 7 月 1 日 08 时至 2 日 08 时辽宁省降雨量和地面地势图
(○为辽宁省大暴雨发生地;深灰色为平原区,浅灰色为丘陵和山区;降雨量单位为 mm)

3　低空急流和干侵入活动对辽宁大暴雨形成的影响分析

为了清楚地了解此次大暴雨过程水汽、动力、热力学特征以及卫星云图演变特征,本文通过对所发现和揭示的天气现象以及异常变化用 NCEP 再分析资料和卫星云图演变进行诊断分析,进一步揭示其形成的此次辽宁大暴雨过程的形成原因。

3.1　低空急流迅速向低层扩展以及超低空东南急流触发对流抬升作用

分析辽宁西部和东部两个强降水中心站点雨情图(图 2),黑山站(西部强降水中心)降水主要从 1 日 08:00 开始,1 日 10:00 后降水明显加强,1 日 10:00—14:00 和 2 日 03:00—08:00 达到最强,前后两个阶段降水都达到了暴雨量级;丹东(东部强降水中心)主要降水在 2 日 01 时开始,主要降水在 03:00—08:00,04:00—06:00 两小时降水超过了 80 mm。从图 3 垂直速度沿 40°N 垂直剖面图分析得出:1 日 08:00 前后高空 500～400 hPa 垂直速度图达到最强,辽宁西部有一个强中心,强度在 −4.1 m·s^{-1},925～200 hPa 低空垂直速度都是负值,说明西部有一个深厚垂直上升气流,2 日 08:00 辽宁大部存在整层强垂直速度中心,强度在 −4.6 m·s^{-1},得出:黑山和丹东站在 1 日 08:00 和 2 日 08:00 存在深厚垂直上升气流与强降水配合,且

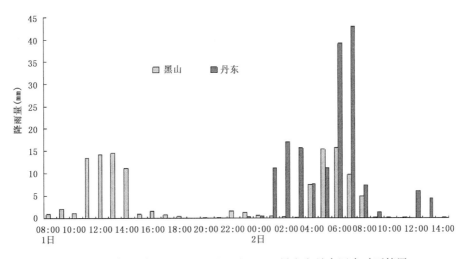

图 2   2013 年 7 月 1 日 08:00 至 2 日 14:00 黑山和丹东逐小时雨情图

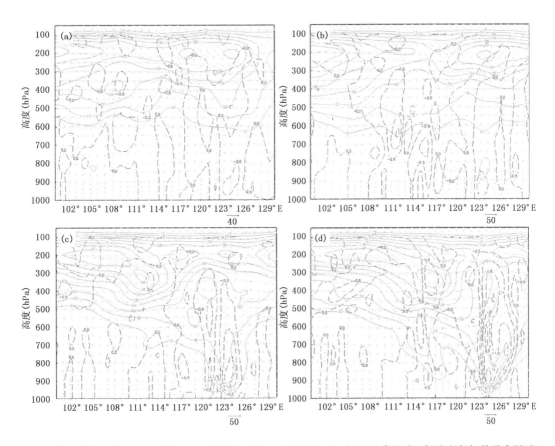

图 3   2013 年 7 月 1 日 08 时(a)、14 时(b)、2 日 02 时(c)和 08 时(d)垂直速度、水平速度矢量及全风速
（风向杆为速度矢量，单位为 m·s^{-1}；虚线为垂直速度，单位为 10^{-3} Pa·s^{-1}；实线为全风速，
单位为 m·s^{-1}；丹东站位置为 124.33°E、40.05°N；黑山站位置为 121.77°E、41.58°N）

存在中低层都存在水汽辐合中心，也表明了这种中低层水汽辐合抬升条件对最终形成辽宁西部和东部大暴雨是十分有利的。同时辽宁两个强降水时段发生前分别伴随有 12 m·s^{-1} 和

16 m·s^{-1}低空西南急流的快速加强和向下传播,2 日 02:00 到 08:00 辽宁西部大暴雨时段地面有一支东风气流向西推进,对应超低空存在东南急流沿辽宁东南沿岸向西推进,强降水阶段超低空全风速最大可达 20 m·s^{-1},可以看出随着对流系统的逐渐东移加强减弱,东南风气流也逐渐减弱。说明辽宁此次大暴雨发生与低空急流迅速向低层扩展加强,以及超低空东南急流出现相伴随。中低层水汽辐合抬升、超低空东南急流触发对流抬升为辽宁大暴雨形成提供了水汽和动力条件。

3.2 干冷空气侵入与强降水锋区

从 7 月 2 日 02:00—08:00 辽宁东部(在 123°E、40°N 附近)大暴雨产生期间,在范围 110°~130°E 和 20°~50°N 的假相当位温空间剖面图(图 4)了解到:在辽宁大暴雨发生期间,对流层

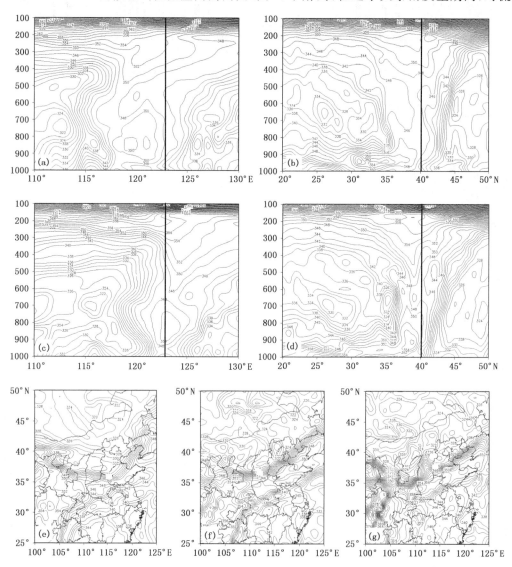

图 4 2013 年 7 月 2 日 02:00—08:00 假相当位温曲线图
(a)02 时 40°N;(b)02 时 123°E;(c)08 时 40°N;(d)08 时 123°E;
(e)02 时 500 hPa;(f)02 时 700 hPa;(g)02 时 850 hPa

低层到高层一直维持着假相当位温等值线的密集区位于辽宁东部大暴雨落区附近。在强降水区东南有高温高湿区,在其以西北为干冷空气区(123°E 和 40°N 剖面图)。辽宁此次大暴雨的产生和发展的主要原因是暖湿气流和干冷空气交汇于辽宁东部区域。大暴雨发生期间高空各层都显示出的干冷空气从西北向东南的移动,当移动到暖湿较强的辽宁东部地区时,辽宁产生了大暴雨过程。在 123°E 剖面图中显示出:300 hPa 高空以上的干冷空气较弱,以下中低层的干冷空气的势力都较强;40°N 剖面图显示:500 hPa 以上高空的干冷空气较弱,500 hPa 以下的干冷空气的势力较强。在强降水发生时刻的 700~500 hPa 假相当位温显示:大暴雨附近锋区较强,暴雨区的西北侧维持着一假相当位温的密集带,中低空干冷空气都较强。但是值得注意的是,由于辽宁刚刚进入 7 月主汛期,影响此次大暴雨过程发生的高纬干冷空气一直持续较强。总之,对辽宁此次大暴雨区的形成和发展起重要作用是干冷空气侵入。从图 4 还可知,对流层高层是对流稳定层($N_m > 0$),对流层中层是中性层结(N_m 近似为 0),对流层低层为不稳定层结($N_m < 0$)。

本文依据吴国雄等[5]湿位涡守恒原理,把湿位涡表示为:

$$p_m = \frac{\theta_0}{q^2} \zeta_\theta N_m = \text{constant} \tag{1}$$

式(1)中,$N_m = -\frac{\rho g^2}{\theta_0} \frac{\partial \theta_{se}}{\partial p}$ 为对流稳定度。

如果 N_m 减小,要保持 P_m 不变,必须有绝对涡度增长。干层的形成和维持的原因是干冷空气的持续侵入,呈现降温和降湿两种作用,同时,对流干层的存在加强发生强降水的对流性不稳定,对暴雨的加强和发展具有重要作用。此次辽宁大暴雨形成和维持的重要条件是干冷空气的持续侵入。

从下面的卫星云图上分析看,干冷空气呈现西北向东南移动,干冷空气的侵入路径是一条深色的暗区,侵入到辽宁以后,同冷锋云系配合,向西南方向移动影响大暴雨落区,对此次辽宁大暴雨的发生和发展起着至关重要的作用。这也正是姚秀平等[20]强调的"干侵入",同时,在水汽图像上也具有类似的特征。

4 强降水发生前后的云图变化特征

4.1 强降水发生前

从分析辽宁西部强降水(7 月 1 日 10:00—14:00)发生以前的 6 月 30 日 23:30 到 7 月 1 日 08:30 水汽图像和云导风图(图 5a)分析可知:在对流层上部从青藏高原东伸的脊,它与北侧河套附近的西风急流夹得紧,有多方向的外流,辽宁西部强降水区位于黑龙江北部到辽宁北侧前倾槽槽底以南,雨区上空有明显的辐散外流,同时北侧吉林西部暗区有不断南伸加强,水汽图像上有动力干带不断向低纬度移动。辽宁西部边界附近偏西急流向北、向西、向西南扩散,辽宁西部高空辐散加大。强降水发生前辽宁西部一直处于动力干带西南部的偏西气流辐散区内。同时强降水发生前,6 月 30 日 23:30 到 7 月 1 日 08:30 水汽图像和 350 hPa 位涡图(图 5b~c)分析可知:暴雨发生前高空有低湿(水汽图像暗区)、高位涡的冷空气向低纬度移动并不断加强,同时周边也配合着高空急流和下沉运动所在区。

从辽宁东部强降水(7 月 1 日 23:00 到 2 日 08:00)发生以前的 7 月 1 日 17:00—23:00 水汽图像和云导风图(图 6a)分析可知:强降水(东部)发生以前,7 月 1 日在河套到内蒙古东部水

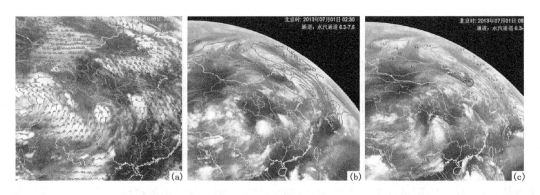

图 5 2013 年 6 月 30 日 23:30、7 月 1 日 02:30 和 1 日 08:30 时水汽云图以及 6 月 30 日 23:00
云导风(a)和 7 月 1 日 02:00(b)、08:00(c)的 350 hPa 位涡图
("○"为影响辽宁省大暴雨的动力干带和高位涡中心)

汽图像上有暗区(动力干带)向东南低纬度移动。这个暗区的作用是使从西藏高原东伸的脊与它北侧的副热带西风急流更加相互靠近,辽宁和河北大部处于干区前部的辐散区。同时,对应对流层上部反气旋性涡度和辐散都增大,从干带后部下沉的冷空气,还使对流层下部切变线北侧的风速加强。这个动力干带的作用还使对流层下部切变线北侧的风速加强,在数值再分析资料中得到数据证实(图 4)。同时强降水发生前,7 月 1 日 17:30—20:30 水汽图像和 350 hPa位涡图(图 6b 和图 6c)分析可知:暴雨发生前内蒙古中部有低湿(水汽图像暗区)、高位涡的冷空气向低纬度移动,并不断加强,同时暗区周边也配有高空急流和下沉运动。

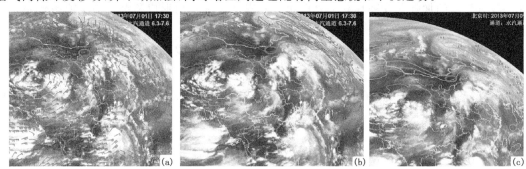

图 6 2013 年 7 月 1 日 17:30、17:30 和 1 日 20:30 水汽云图以及云导风(a)和
14:00(b)和 20:00(c)350 hPa 位涡图
("○"为影响辽宁省大暴雨的动力干带和高位涡中心)

4.2 雨带维持阶段

在雨带维持阶段,从 7 月 1 日 23:00 至 7 月 2 日 08:00(图 7),从西藏高原脊东伸的北侧不断有小尺度暗区向东南移动,周围出现风速大值区,促使低空切变线北侧的冷干空气得到补充,这个暗区(动力干带)东移南下推动作用是促使降水云系进一步东移,水汽羽影响辽宁。在河北省附近,从红外和水汽图像及其动画上,都可以看到向北、向东北、向东、向东南、向南、向西南疏散的外流丝缕状卷云。在雨带维持阶段,西北侧不断有小尺度的暗区补充,冷干空气持续侵入影响辽宁,促使辽宁雨带持续。

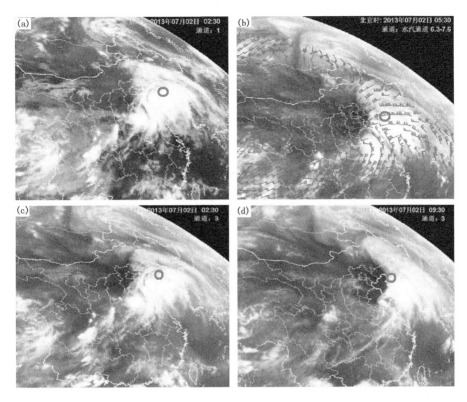

图7 2013 年 7 月 2 日 02:30(a)、05:30(b)红外和 02:30(c)、09:30(d)水汽云图

("○"为辽宁省大暴雨中心所在地,矢量为高空运迹风)

4.3 雨带即将结束阶段

在降水即将结束阶段(图8),首先,有一个动力干带向雨带所在的地方东移南下,与之相伴的一股较强的冷空气将雨带南压。另一条件,是从青藏高压脊的北侧没有尺度较小干冷空气东移,与最大风速区相伴出现,从强降雨区上升的暖湿空气占据了对流层上部的反气旋脊,使反气旋脊迅速扩大,高空气流辐散减弱,结构变得松散,与其北侧的副热带西风急流逐渐远离。

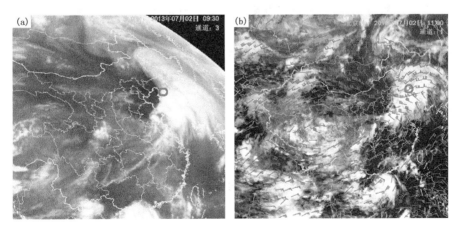

图8 2013 年 7 月 2 日(a)09:00 水汽;(b)11:30 红外和云导风图

("●"为辽宁省大暴雨所在地)

4.4 强降水出现和 TBB 强度关系

分析 2013 年 7 月 1 日 08:00 到 2 日 08:00 辽宁强降水区附近的 TBB 合成图,这是辽宁强降水发生的主要时段,从图 3 中可以看到,2013 年 7 月 1 日 08:00—14:00 为辽宁省降水时段,中心在辽宁西部的黑山和北宁,主要强降水时段在 9:00—14:00,其 TBB 值为−11～−30℃,强降水出现在−42～−49℃ 的 TBB 中心的左侧梯度大值区边缘,这基本位于对流层中高层(250～200 hPa)强降水云团的西南部,TBB 在−42～−49℃ 的云团是对流性云团,也是辽宁夏季比较强盛对流云团。通过合成图分析,本次最强的对流性降水出现在高空槽前的东南侧,该区域强降水出现在西部梯度大值区边缘,从逐小时 TBB 的变化来看,它们具有缓慢向东北移动,强降水易于在强对流云系的左后部的云系梯度大值区附近。

值得注意的是,在高空槽前部云系的稳定维持发展,黑山和北宁(辽宁第一段降水过程中的最大降水中心)正位于其对流性云系的大梯度大值区附近,从逐 30 min TBB 显示,1 日 08:00 后,在高空槽前部和副高西北侧有中尺度对流云团在低层切变线前部维持少动,云图很清楚地显现出这种持续过程,稳定的对流性云团具有正涡度的气旋性扰动,当它位于辽宁中部上空,同时叠加高空强辐散、低层强辐合的有利动力条件在辽宁西半部地区上空,因而它非常有利于从副高后部分裂北上的对流云团维持发展。同时,这一区域内是有利于中尺度对流系统发生发展的,是源于辽宁中部大气边界层内具有较强的水平锋区和斜压性,因此在这一区域内是有利于中尺度对流系统发生发展的。同时丹东(辽宁第二段降水过程中的最大降水中心)2 日 05:00—07:00 的 2 h 降水量超过 80 mm,也是在中尺度对流云团的处于减弱过程中,位于强对流云团梯度大值区,冷暖空气交汇附近,降水最为强盛。

从逐小时 TBB 的变化来看,它们具有缓慢向东北移动,强降水易于在对流性云团梯度大值区附近持续发展而形成更强的降水。

5 地形的作用

辽宁省的地形非常复杂,西部是丘陵,中部是平原地区,东部是丘陵,也是长白山余脉,是辽宁泥石流易发区。当暖湿空气从东南和西南不断北进的时候,一方面受到长白山余脉山系或者西部丘陵地形的阻挡,另一方面又受到西北冷空气的阻挡,暖湿空气受此影响将被迫抬升。对于此次从西北而来的冷空气而言,易于与东南来的暖湿空气形成对峙,这种冷空气在一段时间内持续或准静止于某地,当强暖湿空气被稳定抬升后,在辽宁东部山区持续较长时间而形成强降水。本次辽宁虽然没有强冷空气,但本身局地的弱冷空气受辽宁东部山区山脉地形阻挡,强降水站点黑山和丹东出现在冷空气越过山脉后的谷地地形内,对辽宁大暴雨的形成起到重要作用。

6 小结

(1)辽宁此次大暴雨发生与低空急流迅速向低层扩展加强,以及超低空东南急流出现相伴随。这种有利的天气形势为大暴雨的稳定发展提供了充足的条件。

(2)辽宁东部大暴雨形成和维持的一个重要原因是干冷空气侵入,源于干冷空气的侵入加强了大暴雨区的对流性不稳定,同时具有降温和降湿的两种作用,所以说干侵入对暴雨的加强和发展起重要作用。

（3）卫星云图分析得知：暴雨发生前有低湿、高位涡的冷空气向低纬度移动并不断加强，同时暗区周边也配有高空急流和下沉运动。维持中在华北中部附近，在红外和水汽图像及其动画上，都可以看到向北、向东北、向东、向东南、向南、向西南疏散的外流丝缕状卷云。西北侧不断有小尺度的暗区补充，雨带将持续。结束前从西藏高原东伸脊的北侧没有尺度较小的与最大风速相伴的干带东移，反气旋脊迅速扩大，结构变得松散，与其北半球副热带西风急流大风区远离。

（4）从逐小时 TBB 的变化来看，它们具有缓慢向东北移动，强降水易于在强对流云团梯度值附近持续发展而形成更西部和东部的强降水。从逐小时 TBB 的变化来看，它们具有缓慢向东北移动，强降水易于背风坡附近的黑山丹东等地附近持续发展而形成更强的降水。

（5）本次辽宁虽然没有强冷空气，但本身局地弱冷空气受山脉地形阻挡，维持谷地地形内，对大暴雨的形成起到重要作用。

（致谢：非常感谢卫星中心许健民院士的帮助和指导！）

参考文献

[1] 廖捷,谈哲敏.一次梅雨锋特大暴雨过程的数值模拟研究:不同尺度天气系统的影响作用[J].气象学报,2005,**63**(5):771-789.

[2] 吴正华.北方强降水的气候特征[J].气象科学研究院院刊,1988,**3**(1):86-91.

[3] 郑秀雅,张廷治,白人海.东北暴雨[M].北京:气象出版社,1992.

[4] 陶诗言.中国之暴雨[M].北京:科学出版社,1980.

[5] 廖移山,张兵,李俊,等.河南特强暴雨β中尺度流场发展机理的数值模拟研究[J].气象学报,2006,**64**(4):500-509.

[6] 王欢,倪允琪.2003年淮河汛期一次中尺度强暴雨过程的诊断分析和数值模拟研究[J].气象学报,2006,**64**(6):734-742.

[7] 王亦平,陆维松,潘益农,等.淮河流域东北部一次异常特大暴雨的数值模拟研究:结果检验和中尺度对流系统的特征分析[J].气象学报,2008,**66**(2):167-176.

[8] 马福全,沈桐立,张子峰,等.一次热带风暴造成辽宁暴雨的数值模拟研究[J].气象,2005,**31**(9):8-12.

[9] 陈力强,陈受钧,周小珊,等.东北冷涡诱发的一次MCS结构特征数值模拟[J].气象学报,2005,**63**(2):173-183.

[10] 王健,寿绍文.辽宁地区暴雨强对流天气的数值模拟与诊断分析[D].南京:南京信息工程大学硕士论文,2005,1-15.

[11] 孙力,安刚.1998年夏季嫩江和松花江流域东北冷涡暴雨的成因分析[J].大气科学,2001,**25**(3):342-354.

[12] 黄泓,张铭.一次东北暴雨的诊断分析[J].解放军理工大学学报(自然科学版),2004,**5**(5):33-37.

[13] 寿亦萱,许健民."05·6"东北暴雨中尺度对流系统研究Ⅰ:常规资料和卫星资料分析[J].气象学报,2007,**65**(2):160-170.

[14] 许秀红,王承伟,石定朴,等.1998年盛夏嫩江、松花江流域暴雨过程中尺度雨团特征[J].气象,2000,**26**(10):35-40.

[15] 袁美英,李泽椿,张小玲.东北地区一次短时大暴雨β中尺度对流系统分析[J].气象学报,2010,**68**(1):125-36.

[16] 许健民,张其松,方翔.用红外和水汽两个通道的卫星测值指定云迹风的高度[J].气象学报,1997,**55**

(4):408-417.

[17] 周兵,徐海明,吴国雄,等.云迹风资料同化对暴雨预报影响的数值模拟[J].气象学报,2002,**60**(3):
 309-317.

[18] 陈渭民.卫星气象学[M].北京:气象出版社,2003,18.

[19] 寿绍文,励申申,姚秀萍.中尺度气象学[M].北京:气象出版社,2003,295-296.

[20] 姚秀萍,于玉斌.2003年梅雨期干冷空气的活动及其对梅雨降水的作用[J].大气科学,2005,**29**(6):
 973-985.

吉林省两次初冬区域性暴雪过程对比分析

秦玉琳

(吉林省气象台,长春 130062)

摘　要

利用常规观测资料和 NCEP 1°×1°逐 6 h 再分析资料对吉林省 2012 年和 2013 年初冬的两次区域性暴雪过程进行对比分析,结果表明:两次过程都是由高空冷涡和地面气旋共同影响产生的,但由于东西阻高强度不同,冷涡形成和路径不同所造成强降水落区和强度差异较大;冷涡暴雪持续时间相对较长,暴雪过程的前期热量和能量累积较好,锋生明显,比湿维持在 2 g/kg 以上并有水汽辐合上升,配合较好的动力条件和不稳定条件,易造成暴雪天气,降水强度大;冷涡后期,虽然气旋主体移出,能量释放明显,仍存在弱不稳定条件,配合冷涡持续在吉林省旋转,东风回流持续输送水汽,仍能再次造成暴雪天气,雪强弱于前期。

关键词:冷涡　暴雪　阻高　物理量

引言

冬季暴雪是我国北方地区一种常见的灾害性天气。东北地区受我国冬季暴雪的影响更加明显。我国一些学者对东北地区暴雪天气成因的环流形势,物理量诊断等方面进行了分析(白人海,2008;马福全,2004;高玉中,2007;陈传雷,2007;刘宁微,2009;孙建奇,2009)。研究认为(孙欣,2011),深厚强锋区、北上江淮气旋、低空急流、非地转湿 Q 矢量辐合上升支的强弱和位置与降水的强度、落区关系密切。吉林省暴雪的预报要多关注中低层的影响系统,地面影响系统的源地不同,暴雪落区、量级也有差异,水汽源地的不同对暴雪落区也有较大影响(杨光武,2012)。东北地区暴雪区位于高空急流的右前侧,低层低涡的东部和低空急流的左前方,同时上冷下暖的热力结构利于中低层不稳定能量的释放(胡中明,2005)。2009 年 2 月沈阳一次暴雪过程,对流层中低层辐合、高层辐散为强降雪提供了有利的动力条件,低空急流为暴雪提供水汽,亦是对流不稳定能量释放的触发源,暴雪区还具备热力不稳定条件(梁红,2010)。

吉林省由于其特定的地理位置和地形特征,是我国冬季出现暴雪天气多发区,并带来严重灾害。加强对吉林省的暴雪天气过程分析和研究,不断完善和提高吉林省暴雪的预报准确率,显得十分重要。

本文利用常规观测资料和 NCEP 1°×1°逐 6 h 再分析资料,对吉林省 2012 年 11 月 10 日到 14 日和 2013 年 11 月 16 日到 20 日出现的两次区域性暴雪天气进行分析研究。两次暴雪过程持续时间长,降雪强度大,通过对两次暴雪的环流形势和物理量场分析,期望对东北此类暴雪预报有一定参考意义。

1　降水特征

2012 年 11 月 10 日夜间到 14 日白天吉林省出现雨转雪天气,13 站出现暴雪,18 站累计雨雪量超过 25.0 mm,吉林省大部分地区降水量都超过 10 mm,其中中部地区超过 25 mm,是强降水区,虽然前期降雨后期降雪,但中西部地区大部和白山的部分地方积雪深度超过 10.0 cm,强降水主要持续在 10 日夜间到 12 日夜间。2013 年 11 月 16—20 日,吉林省出现明显雨夹雪转雪天气,强降水出现在 16—18 日,28 站次出现暴雪,超过 10 mm 的降水主要是在中东部地区,其中东北部降水量超过 25 mm,累积积雪深度较深,强降水主要集中在 16 日到 18 日。

两次过程中均是高空冷涡在吉林省维持,降水持续时间都到达 4 d 左右,为了方便后面叙述,2012 年作为冷涡暴雪个例一。2013 年冷涡降水由雨夹雪转为降雪,以降雪为主,出现区域性暴雪,作为冷涡暴雪个例二。

2 环流形势分析

2.1 500 hPa 环流形势

两次过程 500 hPa 有明显的两脊一槽形势,个例一冷涡呈现明显的前期东阻型转为后期西阻型,个例二为双阻型,东西阻高都比较强,导致两次冷涡移动路径较大不同;个例二冷涡最大强度和最冷中心均弱于个例一,但影响范围更大。个例一冷涡从吉林省西南部沿东阻高后部先向东北旋转,再向西北旋转移动,直至东阻高逐渐减弱南撤,西阻高增强,东阻转为西阻型;个例二中冷涡是由进入吉林省西部的高空槽加深发展而成,17 日 14 时形成冷涡影响吉林省,此次冷涡形成后从南部向东北部较快移动,之后在延边地区停留,由于东西阻高都比较强,冷涡中心持续维持在延边地区。

2.2 850 hPa 形势分析

东北地区冬季气候较干燥,如果要产生大范围明显降水天气,水汽输送尤为重要。个例一在降水开始后(11 日 08 时)出现偏南急流,并且偏南急流随低涡的移动而向东移动,随着低涡开始向西北移动,在低涡北部出现明显的东风急流,有利于水汽向中部地区输送;个例二在降水开始初期基本没有明显的偏南急流,随着冷涡形成和东移,在冷涡北部逐渐形成偏东急流,冷涡位置偏东利于水汽向中东部输送。

2.3 地面系统分析

两次个例中海平面气压场均为气旋活动,其中个例一中北方蒙古气旋东移和南方倒槽北上在东北南部到朝鲜半岛一带合并成强气旋系统,吉林省西南部先受气旋北上影响,低压中心先向东北移动,低压中心移动至延边东部时加强到最强,之后向西扩展,吉林省处于气旋底部。个例二中系统是南来地面气旋北上,整体强度弱于个例一,16 日 08 时气旋头部已经进入吉林省中部,中部地区最先开始降水;气旋东移加强,气旋持续位于延边东部,但明显加强。

3 物理量分析

3.1 水汽条件

3.1.1 比湿和相对湿度

个例一中降水开始时,比湿大于 2 g/kg 的区域涵盖了吉林省大部,在西南部有湿舌,最大比湿超过 4 g/kg,随后向东北部移动,水汽饱和区扩大到全省大部,到 11 日 20 时全省大部比湿大于 3 g/kg,随后湿舌向东北收缩,全省基本处于饱和状态。个例二在 16 日夜间中东部比湿为 3 g/kg,湿舌随后逐渐向东缩,直到 18 日 08 时延边地区一直处于该范围内,水汽条件非常好,后期水汽条件逐渐减弱,但仍处于 $1\sim2$ g/kg,水汽条件明显减弱,全省大部仍处于接近饱和状态,降水逐渐结束。

3.1.2 水汽通量和水汽通量散度

水汽输送和辐合的强度决定降水量的多少。分析两次过程 850 hPa 水汽通量和水汽通量散度的变化,个例一中由于偏南急流的作用,降水开始前存在一条从日本海向西北伸展到吉林省西部的东南水汽输送带,降水开始后,11 日 14 时水汽输送带加强并北抬,东强西弱,水汽通量为 $(2\sim8)\times10^{-3}$ g $\cdot$ s^{-1} $\cdot$ m^{-1} $\cdot$ hPa^{-1},全省大部处于水汽辐合区,辐合强度达 $(-1\sim-3)\times10^{-7}$ g $\cdot$ s^{-1} $\cdot$ m^{-2} $\cdot$ hPa^{-1},随后水汽输送带逐渐东移北抬转为偏东气流输送带,将水汽从日本海输送到吉林省中西部,水汽输送强度减弱,水汽辐合也逐渐减弱。个例二中降水开始前槽前存在西南水汽输送带,并未达到急流强度,影响范围较小、强度较弱,相应的存在一条水汽辐合带,形成冷涡后,在吉林省东部出现东南气流水汽输送带,水汽输送强度在 4 g $\cdot$ cm^{-1} $\cdot$ hPa^{-1} $\cdot$ s^{-1} 左右,水汽输送明显弱于个例一,并在延边地区形成强水汽辐合中心,辐合强度达 -3×10^{-7} g $\cdot$ cm^{-2} $\cdot$ hPa^{-1} $\cdot$ s^{-1} 以上,造成该区域的强降雪,随着冷涡的旋转移动,在吉林省北部形成偏东气流水汽输送带,强度减弱,东风回流将水汽带入中东部地区,再次造成较强降雪。两次过程基本都是由偏南水汽输送带转为偏东水汽输送带,分别是造成冷涡前后期暴雪的重要原因,由于个例一在开始前已经有急流输送日本海的水汽,个例一的水汽输送条件明显优于个例二,但两次过程的最强水汽辐合相差不大,个例一辐合区范围要明显大于个例二,相应的其强降水范围也大于个例二。

3.2 动力条件

3.2.1 垂直运动和散度

个例一降水开始后全省大部处于上升运动区,东部地区上升运动更加明显,13 日 08 时后上升运动逐渐减弱。个例二 17 日 02 时起 850 hPa 垂直速度在东部地区有较强的上升中心,尤其是延边东部地区到 18 日 02 时一直处于强上升运动范围内,与暴雪区有较好的对应。43°N 基本穿过较强降水带,分析沿 43°N 垂直方向上的上升运动情况可知,两次过程上升运动延伸到较高层次,上升运动达到最强时在 700 hPa 附近存在 -3 Pa $\cdot$ s^{-1} 以上的强上升运动中心。

两次过程都存在低层辐合高层辐散的风场形势,降水开始时低层辐合伸展到 600 hPa 附近,引发较强的上升运动,两次过程都是斜升的辐合中心,个例一辐合中心高度较高,个例二在 925 hPa 和 850 hPa 附近存在两个强辐合中心,随后个例一中辐合场和辐散场迅速减弱,后期高层辐散不明显,低层存在弱辐合,动力条件减弱。个例二辐合的高度下降,辐散场范围扩大,后期抽吸作用增强,仍有利于上升运动持续。

3.2.2 涡度

涡度是表征气团旋转运动强度的物理量。涡度为正值时,表示气团逆时针旋转,有利于上升运动。从图 1 可以看出,个例一暴雪开始时,中低层正涡度区从吉林省西南部进入,并逐渐向东扩展,到 12 日 08 时正涡度大值区位于吉林省北部,850 hPa 正涡度值超过 10×10^{-5} s^{-1},700 hPa 正涡度值超过 8×10^{-5} s^{-1},此时北部开始强降雪天气,正涡度大值区随后向西移动,中心值略降低,强降雪区与 700 hPa 和 850 hPa 的正涡度大值区有一定对应关系。个例二暴雪开始后,吉林省基本处于正涡度区内,正涡度大值中心自西向东移动,到达东部地区后北上,与降雪区移动基本一致;正涡度大值区在延边地区持续较长时间,有利于该区域出现大量级降雪。

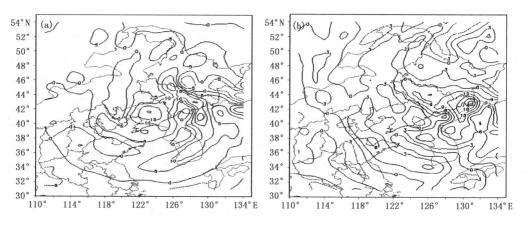

图 1　两次降雪过程 700 hPa 涡度空间分布
(a)个例一 11 日 20 时;(b)个例二 18 日 02 时

3.3　热力条件

3.3.1　垂直热力结构

从两次过程沿 43°N 的温度垂直分布可以看出,两次过程气团内无明显强逆温,温度随高度下降,中低层存在暖脊。个例一中降水开始时建立起来的低空急流使中东部大部 0℃ 层伸展至 850 hPa 以上,5℃ 层伸展至 925 hPa 以上,存在较强暖脊和暖平流,降水开始时中东部以降雨为主,冷涡后部冷平流使各层温度迅速下降,各地区逐渐转为雨夹雪天气,12 日凌晨,全省大部各层温度下降至 0℃ 以下,转为纯雪。个例二中降雪开始时,0℃ 层高度低于个例一,中东部大部略低于 850 hPa,5℃ 层仅在近地面附近,暖脊较弱,降雪开始时以雨夹雪为主,冷空气迅速南下,17 日 14 时全部转为纯雪。

3.3.2　假相当位温

个例一降雪开始时全省基本都处于 288 K 高能区,高能舌从吉林省西南部伸入到北部地区,西部锋区大致呈东北—西南向,锋区较宽,南部锋区呈西北—东南向,锋区较窄,随着降雪持续,能量释放,南部锋区略东移逐渐转为南北向,南部锋区移动到延边地区,12 日 14 时全省基本都低于 288 K,热力条件影响减弱;个例二在降雪刚刚开始时场呈现南高北低分布,吉林省中东部地区处于 288 K 线之内,并且高能舌伸入东南部地区,锋区呈现东北—西南向,锋区较窄,移动速度较快。到 17 日 08 时,锋区明显东移并转成南北向,高能区明显减小位于东部地区,从 16 日 20 时至 17 日 08 时延边东部处于 292 K 线以内,累积充足的能量,随后高能区明显东移,能量释放,延边东部出现暴雪天气;17 日 20 时后,全省大部的能量明显减少,暴雪天气能量释放,热力条件对后期暴雪天气影响明显减弱。

3.3.3　Q 矢量锋生

在东北出现暴雪天气时,往往会出现 Q 矢量锋生。计算两次暴雪过程 Q 矢量锋生函,个例一中在降水开始时西部和南部地区存在锋生,随后西部锋生减弱,南部锋生区移动到延边地区明显加强,到 11 日 20 时全省大部基本无明显锋生区,后期降雪与锋生函数无明显关系。个例二前期(18 日 08 时前)暴雪的起始和强度与底层锋生有很好的对应关系,并且强锋生区与暴雪区对应关系较好;16 日 08 时 850 hPa 锋生区进入吉林省中部,降雪过程开始,之后锋生区逐渐扩大并且呈南北向带状东移,17 日 14 时延边地区锋生达到最强,锋生越强,冷暖空气相对运动越强,冷空气从底层切入,暖空气被迫抬升,造成较强的上升运动,与延边地区强降雪相吻合。到 18 日 08 时,锋生区基本移出吉林省,后期降雪与锋生函数无明显关系。

3.4 不稳定条件

K 指数可以反映大气潜在能量,是反映对流层中低层大气层结稳定状况、湿度和饱和程度的综合指标。个例一降水开始时 K 指数大值区从西南向东北伸入吉林省,全省大部处于 20℃以内,南部最大值超过 28℃,存在较强不稳定能量,随后逐渐减弱北移,到 14 日 02 时之前,全区大部都处于 12℃ 以内,存在弱不稳定条件。个例二 16 日 K 指数高能舌进入吉林省中部,高值区呈东北—西南向,16 日 14 时 K 指数最大值超过 24℃,中部地区不稳定条件较好,该地区首先出现较强降雪天气。但随后高值区快速东移北上,转为南北向,高值区范围向吉林省东北收缩,K 指数高值区在延边地区持续停留,17 日 14 时在延边东北形成明显的 K 指数高梯度区,即存在能量锋,有利于该地区强降雪天气的出现;18 日之后高能区逐渐东移,但吉林省大部还处于 K 指数>4℃ 范围内,存在不稳定能量较弱。两次过程前期都存在较强不稳定条件,利于强降水的发生,降水开始后逐渐减弱。

4 结论

冬季高空形势出现东阻型或者双阻型时,有利于高空冷涡出现并在吉林省停留,利于造成持续性降水。冷涡暴雪前期主要受地面气旋影响,前期热量和能量累积较好,在冷涡和气旋东移过程中,锋区加强,冷暖空气相对运动加强,配合较好的不稳定条件和水汽条件,易造成暴雪天气;冷涡后期,虽然气旋主体移出,能量释放明显,仍存在不稳定条件,配合冷涡持续在吉林省旋转,东风回流持续输送水汽,仍能造成再次的暴雪天气,量级明显小于前期。

两次个例中都存在湿舌和较强的水汽辐合带,基本都处于接近饱和状态,强水汽辐合区与强降水落区较为一致,并在后期都存在明显的东风急流有助于水汽输送;不同之处是个例一的水汽含量更丰富、水汽辐合和急流明显比个例二更强。两次个例存在明显上升运动,垂直运动量级相当;两次过程前期低层存在辐合中心,高层辐散,利于强降水;两次降雪落区随时间的变化与正涡度大值区的时间变化有较好的对应关系,个例一中正涡度明显强于个例二。两次过程前期吉林省处于暖平流区,利于前期的热量累积,个例一暖平流更强,都存在较高的假相当位温值,热量条件较好,个例一明显高于个例二,随着降水的持续,假相当位温都明显下降,其中大于 288 K 高能区对冬季强降水落区有一定指示意义。两次过程都存在一定的锋生,个例一锋生持续时间较短,而个例二中锋生基本持续到 288 K 移出吉林省,处于锋生区,有利于暴雪出现。两次冷涡暴雪前期 K 指数均较大,较强降雪区 K 指数超过 20℃,不稳定条件好,后期 K 指数明显减小,对降雪影响较小。

参考文献

白人海,张志秀,高煜中. 2008.东北区域暴雪天气分析及数值模拟[J].气象,**34**(4):22-29.

陈传雷,蒋大凯,陈艳秋,等. 2007.2007 年 3 月 3—5 日辽宁特大暴雪过程物理量诊断分析[J].气象与环境学报,**23**(5):17-25.

高玉中,周海龙,苍蕴琦,等. 2007.黑龙江省暴雪天气分析和预报技术[J].自然灾害学报,**16**(6):25-30.

胡中明,周伟灿. 2005.我国东北地区暴雪形成机理的个例研究[J].南京气象学院学报,**28**(5):679-684.

梁红,马福全,李大为,等. 2010."2009.2"沈阳暴雪天气诊断与预报误差分析[J].气象与环境学报,**26**(4):22-27.

刘宁微. 2006."2003.3"辽宁暴雪及其中尺度系统发展和演变[J].南京气象学院学报,**29**(1):129-135.

刘宁微,齐琳琳,韩江文. 2009.北上低涡引发辽宁历史罕见暴雪天气过程的分析[J].大气科学,**33**(2):275-284.

马福全,隋东. 2004.2003年3月2日辽宁暴雪天气分析[J].辽宁气象,(1):10-11.

孙建奇,王会军,袁薇. 2009.2007年3月中国东部北方地区一次强灾害性暴风雪事件的成因初探[J].气象学报,**67**(3):469-477.

孙欣,蔡芗宁,陈传雷,等. 2011."070304"东北特大暴雪的分析[J].气象,**37**(7):863-870.

杨光武,刘海峰. 2012.2012年春季吉林省两次暴雪过程的对比分析[J].吉林气象,3:9-13.

2014 年 12 月乌鲁木齐日极端暴雪中尺度分析

张云惠　　于碧馨

（新疆维吾尔自治区气象台，乌鲁木齐 830002）

摘　要

利用常规资料、NCEP/GFS 一日 4 次 0.5°×0.5°再分析资料，结合 ECMWF 细网格一日 2 次 0.25°×0.25° 客观分析及乌鲁木齐风廓线雷达等资料，分析 2014 年 12 月 8 日乌鲁木齐极端暴雪中尺度特点。结果表明：暴雪是在有利环流背景下，由 850～700 hPa 切变线及风速辐合区、低层扰动、地面冷锋和中小尺度地形共同作用造成。降雪前期低层东南风、逆温及干暖盖起到了储蓄和积累大量不稳定能量的作用，而降雪时能量锋区的维持也为强降雪带来了热力不稳定条件。低空西北急流对乌鲁木齐强降雪起到动力触发作用，地形强迫抬升使迎风坡维持强的垂直上升运动和中-β 尺度次级环流圈，低层强降水汽辐合的维持为暴雪提供了充足的水汽，地形增幅作用明显。强降雪时段风廓线雷达的探测高度增高，水平风从地面到高空逆时针旋转（冷平流），低层较强偏北风与高值区相对应，水平风向风速的变化和低层 C_n^2 值的增大对于暴雪短临预报有 3～5 h 提前量。ECMWF 细网格 48～72 h 风场预报对于提高精细化预报准确率有很好指导意义。

关键词：极端暴雪　低空急流　地形强迫　次级环流　风廓线

引言

乌鲁木齐地处中天山北麓，三面环山，北部为平原戈壁，南部为天山山脉，东南部是达坂城谷地，地势东南高、西北低，乌鲁木齐河自西南向北斜贯市区，地形复杂。张云惠等[1]统计 2000 年以来北疆暴雪灾害空间分布表明，乌鲁木齐平均每年发生 2 次，位居第二，仅次于伊犁河谷东南部山区的新源，可见，暴雪灾害与新疆地形关系密切。同时，乌鲁木齐城市热岛作用显著[2]，乌鲁木齐近地层的大气活动显得尤为复杂，阴雾常被短时东南风扰动破坏，气温变化幅度大，中尺度地形影响显著。本文在常规资料的基础上，利用 NCEP/GFS 一日 4 次 0.5°×0.5° 再分析及乌鲁木齐风廓线雷达资料，结合 ECMWF 细网格一日 2 次 0.25°×0.25°客观分析及预报场，对 2014 年 12 月 8 日乌鲁木齐极端暴雪进行分析，探讨暴雪发生发展时直接影响系统的中尺度特点和短期可预报性问题，以期提高对乌鲁木齐暴雪预报能力。

1　暴雪天气概况

2014 年 12 月 7—8 日，受冷空气影响，北疆大部、天山山区和南疆阿克苏、巴州先后出现降雪天气，从图 1 降雪分布看，这次大到暴雪落区主要集中在北疆偏西北的局部地区和乌鲁木齐周边 90 km 范围内，可见乌鲁木齐附近大到暴雪具有中-β 尺度特征。8 日 24 h 降雪量乌鲁木齐、呼图壁、阜康、和硕分别为 17.7 mm、10.7 mm、10.0 mm、8.6 mm，均突破 12 月日降

资助项目：科技部公益性行业科研专项（GYHY201106007）；中国沙漠气象科学研究基金（Sqj2012004）。

雪量历史极值,乌鲁木齐积雪深度达 25 cm;米泉、白杨沟、蔡家湖日降雪量分别为 13.4 mm、10.7 mm、7.0 mm,居历史第二位,乌鲁木齐附近强降雪时段主要在 8 日 02 时至 17 时(北京时,下同)(图 1)。

此次暴雪特点是降雪强度大、持续时间长、落区集中,是“2014 年新疆十大气候事件”之一。降雪造成乌鲁木齐国际机场 28 个航班取消,3500 名旅客滞留,高速公路 G30、G216 线双向交通管制,对城市交通、设施农业及牧业产生较大影响。

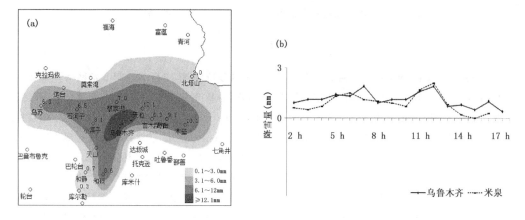

图 1 12 月 8 日过程降雪量分布(a)和乌鲁木齐及米泉逐小时降雪量(b)

2 环流背景及影响系统

12 月 6—7 日,500 hPa 欧亚中高纬地区环流经向度加大,为两脊一槽,欧洲高压脊发展东移,脊前北风带引导冷空气南下,使得西伯利亚至中亚的长波槽向南加深,低槽南段南伸至中亚地区 40°N 附近,并配合有 −38 ℃ 的冷中心,同时,下游新疆东部至贝加尔湖的高压脊发展,受其阻挡,中亚低槽继续东移向南加深。7 日 20 时,新疆受槽前西南急流控制,急流轴位于新疆偏西地区。8 日 08 时随着乌拉尔山高压脊部分向南衰退,低槽分为两段,北段减弱东移北上,南段自南疆西部翻山缓慢东移,在中天山附近维持一支西南急流,影响中天山两侧降雪。

7 日 08—20 时,受低槽前部分裂波动的影响,700 hPa 北疆转为西南气流,850~700 hPa 在偏西地区有西北风和西南风的切变,而乌鲁木齐附近的东南风与其南部库尔勒西南风为东西向切变线,随着东南风减弱,风向由东南—南—西南顺转,逆温层破坏,使低层大气不稳定增强。20 时 850 hPa 在北疆中部西北急流建立,锋区压至天山一线。8 日 02 时,700 hPa 西北急流迅速建立,但 850 hPa 风速明显偏大 8 m·s⁻¹,850~700 hPa 的西北急流出口直指乌鲁木齐,强劲的低空西北急流携带水汽遇天山地形强迫抬升,与中高层西南急流叠加,加剧和加强了风场辐合及垂直上升运动,有利于冷暖交汇与水汽的聚集。

地面冷高压属于典型的偏西路径,冷高压自里海北部不断加强东南移。7 日 20 时冷高压移至咸海加强到 1050 hPa,冷锋已压至新疆西部,南疆西部国境线附近气压梯度达 22 hPa,乌鲁木齐 3 h 变压 3.5 hPa,说明冷空气分裂波动开始影响北疆。8 日 08 时冷高压加强东移至巴尔喀什湖南侧,中心强度达 1060 hPa,南疆西部出现明显翻山风,可见冷空气很强且偏南。

综上所述,此次强降雪发生在中层较强西南暖湿急流、低空西北冷湿急流的有利背景下,由 850～700 hPa 切变线及风速辐合区、地面冷锋和中小尺度地形共同造成的。那么,强降雪的维持机制及中尺度特点如何,下面做重点分析。

3 中尺度分析

3.1 热力和不稳定条件

3.1.1 中尺度地形的热力作用

6 日白天,受冷空气回流影响,北疆减压明显,天山北坡逆温建立,大部出现阴雾,而由于乌鲁木齐地形特殊,850～700 hPa 达坂城至乌鲁木齐偏东急流建立且在乌鲁木齐东南部 80 km 范围内,风速最大达 28 m·s^{-1},在动量下传的作用下,城南乌拉泊、鸿雁池一带出现 30 m·s^{-1} 的东南大风,14—15 时城区瞬间风速也达 20.4 m·s^{-1},逆温层破坏,气温骤升至 2.6℃。7 日北疆受高压脊控制,天山北坡逆温层维持,乌鲁木齐上空 700～850 hPa 的偏东急流和南郊的东南大风继续维持,而城区由于 6 日东南风使气温明显上升,地面积雪融化,水汽凝结成雾,逆温层又建立,7 日 08 时乌鲁木齐 T-ln$p$ 图上 925～800 hPa 温差达 14℃。因此,降雪前期乌鲁木齐逆温使近地层大气更湿冷,而低层东南急流的维持使大气更干暖,可见,中尺度地形下乌鲁木齐逆温及干暖盖对于低层不稳定能量的储蓄和积累起重要作用,也为强降雪提供了热力不稳定条件,这也是平原降雪比山区大的热力因素之一。

3.1.2 假相当位温 θ_{se} 分析

强降雪开始前一天,700 hPa 乌鲁木齐附近维持一 301 K 高能舌沿天山北坡向西伸,而乌鲁木齐南部天山山区有一 285 K 的低能中心对应,乌鲁木齐至南部山区形成能量锋区,低层高能舌的维持使乌鲁木齐附近不断积累能量。

从沿乌鲁木齐 87.5°E 经向垂直剖面的 θ_{se} 可以看到(图 2),降雪前 600 hPa 以下等 θ_{se} 线很密集即低层维持较强的能量锋区,高能舌在 500 hPa 以上向北伸,随着降雪的开始,8 日 02 时,低层不稳定能量释放,能量锋区向中层抬升,并从南向北向中高层倾斜,说明西南暖湿气流沿锋区逐渐倾斜上升。降雪期间,700 hPa 乌鲁木齐附近一直维持较强的能量锋区,能量持续不断的聚集与释放,为强降雪提供有利的不稳定条件。

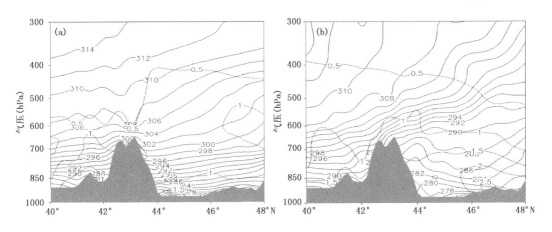

图 2 θ_{se} 沿 87.5°E 的垂直剖面图

(a)7 日 08 时;(b)8 日 02 时

3.2 动力条件

3.2.1 低空西北急流的触发作用

中亚低槽进入新疆为后倾槽,即 7 日 20 时降雪前,地面先加压,850 hPa 克拉玛依至乌鲁木齐北部开始有一支西北急流建立,急流轴风速最大达 24 m·s⁻¹。8 日 02 时,700 hPa 西北急流也建立,且 850 hPa 风速明显偏大 8 m·s⁻¹,急流带上 $T-T_d \leqslant 4℃$ 表明携带着充分的水汽东南下,乌鲁木齐位于西北急流出口区的左侧。而 850 hPa 西北急流先建立,也非常有利于低层逆温层的破坏并与逆温层内波动的上升支叠加,加强垂直上升运动。

低空西北急流对乌鲁木齐强降雪起到动力触发作用,主要表现在:一是冲破逆温层,使低层大气干湿冷暖交汇剧烈,增强大气不稳定性;二是携带的湿冷空气遇天山地形堆积,起冷垫作用;三是加强了低层风场的扰动与辐合强迫抬升,与中高层西南急流叠加,增强垂直上升运动。因此,低空西北急流和中高层西南急流的维持是强降雪持续的动力机制。

3.2.2 垂直运动与次级环流

为了进一步了解暴雪过程中西北急流遇山后的垂直结构及中尺度特点,分别沿乌鲁木齐所在的点(43.5°N、87.5°E)及相邻的四个经纬格点作剖面表明,乌鲁木齐所在经纬度附近的空间剖面最能反映地形作用下的垂直结构,而偏移 0.5~1 个经纬距,物理量的垂直结构差异加大,可见此次暴雪的中-β尺度特征很明显。

图 3a~b 是强降雪开始前后沿乌鲁木齐最近的 87.5°E 所做垂直速度 w 和南北风分量与垂直速度的合成(箭矢)的剖面,可以看到强降雪开始时(图 3b),西北气流遇山后强迫抬升,形成强的垂直上升运动,在 600 hPa 分成 2 支,一支在山前继续上升与 500 hPa 西南气流汇合后在乌鲁木齐北部形成一中β尺度次级环流圈,一支在山南下沉与西南气流汇合在山上形成另一中β尺度的次级环流圈。而强的垂直上升运动在山前随高度向北倾斜并伸展到 300 hPa 附近,这也是为何平原降雪比山区大的原因之一。同时,沿 43.5°N 的纬向剖面上,强降雪时乌鲁木齐上空 87.7°E 以西 600 hPa 以下为较强的上升运动(图 3d),87.7°E 以东为下沉运动,且上升支与下沉支在 1.5 个经距范围内形成一次级环流并维持。可见,乌鲁木齐强降雪时,地形强迫促使上升运动增强及次级环流维持,也说明暴雪具有的中β尺度特征。

3.3 水汽条件

分析强降雪时段各层水汽通量矢量表明,有两条水汽通道:500 hPa 来自中亚低槽前西南暖湿气流输送,850~700 hPa 西北湿冷气流输送,且低层西北气流的水汽贡献较大,这两条水汽输送带于 8 日 02 时在乌鲁木齐上空叠加并维持,随着低层西北气流减弱和 500 hPa 西南气流减弱东移,降雪结束。

沿乌鲁木齐做水汽通量矢量和散度的空间剖面可以看到(图 4),8 日 02—17 时强降雪期间,600 hPa 以下沿迎风坡乌鲁木齐上空一直维持强的水汽辐合区,最大辐合中心在 850 hPa 附近达 -24×10^{-7} g(cm⁻¹·hPa·s)⁻¹,这也说明西北急流的水汽贡献最大。来自西南和西北两个方向的水汽持续不断地在乌鲁木齐上空聚集并辐合,为暴雪的产生和维持提供了充足的水汽。

3.4 乌鲁木齐风廓线雷达产品分析

3.4.1 水平风速风向

7 日 12—18 时(图 5a),雷达探测高度上升到 3 km,东南急流开始逐渐减弱,风速减小到

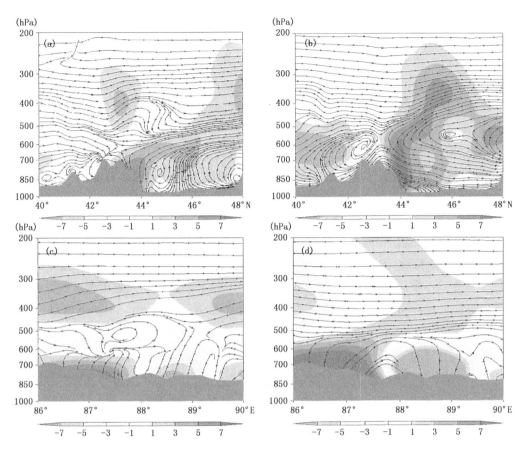

图 3　垂直速度 w(单位：10^{-2} m·s^{-1})、风与垂直运动合成的剖面(箭矢)

沿 87.5°E(a) 7 日 20:00；(b)8 日 02:00 和 43.5°N；(c) 7 日 20:00；(d)8 日 02:00 的剖面

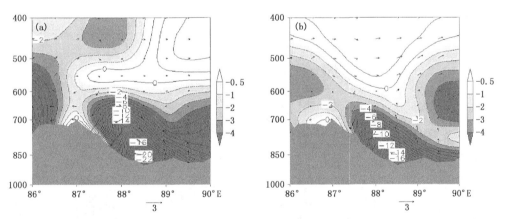

图 4　水汽通量矢量(单位：g(cm·hPa·s)$^{-1}$,(a))和水汽通量散度(单位：g(cm^{-1}·hPa·s)$^{-1}$,(b))

沿 43.5°N 的垂直剖面

8 m·s^{-1},18 时 0.7 km 以下有弱西北风和偏南风的垂直切变,即近地层的波动有所增强。19 时 2 km 以下开始转西风,说明冷空气从低层开始进入,21 时 2.5 km 以下转为西北急流,风速最大在 2 km 达 20 m·s^{-1},这与前述低空 850 hPa 西北急流先建立相一致。

8日00时,即在强降雪开始前1~2 h,雷达已经探测到5500 m左右,近地层偏北风增大,3.5 km以下转为西北气流,4.5 km以上开始转西南气流,即整层风向逆转,为冷平流。强降雪时,3.8 km以下转为一致的偏北风,3.8~4.7 km为西北急流,4.7 km以上维持西南急流,这也说明低空西北急流与中高层西南急流的叠加是强降雪持续的动力因素。17:30时(图5b)雷达探测高度从5.5 km迅速降至2.5 km,低层偏北风也明显减弱,说明中高层被干冷空气控制,降雪结束。

3.4.2 折射率结构常数(C_n^2)

风廓线雷达的C_n^2与大气的湿度有关,可以把它看成不同时段的多普勒天气雷达的RHI(高扫)的强度回波。7日22时(图5c),2 km以下随着近地层西北风的增大,C_n^2突然增大到-128~-136 dB,表明低层大气已经被湿区控制。

8日00—02时,雷达探测整层明显增大到-128~-136 dB,说明整层大气增湿明显,随着强降雪的开始及持续(图5d),2 km以上的C_n^2减小到-136~-160 dB,中高层水汽含量下降,而0.9 km以下维持-120~-128 dB的C_n^2高值区,低层反射率大也再次证明了充足的水汽主要集中在低层。而随着降雪结束,C_n^2探测高度也降至2.5 km,反射率也迅速减弱至-152~-168 dB。

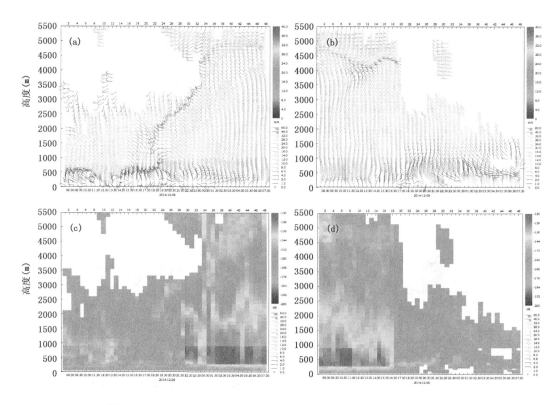

图5 7日08:00至9日07:30水平风速风向((a、b),单位:m·s^{-1})和
折射率结构常数C_n^2逐时变化((c、d),单位:dB)

4 大到暴雪短期可预报性探讨

4.1 EC 细网格 0.25°×0.25° 48 h 预报场的短期参考价值

此次暴雪，EC 细网格对于北疆低空西北急流、中高层西南急流的建立、移速、强度及维持时间，提前 72 h 做出了准确预报，而通过检验乌鲁木齐多次 LSP 大尺度降水表明，预报降雪开始时间偏早 3～4 h，量级偏弱，实况常是预报值的 2～3 倍，这可能和乌鲁木齐地形特殊有关。因此，根据 EC 细网格预报可以提前 48～72 h 把握降雪时段、落区及量级预报，提高精细化预报准确率。

4.2 多普勒及风廓线雷达短临监测及预报

FY2 红外云图上是斜压性的冷锋云系，很难看到中尺度的发展，强降雪时乌鲁木齐多普勒雷达的回波主要在以雷达站为中心的 50 km 范围内，强度最大 20～25 dBZ，并稳定维持，降雪下的径向速度很弱。而风廓线雷达能更清楚反映风和温湿的垂直结构。

7 日 19 时乌鲁木齐低层东风转为西北风，并逐渐增大，当 500 hPa 转为明显的西南气流时，整层增湿，降雪开始并持续，因此，根据垂直风廓线变化可以提前 3～5 h 预报降雪开始和结束时间，为城市及交通清雪提供有效预报及服务。

5 小结

（1）此次暴雪是在中亚低槽偏南，槽前中高层西南暖湿急流和低空西北冷湿急流叠加的有利环流背景下，由 850～700 hPa 切变线及风速辐合区、低层扰动、地面冷锋和中小尺度地形共同作用造成的。

（2）由于乌鲁木齐特殊的地形，降雪前期低层东南风、逆温及干暖盖起到了储蓄和积累大量不稳定能量的作用，而降雪时能量锋区的维持也为强降雪提供了热力不稳定条件。

（3）低空西北急流对乌鲁木齐强降雪起到动力触发作用，地形强迫抬升使迎风坡维持强的垂直上升运动和中 β 尺度次级环流圈，这是强降雪持续的动力源泉，低层维持强的水汽辐合为暴雪提供了充足的水汽，地形增幅作用明显。

（4）风廓线雷达和折射率结构常数（C_n^2）的垂直分布清楚地反映了降雪前后风场垂直结构和湿度变化特点，强降雪时段风廓线雷达的探测高度增高，水平风从地面到高空逆时针旋转（冷平流），低层较强偏北风与 C_n^2 高值区相对应，水平风向风速的变化和低层值的增大对于暴雪短临预报有 3～5 h 提前量。

（5）EC 细网格 48～72 h 预报可有效提高精细化预报准确率。

参考文献

[1] 张云惠,贾丽红,崔彩霞,等.2000—2011 年新疆主要气象灾害时空分布特征[J].沙漠与绿洲气象,2013,**7**(增刊):20-23.

[2] 王珊珊,艾里西尔·库尔班,郭宇宏,等.乌鲁木齐地区气温变化和城市热岛效应分析[J].干旱区研究,2009,**26**(3):421-440.

[3] 万瑜,曹兴,窦新英,等.中天山北坡一次区域暴雪气候背景分析[J].干旱区研究,2014,**31**(5):1-5.

[4] 万瑜,窦新英.新疆中天山一次城市暴雪过程诊断分析[J].气象与环境学报,2013,**29**(6):8-14.

[5] 张俊兰,崔彩霞,陈春艳.北疆典型暴雪天气的水汽特征研究[J].高原气象,2013,**32**(4):1115-1125.

［6］ 赵俊荣,杨雪,蔺喜禄,等.一次致灾大暴雪的多尺度系统配置及落区分析[J].高原气象,2013,**32**(1)：201-210.

［7］ 陈涛,崔彩霞."2010.1.6"新疆北部特大暴雪过程中的锋面结构及降水机制[J].气象,2012,**38**(8)：921-931.

［8］ 张迎新,姚学祥,侯瑞钦,等.2009年秋季冀中南暴雪过程的地形作用分析[J].气象,2011,**37**(7)：857-862.

［9］ 孙继松,王华,王令,等.城市边界层过程在北京2004年7月10日局地暴雨过程中的作用[J].大气科学,2006,**30**(2):221-234.

［10］ 陆汉城,杨国祥.中尺度天气原理和预报[M].北京:气象出版社,2000,42.

湖南汛期暴雨天气过程主客观分型

陈静静[1]　　叶成志[1]　　吴贤云[2]　　刘金卿[1]

(1.湖南省气象台，长沙 410118；2.湖南省气候中心，长沙 410118)

摘　要

利用 2006—2014 年 4—9 月湖南 117 例强降雨天气过程高空、地面观测资料，依据湖南本地暴雨预报经验和方法，将强降雨天气过程分为低涡冷槽型、地面暖倒槽锋生型、副高边缘型、台风型、梅雨锋切变型和华南准静止锋型等 6 类天气型。在此基础上，以同期 222 个暴雨日当天 08 时 20°～35°N、105°～120°E 范围内 NCEP 1°×1° 500 hPa 高度场和 850 hPa 经向风为参数，采用 K-均值聚类法通过反复迭代得到 6 类最优暴雨日天气型分类。结果表明：6 类聚类结果较为客观地反映了湖南汛期暴雨的天气形势和降雨特征，与主观分型的结果相吻合，地面暖倒槽锋生型类暴雨日天气型的离散度最大，降雨空间分布的移动性和不均匀性也较其他 5 类明显，说明依据此聚类方法进行客观分型具有较好的合理性，可作为湖南汛期暴雨客观预报的重要依据。

关键词：强降雨　主观分型　K-均值聚类法　客观分型

引言

一般来说，暴雨是由不同天气尺度系统相互作用造成的。暴雨过程天气系统的不同配置在很大程度上会造成暴雨落区、强度及分布特点的差异，故天气形势分型对暴雨预报尤为重要。

陶诗言先生(1980)曾经指出：在我国东部地区的汛期暴雨预报中，副热带高压位置和强度变化是第一重要的依据；其次，西风带环流型的划分也是不可忽视的依据。据此，他对我国暴雨环流形势特征及雨带分布做了精辟描述；在湖南的暴雨预报中，老一辈预报员将汛期暴雨的环流形势分为西风带暴雨过程(含初夏西风带暴雨型、盛夏西风带暴雨)和东风带暴雨过程(程耿福等，1987)，并基于主观分型提炼了各自的预报着眼点和预报指标。这些研究成果在当时的暴雨预报实际业务中起到了至关重要的作用。

随着现代天气业务的发展，预报员能够获得的常规、非常规观测资料以及模式预报产品越来越丰富，计算机应用能力也显著提高，使主观预报手段逐步走向客观化和定量化成为必然。20 世纪 90 年代，我国一些气象科研人员在天气形势的客观分型方面做了一些有益的尝试。臧建华(1992)按研究关键区内 500 hPa 高度场、850 hPa 能量场及 850 hPa 风场对暴雨过程历史天气图进行客观分型，引进相似系数和距离系数对模式预报高度场、能量场和风场与历史平均场的接近程度进行计算分析；罗兴宏(1995)对西藏那曲地区冬季雪灾天气的 500 hPa 形势进行了客观分型，分析了各型的主要影响区域，对分型的历史检验结果表明该分型方法有助于

资助项目：国家财政部/科技部公益类行业专项(GYHY201306016)；2015 年气象关键技术集成与应用项目(CMAGJ2015M41)。

提高当地雪灾的预报准确率;汤桂生等(1996)利用数值预报 500 hPa 高度场及降雨实况资料,采用聚类分析法,研究暴雨落区预报和我国暴雨环流形势特征,并给出了我国暴雨环流型。

由于客观天气分型方法较多,得出的分型结果差别很大,难以在实际业务中加以应用。近年来一些气象学者针对暴雨和强对流环流形势仍然沿用了主观分型方法。陈明璐等(2012)将桂东南区域的持续性暴雨分为高空槽配合切变线型、高低空切变线配合型、热带风暴型和热带气旋减弱低压型;周慧等(2013)通过对 1952—2010 年发生在湖南的 376 次大暴雨天气过程高低空环流形势特征分析,建立了 5 类天气学分型,即低槽+切变+锋面型、低涡切变+锋面型、副高边缘型、热带低压型及东风带系统型;常煜等(2014)将呼伦贝尔市 16 站的暴雨过程天气环流背景分为 4 种类型:西太平洋副热带高压与西风带系统的相互作用、西太平洋副热带高压与其西侧北上的台风共同与中高纬度环流系统相互作用、台风或热带气旋与西风带系统远距离相互作用、西风带系统的直接作用;许爱华等(2014)通过对 2000 年以来中国近百次强对流天气个例的环境场进行分析,提出中国强对流天气 5 种基本类别:冷平流强迫类、暖平流强迫类、斜压锋生类、准正压类、高架对流类。上述主观分型虽是以天气学理论为指导,是专业知识和预报经验的结晶,对业务预报有较好的参考作用,但多源于预报经验基础上的总结,仍不可避免地存在主观片面性和不确定性,无法满足日渐发展的暴雨预报精细化、客观化、定量化的实际业务需求。

本文将依据湖南暴雨预报经验和方法,对 2006—2014 年汛期强降雨天气过程进行主观分型,在此基础上,利用 K-均值聚类法得到与主观分型结果相匹配且能反映强降雨特征的最优暴雨日天气形势场客观分型结果。以期在湖南暴雨预报业务中引入有效模式将主客观分型结果有机结合(Frakes et al.,1997;Wetzel et al.,2001;Wu et al.,2013),并将混合分型方法在本地的暴雨预报系统中进行集成,为提高湖南暴雨预报的准确率和精细化水平提供有区域特色的新技术支撑。

1 资料说明

本文使用的资料包括 2006—2014 年汛期(4—9 月)强降雨天气过程期间高空、地面观测资料,以及暴雨日当天 08 时(北京时,下同)NCEP 1°×1°分析场资料。

湖南汛期暴雨日和强降雨天气过程的选取标准:前一日 08 时至次日 08 时的降雨量至少有 5 站次出现暴雨或 1 站次出现大暴雨,则称为 1 个暴雨日;强降雨过程期间至少有 1 个暴雨日,且需持续 1 d 以上。按照这一标准,2006—2014 年湖南汛期共出现 222 个暴雨日和 117 次强降雨过程。

2 强降雨过程的主观分型

依据湖南省汛期强降雨天气过程的预报经验和方法,对 117 次强降雨过程的主要影响系统及降雨特点、出现时段进行分析,共得到 6 类主观分型的天气型(表 1)。

表 1　湖南 2006—2014 年汛期 6 类强降雨天气类型及出现时间、次数

天气型	低涡冷槽型	地面暖倒槽锋生型	副高边缘型	梅雨锋切变型	华南准静止锋型	台风型
月份	5—8 月	4—6 月	7—9 月	6—7 月	4—6 月	6—9 月
次数	45	28	19	9	6	10

2.1　低涡冷槽型

此类强降雨天气过程是 6 类天气型中所占比例最大的一种,共 45 例,占强降雨天气过程总数的 38.5%。该类过程通常发生在 5—8 月,副热带高压(以下简称副高)季节性北跳,呈带状分布,脊线位于 20°～22°N,在其西侧的我国西南地区有热低压、低槽或切变线发展东移;亚洲中纬度为两脊一槽型,乌拉尔山和东西伯利亚为高脊,贝加尔湖为低槽区。由于乌拉尔山上空高脊的强烈发展,冷空气沿高压脊前的西北气流不断南下,影响长江以南大部分地区。同时,亚洲东北部阻塞高压的加深,形成东高西低的有利形势。这样,亚洲中纬度分离的冷空气与南支槽前西南气流携带的暖湿空气交绥于湖南境内,造成湖南夏季暴雨天气过程(图 1a)。此类过程降雨范围广、局地降雨强度大、强降雨区多呈移动性特点并常伴有强对流天气。

2.2　地面暖倒槽锋生型

此类强降雨天气过程出现的次数仅次于低涡冷槽型强降雨,共 28 例,占强降雨天气过程总数的 23.9%。该类强降雨天气过程通常发生在春末夏初(4—6 月),江南地面有暖脊发展,湖南境内有东北—西南向的地面中尺度辐合线,江南到华南有西南急流和低槽切变线系统影响,槽前暖平流和正涡度平流的作用,使地面暖倒槽发展。当冷空气南下侵入地面倒槽,导致倒槽锋生,易形成"两湖波动"或强对流天气(图 1b)。此类过程期间强降雨通常自北向南发展,且具有降雨分布不均匀、局地雨强大、雨区移动快并伴有对流性降雨等特点。

2.3　副高边缘型

此类强降雨天气过程共出现 19 例,占强降雨天气过程总数的 16.2%。该类强降雨天气过程通常发生在盛夏(7—9 月),副高发展强盛,已完成第二次季节性北跳,脊线位于 30°N 附近,控制江南大部(图 1c)。当副高东退南落或西进北抬时,特别是在其西北侧有西风带冷槽和切变线活动时,低槽与副高之间的强锋区附近常有暴雨或大暴雨发生。强降雨区主要位于湘西北和湘北,降雨强度大、强雨区呈带状分布且稳定少动,常伴有强对流天气发生发展。

2.4　梅雨锋切变型

此类强降雨天气过程共出现 9 例,占强降雨过程总数的 7.7%。该类强降雨过程通常发生在 6 月中旬到 7 月中旬,副高呈带状控制华南地区,脊线位于 22°～24°N,长江中下游位于副高西北侧暖湿气流中(图 1d);河套地区有低槽东移,引导西南低涡沿江淮切变线东出;冷暖空气交绥于湘北,长江中下游地区有准东—西向梅雨锋雨带形成。强降雨区主要位于湘中以北,以稳定性或混合性降水为主,具有持续时间长、累计降雨量大、强降雨区呈带状分布且稳定少动等特点。

2.5　华南准静止锋型

此类强降雨过程共出现 6 例,占过程总数的 5.1%,是造成湖南强降雨最少的一种天气型。该类强降雨过程通常发生在 4—6 月,副高脊线平均位置为 20°N,相对偏南,强度较强且

稳定少动,华南地区位于 500 hPa 584 dagpm 线边缘;高空环流平直,高原东部多短波槽东移;850 hPa 切变位于湘南;地面有弱冷空气从东路不断补充南下,受南岭山脉的阻挡,形成华南准静止锋(图 1e)。此类天气过程的降雨特点为降雨范围较小、强度偏弱、持续时间较长且雨带少动,强降雨区主要位于湘南。

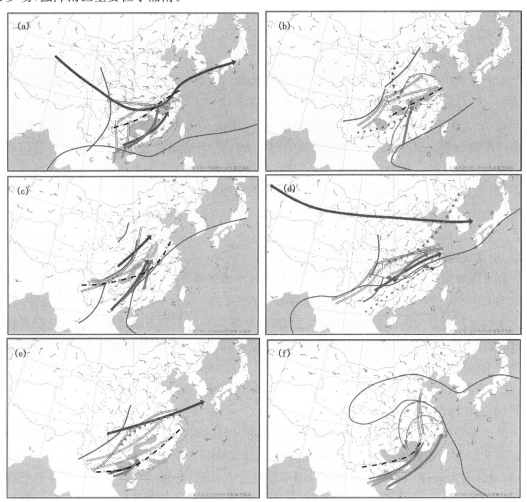

图 1　主要天气影响系统配置图

(a)2013 年 5 月 15 日 08 时;(b)2011 年 6 月 9 日 20 时;(c)2007 年 7 月 24 日 08 时;

(d)2010 年 7 月 11 日 20 时;(e)2007 年 6 月 12 日 20 时;(f)2006 年 7 月 15 日 08 时

2.6　台风型

影响湖南的台风型强降雨过程共出现 10 例,占过程总数的 8.5%。影响湖南的台风共分为西北行路径、南海北上路径和西行路径(潘志祥等,1992)。西北行路径台风是三种路径中对湖南造成影响最大的一种类型,一般在 7—9 月影响湖南,西北太平洋有台风生成并登陆福建或粤闽交界;中高纬环流平直,冷空气势力较弱、位置偏北;副高西伸加强,与大陆高压打通,在西行台风北侧形成一个高压坝,减弱后的台风低压环流受其阻挡,以西行为主;南海北部西南季风发展强盛,来自南海北部与副高西南侧的西南风急流和台风低压环流西北侧的东北风急流所产生的两支主要水汽通道在台风低压外围长时间交汇,形成深厚的湿层和强水汽辐合(图

1f;叶成志等,2011)。此类天气过程的降雨特点为持续时间长、雨强大、致灾性强,强降雨区主要位于湘东南。

南海北上型台风一般于6—8月影响湖南,南海有台风生成并登陆北上,台风倒槽位于湘赣交界;或南海有热带低值系统活动,东风波扰动影响湖南东部偏南地区。此类降雨过程强降雨范围小、强度较弱、持续时间较短。

10例台风型强降雨过程中,仅1例为西行台风影响,即2010年11号台风"凡亚比"于9月21—22日影响湖南,其路径北侧也存在高压坝,台风在粤闽交界沿海登陆后西行至广东境内填塞,台风倒槽仅于21日在湘西北和湘西南造成了局地强降雨。

3 暴雨日天气形势客观分型

3.1 方法说明

暴雨落区相似的前提是环流背景场相似,故使得关键影响区域内的环流场值相似是对暴雨天气形势进行客观分型的基本思路。聚类分析是在难以确定一批样品中每个样品的类别时,把样品特征作为分类依据,并利用相似性度量法将特征相同或相近样本归为一类的方法,包括层次聚类法、动态聚类法等。动态聚类法是将样品按聚类准则进行初始分类,通过反复修改分类来达到最满意分类结果的一种迭代算法,这一方法具有计算工作量小、占用计算机内存少、方法简单等优点。

K-均值动态聚类分析方法作为动态聚类方法的一种,其原理是:给定一个数据库以及要生成的类数 k,先把数据库中的所有样本随机分配到 k 个类数,计算出 k 个初始聚类中心,然后计算各个样本与 k 个聚类中心的距离,找出最小距离并把该样本归入最近聚类中心所在类,对调整后的新类使用平均值法计算新的聚类中心,再计算各样本到这 k 个聚类中心的距离,重新归类并修改新的类中心,依此进行迭代循环,直到相邻两次聚类中心相同时即认为分类成功。每次迭代都要考察每个样本的分类是否正确,若不正确则调整。在全部样本调整完成后,再修改聚类中心,进入下一次迭代。如果在一次迭代计算过程中所有样本都被正确分类,则聚类中心就不再改变(MacQueen,1967;王同兴等,2010)。

本文利用 K-均值聚类方法,以2006—2014年湖南汛期222个暴雨日天气形势作为分类对象样本,以每个暴雨日当天08时500 hPa位势高度场和850 hPa的经向风场为参数,进行暴雨日的天气型划分和特征的研究。由于主观分型将湖南的强降雨天气过程分为6类,暴雨日天气形势的类型也必然符合主观分型的形势场特征,故给定聚类个数 k 为6个。通过随机选取的初始聚类中心,按照20°~35°N、105°~120°E范围内500 hPa位势高度场和850 hPa的经向风场的值相似准则进行初始分类,并通过反复迭代循环及与主观分型结果、降雨特征的对比分析,最终获得最优分型结果(图2),第1类到第6类分型结果分别代表6类不同的暴雨日天气型。

3.2 聚类结果

从聚类分析的结果可以看出,第6类暴雨日天气型的离散度较大,即500 hPa位势高度场和850 hPa的经向风场在20°~35°N、105°~120°E范围内的相似度有限,降雨空间分布的移动性和不均匀性也较明显;其他类暴雨日天气型的离散度均较小,说明这5类暴雨日期间500 hPa位势高度场和850 hPa的经向风场在20°~35°N、105°~120°E范围内的相似度较高,降雨

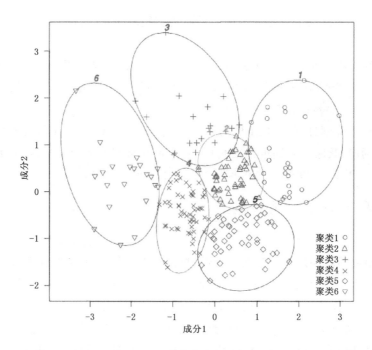

图 2　222 个暴雨日当天 08 时 500 hPa 位势高度场和 850 hPa 经向风 K-均值聚类结果

的空间分布也相对集中。

3.3　客观分型结果分析

　　得到 6 类暴雨日天气形势客观分型结果后,将聚为一类的暴雨日当天 08 时 10°～60°N、60°～140°E 范围内 500 hPa 位势高度场和 850 hPa 的风场分别做平均处理(图 3)。扩大平均场显示范围的目的是使各类暴雨日的环流背景场更为直观。另外,绘制 222 个暴雨日的日降雨量图,以便分析降雨落区和强度的分布特征。

3.3.1　第 1 类暴雨日天气型及降雨特点

　　第 1 类天气型的暴雨日共 25 个,占暴雨日总数的 11.3%,其中 20 个暴雨日出现在 7—9 月。从 25 个暴雨日平均场的分布来看(图 3a),副高位于西北太平洋上,呈块状分布;我国东南沿海为大片的低值区,湘东南有东北风和西南风的辐合切变;高纬度以经向环流为主,我国南方地区基本无冷空气影响。从 25 个暴雨日降雨落区和强度的分布来看,其中 16 个暴雨日(占 64%)最强降雨中心位于湘东南。故该类暴雨日天气型较符合湖南台风型强降雨的天气形势和降雨特征。

3.3.2　第 2 类暴雨日天气型及降雨特点

　　第 2 类天气型的暴雨日共 53 个,占暴雨日总数的 23.9%,其中 43 个暴雨日出现在 5—7 月。从 53 个暴雨日平均场的分布来看(图 3b),584 dagpm 线位于湘中偏南地区,孟加拉湾为深厚槽区,不断分裂短波槽东移,西南地区有低涡存在,北方有弱冷空气影响长江以南地区。该类暴雨日在出现的时间上具有连续性,且强降雨落区具有移动性的特点。故该类暴雨日天气型较符合湖南汛期低涡冷槽型强降雨的天气形势特征。

3.3.3　第 3 类暴雨日天气型及降雨特点

　　第 3 类天气型的暴雨日共 20 个,占暴雨日总数的 9%,全部的暴雨日均出现在 4—6 月。

从天气形势平均场上看(图 3c),青藏高原有下滑槽影响湖南,584 dagpm 线尚位于华南地区,中低纬环流平直,乌拉尔山有明显的脊区,其东侧有较强冷空气南下影响华南,故第 3 类暴雨日天气形势配置的春季特征较明显,且 20 个暴雨日的强降雨落区中有 13 个出现在湘中以南,但降雨强度不强。结合以上特点,该类暴雨日较符合华南准静止锋型降雨的特征。

3.3.4　第 4 类暴雨日天气型及降雨特点

第 4 类天气型的暴雨日共 57 个,占暴雨日总数的 25.7%,其中 55 个暴雨日出现在 5—7 月。天气形势平均场上(图 3d),高原上不断有短波槽东移影响湖南省,584 dagpm 线位于湘中偏南地区,中低层南支急流发展较为旺盛,与北支系统在长江中下游地区交汇。57 个暴雨日中的 42 个暴雨日(占 73.7%)的强降雨出现在湘中以北地区,且呈带状分布,持续时间长,该天气形势和降雨特征与湖南梅雨锋型强降雨的特征较相符。

3.3.5　第 5 类暴雨日天气型及降雨特点

第 5 类天气型的暴雨日共 46 个,占暴雨日总数的 20.7%,其中 34 个暴雨日出现在 7—9 月。天气形势平均场上(图 3e),副高发展强盛,584 dagpm 线控制湖南全省,湘北位于 586 dam 线边缘,西南地区有低槽东移,中低层切变位于湘北,低空西南急流建立。46 个暴雨日中的 36 个暴雨日(占 78.3%)强降雨落区位于湘北,该天气形势及降雨特点符合典型的副高边缘型强降雨特征。

3.3.6　第 6 类暴雨日天气型及降雨特点

第 6 类天气型的暴雨日共 21 个,占暴雨日总数的 9.5%,其中 20 个暴雨日出现在 4—5 月(占 95.2%)。从天气形势平均场分布来看(图 3f),584 dagpm 线位于华南沿海,高原东部有低槽东移影响湖南,西南地区有低涡切变,中低层急流发展最旺盛,急流轴位于广西北部至湘南一线;乌拉尔山上空为高压脊控制,冷空气沿脊前的西北气流不断南下,侵入倒槽,触发锋生。且从降雨特点来看,雨区的移动性及局地性较为明显。结合以上特点,该类暴雨日符合湖南春夏之交地面暖倒槽锋生型强降雨特征。

4　结论与讨论

本文通过主客观两种方法对湖南汛期强降雨过程和暴雨日进行了天气形势分型及影响系统配置、降雨特征分析,主要结论如下:

(1)根据湖南汛期强降雨过程和暴雨日的普查标准,共普查得到 2006—2014 年汛期强降雨天气过程 117 例及暴雨日 222 个。依据湖南省汛期强降雨的预报经验及天气形势主观分析方法,将此 117 次强降雨天气过程分为低涡冷槽、地面暖倒槽锋生、副高边缘、台风、梅雨锋切变和华南准静止锋等 6 类天气型。

(2)采用 K-均值聚类法通过反复迭代及与主观分型结果、降雨特征的对比分析,最终得到以 500 hPa 位势高度场和 850 hPa 经向风为参数的 6 类最优暴雨日天气型分类。6 类聚类结果较为客观地反映了湖南汛期暴雨的天气形势和降雨特征,与主观分型的结果相吻合,地面暖倒槽锋生型暴雨日天气型的离散度最大,降雨的空间分布的移动性和不均匀性较其他 5 类明显,说明依据此聚类方法进行客观分型具有较好的合理性,可作为湖南汛期暴雨预报客观分型的重要依据。

(3)本文的研究是用主观和客观两种方法为湖南汛期暴雨过程提供天气形势分型的有益

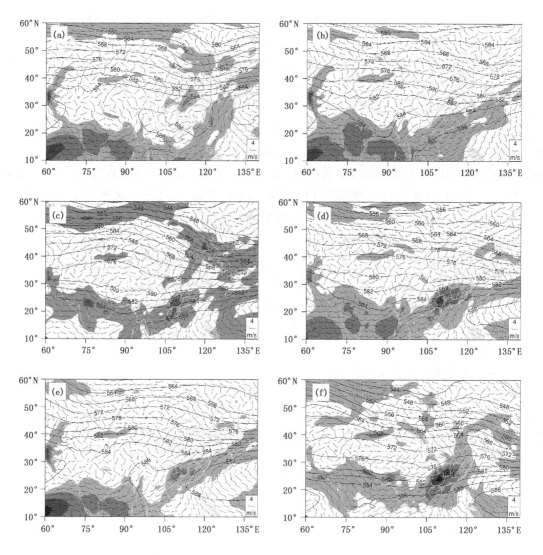

图 3　(a)～(f)分别为 1～6 类暴雨日 500 hPa 位势高度和 850 hPa 风的平均场
（阴影部分代表 850 hPa 风速超过 12 m/s，每隔 4 m/s 为一个色阶）

探索，且分型结果对应的天气形势和强降雨特征具有较明显的规律性，为下一步在实际预报工作中实现历史相似个例客观检索和暴雨预报产品订正等功能奠定了业务化的基础。

参考文献

常煜，张艳娟，邵志明.2014.呼伦贝尔市暴雨分型研究[J].中国农学通报，**30**(14):276-282.

陈明璐，胡勇林，林宝亭，等.2012.近 10 年 5—8 月桂东南区域持续性暴雨分型及模型建立[J].气象研究与应用，**33**(增刊 1):95-96.

程庚福，曾申江，张伯熙，等.1987.湖南天气及其预报[M].北京:气象出版社.

罗兴宏.1995.那曲冬季雪灾天气的 500 hPa 形势场的客观分型[J].气象，**21**(1):40-43.

潘志祥，何逸，高继林.1992.湖南台风暴雨的特征及其预报[J].气象，**18**(1):39-43.

汤桂生，杨克明，王淑静，等.1996.聚类分析在暴雨预报和环流形势分型中的应用[J].气象，**22**(8):33-38.

陶诗言.1980.中国之暴雨[M].北京:科学出版社.

王同兴,郭俊杰,王强.2010.基于 K 均值动态聚类分析的土样识别[J].建筑科学,**26**(7):52-56.

许爱华,孙继松,许东蓓,等.2014.中国中东部强对流天气的天气形势分类和基本要素配置特征[J].气象,**40**(4):400-411.

叶成志,李昀英.2011.热带气旋"碧利斯"与南海季风相互作用的强水汽特征数值研究[J].气象学报,**69**(3):496-506.

周慧,杨令,刘志雄,等.2013.湖南省大暴雨时空分布特征及其分型[J].高原气象,**32**(5):1425-1431.

臧建华.1992.几种天气图分型方法的比较[J].气象,**18**(3):56-57.

Frakes B,Yarnal B.1997. A procedure for blending manual and correlation-based synoptic classifications[J]. International Journal of Climatology. **17**:1381-1396.

MacQueen J B. 1967. Some methods for classification and analysis of multivariate observations[J]. Proceedings of the Fifth Berkeley Symposium on Mathematical Statistics and Probability,**1**:281-297.

Wetzel S W,Martin J E. 2001. An operational ingredients-based methodology for forecasting midlatitude winter season precipitation[J]. Weather and Forecasting,**16**:156-167.

Wu M L,Snyder B J,Mo R,*et al*.2013. Classification and conceptual models for heavy snowfall events over East Vancouver Island of British Columbia,Canada[J]. Weather and Forecasting,**28**:1219-1240.

山脉地形对云南冷锋切变型强降水的影响

许彦艳[1]　王　曼[2]　马志敏[1]　梁红丽[1]

(1.云南省气象台,昆明 650034;2.云南省气象科学研究所,昆明 650034)

摘　要

利用多种资料对 2014 年 6 月 28—29 日云南省冷锋切变型强降水进行诊断分析,并利用 WRF 中尺度模式,对此次过程进行地形敏感性数值试验。结果表明:山脉对冷空气的引导和阻挡作用最为显著,四川东部到贵州一带的东北气流经乌蒙山加速进入到滇中地区,之后受哀牢山、无量山和横断山脉的阻挡,与高原东南侧沿横断山脉南下的冷平流汇合后,在滇中及以东、以北地区盘踞;夏季来自孟加拉湾的西南季风具有暖湿性质,遇到滇西地区南北走向的山脉时,受其阻挡,移速减缓,与南下受阻的冷空气交汇,形成锋面降水;山脉的强迫抬升机制迫使其周边出现显著的垂直上升运动,强度为 0.4~0.7 m/s;在山谷相间的区域,特别是山脉的迎风坡处,水汽通量辐合,其增量可达$(0.04\sim0.07)\times10^{-6} \mathrm{g} \cdot \mathrm{s}^{-1} \cdot \mathrm{cm}^{-2} \cdot \mathrm{hPa}^{-1}$,有利于当地大雨、暴雨的发生。

关键词:云南　冷锋切变型强降水　山脉地形　地形敏感性数值试验　WRF 中尺度模式

引言

暴雨是云南夏季的主要灾害性天气之一,是造成云南洪涝和滑坡、泥石流等地质灾害的重要天气原因。与全国大多数地区相比,云南暴雨(日降水量≥50 mm)的范围、日雨量偏小,但受低纬高原独特的地理位置和地形特征影响,云南暴雨局地突发性特征非常明显,是天气预报业务的重点和难点[1]。

近年来云南气象工作者针对云南省的强降水过程进行了各方面的深入研究,如段旭[2~3]、郭荣芬[4]、张腾飞[5]、张秀年[6~7]等人针对云南强降水天气的时空分布特征以及预报着眼点等进行了归纳总结,认为造成云南暴雨的主要天气系统有切变线、冷锋、两高辐合、西南涡、孟加拉湾风暴、南海西行台风和南支槽,其中切变线和冷锋是最主要的天气系统,两者结合引发的暴雨即为云南冷锋切变型强降水。许美玲[8]、尤红[9]等用中尺度模式 MM5 和 WRF 分别模拟了云南两次突发性暴雨的形成机理,得出中 β 尺度系统的发展、增强、减弱过程,主要靠低层的正涡度制造;低纬度地区水汽分布差异较高纬度地区小,水汽的辐合主要取决于风场辐合,而平流输送则决定暴雨的持续时间;高原地形对空气的上升运动和水汽辐合有一定影响,特别是在背风坡,上升运动均有所减弱,水汽呈弱的辐散。董海萍[10]等利用 MM5 中尺度模式对云南一次暴雨过程进行地形模拟实验,得出红河河谷的喇叭口地形结构对云南强降水的落区和降水强度都有着不可忽视的作用,它不但能改变近地层气流的走向,而且对低层水汽通量散度分布也有一定的影响。

本文主要利用实况资料对 2014 年 6 月 28—29 日云南一次冷锋切变型强降水过程进行诊断分析,并在 WRF 中尺度模式中引入 NCEP 1°×1°再分析资料,对此次过程进行地形敏感性数值试验,以探讨地形作用对云南冷锋切变型强降水的影响,为今后云南此类暴雨天气的预报服务提供一些有益的思路和建议。

1 过程概述

从图1a可以看到,云南的地貌具有以下特征:(1)山脉众多、高山峡谷相间;(2)地势自西北向东南分三大阶梯递减;(3)断陷盆地星罗棋布;(4)河流纵横、湖泊星布[1]。2014年6月28日08时至29日08时,云南省24 h累计雨量(图1b)显示,全省125个县站中,出现大暴雨1站、暴雨11站、大雨21站,达到云南全省性暴雨过程标准。对比图1a~b,大雨、暴雨区域主要集中在哀牢山附近的普洱市、红河州、玉溪市以及横断山脉东麓的丽江市境内,另外在横断山脉西侧和乌蒙山东侧迎风坡地区也有局地大雨、暴雨出现,如此可见此次强降水过程的空间分布特征与云南省地形有着密切的联系。

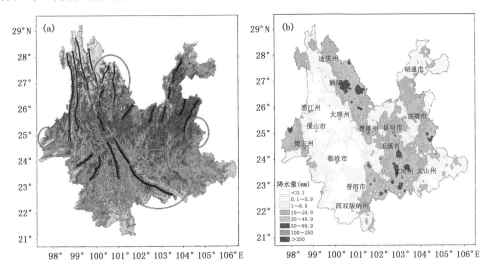

图1 (a)云南省地形图(粗线条为主要山脉);
(b)2014年6月28日08时—29日08时云南省24小时累计雨量(单位:mm)

2 主要影响系统

从高低空系统配置(图2)可以看到,暴雨期间,500 hPa中高纬地区呈两槽一脊型,长江—黄河流域有一高空槽,槽底延伸到青藏高原东南侧,槽后冷空气推动700 hPa川滇切变线向西南方向推进,切变线压至云南省中部,呈西北—东南走向,切变线南侧有来自孟加拉湾和南海海域的暖湿气流。另外,500 hPa西太平洋副热带高压位置偏东,孟加拉湾到缅甸一带为一反气旋环流控制,云南处于两高之间的低压辐合区内。地面图上,28—29日,地面冷高压一直稳定维持在甘肃南部—四川—湖北一带,受其影响,冷空气不断从四川和贵州扩散南下,形成地面冷锋,经过乌蒙山,影响云南中部及以东地区。根据云南省预报员总结的暴雨概念模型[1],此次过程的主要影响系统是700 hPa切变线和地面冷锋带来的南下冷空气,以及来自孟加拉湾和南海的暖湿气流,属于典型的冷锋切变型强降水。

3 成因分析

此次暴雨落区主要分布在切变线附近,因此沿着切变线做了散度、垂直速度的空间垂直剖

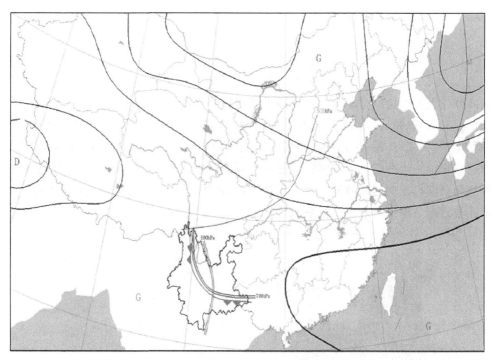

图 2　天气系统综合配置图

(500 hPa 位势高度(粗实线),高空槽(细实线),切变线(双实线),地面冷锋)

面,以便分析暴雨形成的动力机制。从图 3a 可以看到,500 hPa 以下层为辐合层,特别是在 700 hPa 附近和近地层,有明显的辐合中心,而 500 hPa 以上转为辐散层,其中在 400 hPa 和 150 hPa 高度分别出现辐散中心,这主要是由南亚高压东侧的强辐散气流引起。这种高层辐散、低层辐合的"抽吸作用"有利于垂直上升运动的产生和维持,加上切变线和地面冷锋本身的动力抬升作用,使得垂直上升速度得到加强,图 3a 中实线标注的位置是此次过程雨量最大的建水站(129.4 mm),可以看到此区域是上述动力机制最为突出的区域,垂直上升运动的最强中心位于 550 hPa 高度,达-40 Pa/s。

暴雨产生的另外一个必要条件是充足的水汽供应,如图 3b 所示,700 hPa 水汽通量有三个较强中心($\geqslant 8\times10^{-3}$ g·s^{-1}·m^{-1}·hPa^{-1}),结合风场的分布来看,此次过程水汽来源主要有低层的孟加拉湾暖湿气流、副高外围南海海域的东南暖湿气流以及四川盆地南下的冷湿气流。这些水汽随风场在云南上空辐合,特别是在哀牢山和横断山脉附近,形成水汽通量辐合中心,约-12×10^{-6} g·s^{-1}·cm^{-2}·hPa^{-1},比湿超过 11 g/kg,与大雨、暴雨中心基本吻合。

分别选取暴雨区域内丽江和蒙自两个探空站的 T-ln$p$ 图(图 3c～d)对此次过程的热力不稳定条件进行诊断分析,不难发现两个站点的热力机制都属于锋前暖区降水,对流层中湿层深厚,对流有效位能在 700～800 J/kg,已经具备很强的不稳定抬升能量,确保暖湿气团在冷空气上滑行得更远更高,而抬升凝结高度到 0℃层高度的距离较大,也说明暖云层厚度较大,进而加强了降水效率;另外从风场的垂直分布上看,两站均有较强的垂直风切变,特别是蒙自站,风场随高度逆转更为明显,表明冷暖气流在此碰撞交汇更为剧烈,锋面抬升更强,致使降水强度也更为明显。

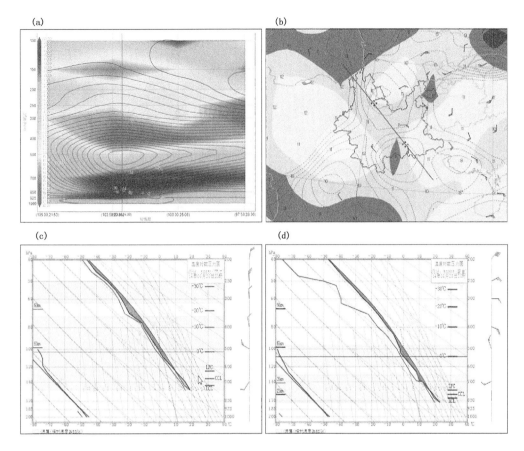

图3 2014年6月28日20时 (a)散度(阴影,单位:10^{-6}s^{-1})和omega(等值线,单位:Pa/s)空间垂直剖面;(b)700 hPa水汽通量(阴影,单位:10^{-3} g·s^{-1}·m^{-1}·hPa^{-1})、水汽通量散度(虚线,单位:10^{-6} g·s^{-1}·cm^{-2}·hPa^{-1})、比湿(数值,单位:g/kg)和风场(单位:m/s);(c)丽江站 T-ln$p$ 图;(d)蒙自站 T-ln$p$ 图

4 地形作用

4.1 降水模拟检验

　　本文主要讨论山脉地形对降水的影响,那么模式对降水的模拟好坏直接决定了模式地形试验的可行性。图4为2014年6月28日08时—29日08时24 h累计降水实况和WRF模拟结果,由图4a可知,这次强降水主要集中在滇中及以北、以南地区,曲靖、德宏西北部降水也相对显著,上述区域以大雨天气为主,其中丽江、玉溪东部和红河出现了几个明显的暴雨中心,德宏北部、普洱东部、曲靖南部也有局地暴雨。WRF模式模拟的降水落区(图4b)与实况是基本吻合的,但模拟的降水量级在部分区域偏高,如昆明北部、楚雄南部、文山、普洱东部等地,大到暴雨的范围偏大,其余量级基本与实况一致,迪庆南部—怒江南部—大理西部以及普洱西部—西双版纳西部的微量降水带也得到较好的体现,因此用WRF模式进行地形试验以讨论山脉对云南冷锋切变型强降水的影响是可行的。

4.2 山脉对降水的影响

　　剔除图1a中黑色线条标识的山脉后,我们模拟了相同时效的累计降水分布,并与真实地

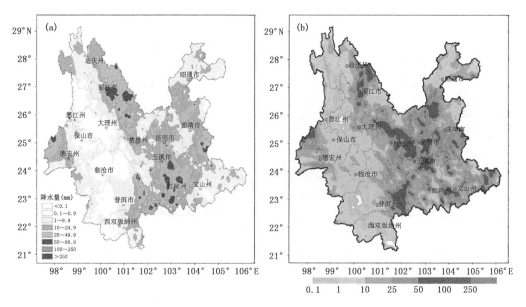

图4 2014年6月28日08时至29日08时

(a)实况24 h累计雨量;(b)模式模拟的24 h累计雨量(单位:mm)

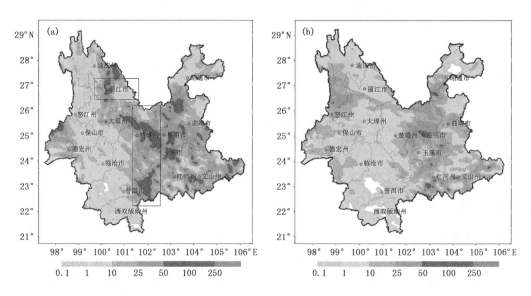

图5 2014年6月28日08时—29日08时模式模拟的24 h累计雨量分布(单位:mm)

(a)包含山脉影响;(b)剔除山脉影响

形下的累计雨量进行对比,不难发现全省累计降水量明显减弱,特别是大雨、暴雨的落区急剧缩减,无降水或微量降水(<0.1 mm)区域显著增加,昭通中部出现虚假的无降水中心。与图5a相比,方框区域的降水减弱尤其突出,去除山脉影响后,丽江、普洱东部及德宏北部的大到暴雨消失了,楚雄东部、昆明南部的暴雨也没有了,相反,在怒江南部出现了中到大雨落区,这与实况降水差别巨大。

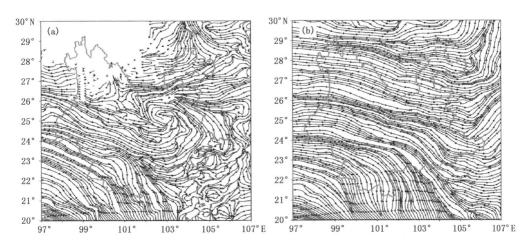

图6　2014年6月28日20时模式模拟的700 hPa流场(单位:m/s)

(a)包含山脉影响;(b)剔除山脉影响

4.3　山脉对风场的影响

如图6所示,在考虑了山脉地形的影响下,模拟的28日20时700 hPa切变线位于云南中部,与实况(图3b)完全一致,切变线后部冷空气压到哀牢山和横断山脉以东地区,滇中出现气旋性风场辐合,滇西受来自孟加拉湾的西南季风控制,滇东南一带也有来自北部湾的东南暖湿气流;而在剔除山脉作用后(图6b),700 hPa切变线完全消失,滇东北到川南地区的东北气流及滇东地区的偏东回流均被西北气流代替,冷空气和东南暖湿气流活动路径被抹去,滇西地区的西北气流显著加强。由此可见,山脉对风场的影响主要在于改变低层风场的走向,特别是对北方冷空气向南扩散的引导和阻挡作用。不难看出,在此次过程中,冷空气的路径主要是从四川东部和贵州一带经乌蒙山倒灌入滇东地区(东北路径),还有就是从高原东南侧经横断山脉进入滇西北(西北路径)。由于乌蒙山呈东北—西南走向,因此有利于东北路径的冷空气加速进入到滇中地区,而后遇到西北—东南走向的哀牢山、无量山和横断山脉等众多山脉的阻挡,冷空气无法继续前进,与西北路径冷空气合并后,在滇中及以东、以北地区盘踞。另外,山脉对偏西气流也起到一定的阻挡作用,夏季来自孟加拉湾的西南季风具有暖湿性质,遇到滇西地区南北走向的山脉时,受其阻挡,移速减缓,此时与南下受阻的冷空气交汇,大大加强了降水的范围和强度。

4.4　山脉对垂直运动的影响

山脉对天气系统的影响除去阻挡作用外,还有强迫抬升,为了更为直观的揭示这种强迫机制,作者特别模拟了垂直运动的空间剖面。选取出现暴雨的两个区域(图5a方框所示),首先沿27°N切下,看看横断山脉对垂直速度w的影响,对比5a~b两图底部的白色区域(代表山脉高度),101°E以西为横断山区,其上方出现明显的垂直上升运动中心,强度达0.4 m/s,而剔除横断山脉的影响后,这种强烈的上升运动消失了;其次再沿着102°E做剖面,在该经度上22°~24°N有哀牢山,25°N附近有方山,对应这于这两个区域,同样出现了0.5~0.7 m/s的强上升运动,并且垂直上升运动扩展到对流层上层200 hPa高度附近。与横断山区的情况相似,在剔除了哀牢山、方山等山脉的影响后,相同位置的垂直上升运动消失,甚至出现弱下沉运动。

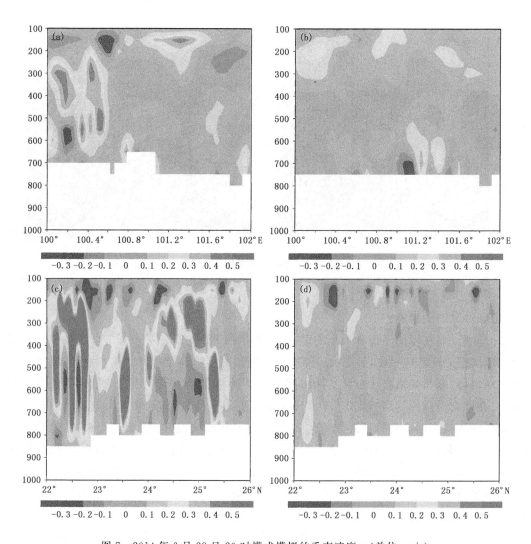

图 7 2014 年 6 月 28 日 20 时模式模拟的垂直速度 w(单位:m/s)

沿 27°N 剖面:(a)包含山脉影响,(b)剔除山脉影响;沿 102°E 剖面:(c)包含山脉影响,(d)剔除山脉影响

4.5 山脉对水汽的影响

山脉在改变低层风场的流向和流速的同时,对气流携带的水汽同样有所影响。图 7 为山脉存在与否时,700 hPa 水汽通量散度场的差异分布,如图所示,阴影区域均为水汽通量辐合区,结合图 1 云南的地形来看,辐合较强的地方(方框区域),都是图中用线标出的山脉所在,并且也是大雨、暴雨站点分布的位置。由于是差异场,说明在考虑了山脉作用后,同一地区上空的水汽通量散度会有 $(0.04\sim0.07)\times10^{-6}$ g·s^{-1}·cm^{-2}·hPa^{-1} 的水汽通量辐合量的增加。

5 结论

通过对 2014 年 6 月 28—29 日云南一次冷锋切变型强降水过程进行诊断分析,并利用 WRF 中尺度数值模式做地形敏感性试验,主要得出以下结论:

(1)此次暴雨过程的主要影响系统是 700 hPa 切变线和地面冷锋带来的南下冷空气,以及来自孟加拉湾和南海的暖湿气流,属于云南典型的冷锋切变型强降水;切变线和锋面抬升是强

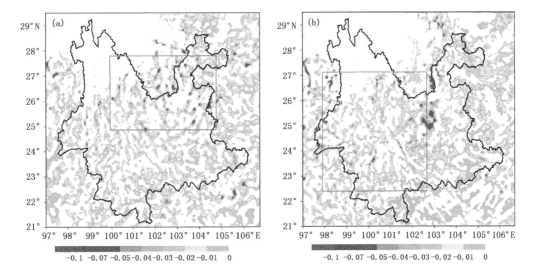

图8 模式模拟的700 hPa水汽通量散度差(阴影区域为辐合区,单位:10^{-6} g/(s·cm^2·hPa))

(a)2014年6月28日20时;(b)2014年6月29日08时

迫抬升机制,高层辐散、低层辐合的"抽吸作用"和热力不稳定能量的释放则是垂直上升运动维持和发展的主因,强垂直风切变及地形作用进一步加强暴雨产生的概率。

(2)山脉对冷空气的引导和阻挡作用最为显著,由于乌蒙山呈东北—西南走向,因此有利于四川东部到贵州一带的东北气流加速进入到滇中地区,而后遇到西北—东南走向的哀牢山、无量山和横断山脉等众多山脉的阻挡,冷空气无法继续前进,与高原东南侧沿横断山脉南下的冷空气汇合后,在滇中及以东、以北地区盘踞。

(3)山脉对云南上游区域的偏西气流有一定的阻挡作用。夏季来自孟加拉湾的西南季风具有暖湿性质,遇到滇西地区南北走向的山脉时,受其阻挡,移速减缓,与南下受阻的冷空气交汇,形成锋面降水,大大加强了降水的范围和强度。

(4)山脉的强迫抬升机制迫使其周边出现显著的垂直上升运动,强度为0.4~0.7 m/s,移除山脉影响后,垂直上升运动减弱,由此产生的对流性降水也明显减少。

(5)山脉对水汽通量的辐合起着加强作用,在山谷相间的区域,特别是山脉的迎风坡处,水汽得以辐合聚集,其增量可达(0.04~0.07)×10^{-6} g·s^{-1}·cm^{-2}·hPa^{-1},有利于当地大雨、暴雨的发生。

参考文献

[1] 许美玲,段旭,杞明辉,等.云南省天气预报员手册[M].北京:气象出版社,2011.

[2] 段旭,李英,许美玲,等.低纬高原地区中尺度天气分析与预报[M].北京:气象出版社,2004.

[3] 段旭,陶云,寸灿琼,等.2009孟加拉湾风暴时空分布和活动规律统计特征[J].高原气象,2009,**28**(3):634-641.

[4] 郭荣芬,鲁亚斌,李燕,等."伊布都"台风低压影响云南的暴雨过程分析[J].高原气象,2005,**24**(5):784-791.

[5] 张腾飞,鲁亚斌,普贵明,等.低涡切变影响下云南强降水的中尺度特征分析[J].气象,2003,**29**(12):29-33.

［6］　张秀年,段旭.低纬高原西南涡暴雨分析[J].高原气象,2005,**24**(6):941-947.

［7］　张秀年,段旭.云南冷锋切变型暴雨的中尺度特征分析[J].南京气象学院学报,2006,**29**(1):114-121.

［8］　许美玲,段旭,张腾飞,等.低纬高原地区一次罕见大暴雨的中尺度数值模拟[J].高原气象,2006,**25**(2):268-276.

［9］　尤红,肖子牛,王曼,等.2008年"7.02"滇中大暴雨的成因诊断与数值模拟[J].气象,2010,**36**(1):7-16.

［10］　董海萍,赵思雄,曾庆存.低纬高原地形对强降水过程影响的数值试验研究[J].气候与环境研究,2007,**3**:381-396.

一次四川盆地低涡型特大暴雨过程分析

师 锐[1] 何光碧[2] 龙柯吉[1]

(1. 四川省气象台,成都 610072；2. 中国气象局成都高原气象研究所,成都 610072)

摘 要

利用 NECP 1°×1°再分析资料和地面加密自动站、实况探空资料及风云 2E 的 TBB 卫星资料,分析 2013 年 6 月 29 日—7 月 2 日盆地特大暴雨过程持续时间久、强度强的原因。结果表明:(1)本次盆地暴雨属于一类低涡型暴雨过程,高原低涡和西南低涡是这次持续性特大暴雨过程的直接影响系统,有利的环流场引导高原低涡及西南低涡东移并形成阻塞,使得其稳定在盆地。(2)西南急流的建立及维持为降水区提供了大量的水汽和不稳定能量,并使得中尺度系统维持和发展。(3)强烈的高空辐散以及高原低涡和西南低涡共同作用,使得盆地低层正涡度维持并形成上升气流柱是强降水发展维持的重要条件。(4)盆地低涡的维持诱发了中小尺度云团稳定加强,遂宁站的小时雨量与其对应 TBB 低值有很好的对应关系。(5)从乐至附近不断产生强的回波单体发展并向东北方向移动在遂宁一带形成强回波带,形成类似"列车效应"是造成遂宁地区产生特大暴雨的主要原因。并且强回波带中有维持了较长时间中气旋的存在意味着对流系统不会很快消弱。

关键词:高原低涡 西南低涡 持续性暴雨 低空急流

引言

研究发现四川盆地的大暴雨以高原低涡暴雨和西南低涡暴雨最为典型[1-5],郁淑华等[6]对 1973—1985 年 5~9 月 700 hPa 上四川盆地东北出现的低涡分析,发现川东北涡是造成三峡地区区域性暴雨的重要影响系统之一。顾清源等[7]研究指出特大暴雨过程中西南低涡内存在着一个向西南倾斜的、深厚的中 β 尺度低涡,具有低层辐合、高层辐散的暴雨典型垂直结构。特大暴雨天气过程中对流层中低层中尺度辐合和高层中尺度辐散呈现出一种先逐渐加强然后逐渐减弱的演变规律,并且特大暴雨区逐渐向中尺度低涡中心靠近。陈忠明等[8]就四川盆地浅薄低涡耦合作用引发盆地低涡剧烈发展与大面积特大暴雨天气发生的机理进行了诊断研究。受高原低涡和西南低涡的共同影响,6 月 29 日傍晚至 7 月 2 日盆地大部出现了 2013 年影响范围最广、降雨强度强、持续时间长的区域性大暴雨天气过程(以下简称"6·29"过程),本文利用 NCEP 1°×1°再分析资料,地面加密自动站,实况物理量以及 FY2E 卫星 TBB 资料对此次暴雨过程进行分析,探讨此次暴雨为什么会持续这么久? 雨强强度为什么持续较强? 本文针对这些问题进行了分析研究。

1 过程概况

遂宁市本站日降雨量为 415.9 mm,为 1951 年以来四川省日降雨量第二大极值(1993 年 7

资助项目:中国气象局预报员专项(CMAYBY2014-060)、国家自然科学基金面上项目(41275051)、国家重点基础研究发展计划项目(2012CB417202)。

月 29 日峨眉日降雨为 524.7 mm),也是四川省 20 年来最大的日降雨量极值,图 1a 给出了此次暴雨过程期间,四川省 3945 个有资料站的累计降雨量空间分布。对此次暴雨过程的中心遂宁站、船山区老池站的逐小时降雨量分析图 1b～c 可见,除了累计降雨量特别大以外,此次暴雨的 1 h 雨强也特别强,遂宁和船山区老池在多个时次均达到了短时强降雨,短时强降雨主要出现在 30 日的白天和晚上,船山区老池的最大雨强为 88.4 mm/h。

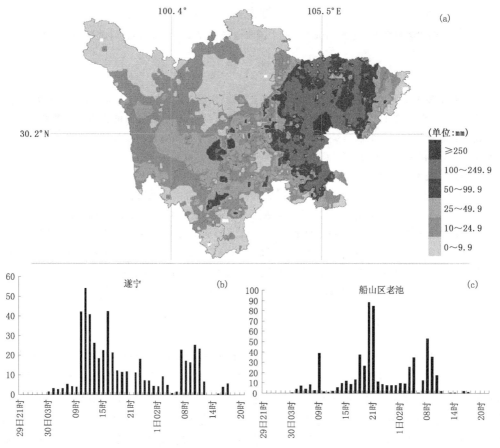

图 1　6 月 29 日 08 时—7 月 2 日 08 时累计降雨量空间分布及降雨中心
遂宁市代表站点逐小时分析(单位:mm)
(a)累计降雨量空间分布;(b)、(c)遂宁市代表站点逐小时降雨量

2　高原低涡和西南低涡相互作用提供的有利背景场

2.1　高原低涡和西南低涡的形成和发展

此次特大暴雨过程的直接影响系统是两个中尺度低涡——高原低涡和西南低涡。过程期间的常规业务高空探测图显示,6 月 28 日 20 时在青海境内生成的高原低涡沿高原切变线移出,29 日 20 时,高原低涡位于阿坝州北部(103°E,34°N),与此同时,西南低涡(九龙涡)生成(图 2a)。30 日 08 时,高原低涡进入四川盆地在高空下沉冷空气的影响下开始加强,其周围配合有负 24 h 变高,中心位于甘肃武都,达到 -6 dagpm。西南低涡逐步东移,并在其后的 48 h 内稳定在四川盆地(图 2b)。至 7 月 2 日 08 时,两个低涡系统耦合作用在盆地上空稳定少动。

陈忠明等[9]研究表明,高原低涡与四川盆地浅薄低涡耦合作用引发盆地低涡剧烈发展,当高原涡和盆地西南低涡中心重合后两者发展到最强。此次低涡系统耦合后也得到了剧烈发展,低涡加强的特征之一是其周围风速明显加强。

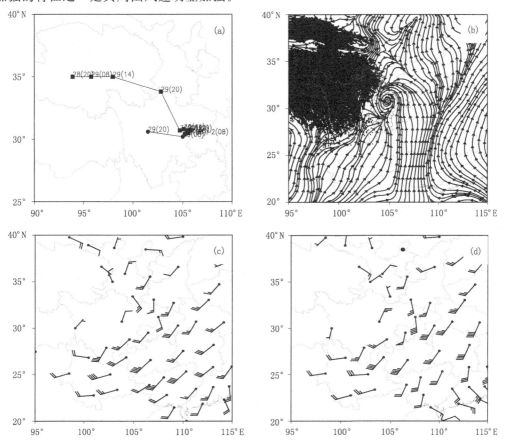

图 2 (a)高原低涡和西南低涡移动路径;(b)9 月 1 日 08 时 850 hPa 流场

(c)～(d)分别为 6 月 30 日 08 时和 7 月 1 日 08 时的 700 hPa 风场

2.2 高原低涡与西南低涡东移发展的环流背景场

2.2.1 有利的环流背景场

"6·29"持续性特大暴雨过程中,500 hPa 亚洲高纬地区为一槽一脊型,四川盆地为副热带高压 584 dagpm 线边缘,584 dagpm 等值线持续位于盆地上空或东部边缘长达 4 d(6 月 28 日到 7 月 1 日),为特大暴雨的发生积聚了非常有利的高温高湿条件以及水汽输送通道。低值系统的东移使得副高边缘 584 dagpm 边缘形成凹形(图 3a)。200 hPa 南亚高压和东、西风急流与我国夏季降水有着密切的关系。本次过程期间对流层高层 200 hPa 南亚高压强大稳定,四川省为南亚高压 1256 dagpm 线控制,南亚高压中心强度达到了 1260 dagpm(图 3b),脊线维持在 30°N 附近,有利于四川盆地东部暴雨的发生。一支较强西风急流带位于南亚高压北侧 35°～50°N(图 3b),急流轴呈准东西向,急流核风速达 50 m/s,四川盆地都位于西风急流出口处的右前方,高空具有很好的辐散条件。

2.2.2 有利于西南低涡发展的低空急流

暴雨过程期间,四川盆地中部、东部和北部一带处于低空急流左侧,低层强烈的风向和风

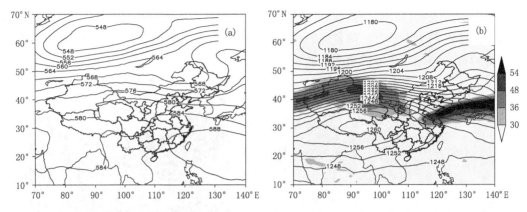

图 3　降雨过程期间(a)20 时 500 hPa 平均高度场(等值线,单位:dagpm)及
(b)200 hPa 高空急流(阴影,单位:m/s)

速辐合,形成强烈的辐合上升作用,局地涡度增加,从而弥补由于低层的摩擦作用使涡度的减小,使得低涡维持或发展。盆地东部的特大暴雨中心遂宁恰好处于低涡右侧和低空急流左侧的辐合中心,对流发展最为旺盛,为暴雨提供了十分有利的动力条件。从风速时间纬度变化图可见,6 月 29 日晚上开始低层风速逐渐增大,形成急流,并持续到 7 月 2 日 08 时,整个过程期间,低空急流始终存在,在 7 月 1 日晚上达到最大值 16 m/s。

3　暴雨发生的动热力条件分析

3.1　动力条件

图 4a 显示了遂宁站垂直速度随时间的变化趋势,在对流层中低层,大暴雨中心始终存在着触发对流的上升气流,可见这次对流持续发展的关键是持续性暴雨区内一直存在着强盛的垂直上升气流,尤其是在 30 日白天到晚上这一时段,在对流性降雨非常强盛的时段,恰好对应着上升气流伸展到了对流层的中高层 200 hPa,形成上升气流柱,并且垂直上升速度达到绝对值最大 10×10^{-1} Pa/s。暴雨过程即将结束时(1 日 20 时之后)仍保持着较好的垂直速度,但集中于对流层中低层 500 hPa,这有利于将中低层的饱和的空气带入高层,使雨持续。

由涡度的时间高度剖面(图 4b)可见,呈现出"高层负涡度,低层正涡度"的典型结构,从 29 日 20 时开始对流层低层 800 hPa 以下,正涡度值开始增加,即西南低涡先影响到盆地东部遂宁一带,而从 30 日 08 时开始从对流层低层到高层正涡度均呈现出逐渐增大,也表明了两个低涡的耦合作用使得低涡发展加强,在 30 日 20 时,500 hPa 到 400 hPa 层达到 14 s^{-1},1 日 08 时 600 hPa 到 500 hPa 层达到最大 16 s^{-1}。在整个暴雨过程期间,从中低层到高层 300 hPa 以下均始终维持正涡度,可见由于低涡长时间维持对降雨的持续起到了关键性的作用。

3.2　热力条件

暴雨过程临近时 29 日 20 时,暴雨区上空大气处于高温、高能、高湿的层结不稳定状态,湿层非常厚,从低层到高层均为高湿。由表 1 可见,29 日 20 时,沙坪坝 K 指数为 27℃,SI 指数为 0.76℃,表明此时沙坪坝上空大气处于稳定层结的状态,而 30 日 08 时,K 指数达到 42℃,SI 指数为 −2.18℃。从 29 日 20 时到 30 日 08 时,K 指数急剧增大,增加了 15℃,同时 SI 也迅速降低,说明强烈的低空急流建立了对流不稳定层结。由于低层来自孟湾的西南气流和南海

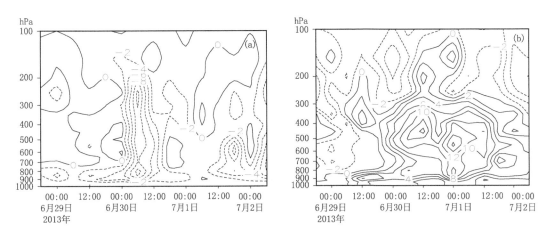

图 4 遂宁站(105°E,31°N)垂直速度(a,单位:1×10⁻¹Pa/s)、涡度(b,单位:1×10⁻⁵s⁻¹)
时间序列图(横轴时间为世界时)

东南急流稳定维持,不仅为强降雨区提供了源源不断的水汽输送,而且使得暴雨区的能量得到持续不断补充,表现在持续暴雨过程中,沙坪坝的 K 指数的值基本大于 40℃,SI 小于 0℃,为强降雨的产生提供了必要条件。随着低空急流的减弱消失,K 指数降低,SI 大于 0℃。

表 1   沙平坝站 6 月 29 日 14 时至 7 月 2 日 08 时的 K 指数和 SI 指数演变

	2914	2920	3008	3014	3020	0108	0114	0120	0208
K	20	27	42	42	43	41	43	43	39
SI	3.34	0.76	−2.18	−1.18	−2.58	−1.41	−1.64	−1.64	0.58

注:2914 代表 29 日 14 时,其他类推。

4   中小尺度对流云团加强和再生

此次盆地暴雨过程有着显著的中尺度特征,对流活动频繁、强度大,云团 TBB 大部分时间均在−52℃以下,−72℃以下的强对流中心也有出现,其中最大 1 h 降雨量达到 153.4 mm/h。遂宁暴雨过程中主要对流云团的活动,加强后持续较长时间,雨团稳定少动,MCS 系统最长持续时间长达 11 h,从 6 月 29 日 08 时到 7 月 2 日 08 时遂宁市平均降雨量达到 302.1 mm,250

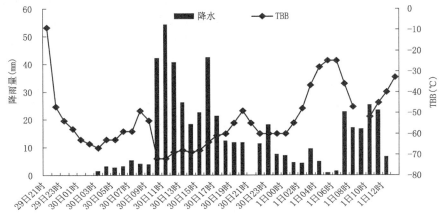

图 5   遂宁站(105°E,31°N)逐小时降雨量与 TBB 的时间序列图

mm 的站达到了 73 站,占到遂宁市所有加密自动站的 60%,100～250 mm 的站达到了 45 个,占遂宁市所有加密自动站的 37%,25～50 mm 的站只有 1 站,这与对流云团的稳定少动,持续加强和再生有紧密的联系,而对流云团的发生,发展增强减弱与高原低涡和西南低涡的耦合,西南气流的加强有密不可分的关系。

5 多普勒雷达回波特征

5.1 强度特征分析

此次降水过程中的短时强降水主要由不断从乐至附近产生强的回波单体发展并向东北方向移动形成强回波带。与此同时,在乐至方向则不断有新的强回波生成并补充,使得强回波带得以维持,即形成类似"列车效应"是造成遂宁地区产生大暴雨的主要原因。大面积回波强度超过或等于 50 dBZ,在具有最大反射率因子 60 dBZ 时次的雷达沿 AB 线的垂直剖面来看,反射率因子强中心达到了 60 dBZ,强回波顶高在 4～8 km,此时段在射洪和遂宁本站之间 1 h 降水量达到 50 mm 的达到了 14 站,最强小时雨强为 88.1 mm,10 min 最大降水为 27.2 mm。

5.2 径向速度特征

分析南充雷达径向速度图可知,遂宁的射洪和蓬溪站之间有中尺度气旋式辐合,根据 γ 中尺度气旋式辐合及中尺度气旋的强度定义[10],旋转速度达到 29 m/s,根据中气旋离雷达距离和旋转速度来判定,为弱中气旋。09:29 在大暴雨中心境内有 γ 中尺度气旋生成、发展并稳定在一个地点,从 09:24 至 09:51,持续 27 min。结合雷达回波图可以看到中气旋恰恰存在于强回波带中,也意味着对流系统不会很快消弱。

6 结论

本文通过对 2013 年 6 月 29 日夜间至 1 日夜间的四川盆地特大暴雨的分析,揭示和得到了一些值得注意的事实和预报着眼点,主要结论如下:

(1)本次盆地暴雨属于一类低涡型暴雨过程,高原低涡和西南低涡的共同影响是这次持续性特大暴雨过程的直接影响系统,有利环流场引导高原低涡及西南低涡东移并稳定在盆地。热带气旋"温碧亚"西北方向移动和副热带高压的稳定少动共同所形成的阻塞作用。

(2)西南低空急流的建立及维持为降水区提供了大量的水汽和不稳定能量,并使得中尺度系统的维持和发展。强烈的高空辐散以及高原低涡和西南低涡共同作用,使得盆地低层正涡度维持并形成上升气流柱是强降水发展维持的重要条件。分析低空急流带的持续时间、强度变化及监视来自孟加拉湾持续的水汽供给对预报盆地这类暴雨有很好的预报意义。

(3)盆地低涡的持续维持诱发了中小尺度云团稳定加强,遂宁站的小时雨强与其对应 TBB 低值有很好的对应关系。降雨过程中对流云团活动频繁、强度大、使得降雨维持时间长、强度大。

(4)此次降水过程中的短时强降水主要由不断从乐至附近产生强的回波单体发展并向东北方向移动形成强回波带。与此同时,在乐至方向则不断有新的强回波生成并补充,使得强回波带得以维持,即形成类似"列车效应"是造成遂宁地区产生大暴雨的主要原因。

(5)此次暴雨过程在强回波带中有维持了较长时间的中气旋的存在表明对流系统不会很快消弱。

参考文献

[1] 赵思雄,傅慎明.2004 年 9 月川渝大暴雨期间西南低涡结构及其环流场的分析[J].大气科学,2007,**31**(6):1059-1075.

[2] 宗志平,张小玲.2004 年 9 月 2—6 日川渝持续性暴雨过程初步分析[J].气象,2005,**31**(5):37-41.

[3] Xiang S Y, Li Y Q, Li D,*et al*. An Analysis of Heavy Precipitation Caused by a Retracing Plateau Vortex Based on TRMM Data[J]. *Meteorology and Atmospheric Physics*,2013,**122**(1-2):33-45.

[4] 苏军锋,吕宏,闫惠玲.一次暴雨过程的中尺度特征分析[J].干旱气象,2013,(1):156-162.

[5] 师锐,顾清源,青泉.西南低涡与不同系统相互作用形成暴雨的异同特征分析[J].高原山地气象研究,2009,**29**(2):9-18.

[6] 郁淑华,骆红.川东北涡暴雨的环境场及 Q 矢量分析[J].高原气象,1991,**10**(1):70-76.

[7] 顾清源,周春花,青泉,等.一次西南低涡特大暴雨过程的中尺度特征分析[J].气象,2008,**34**(4):39-47.

[8] 陈忠明,黄福均,何光碧.热带气旋与西南低涡相互作用的个例研究[J].大气科学,2002,**26**(3):352-360.

[9] 陈忠明,闵文彬,缪强,等.高原低涡和西南涡耦合作用的个例诊断[J].高原气象,2004,**23**(1):75-80.

[10] 俞小鼎,姚秀萍,熊廷南,等.多普勒天气雷达原理与业务应用[M].北京:气象出版社,2006,60.

"0816"渤海西岸局地暴雨过程的多尺度分析

张　楠　刘一玮　汪　靖

（天津市气象台,天津 300074）

摘　要

针对"8·16"局地暴雨过程,利用 ECMWF 再分析资料,多普勒雷达资料,加密自动站资料以及天津铁塔资料探讨了局地暴雨天气的形成机理,结果表明:此次降水发生在有利的环流背景下,中低层低涡后部的冷空气与高压顶部的暖湿空气在华北东部渤海西岸交汇,且系统前倾,有利于不稳定能量的累积。从中尺度特征来看,此次局地暴雨主要经历了 3 个阶段:第一阶段,在露点锋的触发下,局地对流生成,并向高湿高能区方向发展加强;第二阶段,天津以南地区的强回波区出现阵风锋,并向北推进,与天津局地生成的回波相遇并合并加强;第三阶段,冷空气与偏南风形成辐合,触发东北部出现对流,并向北发展,随后系统过境,地面转为偏北风控制,降水过程趋于结束。

关键词:局地暴雨　露点锋　阵风锋　辐合线

引言

暴雨是华北沿海地区夏季常见的灾害性天气之一,常给人民生命财产、国防建设及工农业生产带来严重危害。华北暴雨具有突发性、局地性强的特点,且物理机制较为复杂(李延江等,2013;赵宇等,2011;田秀霞等,2008;魏东等,2009),特别是局地性暴雨,其影响系统多为大尺度天气系统制约下的中小尺度系统,预报难度很大(李青春等,2011),需要充分应用各种先进的加密探测资料进行检测,诊断分析出中小尺度系统或局地尺度系统的发展和变化,进而预报出此类暴雨天气。

Mueller 等(1993)、Wilson 等(1986,1993)研究表明,大多数风暴都起源于边界层辐合线附近,如果此处的大气垂直层结有利于对流发展,就容易生成雷暴。近年来,利用加密观测资料对引发华北地区的暴雨和强对流的中小尺度研究已经取得了很多成果。郭虎等(2008)、段丽等(2009)研究指出,2006 年夏季北京西部局地暴雨是由近地面层持续约 6 h 的东南风与地形作用共同造成风场辐合,诱发边界层扰动而形成的。东高红等(2011)研究表明,当海风锋(边界层辐合线)移动局地存在层结不稳定且水汽充足的区域,其抬升区的辐合上升运动迅速加强,从而触发该地区雷暴的新生发展。

2014 年 8 月 16 日夜间天津地区出现局地暴雨过程,短期预报难度较大,16 日 00 时和 20 时起报的各家数值预报产品以及市气象台发布的主观预报产品均未准确预报出此次局地暴雨过程,本文针对此次过程,利用欧洲中心再分析资料,天津塘沽,河北沧州两部多普勒雷达资料,加密自动站资料以及天津铁塔资料分析天气尺度环流背景、大气稳定度以及中小尺度系统对此次强降水形成、暴雨落区的影响,探讨局地暴雨天气的形成机理。

1 过程简介

由 2014 年 8 月 16 日 20 时至 17 日 08 时累计降水分布图可知,16 日夜间华北地区东部局地出现暴雨天气,天津地区平均降水量为 12.1 mm,最大雨量出现在宝坻的黄庄,雨量为 79.6 mm。降水中心主要位于天津的东北部和南部地区,降水主要集中在 17 日 01—03 时,雨强较大,大港站 01—02 时小时雨强达到 50 mm 以上。通过统计天津地区 252 个自动观测站的累积雨量,此次过程共有 120 站出现小雨,56 站出现中雨,41 站出现大雨,6 站出现暴雨,其中在北辰 17 日 00:30—00:50,市区、宝坻 01:30 还出现了冰雹天气。此次过程突发性、局地性较强,短期预报难度较大。

2 大尺度天气学背景分析

分析 8 月 16 日 20 时天气形势可以看到,500 hPa(图 1a)上,在内蒙古和黑龙江交界处存在一高空冷涡,其槽底伸展到 40°N 附近,同时在河套地区也存在短波槽活动,渤海西岸位于两系统之间的偏西气流控制;在 700 hPa(图 1b)上的内蒙古和黑龙江交界处也存在一低涡,同时在胶东半岛附近存在一弱的高压环流,其高压顶部的西南偏西气流与冷涡后部的冷空气在华北东部渤海西岸交汇,为降水的发生提供一定的动力条件,850 hPa(图 1c)系统与 700 hPa 基本一致,但冷暖空气交汇的地点偏北,位于河北省西北部,渤海西岸为西南气流控制,这种中低层的前倾配置有利于不稳定能量的累积,如图 1e 所示,16 日 20 时,CAPE 值已达到 1038 J,已具备发生强对流降水天气所需要的能量条件。但从比湿和水平风场的垂直剖面图来看,华北东部地区低层偏南风力较小,水汽输送较弱,比湿的大值区集中在对流层底层,中心在 14 g/kg 以上。到了 17 日 08 时(图 1f),对流层中低层(925～500 hPa)风随高度逆转,为冷平流,且此时能量也明显减弱,CAPE 值为 290 J,强降水过程结束。

3 对流发生发展的中尺度特征

从中尺度特征来看,此次局地暴雨过程共经历 3 个阶段:露点锋触发局地对流发展;阵风锋触发加强对流;冷空气侵入导致东北部对流发展。

3.1 局地对流触发机制——露点锋

16 日 23 时,在天津西南方向有回波发展,降水的拖曳作用产生下沉气流,在近地面形成冷池及辐散气流(如图 2a),其向东辐散的一支不断向天津地区输送干冷空气,与暖湿的偏东气流在天津地区交汇,从而形成露点温度密集带,即露点锋。从假相当位温的分布(图 2b)来看,在天津地区存在西南—东北走向的高能区。23 时 22 分,在露点锋与假相当位温大于 360K 的高能中心重合的区域(天津城区附近)有对流被触发,对流被触发出来后,向着高能高湿的方向发展,在 17 日 00 时 36 分,形成一个西北—东南向的回波带(图 2d)。从铁塔观测(天津城区观测站)的风场(图 2e)和比湿场(图 2f)随时间变化来看,在 16 日 22 时前后,城区近地面已转为偏东风,不断将渤海水汽向天津地区输送,并在 22:30 分以后,偏东风开始迅速增大,其比湿也开始迅速增大,近地层 120 m 处湿度条件最好,比湿可达 23 g/kg。当露点锋过境后(23 时 30 分),近地面层开始转为偏西风,同时比湿也开始急剧下降。

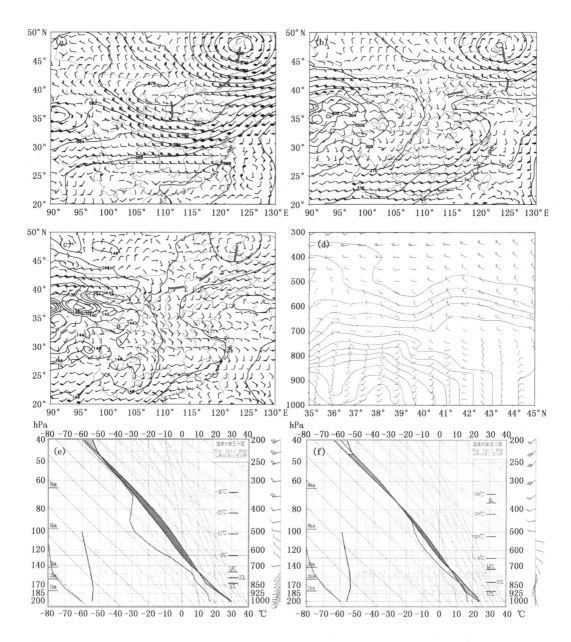

图1　2014年8月16日20时位势高度场(等值线,单位:gpm),风场(风向杆,单位:m/s),点划线为槽线位置:(a)500 hPa;(b)700 hPa;(c)850 hPa;(d)8月16日20时沿117°E比湿(等值线,单位:g/kg)、风场(风向杆,单位:m/s)的垂直剖面;(e)、(f)分别为8月16日20时和17日08时基于EC再分析资料制作的天津上空(117°E,39°N)T-lnp图

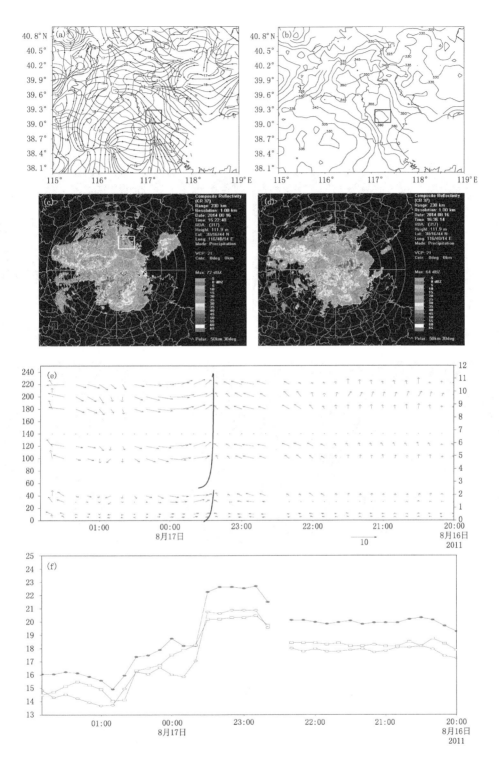

图2 16日23时加密自动站观测场:(a)露点温度(等值线,单位:℃),风场(流线,单位:m/s);(b)假相当位温(等值线,单位:K);(c)、(d)分别为16日23时22分和17日00时36分的雷达组合反射率;(e)铁塔边界层风场观测(矢量,单位:m/s);(e)边界层不同高度比湿(单位:g/kg)时序图:40 m(空心圆)、120 m(实心圆)、200 m(空心方框)

3.2 阵风锋触发加强对流

从 17 日 00:17 雷达 0.5°仰角反射率因子(图 3a)来看,在天津以南地区,存在一较强的回波,并在回波前有阵风锋的活动,起到触发局地对流的作用,局地回波形成后,与向北移动的回波主体合并,使天津以南的回波逐渐加强,同时随着回波的加强,阵风锋后部的风力加大,如图 3c 所示,阵风锋后部存在较大的径向速度,达到 15 m/s 以上。随后阵风锋继续向北推进(图 3b),并最终与从天津城区发展起来的回波相碰,从而使两块回波合并(图 3d)。

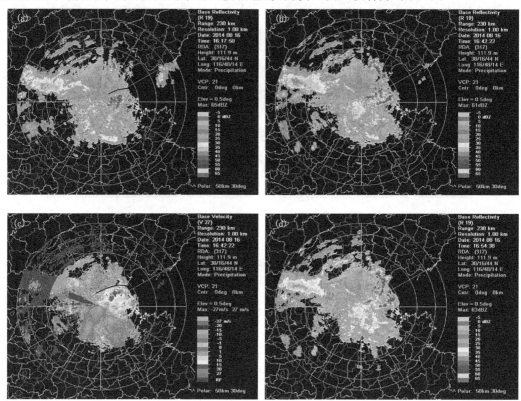

图 3   0.5°仰角雷达反射率因子(单位:dBZ):(a)17 日 00 时 17 分;(b)17 日 00 时 42 分;
(c)17 日 00 时 54 分;(d)17 日 00 时 42 分 0.5°仰角径向速度

3.3 冷空气触发

如图 4c 所示,17 日 01 时,东南气流与西南气流在天津地区辐合,形成南北向回波带,同时冷空气进入天津北部,在天津北部出现东北风,与两支偏南气流在天津东北部交汇,同时由于低层冷空气的侵入,加大了近地面层的静力稳定度,从而使中层的 $\frac{\partial \theta}{\partial p}$ 减小,根据位涡守恒原理,必将促使中层气旋性涡旋发展,从 01 时 30 分的 1.5°仰角的径向速度图(图 4b)可以看出,在地面中尺度辐合区上空有中尺度气旋发展,从而触发东北部对流的发展(图 4a),其中心组合反射率达到 55 dBZ 以上。

4   结论

针对"8·16"局地暴雨过程,利用欧洲中心再分析资料,天津塘沽,河北沧州两部多普勒雷

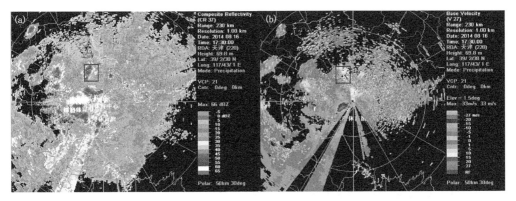

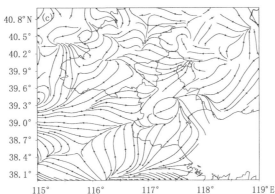

图4　8月17日01时30分(a)组合反射率(单位:dBZ);(b)径向速度(单位:m/s);
(c)17日01时加密自动站风场(流线,单位:m/s)

达资料,加密自动站资料以及天津铁塔资料分析天气尺度环流背景、大气稳定度以及中小尺度系统对此次强降水形成、暴雨落区的影响,探讨局地暴雨天气的形成机制。

(1)16日20时,700 hPa和850 hPa低涡后部的冷空气与高压顶部的暖湿空气在华北东部渤海西岸交汇,为降水的发生提供一定的动力条件,且系统前倾,有利于不稳定能量的累积。

(2)从中尺度特征来看,此次天津强降水主要经历3个阶段:第一阶段,在露点锋的触发下,天津生成局地对流,并向高湿高能区方向发展加强;第二阶段,天津以南地区的强回波区出现阵风锋,并向北推进,与天津本地回波相遇并合并加强;第三阶段,冷空气与偏南风形成辐合,触发东北部出现对流,并向北发展,随后系统过境,地面转为偏北风控制,降水过程趋于结束。

参考文献

东高红,何群英,刘一玮,等.2011.海风锋在渤海西岸局地暴雨过程中的作用[J].气象,37(9):1100-1107.

段丽,卞素芬,俞小鼎,等.2009.用SA雷达产品对京西三次局地暴雨落区形成的精细分析[J].气象,35(3):21-28.

郭虎,段丽.2008.0679香山局地大暴雨的中小尺度天气分析[J].应用气象学报,19(3):21-28.

李青春,苗世光,郑祚芳,等.2011.北京局地暴雨过程中近地层辐合线的形成与作用[J].高原气象,30(5):1232-1242.

李延江,陈小雷,张宝贵,等.2013.渤海西海岸带大暴雨中尺度云团空间结构分析[J].高原气象,32(3):

818-828.

田秀霞，邵爱梅. 2008. 一次河北大暴雨的华北低涡结构和涡度收支分析[J]. 暴雨灾害，**27**(4)：320-325.

魏东，杨波，孙继松. 2009. 北京地区深秋季节一次对流性暴雨天气中尺度分析[J]. 暴雨灾害，**28**(4)：289-294.

赵宇，崔晓鹏，高守亭. 2011. 引发华北特大暴雨过程的中尺度对流系统结构特征研究[J]. 大气科学，**35**(5)：945-962.

Mueller C K, Wilson J W，Crook N A. 1993. The utility of sounding and mesonet data to nowcast thunderstorm initiation[J]. *Weather Forecasting*，8：132-146.

Wilson J W，Schreiber W E. 1986. Initiation of convective storms by radar observed boundary layer convergence lines[J]. *Mon Wea Rev*，114：2516-2536.

Wilson J W，Mueller C K. 1993. Nowcast of thunderstorm initiation and evolution[J]. *Weather and Forecasting*，8：113-131.

2014春节假期黄土高原雪灾特点及成因

井　喜[1]　井　宇[2]　陈　闯[3]　屠妮妮[4]　艾　锐[1]

张健康[1]　候柯然[1]　高美美[1]　白　玥[5]

(1. 陕西榆林市气象局,榆林 719000;2. 陕西省气象台,西安 710014;3. 陕西省气象科学研究所,西安 710014;4. 中国气象局成都高原气象研究所,成都 6100712;5. 榆阳机场气象台,榆林 719000)

摘　要

为了提高对黄土高原雪灾的预报和预警能力,利用 NCEP 资料、MICAPS 系统提供的资料、多普勒气象雷达资料等,对 2014 年 2 月 4—7 日黄土高原发生的一次雪灾进行了诊断分析。结果表明:这次黄土高原雪灾是由一次暴雪和两次中雪造成的;暴雪过程在径向速度场上 0 线表现为典型的 S 型,反射率因子大于 30 dBZ;500 hPa 以下正的热成风涡度平流和 500～300 hPa 负热成风涡度平流的配置,为暴雪和两次中雪的形成提供了有利条件。暴雪前气象要素表现为:气压持续下降、水汽压迅速升高,暴雪前同时伴随着偏东风增大的过程;暴雪过程的湿位涡空间结构不同于中雪的湿位涡空间结构;暴雪开始时,主要是水平辐散项的作用,在 650～500 hPa 形成涡度收支正值,在 300～100 hPa 形成涡度收支负值;值得注意的是,由于水平平流项的作用,在 800～700 hPa 仍为涡度收支负值层。

关键词:春节　黄土高原　雪灾　成因

引　言

暴雪作为一种灾害性天气已受到国内气象专家的高度关注:杨成芳等[1]指出,高位涡的移动可以很好地示踪冷空气的源地和路径,对流层中层的高位涡区的强度和影响时间,可以作为冷流暴雪预报有益的指标;张小林[2]等研究了在高原地区产生暴雪时中尺度切变发生、发展动力演变特征,认为涡度和散度的结构及其演变与暴雪切变线的生成与发展密切相关;张晓东[3]认为,700 hPa Q 矢量辐合区与降雪落区有很好的对应关系。

有关黄土高原雪灾的研究,王正望等[4]对 2009 年 11 月山西发生的一次大暴雪过程做了诊断分析,苗爱梅[5]等同时对 2009 年 11 月特大暴雪过程的流型配置及物理量场做了分析,周倩[6]等对 2008 年 10 月发生在青藏高原东部一次区域暴雪过程及气候背景做了分析,马新荣[7]等也对发生在青藏高原东北侧一次暴雪过程的湿位涡做了诊断分析,马晓华[8]等对 2009 年 11 月上中旬发生在陕西的一次暴雪过程做了诊断分析。纵观上述研究,还没有看到专门针对春节假期及陕西北部的雪灾做的研究。

2014 年 2 月 4—7 日(正月初五至初八),陕西北部(包括榆林和延安)和山西南部(暴雪区主要在 36°～37°N、109°～111.5°E)出现持续 4 d 的降雪天气,其中陕西北部有 14 县降大到暴雪,延川和延安降暴雪;延安 4 日 08:00—5 日 08:00 降雪量达到 12 mm(见图1),过程降雪量达到 19 mm;积雪厚度延安和榆林的交界地带大部分县达到 14～16 cm。

陕西北部地理地貌多数为丘陵沟壑区,而春节假期又为市民出行探亲访友的日子,雪灾对交通和设施农业造成的影响很大。因此,加强对陕西北部春节假期雪灾的研究,对陕西北部防灾减灾,特别是做好春运工作具有十分重要的意义。

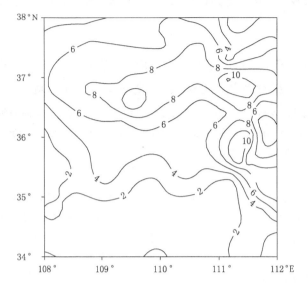

图1　2014年2月4日08:00至5日08:00降雪量(单位:mm)

1　卫星云图

从图2和表1可见,这次雪灾是由3次降雪天气过程形成:2月4日17:30,从青海南部—甘肃南部—陕北南部生成一条东西向的带状云系,甘肃南部云顶红外亮温 TBB 小于 220 K;2月4日20:30,云系向东发展至山西南部,陕北南部云顶红外亮温 TBB 小于 220 K;伴随云系向东发展,从2月4日08:00—20:00,陕北南部有11县市降雪量超过6 mm,延安降雪量达到11.7 mm;陕北南部积雪厚度大部分县市达到5~7 cm,延川达到12 cm;伴随着影响第一次降雪的云系东移,2月4日23:30,甘肃南部—宁夏—陕西北部又生成一条新的纬向云带;2月5日03:30,纬向云带东移发展,在陕西北部生成一新的云团,云顶红外亮温 TBB 小于 220 K,陕西北部又开始新的一轮降雪,至5日20:00,大部分县市降小到中雪,降雪量达到1~4 mm;第二轮降雪结束后,2月6日00:30,青海南部—甘肃南部—宁夏—陕北又生成一条新的纬向云带,云顶红外亮温 TBB 小于 220 K,伴随着云系的东移稳定,陕北又开始新的一轮降雪;2月6日12:30,云系由纬向云带发展成为径向云带;2月6日14:30,陕北南部云顶红外亮温 TBB 小于 220 K,陕北又开始新的一轮降雪,大部分县市降雪量为1~3 mm;至2月7日08:00,影响陕北的降雪结束。

表1　延安市降雪量随时段分布

日期	4				5				6			7	
	08	14	20	02	08	14	20	02	08	14	20	02	08
降雪量(mm)	0.0	3.4	8.3	0.5	0.0	2.7	0.9	0.0	0.0	0.2	1.2	1.8	0.0

2 多普勒雷达回波特征

利用延安多普勒雷达获得的资料对此次雪灾过程做进一步分析。

参见图3和图4,2月4日12:47:00,综合反射率因子图上看到大于30 dBZ回波区;径向速度图上,0度线呈"S"型,从对流层低层到对流层高层形成深厚的暖平流,对流层低层有东南低空急流生成;综合反射率因子图上看到大于30 dBZ回波区;正是受这一云系的稳定少动的影响,2月4日08:00—20:00陕北大部出现大雪,部分县区出现暴雪;伴随着上述云系向东北移动,2月4日23:00第一次降雪过程结束;2月5日12:11:46,从径向速度图上看到,对流层低层有大于5 m·s⁻¹东南风生成,同时对流层低层为暖平流,而对流层中高层为冷平流,冷暖平流的配置也有利于阵性降雪的产生;从综合反射率因子图上再次看到有大于30 dBZ回波区生成;受上述云系的影响,陕西北部开始第2次降雪天气过程;2月5日18:00,伴随着上述云系的减弱和东北移,第二次降雪过程结束;2月6日15:20:52,伴随着东南低空急流的再次建立,从综合反射率因子图上看到有大于20 dBZ回波区生成,陕西北部开始第3次降雪;22:31:46,径向速度图上看到,0度线呈"S"型,暴雪区对流层低层再次形成暖平流,暴雪区对流层中层形成暖平流,同时看到在雷达的西北方有冷锋生成;从综合反射率因子图上看到,云系获得发展,和冷锋相伴有大于30 dBZ的窄回波带生成,陕西北部降雪持续;2月7日04:03:52,云系减弱东移,陕西北部降雪天气过程结束。

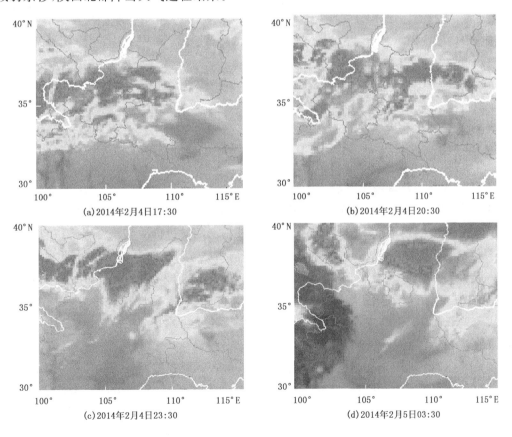

(a) 2014年2月4日17:30

(b) 2014年2月4日20:30

(c) 2014年2月4日23:30

(d) 2014年2月5日03:30

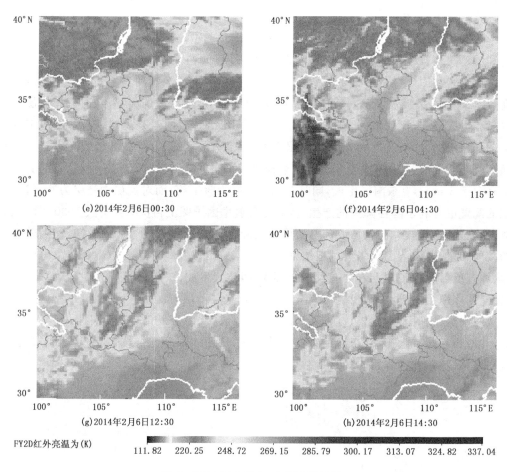

111.82　220.25　248.72　269.15　285.79　300.17　313.07　324.82　337.04

图2　2014年2月4—6日卫星云图

3　暴雪形成的环境条件

3.1　环流背景及中尺度影响系统

参见图5,2月4日08:00,500 hPa高原西南气流已到达河套西南部,但河套东北部仍为一支很强的偏西风,暴雪区(36°~37°N、109°~111.5°E,下同)仍受高压脊影响;700 hPa等压面上,从河南—河套(过暴雪区)—内蒙古西部为一向西北倾斜的高脊;伴随西南低涡的发展,从川东—平凉—银川生成一支大于12 m·s^{-1}、呈逆时针旋转的低空急流,延安并生成8 m·s^{-1}分支偏南气流;850 hPa等压面上,从关中有一支东南气流伸入暴雪区;同时从散度场上看到,暴雪区从850 hPa、700 hPa、500 hPa都为弱辐合区;无论从影响系统的配合,还是动力场发展,下暴雪的迹象不明显。

参见图6,2月4日14:00,500 hPa等压面上,暴雪区处在偏西气流和西南气流形成的切变区;700 hPa等压面上,暴雪区西南部有西南低空急流生成,暴雪区处在西南低空急流和东南风形成的横切变处;850 hPa等压面上,暴雪区维持东南风;从散度场和风场的配合看,700 hPa等压面上生成的横切变(形成散度小于−4×10^{-6} s^{-1}的辐合区)、500 hPa等压面上大于16 m·s^{-1}强西南风(形成的散度大于4×10^{-6} s^{-1}的辐散区),是形成暴雪中低空主要影响

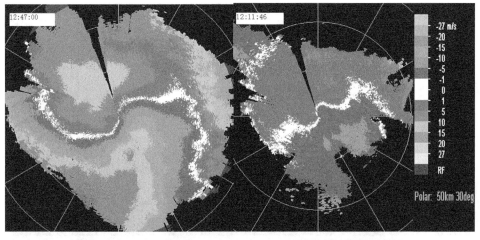

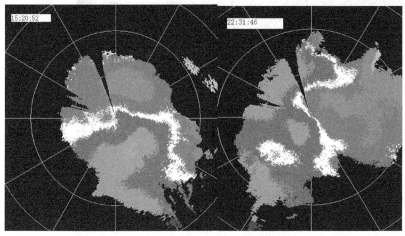

图3　1.5°仰角径向速度

系统。

参见图7,2月5日14:00,从风场和散度场的配合看,500 hPa等压面上,4日暴雪区有西西南气流发展、并生成小于$-3×10^{-6}s^{-1}$的辐合区中心;700 hPa等压面上,4日暴雪区西南侧有大于$8 m·s^{-1}$西南风生成,4日暴雪区并有小于$-2×10^{-6}s^{-1}$的辐合生成;850 hPa等压面上,4日暴雪区为弱东南风和弱辐合区;500 hPa、700 hPa和850 hPa风场和散度场的配合,为5日中雪的出现提供了中低空动力条件。

参见图8,2月6日20:00,500 hPa等压面上,伴随高原槽的东移,4日暴雪区上空转为一支西南气流;700 hPa等压面上,延安南风气流和东胜偏东气流在4日暴雪区又形成一横切变;850 hPa等压面上,延安偏南风和银川偏北风在4日暴雪区西侧形成一竖切变;从风场和散度场的配合看,700 hPa等压面上生成的横切变、850等压面上生成的竖切变,是第3次降雪(4月6日中雪)过程对流层低层主要影响系统。

3.2　水汽条件

2月4日08:00,暴雪区邻近上游从850~400 hPa形成深厚的水汽通量高值层,700~600 hPa生成水汽通量大于$2.4 g·cm^{-1}·hPa^{-1}·s^{-1}$水汽通量高值中心(图9a);暴雪区同时从850~

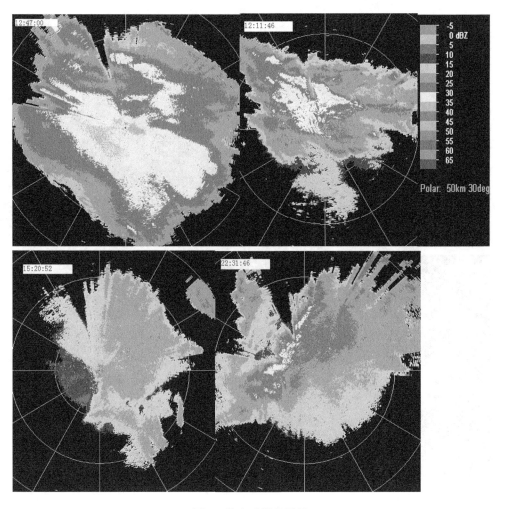

图 4　综合反射率因子

350 hPa 形成深厚的水汽通量辐合,700～600 hPa 形成 $-0.4×10^{-7}$ g·cm^{-2}·hPa^{-1}·s^{-1}水汽通量辐合中心(图 9b),为暴雪的生成创造了有利的水汽条件。

2 月 5 日 08:00,暴雪区从 700～400 hPa 形成深厚的水汽通量高值层,600 hPa 附近生成大于 1.8 g·cm^{-1}·hPa^{-1}·s^{-1}水汽通量高值中心(图 9c);暴雪区同时从 850～500 hPa 形成水汽通量辐合,700～600 hPa 形成小于 $-0.35×10^{-7}$ g·cm^{-2}·hPa^{-1}·s^{-1}水汽通量辐合中心(图 9d),为第 2 次降雪(中雪)创造了有利的水汽条件。

2 月 6 日 08:00,暴雪区处于水汽通量高值区的边缘(图 9e),但从 700～300 hPa 形成深厚的水汽通量弱辐合层;附近生成大于 1.8 g·cm^{-1}·hPa^{-1}·s^{-1}水汽通量高值中心(图 9f);2 月 6 日 20:00,暴雪区从 700～400 hPa 形成水汽通量高值层,500～400 hPa 形成水汽通量大于 2.4 g·cm^{-1}·hPa^{-1}·s^{-1}高值中心,暴雪区同时从 850～500 hPa 形成小于 $-0.1×10^{-7}$ g·cm^{-2}·hPa^{-1}·s^{-1}水汽通量辐合,为第 3 次降雪(中雪)创造了有利的水汽条件。

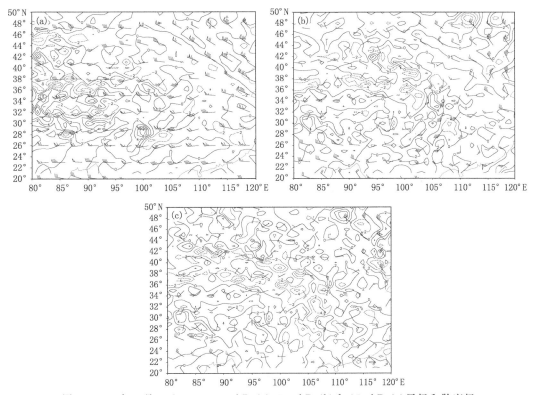

图 5　2014 年 2 月 4 日 08:00 500 hPa(a)、700 hPa(b)和 850 hPa(c)风场和散度场

（散度单位：10^{-6} s^{-1}，下同）

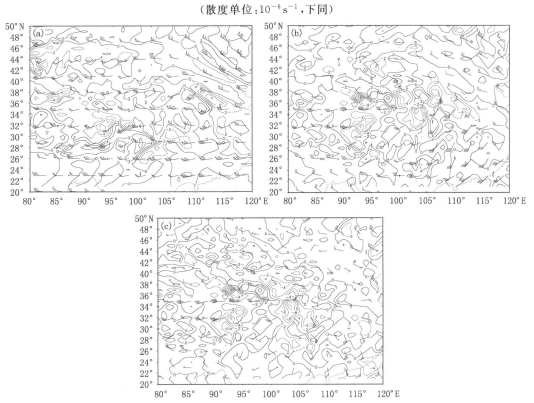

图 6　2014 年 2 月 4 日 14:00 500 hPa(a)、700 hPa(b)和 850 hPa(c)风场和散度场

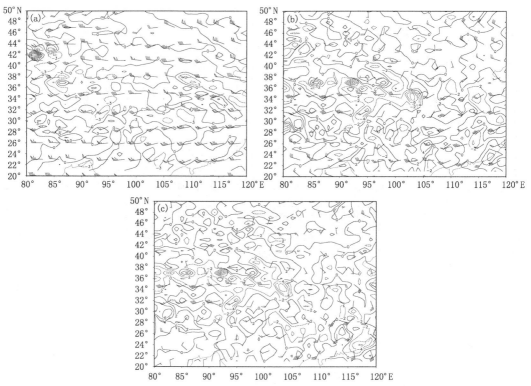

图 7　2014 年 2 月 5 日 14:00 500 hPa(a)、700 hPa(b)和 850 hPa(c)风场和散度场

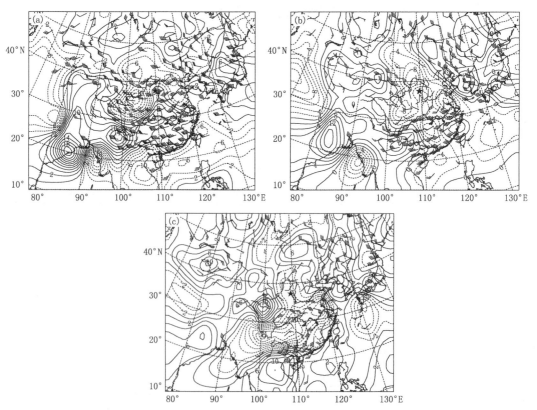

图 8　2014 年 2 月 6 日 20:00 500 hPa(a)、700 hPa(b)和 850 hPa(c)风场和散度场

图 9 2014 年 2 月 4 日 08：00 水汽通量（a）和水汽通量散度（b）沿 37°N 剖面图；2014 年 2 月 5 日 08：00 水汽通量（c）和水汽通量散度（d）沿 37°N 剖面图；2014 年 2 月 6 日 08：00 水汽通量（e）和水汽通量散度（f）沿 37°N 剖面图

3.3 冷暖平流

从图 10（a）可见，暴雪开始前，暴雪区（110°E 附近，下同）地面至 200 hPa 形成深厚的暖平流，200 hPa 以上形成冷平流，冷暖平流的配置有利于暴雪的产生；从图 10（b）可见，第 2 次降雪开始前，暴雪区 530 hPa 以下形成很强的暖平流，530～300 hPa 形成冷平流，冷暖平流的配置也有利于阵雪的产生；从图 10（c）可见，第 3 次降雪开始前，地面至 200 hPa 形成深厚的暖平流，200 hPa 以上形成冷平流，冷暖平流的配置也有利于阵雪的产生。

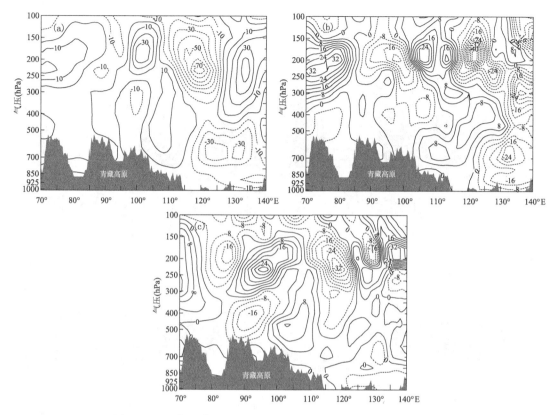

图 10　2014 年 2 月 4 日 08:00(a)、5 日 08:00(b)和 6 日 08:00(c)
冷暖平流沿 37°N 剖面图

3.4　动力条件

3.4.1　散度、涡度和垂直速度

从图 11 可见,2 月 4 日 08:00,散度场上暴雪区 450 hPa 以下的对流层低层开始有辐合发展,450 hPa 以上的对流层高层开始有辐散发展,暴雪区并有上升运动发展;但在涡度场上,暴雪区从地面至 250 hPa 为负涡度区;2 月 4 日 20:00,散度场上,暴雪区 850～600 hPa 生成 $-8\times10^{-6}\mathrm{s}^{-1}$ 辐合中心,300～180 hPa 生成 $24\times10^{-6}\mathrm{s}^{-1}$ 强辐散中心;涡度场上,地面至 100 hPa 生成正涡度柱,250～200 hPa 生成 $8\times10^{-6}\mathrm{s}^{-1}$ 正涡度中心;涡度场和散度场的配合,暴雪区从地面至 100 hPa 为一致的上升运动,500～350 hPa 生成 $-6\times10^{-3}\mathrm{hPa\cdot s}^{-1}$ 上升运动中心,为暴雪的生成提供了动力条件。

2 月 5 日 08:00,第 1 次降暴雪区邻近上游 600 hPa 以下的对流层低层有辐合发展,对流层中高层有辐散发展;2 月 5 日 14:00(图 12):散度场上,800～400 hPa 有辐合发展,600～400 hPa 生成 $-6\times10^{-6}\mathrm{s}^{-1}$ 辐合中心;400～150 hPa 有辐散发展,300 hPa 附近生成 $8\times10^{-6}\mathrm{s}^{-1}$ 辐散中心;涡度场上,第 1 次降暴雪区 600 hPa 以下为弱的负涡度区,600 hPa 以上为正涡度区,250 hPa 附近生成 $14\times10^{-6}\mathrm{s}^{-1}$ 正涡度中心;涡度场和散度场的配合,在 ω 场上,从 600～250 hPa 生成一强上升运动区,500～400 hPa 生成小于 $-2.1\times10^{-3}\mathrm{hPa\cdot s}^{-1}$ 上升运动中心,为第 2 次降雪(中雪)提供了动力条件。

从图 13 可见,2 月 6 日 20:00,散度场上,第 1 次降暴雪区 500 hPa 以下的对流层低层为辐合区,散度小于$-4\times10^{-6}s^{-1}$;500 hPa 以上的对流层高层为辐散区,250 hPa 附近散度达 10$\times10^{-6}s^{-1}$;涡度场上,400 hPa 以下为正涡度区,700~500 hPa 之间生成 $2\times10^{-6}s^{-1}$ 正涡度中心,400~200 hPa 为负涡度区,300 hPa 附近生成 $3\times10^{-6}s^{-1}$ 负涡度中心;涡度场和散度场的配合,在 ω 场上看到,从 850~200 hPa 有上升运动发展,为第 3 次降雪(中雪)提供了动力条件。

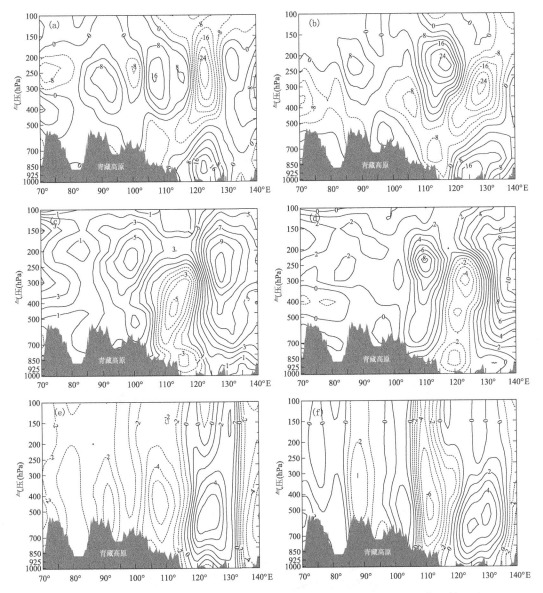

图 11　2014 年 2 月 4 日 08:00 散度(a)、涡度(c)和 ω(e)沿 37°N 剖面图;2014 年 2 月 4 日 20:00散度(a)、涡度(c)和 ω(f)沿 37°N 剖面图(涡度单位:$10^{-6}s^{-1}$,下同;ω 单位:$10^{-3}hPa \cdot s^{-1}$,下同)

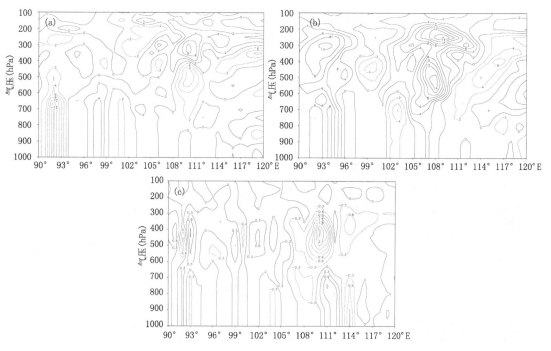

图 12 2014 年 2 月 5 日 14:00 散度(a)、涡度(b)和 ω(c)沿 37°N 剖面图

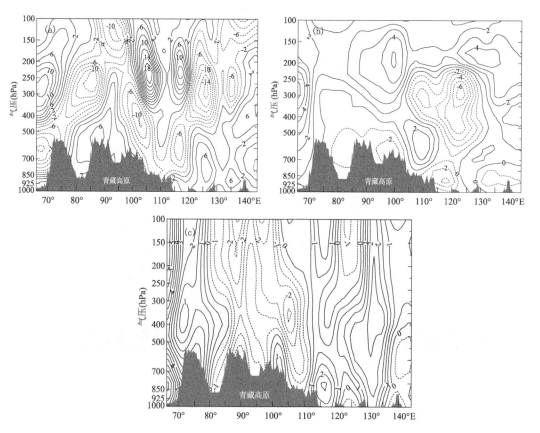

图 13 2014 年 2 月 6 日 20:00 散度(a)、涡度(b)和 ω(c)沿 37°N 剖面图

3.4.2　热成风涡度平流

根据朱乾根等[9]的研究有：

$$\frac{\partial \overline{\zeta}}{\partial t} = -\overline{V} \cdot \nabla(\overline{\zeta} + f) - 0.6 V_T \cdot \nabla \zeta_T$$

或

$$\frac{\partial \overline{\zeta_g}}{\partial t} = -\overline{V}_g \cdot \nabla(\overline{\zeta}_g + f) - 0.6 V_T \cdot \nabla \zeta_T$$

即,平均层上的涡度局地变化是由该层涡度平流及热成风对热成风涡度平流(简称热成风涡度平流)所决定的。

从图14a可见,4 日 14:00(暴雪开始时):700 hPa 以下为热成风涡度平流正值层,850 hPa 附近形成 $2 \times 10^{-9}\,s^{-2}$ 热成风涡度平流正值中心;600~450 hPa 形成另一热成风涡度平流正值层,550 hPa 附近形成大于 $6 \times 10^{-9}\,s^{-2}$ 另一热成风涡度平流正值中心;此外,400~300 hPa 为热成风涡度平流负值层,350 hPa 附近形成小于 $-6 \times 10^{-9}\,s^{-2}$ 热成风涡度平流负值中心。

从图14b可见,第 2 次降雪发生时:550 hPa 以下为热成风涡度平流正值层,600~500 hPa 形成大于 $4 \times 10^{-9}\,s^{-2}$ 热成风涡度平流正值中心;500~300 hPa 为热成风涡度平流负值层,450 ~350 hPa 形成小于 $-6 \times 10^{-9}\,s^{-2}$ 热成风涡度平流负值中心。

从图14c可见,第 3 次降雪发生时:850~500 hPa 为热成风涡度平流正值层,600~500 hPa 形成大于 $2 \times 10^{-9}\,s^{-2}$ 热成风涡度平流正值中心;500~300 hPa 为热成风涡度平流负值层,500~400 hPa 形成小于 $-2 \times 10^{-9}\,s^{-2}$ 热成风涡度平流负值中心。

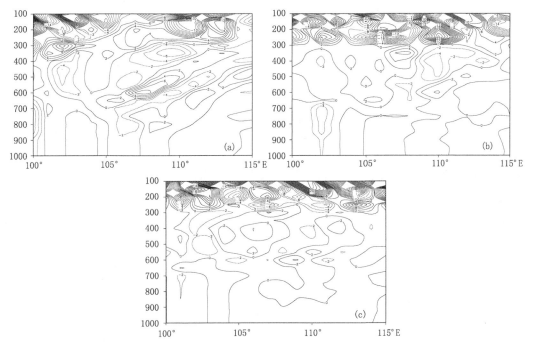

图 14　2014 年 2 月 4 日 14:00(a)、5 日 14:00(b)、6 日 20:00(c)
热成风涡度平流沿 36°N 剖面图(单位:$10^{-9}\,s^{-2}$)

3.5 雪灾区气象要素变化

以延安测站作为代表站,分析雪灾区气象要素的变化:

表2是雪灾区第1次降雪(暴雪)气象要素的变化:从2月4日08:00开始,气压持续下降,到暴雪开始时(13:00)气压累计下降2.9 hPa;而水汽压在暴雪开始时也有一个跃升的过程,从1.2 hPa升至2.7 hPa;暴雪前同时伴随着偏东风增大的过程,从2月4日10:00开始增大至3 m·s^{-1}以上。

表3和表4是第2次和第3次降雪(中雪)气象要素的变化:气压变化呈波动型,水汽压在降雪开始前已升至2.9 hPa以上,降雪的开始也不伴随着风速增大的过程。

表2 2014年2月4日延安气象要素随时间变化

要素＼时间	08	09	10	11	12	13	14	15	16	17	18	19	20
气压	8835	8831	8827	8825	8818	8806	8800	8791	8791	8794	8800	8810	8815
水汽压	14	13	12	11	12	27	29	29	29	30	30	30	31
风向	57	82	89	76	70	85	77	71	91	67	90	69	87
风速	2.0	1.9	4.5	3.5	3.3	3.8	3.2	3.4	3.0	3.3	2.5	2.5	4.0
雨量						0.8	2.6	2.0	1.6	1.6	1.5	1.2	0.4

注:表中气压和水汽单位为10^{-1}hPa;风向单位为(°);风速单位为m·s^{-1};雨量单位为mm,下同。

表3 2014年2月5日延安气象要素随时间变化

要素＼时间	08	09	10	11	12	13	14	15	16	17	18	19	20
气压	8817	8824	8820	8828	8828	8817	8812	8814	8815	8817	8821	8829	8837
水汽压	29	29	30	30	31	33	32	31	32	31	31	31	31
风向	123	119	99	99	120	91	91	136	81	105	78	85	91
风速	2.3	2.8	3.3	1.6	1.2	2.8	2.3	1.3	1.2	3.5	3.5	3.4	3.3
雨量			0.2	0.1	1.0	1.1	0.3	0.2	0.4	0.3			

表4 2014年2月6日延安气象要素随时间变化

要素＼时间	08	09	10	11	12	13	14	15	16	17	18	19	20	21	22	23
气压	8838	8836	8847	8846	8844	8841	8833	8829	8833	8838	8845	8852	8868	8868	8871	8871
水汽压	29	30	30	31	29	31	31	31	33	33	33	34	34	34	35	35
风向	209	62	61	91	87	160	71	108	77	56	68	104	219	257	241	242
风速	1.7	2.7	1.1	2.7	1.3	1.5	1.8	1.2	1.8	2.1	2.0	1.6	0.5	1.1	1.9	2.3
雨量							0.2	0.3	0.2	0.1	0.2	0.2	0.2	0.3	0.2	0.5

4 湿位涡诊断分析

从艾丽华等[10]研究中引入湿位涡诊断分析,从图15e可见,2月4日08:00,暴雪区(108°~112°E)及暴雪区邻近上游有$\xi_{mpv1}<0$的对流不稳定中心生成;2月4日08:00(图15a),暴雪区邻近上游500 hPa以下的对流层低层有大于0.8 PVU的高值湿位涡中心生成,暴雪区邻近上游350 hPa以上的对流层高层有高值湿位涡扰动生成;2月4日20:00(图15b),暴雪区邻近

上游 500 hPa 以下的对流层低层的高值湿位涡中心东移发展移入暴雪区,暴雪区邻近上游 350 hPa 以上的对流层高层高值湿位涡扰动东移并向对流层中层发展,对流层高层向对流层中层发展的高值湿位涡扰动和对流层低层发展的高值湿位涡中心打通连为一体,而这个期间正是陕西北部降大雪和暴雪的时期,这与朱乾根等[9]研究结果是一致的。而图 15c 和图 15d 是陕西北部接连出现降中雪时的湿位涡空间剖面图,降雪区 500 hPa 以下的对流层低层出现大于 0.8 PVU 的高值湿位涡中心,400 hPa 附近出现一低值湿位涡带,而对流层高层湿位涡扰动特征不明显。

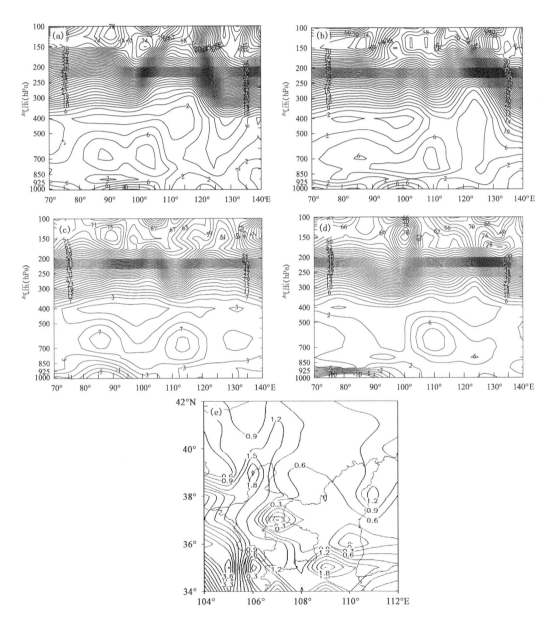

图 15　2014 年 2 月 4 日 08:00(a)和 20:00(b);2014 年 2 月 5 日 20:00(c)和 6 日 20:00(d)沿 36°N 湿位涡剖面图(单位:10⁻¹ PVU);(e)为 2014 年 2 月 4 日 08:00 700 hPa 湿正压场 ξ_{mpv1}(单位:PVU)

5 涡度收支分析

从屠妮妮[11]的研究中引入涡度收支分析。从图16可见,2月4日14:00(暴雪开始时),主要是水平辐散项的作用,在650~500 hPa形成涡度收支正值,在300~100 hPa形成涡度收支负值;值得注意的是:由于水平平流项的作用,在800~700 hPa仍为涡度收支负值层;2月4日20:00(暴雪停止时),虽然在250 hPa出现很大的涡度收支负值,但从850~300 hPa出现一致的涡度收支负值;2月5日14:00(第1次降中雪期间),主要是水平平流项、水平辐散项和垂直输送项的作用,在650~350 hPa形成很大的涡度收支正值;主要是垂直输送项和水平辐散项的作用,在800~650 hPa也形成一涡度收支正值区;主要是水平辐散项和垂直输送项的作用在300 hPa附近形成一很大的涡度收支负值区;2月6日20:00(第2次降中雪期间),主要是水平平流项的作用,在500~300 hPa形成比较大的涡度收支正值,在300~100 hPa形成比较大的涡度收支负值;主要是水平辐散项的作用,同时在900~700 hPa形成比较小的涡度收

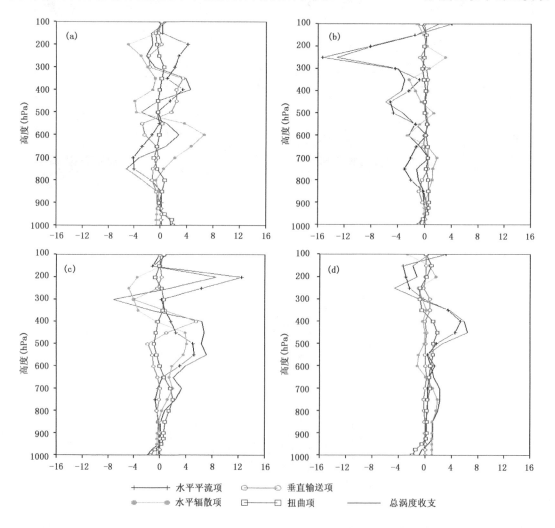

图16　2014年2月4日14:00(a)和20:00(b)暴雪区涡度收支;
2014年2月5日14:00(c)和6日20:00(d)中雪区涡度收支

支正值层。

6 小结

通过上述分析,可得到以下几点结论:

(1)陕西北部的雪灾是由一次暴雪、两次中雪引起的。

(2)暴雪过程在径向速度场上0线表现为典型的S型,反射率因子大于30 dBZ;暴雪前气象要素表现为:气压持续下降、水汽压迅速升高,同时伴随着偏东风增大的过程。

(3)500 hPa以下正的热成风涡度平流和500～300 hPa负热成风涡度平流的配置,为暴雪和两次中雪的形成提供了有利条件。

(4)暴雪过程除了500 hPa以下的对流层低层生成大于8×10^{-1}PVU湿位涡中心外,对流层高层也有高值湿位涡扰动向对流层中层发展,从对流层低层到对流层高层形成高值湿位涡管;而中雪过程只在500 hPa以下的对流层低层生成大于8×10^{-1}PVU湿位涡高值中心。

(5)暴雪开始时,主要是水平辐散项的作用,在650～500 hPa形成涡度收支正值,在300～100 hPa形成涡度收支负值。值得注意的是,由于水平平流项的作用,在800～700 hPa仍为涡度收支负值层。5日中雪过程,主要是水平平流项、水平辐散项和垂直输送项的作用,在650～350 hPa形成很大的涡度收支正值;主要是垂直输送项和水平辐散项的作用,在800～650 hPa也形成一涡度收支正值区;主要是水平辐散项和垂直输送项的作用在300 hPa附近形成一很大的涡度收支负值区。2月6日中雪过程,主要是水平平流项的作用,在500～300 hPa形成比较大的涡度收支正值,在300～100 hPa形成比较大的涡度收支负值;主要是水平辐散项的作用,同时在900～700 hPa形成比较小的涡度收支正值层。

参考文献

[1] 杨成芳,车军辉,吕庆利.位涡在冷流暴雪短时预报中的应用[J].中国海洋大学学报,2009,**39**(3):361-368.

[2] 张小玲,程麟生."96.1"暴雪期中尺度切变线发生发展的动力诊断[J].高原气象,2000,**39**(3):361-368.

[3] 张晓东.唐山一次暴雪天气过程的诊断分析[J].干旱气象,2009,**27**(2):135-141.

[4] 王正望,姚彩霞,刘小卫,等."2009.11"山西大暴雪天气过程诊断分析[J].高原气象,2012,**19**(3-4):285-289.

[5] 苗爱梅,贾利东,李智才,等."091111"山西特大暴雪过程的流型配置及物理量诊断分析[J].高原气象,2011,**30**(4):969-981.

[6] 周倩,程一帆,周甘霖,等.2008年10月青藏高原东部一次区域暴雪过程及气候背景分析[J].高原气象,2011,**30**(1):22-29.

[7] 马新荣,任余龙,丁治英.青藏高原东北侧一次暴雪过程的湿位涡分析[J].干旱气象,2008,**26**(1):57-63.

[8] 马晓华,周伟灿.陕西一次暴雪天气过程的诊断分析[J].陕西气象,2010,(5):5-9.

[9] 朱乾根,林锦瑞,寿绍文,等.天气学原理和方法(3版)[M].北京:气象出版社,2000:215.

[10] 艾丽华,井喜,王淑云,等.湿位涡诊断在青藏高原东北侧暴雪预报中的应用个例[J].气象科学,2008,(增刊):92-96.

[11] 屠妮妮,陈静,何光碧.高原东侧一次大暴雨过程动力热力特征分析[J].高原气象,2008,**27**(4):796-806.

第三部分
台风与海洋气象

台风"威马逊"和"海鸥"与大尺度环流相互作用对云南暴雨落区的影响

杨素雨　张秀年　闵　颖　李　超　牛法宝

(云南省气象台,昆明 650034)

摘　要

基于常规观测资料、自动站加密资料以及 ECMWF 分析场资料,对比分析西行台风 1409 号"威马逊"和 1415 号"海鸥"登陆减弱的低压与大尺度环流场的相互作用对云南暴雨落区的影响。结果表明:台风"威马逊"过程,副高稳定少动,西南季风低空急流呈东西带状分布,北界位于 20°N,为低压的维持和增强提供大量水汽和潜热能,云南位于低空急流出口区左侧,是大到暴雨落区位于滇中及以南的重要原因;台风"海鸥"过程,云南位于副高西端南风急流左侧,低层冷空气入侵低压东北侧,使斜压有效位能转换为动能,是大到暴雨落区位于滇中及以东以南的重要原因。诊断分析表明,暴雨落区主要位于 850 hPa 较强水汽通量中心的左侧、850 hPa 水汽通量辐合中心的北侧或南侧,并沿台风低压倒槽分布。

关键词:"威马逊" "海鸥" 台风低压 暴雨落区 大尺度环流

引言

台风登陆造成的灾害往往是由台风引发的暴雨造成的(程正泉,2008)。云南地处低纬高原,地形、地质条件较为复杂,暴雨极易引发山洪、山体滑坡、泥石流或水库崩塌等次生灾害。影响云南的台风主要是孟加拉湾风暴和西太平洋西行台风(简称西行台风),其中,平均每年有 2~3 个西行台风登陆后减弱的低压(TC)影响云南。在一定的大气环流背景下,TC 有时持久不消,造成云南持续异常大到暴雨天气(郭荣芬等,2010;许美玲等,2011),给人民生命及财产安全带来严重威胁。因此,正确预报台风暴雨的落区、强度具有重要的现实意义。

多年来,云南气象工作者对台风暴雨的成因、低压维持原因以及影响关键区等方面做了很多工作(尤红等,2011;鲁亚斌等,2007;郭荣芬等,2005,2013),然而,对台风低压影响下的暴雨强度、落区预报仍然十分困难,除台风本身因子外,台风与环境场的相互作用亦对暴雨影响很大。影响云南的西行台风虽然一般都减弱为热带气旋,但一个弱残涡,在有利的环境条件下,低压环流可能维持或再次发展而产生持续降水,造成比受强台风影响时还强的特大暴雨。因此,研究西行台风低压环流与大尺度大气环流场的相互作用,对揭示台风低压造成云南暴雨的强度和落区有重要意义。

为此,本文应用常规观测资料、自动站加密观测资料及 ECMWF 分析场资料,从副热带高压、低空急流、西南季风及冷空气等大尺度系统与西行台风低压的相互作用方面,对 1409 号超

资助课题:国家自然科学基金(批准号:41065008);云南省科技计划面上项目(2014FB165);云南省业务能力研究与提升建设专项(YZ201301)资助。

强台风"威马逊"和1415号台风"海鸥"造成云南持续强降雨的暴雨落区做对比分析,并结合水汽通量、水汽通量辐合及垂直速度等物理量对暴雨落区做进一步诊断分析,试图探索西行台风低压暴雨的落区预报着眼点,为今后预报类似过程提供参考。

1 台风路径及降水实况

云南是台风"威马逊"和"海鸥"影响我国的最后一站,7月20日05时"威马逊"减弱后的低压进入云南境内以后向西偏北方向移动,20日14－20时移动到云南西南部并再次加强。而"海鸥"减弱后的低压9月17日14时到达云南境内后,低压环流位置较"威马逊"偏南,且在西进过程中没有再度加强,而是逐渐减弱消失。

表1和图1给出了台风"威马逊"和"海鸥"减弱后的低压造成云南持续大到暴雨的实况对比情况(以下简称为"威马逊"过程和"海鸥"过程)。两者的共同之处:(1)属于西行台风影响,且台风低压进入影响云南的关键区Ⅲ(即20°N以北、105°E以西的区域)(许美玲等,2011);(2)影响范围广,持续时间长(2 d以上),过程累计雨量大;(3)过程开始后以稳定性降水为主,降水均匀,小时雨强不大,但局地伴有短时强降水、雷暴、大风等强对流天气。

表1 2个西行台风低压影响云南强降雨实况对比

台风	过程时段	24 h最强降水时段	强降水站数	过程最大降水量	影响范围	小时最大雨强	灾害性大风	降水性质
"威马逊"	2014年7月19日14时至23日08时(90 h)	2014年7月20日08时至21日08时	特大暴雨47站,大暴雨652站,暴雨739站	临沧市新芽镇400.5 mm	滇中及以南地区	临沧市石灰窑乡65.7 mm/h	3站,最大风力21 m/s	大尺度稳定性降水为主,局地伴有雷电、大风和短时强降水
"海鸥"	2014年9月16日20时至19日08时(60 h)	2014年9月17日08时至18日08时	特大暴雨5站,大暴雨325站,暴雨714站	文山州八宝乡349.8 mm	滇中及以东以南地区	普洱市公信乡81.6 mm/h	4站,最大风力19 m/s	大尺度稳定性降水为主,局地伴有雷电、大风和短时强降水

两者的不同之处:(1)强降雨落区不同。"威马逊"造成滇中及以南地区持续大到暴雨,强降雨范围更广,"海鸥"造成滇中及以东以南地区持续大到暴雨。(2)持续时间不同。"威马逊"过程时段为7月19日14时至23日08时(90 h),持续影响时间更长;"海鸥"过程时段为9月16日20时至19日08时(60 h)。(3)过程累计雨量不同。云南2692个乡镇自动站中,"威马逊"过程≥100 mm降水有699站,最大出现在滇西南临沧市的新芽镇,为400.5 mm,过程累计雨量更大;"海鸥"过程≥100 mm降水有330站,最大出现在滇东南文山州八宝乡,为349.8 mm。(4)影响时间不同。"威马逊"过程为7月中下旬,过程降温不明显;"海鸥"过程为9月中旬,过程降温明显。

分析表明,西行台风"威马逊"和"海鸥"都造成了2014年云南入汛以来最强降水过程,其中"威马逊"是1980年以来影响云南最强的西行台风,具有影响范围广、持续时间长、过程累计雨量大等特点。

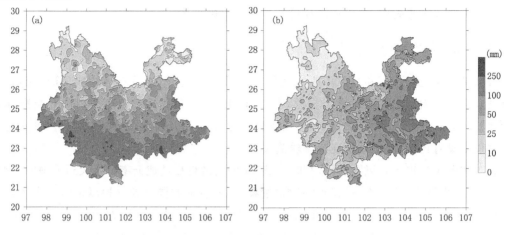

图1 西行台风低压影响的过程累计雨量分布(a)"威马逊"过程;(b)"海鸥"过程

2 大尺度环流特征

2.1 副热带高压的作用

图2给出了两个台风低压影响云南时的588 dagpm线空间分布时间动态图。结合图1,可以看出,"威马逊"过程时,西太平洋副热带高压(简称副高)加强西伸,位于登陆台风的北侧,

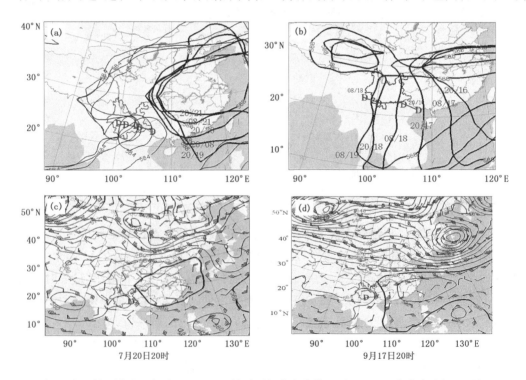

图2 台风低压影响云南时588 dagpm线随时间的变化情况及500 hPa位势高度场和风场

(a)、(c)"威马逊"过程;(b)、(d)"海鸥"过程。

高压中心在 33°N 左右,副高脊线呈东北—西南向,有利于引导台风低压在云南向西偏北方向移动。588 dagpm 线较稳定、少动,在对流层中下层为台风低压环流的维持提供一良好环境,也对台风低压环流移动起到停滞作用,导致某地持续的降水,有利于判断强降水的大致落区。

与"威马逊"过程相比,首先,"海鸥"过程中,副高 588 dagpm 线不断西进,其位置变动较大(图 2b),决定了台风低压环流的移动速度较快,影响云南降水的时间相对短,同时说明造成云南暴雨的范围较小。其次,"海鸥"过程副高主体相对偏南,中心位于 27°N 附近,副高脊线呈东—西向,且副高在西伸过程中 588 dagpm 线西端始终呈南北向分布,利于判断强降水雨带大致为南北向分布。

然而,"威马逊"过程副高既然稳定少动,为什么低压环流在西北移过程中还再度加强,并造成云南西南部的暴雨过程?"海鸥"过程中,副高西端呈南北向分布,为什么低压进入云南金平县境内后没有在副高外围偏南急流引导下向偏北方向移动,而是向西行,低压环流经过滇西南,又为何没有造成滇西南的暴雨过程?为什么同样是西行台风,云南东北部降水强度差异那么大?针对这些问题,以下将做进一步分析。

2.2 低空急流和季风的作用

图 3 为"威马逊"过程和"海鸥"过程不同时刻的 700 hPa 风场及水汽通量。分析图 3a~c 可见,19 日 20 时,台风低压环流东部的东南急流对应为水汽输送的大值区,最大值中心为 26 $g \cdot cm^{-1} \cdot hPa^{-1} \cdot s^{-1}$。20 日 20 时,随着台风低压环流的西进,低压南侧逐渐卷入西南季风,水汽得到补充,水汽通量大值区由云南东南部移到西南部,21 日 08 时强的水汽通量仍来自孟加拉湾的西南季风的输送,水汽通量大值中心为 25 $g \cdot cm^{-1} \cdot hPa^{-1} \cdot s^{-1}$,较 20 日 20 时水汽输送有明显增强,未来 6 h 内滇西南出现了大到暴雨天气。

在"威马逊"过程中,孟加拉湾(简称孟湾)15°N 附近一直维持一个风速≥14 m/s 的东西向强风速区,北界位于 20°N 附近,云南南部正好位于此低空急流出口区左侧。此低空急流源源不断的将水汽和能量输送到台风低压,是"威马逊"台风低压在云南再次加强及造成云南持续性强降水的重要原因,也是暴雨雨带位于云南南部的重要原因。

分析图 3d~f 可见,16 日 20 时,受副高加强西伸影响,云南东南部 700 hPa 上为一强的水汽输送中心,其中心达 40 $g \cdot cm^{-1} \cdot hPa^{-1} \cdot s^{-1}$,水汽输送主要来自低压本身及副高低空偏南急流,急流呈南北向分布,并向北扩展到山东南部。云南对应未来 6 h 暴雨雨带也呈南北向。17 日 20 时,副高进一步西伸,台风低压环流减弱明显,低压附近的最大水汽通量中心减小为 20 $g \cdot cm^{-1} \cdot hPa^{-1} \cdot s^{-1}$。此时,在孟湾北部 15°~20°N 风速为 4 m/s 左右,没有西南低空急流出现,台风低压的水汽和能量补充减弱,开始逐渐减弱,18 日 20 时,已经减弱为一倒槽,水汽通量进一步减小。

可见,"海鸥"过程中,台风低压东侧偏南急流及副高外围偏南低空急流共同作用为初期强降水提供了较强的水汽输送和能量,暴雨主要位于低空偏南急流的左侧,雨带呈南北向分布。低压西移后,孟湾地区无西南季风急流卷入,低压西移过程中也无强降水发生。

2.3 台风低压与冷空气的作用

很多研究表明(陈联寿等,2002,2004),一定冷空气侵入台风倒槽或外围,使台风从中纬度获得斜压能量,加剧动力和热力不稳定,使冷空气影响的地区降水量明显增大。以下将从冷空气与台风低压相互作用与暴雨落区的关系做进一步分析。

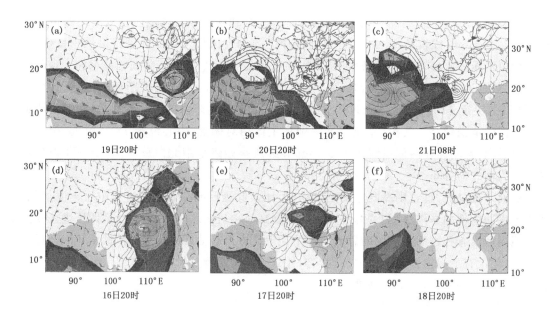

图3 台风低压影响云南不同时次的700 hPa风场和水汽通量

(a)～(c)"威马逊"过程;(d)～(f)"海鸥"过程

(阴影区为风速≥12 m/s的大风速区,单位:m/s;等值线为≥8 g·cm⁻¹·hPa⁻¹·s⁻¹的

水汽通量值,单位:g·cm⁻¹·hPa⁻¹·s⁻¹)

"威马逊"过程时,500 hPa亚洲中高纬为弱的两槽一脊型,新疆北部为弱高压脊控制,高压脊以南40°N附近偏西风较弱,为6 m/s左右,东部弱低槽位于内蒙北部。850 hPa上从低纬20°N到中高纬40°N都为一致的偏南气流,云南中部以北为暖高温脊控制,其北部河套地区有暖脊不断增强。我国东部大陆地区没有明显冷高压活动,也没有冷锋南下。

"海鸥"过程时,500 hPa亚洲中高纬也为两槽一脊型,但槽脊经向度不大,40°N附近偏西风较大,最大风速为20 m/s。850 hPa温度场上,河套东部有为10℃的冷中心,其东南部冷舌已压到云南东北部,同时地面有冷高压对应,9月17日20时高压前沿冷锋位于云南东北部到长江中下游地区,低层冷空气在850 hPa东北气流引导下经湖南、四川进入云南,入侵台风低压东北部倒槽,云南东北部冷平流明显。低层冷平流作用使台风低压获得继续维持的斜压动能的同时,云南东北部地区的降水也有明显增幅,暴雨雨带也由此呈南北向分布。

2.4 暴雨落区诊断分析

前面的分析表明,台风低压的水汽和能量补充主要来自洋面,因此以下主要采用850 hPa的水汽通量和水汽通量散度及垂直速度场对两次过程的暴雨落区做诊断分析。

由图4可以看出,"威马逊"台风低压位于广西西部,其东南方向有一强水汽通量中心,沿偏南风方向,该水汽通量中心下游地区为强水汽通量辐合中心,中心水汽通量散度值为-60×10^{-6} g·cm⁻²·hPa⁻¹·s⁻¹,云南未来6 h暴雨区正好位于强水汽通量中心的左侧、强水汽辐合中心的西北部,并沿低压环流西部倒槽分布。其他时刻的强降水都是落在最大水汽通量中心左侧,最大辐合中心的西北方向。选取强降水中心,对水汽通量和水汽通量散度场做高度—时间剖面图同样得到相同的结论。

同理分析"海鸥"过程发现,其强降水落区有与"威马逊"过程相似的物理量配置。如17日

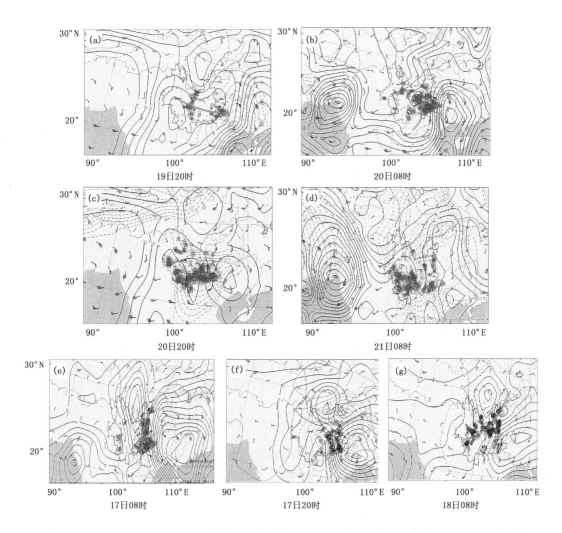

图 4　各影响时段的 850 hPa 水汽通量散度（虚线）、水汽通量（实线）、未来 6 h 降水（≥10 mm 站点填值）及
850 hPa 风场和 700 hPa 台风低压位置及倒槽
（a）～（d）"威马逊"过程；（e）～（g）"海鸥"过程

08 时，台风低压位于云南东南部，此时最大水汽通量中心位于广西东部附近，云南东部位于该中心左侧。水汽通量辐合区正好位于云南东部，呈南北向分布，中心最大值为 -50×10^{-6} g·cm^{-2}·hPa^{-1}·s^{-1}。云南未来 6 h 强降水位于东部，雨带呈南北向并沿低压东北象限倒槽分布，大于等于 50 mm 降水落于水汽通量中心左侧，水汽通量辐合中心的北部和南部。17 日 20 时和 18 日 08 时强降水落区同样符合以上的物理量配置。

对各层次的垂直速度场做诊断分析发现，中低层垂直上升运动区与水汽通量辐合区基本一致，强降水主要落于中低层垂直速度中心区的西北方向。另外，对比分析发现，"威马逊"过程中水汽通量辐合中心位置偏南，水汽通量大值中心逐渐由云南东南部移到西南部，这与其东西向暴雨雨带分布对应。而"海鸥"过程水汽通量辐合区呈南北向，中心位置较偏北偏东，水汽通量大值中心维持在云南东南部，同样与暴雨雨带对应较好。

3 小结与讨论

（1）副高的中心、西伸脊点、脊线的位置及 588 dagpm 线的稳定性、分布特征都与西行台风影响云南暴雨雨带的分布及落区有一定关系。

（2）低空急流的分布特征与两次台风低压过程的暴雨落区有密切关系。"威马逊"过程，孟湾地区 15°N 附近维持一支东西向急流；"海鸥"过程，台风低压东侧存在一支南北向的副高外围偏南低空急流。

（3）暴雨落区与有无冷空气入侵低压倒槽以及冷空气和低压倒槽相互作用的位置有密切关系。"威马逊"过程，低层到高层都没有冷空气入侵台风低压外围。"海鸥"过程，低层有冷空气入侵台风低压东北部倒槽，台风低压获得继续维持的斜压动能的同时，云南东北部地区的降水也有明显增幅，暴雨带呈南北向分布。

（4）物理量诊断都表明，两次过程的暴雨落区主要位于 700 hPa 低空急流和 850 hPa 强水汽通量中心的左侧、850 hPa 水汽通量辐合中心的北侧或南侧，并沿台风低压倒槽分布。暴雨落区还与 850 hPa 水汽通量辐合中心的位置、分布特征有密切关系。

当然，影响台风暴雨落区的因子除大尺度环流外还有很多，例如地形作用、下垫面的温湿情况、台风降水过程中的中小尺度系统等都会影响台风降水的强度和分布。本文只侧重讨论大尺度环流场的作用，试图从中寻找预报着眼点。事实上，台风暴雨相当复杂，有待做大量研究工作。

参考文献

程正泉，陈联寿，徐祥德，等.2008.近 10 年中国台风暴雨研究进展[J].气象，**31**(12):3-7.

陈联寿，罗哲贤，李英.2004.登陆热带气旋研究的进展[J].气象学报，**62**(5),546-547.

陈联寿，徐详德，罗哲贤，等.2002.热带气旋动力学引论[M].北京:气象出版社，310-313.

郭荣芬，肖子牛，陈小华，等.2010.两次西行热带气旋影响云南降水对比分析[J].应用气象学报，**21**(3):317-328.

郭荣芬，肖子牛，李英.2010.西行热带气旋影响云南降水的统计特征[J].热带气象学报，**26**(6):680-686.

郭荣芬，鲁亚斌，李燕，等.2005."伊布都"台风影响云南的暴雨过程分析[J].高原气象，**24**(5):784-791.

郭荣芬，肖子牛，鲁亚斌.2013.登陆热带气旋引发云南强降水的环境场特征[J].气象，**39**(4):418-426.

李英，陈联寿，王继志.2004.登陆热带气旋长久维持与迅速消亡的大尺度环流特征[J].气象学报，**62**(2)167-179.

鲁亚斌，普贵明，解明恩，等.2007.0604 号强热带风暴碧利斯对云南的影响及维持机制[J].气象，**33**(11):49-57.

许美玲，段旭，杞明辉，等.2011.云南省天气预报员手册[M].北京:气象出版社.

尤红，周泓，李艳平，等.2011.0906 号台风"莫拉菲"大范围暴雨过程诊断分析[J].暴雨灾害，**30**(1):1-6.

"海贝思"(1407)低压螺旋雨带的中尺度结构

陈德花　张　伟　尹　烈

(福建省厦门市气象局,厦门 361012)

摘　要

利用常规资料、NCEP 1°×1°再分析资料、新一代天气雷达以及区域自动站资料,对 2014 年广东登陆热带气旋(TC)"海贝思"减弱低压后的残留云带造成的强降水的中尺度结构特征进行了分析。结果表明:残余低压环流带来的强降水具有明显中尺度特征,属于典型的台风螺旋云带中尺度雨团。通过对水汽通量、垂直环流和假相当位温等物理量的垂直分布分析发现,西南和东南急流的暖式切变、辐合和辐散中心与高低次级环流的耦合发展,都有利于螺旋云带中的中尺度系统发展。通过对利用单雷达反演热带气旋近中心风场的 VAP 扩展应用方法反演的风场的分析,进一步证实了残余低压的螺旋云带中存在明显的围绕 TD 中心的中尺度螺旋结构,强降水主要由中尺度螺旋结构产生的。

关键词:台风　暴雨　螺旋云带　中尺度结构　VPA 扩展反演

引言

台风暴雨中,台风本体带来的降水中,其螺旋云带内的中尺度系统是贡献致灾暴雨产生的主要因素。近年来,随着探测手段的增加,许多学者也对台风暴雨的中尺度特征开展了大量的分析和研究[1~27]。这些研究加深了对台风暴雨的中尺度特征的认识。本文针对 2014 年首个影响福建的台风"海贝思"残留螺旋云带导致的特大暴雨过程,从中尺度系统的结构特征进行分析,试图总结此类暴雨的中尺度特征和预报着眼点。

1　台风及降水概况

2014 年第 7 号台风"海贝思"(热带风暴级)于 6 月 15 日 16 时 50 分在广东省汕头市濠江区附近沿海登陆,登陆时中心最大风力 9 级(23 m/s),并于 15 日 22 时减弱为热带低压,而后稳定向东北方向移动,其低压中心穿过福建中部。受"海贝思"残留低压环流的影响,厦门普降大暴雨,局部特大暴雨。统计 15 日 08 时至 16 日 20 时累积雨量,全市 68 个雨量站中共有 41 个自动站超过 100 mm 的强降水。最大降水出现在同安区水洋,为 386.1 mm。从整个降水的落区来看,总体分布不均匀,强降水主要分布在海沧区、集美区及同安区北部。此次台风大暴雨过程雨强强,最大的小时雨强为 61.8 mm。

基金项目:福建省气象局开放式基金(2012K04)资助。

2 台风暴雨的中尺度特征分析

2.1 台风中尺度雨团分析

在此次过程中,共有 102 个站次 1 h 雨量大于 10 mm,14 个站次 1 h 雨量大于 30 mm,6 个站次 1 h 雨量大于 40 mm,其中 1 个站次 1 h 雨量大于 60 mm,以集美许庄 61.8 mm 为最大。分析表明,在"海贝思"残余低压环流的暴雨区中,低压环流内的中尺度雨团也较活跃且持续时间较长,共出现 3 个台风中尺度雨团,第一个雨团(图 1a)从 16 日 02—04 时,第二个雨团(图 1b)从 16 日 06—08 时,第三个雨团(图 1c)从 16 日 11—14 时。此次过程强雨团也表现出明显的中尺度特征,从雨团的分布情况来看属于典型的台风螺旋云带雨团,且发生在低压螺旋云带与福建南部沿海海岸线成正交情况下且具有喇叭口地形的港湾地区。残留低压环流的螺旋雨带内的中尺度天气系统是直接导致厦门大暴雨的天气系统。

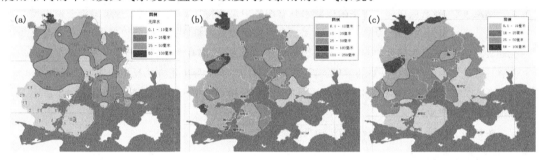

图 1　2014 年 6 月 16 日各时段雨量分布图(单位:mm,箭头为雨团位置和移动方向)
(a)02—03 时;(b)06—08 时;(c)11—14 时

2.2 台风中尺度暴雨产生的环流背景

从 200 hPa 的平均高度场可以看到,南亚高压脊线持续维持在 23°N 附近,500 hPa 中高纬为西高东低型,高压脊位于新疆一带,贝加尔湖以东到东亚维持低涡。强大的副热带高压位于西太平洋,588 dagpm 线于台湾岛东侧,副高脊线位于 20°N 附近,副高成明显的"方头"块状,孟加拉湾维持低槽区。"海贝思"在副高边缘和西南槽前的西南偏南气流的引导下稳定向偏北方向移动。登陆后低压环流沿着福建的中部转向东北移动。在"海贝思"减弱的低压的东到东北侧出现一支东南风急流,它与台风南侧粤闽之间的西南风急流在福建省中南部沿海形成一条暖式切变线,此次台风中尺度对流云团在暖式切变所提供的强辐合上升运动区获得迅速发展,造成厦门大暴雨。

3 台风大暴雨的中尺度系统结构

3.1 湿对流不稳定结构与台风低压的维持

"海贝思"台风登陆后向偏北方向移动减弱成低压,并且持续时间较长,但该低压仍具有台风的某些属性——低压中心和环流完整,并且具有气旋性涡旋的暖心结构。在 θ_{se} 垂直剖面(图 2)的低层还表现为一种明显的热力湿对流不稳定,在整个暴雨期间,低层是一湿对流不稳定气层,即 $(\theta_{se}/p)>0$;其上气层在 850~500 hPa 呈现为湿中性,即 $(\theta_{se}/p)\approx 0$;500 hPa 以上的高空是对流稳定的,即 $(\theta_{se}/p)<0$。这种垂直分布结构是台风中尺度雨团湿对流运动发展的一种典型结构。θ_{se} 的密集带表明有锋区存在,θ_{se} 等值线的斜率增大有利于高层的干冷空气

向低层侵入和低层暖湿空气沿着 θ_{se} 等值线向高层爬升。暖湿空气在垂直抬升作用下上升到高层,冷暖空气在对流层中层相遇,促使气旋性涡度剧烈发展,有利于台风中尺度雨团的深对流发展。

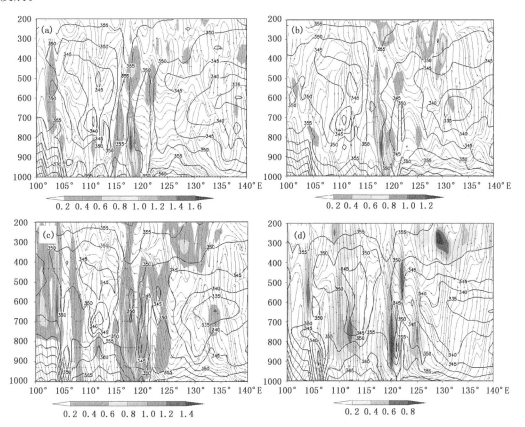

图 2 16 日假相当位温(黑线)、垂直速度(阴影)、垂直环流(流线)沿着 24.85°N 的垂直剖面
(a)02 时;(b)08 时;(c)14 时;(d)20 时

3.2 强辐合、辐散与高低次级环流的耦合发展

从图 2b 可以发现,最强上升运动出现在低压中心东南侧的强对流云雨团,并且在 500 hPa 以下具有强垂直上升运动。从散度的垂直分布来看,在低层 850 hPa 强对流云雨团区域存在 $-10 \times 10^{-5}\,\mathrm{s}^{-1}$ 的强辐合中心。16 日 02 时在特大暴雨区上空 500～400 hPa 层存在 $3 \times 10^{-5}\,\mathrm{s}^{-1}$ 辐散中心,同时在高层 400 hPa 存在强辐散,并且存在反气旋的下沉环流。这支下沉气流在 700～500 hPa 层进行分流,向两侧形成次级环流。16 日 08 时是第二次台风中尺度雨团最为强盛时段,低空辐合加强了,在其上空形成辐合辐散的耦合分布,同时也形成了多个上升支和下沉支相配合的次级环流结构。这种互伴互耦结构和次级环流的形成是此次中尺度对流云团发展并产生强降水的强耦合条件。

3.3 强南风急流为低压环流气旋性发展提供动力条件

从 16 日 02 和 08 时的 500 hPa、850 hPa 的流场分布图可见,在"海贝思"低压环流和副热带高压环流之间由持续维持一支从南海的西南急流。这支自 850 hPa 至 500 hPa 的深厚低空急流在中尺度暴雨过程中自始至终与"海贝思"低压相伴,急流核中心强度均超过 18 m/s,并且位于"海贝思"低压环流的东南侧和副高的西南侧。随着低压中心逐渐向闽中北移动，低压右侧和南侧深厚南风急流带增强，受到副高边缘的流场影响，急流轴呈现东北—西南向，并且北端折向北—西北。这支强南风急流不仅是暴雨的水汽源和热量输送带，而且也是低压发展和维持的气旋性切变涡度源区。水汽输送轴线与低空急流轴基本重叠，低纬地区的暖湿气流被低空急流持续输送到强降水区并堆积。随着低压中心进一步东移后，其水汽通量强中心也东移，强降水区上空的暖湿气流减弱，低空的 θ_{se} 仍维持 352 K 以上，但是降水强度已经明显减弱了。说明此次强降水区低层的热力作用对中尺度暴雨的维持起到次要作用。

4 单多普勒雷达反演中尺度风场扰动分析

为了更好地分析"海贝思"残留低压外围螺旋云带的中尺度特征，本文采用了罗昌荣等[15]研究提出的"单多普勒雷达反演热带气旋近中心风场的 VAP 扩展应用方法"，该方法能反演螺旋云带上的强回波区的风场扰动等。以下利用多普勒天气雷达速度图、反射率产品、区域自动气象站分析地面风场与雷达反演资料进行对比分析形成的三个中小尺度系统，并对"海贝思"残留低压螺旋雨带的中小尺度系统做进一步验证。

第一个中尺度雨团出现在 16 日 02—04 时，自南向北影响厦门西北部山区。从 16 日 02 时开始从 5 km 高度上出现大于 27 m/s 的径向速度大值区（图 3c），并向 1.5 km 高度低层扩散。强回波（图 3a）逐渐移入厦门时，从（图 3c）可以看出，02 时 48 分左右开始，在 2.3 km 高度形成东南向南的风向切变，并持续到了 04 时 20 分。从 03 时的地面区域自动站的极大风的分布可以看出，厦门的西北部存在东南和南风的辐合，说明第一个雨团是在中低层出现小波动和西南风加大的情况下发展起来的。同时从地面区域站风场图（图 3b）可以看出，与强回波带（图 3a）对应的附近区域地面风场表现为一东南向南气旋性的辐合线，呈现出围绕 TD 中心的螺旋状的辐合线。通过 VAP 扩展应用方法单雷达反演的低压近中心的风场（图 3d），可以看到在强降水的存在东南—南的气旋性辐合。这条辐合线尺度较小，该辐合在 16 日 02—04 时造成了 15 个站次 1 h 雨量大于 10 mm，其中水洋站 1 h 雨量为 38.2 mm。

第二个中尺度雨团出现在 16 日 06—08 时，先后自南向北影响厦门西部、东部的部分地区。对于厦门地区来说，第二个中尺度是三个中尺度系统中最强的一个。共 34 个站次出现了小时雨量超过 10 mm，16 站次超过 20 mm，5 站次超过 30 mm，其中最大小时雨量达到 61.8 mm（许庄站）。从 16 时 07 时开始，厦门测站附近 5 km 以下的南风开始逐渐加大，到 08 时 08 分形成了南北向的一对速度对，来向速度大于 32 m/s，并且出现了速度模糊。在 2.3 km 高度形成东南向南的风向切变。和第一个中尺度雨团的区别在于，从高仰角速度图上（图 4c）可以看出，零速度线低层基本为 "S" 型，中高层为反 "S" 型。低层有明显的风速辐合，表明风随高度顺转为暖平流，并且伴有风速辐合。中高层表明风随高度逆转存在冷平流。

此次中尺度过程是建立在低层强劲的西南和东南急流基础上的，低层强劲的东南—南风的辐合，配合中高层冷平流入侵，导致第二个中尺度雨团的强降水。同时从地面区域站风场图（图 4b）可以看出，与强回波带（图 4a）对应的附近区域地面风场表现为一东南向南风气旋性的辐合线。通过雷达反演的低压近中心的风场（图 4d），可以看到在强降水的存在东南—南的气旋性辐合，并且也是呈现出围绕 TD 中心的螺旋状，且在 TD 中心的东南侧。强风核结构造成辐合抬升作用将螺旋云带的动量和水汽不断地向带状回波发展区输送，在中高层遇到冷平流

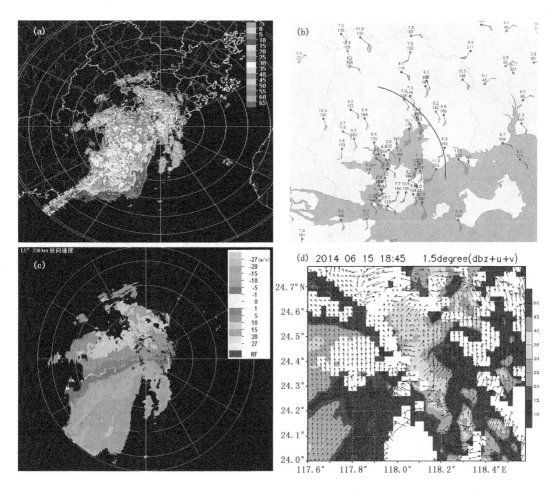

图 3　2014 年 6 月 16 日 02—04 时中尺度雨团的雷达回波、反演风向与地面风场特征

(a)02 时 45 分基本反射率因子图(仰角 1.5°);(b)03 时 00 分地面极大风风场(风向杆)

(c)02 时 45 分径向速度图(仰角 1.5°);(d)02 时 45 分台风近中心反演风场(仰角 1.5°,单位:dBZ)

的激发作用很可能是螺旋带状回波快速发展的主要原因。

　　第三个中尺度雨团出现在 16 日 11—14 时,影响厦门西北部地区。共 26 个站次出现了小时雨量超过 10 mm,8 站次超过 20 mm,4 站次超过 30 mm,其中最大小时雨量达到 41.5 mm(水洋站)。从 16 时 11 时开始,厦门测站附近 20 m/s 以上的速度高度从 5 km 降低至 3 km,和第二个中尺度对比速度明显减弱。在 1.5 km 高度东南向南的风向切变仍然存在。从地面区域站风场图可以看出,与强回波带对应的附近区域地面风场表现为一西南和东南气旋性的辐合线,此时 TD 中心位于辐合线的东北侧。对应反演的风场,可以证实强回波处存在东南—西南的气旋性辐合。从强回波的左侧和右侧均转为西南气流,在强回波带的附近出现了西南向东南的气旋性的风场,正是这种急流的气旋性转变造成辐合抬升,导致第三个中尺度对流的发展。

5　结论

　　(1)通过区域自动站、雷达观测等资料分析表明,"海贝思"残留低压带来的强降水,具有明

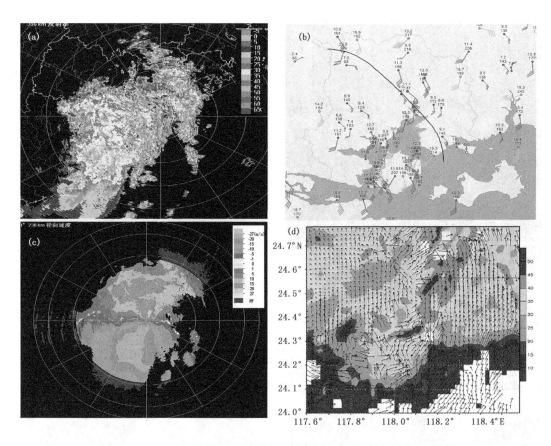

图4 16日07时05分(a)1.5°基本反射率图;(b)07时极大风地面风场;
(c)1.5度基本速度图;(d)1.5°台风近中心风场反演

显的中尺度特征,属于典型的台风螺旋云带中尺度雨团。在副高边缘和西南槽前的西南偏南急流与低压东北侧的东南风急流形成一条暖式切变,此次中尺度对流云团就是在暖式切变所提供的强辐合上升运动区获得迅速发展。

(2)台风低压环流的持续维持为中尺度雨团的发展提供气旋性涡度,湿对流不稳定结构有利于暖湿气流在垂直抬升作用下上升到高层,与对流层中层的冷平流相遇,促使气旋性涡度剧烈发展。辐合中心、辐散中心与高低次级环流的耦合发展,有利于台风中尺度雨团的深对流发展。强南风急流不仅是暴雨的水汽源和热量输送带,而且也是低压发展和维持的气旋性切变涡度源区,此次过程低层的热力作用对中尺度暴雨的持续起到次要作用。

(3)通过雷达反演资料对比分析,对"海贝思"残留低压螺旋雨带的中小尺度系统进一步验证。第一个中尺度系统是在东南向南风气旋性的辐合线下发展的。第二个中尺度的系统是在低层强劲的东南—南风的辐合,在中高层冷平流激发下产生的。且低层螺旋雨带的强回波中心在其前进方向的右侧对应于强风速区。强风核结构造成辐合抬升作用将螺旋云带的动量和水汽不断地向带状回波发展区输送,在中高层遇到冷平流的激发作用是螺旋带状回波快速发展的主要原因。第三个中尺度系统是基于东南—西南的气旋性转变造成辐合抬升的情况下发展起来的。从三个螺旋带状的辐合线的走向,基本上是围绕 TD 中心的移动方向反向发生偏移。

参考文献

[1] 安成,袁金南,蒙伟光,等.登陆的 0915 号热带气旋"巨爵"降水分布及其中尺度结构的分析[J].热带气象学报,2014,**29**(5):727-736.

[2] 周海光.强热带风暴"风神"(0806)螺旋雨带中尺度结构双多普勒雷达的研究[J].热带气象学报,2010,**26**(3):302-308.

[3] 陶祖钰,田佰军,黄伟.9216 号台风登陆后的不对称结构和暴雨[J].热带气象学报,1994,**10**(1):69-77.

[4] 丁金才,姚祖庆,唐新章.9414 号热带气旋(DOUG)非对称结构和对降水影响的分析[J].气象学报,1997,**55**(3):379-384.

[5] 袁金南,周文,黄辉军,等.华南登陆热带气旋"珍珠"和"派比安"的对流非对称分布观测分析[J].热带气象学报,2009**25**(4):385-393.

[6] 钮学新,杜惠良,刘建勇.0216 号台风降水及其影响降水机制的数值模拟试[J].气象学报,2005,**63**(1):57-68.

[7] 赵坤、周仲岛、胡东明,等.派比安台风(0606)登陆期间雨带中尺度结构的双多普勒雷达分析[J].南京大学学报(自然科学),2007,**6**(43):607-618.

[8] 李江南,蒙伟光,闫敬华,等.热带风暴 Fitow(0114)暴雨的中尺度特征及成因分析[J].热带气象学报.2005,**21**(1):24-32.

[9] 李英,陈联寿,雷小途.Winnie(1997)和 Bilis(2000)变性过程的湿位涡分析[J].热带气象学报,2005,**21**(2):142-152.

[10] 陈德花,寿绍文,张玲,等."碧利斯"引发强降水过程的湿位涡诊断分析[J].暴雨灾害.2008,**27**(1):37-41.

[11] 江晋孝,陈台琦.利用多普勒雷达分析台风风场结构－2001 纳莉台风[J].台湾大气科学,2006,**34**(3):177-199.

[12] 魏应植,汤达章,许健民,等.多普勒雷达探测"艾利"台风风场不对称结构[J].应用气象学报,2007,**18**(3):285-294.

[13] 刘淑媛,闫丽凤,孙健.登陆台风的多普勒雷达资料质量控制和水平风场反演[J].热带气象学报,2008,**24**(2):105-110.

[14] 周海光.强热带风暴碧利斯(0604)引发的特大暴雨中尺度结构多普勒雷达资料分析[J].大气科学,2008,**32**(6):1289-1308.

[15] 罗昌荣,池艳珍,周海光.双雷达反演台风外围强带状回波风场结构特征研究[J].大气科学,2012,**36**(2):248-258.

[16] Wexler H. Structure of hurricanes as determined by radar[J]. Annals of the New York Academy of Sciences,1947,**48**(8):821-844.

[17] Marks F D J,Houeze R A J,Gamache J F. Dual-aircraft investigation of inner core of hurricane Norbert Part I:Kinematic structure[J]. *J Atmos Sci*,1992,**49**(11):919-942.

[18] Reasor D,Montgomery T. Low-wave-number structure and evolution of the hurricane innercore observed by airborne dual-Doppler radar[J]. *Mon Wea Rev*,2000,**128**(6):1653-1680.

[19] Ishihara M,Yanagisawa Z,Sakakebara H,et al. Structure of typhoon rainband observed by two Doppler radars[J]. *J Meteor Soc Japan*,1986,**64**(6):923-939.

[20] Tabata A,Sakakibara H,Ishihara M,*et al*. A general view of typhoon 8514 observed by dual-Doppler radar:From outer rainbands to eyewall clouds[J]. *J Meteor Soc Japan*,1992,**70**(5):879-917.

[21] 陶祖钰.从单 Doppler 速度场反演风矢量的 VAP 方法[J].气象学报,1992,**50**(1):81-90.

[22] 杜秉玉,陈钟荣,张卫青.梅雨锋暴雨的 Doppler 雷达观测研究:中尺度对流回波系统的结构和特征[J].

南京气象学院学报,1999,**22**(1):47-55.

[23] 伍志方,叶爱芬,胡胜,等.中小尺度天气系统的多普勒统计特征[J].热带气象学报,2004,**20**(4):391-400.

[24] 王峰云,王燕雄,陶祖钰.单多普勒天气雷达的中尺度风场探测技术研究[J].热带气象学报,2003,**19**(3):291-298.

[25] 周海光,张沛源.笛卡尔坐标系的双多普勒天气雷达三维风场反演技术[J].气象学报,2002,**60**(5):585-593.

[26] 陆汉城等.中尺度天气原理和预报[M].北京:气象出版社,2004.

[27] 罗昌荣,孙照渤,魏鸣,等.单多普勒雷达反演热带气旋近中心风场的VAP扩展应用方法[J].气象学报,2011,**69**(1):170-180.

台风"海鸥"降水的特点及成因分析

陈 红

(海南省气象台,海口 570203)

摘 要

针对受 1415 号台风"海鸥"影响海南岛产生降水天气特点及成因,利用海南地面自动气象站和海口高空观测资料,结合 NCEP 再分析资料、雷达资料和 GFS 资料进行分析。结果表明:"海鸥"对海南岛造成的降水分两个阶段,即台风外围螺旋云带产生的间歇性强对流降水阶段和台风主体的持续性大暴雨阶段。前期副高控制的高能累积,台风西侧低层暖湿气流的辐合、中高层弱辐散,造成大气层结"上干下湿"位势不稳定,低层强垂直风切变、较低的抬升凝结高度,从而产生龙卷等强对流天气。西南季风和越赤道气流结合的急流持续强劲的暖湿气流输送,弱冷空气的卷入以及台风深厚的垂直上升气流和正涡度,是台风主体造成海南岛大部分地区出现大暴雨的主要原因。

关键词:台风"海鸥" 降水 成因

1 台风"海鸥"概况

1.1 台风"海鸥"介绍

台风"海鸥"于 9 月 12 日 14 时(北京时,下同)在菲律宾以东的西北太平洋洋面上生成,生成后稳定向西北方向移动,穿过菲律宾吕宋岛北部地区,进入南海东北部海面,于 16 日 09 时 40 分在海南文昌市翁田镇登陆,登陆时中心附近最大风力 13 级,风速达到 40 m/s,之后穿过海口市,又分别在 12 时 45 分和 23 时前后登陆广东省徐闻县和越南北部广宁省。"海鸥"具有以下特点:①路径稳定;②强度变化小,"海鸥"13 日 17 时加强为台风,先后共四次登陆,强度始终维持在台风级别;③影响范围大、时间长,"海鸥"云系范围大,台前对流发展旺盛,15 日下午外围云系开始影响海南岛,当日夜间,距台风中心 500 km 以外的海南岛出现龙卷等强对流天气,直至 16 日夜间,台风在越南北部登陆后,海南岛降水仍持续,整个过程降水持续时间超过 36 h。

1.2 海南岛过程降水情况

据乡镇自动气象站资料统计,受"海鸥"影响,15 日 14 时至 17 日 08 时,本岛北半部地区普降大暴雨、局地特大暴雨,南半部普降大到暴雨、局地大暴雨。全岛共有 177 个乡镇雨量超过 100 mm,其中雨量超过 200 mm 的乡镇有 84 个,超过 300 mm 的乡镇有 17 个。

降水大体分为两个阶段,即外围对流云带影响阶段和主体云系影响阶段。外围对流云带15 日下午起陆续影响海南岛,造成间歇性阵性降水,其中 15 日夜间 19 时前后起至 16 日 01 时前后,自东北向西南出现一次龙卷、雷雨大风和短时强降水(图 1)等强对流天气。过程降水量主要受主体云系影响,由于台风云体庞大,主体云系持续性降水维持时间较长,从 16 日 04 时前后至 20 时前后,大部分地区降水峰值出现在中午时段,小时雨量普遍在 30~60 mm。

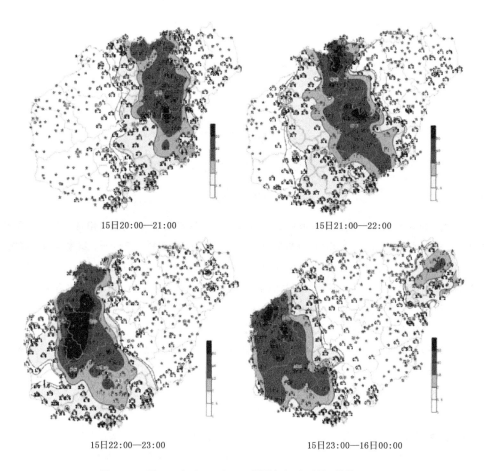

15日20:00—21:00

15日21:00—22:00

15日22:00—23:00

15日23:00—16日00:00

图1　15 日 20 时至 16 日 00 时测站小时雨量(单位:mm)

2　大尺度环流背景

在"海鸥"进入南海之前,海南岛位于西太平洋副高 588 dagpm 线边沿,受副高反气旋环流控制,海南岛为晴热天气。"海鸥"进入南海之后,副高呈块状,588 dagpm 线控制巴士海峡以东洋面及长江流域到华南北部一带地区,其西南侧 588 dagpm 线为西北—东南走向,"海鸥"受副高西南侧的东南气流引导,稳定向西北方向移动,随着台风的移动,副高西侧有所减弱,广西和海南风向呈扇形辐散。另外,500 hPa 东北低涡东移,引导冷空气向南扩散。地面气压场上可见台风环流占据南海中北部大部区域,冷高中心在 37°N 附近。"海鸥"活动期间从孟加拉湾到南海出现≥16 m/s 的西到西南急流,强盛的季风给台风提供了充沛的水汽及不稳定能量的输送,同时,台风范围十分庞大,南海中北部海域和整个华南地区均受影响。

3　台风外围强对流天气分析

3.1　强对流发展的物理条件

15 日下午开始,海南岛受台风西北象限的外围对流云系影响开始出现阵性降水,夜间出现了龙卷、短时强降水和雷雨大风等强对流天气。台风登陆海南之前,受副热带高压影响,多日全岛最高气温在 32～35℃,大气处于能量积累的过程。15 日 20 时 925 hPa 假相当位温场中,海南岛均≥344 K,可见低层暖湿空气的积累相当明显。另外,受副高环流影响,中高层的辐散使得 15 日 20 时 500～300 hPa 湿度明显减小,$T-T_d$ 普遍大于 20℃,比湿普遍小于 1 g/kg,从而形成上干下湿较强的对流不稳定层结(图 2)。从表 1 可以看出:不稳定能量的积累,台风登陆前 K 指数和对流有效位能 CAPE 值维持大值,K 指数均在 35℃ 以上,15 日 20 时海口达 40℃,CAPE 值较 14 日 20 时和 15 日 08 时有所下降,中等强度的 CAPE 值比极端的 CAPE 值更有利于降水效率的形成,因为极端的 CAPE 使气块加速通过暖云层,减少了通过暖云层过程形成的降水时间[1]。沙氏指数 SI 逐渐减小,15 日 20 时为 −2.47℃,0℃ 层位势高度 ZH 值 24 h 下降了 131.5 dagpm,表明中高层出现弱的降温,进一步促进层结稳定度减小。综上所述,15 日夜间,海口大气层结的对流性不稳定特征十分明显,因此最大上升速度也达到了 45 m/s 以上。

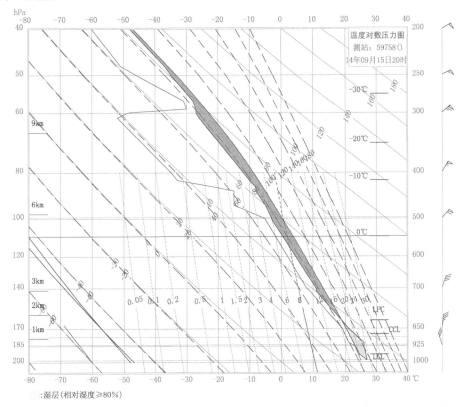

图 2　15 日 20 时海口 T-ln$p$ 图

龙卷一般产生于极端不稳定的大气层结中,是在能量不断积累和在一定条件下强烈的转化和释放的过程中产生的。上述分析可以看到强对流天气发生前能量已经有了足够的积累,而台风的外围是一种适合能量转化和释放的环境。台风螺旋雨带上出现龙卷的可能性很大,因为符合两个条件:云底高度低;低层垂直风切变,即风暴相对螺旋度大。随着对强对流天气研究的深入,一些研究发现抬升凝结高度的高低也影响到龙卷的发生[2~4],虽然目前对这一说法还没有得到理论解释,但一些观测事实确是如此。Thompson 等[3]统计发现产生 F2 级以上强龙卷的平均抬升凝结高度低于 981 m,弱龙卷的平均抬升凝结高度为 1179 m,未出现龙卷的超级单体平均抬升凝结高度为 1338 m。15 日 20 时海口的探空抬升凝结高度为 962.5 m,

是一个比较低的高度。较低抬升凝结高度表明低层相对湿度较大,下沉气流中的气块在低层大气被进一步蒸发降温的可能性较小,其具有正浮力的可能性较大,有利于龙卷的形成。经计算,此时低层的垂直风切变值较大,0~6 km 为 22.87 m/s,0~2 km 为 8.98 m/s,据俞小鼎等[1]研究指出,低层垂直风切变是中层中气旋(3~10 km)的涡度来源,而龙卷与低层(2 km)以下中气旋的联系更密切,只有低层中气旋形成,才有可能产生龙卷,因此此时低层的垂直风切变对于龙卷的发生来说也是一个有利的条件。

强对流对水汽条件的要求虽然没有暴雨那么高,但较充沛的水汽条件(特别是低层)也是必不可少的。强盛的季风输送,使得台风水汽十分充沛,随着台风靠近,海南大气柱水汽含量迅速增大,给强对流天气中的短时强降水提供很好的水汽条件。从探空资料得知,登陆前这种水汽的增加体现在中低层湿层的增厚上,所以,同时也迅速加强了上干下湿的对流不稳定层结。又由于 15 日低层风场在台风西侧有明显辐合,更有利于其西侧对流发展,导致台风结构不对称,这也是距台风中心 500 km 海南岛开始出现外围降水的原因。

表 1　海口几种对流指数

	14 日 20 时	15 日 08 时	15 日 20 时	16 日 08 时	16 日 20 时
K 指数(℃)	35	35	40	34	38
SI 指数(℃)	−0.6	−1.18	−2.47	2.22	−1.12
CAPE 值(J/kg)	2695.2	2269.1	1083.6	4.3	12.1
ZH 值(gpm)	5364.4	5272.9	5232.9	5502.1	5403.3
$T_{850\,hPa}-T_{500\,hPa}$(℃)	24	23	24	20	22
w_cape(m/s)	73.4	67.4	46.6	2.9	4.9

3.2　强对流回波特征

在 0.5°仰角的基本反射率因子图上,自 15 日 19 时起,南北向强回波带开始影响海南岛东北部地区,之后向西移动,自东向西影响海南岛,强度以 45~55 dBZ 为主。其中,20—21 时回波从窄线状分布变为较宽的带状分布,同时强度略微减弱,21 时之后西移中再次加强,强回波分布也再次呈现飑线特征的窄线状,并在 21 时 30—50 分为弓形,发生龙卷的澄迈县桥头镇圣目村位于弓形顶点处,此处回波顶高为 17~20 km,较之前 14~17 km 明显增高,此处回波单体的后侧有弱回波区域,形成后侧入流槽口,表明存在强的下沉后侧入流急流,它向下沉气流提供干燥及高动量的空气,通过垂直动量交换,增加地面附近出流的强度。强烈的下沉气流及其导致的强烈地面冷池对弓形回波的初始发展至关重要[5-7]。22 时之后回波带再次呈现宽带状进而为片状,南北两头的强度迅速减弱,而中间长度大约 100 km 的回波强度略有加强,顶高为 17~20 km,在这一时段,即 15 日 22:00—23:00 的小时雨强是过程最强的,海南岛西部内陆出现成片≥50 mm 的小时雨量,最大值达到 99.6 mm。之后回波逐渐减弱离岛。这次过程,回波带上液态水含量 VIL 值一直有 25~40 kg/m² 存在,与短时强降水相对应。从 21 时 42 分的 0.5°仰角径向速度图,可以清楚看到,对应反射率回波带中有 15~27 m/s 的速度大值区,在临高与澄迈交界处存在有利于回波发展的辐合场,且澄迈境内有速度对,呈现气旋性辐合(圆圈处),与龙卷发生地位置吻合。可见,强对流过程中,回波影响东北半部时,回波窄、天气剧烈(出现强雷电和龙卷),影响西南半部时,随着能量进一步的释放,回波宽、雨强强。

4 台风主体持续性降水分析

4.1 水汽条件

台风产生持续性降雨不仅需要其自身云系有较高的水汽含量,同时在降雨过程中需要有大尺度环境场源源不断地提供水汽,才能保证台风强降雨的形成[8]。"海鸥"进入南海之后,强盛的偏西气流与越赤道气流在南海汇合,转为偏南气流将来自孟加拉湾和南海的水汽向台风中心输送,台风与副高之间较大的梯度加强了这支偏南气流,使中低层大气明显增温增湿,增加了位势不稳定,并给台风提供大量的能量,使大气获得足够的浮力而达到凝结,释放大量潜热,可见强的水汽输送(图3)使得大气维持大范围的深厚湿层。16日08时海口探空图相对湿度400 hPa以下均大于80%。另外,也可以看到台风中心附近大气柱水汽含量达70 kg/m²以上的分布面非常广,分布在距离台风中心200~400 km的范围内,甚至在半径100~150 km的范围内≥78 kg/m²。大气柱水汽含量与降水的对应非常好,从各测站的小时雨量来看,由弱到强再逐渐减弱,在台风主体云系影响的16 h内海南岛大部分地区出现100 mm以上的大暴雨,局部出现特大暴雨。

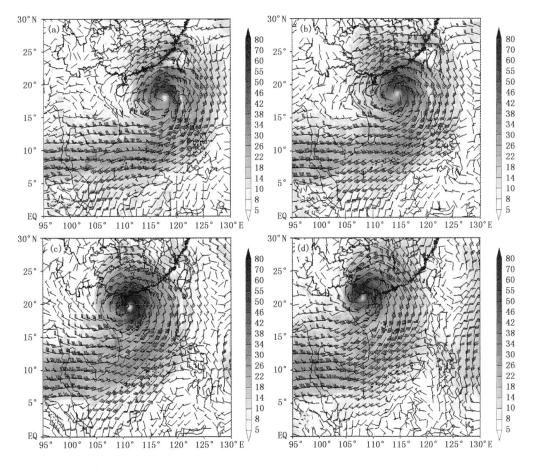

图3　850 hPa水汽通量场,单位:g/(cm·hPa·s)

(a)15日08时;(b)15日20时;(c)16日08时;(d)16日20时

4.2 物理条件分析

台风主体降水以层云降水为主,因此是持续性降水。从探空资料不难看出主体降水与外围对流性降水的区别。16 日 08 时,沙氏指数 SI 为 2.22,最大上升速度也体现为大尺度系统的量级,仅为 2.9 m/s,而 CAPE 值也由于能量的释放明显减小,台风的暖心结构导致 0℃层位势高度 ZH 值较 15 日 20 时上升了 269.2 dagpm。

之前的分析得知,由于急流的输送给台风暴雨提供了大量的能量,从假相当位温场也可以看到,随着输送的加强,台风中心附近的假相当位温由 15 日 20 时的 344 K 增加到 350 K,另外,从图上还可以看到弱的干冷空气从西侧渗透,位温剖面图也表明,冷空气的渗透体现在 800 hPa 以下,探空资料显示,与 15 日 08 时比较,800 hPa 以下普遍下降 1~3℃,对比 850 hPa 散度场可以发现,16 日 08 时台风中心附近除了东北侧以外其他象限的的辐合明显加强,可见由于弱冷空气的卷入及季风暖湿急流的持续输送使台风主体云系得到发展,是导致产生大范围大暴雨的主要原因。

已有研究表明,在台风发展过程中,台风环流域内的垂直上升气流运动区有一个"增厚"过程,深厚的垂直上升气流和正涡度是成熟台风的体现[9,10],"海鸥"的垂直上升气流和正涡度贯穿 1000~200 hPa,给暴雨提供了良好的动力条件。

5 小结

(1)台风"海鸥"对海南岛造成的降水分为两阶段:前一段是台风外围螺旋云带产生的间歇性对流降水,其中出现一次龙卷、雷雨大风和短时强降水等中尺度强对流天气过程;后一段是台风主体的持续性大暴雨过程。

(2)前期副高控制的高能累积,台风西侧低层暖湿气流的辐合,中高层弱辐散,造成大气层结具有"喇叭"型"上干下湿"位势不稳定,低层高湿、增温为强对流天气发展提供了有利的水汽、热力和不稳定条件。中等强度的对流有效位能,低层强垂直风切变、较低的抬升凝结高度,为龙卷产生提供了可能性。

(3)强对流所对应的反射率回波带在西移过程中从窄带飑线状逐渐变为块状,其中在澄迈一带时呈现弓形,且后侧有弱回波区域,速度图对应有辐合场且出现气旋性辐合的速度对;强对流过程中,回波影响东北半部时,回波窄、天气剧烈(出现强雷电和龙卷),影响西南半部时,随着能量进一步的释放,回波宽、雨强强。

(4)台风主体持续性降水造成海南岛大部分地区出现大暴雨的主要原因是:西南季风和越赤道气流结合的急流持续强劲的暖湿气流输送,为台风主体云系的发展和维持提供了深厚的热力和水汽供应;弱冷空气的卷入以及台风深厚的垂直上升气流和正涡度,给暴雨提供良好的动力作用。

参考文献

[1] 俞小鼎,姚秀萍,熊廷南,等.多普勒天气雷达原理与业务应用[M].北京:气象出版社,2006.

[2] Rasmussen E N, Blanchard D O. A baseline climatology of sounding-derived supercell and tornado forecast parameters[J]. *Wea Forecasting*,1998,**13**(4):1148-1164.

[3] Thompson R L, Edwards R, Hart J A. An assessment of supercell and tornado forecast parameters with

RUC-2 model close proximity sounding[C]//Preprints 21st Conf On Severe Local Storm. San Antonio：*Amer Meteor Soc*，2000：595-598.

[4]　Erikn R. Refined supercell and tornado forecast parameters[J]. *Wea Forecasting*，2003，**18**（3）：530-535.

[5]　何彩芬,姚秀萍,胡春蕾,等.一次台风前部龙卷的多普勒天气雷达分析[J].应用气象学报,2006,**17**(3)：370-375.

[6]　张培昌,杜秉玉,戴铁丕.雷达气象学[M].北京:气象出版社,2001.

[7]　唐小新,廖玉芳.湖南省永州市 2006 年 4 月 10 日龙卷分析[J].气象,2007,**33**(8):23-28.

[8]　吕梅,邹力,姚鸣明,等.台风"艾利"降水的非对称结构分析[J].热带气象学报,2009,**25**(1)：22-28.

[9]　陈联寿,徐祥德,罗哲贤,等.热带气旋动力学引论[M].北京:气象出版社,2002.

[10]　黄新晴,罗哲贤,滕代高.台风形成过程中三维结构变化的初步分析[J].南京气象学院学报,2007,**30**(5):648-656.

1311 号台风"尤特"的等熵位涡分析

黎惠金[1]　　黄明策[2]　　覃昌柳[1]

(1. 广西来宾市气象局,来宾 546100;2. 广西区气象台,南宁 530022)

摘　要

利用等熵位涡理论对 2013 年严重影响华南的"尤特"台风过程进行了诊断分析,结果表明:"尤特"活动期间,其环流中心上空高层有随台风移动的高位涡大值中心下传,且高层位涡下传的强弱与下传区相对台风的位置与台风强度和移向变化关系密切,表现为台风一般沿着其上空等熵位涡分布图的长轴方向移动,高层位涡增加后,台风中心气压下降,强度加强。高层高位涡的下传,导致动力对流层顶下降,在高位涡异常区前方低层激发气旋性环流,形成低涡或气旋,从而影响台风移动,而低涡或气旋生成后对对流层高层位涡扰动又有正反馈作用,促使台风加强。由于高层高位涡下传对台风强度产生的正影响,以及周边高位涡空气的输送、后期冷空气的南移和孟加拉湾、台湾岛以东洋面热带气旋的发展带来的东、西、北三支高位涡空气的注入,"尤特"生成后强度快速增强、移入南海后再次发展及登陆,后期低压环流得以长期维持。

关键词:台风　等熵位涡　高位涡下传　强度　移向

引言

位涡是一个重要的诊断工具,它综合表征了大气的热力和动力特征。Rossby[1] 在 1940 年就指出在正压流体中,绝对涡度 ζ_p 与流体柱厚度 h 之比为常数,此即最简单的现代位势涡度守恒的概念。随后,Ertel[2] 得出在绝热无摩擦过程中,IPV(Isentropic Potential Vorticity)是一个守恒量,并提出了等熵位涡的概念。20 世纪 80 年代中期,Hoskins 等[3] 采用位涡对切断低压、阻塞高压结构、起源及维持、斜压和正压不稳定机制等进行分析得到了简洁清晰的物理图像,使得等熵位涡这种既能描述气块轨迹又能显示大尺度动力学性质的理论受到国内外气象学者广泛关注。赵其庚采用等熵位涡方法对侵入青藏高原冷空气过程进行了分析[4],概述了所谓的"IPV"思想[5]。侯定臣等[6~7] 通过等熵位涡图和位涡剖面图分析了台风暴雨和夏季江淮气旋,得出气旋在夏季的活动模式,指出了等熵位涡图是诊断预报台风活动和暴雨落区的重要手段。于玉斌等[8] 利用干位涡理论,在等压面及等熵面上分别对一次台风低压环流造成华北的特大暴雨过程进行了讨论,揭示了台风低压北上诱发暴雨过程的位涡场结构,指出特大暴雨的落区位于低层等熵面位涡高值区的东北侧。季亮等[9~10] 选取 1997 年第 11 号台风"温妮"为研究个例,通过数值模拟方法深入分析了登陆台风结构演变的过程中绝热与非绝热作用对对流层低层位涡局地变化的影响,并提出了片段位涡反演方法。李英等[11] 从湿位涡理论出发,对 9711 号台风和 0010 号台风在中国大陆发生的变性进行了对比分析。其他一些科研工作者也分别利用位涡理论对低温雨雪冰冻、暴雪、强降雨等天气气候事件进行了分析研

基金项目:中国气象局 2014 年预报员专项。

究[12~16]。此外,还有些气象学者采用位涡的预算、准地转位涡反演、半地转位涡反演及分部位涡反演的方法对气旋的生成机制进行研究。如,周毅等[17~18]采用位涡反演方法,研究了一次爆发性气旋的生成机制,揭示了凝结潜热释放在气旋发展中所起的重要作用。.Martin 和 Marsili 等[19]利用中尺度数值模式 MM5 的模拟输出结果,用分部位涡反演方法诊断了北太平洋上气旋的快速减弱过程,得出对流层高层位涡异常最大地控制着与气旋相关的对流层低层高度场的演变。

上述研究表明,位涡理论能有效地解释天气现象、预测天气系统的变化[20],对位涡的研究与分析,有助于增进对气旋和暴雨的发生发展及演变的认识和了解。为此,本文试图通过等熵面位涡图和位涡剖面图的分析,研究台风的位涡场结构,并用位涡的观点对 1311 号台风"尤特"的发生发展和持续的机制进行了初步探讨,以期为台风的预报提供一些有益思路。

1 资料和研究方法

1.1 等熵位涡的定义

在 p 坐标系中,位涡定义为

$$P_m = - g(f\boldsymbol{k} + \nabla_p \wedge \boldsymbol{v}) \nabla_p \theta \tag{1}$$

引进静力近似,位涡的表达式为

$$p_m = - g(\zeta_p + f) \frac{\partial \theta}{\partial p} + g \frac{\partial v}{\partial p} \frac{\partial \theta}{\partial x} - g \frac{\partial u}{\partial p} \frac{\partial \theta}{\partial y} \tag{2}$$

其中, $-g(\partial\theta/\partial p)$ 表示表静力稳定度, f 为科氏参数, θ 为假相当位温, ζ_p 为 p 坐标系中的垂直涡度, ∇_p 是 xyp 空间的三维梯度算子。当取 θ 为垂直坐标时,由于沿等熵面上的梯度为零,位涡即可简化为

$$P_m = - g(f + \boldsymbol{k}\nabla_\theta \wedge \boldsymbol{v}) / \frac{\partial p}{\partial \theta} = - g(\zeta_\theta + f) \frac{\partial \theta}{\partial p} \tag{3}$$

此即为等熵位涡的表达式,其中 $\zeta_{\theta_{se}}$ 为等熵面上相对涡度的垂直分量, g 为重力加速度, f 为牵连涡度。因此,等熵位涡是由等熵面上的绝对涡度和静力稳定度共同决定的。

在绝热、无摩擦运动中位涡 p 是一个保守量,等熵面上的位涡变化可由沿等熵面的位涡平流来确定,然而台风等天气过程常伴有强降水,因此分析时必须考虑潜热加热的作用。侯定臣[6]曾提出,当非绝热加热随高度增大(减小)时,位涡随时间增加(减小),即最大加热层以上位涡减小,以下位涡增大,因此只要注意最大加热层以下位涡增加、最大加热层以上的位涡减小这一点,位涡分析的主要方法就可以定性地用于分析伴有较强降水的天气系统。

1.2 资料与处理方法

本文资料采用 NCAR/NCEP 逐日 6 h 再分析资料,分辨率为 1°×1°。计算时,对每一个格点采取自上而下确定 θ 高度的办法。当 θ 出现折叠时,选取上述格点值,制成等熵面,再线性内插出各等熵面上的风场、高度场和气压值,最后根据式(3)计算出等熵位涡。本文以 5 K 为间距,分别计算了 295~385 K 共 19 层等熵面。

2 1311 号台风"尤特"概况

2013 年第 11 号热带风暴"尤特"于 8 月 10 日 02 时(北京时,下同)在菲律宾以东洋面上生成,12 日凌晨在菲律宾吕宋岛东部沿海登陆,上午移入南海东部海面,而后以 25 km/h 左右

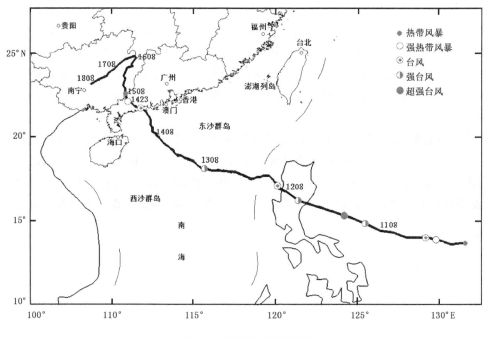

图 1 "尤特"移动路径图

速度较稳定地向西偏北或西北方向移动,14 日 15 时 50 分左右以强台风强度在广东省阳江市阳西县沿海登陆,登陆后继续西北行,移速减慢至 18 km/h,7 h 后即于 14 日 23 时在广东省高州境内开始转向偏北方向移动,移速再次降为 13 km/h,15 日 04 时进入广西后其移速更慢,移速基本保持在 7～10 km/h,路径复杂多变,16 日 14 时在到达广西富川县境内,迅速掉头转向西南方向移动,18 日 14 时到达宾阳与武鸣县交界处,其后低压减弱的环流中心继续西南移,而后移入北部湾减弱消失(图 1)。期间,11 日 17 时"尤特"加强为超强台风,最大强度曾达到 17 级(60 m/s),12 日 10 时在南海一度减弱为台风,13 日 08 时再次加强为强台风,登陆后 1 h 10 min 也就是 14 日 17 时强度即迅速减弱为台风,23 时继续减弱为强热带风暴,15 日 04 时减弱为热带风暴,15 日 14 时再次减弱为热带低压,18 日 14 时上海台风研究所热带低压停编。

14 日 23 时前,西太平洋副热带高压呈方头块状占据了菲律宾到日本海的西太平洋海面,脊线稳定在 28°～30°N 一带,"尤特"稳定偏西北行。14 日 20 时,副高面积加大,脊线北抬至 33°N,南界与赤道高压打通,越赤道气流在副高西侧汇合,形成南北向的引导气流,"尤特"转受副高西侧虎口内偏南气流引导,3 h 后转向北上;15 日 02 时,副高强度减弱,脊线继续北抬到 35°N 附近,"尤特"与副高距离加大,逐渐脱离了副高的影响,但中南半岛到菲律宾东北西南向的赤道反气旋维持,"尤特"转处于鞍形场内赤道反气旋西北侧弱偏南气流引导,缓慢北行。16 日 14 时后大陆副高加强西伸,"尤特"再次转受南侧东偏北弱引导气流及北方冷空气的影响掉头往西南方向缓慢移动。因此,由于环流背景场的显著变化,"尤特"在后期的移动经历了两个移向突变,一个是于 14 日 23 时,由前期较为稳定的西北行突然转向北上;另一个是在 16 日 08—14 时,由偏北路径逆转为西北路径再西南掉,即"尤特"生成后移动路径经历了西到西北行、偏北行、西南行三个不同阶段,其在广西活动期间移速慢、移动路径复杂多变、强度减弱缓慢,在广西滞留时间长达 112 h 之久,导致广西东部出现了持续的暴雨到特大暴雨灾害,造成了严重的灾害损失。

3 2013 年 8 月 IPV 的平均特征

图 2 是 2013 年 8 月沿 110°E 的平均气压纬度—等熵剖面。从图中可以看到,平均场上 305 K 的等熵面向北其高度逐渐升高,低纬位于 900 hPa 以下高度,中纬度地区上升至 800～700 hPa 高度,极区则继续上升到 500 hPa 以上,显然 305 K 等熵面虽高度随纬度变化很大,但总在对流层内。与 305 K 等熵面相比,315 K 等熵面高度变幅进一步加大,等压面高度从热带的 700 hPa 上升到极区的 350 hPa,变幅达到了 450 hPa 以上。再往上到了 345 K 等熵面,其中低纬在 350～300 hPa 的附近,高纬在 250 hPa 以上,即 345 K 等熵面主要位于对流层高层,高度随纬度变化很小。至 360 K 等熵面则继续上升到 200～150 hPa 高度,即处于对流层顶到平流层下部。因此,对于"尤特"中心及附近来说,中低层大气情况可采用 330 K 及以下层次分析,对流层高层可用 345 K 及附近层次分析,而对于平流层的空气则主要分析 360 K 及以上层次。

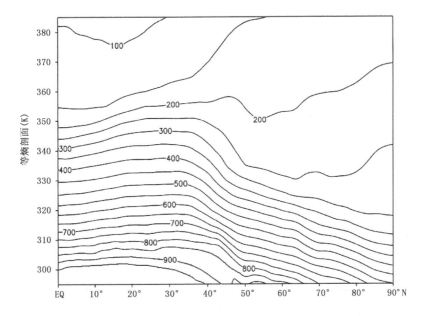

图 2 2013 年 8 月(1—31 日)沿 110°E 的平均气压纬度—等熵剖面(单位:hPa)

4 "尤特"活动期间的 IPV 特征分析

4.1 对流层 IPV 的水平演变特征分析

以 315 K 等熵面作为对流层中低层进行分析。从 10—19 日的等熵面上,可知,在 315 K 等熵图上都有一个高位涡中心与台风环流对应。10 日 08 时,热带风暴"尤特"位于菲律宾东部海上,与"尤特"中心对应为一个高位涡中心,IPV 最大值为 1.8 个 PVU。而后,"尤特"强度迅速发展,至 11 日 08 时,"尤特"中心位涡值增至 3 PVU,围绕该高位涡中心的等熵面风场呈气旋性分布,与等压面图上"尤特"环流对应,其西侧在南海中北部上有一中心值超过 0.6

PVU 的高位涡区,其风场同样呈气旋性分布,对应等压面图上的热带低压区。在两高位涡中心的南侧,围绕着一支较强的西南气流,该气流在菲律宾附近分成两支,一支卷入"尤特"上空的高位涡区,另一支绕入南海上空的热带低压区。此外,在"尤特"高位涡中心的东侧,还有一支强盛的东南气流卷入,这支气流与副高南侧东南气流对应。11 日 20 时"尤特"发展为超强台风,台风中心 IPV 值增至"尤特"生命史的最强,达 5 PVU 以上。

12 日 08 时(图 3a)与 11 日类似,只是因 12 日凌晨"尤特"在菲律宾吕宋岛东部沿海登陆,强度减弱为台风,"尤特"高位涡中心也随之西北移,IPV 中心值减小,围绕"尤特"和南海低压环流的两高位涡区的西南气流在南海的分支已不明显,而转以向东旋入"尤特"高位涡区为主。

13 日 08 时(图 3b),"尤特"高位涡中心移入南海北部,位于南海中南部的相对高位涡区强度稍减,位置也略为南掉,原围绕其的南北两支气流已转为单一的西南气流,开始向"尤特"高位涡中心输送高位涡空气,有利于台风强度加强,南海"尤特"IPV 高值中心再次增至 3 个PVU。对应等压面图上,南海低压环流卷入"尤特"环流,当日 08 时"尤特"再次加强为强台风。

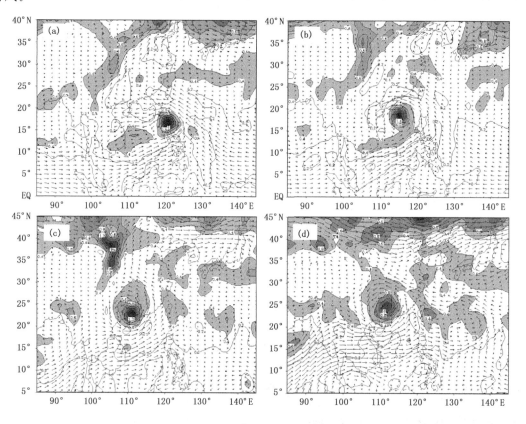

图 3　2013 年 8 月 315 K 等熵面上位涡(等值线,单位:PVU)和风场(矢量,单位:m/s)
(阴影表示 IPV 值大于 0.4 PVU 地区;a. 12 日 08 时;b. 13 日 08 时;c. 15 日 08 时;d. 16 日 08 时)

14 日 08 时,"尤特"高位涡中心逐渐向广东省沿海靠近,其南侧强盛的西南气流仍不断地向其注入高位涡的空气,但其东侧的东南气流已不明显。当日下午,随着"尤特"在广东沿海的登陆,20 时"尤特"高位涡中心值再次减小。

15 日 08 时(图 3c),"尤特"到达广西东南部,强度减弱为热带风暴,对应"尤特"高位涡区移至广西东南部,高位涡中心值减至 1.6 PVU,其东、西两侧的西太平洋上和孟加拉湾一带由于低值系统的发展,开始有分散的高位涡相对大值区出现,强度逐渐加强,围绕"尤特"高位涡区的西南急流有一部分开始向西太平洋上分散的高位涡相对大值区输送;原位于南海中南部的高位涡区中心强度减至 0.4 PVU,范围也明显减小。

16 日 08 时(图 3d),北方冷空气南下造成的大片高位涡区到达 37°N,"尤特"东、西两侧在西太平洋上和孟加拉湾一带的高位大值区继续发展,强度增强;"尤特"上空开始有三支气流共同向其输送高位涡空气,一支是来自孟加拉湾的西南急流向东输送的高位涡空气,另一支是西南急流绕到台湾以东洋面高位涡区再向西携高位涡空气传入"尤特",第三支是来自北方的偏北气流对高位涡空气的传输。17—18 日与 16 日类似,"尤特"上空同样存在东、西、北三支高位涡空气的传输。由于多支高位涡空气的传输,尽管深入内陆多日,19 日前"尤特"环流中心的 IPV 值仍维持在 1 PVU 以上,位涡值减小速度非常慢。

19—20 日,随着环绕孟加拉湾和台湾以东洋面高位涡区的环流气旋性的加强,这两大位涡区向"尤特"输送的高位涡空气逐渐减弱,"尤特"上空主要受北方冷空气高位涡的注入。由于仍有高位涡空气的注入,至 20 日"尤特"上空高位涡中心值仍在 0.6 PVU 以上。

在对流层,各层次"尤特"IPV 及风场的演变特征与 315 K 基本一致,都表现为台风环流与高位涡区对应,台风加强,高位涡中心数值增大,以及台风在华南沿海登陆前后其西南侧有高位涡空气的输送,深入内陆后有东、西、北三支高位涡空气的传输,但由于高空副热带高压的加强,在高层台风登陆华南沿海前东侧的东南气流更强,其南侧的西南风场则明显弱得多。说明,"尤特"在活动过程中,其周边存在着高位涡空气的输送,特别是在台风活动的后期,由于冷空气南移、孟加拉湾和台湾以东洋面热带气旋发展,"尤特"得到东、西、北三支高位涡空气输送,这也可能是"尤特"移入南海强度再次增强及后期低压环流长期维持的重要原因之一。

4.2 IPV 的垂直演变特征分析

图 4a 是 8 月 11 日 08 时沿"尤特"中心(15°N)等压线(短虚线)、急流(阴影)和等熵位涡(实线)纬度-等熵剖面,从图中可以看到,与台风区域对应,126°E 在边界层到对流层高层,为一垂直深厚的高位涡柱,高位涡中心值在 5 PVU 以上,位于 700 hPa 附近,高位涡柱及其周边为台风大风区;200 hPa 以上高层(对流层高层到平流层低层,以下简称高层)存在着波状分布的高位涡区,台风上空有随台风移动的高层高位涡大值中心向下伸展,并在 200 hPa 附近与台风高位涡区相接,其西侧风速较东侧大。经向剖面图上位涡分布特征与纬向剖面图类似。由于在对流层内位涡值一般小于 1.5 PVU,平流层低层很快大于 4 PVU,根据位涡的不连续分布和它的守恒性,可以把 1.5 PVU 定义为"动力对流层顶"[16]。因此,由于高层高位涡区的向下伸展,11 日 08 时台风上空 1.5 PVU 的"动力对流层顶"下降至 200 hPa 附近对流层高层。

图 4b 给出了该时次沿"尤特"中心采用等压面的位涡 p_m 制作的位涡(实线)、位温(短虚线)和急流(阴影)经度-高度剖面。图中可见,4b 与 4a 结论一致,只是相比图 4a,图 4b 对"尤特"高位涡柱及高层高位涡下传特征的反映更为形象些。

$$p_m = -g(\zeta_p + f)\frac{\partial \theta}{\partial p} + g\frac{\partial v}{\partial p}\frac{\partial \theta}{\partial x} - g\frac{\partial u}{\partial p}\frac{\partial \theta}{\partial y}$$

12—14 日,"尤特"剖面特征与 11 日类似,台风上空同样存在着高位涡柱及高层高位涡的下传,只是 12 日由于台风在吕宋岛登陆后强度减弱,12 日 08 时台风上空高位涡柱中心强度

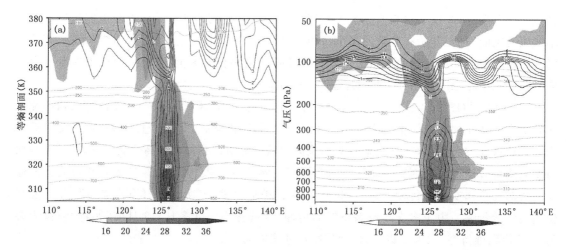

图 4　2013 年 8 月 11 日 08 时沿 15°N 的等压线（短虚线）、急流（阴影）和等熵位涡（实线）
纬度—等熵剖面（a）和位涡（实线）、位温（短虚线）和急流（阴影）纬度—高度剖面（b）

降至 2 PVU，较 11 日 08 时明显减弱，高层下传的高位涡区强度也有所减弱，而到 13 日台风高位涡柱强度及高层高位涡中心强度再次增强，其中 13 日 08 时台风高位涡柱强度增加至 2.5 PVU，14 日 08 时继续增至 3 PVU 以上（图 5a）。

15 日 08 时，由于"尤特"在广东登陆后强度减弱为热带风暴，台风区高位涡柱中心值下降至 2 PVU（图 5b），强度再次减弱，且与前期不同，纬向剖面图上看不到有高层高位涡向下伸展，但经度剖面图高空高层高涡下传仍较明显。

16—18 日，由于地面摩擦作用，"尤特"已减弱低压环流，对应在等熵位涡剖面或位涡剖面图上，"尤特"环流在对流层仍存在一弱的高位涡柱，其中心值维持在 1 PVU 以上，与此同时，随着北方冷空气的缓慢东移南压及"尤特"的逐渐北上，16 日 08 时与北方冷空气相联系、向下伸展的高层高位涡柱也由 15 日 31°N 南移到 28°N，台风区域的高位涡柱自下而上稍北倾与高层向下伸展的冷空气高位涡柱相接（图 5c），而后略有南压，17（图 5d）、18 日基本稳定在 27°N 附近。其中，与冷空气对应的高层高位涡柱缓慢南移并逐渐与台风高位涡柱相接的过程，可以从图 5 清楚地看到。对比经向和纬向剖面图，16 日后纬向剖面图上又开始出现高层高位涡的下传，但由于向下伸展冷空气高位涡柱的南移，经向剖面图高层高位涡的下传稍明显些。

等熵位涡的垂直剖面特征分析表明，台风在对流层中为一深厚的高位涡柱，其环流中心上空有随台风移动的高层高位涡大值中心下传。高层高位涡的下传，导致动力对流层顶下降，出现对流层顶动力异常，根据 Hoskins 位涡理论[3]，这个动力对流层顶异常区就会由涡度相联系的环流引起热力平流，在高空涡度异常区的前方导致低层暖的温度平流，并激发一个气旋性环流，形成低涡或气旋；低涡或气旋的温度扰动又加强了由高空异常诱发的环流形势，造成垂直运动进一步加强，进而增强气旋发生，即低涡或气旋生成后对对流层高层位涡扰动有正反馈作用，有利于台风发展。

此外，在分析中还发现，过台风环流中心经向和纬向剖面图高位涡下传的强弱与台风移向有一定的相关性。14 日 20 时前，过台风中心经向和纬向剖面图高位涡下传的强度相当，说明该时期高位涡异常区和诱发的气旋位于台风前进方向，台风稳定西北行，而到了 15 日，经度剖面图高空高层高涡下传明显强于纬向剖面图，表明此时气旋发展应转位于台风的北面，"尤特"

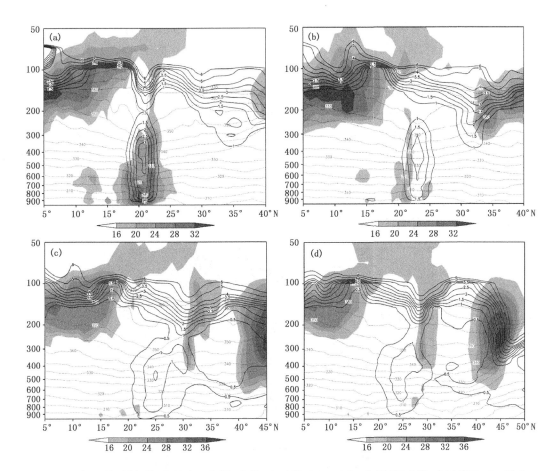

图5 2013年8月过"尤特"台风中心位涡(实线,小于等于6 PVU)、位温(短虚线,小于等于370 K)和
急流(阴影)经度—高度剖面

(a)14日08时沿112°E;(b)15日08时沿110°E;(c)16日08时沿112°E;(d)17日08时沿110°E

转向偏北行;16日后随着高空与冷空气相联系的高位涡柱南移和下传,高层下传的高位涡柱移动方向改变,低涡或气旋在冷空气前方生成,台风环流西南调。

5 "尤特"发生、发展和移动的可能机制之一

前述分析表明,"尤特"上空高层有随台风移动的高位涡大值中心下传,引起高空正位涡异常,导致动力对流层顶下降,在其前方导致低层暖的温度平流,并激发一个气旋性环流,形成低涡或气旋;低涡或气旋的温度扰动又加强了由高空异常诱发的环流形势,造成垂直运动进一步加强,进而增强气旋发生,即低涡或气旋生成后对对流层高层位涡扰动有正反馈作用。下面具体分析高层高位涡下传对台风强度和移向变化的影响。

5.1 高层等熵位涡与台风中心气压、位涡及相对涡度演变分析

5.1.1 高层等熵位涡与台风中心气压变化分析

高层高位涡下传具体到对流层顶到平流层低层某一层次,一般表现为该层次位涡增强,因此可以用对流层顶到平流层低层某一层次位涡的变化来定性代表平流层高位涡下传情况。

以360 K等熵面为例(低纬地区约为150 hPa等压面高度)代表平流层低层进行分析。从

8月9日20时360 K 等熵面位涡和310 K 等熵面(低纬850~800 hPa 高度)流场叠加图,可以看到,尽管9月20时"尤特"还仅仅是以热带低压的强度存在,在低压环流中心上空已有中心值约3个PVU的高位涡区进入低压中心,其后10日02时,热带风暴"尤特"生成;到了10日20时(图6),"尤特"环流中心仍为一高位涡大值中心,中心值已增至5个PVU以上,台风北侧在24°~26°台湾及其东部洋面是一大片高位涡区,11日08时,该高位涡大值中心继续增至6个PVU以上。其他各时次分析发现,在14日20时前,360 K 等熵面在台风环流中心都有一个相对孤立的高位涡大值中心与之配合,台风北侧的大片高位涡区(带)随着台风的西北行缓慢北抬;15日08时后,台风环流中心在360 K 上空仍存在一个弱的位涡相对大值区,但强度明显减弱,到了16日,随着北方弱冷空气南移,台风北侧高位涡带有所南压,台风上空高层位涡相对大值区与北侧高位涡带逐渐相接,台风360 K 高层的位涡值再次略增。

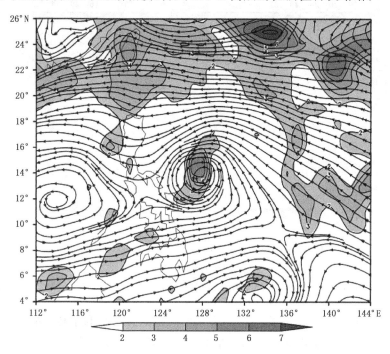

图6　10日20时360 K 等熵面位涡和310 K 等熵面流场叠加图

为详细了解高层位涡发展与台风强度的关系,我们制作了10—18日360 K 等熵面台风环流中心的位涡值与台风中心气压值的演变图(图7),可以清楚地看到,从10日08时到11日08时,360 K 等熵面台风中心位涡值有一个3 PVU 到6 PVU 的急增过程,对应"尤特"迅速发展,11日17时就由10日08时的热带风暴加强为超强台风。11日20时到12日20时,台风中心位涡值减弱,期间12日凌晨"尤特"登陆菲律宾吕宋岛东部沿海,强度减弱为台风。至13日02时,台风高层位涡出现了第二次突升,中心值较12日20时增加了1个PVU,其后13日08时,"尤特"再次加强为强台风。13日20时后,台风高层位涡大多维持在1~2个PVU。

其他360 K 以上高层分析结果与360 K 的分析结果基本一致。说明,对于"尤特"来说,台风上空高层高位涡的下传使得台风中心对流层顶到平流层低层等熵面位涡增加,并影响到台风强度变化,高层高位涡下传明显,台风中心气压下降,强度加强,这与丁治英等[21]通过对

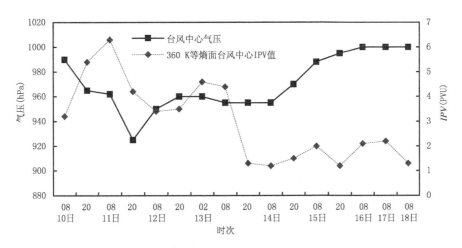

图 7　360 K 等熵面台风环流中心位涡值及台风中心气压时间演变图

2002—2009 年多个登陆我国大陆的台风与 150 hPa 高层位涡的关系进行统计,发现南亚高压南部的环境位涡进入高层台风中心后,台风中心气压明显下降、强度加强的结论是一致的,但此个例同时表明,对流层顶到平流层低层位涡值增加早于台风发展,即对流层顶到平流层低层位涡增加对台风强度增加还有预示作用。

5.1.2　台风中心等熵位涡及相对涡度逐日演变特征分析

高层位涡的变化会引起低层的涡旋的发展[3],而涡旋的发展表现为涡度的增大,因此,为进一步了解高层位涡下传对台风发生发展的影响,我们以每 6 h 中央气象台实时台风定位资料(后期热带低压定位为上海台风研究所)计算了 10 日 08 时到 18 日 08 时"尤特"中心上空各层次等熵位涡与相对涡度逐 6 h 演变数据,并绘制成图进行分析,见图 8。

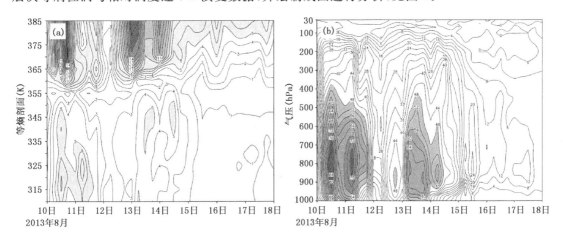

图 8　(a)台风中心等熵位涡时间—等熵剖面(单位:PVU);(b)相对涡度时间—高度剖面(单位:$10^{-5} s^{-1}$)

从"尤特"中心等熵位涡时间—等熵剖面图(图 8a)和相对涡度时间—高度剖面(图 8b)可见,"尤特"中心上空一般都存在两个正的大值位涡区,一个在 360 K 以上高层,为高层高位涡下传区,另一个在 320～350 K,此即前述的台风高位涡区。

"尤特"活动期间,10—11 日、12 日晚到 13 日白天"尤特"上空高层位涡出现了明显的加强,其后 6 h 左右,台风区等熵位涡无一例外出现加强,等压面相对涡度也明显增加,至 16 日由于与北方弱冷空气相联系的高位涡主体东移,高层位涡再次增强,尽管此次位涡增幅不大,从台风中心气压来看,也没有明显降低,但从位涡和涡度剖面来看,16 日晚至 17 日,台风中心位涡和相对涡度都有所加强,其中位涡增幅 0.2 PVU,相对涡度增加约 $3 \times 10^{-5} \mathrm{s}^{-1}$。此外,从各层次的位涡和相对涡度变化来看,高层位涡增加后,"尤特"对流层中低层相对涡度首先加强,而后向上向下发展,对应在等熵面上表现为位涡增加。可见,高层位涡的增加是台风环流增强的因素之一。

5.2 对流层高层等熵位涡分布与台风移向分析

前述分析发现,过台风经向和纬向剖面图高位涡下传的强弱与台风移向有一定的相关性,即台风的移向可能与高空涡度异常区也就是对流层顶动力异常区出现位置有关。为了进一步证明这种相关性是否存在,我们对"尤特"上空等熵面位涡分布图演变与"尤特"移向进行了分析。图 9 是 8 月 11—17 日台风上空 345 K 等熵面位涡分布的演变图(以 1 PVU 为等值线间隔),从图中我们发现,在 14 日 14 时前,"尤特"上空 345 K 等熵面大部时段的位涡呈西北—东南走向分布,期间"尤特"稳定西北行,其中 12 日 14 时,台风上空 345 K 等熵面位涡分布呈东北—西南走向,其后 14—19 时,"尤特"还出现了多个时次的西偏南移。14 日 20 时起,"尤特"上空位涡转为基本对称、近似同心圆的形式,其后 14 日 23 时,"尤特"转向北上;15 日 02 时到 16 日 02 时,台风上空位涡主要呈现南—北走向分布,对应"尤特"的移动方向也是以北偏东路径为主;至 16 日 08 时,台风上空位涡再次转为西北—东南走向,紧接着"尤特"由北偏东移向转向西北;而 16 日 14 到 20 时,台风上空位涡分布一致地转呈东北—西南方向,对应"尤特"转向西南调。17 日后,由于台风强度的进一步减弱,345 K 等熵面位涡分布的演变图与台风移向不再存在明显对应关系。

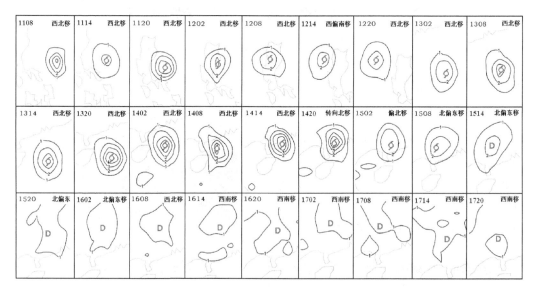

图 9　8 月 11—17 日台风上空 34 K 等熵面(对流层顶)位涡分布的演变图

(图中 1108 表示 11 日 08 时,西北移表示台风未来 6 h 的移向是向西北方向移动,其余类同)

分析对流层其他层次的等熵位涡分布图,结论与 345 K 基本一致,不同的是,在 325 K 以下对流层中低层,17 日的等熵面位涡分布图与台风移向对应关系仍较好,但 14 日台风上空等熵位涡的西北—东南走向分布不如对流层高层明显。因此,等熵位涡长轴方向与台风移向密切相关,台风一般沿着台风上空等熵位涡分布图的长轴方向移动,当其位涡分布长轴方向改变时,台风移向也发生改变,且台风上空等熵位涡长轴方向改变往往早于台风移向改变。

一般而言,过台风环流中心经向和纬向剖面图高位涡下传的强弱可间接地反映高层高位涡下传区相对台风的位置,也即高空位涡异常区(对流层顶动力异常区)所在地,当高层高位涡下传区发生改变后,按 Hoskins 位涡理论[3]其位涡异常区前方低层激发低涡或气旋的位置也将发生改变,引起相应区域对流层相对涡度加强,然后向上向下传播,对应在等熵面上则表现为该区域位涡分布发生变化,并最终影响到台风的移向,这种影响在台风环境场相对较弱的时候尤为明显,其中,高层位涡下传引起对流层中低层相对涡度的增加和对流层位涡改变的特征也可从前述分析得到证实。

6 结论

本文利用等熵位涡方法,对 2013 年 8 月严重影响我国华南地区的台风"尤特"各层次等熵面位涡及位涡场结构进行了分析,并用位涡的观点初步探讨了台风发生发展和持续的机制,结果发现:

(1)台风活动期间,台风在对流层中为一深厚的高位涡柱,其环流中心上空在 200 hPa 以上高层有随台风移动的高位涡大值中心下传,使得台风上空对流层顶到平流层低层高层位涡增加。高层位涡增加后,台风相对涡度首先在对流层中低层加强,而后向上向下发展,对应台风上空位涡值增大,台风中心气压下降,强度加强,且高层位涡增加较台风加强提前,即高层位涡变化对台风强度有一定的预报作用。

(2)高层位涡下传区也即动力对流层顶异常区相对台风位置与台风移向相关,表现在等熵位涡图上,台风一般沿着台风上空等熵位涡分布图的长轴方向移动,当其位涡长轴方向改变时,台风移向也发生改变,且台风上空等熵位涡长轴方向改变往往早于台风移向改变。

(3)高层高位涡的下传,导致动力对流层顶下降,引起前方低层气旋性环流激发,形成低涡或气旋,影响台风移动,而低涡或气旋生成后对对流层高层位涡扰动又有正反馈作用,促使台风加强,此即台风高层位涡下传强弱与下传区相对台风位置对台风强度和移向变化产生影响的原因,也是"尤特"台风发生发展和移动的可能机制之一。

(4)等熵面上的位涡分析可以清楚地看到,"尤特"活动期间,由于登陆前台风上空高层高位涡下传频繁,登陆后期又与冷空气相联系高层高位涡主体的南移,对台风强度产生了明显的正影响,加之"尤特"进入南海后其周边存在着高位涡空气输送,及后期冷空气南移、孟加拉湾和台湾以东洋面热带气旋发展带来东、西、北三支高位涡空气的注入,"尤特"生成后强度快速增强、移入南海再次发展及登陆后期低压环流得以长期维持。

参考文献

[1] Rossby C G. Planetory flow patterns in the atmospher[J]. *Quart J Roy Meteor Soc*,1940,**66**(suppl):68-87.

[2] Ertel H. Ein neuer hydrodynamische wirbdsatz[J]. *Meteorology Z Braunschweig*,1942,**59**:277-281.

[3] Hoskins B J, McIntyre M E, Robertson A W. On the use and significance of isentropic potential vorticity

maps[J]. *Quart J Roy Meteor Soc*,1985,**111**(470)：877-946.

［4］ 赵其庚.侵入青藏高原冷空气过程的等熵位涡分析[J].气象,1990,**16**(9):9-14.

［5］ 赵其庚.等熵位涡图的性质及其在动力分析和预报中的应用[J].气象,1991,**17**(6):3-11.

［6］ 候定臣.夏季江淮气旋的 ERTEL 位涡诊断分析[J].气象学报,1991,**49**(2):140-150.

［7］ 候定臣,庄小兰,黄燕波.9012 号台风暴雨过程的位涡分析[J].南京气象学院学报,1997,**20**(l):64-70.

［8］ 于玉斌,姚秀萍.对华北一次特大暴雨过程的位涡诊断分析[J].高原气象,2000,**19**(1):111-120

［9］ 季亮.登陆台风等熵面位涡演变的数值模拟研究[J].气象,2009,**35**(3):66-72.

［10］ 季亮,费建芳.副热带高压对登陆台风等熵面位涡演变影响的数值模拟研究[J].大气科学,2009,**33**(6)：1297-1308.

［11］ 李英,陈联寿,雷小途.Winnie(1997)和 Bilis(2000)变性过程的湿位涡分析[J].热带气象学报,2005,**21**(2):142-152.

［12］ 黎惠金,李江南,肖辉,等.2008 年初南方低温雨雪冰冻事件的等熵位涡分析[J].高原气象,2010,**29**(5):1196-1207.

［13］ 王宏,王万筠,余锦华,等.河北东部暴雪天气过程的湿位涡分析[J].高原气象,2012,**31**(5):1302-1308.

［14］ 任余龙,寿绍文,李耀辉.西北区东部一次大暴雨过程的湿位涡诊断与数值模拟[J].高原气象,2007,**26**(2):344-352.

［15］ 张艳霞,钱永甫,翟盘茂.大气湿位涡影响夏季江淮降水异常的机理分析[J].高原气象,2008,**27**(1):26-35.

［16］ 易明建,陈月娟,周任君,等.2008 年中国雪灾与平流层极涡异常的等熵位涡分析[J].高原气象,2009,**28**(4):880-888.

［17］ 周毅,寇正,王云峰.气旋快速发展过程中潜热释放重要性的位涡反演诊断[J].气象科学,1998,**18**(4):355-360.

［18］ 周毅,寇正,王云峰.气旋生成机制的位涡反演诊断[J].气象科学,1998,**18**(2):121-127.

［19］ Martin J E，Marsili N. Surface cyclolysis in the north Pacific ocean. Part Ⅱ：piecewise Potential vorticity diagnosis of a rapid cyclolysis event. *Mon Wea Rev*,2002,**130**:1264-1281.

［20］ 胡伯威.关于位涡理论及其应用的几点看法[J].南京气象学院气象学报,2003,**26**(1):111-115.

［21］ 丁治英,邢蕊,徐海明,等.南亚高压南部环境位涡对台风加强的影响分析[J].热带气象学报,2012,**28**(5):675-686.

2013 年影响湖南的两次相似路径台风暴雨对比分析

陈红专[1]　叶成志[2]　张　昆[1]　王起唤[1]

(1.怀化市气象局,怀化 418000;2.湖南省气象台,长沙 410007)

摘　要

应用多种常规观测资料和 NCEP1°×1°再分析资料,对 2013 年影响湖南的两次相似路径台风暴雨过程进行了对比分析。研究表明:"尤特"台风暴雨直接由台风环流引起,是典型的台风暴雨过程,其降水属于锋前暖区降水,而"天兔"台风暴雨由台风低压倒槽与西风带天气系统相互作用引起,是典型的中低纬系统相互作用的台风系统外围远距离暴雨过程,其降水属于锋面降水。大气环流的调整、台风自身风场的不对称结构以及地形的影响是"尤特"和"天兔"登陆后不久路径突变的主要原因,而路径的突变直接导致了暴雨落区的差异。"尤特"低压环流与南海季风相互作用,充沛的水汽输送对台风低压环流的长时间维持以及湘东南暴雨的形成和发展起到了重要的组织和促进作用。而"天兔"登陆后南海季风偏南,不利于"天兔"的长时间维持以及向暴雨区的水汽输送。低层暖式切变线附近强辐合与高层强辐散耦合、低层强正涡度与高层负涡度的耦合共同为"尤特"台风暴雨的发展和持续提供了动力条件。由中低层冷空气入侵导致的锋生强迫和高低空急流耦合形成的次级环流,加强了"天兔"低压倒槽内冷暖气流的辐合,是触发倒槽内中尺度对流发展和暴雨产生的重要动力机制。

关键词:台风暴雨　南海季风　锋生强迫　高低空急流

引 言

热带气旋登陆后由于与海洋水汽和潜热通量被切断,陆地地表摩擦以及与中高纬度系统的相互作用,导致其移动路径、强度、维持时间、风雨特征的预报难度增大,因此对登陆热带气旋的研究一直是气象学者比较关注的一个热点问题[1~6]。这其中,对台风暴雨的诊断分析是一个重要内容,如许爱华等[7]根据集合动力因子预报方法对 2009 年"莫拉克"台风暴雨落区进行了诊断和预报,发现广义湿位温等值线的"漏斗状"区域与暴雨落区对应关系显著,对流层中低层对流涡度矢量垂直积分量的时间演变与观测降水的演变具有相当高的一致性。余贞寿[8]等比较分析了超强台风"韦帕"(0713)登陆前后湿 Q 矢量、螺旋度、湿位涡三个物理量对强降水区的预报指示时效。周冠博等[9]利用高分辨率的模拟资料对 2008 年第 8 号台风"凤凰"的登陆过程开展了散度垂直通量|Q|的诊断分析,结果表明散度垂直通量能够描述暴雨过程中低层大气辐合和高层大气辐散的垂直动力结构,对强降水落区有较好的指示作用。周泓等[10]对1003 号台风"灿都"造成的云南暴雨进行诊断分析,结果表明"水汽螺旋度"对暴雨落区和强度有较好的对应关系,强降水多发生在水汽螺旋度正值中心的偏南侧。也有些研究着重在台风环流的维持和发展上,如李英等[11]采用动态合成分析方法,对登陆后长久维持的和迅速消亡

———————
资助项目:公益性行业(气象)科研专项(GYHY201306016);中国气象局预报员专项(CMAYBY2014-045)。

的台风的大尺度环流特征进行合成分析表明:前者登陆后仍与一支低空急流水汽输送通道连结,而后者登陆后很快与这支水汽通道分离。王同美等[12]的分析表明,西南季风的活跃程度及高空辐散场的建立对热带气旋登陆后的水汽输送和维持时间长短有重要影响。庄婧等[13]对0709超强台风"圣帕"登陆后的特征进行了诊断分析,发现圣帕低压环流的长久维持与低层两支水汽通道、高空较强辐散以及小的水平风垂直切变密不可分。此外相似台风的对比也是一个研究台风的重要方法,如孙建华等[14]研究指出,同样是登陆北上台风低压或台风倒槽引发的特大暴雨,"96·8"和"75·8"之间存在较大差异,"75·8"暴雨区始终位于台风低压环流中心附近,且有西路冷空气的不断入侵,而"96·8"暴雨出现在台风倒槽内,且华北高压南侧的偏东风输送弱冷空气至台风倒槽的外围,对暴雨的形成起了关键作用。叶成志等[15]针对"碧利斯"和"圣帕"台风对湖南造成的不同风雨分布特点,对它们的水汽场特征进行数值模拟和定量诊断,揭示出它们不同的水汽来源和输送通道。余贞寿等[16]对相似路径热带气旋"海棠"(0505)和"碧利斯"(0604)登陆前降水分布类似,而登陆后降水分布差异较大的原因进行了对比分析,探讨了包括热带气旋外核在内区域平均垂直风切变和热带气旋强降水落区的关系,这些研究有助于加强对台风暴雨发生机制的认识和预报。然而,尽管目前台风的科研和业务预报水平有了较大发展,预报准确率也有所提高,但距离需求仍有较大差距[17]。

2013年是台风活动影响湖南比较频繁的一年,其中第11号台风"尤特"和第19号台风"天兔"均对湖南造成了较大的风雨影响。这两个台风的移动路径相似,台风强度也相似,但在湖南造成的强降雨落区、强度以及维持时间却有较大的差异。本文应用多种常规观测资料、加密自动气象站资料和NCEP再分析资料对这两个路径、强度相似但风雨分布特点迥异的台风进行诊断分析,旨在探讨影响台风暴雨落区和强度的关键物理因子,从而进一步提高台风暴雨预报精细化水平。

1 "尤特"和"天兔"台风过程概述和降水分布特征

1.1 两次台风过程概述

2013年第11号超强台风"尤特"于8月10日(北京时,下同)在关岛西南部海面上生成并往西北方向移动,强度迅速增强,11日17时加强为超强台风,在穿越吕宋岛期间强度减弱,8月12日中午进入南海后再度加强为强台风。8月14日15时50分左右"尤特"在广东省阳西县附近沿海登陆,登陆时中心附近最大风力为14级(42 m/s,强台风),中心最低气压为955 hPa,登陆后继续往西北偏北方向移动,强度减弱,17时减弱为台风,23时减弱为强热带风暴并转为偏北路径移动,15日20时改为偏东北移动路径,16日05时后在广西东北部消亡,在陆上维持时间长达38 h,而且其残余低涡云系直到19日02时后才完全消散(图1)。

2013年第19号超强台风"天兔"于9月16日在吕宋岛以东洋面生成,9月19日11时加强为强台风,17时加强为超强台风并向西北方向移动。9月22日19时40分,"天兔"在广东省汕尾市南部沿海登陆,登陆时中心附近最大风力14级(45 m/s,强台风),中心最低气压为940 hPa。登陆后继续西北行深入内陆,强度迅速减弱,9月23日11时在广东省西北部消亡,仅在陆上维持了15 h。残余的低压环流转向西南方向移动,于25日08时后消失在北部湾(图1)。

1.2 两次台风暴雨过程降水分布特征

受"尤特"台风影响,湖南省大部分地区出现降雨,湘东南暴雨成灾,据湖南省区域自动气

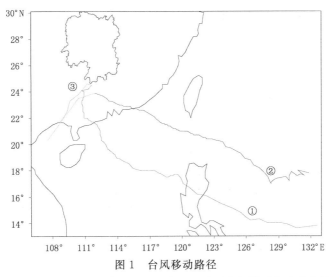

图 1　台风移动路径

（①"尤特"台风；②"天兔"台风；③台风减弱后残留低压的移动路径）

象站资料统计，13 日 08 时至 19 日 08 时，全省共 333 个乡镇累计降雨量为 50～99.9 mm，302 个乡镇为 100～199.9 mm，195 个乡镇大于 200 mm，其中临武西瑶分水坳最大（711.2 mm），其次为临武黄沙坪电站（638.0 mm）、蓝山荆竹（569.1 mm）、临武西瑶乡（563.5 mm）、蓝山竹林（560.4 mm）、蓝山汇源（546.3 mm）。强降雨主要集中在郴州、永州和邵阳南部，尤其是郴州、永州两市，由于前期我国南方出现历史罕见的长时间高温干旱，强降雨导致两市旱涝急转，造成严重灾害损失（图 2a）。

9 月 22 日 08 时—26 日 08 时，受"天兔"台风低压倒槽影响，全省共 680 个乡镇累计降雨量为 50～99.9 mm，857 个乡镇为 100～199.9 mm，385 个乡镇大于 200 mm，最大累积降雨量 410.4 mm（常德鼎城区逆江坪 410.4 mm），强降水主要出现在湖南西北部的张家界、常德、自治州、怀化、益阳和娄底（图 2b）。主要降雨时段是 23 日 20 时至 25 日 08 时。

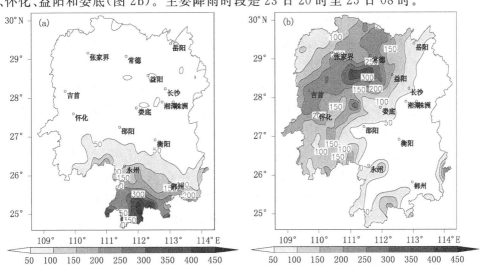

图 2　过程累积降雨分布（单位：mm）

（a）"尤特"台风 8 月 13 日 08 时至 19 日 08 时；（b）"天兔"台风 9 月 22 日 08 时至 26 日 08 时

对比"尤特"和"天兔"的移动路径和降雨分布发现,在绝大部分时间内,"尤特"和"天兔"的移动路径均相似,为西北移路径,"天兔"的路径略偏北一些(更靠近湖南),从台风强度看,二者均达到超强台风强度,登陆时强度均为强台风,最后消亡的地点也很接近,但它们在湖南造成的强降水落区、强度和持续时间有较明显的差异。从表1以及图2可以发现,"尤特"台风暴雨过程强降水范围小,主要分布在湘东南地区,但降水强度大,最大24 h降水量达407.1 mm,最大累积降雨量达711.2 mm。而"天兔"台风暴雨过程降水范围大,湖南西部北部出现较大范围强降水,累积降水量大于50 mm、100 mm和200 mm的站点数均比"尤特"台风过程明显偏多,其中心降雨强度虽然也很强,但比"尤特"台风过程弱。

表1 "尤特"和"天兔"台风的降雨特征对比

	50~99.9 mm 站次	100~199.9 mm 站次	≥200 mm 站次	最大1 h 降雨量(mm)	最大6 h 降雨量(mm)	最大24 h 降雨量(mm)	最大累积 降雨量(mm)
尤特	333	302	195	61.6	219.9	407.1	711.2
天兔	689	876	390	58.6	144.7	257.4	410.4

2 大尺度环流背景分析

这两次台风登陆前后高空环流形势明显不同。"尤特"台风登陆时,8月14日20时,亚欧大陆中高纬为二槽二脊形势,两个冷涡分别位于我国东北地区和贝加尔湖以西,贝加尔湖和乌拉尔山为暖脊。西太平洋副高稳定而强盛,控制了我国东部到菲律宾一线,经向型特征明显,大陆高压位于华北西部。此后副高明显减弱、分裂和东退,"尤特"在登陆后不久东折,向湖南南部靠近。16日08时(图3a),副高位于西太平洋洋面上,成两个闭合小高压的形势,华北大陆高压稳定维持。"尤特"低压环流位于两广和湖南交界处,台风东侧为西南风和东南风之间的暖式切变线,低空急流自南海往东北伸到湘东南,水汽自孟加拉湾经中南半岛和南海往暴雨区输送,925 hPa暖式切变线较850 hPa略偏南,强降雨主要位于低层暖式切变线附近(台风第四象限)。由于"尤特"低压环流在原地维持少动,强烈的低层水汽输送和辐合有利于湘东南暴雨的维持。18日08时后,随着副高的加强西伸,"尤特"低压环流往西南方向移动,但湘东南强降雨直到19日才逐渐结束。

"天兔"台风登陆时,9月22日20时,亚欧大陆中高纬为一槽二脊形势,贝加尔湖地区为低槽区,槽后有明显冷平流,带动地面冷空气南下,副高呈闭合高压形势控制我国华东沿海。由于"天兔"登陆后迅速减弱为低压环流,副高往西南方向发展,"天兔"低压环流亦往西南方向移动,远离湖南,但低压环流北侧的倒槽自东向西扫过湖南。24日08时(图3b),低压环流移到广西南部沿海,此时500 hPa高空槽位于西北地区东南部,副高控制我国东南沿海。地面冷空气则迅速南下,前锋移到湖南西北部,而台风低压倒槽往北伸到湖北南部,倒槽东侧东南急流携带暖湿气流北上,恰好与冷空气交汇于倒槽北部,导致这一地区对流迅速发展,产生大暴雨,强辐合区和强降雨区位于倒槽附近,尤其是倒槽北部与冷空气结合部降雨最强(图2b)。

从大尺度环流背景分析可知,"尤特"台风暴雨直接由台风环流引起,强降雨位于台风低压中心附近及其东南侧,是典型的台风暴雨过程,而"天兔"台风暴雨是由于台风低压北伸倒槽与西风带冷空气相互作用引起的,强降雨沿倒槽分布(尤其是冷暖气流交汇处),是典型的中低纬

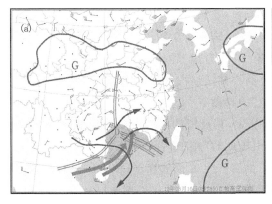

图 3　大尺度形势场综合图

(a)8 月 16 日 08 时；(b)9 月 24 日 08 时

系统相互作用的远距离台风暴雨过程。

3　暴雨落区差异原因分析

台风登陆后路径的预报是目前台风预报的难点,而其路径的突变或摆动又直接影响台风登陆后的风雨分布[18]。从图 1 发现,在登陆之前的大部分时间里以及登陆之后的短时间内,"尤特"和"天兔"的移动路径基本上稳定为往西北移,如果它们一直沿此路径移动,则"尤特"台风将不会对湖南产生大的影响,而"天兔"台风则将擦过湖南南部,其影响也将局限在湖南南部地区。但事实上,两个台风在它们的后期,其移动路径均发生了明显的改变,"尤特"台风在 14日 23 时后由西北路径转为偏北路径,15 日 20 时后又转为东北路径,两次转向使"尤特"往湘东南靠近,并在两广和湖南交界处停留了较长时间,台风低压环流直接影响湘东南地区,导致湘东南出现连续性强降雨。而"天兔"台风在 23 日 11 时消失(停止编号)后,其残留的低压环流移动路径由西北转为西南方向,向远离湖南的方向移动,低压环流并未直接影响湖南,而是由低压环流北侧的倒槽扫过湖南,并与北方南下冷空气相互作用,在湖南西部和北部形成台风远距离暴雨。因此台风移动路径的突变是导致这两次相似路径台风暴雨过程强降雨落区差异明显的主要原因,为此下面分析导致两个台风移动路径突变的原因。

3.1　副高变化对两个台风移动路径的影响

陈联寿等[19]认为,大尺度环境基本气流的调整和突变易造成热带气旋路径突变,因此我们首先分析了 500 hPa 西太平洋副热带高压的动态变化对台风的移动路径的影响。

在"尤特"台风转向前的 8 月 14 日 20 时,500 hPa 形势图上(图 4a),"尤特"位于广东省西南部,此时西太平洋副高势力很强,其西侧呈经向型,面积宽广,覆盖了从我国东部到菲律宾的大片地区,副高脊线位于 30°N 以北,副高与"尤特"之间等高线密集,偏东风引导气流有利于"尤特"往西北方向移动。15 日 08 时(图 4b),强大的西太平洋副高减弱并断裂成两环,南侧的副高残留闭合高压加强西伸,而北侧的副高主体减弱东撤,此时"尤特"正处于副高断裂处,其东侧引导气流减弱,位势高度降低,加之受地转偏向力的作用,有利于"尤特"的移动路径右偏,由西北路径转为偏北路径,向湖南南部靠近。此后,副高加强西伸,15 日 20 时副高与大陆高压打通,华北形成高压坝,副高脊线位于 35°N 附近,对"尤特"的继续北上形成阻挡,但 16 日08 时,华北高压坝断裂,大陆高压仍然维持,副高则明显减弱,东退到日本列岛,有利于"尤特"

的移动路径的继续右偏。

　　分析"天兔"台风转向前后的 500 hPa 形势场发现,转向前 9 月 23 日 08 时(图 4c),"天兔"位于广东西北部,而在日本以南洋面上,2013 年第 20 号台风"帕布"正处于发展阶段,西太平洋副高位于两者之间,虽然副高势力较弱,呈闭合的小高压结构,范围也小,但副高与"天兔"之间等高线密集,副高西南侧的强东南气流对"天兔"的移动有引导作用,有利于"天兔"保持西北移的路径。到 23 日 20 时(图 4d),"天兔"已减弱消失,其残留的低压环流仍然维持,副高强度虽然变化不大,但其往西南方向发展移动,另外,由于此时"帕布"为热带风暴,仍处在发展增强时期,其移动路径为北偏西,在移动过程中对副高也有一定的推动作用,使得副高往西南方向发展,进而推动"天兔"残留低压环流往西偏南方向移动,低压环流远离湖南。

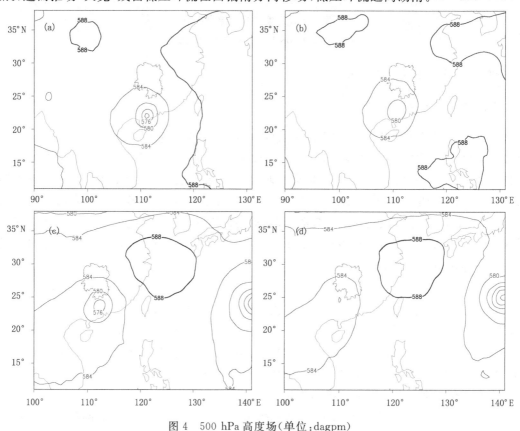

图 4　500 hPa 高度场(单位:dagpm)

(a)8 月 14 日 20 时;(b)8 月 15 日 08 时;(c)9 月 23 日 08 时;(d)9 月 23 日 20 时

3.2　风场不对称结构对台风移动路径的影响

　　据陈联寿等的研究结果[20],台风风场结构中不对称强风区的转移,造成台风移动合力方向的改变,从而导致台风移动方向的改变,台风有向强风速区轴线方向移动的趋势。分析"尤特"台风转向前 8 月 14 日 20 时 850 hPa 风场发现(图 5a),"尤特"台风的低层风场呈不对称结构,大风速区位于台风中心的北侧和东北侧,北侧出现 33 m/s 的强偏东风,大风速区的范围也宽广,而南侧的西南气流为 24 m/s,南北风速差异明显,大风速区范围也比北侧小,这种风场的不对称结构(最大风速和大风区范围)有利于"尤特"沿西北路径移动。15 日 08 时(图 5b),由于低纬西南气流的加强,"尤特"的风场不对称结构发生顺时针方向旋转,最强风速区由北侧和东北侧移到台风的东南侧,台风环流风场的偏西分量减弱,而偏东分量加强,导致"尤特"移向转为偏北路径。

"天兔"台风转向前,9月23日08时(图5c),"天兔"的风场也呈不对称结构,大风速区位于台风北侧,而且东侧和东南侧的急流较强,700 hPa的大风区位于台风的东北方向,出现27 m/s的强东南风,有利于"天兔"往西北方向移动。但23日20时(图5d),"天兔"东侧偏南急流减弱,而西侧的偏北气流明显加强,出现21 m/s的偏北大风,偏北风直达广西南部,强东北风引导气流有利于"天兔"移动方向转为西南方向,中低层冷空气的南下加速了"天兔"往西南方向的移动。

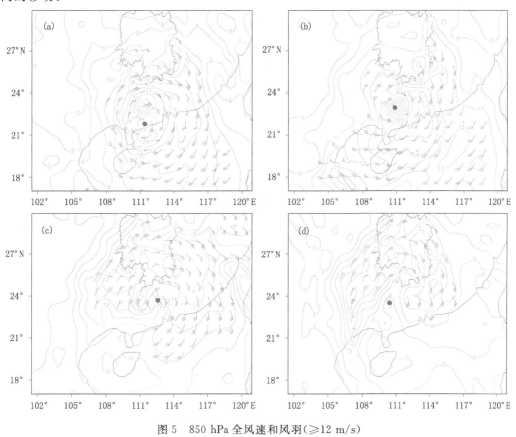

图5 850 hPa全风速和风羽(≥12 m/s)

(a)8月14日20时;(b)8月15日08时;(c)9月23日08时;(d)9月23日20时

3.3 地形对台风移动路径的影响

地形的阻挡不但可增强降雨的强度,也可改变台风的移动方向。湖南南部与两广交界处为南岭山脉,呈东西向横亘在湘、桂、粤、赣之间,向东延伸至闽南,东西长约600 km,南北宽约200 km,海拔高度一般在1000 m左右,最高峰海拔2142 m。"尤特"台风在第一次转向后沿偏北路径靠近南岭的过程中,受南岭地形的阻挡,"尤特"低压环流无法越过南岭山脉,又由于其南侧西南气流加强,使得"尤特"又转向为东北方向,沿南岭南坡缓慢移动,这是"尤特"第二次转向的原因之一,也有利于湘东南连续性强降雨的维持。同样,"天兔"低压环流也在沿西北路径靠近南岭的过程中,受南岭的阻挡,无法越过南岭,使"天兔"北移的分量减弱,再加上"天兔"西侧偏北风的加强,最终导致"天兔"残留低压转向西南方向移动。

4 暴雨成因对比分析

4.1 水汽条件

持续而充沛的水汽输送对登陆台风陆上维持和台风暴雨增强有重要影响,分析"尤特"登陆后的水汽输送特征发现,8月15日08时(图6a),"尤特"台风中心位于广西东部,台风南侧维持一条强西南风低空急流,受强低空急流影响,台风东侧出现40 g·cm⁻¹·hPa⁻¹·s⁻¹以上的强水汽通量输送,水汽主要来源于南海和孟加拉湾。16日08时(图6b),"尤特"已减弱为低压环流,但对流层低层索马里越赤道气流与孟加拉湾西南气流合并加强后汇入南海夏季风,导致南海季风加强,台风低压环流南侧低空急流与南海季风打通,二者相互作用,既为"尤特"低压环流提供大量的潜热源,有利于台风低压环流在陆上长时间维持,同时又向暴雨区上空输送了充足水汽和能量,对湘东南暴雨的产生起到了重要的组织和促进作用。17日08时(图6c),强盛的南海季风仍然维持,低压东南侧低空急流强度虽略有减弱,但仍为"尤特"提供了源源不断的水汽和能量,导致"尤特"低压环流的长时间维持和连续性暴雨的发生。

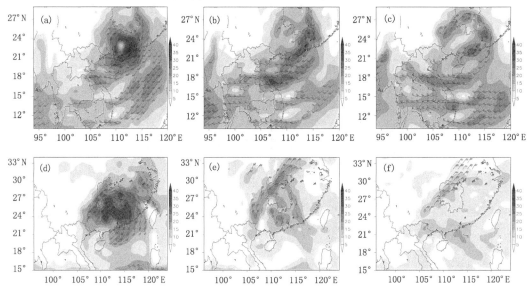

图6 850 hPa水汽通量(阴影,单位:g·cm⁻¹·hPa⁻¹·s⁻¹)和水平风场(风羽≥12 m/s,单位:m/s),
(a)8月15日08时;(b)8月16日08时;(c)8月17日08时;(d)9月23日08时;
(e)9月24日08时;(f)9月25日08时

分析"天兔"台风的低层水汽输送情况发现,"天兔"的水汽输送不利于台风环流的长时间维持。9月23日08时(图6d),"天兔"台风中心位于广东西北部,此时低空急流仍较强,但由于9月份行星风系的整体南移,南海季风位置偏南(位于15°N以南),"天兔"南侧的低空急流并未与南海季风打通,不利于"天兔"南侧低空急流的维持,也直接导致"天兔"登陆后不久迅速减弱。24日08时(图6e),低空急流已明显减弱,仅在大陆上出现东南风急流,南海北部急流已消失,同时由于中低层冷空气的南下,850 hPa偏北风明显加强,加速了台风低压环流的填塞,低压环流与东侧高压之间气压梯度力减少,不利于偏南风急流的加强、北上以及水汽的输送,暴雨区的强水汽通量主要由偏北大风输送,暴雨区南侧水汽通量明显减少。到25日08时

(图 6f),偏南风急流已完全消失,湖南西北部为偏北风所控制,由于水汽通量减弱,湖南的强降雨在此后明显减弱。

　　为了进一步了解两次台风在湖南带来强降水天气的水汽收支情况,选取了湖南区域(109°～114°E,25°～30°N)作为研究范围,分别计算了各边界上的整层水汽收支情况,其中负值表示净的水汽流出,正值表示净的水汽流入。

　　从图 7a 可以发现,在"尤特"暴雨期间,东边界和南边界一直有净的水汽流入,前期东边界是主要水汽流入边界,后期南边界的水汽流入加强,北边界在登陆前期有水汽流出,但随着台风环流向湖南靠近,水汽沿着环流中心东侧的强风速带夹卷到环流北侧,并通过增强的东北风源源不断地从北边界流入,而西边界则是净的水汽流出区。"天兔"各边界的水汽收支情况与"尤特"略有不同(图 7b),在"天兔"登陆前后,东边界是主要水汽流入边界,但由于"天兔"登陆后不久迅速减弱并向西南方向移动,东边界的水汽流入也迅速减小,在"天兔"影响湖南的主要时段(23 日 20 时至 25 日 08 时),南边界的水汽流入先加强后减弱。北边界在整个过程中为弱的水汽流入,尤其是后期随着冷空气的南下,偏北风加强,水汽流入也加强,西边界则一直是水汽的净流出边界。从总量上来看,在两个台风影响湖南的主要降雨时段,"尤特"的总水汽流入比"天兔"大。

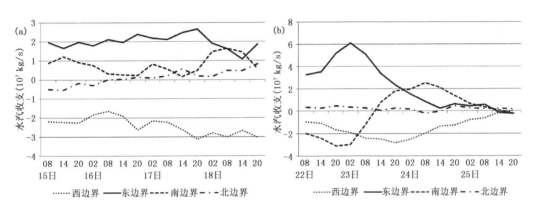

图 7　台风影响过程期间湖南区域(109°～114°E,25°～30°N)四个边界的整层水汽收支(单位:10⁷kg/s)
(a)"尤特";(b)"天兔"

4.2　动力条件分析

4.2.1　"尤特"台风动力条件分析

　　低空急流不仅为暴雨提供水汽和不稳定能量,而且低空急流出口区左侧的强风速梯度为水汽和不稳定能量的辐合抬升提供了动力机制。"尤特"低压环流东南侧的强西南风低空急流对湘南暴雨的发生发展有重要作用。8 月 16 日 08 时是湘南暴雨的主要时段,低压环流东南侧为较强的西南风急流,在广东中部出现 18 m/s 的强西南风,这支强西南急流在广东东北部气旋式旋转为东南风急流,暖式切变线从湖南南部往东南伸到粤东沿海,暖式切变线上在湖南南部和广东北部分别有两个较强的辐合中心,该辐合中心就位于西南急流的左前方(图 8a)。而在高空 200 hPa,在暴雨区的东、南和北部,分别有一个辐散中心,强度较低层的辐合略偏强,上下层的相互作用有利于垂直上升运动的发展和降雨的增强。16 日 20 时,随着低压环流略往东北移,暖式切变线也略有北移,而切变线南侧西南风急流仍然稳定维持,切变线上的辐合中心分别位于湖南南部和江西南部,而在高层200 hPa分别有两个辐散中心与低层的两个辐合中心配合,这种结构对湘南强降雨的维持和发展非常有利。另外低空西南急流在暖式切变线附近的气旋式旋转也有利于正涡度的发展,沿112°E做涡度的经向剖面,分析8月16日08时涡度的剖面图发现(图8b),湖南南部在对流层低层有一个正涡度中心,强度达21×10^{-5} s^{-1},此正涡度中心呈柱状分布,向上伸到300 hPa以上,高层为弱的负涡度区。正涡度中心是台风气旋式低压环流的结果,此时"尤特"虽已停止编号,但其气旋式低压环流仍然维持,将低纬的水汽和不稳定能量往湘东南和华南北部输送并辐合抬升,在这些地区造成较强降雨。

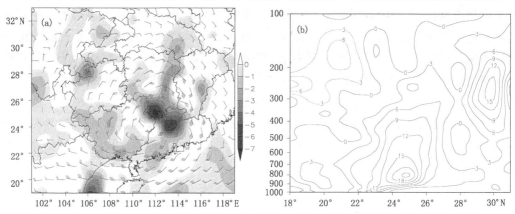

图8　8月16日08时850 hPa风场(风羽,单位:m/s)和散度(色斑,单位:10^{-5} s^{-1})图(a)
以及涡度沿112°E的垂直剖面图(b,单位:10^{-5} s^{-1})

4.2.2　"天兔"台风动力条件分析

前面的分析可知,"天兔"台风暴雨过程中,对流层中低层有冷空气影响,为此分析了温度平流垂直分布的演变,发现9月24日之前,冷空气位置偏北,暴雨区受暖平流控制,此时的降水主要是由台风低压倒槽内的辐合造成的。但随着冷空气的快速南下,24日08时冷空气已侵入低压倒槽中(图3b),从图9a可以发现,冷平流主要位于700 hPa及以下各层,尤其是近地层,最强中心位于900 hPa附近,强度达30×10^{-5}℃·s^{-1}以上。低层冷空气入侵加强了低压倒槽内冷暖空气的辐合,使东南风低空急流携带的水汽和能量在此堆积,有利于对流不稳定产生,并为暴雨生成提供能量。另外冷暖空气的辐合也有利于锋生发展,从图9a可以发现,在冷暖平流交界处假相当位温等值线密集,锋区倾斜向上,暖湿空气沿锋面爬升,加强了上升运动,是触发倒槽区域中尺度对流发展和暴雨产生的重要动力机制。

从图9b可以发现,暴雨区低层分别有一支偏南风急流和偏北风急流,两支气流辐合导致上升气流发展,而在高空,暴雨区北侧高空急流发展旺盛,这支上升气流刚好位于高空急流入口区的右侧的辐散区,高低空急流的耦合有利于次级环流的形成,更进一步增强了暴雨区的上升运动。

4.3　热力条件分析

图10a~b是两次台风暴雨期间经暴雨中心的假相当位温θ_{se}垂直剖面,由图可见两次过程期间暴雨区低层为θ_{se}大值区,存在向高层伸展的高θ_{se}舌区,说明暴雨区低层为对流不稳定层结,中层θ_{se}等值线稀疏并向下凹,呈漏斗状分布,为中性层结,这种中低层的不稳定层结在暴雨期间一直维持,为暴雨的发生和持续提供了不稳定条件。暴雨区均存在随高度向北倾斜

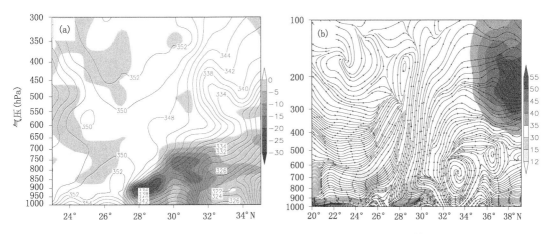

图9　9月24日08时温度平流(阴影,单位:10^{-5}℃·s^{-1})和假相当位温(等值线,单位:K)的
经向垂直剖面图(a)以及全风速(阴影,单位:m/s)与V和ω合成流场
(流线,V单位:m/s,ω单位:Pa/s,放大50倍)的经向垂直剖面图(b)

的θ_{se}等值线密集带(锋区),锋区的动力强迫有利于低层能量和水汽的往上输送。两次过程的差别表现在,"尤特"台风暴雨过程的锋区陡立,垂直上升运动和降雨区主要出现在锋前暖区中,湘南暴雨区出现-2.2 Pa/s的强上升运动,属典型的锋前暖区降水,而"天兔"台风暴雨过程的锋区倾斜向上,垂直上升运动和降雨区主要出现在地面锋区及以北地区,垂直上升速度较"尤特"弱,属于典型的锋面降水。

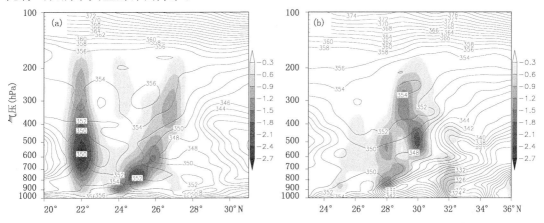

图10　假相当位温(等值线,单位:K)与垂直速度(阴影,单位:Pa/s)的经向垂直剖面图
(a)8月16日08时沿112°E;(b)9月24日08时沿110°E

5　结论

本文利用多种常规观测资料、加密气象自动站资料和NCEP再分析资料,对2013年两次相似路径登陆台风"尤特"和"天兔"造成的湖南暴雨过程进行了对比分析,得到以下主要结论:

(1)"尤特"台风暴雨直接由台风环流引起,强降雨位于台风低压中心附近及其东南侧,是典型的台风暴雨过程,而"天兔"台风暴雨是由于台风低压北伸倒槽与西风带天气系统相互作

用引起的,强降雨沿倒槽分布,是典型的中低纬系统相互作用的台风系统外围远距离暴雨过程。

(2)大气环流的调整、台风自身风场的不对称结构以及地形的影响是"尤特"和"天兔"登陆后不久路径突变的主要原因,而路径的突变直接导致了它们造成的暴雨落区明显不同,一个集中在湘东南,一个分布在湘西和湘北。

(3)"尤特"登陆后随着南海季风的加强,低压环流南侧低空急流与南海季风打通,二者相互作用,既为低压环流的维持提供了充足的潜热源,有利于台风低压环流的长时间维持,又为暴雨区上空输送了充足水汽和能量,对湘东南暴雨的产生起到了重要的组织和促进作用。而"天兔"登陆后南海季风偏南,台风的水汽输送通道被切断,不利于"天兔"的长时间维持以及向暴雨区的水汽输送。

(4)低层低空急流北侧暖式切变线附近的强辐合与高层强辐散耦合、低层强正涡度与高层负涡度的耦合有利于形成暴雨区强烈的上升运动,为"尤特"台风暴雨的发展和持续提供了动力条件,强降雨主要出现在锋前暖区中,属典型的锋前暖区降水。中低层冷空气入侵加强了"天兔"低压倒槽内冷暖气流的辐合,同时锋生效应使得暖湿气流沿锋面爬升,加强了上升运动,是触发倒槽区域中尺度对流发展和暴雨产生的重要动力机制,而高低空急流的耦合有利于次级环流的形成,更进一步增强了暴雨区的上升运动。"天兔"降雨区主要出现在地面锋区及以北地区,属于典型的锋面降水。

参考文献

[1] 陈联寿,罗哲贤,李英.登陆热带气旋研究的进展[J].气象学报,2004,62(5):541-549.

[2] 姚丽娜,曾明剑,韩桂荣,等.台风登陆衰减后造成降水加强的概况[J].气象科学,2013,33(1):77-82.

[3] 李新峰,赵坤,王明筠,等.多普勒雷达资料循环同化在台风"鲇鱼"预报中的应用[J].气象科学,2013,33(3):255-263.

[4] 张雪蓉,陈联寿,濮梅娟,等.登陆台风变性过程的物理机制分析[J].气象科学,2013,33(6):685-692.

[5] 杜惠良,黄新晴,冯晓伟,等.弱冷空气与台风残留低压相互作用对一次大暴雨过程的影响[J].气象,2011,37(7):847-856.

[6] 罗碧瑜,张晨辉,李源峰,等.2006年台风"碧利斯"与"格美"的降水差异性比较[J].海洋科学进展,2009,27(1):74-80.

[7] 许变,何金海,高守亭,等.集合动力因子对登陆台风"莫拉克"(0908)暴雨落区的诊断与预报研究[J].大气科学,2013,37(1):23-35.

[8] 余贞寿,冀春晓,倪东鸿,等.台风"韦帕"(0713)引发华东暴雨过程的诊断比较[J].气象科学,2012,32(1):101-109.

[9] 周冠博,崔晓鹏,高守亭.台风"凤凰"登陆过程的高分辨率数值模拟及其降水的诊断分析[J].大气科学,2012,36(1):23-34.

[10] 周泓,金少华,尤红.台风"灿都"造成云南强降水过程的水汽螺旋度诊断分析[J].气象科学,2012,32(3):339-346.

[11] 李英,陈联寿,王继志.登陆热带气旋长久维持与迅速消亡的大尺度环流特征[J].气象学报,2004,62(2):167-179.

[12] 王同美,温之平,李彦,等.登陆广东热带气旋统计及个例的对比分析[J].中山大学学报:自然科学版,2003,42(5):97-100.

[13] 庄婧,马志学.圣帕台风陆上维持原因之浅析[J].气象,2008,**34**(T1):238-243.

[14] 孙建华,齐琳琳,赵思雄."9608"号台风登陆北上引发北方特大暴雨的中尺度对流系统研究[J].气象学报,2006,**64**(1):57-71.

[15] 叶成志,李昀英,黎祖贤.两次严重影响湖南的登陆台风水汽场特征数值模拟[J].高原气象,2009,**28**(1):98-107.

[16] 余贞寿,陈敏,叶子祥,等.相似路径热带气旋"海棠"(0505)和"碧利斯"(0604)暴雨对比分析[J].热带气象学报,2009,**25**(1):37-47.

[17] 陈联寿.登陆台风中的科学问题[C].香山科学会议第275次学术讨论会会议文集,2006:8-15.

[18] 许爱华,叶成志,欧阳里程,等."云娜"台风登陆后的路径和降水的诊断分析[J].热带气象学报,2006,**22**(3):229-236.

[19] 陈联寿,孟智勇.我国热带气旋研究十年进展[J].大气科学,2001,**25**(3):420-432.

[20] 陈联寿,丁一汇.西太平洋台风概论[M].北京:科学出版社,1979.

全球热带气旋降水日变化研究

曹殿斌　　张庆红

(1. 黑龙江省气象台,哈尔滨 150030;2. 北京大学,北京 100871)

摘　要

　　热带气旋(Tropical Cyclone,TC)降水作为全球降水的重要组成部分,在热带与亚热带水汽输送中起着重要作用。过去的研究大多关注全球不同区域的 TC 降水分布、年代际变化、季节变化、频次变化等特征,或只关注热带海洋地区降水的日变化特点,对 TC 降水的日变化特征还未详细研究。本文利用美国国家海洋和大气管理局(National Oceanic and Atmospheric Administration,NO-AA)气候预测中心的高时空分辨率混合降水资料(High-resolution Climate Prediction Center's morphing technique,HCMORPH),对全球 2008—2010 年 TC 降水日变化进行研究,分别讨论了西北太平洋(WNP)、北印度洋(NIO)、大西洋(ATL)、东太平洋(EPA)、南印度洋－南太平洋(SIO-SPA)TC 降水的日变化特征以及其随着 TC 强度、生命史、活动季节的变化规律。本文定义 PVA(Precipitation Variation Amplitude,实际降水比最大值与最小值之差)来表示谐波振幅的变化。研究发现:在 WNP、NIO、ATL、EPA、SIO-SPA 的 TC 降水日里,NIO 有 83% 的 TC 降水日存在明显的降水日变化,为各洋最高,其他从高到低依次为 SIO-SPA 有 76%、EPA 有 75%、WNP 有 70%、ATL 有 61%。不同的洋面 PVA 具体特征有所不同,WNP、SIO-SPA 在强度较弱 TD、TS 的 TC 降水中 PVA 较大,NIO、ATL、EPA 在 TY、ST 强度强的 TC 降水中 PVA 较大。TC 降水最大值出现在凌晨至上午,最小值出现在下午至前半夜,TC 降水具有日变化特征规律。

　　关键词:热带气旋降水　日变化　HCMORPH　PVA　谐波

引言

　　人类的生存和发展是与自然灾害相伴随的,自然灾害是当今人类面临的全球性重大问题之一,尤其是热带气旋(Tropical Cyclone,TC)灾害更是全球发生频率最高、影响最严重的一种灾害[1]。据统计,全球每年发生 80～100 个热带气旋,平均造成 60～70 亿美元的经济损失和 2 万人死亡[1],TC 降水作为全球降水的重要组成部分,在热带与亚热带水汽输送中起着重要作用,与气候变化密切相关,因此有必要开展热带气旋(TC)空间、时间降水特征方面的研究。

　　尽管 TC 降水的研究有着十分重要的意义,但是过去的研究大多关注全球不同区域的 TC 降水分布、年代际变化、季节变化、频次变化等特征上,或只关注热带海洋地区降水的日变化特点,而很少定量地研究 TC 降水的日变化特征,这可能主要与从总降水中分离 TC 降水技术和海洋上降水资料的缺乏有关。Shu 等[18]利用 HCMORPH(Climate Prediction Center's morphing technique,Joyce 等[33])高时空分辨率降水资料,从 TC 的不同强度、生命史、不同季节、活动区域定量地分析了西北太平洋 TC 降水的日变化气候统计特征,但对于全球其他洋区 TC 的不同强度、生命史和活动季节的降水日变化目前还未有人研究过。

　　本文利用 2008—2010 年高时、空分辨率降水资料(HCMORPH)和客观天气分析方法

(OSAT)分离出半小时间隔的 TC 降水,从而来寻找全球(0～60°N,0～60°S)TC 降水是否存在日变化特征,如果南、北半球 TC 降水存在日变化特征,再进一步研究 TC 降水日变化同气旋强度、生命史中的不同阶段和不同季节的气象统计关系。

1 数据与研究方法

1.1 数据

(1)本文降水资料采用 NOAA(the National Oceanic and Atmospheric Administration)2008 年 1 月到 2010 年 10 月 HCMORPH(High-resolution Climate Prediction Center's morphing technique)的高分辨率卫星综合降水估计资料。

(2)TC 信息采用的是美国海军联合台风预警中心(Joint Typhoon Warning Center,简称 JTWC)TC 最佳路径(Best-tracks)数据。

(3)卫星云图对比资料取自 ENVF Atmospheric & Environmental Database、EOSDIS、Unisys Weather、中国气象局卫星中心网站。主要用来对比 TC 降水分离结果。

1.2 研究方法

1.2.1 热带气旋(TC)强度、生命史、季节划分

强度划分:本文利用 JTWC 的最大持续风速(VMAX)根据 Kikuchi 等[29](表 1)提出标准,将 TC 强度分为四个等级来讨论,VMAX<34 节为热带低气压(TD),33 节<VMAX<64 节为热带风暴(TS),63 节<VMAX<119 节为台风(TY),119>VMAX 节是超强台风(ST)。

生命史:整个 TC 的生命史将分为三个阶段来分析。用 12 h TC 最大风速变化来表示 TC 强度变化,dV=VMAX(t+6)−VMAX(t−6),即 TC 记录时间 6 h 后与 6 h 前最大风速(VMAX)的差值,VMAX 取自每天 4 次的 JTWC Best-track 记录。如果 dV>0 表示 TC 处于发展阶段,dV<0 代表 TC 处于减弱阶段,dV=0 代表 TC 处于维持阶段。如果某一 TC 降水日发展(衰减、维持)的时间在 24 h 内有两个时次以上,则认为 TC 降水在这一天处于发展(衰减、维持)阶段。

季节划分:北半球 TC 降水日四季划分为:3、4、5 月为春季,6、7、8 月为夏季,9、10、11 月为秋季,12、1、2 月为冬季;南半球 TC 降水日四季划分为:9、10、11 月为春季,12、1、2 月为夏季,3、4、5 月为秋季,6、7、8 月为冬季。

1.2.2 TC 日、TC 降水日、平均降水比、PVA 定义

定义 TC 日:即 JTWC best track 有 TC 记录的日期。定义 TC 降水日:将一个 TC 整个生命史中某个 TC 日中 48 个时次均有降水的日期定义为一个 TC 降水日,TC 生成或结束时不能达到全天有降水的不予考虑,TC 降水日从当地时间每天的 00 时至 23 时 30 分。平均降水比定义为:半小时的平均降水率减去日平均降水率,再除以日平均降水率。降水变化幅度(Precipitation Variation Amplitude,简称 PVA):指一天当中实际平均降水比一阶谐波的最大值与最小值之差。

1.2.3 TC 降水分离及统计分析方法

本文使用的 TC 降水分离方法是 Wei 等[25]对 Ren 等[23]提出来一种叫做客观天气分析的方法 OSAT(Objective Synoptic Analysis Technique)的改进方法。

气象上应用谐波分析方法可以揭示气象要素时间序列的周期特征并推测其变化趋势(林

崇德等[30])。本文 TC 降水统计分析采用的谐波分析方法,检验为 F 检验。

2 统计结果

将每天半小时一次的当地时间(LST)降水资料经过谐波分解,并认为通过 95% 置信度检验的谐波有其实际物理意义,选出仅有第一、二谐波,即谐波周期为一天(24 h)或半天(12 h)的 TC 降水日进行分析。根据统计检验的结果,TC 降水日可分为以下 3 种情况:只有一次谐波可以通过置信水平检验(H1),只有二次谐波可以通过置信水平检验(H2),第一、二次谐波都可以通过置信水平检验(H1H2),然后可以计算出上述三个条件的总和(Ht)。由于第二谐波通过置信度检验的样本较少,不具有代表性,故不做具体讨论。

2.1 西北太平洋(NWP)热带气旋(TC)降水日变化

2008—2010 年西北太平洋(NWP)533 个热带气旋日中的 389 个 TC 降水日的强度、生命史和活动季节的分布情况(图 1)。

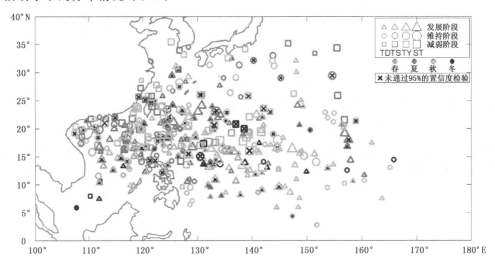

图 1　2008—2010 年西北太平洋(NWP)533 个热带气旋日中的 389 个 TC
降水日的强度、生命史和活动季节的分布情况

从表 1 中我们可以发现,在西北太平洋上,大约有 70% 的 TC 降水日存在一天或半天的周期,在这 70% 当中又大约有 96%((H1+H1H2)/Ht)TC 降水日存在着以一阶谐波为主的降水日变化,西北太平洋的 TC 降水具有明显的降水日变化特征。

表 1　通过 95% 置信度检验的 NWP_TC 降水日

	TC 日数	TC 降水日	H1	H2	H1H2	Ht	Ht/降水日数
2008	184	130	43	3	42	88	0.68
2009	222	166	63	2	48	113	0.68
2010	127	93	41	4	26	71	0.76
总计	533	389	147	9	116	272	0.70

2.1.1 西北太平洋不同强度的 TC 平均降水比日变化

从图 2 中可以看出 TD、TS、TY、ST 四个强度降水都具有明显的日变化,TD 阶段在凌晨 04 时 LST 降水有明显的峰值,降水最低值在 18 时 LST。TS 约 08:30 时 LST 降水达到峰值,最低值出现在 20 时 LST 左右。TY 的降水在凌晨 04 时 LST 达到最大,ST 最大降水出现的比较早,大约在 02 时 LST,然后 TY 和 ST 的降水比开始缓慢减小,分别在 20 时和 17 时 LST 达到最低值。

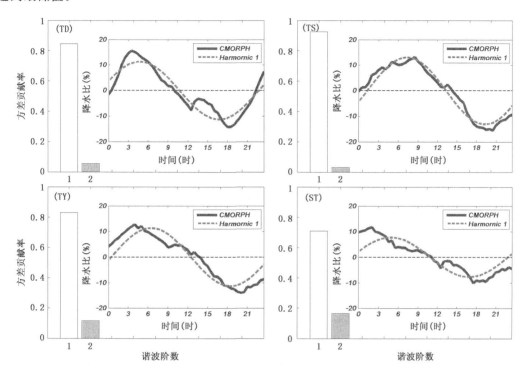

图 2　热带气旋平均降水比随气旋强度的变化

(四幅图分别表示四个强度的热带气旋;小图中的实线代表热带气旋平均降水比,短线代表 1 阶谐波拟合结果;大图中的柱子表示各谐波的方差贡献率,其中空心柱代表通过 99% 置信度检验,灰色实心柱代表没有通过检验)

在四个强度中,TS 具有最明显的 PVA,为 30% 左右。TD 和 TY 的 PVA 相对略小约 25%,ST 的 PVA 最小约为 16%。四种强度的降水比都只有一阶谐波能通过 99% 置信度检验。TS 的一阶谐波方差贡献率最高可达 90% 以上,TD、TY 的一阶谐波方差贡献率也可达到 80% 以上,ST 的一阶谐波方差贡献率约为 70%。说明以 24 h 为周期的降水日变化在较弱 TC 中占主导地位,特别是在 TS 中日变化可以解释 90% 以上的全天降水变化,但在西北太平洋 ST 中的日变化也可以解释 70% 的降水变化,这可说明西北太平洋的 TC 四个强度都具有很明显的降水日变化特征。

2.1.2　西北太平洋不同生命史的 TC 平均降水比日变化

从图 3 中可以看出,TC 在发展阶段、维持阶段、衰减阶段的降水日变化都比较明显,方差贡献率均在 70% 以上。发展阶段的方差贡献率最大,超过 90%,降水峰值出现在清晨 04 时 LST,然后降水峰值持续到约上午 09 时 LST 开始减弱,直到晚上 18—19 时 LST 达到最小降水值;处于维持阶段的 TC 最大降水出现在约凌晨 03 时 LST,最低值出现在夜间 20 时 LST 左右;衰减阶段的的方差贡献率最小,但也大于 70%,TC 最大降水出现的最早约 02 时 LST,然后降水有明显的下降趋势,在 19:30 时 LST 达到降水最低点。

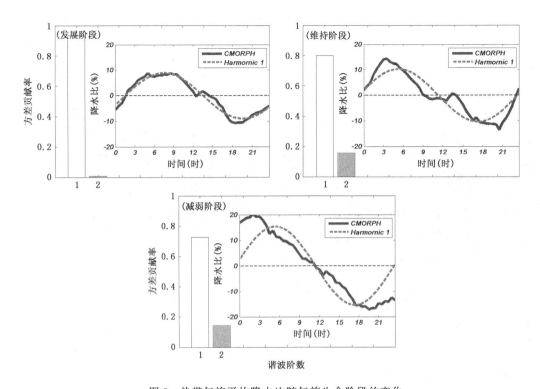

图 3　热带气旋平均降水比随气旋生命阶段的变化

(三幅图分别表示三个生命期不同阶段的热带气旋;小图中的实线代表热带气旋平均降水比,

短线代表 1 阶谐波拟合结果;大图中的柱子表示各谐波的方差贡献率,其中空心柱

代表通过 99% 置信度检验,灰色实心柱代表没有通过检验)

从 PVA 来看,TC 处于发展阶段的 PVA 最弱约为 20%,维持阶段的 PVA 约为 28%,PVA 最大的是衰减阶段,约为 37%,可见振幅是逐渐增大的。三个阶段的平均降水比都只有一阶谐波能通过 99% 置信度检验。但高低值出现的时间却不尽相同,TC 处于发展阶段峰值出现最晚、较为平缓且振幅不大,最低值比其他两个阶段早。发展阶段一阶谐波的方差贡献达到 90% 以上,而 PVA 最小,这个阶段的 TC 降水日变化在降水变化中占最主要地位;在维持阶段,一阶谐波方差贡献可以解释 80% 的以 24 h 为周期的降水日变化,在减弱阶段,一阶谐波方差贡献率最小,约为 72%,但 PVA 最大。可以发现:日变化振幅最小的发展阶段方差贡献率最大,日变化最主要;而随着日变化振幅的增大方差贡献率却逐渐减小。

2.1.3　西北太平洋不同季节的 TC 平均降水比日变化

从图 4 中可以看出:在夏季的 TC 降水日变化最明显,在清晨约 04 时 LST 出现降水峰值,降水的最低值出现的最早大约在 18 时 LST。春季的 TC 降水日变化是最弱的,降水最大值出现在早晨 06 时 LST 左右,在 20 时 LST 左右降水达到最低点。秋季 TC 降水的最大降水出现在清晨约 05 时 LST 左右,最小降水值出现在晚上约 20 时 LST。冬季的 TC 降水最大值出现在清晨 05 时 LST 左右,与其他季节不同的是其降水达最低点在 13 时 LST 左右出现,之后平均降水比略有增大,并维持在一个低谷,一直持续到午夜。在四个季节中,夏季的 PVA 最大约 26%,春季 PVA 较小,约为 16%,秋季和冬季的 PVA 约 22%。

在四个季节中只有一阶谐波方差贡献率均能通过 99% 置信度检验。春季一阶谐波方差

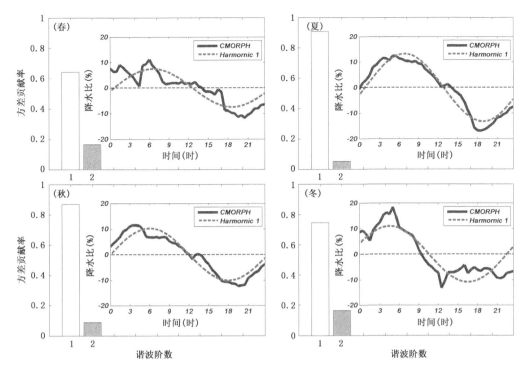

图 4 热带气旋平均降水比随气旋活动季节的变化

(四幅图分别表示不同季节的热带气旋;小图中的实线代表热带气旋平均降水比,
短线代表 1 阶谐波拟合结果;大图中的柱子表示各谐波的方差贡献率,其中空心柱代表
通过 99% 置信度检验,灰色实心柱代表没有通过检验)

贡献率最低,只有约 65%,且 PVA 很小,表明在春季 TC 降水每天变化比较混乱,以 24 h 为周期的降水日变化对 TC 降水变化影响有限;夏季一阶谐波方差贡献率最大,可达 90%,在凌晨 04 时 LST 左右出现平缓的峰值,在 18 时 LST 达到一天降水的最低值;秋季一阶谐波方差贡献率超过 85%,早晨有明显峰值,最低降水出现在傍晚;冬季一阶谐波方差贡献率超过 70%,降水峰值和谷值出现的时间都很突然,在 05 时 LST 达到峰值后降水比迅速下降,至中午 13 时 LST 左右达到最低点后又迅速回升,之后维持较弱的降水水平至午夜,这一季节的最小降水值出现的最早,可能与该季节太阳照射时间较短,太阳落山较早有关。

2.2 北印度洋(NIO)热带气旋(TC)降水日变化

2008—2010 年北印度洋(NIO)87 个热带气旋日中的 63 个 TC 降水日的强度、生命史和活动季节的分布情况(图 5)。

从(图 5)中我们可以发现,在北印度洋(NIO)上,TC 降水日的强度、生命期和活动季节的分布约 74% 的 TC 降水日位于孟加拉湾,而阿拉伯海上只占约 26%,夏季很少,其他季节相对较多,这与 TC 发生位置和月份的频次是十分吻合的。在(表 2)中我们可以得到,大约有 83% 的 TC 降水日存在一天或半天的周期,其中又大约有 96% TC 降水日存在着以一阶谐波为主的降水日变化,但由于北印度洋具有 TC 发生数量相对较少的气候统计特征,故 2008—2010 年间的 TC 降水日样本数也相对较少,所以在北印度洋(NIO)上,我们把其认定为 TC 降水具有明显的降水日变化特征趋势。

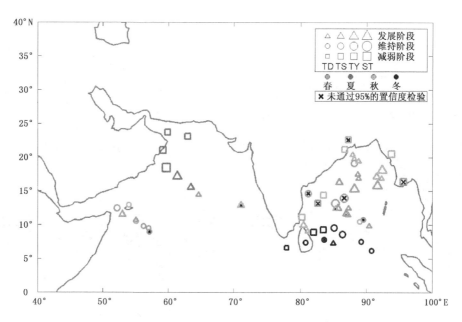

图 5 2008—2010 年北印度洋(NIO)87 个热带气旋日中的 63 个 TC
降水日的强度、生命史和活动季节的分布情况

表 2 通过 95% 置信度检验的 NIO_TC 降水日

	TC 日数	TC 降水日数	H1	H2	H1H2	Ht	Ht/降水日数
2008	39	27	10	1	9	20	0.74
2009	20	14	7	0	5	12	0.86
2010	28	22	13	1	6	20	0.91
总计	87	63	30	2	20	52	0.83

2.2.1 NIO 不同强度的 TC 平均降水比日变化

从图 6 中可以看出 TD 降水具有明显的日变化,在 06 时 LST 降水有明显的峰值,降水最低值出现在夜间 22 时 LST。TS 降水比从 00 时 LST 下降后迅速上升,在凌晨 1 时 LST 左右降水达到最高值,最低值出现在约 22 时 LST 左右。TY 的降水也有相似降水日变化,TY 的降水在 10 时 LST 达到最大,最低值出现在约 19 时 LST 左右,同时可以看出降水在 TC 达到 TY 强度时,降水比的震荡十分剧烈。可见,随着 TC 强度增强,降水峰值的出现时间也有所不同,但都出现在凌晨至上午 LST,降水最低值的出现时间有所提前,从 22 时 LST 提前到 19 时 LST 出现。由于北印度洋(NIO)上 ST 发生的次数十分少,2008—2010 年期间北印度洋(NIO)无 ST,故 ST 降水是否也存在降水日变化特征有待增加样本数再做其相关研究,在这里不做讨论。

在 TD、TS、TY 三个强度中,TY 具有最明显的 PVA,为 45% 左右。TD 和 TS 的 PVA 相对较小分别约为 34%、36%。三种强度的平均降水比都只有一阶谐波能通过 99% 置信度检验。其中 TY 振幅最大,TS 振幅最小;TD 的一阶谐波方差贡献率最高可约达 80%,TS、TY 的一阶谐波方差贡献率分别为 60% 以上。说明以 24 h 为周期的降水日变化在较弱 TC 中占主导地位,特别是在 TD 中日变化可以解释约 80% 的全天降水变化,TS 和 TY 分别只能解释约 60% 的降水日变化。

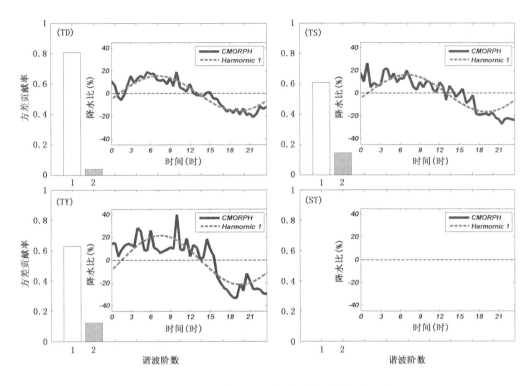

图6 热带气旋平均降水比随气旋强度的变化(标注同图2)

2.2.2 NIO 不同生命史的 TC 平均降水比日变化

从图7中可以看出,在北印度洋(NIO)上,TC 在发展阶段降水日变化比较明显,方差贡献率约为80%,降水峰值出现在上午10时 LST,约在22时 LST 达到最小降水值。处于维持阶段的 TC 降水日变化有与发展阶段相似的周期,最大降水出现在约凌晨0时 LST,最低值出现在夜间21时 LST 左右。衰减阶段的 TC 降水日变化最为明显,最大降水出现在约凌晨1时 LST,最低值出现在夜间20时 LST 左右。

发展阶段的 PVA 约为36%,维持阶段的 PVA 约为26%,衰减阶段的 PVA 约为62%,衰减阶段振幅最大,其它两个阶段振幅略小,这三个阶段的平均降水比都只有一阶谐波能通过99%置信度检验。但平均降水比最峰值出现的时间却不尽相同,TC 处于发展阶段平均降水比峰值出现时间比其它两个阶段的晚、震荡较为平缓,处于维持阶段的 TC 平均降水比在凌晨到早晨 LST 的震荡较为剧烈,随后震荡开始略有减弱。发展阶段一阶谐波的方差贡献达到80%以上,PVA 比维持阶段略大,可见这个阶段的 TC 降水日变化在降水变化中占最主要地位;在维持阶段,一阶谐波的方差贡献约为50%,24 h 的周期可以解释50%的降水日变化;在衰减阶段,一阶谐波的方差贡献约为70%,24 h 的周期可以解释70%的降水日变化。从上述可发现,TC 随着生命史的时间推移,处于不同生命史阶段的 TC 降水日变化 PVA 先减弱后增加。

2.2.3 NIO 不同季节的 TC 平均降水比日变化

从图8中可以看出:在春季和秋季北印度洋(NIO)的 TC 降水日变化非常明显,冬季其次,由于夏季不是北印度洋(NIO)的 TC 季,TC 发生数非常少,所以由于个例样本数的限制,对夏季的 TC 降水日变化在这里不做讨论。在春季,降水的最峰值出现在10时 LST 左右,最

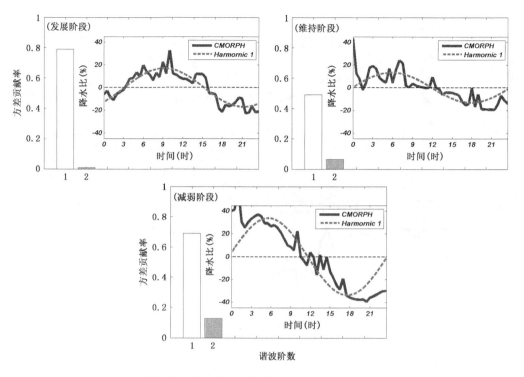

图 7　热带气旋平均降水比随气旋生命阶段的变化(标注同图 3)

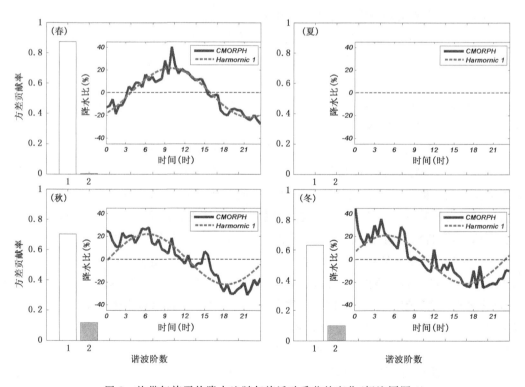

图 8　热带气旋平均降水比随气旋活动季节的变化(标注同图 4)

低值出现在 00 时 LST 前后；秋季降水的最峰值出现在 07 时 LST 左右，最低值出现在晚上约 19 时 LST，之后到 22 时 LST 一直维持一个低谷；冬季降水的最峰值出现在 00 时后，最低值出现约在 20 时。在北印度洋(NIO)春、秋、冬三个季节中，秋季和冬季 TC 降水的日变化基本类似，春季的降水日变化的峰值和最低值出现时间与其他两季不同，出现的最晚。

在北印度洋(NIO)春、秋、冬三个季节中，春季和秋季的 PVA 最大约 42%，冬季的 PVA 约为 40%，整体看一阶谐波的振幅相差不多，但三个季节的 TC 平均降水比却不尽相同，春季和秋季的平均降水比日变化震荡相对较为平缓，但这两季的峰值出现时间不一样，冬季的平均降水比的日变化趋势与秋季相似，但其震荡非常的剧烈，尤其是在 00 时 LST 至 08 时 LST 期间最为剧烈，其方差贡献率也不高，这可能与冬季的样本数较少有关。在上述三个季节中，各季只有一阶谐波方差贡献率能通过 99% 置信度检验。春季一阶谐波方差贡献率最高，可达 85% 以上，PVA 也最大，可见在春季 TC 降水日变化在降水日变化中占最主要地位，24 h 的周期可以解释 85% 以上的降水日变化；冬季一阶谐波方差贡献率最低，只有约 62%，且 PVA 最小，表明在冬季 TC 降水每天变化比较混乱，以 24 h 为周期的降水日变化对 TC 降水变化影响有限，这可能是由冬季的海温相对偏低的原因造成的；秋季一阶谐波方差贡献率约为 70%，TC 降水的日变化特征也是比较明显的。同时随着春、秋、冬季节的变化，TC 降水的峰值和最低值都逐渐向前推移。

2.3 大西洋(ATL)热带气旋(TC)降水日变化

2008—2010 年大西洋(ATL)358 个热带气旋日中的 277 个 TC 降水日的强度、生命史和活动季节的分布情况(图 9)。

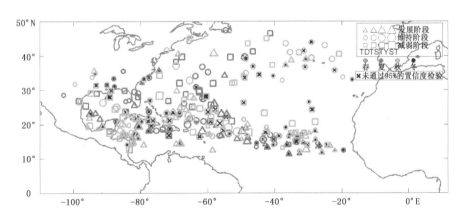

图 9　2008—2010 年大西洋(ATL)358 个热带气旋日中的 277 个 TC 降水日的强度、生命史和活动季节的分布情况

在大西洋(ATL)上，TC 降水日的强度、生命史和活动季节的分布多在 20°N 附近，夏季和秋季较多，春季和冬季较少。在(表 3)中我们可以得到，大约有 61% 的 TC 降水日存在一天或半天的周期，相对其他洋区，大西洋的 TC 降水存在日变化特征，但特征并不是十分明显。

表 3　通过 95％置信度检验的 ATL_TC 降水日

	TC 日数	TC 降水日数	H1	H2	H1H2	Ht	Ht/降水日数
2008	143	113	30	4	28	62	0.55
2009	63	49	12	4	16	32	0.65
2010	152	115	39	3	34	76	0.66
总计	358	277	81	11	78	170	0.61

2.3.1　ATL 不同强度的 TC 平均降水比日变化

从图 10 中可以看出 TD、TS、TY 降水与 ST 降水相比具有更为明显的日变化特征,前三个阶段在凌晨 00—03 时 LST 降水有明显的峰值,降水最低值出现在上午 10 时 LST 左右。ST 平均降水比震荡十分剧烈,而且降水峰值与其它强度对比出现的时间差别也较大,ST 降水约 11 时 LST 左右降水达到最高值,最低值出现在约 19 时 LST 左右。可见,在大西洋上,随着 TC 强度增强至 ST,其降水日变化特征也变的十分的不明显起来。这是因为在热带气旋较弱阶段,短波和长波的辐射通量的大小足可以引起热带气旋的潜热率的日变化,但随着风暴的发展,辐射通量变成只占总能量的更小的一部分,日变化也变的不那么显著[36]。

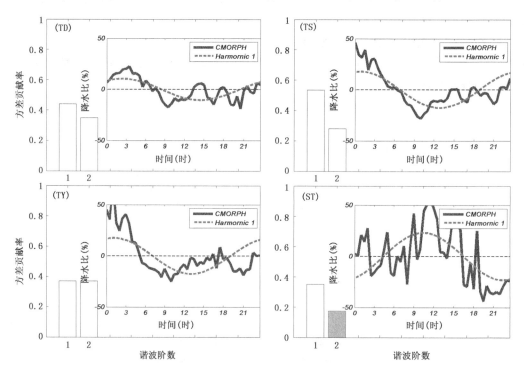

图 10　热带气旋平均降水比随气旋强度的变化(标注同图 2)

在 TD、TS、TY、ST 四个强度中,ST 由于其降水比震荡十分剧烈,其具有最明显的 PVA,为 50％左右,但其方差贡献率很低。TY 和 TS 的 PVA 相对较小约为 35％,TD 的 PVA 最小约为 25％。ST 只有一阶谐波能通过 99％置信度检验,TD、TS 和 TY 一阶谐波和二阶谐波都通过了 99％置信度检验。TD 的一阶谐波方差贡献率最高可约达 45％,TS 的一阶谐波方差贡献率约为 55％左右,TY、ST 一阶谐波方差贡献率约不到 40％。说明在大西洋(ATL)上,以

24 h 为周期的降水日变化也存在较弱 TC 中占主导地位,在 TD、TS 降水日变化中方差贡献可以解释约 45%~55% 的全天降水日变化,TY 和 ST 的解释能力最差,还不到 40%。在以 12 h 为周期的降水日变化中,TD、TS 和 TY 在全天降水变化中有次峰值的出现,二阶谐波通过置信度检验,所以其降水日变化同时具有 12 h 变化特征,能解释 30%~40% 的半日降水变化特征,但整体上看方差贡献率都不是很高,同时可以看到大西洋 ST 强度的一阶谐波的相位与其他三个强度几乎成反位相。

2.3.2 ATL 不同生命史的 TC 平均降水比日变化

从图 11 中可以看出,在大西洋(ATL)上,TC 处于发展阶段和衰减阶段的降水日变化比较明显,都通过了一阶谐波和二阶谐波的 99% 的置信度检验,但一阶谐波和二阶谐波的方差贡献率也都不是很大,一阶方差贡献率基本维持在 50% 左右,二阶方差贡献率基本维持在 25%~30%,TC 在发展阶段降水峰值出现在凌晨 00 时 LST,约在 21 时 LST 达到最小降水值。衰减阶段的 TC 降水峰值出现在凌晨 01 时 LST,最小降水值出现在上午 10 时 LST 左右。处于维持阶段的 TC 降水没有明显的以 24 h 为周期的日变化特征,一阶谐波没有通过 99% 的置信度检验,二阶谐波通过 99% 的置信度检验,但方差贡献率也不大,只有 30%,且平均降水比震荡较为剧烈。可见,在大西洋上,处于维持阶段的 TC 不具有明显以 24 h 为周期的变化特征,相对来说以 12 h 为周期的变化特征更为明显一些。

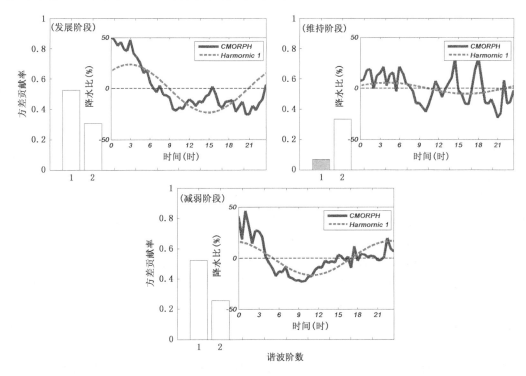

图 11 热带气旋平均降水比随气旋生命阶段的变化(标注同图 3)

发展阶段和衰减阶段的 PVA 比较大分别约为 50% 和 40%,振幅相差不多;维持阶段 PVA 最弱,且不具有明显的日变化特征。TC 处于减弱阶段,降水的最低值出现在白天,而不是夜间,这与发展阶段有所不同。TC 处于发展阶段和衰减阶段的 24 h 的周期方差贡献都只能解释 50% 左右的降水日变化,TC 处于维持阶段没有通过检验。可见 TC 随着生命史的时间推移,处于不同生命史阶段的 TC 降水日变化 PVA 先减小后增大,TC 的降水日变化特征也先减弱后增强。

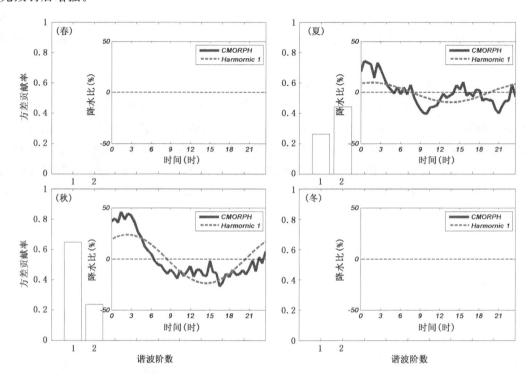

图 12　热带气旋平均降水比随气旋活动季节的变化(标注同图 4)

2.3.3　ATL 不同季节的 TC 平均降水比日变化

在大西洋(ATL)上,由于春季和冬季不是 TC 季,TC 发生数非常少,所以由于个例样本数的限制,对春季和冬季的 TC 降水日变化在这里不做讨论。从图 12 中可以看出:秋季 ATL 的 TC 降水日变化非常明显,夏季其次。在夏季,降水的最峰值出现在凌晨 01 时 LST 左右,最低值出现在 10 时左右;秋季降水的最峰值出现在 02 时 LST 左右,最低值出现在约 16:30 时 LST。

在大西洋(ATL)夏、秋两季节中,秋季的 PVA 比秋夏大,最大约为 50%,夏季的 PVA 约为 20%,整体看 TC 降水比的日变化趋势基本类似,但振幅大小不同,降水最低值出现时间也不同。夏、秋两季节中,一阶谐波和二阶谐波方差贡献率均能通过 99% 置信度检验。夏季的一阶谐波的方差贡献率比秋季小,只有约 25%,而秋季可达约 65%,二阶谐波的方差贡献率夏季比秋季大,为 45%,秋季约 21%。可见,在大西洋(ATL),夏季的 TC 降水日变化以 12H 为周期的降水变化占最主要地位,我们可看到夏季的 TC 平均降水比在 15 时 LST 有明显的次峰值出现,次低值出现在晚上 21 时 LST。在秋季一阶谐波方差贡献率最高,可达 65% 以上,PVA 也最大,可见在秋季,大西洋(ATL)以 24 h 为周期的降水日变化相对明显,可以解释 24 h 的周期 65% 以上的降水日变化。

2.4　东太平洋(EPA)热带气旋(TC)降水日变化

2008—2010 年东太平洋(EPA)314 个热带气旋日中的 236 个 TC 降水日的强度、生命史和活动季节的分布情况(图 13)。

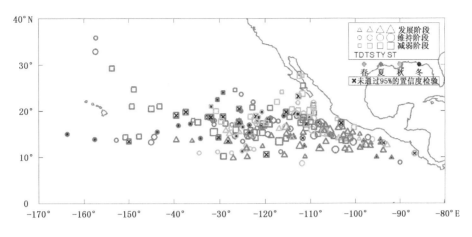

图 13　2008—2010 年东太平洋(EPA)314 个热带气旋日中的 236 个 TC
降水日的强度、生命史和活动季节的分布情况

在东太平洋(EPA)上,TC 降水日的强度、生命史和活动季节的分布多在 15°N 附近,且靠近美洲大陆一侧,与大西洋相同,夏季和秋季较多,春季和冬季较少。在(表 4)中我们可以得到,在所研究的样本数中,大约有 75％ 的 TC 降水日存在一天或半天的周期,其中又有 99％ TC 降水日存在着以一阶谐波为主的降水日变化,可见在东太平洋上 TC 降水具有明显的以 24 h 为周期降水日变化特征。

表 4　通过 95％置信度检验的 EPA_TC 降水日

	TC 日数	TC 降水日数	H1	H2	H1H2	Ht	Ht/降水日数
2008	127	96	27	1	43	71	0.74
2009	134	100	38	0	32	70	0.70
2010	53	40	23	0	13	36	0.90
总计	314	236	88	1	88	177	0.75

2.4.1　EPA 不同强度的 TC 平均降水比日变化

从图 14 中可以看出 TD、TS、TY、ST 降水具有明显的日变化,在早晨 04—06 时 LST 降水有明显的峰值,降水最低值除 TD 出现在 14 时 LST 左右、ST 出现在 18 时 LST 左右外,其他两个强度的降水最低值出现在晚上 21 时 LST 左右。整体上看,东太平洋(EPA)的降水日变化特征比较显著,平均降水比震荡小,波动十分明显,而且十分规律。

在 TD、TS、TY、ST 四个强度中,ST 具有最明显的 PVA,约为 100％,这可能与 EPA 上 ST 的样本数比较少,降水强度较强的缘故,从而引起 PVA 值比较大,其次是 TY 约为 55％,TD 和 TS 的 PVA 相对较小约为 50％。四个强度只有一阶谐波能通过 99％ 置信度检验,且拟合度非常的好。ST 的一阶谐波方差贡献率最高可约达 90％,TS、TY 的一阶谐波方差贡献率约为 85％ 左右,TD 一阶谐波方差贡献率约为 75％ 左右。说明在东太平洋(EPA)上,以 24 h 为周期的降水日变化的方差贡献率都比较大,所以,在 TD 降水日变化中方差贡献可以解释约 75％的全天降水日变化,TS 和 TY 可以解释约 85％的降水日变化,ST 可以解释约 90％的降水日变化,在这里要说明一点,在东太平洋(EPA)上,随着 TC 强度的增强,其方差贡献率也逐渐增大,

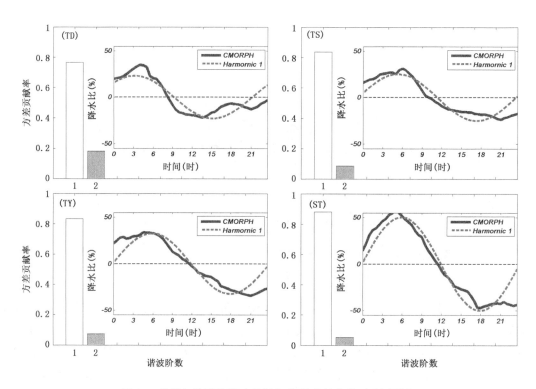

图 14　热带气旋平均降水比随气旋强度的变化(标注同图 2)

ST 的方差贡献率最大,解释能力最好。可见,在东太平洋(EPA),随着 TC 强度增强至 ST,其降水日变化特征逐渐变得显著,以 24 h 为周期的降水日变化在较强的 TC 中占主要地位。

2.4.2　EPA 不同生命史的 TC 平均降水比日变化

从图 15 中可以看出,在东太平洋(EPA)上,TC 处于发展阶段、维持阶段、衰减阶段的降水日变化都比较明显,都通过了一阶谐波的 99% 的置信度检验,没有通过二阶谐波的 99% 的置信度检验,且一阶谐波的方差贡献率都在 70% 以上,发展阶段约为 92%,维持阶段为 81%,衰减阶段为 70%。TC 在发展阶段降水峰值出现在早晨 06 时 LST,约在 21 时 LST 达到最小降水值。处于维持阶段的最大降水峰值出现在约凌晨 04 时 LST,最低值出现在 14 时 LST 左右。衰减阶段的 TC 降水峰值出现在凌晨 02 时 LST,从 00—05 时 LST 一直维持一个比较高的降水值,最小降水值出现约在 21 时 LST。

发展阶段、维持阶段和衰减阶段的 PVA 都比较大,约为 50% 左右,衰减阶段的振幅略大于维持阶段,维持阶段的振幅略大于发展阶段。从上述分析可见,发展阶段、维持阶段和衰减阶段的 TC 降水日变化比较相似,降水出现的峰值时间区别不是很大,但最低值的出现时间有所区别。三个阶段的 24 h 的周期可解释 70% 以上的降水日变化。TC 随着生命史的时间推移,处于不同生命史阶段的 TC 降水日变化 PVA 略有增大,方差贡献率逐渐减小,TC 处于衰减阶段时最小。

2.4.3　EPA 不同季节的 TC 平均降水比日变化

在东太平洋(EPA)上,由于春季和冬季不是 TC 季,TC 发生数非常少,所以由于个例样本数的限制,对春季和冬季的 TC 降水日变化在这里不做讨论。从图 16 中可以看出:夏季和秋季 EPA 的 TC 降水日变化都非常明显。在夏季,降水的最峰值出现在清晨 04 时 LST 左右,

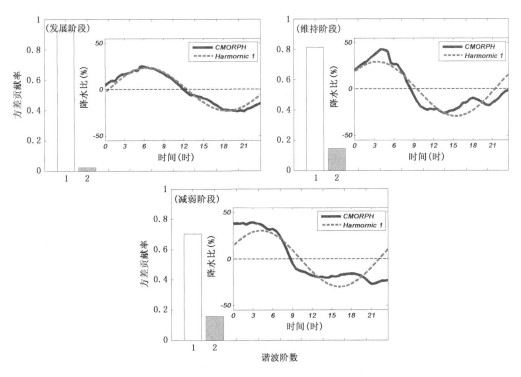

图 15 热带气旋平均降水比随气旋生命阶段的变化(标注同图 3)

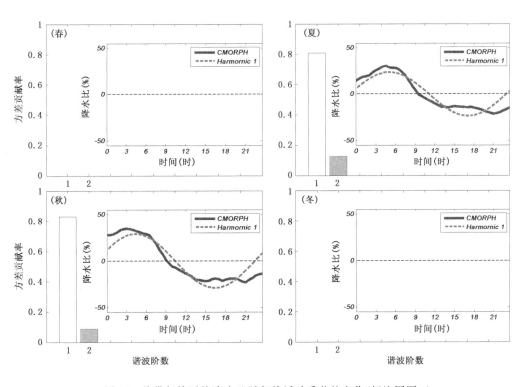

图 16 热带气旋平均降水比随气旋活动季节的变化(标注同图 4)

最低值出现在21时LST左右;秋季降水的最峰值出现在03时LST左右,最低值出现在晚上约21时LST。

在东太平洋(EPA)夏、秋两季节中,秋季的PVA比夏季大,约为55%,夏季的PVA约为45%,整体看TC平均降水比的日变化趋势基本类似,降水最高、最低值出现时间相同,但振幅大小不同。夏、秋两季节中,都只通过了一阶谐波方差贡献率99%置信度检验。秋季的一阶谐波的方差贡献率比夏季略大,但两季的方差贡献率都比较大,在80%以上。可见,在东太平洋(EPA),夏季和秋季的TC降水日变化以24 h为周期的降水变化占最主要地位,以24 h为周期的降水日变化十分明显,可以解释24 h的周期80%以上的降水日变化,且降水的峰值和最低值出现时间基本一致,周期变化特征也比较一致,只是随着季节的变化,TC降水的一阶谐波方差贡献率略有增大,PVA也有所增大。

2.5 南印度洋和南太平洋(SIO-SPA)热带气旋(TC)降水日变化

2008—2010年南印度洋和南太平洋(SIO-SPA)578个热带气旋日中的438个TC降水日的强度、生命史和活动季节的分布情况(图17)。

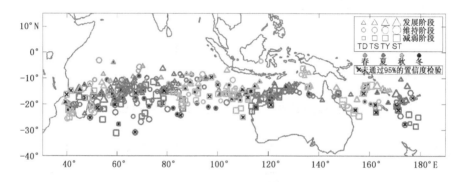

图17 2008—2010年南印度洋和南太平洋(SIO-SPA)578个热带气旋日中的438个TC降水日的强度、生命史和活动季节的分布情况

在南印度洋和南太平洋(SIO-SPA)上,TC降水日的强度、生命史和活动季节的分布多在22°N附近,南印度洋(SIO)较多,南太平洋(SPA)相对较少,夏季和秋季较多,春季和冬季较少。在(表6)中我们可以得到,在所研究的样本数中,大约有76%的TC降水日存在一天或半天的周期,其中又约有99%TC降水日存在着以一阶谐波为主的降水日变化,可见在南印度洋和南太平洋(SIO-SPA)上,TC降水也同样具有明显的降水日变化特征。

表5 通过95%置信度检验的SIO-SPA_TC降水日

	TC日数	TC降水日数	H1	H2	H1H2	Ht	Ht/降水日数
2008	181	141	46	4	48	98	0.70
2009	192	139	58	0	49	107	0.77
2010	205	158	74	1	55	130	0.82
总计	578	438	178	5	152	335	0.76

2.5.1 SIO-SPA不同强度的TC平均降水比日变化

从图18中可以看出TD、TS、TY、ST降水具有明显的日变化,在凌晨02—04时LST降水有明显的峰值,TD降水最低值出现在19时LST左右,TS降水最低值出现在13时LST左

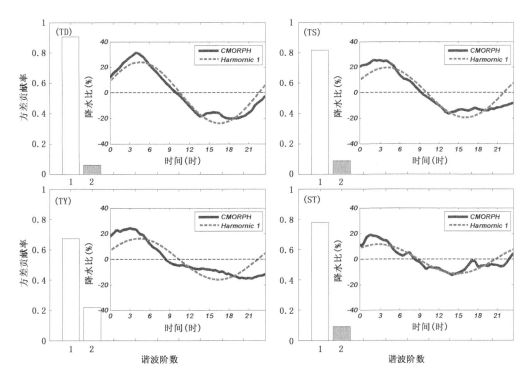

图 18 热带气旋平均降水比随气旋强度的变化(标注同图 2)

右,TY 降水最低值出现在 20 时 LST 左右,ST 降水最低值出现在 14 时 LST 左右。整体上看,南印度洋和南太平洋(SIO-SPA)的降水日变化特征也同样具有平均降水比震荡小,波动十分明显的规律。

在 TD、TS、TY、ST 四个强度中,TD 具有最明显的 PVA,约为 50%,其次是 TS 约为40%,TY 和 ST 的 PVA 相对较小分别约为 30%、25%。四个强度中 TD、TS、ST 只有一阶谐波能通过 99% 置信度检验,且拟合度非常的好,TY 一阶谐波和二阶谐波都通过 99% 置信度检验。TD 的一阶谐波方差贡献率最高可达约 92%;TS 的一阶谐波方差贡献率约为 82%;TY 的一阶谐波方差贡献率约为 69%,二阶谐波方差贡献率约为 21%;ST 一阶谐波方差贡献率约为 79% 左右。说明在南印度洋和南太平洋(SIO-SPA)上,以 24 h 为周期的降水日变化的方差贡献率都比较大,且降水日变化在较弱 TC 中占主导地位,所以,在 TD 降水日变化中可以解释高达约 92% 的全天降水日变化,TS、TY、ST 可以解释分别约 82%、69%、79% 的降水日变化,TY 的二阶谐波虽然通过了 99% 置信度检验,但我们可以看到,其平均降水比的全天次峰值并不明显,方差贡献率较低,所以我们认为 TY 阶段的 TC 降水日变化也是以 24 小时为周期变化的。

2.5.2 SIO-SPA 不同生命史的 TC 平均降水比日变化

从图 19 中可以看出,在南印度洋和南太平洋(SIO-SPA)上,TC 处于发展阶段、维持阶段、衰减阶段的降水日变化都比较明显,都通过了一阶谐波的 99% 的置信度检验,没有通过二阶谐波的 99% 的置信度检验,且一阶谐波的方差贡献率都在 79% 以上,发展阶段约为 87%,维持阶段为 90%,衰减阶段为 79%。TC 在发展阶段降水峰值出现在清晨 04 时 LST,约在 19 时 LST 达到最小降水值;处于维持阶段的最大降水峰值出现在约清晨 04 时 LST,最低值出现在下午 14 时 LST 左右;衰减阶段降水峰值出现在凌晨 01 时 LST,从 01—05 时 LST 一直维持一个比较高的降水值,最小降水值出现约在 14 时 LST,之后一直维持一个低谷。

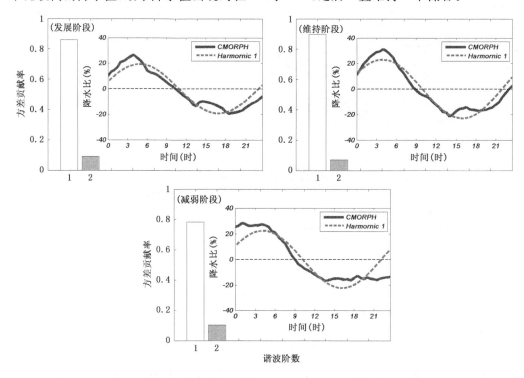

图 19　热带气旋平均降水比随气旋生命阶段的变化(标注同图 3)

　　发展阶段、维持阶段和衰减阶段的 PVA 都比较大,约为 40% 左右,衰减阶段的振幅略大于维持阶段,维持阶段的振幅略大于发展阶段。从上述分析可见,发展阶段、维持阶段和衰减阶段的 TC 降水日变化比较相似,降水出现的峰值时间区别不是很大,最低值略有差别,但维持低谷的时间是高度一致的。可见,TC 随着生命史的时间推移,处于不同生命史阶段的 TC 降水日变化 PVA 略有增大,方差贡献率前两个阶段比较大,在 85% 以上,TC 处于衰减阶段时最小,为 79%。三个阶段的 24 h 的周期可解释 79% 以上的降水日变化。

3.5.3　SIO-SPA 不同季节的 TC 平均降水比日变化

　　在南印度洋和南太平洋(SIO-SPA)上,由于冬季不是 TC 季,TC 发生数非常少,所以由于个例样本数的限制,对冬季的 TC 降水日变化在这里不做讨论。从图 20 中可以看出:春季、夏季和秋季 SIO-SPA 的 TC 降水日变化都非常明显。在春季,降水的最峰值出现在清晨 04 时 LST 左右,最低值出现在 13 时 LST 左右;夏季,降水的最峰值出现在清晨 04:30 时 LST 左右,最低值出现在 13 时 LST 左右;秋季降水的最峰值出现在清晨 04:30 时 LST 左右,最低值出现在晚上约在 13 时 LST,可见在南印度洋和南太平洋(SIO-SPA)降水的规律性在春、夏、秋季高度一致。

　　在南印度洋和南太平洋(SIO-SPA)春、夏、秋三季节中,夏季的 PVA 比春季大,最大约为 60%,春季比秋季大,PVA 约为 50%,秋季最小 PVA 约为 40%。整体看 TC 平均降水比的日变化趋势非常一致,降水最高、最低值出现时间基本相同,但振幅大小略有不同。春、夏、秋三季节都只通过了一阶谐波波方差贡献率 99% 置信度检验,三个季节的方差贡献率都比较大,

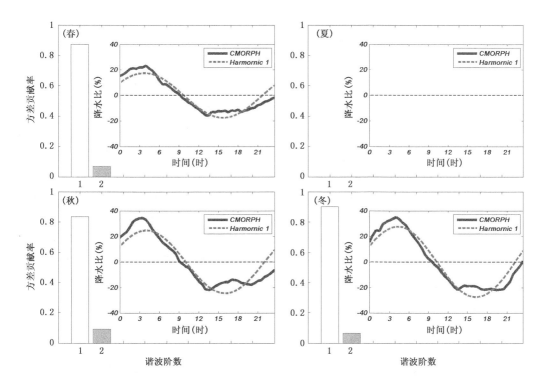

图 20 热带气旋平均降水比随气旋活动季节的变化(标注同图 4)

都在 85% 以上,夏季的一阶谐波的方差贡献率比秋季略大,约为 91%;秋季比春季大,约为 88%;春季最小,但也在 80% 以上。可见,在南印度洋和南太平洋(SIO-SPA),春季、夏季和秋季的 TC 以 24 h 为周期的降水日变化十分明显,可以解释 24 h 周期的 80% 以上的降水日变化,且降水的峰值和最低值出现时间高度一致,周期变化特征也比较一致,只是随着季节的变化,TC 降水的一阶谐波方差贡献率和 PVA 略有不同,在主要 TC 季节的夏季最大。

3 主要结论与工作展望

过去国内外有许多有关 TC 降水的气候特点和热带海洋地区降水日变化研究,但是 TC 降水日变化却很少有人关注研究。本文采用了高分辨率降水资料 HCMORPH 和 TC 降水分离方法 OSAT 得到 2008—2010 年全球的 TC 降水,然后用谐波技术分析 TC 降水在 TC 不同强度、生命史中不同阶段和活动季节下的日变化,发现了如下一些特点:

(1)在 WNP、NIO、ATL、EPA、SIO-SPA 的 TC 降水日里,NIO 有 83% 的 TC 降水日存在明显的降水日变化,为各洋最高,其他从高到低依次为 SIO-SPA 有 76%、EPA 有 75%、WNP 有 70%、ATL 有 61%。

(2)TC 降水日变化最大值出现在凌晨至上午,最小值出现在下午至前半夜,但在不同的洋面 PVA 具体特征有所不同,WNP、SIO-SPA 在强度较弱 TD、TS 的 TC 降水中 PVA 较大,NIO、ATL、EPA 在 TY、ST 强度强的 TC 降水中 PVA 较大。PVA 在不同 TC 生命史中,处于衰减阶段的 TC 降水 PVA 最大;在不同的 TC 活动季节中,统一表现为 TC 活动频繁的 TC 季的 PVA 较大。

(3)在 WNP、NIO、ATL、SIO-SPA 不同强度的 TC 平均降水比一阶谐波都通过了 99% 的置信度检验,以 24 h 为周期的降水日变化在较弱的 TC 中占主导地位,但大西洋 TC 的不同强度的降水日变化以 24 h 为周期的变化特征不显著,以 12 h 为周期的日变化特征相比其他洋面明显。在东太平洋不同强度的 TC 平均降水比一阶谐波也通过了 99% 的置信度检验,但在东太平洋以 24 h 为周期的降水日变化在较强的 TC 中占主导地位,不同生命史的 TC 的降水日变化在 WNP、NIO、ATL、EPA、SIO-SPA 以 24 h 为周期的降水日变化在 TC 处于发展阶段占主导地位,但在大西洋 TC 在维持阶段的平均降水比只有二阶谐波通过了 99% 的置信度检验;不同活动季节的 TC 在 WNP、NIO、ATL、EPA、SIO-SPA 上日变化特点十分规律,其降水日变化在 TC 活动频繁的 TC 季比较显著,占有主导地位。

(4)形成以上 TC 降水日变化特点的原因可能与太阳辐射、地形、TC 半径大小、TC 能量恢复所需的海表温度和自身的动力、热力作用有关。

本文是基于 2008—2010 年 248 个 TC 的 1400 多个 TC 降水日的研究。由于样本数量有限,研究结论并不能代表所有情况。以后的研究我们会扩大 TC 降水数据的样本数量,并把 TC 降水分为内核、外核降水,探讨水汽条件不同下的 TC 内、外螺旋雨带各自的日变化特征,并利用数值模拟来更深入的研究 TC 降水日变化的形成机理。

参考文献

[1] Anthes R A. Tropical cyclones: their evolution, structure and effects [J]. Bulletin of American Meteorological Society, 1982, **19**(41): 208p.

[2] Jiang H, Zipser E J. Contribution of tropical cyclones to the global precipitation from eight seasons of TRMM data: Regional, seasonal, and interannual variations[J]. Journal of Climate, 2010, **23**(6): 1526-1543.

[3] Co-Ching Chu A M. Distribution of Precipitation in China during the Typhoons of the Summer of 1911 [J]. Monthly Weather Review, 1916, **44**: 446.

[4] Allison L J, Rodgers E B, Wilheit T T, et al. Tropical cyclone rainfall as measured by the Nimbus electrically scanning microwave radiometer [J]. Bulletin of the American Meteorological Society, 1974, **55**: 1074-1090.

[5] Rodgers E B, Adler R F, Pierce H F. Contribution of tropical cyclones to the North Pacific climatological rainfall as observed from satellites [J]. Journal of Applied Meteorology, 2000, **39**(10): 1658-1678.

[6] Lonfat M, Marks Jr F D, Chen S S. Precipitation distribution in tropical cyclones using the Tropical Rainfall Measuring Mission (TRMM) microwave imager: A global perspective [J]. Monthly Weather Review, 2004, **132**(7): 1645-1660.

[7] 翁向宇, 叶萌, 何夏江. 登陆粤西的热带气旋降水特征分析[J]. 热带气象学报, 2005, **21**(3): 301-308.

[8] Ren F, Wang Y, Wang X, et al. Estimating tropical cyclone precipitation from station observations[J]. Advances in atmospheric sciences, 2007, **24**(4): 700-711.

[9] Corbosiero K L, Dickinson M J, Bosart L F. The contribution of eastern North Pacific tropical cyclones to the rainfall climatology of the southwest United States [J]. Monthly Weather Review, 2009, **137**(8): 2415-2435.

[10] Gray W M, Jacobson Jr R W. Diurnal variation of deep cumulus convection[J]. Monthly Weather Review, 1977, **105**(9): 1171-1188.

[11] Randall D A, Dazlich D A, Harshvardhan. Diurnal variability of the hydrologic cycle in a general circula-

tion model [J]. Journal of the atmospheric sciences, 1991, **48**: 40-62.

[12] Janowiak J E, Arkin P A, Morrissey M. An examination of the diurnal cycle in oceanic tropical rainfall using satellite and in situ data [J]. Monthly weather review, 1994, **122**(10): 2296-2311.

[13] Chang A T C, Chiu L S, Yang G. Diurnal cycle of oceanic precipitation from SSM/I data [J]. Monthly weather review, 1995, **123**(11): 3371-3380.

[14] Liu C, Moncrieff M W. A numerical study of the diurnal cycle of tropical oceanic convection [J]. Journal of the Atmospheric Sciences, 1998, **55**(13): 2329-2344.

[15] Imaoka K, Spencer R W. Diurnal variation of precipitation over the tropical oceans observed by TRMM/TMI combined with SSM/I [J]. Journal of Climate, 2000, **13**(23): 4149-4158.

[16] Nesbitt S W, Zipser E J. The diurnal cycle of rainfall and convective intensity according to three years of TRMM measurements [J]. Journal of Climate, 2003, **16**(10): 1456-1475.

[17] Yang S, Smith E A. Mechanisms for diurnal variability of global tropical rainfall observed from TRMM [J]. Journal of Climate, 2006, **19**(20): 5190-5226.

[18] Shu H L, Zhang Q H, Xu B. Diurnal variation of tropical cyclone rainfall in the western North Pacific in 2008−2010 [J]. *Atmos Oceanic Sci Lett*, 2013, **6**(2): 103-108.

[19] Englehart P J, Douglas A V. The role of eastern North Pacific tropical storms in the rainfall climatology of western Mexico [J]. International Journal of Climatology, 2001, **21**(11): 1357-1370.

[20] Hasegawa A. Tropical Cyclone and Heavy Precipitation over the Western North Pacific in present and Doubled CO_2 climates simulated by the CCSR/NIES/FRCGC T106 AGCM [J]. *Syst Res Kona Hawaii*, 2005, 24-26.

[21] Elsberry R L. A global view of tropical cyclones [M]. University of Chicago Press, 1987.

[22] Liu K S, Chan J C L. Size of tropical cyclones as inferred from ERS-1 and ERS-2 data [J]. Monthly Weather Review, 1999, **127**(12): 2992-3001.

[23] Ren F, Gleason B, Easterling D. A numerical technique for partitioning cyclone tropical precipitation [J]. Journal of Tropical Meteorology, 2001, **3**: 014.

[24] 王咏梅, 任福民, 王小玲, 等. 中国台风降水分离客观方法的改进研究[J]. 气象, 2006, **32**(3): 6-10.

[25] Wei Q, Ren F, Zhang Q, *et al*. Climatological Characteristics of Tropical Cyclones over the Western North Pacific[J]. *J Trop Meteor*, 2010, **26**(3): 293-300.

[26] Zhu T, Zhang D L, Weng F. Numerical simulation of Hurricane Bonnie (1998). Part I: Eyewall evolution and intensity changes [J]. Monthly weather review, 2004, **132**(1): 225-241.

[27] Rodgers E B, Adler R F, Pierce H F. Contribution of tropical cyclones to the North Atlantic climatological rainfall as observed from satellites[J]. Journal of Applied Meteorology, 2001, **40**(11): 1785-1800.

[28] Wu Q. Diurnal variation of tropical precipitation using five years TRMM data[D]. Texas A&M University, 2004.

[29] Kikuchi K, Wang B, Fudeyasu H. Genesis of tropical cyclone Nargis revealed by multiple satellite observations [J]. Geophysical Research Letters, 2009, **36**(6): L06811.

[30] 林崇德, 李春生, 百科全书. 中国成人教育百科全书: 心理・教育[M]. 南海出版公司, 1994.

[31] Wilks D S, Haman K. Statistical methods in the atmospheric sciences [J]. Pure and Applied Geophysics, 1996, **147**(3): 605-605.

[32] 张景中. 数学辞海[M]. 北京: 中国科学技术出版社, 2002.

[33] Joyce R J, Janowiak J E, Arkin P A, *et al*. CMORPH: A method that produces global precipitation estimates from passive microwave and infrared data at high spatial and temporal resolution [J]. Journal of

Hydrometeorology，2004，**5**(3)：487-503.

[34] Browner S P，Woodley W L，Griffith C G. Diurnal oscillation of the area of cloudiness associated with tropical storms [J]. Monthly Weather Review，1977，**105**：856.

[35] Muramatsu T. Diurnal variations of satellite-measured TBB areal distribution and eye diameter of mature typhoons [J]. *J Meteor Soc Japan*，1983，**61**：77-90.

[36] Hobgood J S. A possible mechanism for the diurnal oscillations of tropical cyclones [J]. Journal of the Atmospheric Sciences，1986，**43**(23)：2901-2922.

[37] Kossin J P. Daily hurricane variability inferred from GOES infrared imagery [J]. Monthly Weather Review，2002，**130**(9)：2260-2270.

[38] Li Q，Wang Y. Formation and Quasi-Periodic Behavior of Outer Spiral Rainbands in a Numerically Simulated Tropical Cyclone[J]. Journal of the Atmospheric Sciences，2012，**69**(3)：997-1020.

[39] 舒海龙.2008－2010 年西北太平洋热带气旋降水日变化[D].硕士论文.

[40] 张庆红，韦青，陈联寿.登陆中国大陆台风影响力研究[J].中国科学：地球科学，2010,(7)：941-946.

[41] Gray W M. Global view of the origin of tropical disturbances and storms [J]. Monthly Weather Review，1968，**96**(10)：669-700.

[42] 王咏梅，任福民，李维京，等.中国台风降水的气候特征[J].热带气象学报，2008，**24**(3)：233-238.

[43] Augustine J A. The diurnal variation of large-scale inferred rainfall over the tropical Pacific Ocean during August 1979 [J]. Monthly Weather Review，1984，**112**(9)：1745-1751.

[44] Bell T L，Reid N. Detecting the diurnal cycle of rainfall using satellite observations [J]. Journal of Applied Meteorology，1993，**32**(2)：311-322.

[45] Hall T J，Vonder Haar T H. The diurnal cycle of west Pacific deep convection and its relation to the spatial and temporal variation of tropical MCSs [J]. Journal of the Atmospheric Sciences，1999，**56**(19)：3401-3415.

环境风垂直切变在近海台风快速增强过程中的统计特征

吕心艳

(国家气象中心,北京 10081)

摘 要

利用 ECMWF 再分析资料,通过对 2001—2012 年 135°E 以西所有近海台风快速增强(RI)过程中环境风垂直切变(VWS)进行的统计分析,揭示了台风 RI 过程中的 VWS 基本特征。主要结论如下:(1)平均每年出现 12.5 次 RI 过程,一次 RI 过程平均持续时间为 16.3 h,发生快速增强的台风中有 70.31％快速增强达到最强强度,之后强度短暂维持或很快减弱;(2)发生快速加强的台风强度分别为 7.4％热带风暴级、20.6％强热带风暴级、38.2％台风、21.1％强台风和 12.7％超强台风,RI 在台风阶段出现最多;(3)快速增强台风的 850～200 hPa 的 VWS 一般在(−8～6 m/s),500～200 hPa 的 VWS 临界值为 6 m/s,850～500 hPa 的 VWS 一般在(−5～4 m/s);如果 VWS 有减小的趋势、台风自身强度在 TS 及其以上级别更易出现 RI;中上层(500～200 hPa)环境风垂直切变对台风快速增强影响更显著,偏东风环境风垂直切变下更易出现台风快速增强;(4)台风快速增强过程中也有 VWS 大于 8 m/s 情况,但是一般 VWS 为偏东风且中低层 VWS 不大并逐渐减少等特点。

关键词:台风 强度 快速增强 环境风垂直切变

引言

台风强度预报是国际台风界共同关注的难题,过去 20 多年来,国内外各预报中心在 TC 强度业务预报方面进展相当缓慢(许映龙等,2010;钱传海,2012),特别是针对快速加强的台风,业务中在增强阶段的预报速率一般小于实际台风增强的速率,未能准确地预报出快速增强的过程,通常也未预报出台风的最大强度(陈彩珠,2011),如 2012 年"韦森特"在我国近海海域时,预报其强度将减弱,而实际上却从 25 m/s 快速增强到 40 m/s,可见,近海台风突然增强一直是台风强度业务预报的难点。另外,统计表明,平均 16％的热带气旋移到中国近海会突然加强或快速增强(Rapid Intensify,简称 RI),这类台风预报难度大,预报预警不及时往往会造成十分严重的灾害,如"达维"(2005)、"桑美"(2006)、"海葵"(2012)等。

环境风垂直切变(Vertical Wind Shear,简称 VWS)是影响台风强度变化的一个关键因子(Elsberry and Jeffries 1996;Wu and Cheng 1999;端义宏等,2005;于玉斌等,2007;徐明等,2009;陈启智,2011;曾智华,2011,Zhang and Tao,2013),但目前关于 VWS 对我国近海台风突然增强的影响的研究不多,业务中还没有 VWS 对台风快速增强的定量化预报判剧。因此,分析环境风垂直切变在台风快速增强过程中的统计特征对改进台风强度预报具有重要意义。

1 资料和方法

1.1 主要使用资料

(1)2002－2012 年台风年鉴和 CMA 台风最佳路径资料;

(2)2002—2012年欧洲中心再分析资料(分辨率:0.5°×0.5°格点,6 h间隔)。

1.2 方法

1.2.1 快速增强定义

利用CMA最佳台风路径资料对2002—2012年南海—西北太平洋台风进行强度筛选,根据阎俊岳(1995)定义的标准,台风中心附近最大风速12 h以内变化大于等于10 m/s,并且每6 h强度变化要大于等于3 m/s,定义为一次快速增强过程。

1.2.2 环境风垂直切变定义

环境风垂直切变的计算方法是:利用ECMWF再分析资料(0.5°×0.5°格点,6 h间隔),以距台风中心200～800 km圆环中风的平均值作为台风在该层次的环境风,200 hPa和850 hPa环境风的矢量差代表整层大气的环境风垂直切变。

$$\Delta U = \bar{U}_{200} - \bar{U}_{850}、\Delta V = \bar{V}_{200} - \bar{V}_{850},$$
$$环境风切变值\ W_s = [(\Delta U)^2 + (\Delta V)^2]^{1/2}$$

其中,200 hPa和500 hPa、500 hPa和850 hPa环境风的矢量差分别代表高层大气和低层大气的环境风垂直切变。

2 普查近海台风快速增强过程

2.1 普查2002—2012年近海强度突然增强的热带气旋

图1为2002—2012年台风增强过程中中间时刻的台风中心位置,主要在菲律宾以东海域及台湾以东海域,有少量台风在南海地区快速加强。发生快速加强的台风强度分别有7.4%热带风暴、20.6%强热带风暴、38.2%台风、21.1%强台风和12.7%超强台风。可见快速加强易出现在强热带风暴、台风和强台风阶段,特别是台风阶段。

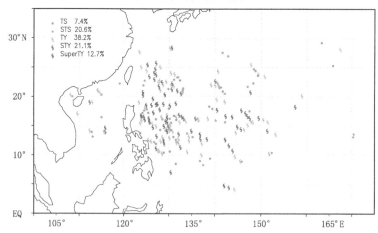

图1　2002—2012年南海—西北太平洋快速加强的台风中心位置

(TS:热带风暴;STS:强热带风暴;TY:台风;STY:强台风;SuperTY:超强台风)

本文主要研究近海台风快速增强过程中环境风垂直切变的主要特征,所以只选择135°E以西台风快速增强过程,2002—2012年发生快速增强的台风有65个,共137次快速加强过程(每12 h),平均每年出现12.5次快速加强过程。增强过程中台风强度变化一般是10 m/s,最大27 m/s,持续快速增强过程79个,平均一个持续快速增强时间为16.3 h。发生时间为4—

12月,1—3月没有台风快速增强发生,主要发生在8—10月,9月最多。

　　发生快速增强的台风中有70.31%个台风快速增强达到最强强度,之后强度短暂维持或很快减弱。所有台风中超强台风有89.4%出现了快速增强过程,强台风有74.5%出现了快速增强,台风级有34.7%发生快速增强。

3　统计分析近海台风突然增强的环境风垂直切变特征

　　为了更好研究台风强度变化与环境风垂直切变的关系,分别计算了每个增强过程前24 h、前18 h、前12 h、前6 h和后6 h、后12 h、后18 h和后24 h的整层(850～200 hPa)、高层(500～200 hPa)和低层(850～500 hPa)环境风垂直切变。

　　平均在台风快速增强前环境风垂直切变开始减小(图2),快速增强后开始增大,整层和高层环境风垂直切变表现更明显,并且变化基本一致,说明环境风垂直切变主要来自于中高层水平风速的垂直切变,对流层低层速水平风速的垂直变化一般比较小。

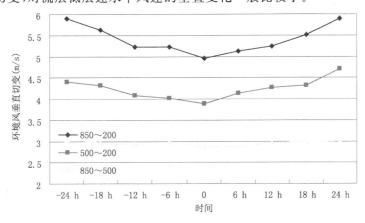

图2　平均台风快速增强过程中环境风垂直切变的变化

　　平均850～200 hPa环境风垂直切变前24 h、18 h、12 h、6 h分别为5.89 m/s、5.63 m/s、5.23 m/s和5.22 m/s,快速加强时环境风垂直切变达到最小,同时说明快速增强过程环境风垂直切变滞后效应不显著,之后风切变逐渐增大,开始抑制台风快速增强。其中发生快速增强台风有67.2%表现为在快速增强前环境风垂直切变逐渐减小,之后环境风切变增大。另外,有一些在快速增强前环境风变化不大,但是快速增强后迅速增加。

　　标准差率等于标准差除以平均值,可以用来比较两组或多组数据离散程度。综合平均值、标准差和标准差率-12 h(即快速增强前6 h)离散程度最小(表1),说明快速增强-12 h环境风垂直切变体现更规律,后面主要分析快速增强前12 h环境风垂直切变在快速增强过程中的特征。

　　台风快速增强前12 h 850～200 hPa环境风垂直切变基本小于8 m/s,平均值5.23 m/s,标准差2.89 m/s,500～200 hPa环境风垂直切变和整层风切变的变化相一致,但小于6 m/s,平均值4.8 m/s,标准差2.27 m/s,850～500 hPa环境风垂直切变基本小于5 m/s,平均值2.92 m/s,标准差1.61 m/s。因此,台风快速增强过程中,850～200 hPa VWS偏西风切变一般要求小于6 m/s,偏东风切变小于8 m/s;500～200 hPa风切变一般在(-6～6 m/s)范围;850～500 hPa偏西风切变一般要求小于4 m/s,偏东风切变小于5 m/s。所以850～200 hPa

抑制台风快速增强的偏西风切变临界值为 6 m/s,而偏东风临界值为 8 m/s;500~200 hPa 抑制台风快速增强的环境风切变临界值为 6 m/s;850~500 hPa 抑制台风快速增强的偏西风切变临界值为 4 m/s,而偏东风临界值为 5 m/s。850~200 hPa 的 VWS 中 65.7% 为偏东风环境风垂直切变,东风切变临界值比西风切变临界值高一些,850~500 hPa 也有同样的特征。可见,偏东风环境风切变下更容易出现台风快速增强。

表 1　环境风垂直切变平均值(m/s)、标准差(m/s)和标准差率

层次		-24 h	-18 h	-12 h	-6 h	0	6 h	12 h	18 h	24 h
850~200 hPa	平均值	5.89	5.62	5.23	5.22	4.95	5.02	5.23	5.51	5.89
	标准差	3.06	2.99	2.89	2.96	2.89	3.07	3.17	3.34	3.44
	标准差率	0.52	0.53	0.55	0.57	0.58	0.61	0.61	0.61	0.58
500~200 hPa	平均值	4.40	4.32	4.80	4.06	3.87	4.12	4.27	4.32	4.70
	标准差	2.41	2.35	2.27	2.25	2.21	2.39	2.60	2.72	2.78
	标准差率	0.55	0.54	0.47	0.55	0.57	0.58	0.61	0.63	0.59
850~500 hPa	平均值	3.07	2.98	2.92	2.98	2.88	2.88	2.98	2.99	3.01
	标准差	1.63	1.60	1.61	1.82	1.83	1.79	1.92	2.04	2.09
	标准差率	0.53	0.54	0.55	0.61	0.64	0.62	0.64	0.68	0.69

另外,将台风快速增强前 12 h 环境风垂直切变大于 10 m/s 的台风个例(0308 号台风 Koni、0709 号台风 Sepat、0917 号台风 Parma、0812 号台风 Nuri、1117 号台风 Nesat、1204 号台风 Cuchol、1208 号台风 Vicente)挑选出来。发现他们有如下共同特点:

(1)850~200 hPa 环境风切变大于 10 m/s,但为偏东风切变,850~500 hPa 环境风切变不大并逐渐减少,而 500~200 hPa 切变比较大并不存在明显减少趋势。

(2)850~200 hPa 风切变水平分布呈现台风南侧切变比较大,北侧小。对应 200 hPa 南侧出流条件非常好。

(3)低层水汽条件非常好,特别是台风南侧水汽充足。

(4)快速加强强度基本在台风级和以上强度。

4　结论与讨论

(1)135°E 以西快速加强的台风有 65 个,共 137 次快速加强过程(每 12 h),平均每年出现 12.5 次快速加强过程。增强过程中台风强度变化一般是 10 m/s,最大 27 m/s,持续快速增强过程 79 个,平均一个持续快速增强时间为 16.3 h。快速增强过程发生时间为 4—12 月,1—3 月没有台风快速增强发生,主要发生在 8—10 月,9 月最多。发生快速增强的台风中有 70.31% 快速增强达到最强强度,之后强度短暂维持或很快减弱。

(2)发生快速加强的台风强度分别有 7.4% 热带风暴、20.6% 强热带风暴、38.2% 台风、21.1% 强台风和 12.7% 超强台风。可见快速加强易出现在强热带风暴、台风和强台风阶段,特别是台风阶段。

(3)快速增强台风的 850~200 hPa 环境风垂直切变一般在(-8~6 m/s),抑制台风快速增强的偏西风环境风垂直切变临界值为 6 m/s,偏东风切变为 8 m/s。500~200 hPa 环境风垂

直切变临界值 6 m/s;850～500 hPa 环境风垂直切变一般在(-5～4 m/s),如果环境风垂直切变有减小的趋势、台风自身强度在 TS 及其以上级别更有易出现台风快速增强;不同层次环境风垂直切变对台风强度变化影响存在着一定的差异,中上层(500～200 hPa)环境风垂直切变对台风快速增强影响更显著;相对偏西风垂直切变,偏东风环境风垂直切变下更易出现台风快速增强。

(4)如果 VWS>10 m/s,低层水汽条件好特别是南侧,且高层大风切变主要分布在台风南侧,南侧有利于出流,低层环境风切变逐渐减小,台风本身强度在台风或以上级别,台风强度也可能出现快速增强过程。

参考文献

陈彩珠.2011.西北太平洋热带气旋强度预报方法的评估[D].南京信息工程大学硕士论文.

陈启智.2011.环境风垂直切变对热带气旋发展过程的影响[D].南京大学博士论文.

端义宏,余晖,伍荣生.2005.热带气旋强度变化研究进展[J].气象学报,**63**(5):636-645.

钱传海,端义宏,麻素红,等.2012.我国台风业务现状及其关键技术[J].气象科技进展,**5**:36-43.

徐明,余锦华,赖安伟,等.2009.环境风垂直切变与登陆台风强度变化关系的统计分析[J].暴雨灾害,**28**(4):339-344.

许映龙,张玲,高拴柱.2010.我国台风预报业务的现状及思考[J].气象,**36**(7):43-49.

阎俊岳,张秀芝,陈乾金.1995.热带气旋迅速加强标准的研究[J].气象,**21**(5):9-13.

于玉斌,杨昌贤,姚秀萍.2007.近海热带气旋强度突变的垂直结构特征分析[J].大气科学,**31**(5):876-886.

曾智华.2011.环境场和边界层对近海热带气旋结构和强度变化影响的研究[D].南京信息工程大学博士论文.

Elsberry R L,Jeffries R A.1996.Vertical wind shear influences on tropical cyclone formation and intensification during TCM-92 and TCM-93[J].*Mon Wea Rev*,**124**:1374-1387.

Wu C C,Cheng H J.1999.An observational study of environmental influences on the intensity changes of Typhoons Flo (1990) and Gene (1990)[J].*Mon Wea Rev*,**127**:3003-3031.

Zhang Fuqing,Tao Dandan.2013.Effects of Vertical Wind Shear on the Predictability of Tropical Cyclones[J].*J Atmos Sci*,**70**:975-983.

一次引发黄渤海大风的爆发性气旋过程的诊断分析

朱男男　　刘彬贤

(天津市气象台,天津 300074)

摘　要

利用 NCEP 1°×1°再分析资料、常规气象观测资料和风云-2E 红外云图资料,对 2013 年 11 月 24—25 日引发黄渤海大风的入海气旋发生与发展的动力过程进行了诊断分析。结果表明:此次黄渤海大风天气过程是在中高纬不稳定小槽东移加深发展及东亚大槽重建中发生的。高空槽前正涡度平流在气旋初始阶段具有重要作用,在气旋爆发性发展阶段,低层温度平流显著加强,冷锋锋区的斜压性增大;高层正位涡中心向对流层中下层延伸,与低层位涡大值区上下相接。黄渤海大风区上空有较强的超低空非地转气流,Q 矢量的强辐合和辐散区集中在气旋的周围。高空急流出口区的北侧辐散区叠加在低空急流的气旋性辐合区,这种高低空急流耦合结构是气旋爆发性发展的动力原因。气压梯度和变压梯度是造成地面大风的主要原因,动量下传对此次黄渤海大风有一定的贡献。

关键词:爆发性气旋　诊断分析　涡度平流　温度平流　斜压性

引言

温带气旋是影响中国北方海域的主要天气系统之一。它发展迅速且影响范围广,温带气旋入海后地面中心气压在短时间内急剧下降,给黄渤海地区带来海上大风和风暴潮等灾害性天气,温带气旋引发的强风和巨浪对海上作业和船舶运输影响较大。

已有不少学者对爆发性气旋的发展进行大量研究[1~5],本文利用 NCEP 1°×1°再分析资料、常规气象观测资料和风云-2E 红外云图资料,对 2013 年 11 月 24—25 日黄海气旋爆发性发展过程进行诊断分析,通过对温度平流、涡度平流、位势涡度、高低空急流、锋生函数和 Q 矢量的分析,了解各个物理量在气旋快速发展过程中的变化和作用,并分析了海上大风的成因,为预报爆发性气旋导致的海上大风提供参考依据。

1　气旋变化发展

2013 年 11 月 24 日 08 时(图 1a),气旋在黄海中部和山东南部交界处生成,中心气压值为 1015 hPa;24 日 20 时到达黄海北部和黄海中部交界,中心气压强度为 1000 hPa;25 日 02 时登陆朝鲜半岛,中心气压为 995 hPa;25 日 08 时进入日本海域,25 日 14 时气压中心达最低值,为 985 hPa,之后气旋逐渐减弱。图 1b 为 2013 年 11 月 24—25 日气旋中心气压随时间的变化,该温带气旋从 24 日 08 时入海后,其中心气压强度迅速降低,24 日 20 时,气旋快速发展,

---

资助项目:中国气象局小型基建项目"北方海域海洋气象精细化监测预报系统的构建";天津市气象局科研项目"引发渤海大风的入海气旋机制分析" 共同资助。

气旋中心气压值从 24 日 08 时的 1015 hPa 下降至 24 日 20 时的 1000 hPa,12 h 下降了 15 hPa;25 日 08 时气旋的中心气压为 992.5 hPa,24 h 的气压差达 22.5 hPa,达到爆发性气旋发展的标准。

受此爆发性气旋影响,2013 年 11 月 24—25 日渤海海峡和黄海北部出现西北大风,2 min 平均风速达到 8~9 级,阵风 10 级,黄海中部出现 9~10 级平均风;阵风 11 级。大风过程从 24 日下午开始,持续至 25 日白天。24 日夜间发生了严重的海难事故,24 日 20:50,浙江台州籍"兴龙舟"号从威海开往天津途中,在渤海海峡遇大风沉船,船上 12 名船员遇难;24 日 23:40,货船"紫海顺"受风浪影响,在威海海域因风浪翻沉,14 名船员遇难。

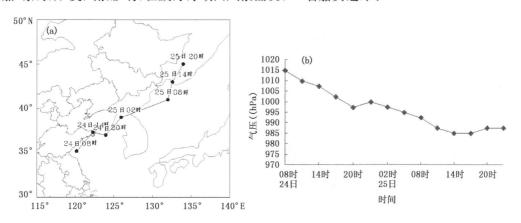

图 1   2013 年 11 月 24—25 日气旋中心移动路径(a)和气旋中心气压时间变化(b)

2   环流形势演变

2013 年 11 月 23 日在脊前新疆地区有一短波槽生成(图 2a),呈东北—西南向,槽区有明显的冷平流,500 hPa 温度场有−32 ℃冷中心,强冷平流预示该槽将东移发展,此槽称为影响槽;在槽东移过程中,从极涡延伸出来的槽向东南移动,与影响槽呈阶梯状分布;24 日 08 时,影响槽在河套地区与北部槽同位相叠加,相应的温度平流和涡度平流也有所增强,地面气旋在此时形成闭合中心;25 日 08 时替换了原有的东亚大槽(图 2b)。

700 hPa 槽前西南急流在东移过程中加强,急流核区风速从 12 m·s⁻¹增大至 20 m·s⁻¹,850 hPa 西南气流随之增强;24 日 02 时,强盛的暖平流在地面气压场形成南北向倒槽,倒槽随引导气流北抬,24 日 08 在山东南部和黄海交界处形成 1015.0 hPa 低压闭合中心,地面冷锋进入倒槽,850 hPa 已形成风场的气旋性切变,但气压场还没有形成闭合的中心。从红外云图来看(图 2c),锋面云带向北凸起非常明显,其西侧边界开始向云区内部凹,表明干冷空气从气旋的后部侵入,温带气旋进入了斜压发展阶段。

3   气旋爆发性发展的动力学诊断分析

3.1   温度平流和涡度平流作用

选取 2013 年 11 月 24 日 02 时作为研究的初始时刻,沿北纬 35°N 做温度平流的垂直剖面(图 3a),此时地面冷锋已形成,从 105°~114°E 均为冷平流区,冷平流较深厚,从地面延伸到高

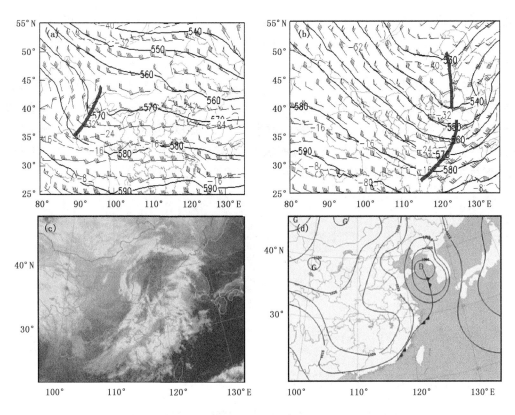

图 2　2013 年 11 月 500 hPa 位势高度场(dagpm)、温度场(℃)及风场(m/s)

(a)23 日 08 时；(b)25 日 08 时；(c)24 日 08 时 FY-2E 红外云图；(d)24 日 20 时海平面气压

空；冷暖平流的分界线与冷锋锋区一致,随高度向冷区倾斜,冷平流中心位于 500 hPa,中心强度为-6×10^{-4} K·s^{-1},东部暖平流较弱,但地面倒槽已形成。24 日 20 时,地面气旋快速发展,气旋中心移至 37°N,沿此纬度做剖面(图 3d),冷平流区较上个时次更接近气旋的中心位置,800～900 hPa 出现强暖平流中心,中心值为 8×10^{-4} K·s^{-1},暖平流区东西向较宽广；低层的冷平流中心也有所增强,达-4×10^{-4} K·s^{-1},气旋在爆发性发展阶段,锋区的斜压性明显增强,低层暖平流之上存在-2 Pa·s^{-1}强垂直上升速度中心；因而,低层的冷暖平流在气旋爆发性发展阶段起到重要作用。从涡度平流的垂直剖面来看,地面气旋形成的初始阶段,低层涡度平流并不明显,涡度平流中心在 400 hPa 高度上,正负涡度平流均较强,中心值分别为-2.5×10^{-8} s^{-2}和2.5×10^{-8} s^{-2}；对应 500 hPa 高空槽区,24 日 02 时的涡度平流和垂直速度图(图 3c)可见,高空槽前及其下部有明显的上升运动,而此时暖平流较弱；因此,产生上升运动的主要原因是高空槽前正涡度平流引起的辐散,而在低层产生补偿性的上升运动,使地面气旋快速发展,低层出现较强的正负涡度中心(图 3b),中心值分别为-1.5×10^{-8} s^{-2}和1.5×10^{-8} s^{-2},高低层强涡度因子的叠加是气旋快速发展得以维持的动力原因之一。

　　冷暖平流在两个时次均有明显的发展并与低空急流关系密切,24 日 02 时 850 hPa 西南急流速度为 12 m·s^{-1},20 时迅速增加至 27 m·s^{-1}；低涡后部的偏北急流从 12 m·s^{-1}增加到23 m·s^{-1}。高空槽区对应的强冷平流中心是促使高空槽发展的热力因子,气旋快速发展阶段低层冷暖平流迅速增大,锋区的斜压性明显增强,说明斜压作用在气旋爆发性发展过程中起到

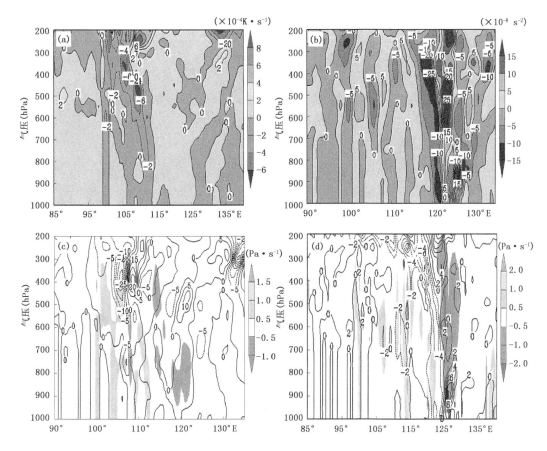

图 3 2013 年 11 月 24 日 02 时沿 35°N 纬向温度平流剖面(a)、20 时沿 37°N 纬向涡度平流剖面(b)、24 日 02
时沿 35°N 纬向涡度平流与垂直速度剖面(c)和 24 日 20 时沿 37°N 纬向温度平流与垂直速度剖面(d)

重要作用。涡度剖面正负涡度平流中心对应 500 hPa 高空槽区,影响槽东移过程中与北部槽同位相叠加后,500 hPa 涡度平流增强;地面气旋和 850 hPa 低涡未形成前低层的涡度平流一直较弱,24 日 20 时气旋快速发展,低层的涡度平流迅速增强,地面气旋中心气压迅速降低,气旋后部气压梯度增大,此时也是海上大风最大的时刻,在 24 日 20 时和 23 时分别发生的两次沉船事故,很可能是受此时的强风作用的影响。

上述分析表明,高空槽前正涡度平流在此次气旋初始阶段具有重要作用,低层温度平流在此次气旋快速发展阶段起推动作用。

3.2 位势涡度分析

2013 年 11 月 24 日 02 时,109°E 附近正位涡中心从平流层延伸至对流层中高层,正位涡中心延伸至 300 hPa 以下,最大强度达 7.0 PUV,1.5 PUV 延伸至 400 hPa 以下;1.5 PUV 作为动力对流层顶在系统发展的前期一直维持在 200 hPa 以上,对流层中下层位涡维持低值;在气旋快速发展阶段,高层位涡的大值区延伸到了 600 hPa,低层位涡出现正异常,位涡最大值达 2.0 PUV,高度为 900 hPa,且上下层位涡大值区相连接。沿气旋中心纬度做垂直剖面,24 日 20 时前,高层位涡的位相落后于低层位涡的位相,在气旋爆发性发展阶段,高低层位涡中心在垂直方向上下连接,表明位涡大值区存在上下交换。因而,高层正位涡中心向对流层中下层延伸,与低层位涡大值区相叠加,有利于气旋的快速发展。

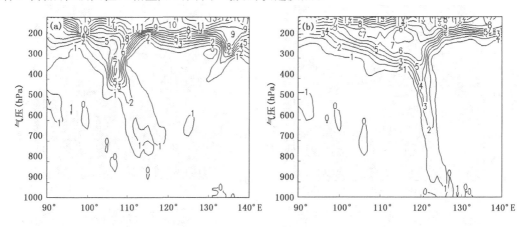

图 4　2013 年 11 月 24 日(a)02 时沿 35°N 纬向位涡垂直剖面和(b)20 时沿 37°N 纬向位涡垂直剖面

3.3　高低空急流的作用

气旋发展初始阶段 200 hPa 风场,在 30°N 附近存在高空副热带西风急流,急流核呈东西向分布,急流核中最大风速达 70 m·s^{-1},分布在日本海上空;24 日 02 时急流入口的南北两侧偏北风急流和偏南风急流较强,急流风速达 40 m·s^{-1},急流的出口区基本呈纬向分布。24 日 20 时,分布在中国上空的急流核从 60 m·s^{-1} 增大至 70 m·s^{-1},急流核右侧最大风速中心略有北抬,在急流出口的北侧形成 50 m·s^{-1} 的大风速带。急流出口区的经向风分量明显加强,气旋位于高空急流出口的北侧的强风向辐散区。由位势倾向方程可知,高空急流出口的北侧是正涡度平流区,由于地转偏向力的作用产生水平辐散,为保持质量连续性,其下层将出现上升运动,为低层的气旋发展提供动力条件。24 日 02 时,低空 850 hPa 风场形成明显的切变线,切变南侧的西南急流达 12 m·s^{-1},在急流出口区有 $-0.5 \sim -1$ Pa·s^{-1} 的上升运动区;24 日 08 时冷锋进入倒槽,形成闭合低压中心。24 日 20 时,850 hPa 西南急流加强为 27 m·s^{-1},西北气流最大风速由 15 m·s^{-1} 增大至 23 m·s^{-1},风场形成了涡旋结构,从气旋中心至东海海域上升速度较强,达 $-4 \sim -5$ Pa·s^{-1}。高空急流出口区的北侧辐散区对应低层风场的气旋性辐合区,这种高低空耦合的动力结构是气旋爆发性发展重要原因;且低空急流的加强加剧了斜压不稳定性,有利于低层扰动快发展。

3.4　斜压的作用

23 日 20 时,在 850 hPa 四川南部和贵州北部存在比较强的锋生中心,中心值为 6×10^{-10} K·s^{-1}·m^{-1},对应地面冷高压前部的冷锋,说明冷锋的斜压性较强;冷锋进入倒槽后,在地面气压场形成闭合中心,气旋开始快速发展;24 日 20 时锋生带范围明显扩大,中心值位于黄海北部,达 10×10^{-10} K·s^{-1}·m^{-1},强锋生带集中在气旋的南部,斜压作用非常明显。24 日 20 时,850 hPa 冷暖平流均较强,分别达 -6×10^{-4} K·s^{-1} 和 8×10^{-4} K·s^{-1},其中冷平流最强区域与锋生带最大值均出现在黄海南部。从 850 hPa 温度场来看,此范围内温度梯度密集,5 个经度的温度梯度达 10 K。从红外云图来看,干冷空气已从高空入侵到斜压云带的西部,干区逐渐向气旋中心凸起,形成涡旋云带,干冷空气的入侵伴随辐散下沉,加速了低层的锋生,促使气旋快速发展。

3.5 Q 矢量和非地转风分析

24日20时,925 hPa渤海海峡、黄海北部和黄海中部均出现了较强的非地转气流(图略),黄海中部的 Q 矢量最强,Q 矢量穿越等温线并指向暖空气一侧,增加原有的温度梯度,说明在黄海中部存在明显的锋生区;850 hPa的 Q 矢量分布与925 hPa基本一致,Q 矢量指向锋生带的强度的范围略大,与锋生函数计算结果一致。925 hPa的 Q 矢量散度在渤海中部和黄海中部分别出现了 -3×10^{-14} $m^{-1}\cdot s^{-1}$ 和 -6×10^{-14} $m^{-1}\cdot s^{-1}$ 的辐合中心,在黄海区域的 Q 矢量辐合和辐散均较强烈。说明对流层低层非地转风的强辐合和辐散区集中在气旋的周围,可促使低层能量的累积,能促使气旋快速发展,近地面层非地转风的强辐散有利于地面大风,尤其是阵风的产生。

4　海上大风成因分析

由于气旋的快速发展,较大的变压梯度是海上大风形成的主要原因之一。从24日20时地面变压风分布可知,黄海海域存在大范围的 12 $m\cdot s^{-1}$ 的变压风,在渤海海峡变压风达 8 $m\cdot s^{-1}$,渤海海峡在变压风辐散区域,对近地面层冷空气向下扩散更有利。

冷空气动量下传对此次海上大风有一定的影响,利用杜俊和余志豪[8]湍流动量输送中的关系式,$|V'|=L\left|\dfrac{\partial V}{\partial z}\right|$,$L$ 为混合长,V' 为 V 的脉动值。当 V 的分量存在 $\dfrac{\partial u}{\partial z}>0$,$\dfrac{\partial v}{\partial z}>0$,且垂直速度 $\omega>0$,即产生动量下传。24日20时,气旋中心位置在黄海北部,渤海和海峡上空为高低空一致的偏北风,925 hPa偏北急流的最大风速达 20 $m\cdot s^{-1}$。125°E以西,整个对流层几乎均为下沉气流,近地面层有两个垂直运动中心,一个在121°E,中心值是为 1 $Pa\cdot s^{-1}$,高度从 $925\sim850$ hPa,对流层低层 $\dfrac{\partial u}{\partial p}=0$,接近1000 hPa的区域存在微弱的负值;另一个中心在114°E附近,强度达到 2 $Pa\cdot s^{-1}$,对应近地面层 $\dfrac{\partial u}{\partial p}=-0.05$ $hPa\cdot s^{-1}$,说明动量下传区已到达地面。综述所述,动量下传对此次黄渤海大风有一定的贡献。

5　结论与讨论

(1)此次大风天气过程是在500 hPa不稳定小槽东移过程中与极涡延伸出来的槽同位相叠加,加深发展导致东亚大槽重建中发生的。地面气旋入海爆发性发展,引发黄渤海大风。

(2)高空槽前正涡度平流在气旋初始阶段的具有重要作用,低层温度平流在气旋快速发展阶段有明显加强的过程,增大了低层的斜压性,对气旋的快速发展起到推动作用。在气旋快速发展阶段,冷锋锋区的斜压性明显增强,斜压性在气旋爆发性发展过程中起到重要作用。

(3)气旋爆发性发展阶段,高层正位涡中心向对流层中下层延伸,与低层位涡大值区相叠加。黄渤海大风区中对流层低层非地转风较大,对流层低层非地转风的强辐合和辐散区集中在气旋的周围,有利于气旋的发展。高空急流出口区的北侧辐散区对应低层风场的气旋性辐合区,这种高低空耦合的动力结构是气旋爆发性发展重要原因。低空急流的加强加剧了斜压不稳定性,有利于低层扰动快发展。

(4)气旋入海后爆发性发展导致气压快速降低形成了此次黄渤海大风,强气压梯度和变压梯度是造成地面大风的主要原因,动量下传对此次黄渤海大风有一定的贡献。

参考文献

[1] 尹尽勇,曹越男,赵伟.2010年4月27日莱州湾大风过程诊断分析[J].气象,2011,**37**(7):897-905.

[2] 尹尽勇,曹越男,赵伟,等.一次黄渤海入海气旋强烈发展的诊断分析[J].气象,2011,**37**(12):1526-1533.

[3] 盛春岩,杨晓霞."09.4.15"渤海和山东强风过程的动力学诊断分析[J].气象,2012,**38**(3):267-273.

[4] 黄彬,陈涛,康志明,等.诱发渤海风暴潮的黄河气旋动力学诊断和机制分析[J].高原气象,2011,**30**(4):901-912.

[5] 黄彬,代刊,钱奇峰,等.引发黄渤海大风的黄河气旋诊断研究[J].气象,2013,**39**(3):302-312.

[6] 寿绍文.位涡理论及其应用[J].气象,2010,**36**(3):9-18.

[7] 白乐生.准地转Q矢量分析及其在短期天气预报中的应用[J].气象,1988,**14**(8):25-30.

[8] 杜俊,余志豪.中国东部一次入海气旋的次级环流分析[J].海洋学报,1991,**3**(1):43-50.

黄渤海一次持续性大雾过程的边界层特征及生消机理分析

黄 彬 王 晴

（国家气象中心）

摘 要

利用常规气象观测资料、NCEP 的 FNL 客观再分析资料和 L 波段雷达探测资料以及采用国家卫星气象中心多通道气象卫星数据监测和定性分析海雾的方法来处理卫星监测的海雾信息，探讨了 2010 年 2 月 22—25 日黄渤海大雾过程的边界层海气要素的特征、大雾成因及生消机理。结果表明：(1)本次大雾是产生在欧亚中高纬平直环流、大气层结稳定的气象条件下。南支槽前的西南气流与副高西北侧及沿海高压脊后部的偏南气流汇合，形成一支跨越中低纬的偏南气流为海雾形成提供有利的水汽条件。(2)大雾的生消与海表温度、气海温差、空气稳定度和风场等气象、水文要素有密切关系；大雾期间，黄渤海气海温差在 0～2℃；大气边界层至对流层下部均有逆温层和等温层，逆温层内的温差为 6～8℃，垂直温度的变化是上层温度随时间增大高于底层，使逆温层加强并不断抬升，抑制空气垂直对流发展。近地层空气湿度较大，在 200 m 附近出现一个液态水含量达 0.6 g·kg⁻¹ 大值区；850 hPa 以下层均由 2～4 m·s⁻¹ 的东北风随高度顺转成 6～8 m·s⁻¹ 的西南风，为大雾形成和持续发展提供了有利条件。(3)大雾的湍流最大发展高度达到 240 m，湍流混合作用可将中上层湿区水汽和雾滴带到近海面层，同时也有利于空气的降温，易达到饱和凝结而形成大雾。中低层持续弱暖湿平流把暖湿气流输送至冷海面上有利于近海面逆温层的建立和维持；海面辐射冷却作用激发平流冷却大雾的形成。

关键词：海雾 边界层特征 湍流混合 辐射热力强迫

引言

海雾是指悬浮在海面、滨海和岛屿上空大气边界层中的大量水滴或冰晶可见集合体，使水平能见度小于 1 km 的天气现象，是我国沿海海区灾害性天气之一，常会给海上航运、农渔业生产及沿海人们生活等带来极大危害。海雾导致沿海海区的水平能见度显著降低，造成航行的客轮、商船和舰艇等看不见航标，极易发生偏航、触礁、搁浅，甚至相撞引发海难事故。如1993 年 4 月 11 日我国"向阳红"16 号科学考察船因海雾弥漫，能见度极低，与对面驶来的万吨级油轮"银角"号相撞，仅 30 min 该科考船便沉入大海，致使科考人员丧生和难以估量的国家财产损失。据国际海事组织统计，有 70％的海难交通事故是由于海雾引起的，海雾还会阻隔太阳光辐射，使得海水水质变坏，造成海水养殖的虾贝等大量死亡。它还时常促使沿海地区小麦条锈病发生而减产以及造成沿海城市空气污染而诱发市民患呼吸系统和心脑血管等疾病，一直得到气象学者及社会各方面密切关注和重视。

我国气象学者在 20 世纪 60—70 年代对海雾就开展了比较系统的研究，并取得不少有益成果。此后，王彬华于 1983 年出版专著《海雾》，对中国临海海域海雾的分布特征和变化、海雾形成的水文气象条件及预报方法等进行了全面系统的论述。江敦双等（2008）对青岛沿海海雾的气候特征和环流型做了分析,并归纳出海雾形成的三种地面天气形势。王亚男等(2009)研究我国黄海和东海沿海在冷空气影响下海雾形成的气候特征和海洋、气象条件。近些年来,海雾的大气边界层物理特征和发生的物理机制研究也有了若干新进展。曹祥村等(2012)分析黄渤海持续性大雾的形成、维持和消散特征及其物理机制指出,低层水汽充沛、夜间辐射冷却、海面气温略高于海表温度、低层存在下沉逆温、有弱冷平流对海雾发展和维持有重要作用。周发琇等(2004)探讨黄海春季海雾形成的气候特征发现,春季海雾形成的水汽是由热带大气提供的,而大气环流提供了暖湿空气的输送条件,海雾在低层大气与海洋热交换中有明显的反馈作用。张苏平等(2008)在分析低层大气季节变化和黄海雾季关系时提出,温度层结、湍流强度和高度均有明显季节变化,这些变化与海雾季节变化密切相关。春夏湍流强度较强,湍流混合高度较低,有利于近海面的凝结水汽在低层聚集而形成雾。最近几年,杨伟波(2010)、曹治强(2007)、蔡子颖(2012)和张礼春(2013)等对沿海海区、内陆大雾的形成、发展维持和消散的机制进行了动力学诊断分析,揭示了逆温层高度和强度与雾浓度密切关联;弱冷暖平流及在近地层逆转和大气层结稳定有利于大雾产生;沿海海域的低层水汽辐合聚集促使海雾发生发展;水汽供应决定大雾持续的时间,冷空气入侵使湍流显著加强及水汽辐散是导致大雾消散的主要原因。国内外学者对于海雾的数值模拟研究主要在 1980 年代以后开展的,而在早期的研究中(Zdurbawski and Barr,1972;Barker,1977),雾模式多是一维模式;胡瑞金等(1997)利用二维海雾数值模式研究了海温、气温、湿度和风场与海洋气象条件对海雾生成的影响;傅刚等(2002)用一个考虑地形效应、植被影响、长波辐射、地表能量收支、液态水的重力沉降等影响雾的形成和发展主要因子的三维雾模式,模拟了 1995 年 6 月 1 日黄海的海雾过程,分析了海雾发生发展和消亡过程中液态水含量和其他物理量场的三维时空分布变化特征,结果表明该模式能较好地模拟出黄海海雾的生消过程,对海雾三维结构也有一定的模拟能力。

由于海洋探测手段及探测资料有限,这些研究主要围绕着局部沿海海雾天气气候特征、分类和成因分析而展开,海雾实际形成过程是极其复杂的。对于它的形态、分布特征和形成机理的研究还是很不够。近些年来,随着高速电子计算机、气象卫星、新一代气象雷达、全球大气探测资料和快速资料传输等技术发展以及数值预报模式不断完善,使我国整个沿海海域海雾深入研究及其分析和预报成为可能。

本文利用常规气象观测资料、NECP 的 FNL 客观再分析资料和 L 波段雷达探测资料以及采用国家卫星气象中心多通道气象卫星数据监测和定性分析海雾的方法来处理卫星监测的海雾信息,研究 2010 年 2 月 22—25 日黄渤海大雾过程的边界层海气要素的特征,探讨大雾的成因和生消机理,这对于我们了解海雾生成的物理过程,有效地把握其形成的各种客观条件和改进预报方法,进一步提高海雾的预报、预警水平,为减小海雾灾害损失提供了一定的参考依据。

1 大雾概况

2010 年 2 月 22—25 日渤海、黄海和东海北部出现了大范围的大雾天气,大雾首先在黄海中部形成,然后向四周蔓延,并伸展到辽宁南部、山东东部和南部和江苏大部。据卫星监测的大雾影响面积约为 67 万 km²。这次大雾过程具有浓度大、影响范围广和持续时间长的特征。大雾使山东半岛近海的作业几乎瘫痪,水域全线封航。白天利用 MTSAT-1R 卫星数据,夜间则基于 MTSAT-1R 卫星的 IR1、IR4 红外通道数据,采用红外双通道亮温差法(Gao et al,

2009),结合常规地面和岛屿测站资料,进行雾区检测识别。据此分析,本次大雾天气过程可分为以下三个阶段:

(1)生成阶段(2月21日20时至22日20时,北京时,下同)。受从蒙古国东部东南移的冷锋及锋前偏南气流的共同影响,21日20时,黄海北部和辽宁东部半岛沿海开始出现能见度为4000 m的轻雾。由红外云图(图1a)可看到,该海雾呈白色,纹理比较均匀,海雾边界明显,西界基本与海岸线走向一致,北界与辽宁东南部雾区连接;但雾区结构松散并出现不连续现象,尤以东北部海域明显,表明海雾初生雾层较薄,东北部一些海域还存在晴空少雾区。此后,雾区向南扩展到黄海中部。在22日白天,因弱冷锋过境后导致北部海区出现6～8 m·s^{-1}偏北风和海温有所升高,黄海北部的雾逐渐消散;而黄海中部的雾持续,雾区光滑均匀,边界非常清晰,并呈东西向分布,其西界已伸至山东半岛东南部,雾区面积约为2800 km^2;白的色调和均匀结构反映22日晚上黄海中部的海雾已变得厚实(图1b),沿海能见度为800 m以下,逐渐形成大雾。

(2)发展阶段(22日21时至24日08时)。22日夜间,伴随冷锋东移减弱,黄海北部、渤海吹偏北风,黄海中南部、东海依然吹东南风,但风力都在4 m·s^{-1}以下;到了23日02时,黄海北部、渤海也转成东南风。黄海中部雾区迅速向四周发展,尤其向北向西扩展更快;而在济州岛以南海域也有一片雾区逐渐向西偏南方向发展,并与黄海中部西南伸的雾区叠合。至08时,成山头、青岛、射阳、丹东等地能见度均在100～200 m,11时大连能见度也低至300 m。在23日11时可见光假彩色云图(图1c)上可看出,渤海、黄海和东海的大部都被海雾笼罩,黄海雾区边缘与海岸线比较一致,而海雾的东边界呈明显的弧形弯曲,这和海上偏南风范围大体一致;海雾的西边界因受陆地和云影响,形状不规则,但雾界仍然分明。雾区已发展到山东、江苏和辽宁南部,雾的顶部纹理比较光滑、均匀,结构密实、色调明亮,但在黄海中南部、山东、江苏沿海雾区有3个浅薄雾区,表明局地存在很薄雾区。到24日17时,大雾面积超过60万 km^2,达到鼎盛时期(图1d)。

(3)消散阶段(24日09时至25日08时)。24日白天,虽然我国沿海大部地区仍持续弱偏南风,但来自蒙古国一股冷空气东移南下并逐渐侵入我国北部沿海海域,到11时,从地面观测资料来看,陆上大雾均消散,而东海、黄海的雾区迅速向黄海北岸收缩减弱,黄海北部的雾区已和渤海、黄海中南部及东海的雾区断裂,一部分已消散;雾区主要维持在黄海北部,面积明显减小,结构变得松散,色调也明显变暗(图1e)。到17时,我国东部海区的海雾基本消散,只是在一些局部海区还存在雾区,而结构呈絮状,色调很暗(图1f),25日白天东部海区的海雾最终消散。

2 环流形势演变特征和影响系统

我国东部沿海海域的这次大雾天气过程是产生在欧亚中高纬环流较为平直、大气层结稳定的气象条件下。在海雾形成前48 h,从850 hPa(图2a)上可看到,欧亚中高纬是呈两槽两脊的纬向环流形势,两槽分别位于西西伯利亚平原中北部和我国东北地区到黄河中下游一带,两脊在中西伯利亚到我国新疆以及俄罗斯滨海省到日本海地区。槽脊的水平尺度均较小,故槽脊移速较快,中纬度锋区位于50°N附近,比常年同期在40°N附近位置明显偏北。在中低纬度上环流也呈纬向型。西太平洋副高呈带状分布在中南半岛及其以东洋面上空,其北段与中

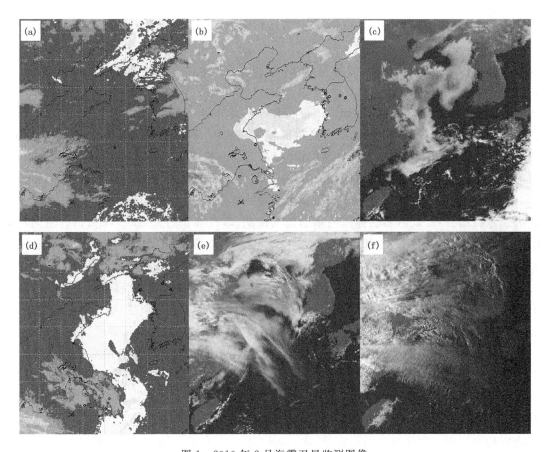

图 1　2010 年 2 月海雾卫星监测图像

(a)21 日 20 时;(b)22 日 20 时;(c)23 日 11 时;(d)24 日 02 时;(e)24 日 11 时 ;(f)24 日 17 时

(a,b,d 为红外云图;c,e,f 为可见光假彩色云图)

高纬东部浅脊相连接,呈带状盘踞在我国东部沿海海区到日本国及其以东洋面上,我国东部海域处于该高压脊后部的偏南气流控制之下。同时,在南支锋区上有两个南支小槽分别位于孟加拉湾和中南半岛北部。

在地面图上(图 2b),与上述两低槽对应的各有一条冷锋分别位于西西伯利亚平原中北部和我国东北地区西部到河套地区一带。由于低槽中斜压不稳定,致使西西伯利亚平原的低槽、冷锋向南加强发展,21 日海雾生成时,此冷锋已移至蒙古国东部到我国新疆北部地区,原位于我国东北地区到河套地区的低槽和冷锋东移北缩减弱并移到日本国北部,当蒙古国东部冷锋移到日本海至黄海一带时,冷锋后部的正变压区逐渐并入到东部沿海的高压脊中,使其加强并更加稳定维持,为海雾形成和持续发展营造了天气背景条件。与此同时,中南半岛北部的南支槽在东移过程中,槽前西南气流与副高西北侧及沿海高压脊后的偏南气流汇合,形成一支跨越中低纬的偏南气流(图 2a),将低纬海洋上的水汽输送到我国东部沿海海域上空,这支偏南气流盛行至 24 日夜间方减弱消失,源源不断的水汽供应为海雾形成和持续存在提供了有利条件。东北地区冷锋后部的冷空气扩散南下,与海面上暖湿空气发生混合凝结而形成混合雾,22日开始,冷锋移出海区,暖湿气流沿海面继续北上,因冷却变成平流冷却雾。因此,本次过程的主要影响系统是高空低槽和地面冷锋、稳定少动的我国东部沿海海域的高压脊以及它后部的偏南气流。24—25日,从中西伯利亚低槽中分裂一小槽东移发展,其携带的冷空气东南移逐渐侵扰我国东部沿海海域,致北部海域持续4 d之久的大雾消散。

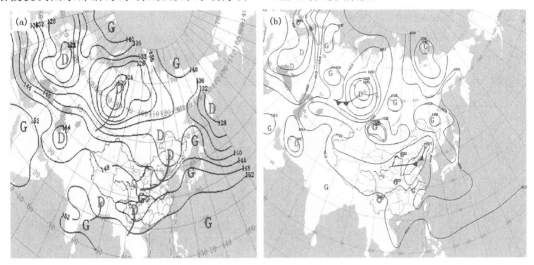

图2 2010年2月21日08时850 hPa高度场(a)和海平面气压场(b)

3 大雾期间边界层特征

我国邻海海域主要是平流冷却雾,占70.9%,本次大雾主要也为平流冷却雾。它是暖空气平流到冷海面上形成的,显然,这种雾的生消与海表温度、大气和海水温差、空气稳定度和风场等气象、水文要素有密切的关系。

3.1 气温垂直结构特征

从黄海北部、中部和南部沿海分别选取大连、青岛及射阳三个代表站来探讨大雾期间边界层的特征。由大连、青岛和射阳三站21日20时—22日20时大雾生成阶段的温度、露点、风场垂直廓线图(图3a~c)可看出,三站的大气边界层至对流层下层均有逆温和等温状态,稳定大气层结是海雾发生的重要条件。稳定层将不利于低层水汽及凝结核粒子向上扩散,有利于海雾形成。三站从1000 hPa(110 m)开始到925 hPa(700 m)层都伴有逆温,而后向上至850 hPa层是等温层,大连、射阳逆温强度为0.5℃·$(100 m)^{-1}$,青岛最大为1.2℃·$(100 m)^{-1}$;往上温度递减。从三站露点来看,1000 hPa以下近地层温度、露点两线靠近,$T-T_d = 1 \sim 3$℃,相对湿度为70%~80%。说明近地层空气的湿度较大,基本满足雾所需的水汽条件;1000 hPa以上露点、温度迅速递减,空气湿度变小,反映湿层浅薄。三站850 hPa以下层风场均由2~4 m·s^{-1}的东北风随高度顺时针转成6~8 m·s^{-1}西南风,这种暖平流对于低层增温增湿极为有利。此阶段湿度条件稍差一些,沿海海区主要出现的是能见度大于1000 m的轻雾。

在22日21时至24日08时大雾发展阶段,如图3d~f显示,三站大气边界层的下沉逆温明显增强,逆温层顶向上抬伸到850 hPa上变厚或925 hPa以下仍是逆温层,而再向上至850 hPa为等温层,但逆温层内的温差增大为6~8℃,青岛最大达10℃。逆温层上露点和相对湿度急剧下降,形成一明显"干暖盖",阻碍了空气的垂直运动,使水汽聚积在低层;同时,这与700 hPa以下层风速增大8~12 m·s^{-1}的西南气流暖平流输送密切相关;然而,900 hPa以下层的偏南风力微弱,也不利于水汽向周围扩散。故在发展阶段的大部时间三站的低层 $T-T_d$

＝0℃或1～2℃,相对湿度达90％～100％,空气湿度近于饱和,低空积聚充沛的水汽、逆温层增强、增高、饱和空气层厚度变大是致大雾持续发展的重要因子。大雾快速向四周扩展,覆盖了黄海、东海北部、渤海及其相关沿海地区。

24日09时—25日08时是大雾消散阶段,24日下午从蒙古国东部又有一条冷锋东移南下,24日20时—25日20时,冷锋侵袭东部沿海海区。虽逆温仍然存在,但随着低层转为偏北风,近地层相对湿度降至80％以下,大雾层逐渐变薄,雾区断裂,并于25日白天基本消散。

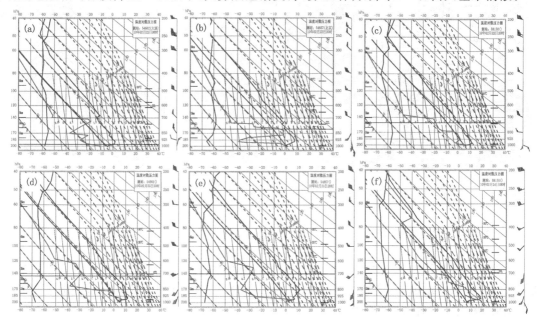

图3 2010年2月22—24日大连、青岛、射阳站探空图
(a)大连22日08:00;(b)青岛22日20:00;(c)射阳22日20:00;
(d)大连22日20:00;(e)青岛23日20:00;(f)射阳24日08:00

3.2 液态水含量结构特征

Eldridge(1971)在观测分析基础上指出,雾的能见度和液态水含量存在着反比关系,即液态水含量越大,能见度就越小。在影响液态水含量的4种主要因素中,云水混合比的量级远高于云冰晶、雨水和雪。因此,利用云水混合比的垂直分布来反映雾的垂直分布情况。从沿122°E液态水含量的经向垂直剖面图(图4)上可知,2月22日08时在36°～38°N黄海中部液态水含量VIL为0.1 g·kg^{-1}(图4a),该值是将多普勒雷达探测的反射率因子数据转换成等价的液态水值而反演的雾体含水量,其垂直高度在300 m以下,由于液态水含量小,只在黄海中部偏北地区出现一些轻雾。到当晚20时液态水含量迅速增大为0.6 g·kg^{-1}(图4b),其大值区在200 m附近。促使黄海中南部形成能见度在800 m以下的海雾。

到23日08时,0.6 g·kg^{-1}大值区向北扩展到37°N,而在38°N以北海区也出现一个液态水含量达0.6 g·kg^{-1}的大值区(图4c),两大值区的垂直高度均在200 m附近。此时,海雾迅速发展覆盖了黄海沿海海域,不少地区形成能见度在500 m以下的浓雾。在图(图4a～c)中还可看到,温度为8～10℃的暖空气主要从500～1000 m高度逐时向北流动,在雾起时刻从低层到相对高层1200 m垂直温度梯度均呈现正的扰动变化,即在大雾过程中,垂直温度梯度变化的结果是上层温度随时间增大高于低层,有利于逆温层高度不断抬升,表明起雾后温度在垂直方向上的变化,使逆温加强。这一"干暖盖"阻碍了空气的垂直运动,保证液态水含量大值区不向高处发展,使水汽聚积在海面附近。23 日 20 时至 24 日 20 时(图 4d~f),液态水含量 0.6 g·kg^{-1} 大值区范围明显扩大,且向近地层发展,而 0.1 g·kg^{-1} 线向上到 500 m 附近,一般认为(Cotton *et al*,1993),雾中液态水含量的范围为 0.05~0.2 g·kg^{-1},说明此阶段雾的垂直厚度大约在 500 m 左右。同时,黄海上空的暖空气的温度升高达 12℃ 及以上、变得更暖,抑制了空气垂直对流的发展,大气层结稳定,海雾也稳定向渤海发展和维持。

24 日 20 时之后,黄渤海上空的暖区逐渐变冷,低层云水混合比减小,相对湿度降至 70% 以下,海雾消散。

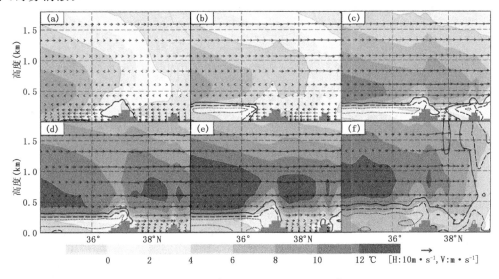

图 4 2010 年 2 月 22—24 日沿 122°E

(a)22 日 08 时;(b) 22 日 20 时;(c) 23 日 08 时;(d) 23 日 20 时;(e)24 日 08 时;(f)24 日 20 时

(实线、断线、点线分别代表 0.1 g·kg^{-1}、0.3 g·kg^{-1}、0.6 g·kg^{-1} 云水混合比等值线;箭头线表示风矢(m·s^{-1}))

3.3 气温和海温温差的特征

黄渤海频临我国大陆和朝鲜半岛之间,由于陆地受热、散热层较浅,对气温影响较大,而海水热容量大,通过透射和混合作用受热、散热层较深,从而,海水温度变化有滞后的现象。只有在海面相对是一个冷水区,当暖湿气团流经海面时,便形成了海面与陆地、近海上空与其较高层空气的物理属性之差异,导致海面与大气底层之间温湿场的交换。在冷海面上暖湿气流不断向海洋放出显热,气温下降,空气中水汽因冷却而凝结形成平流冷却雾。因此,海面水温相对低是海雾生成和维持的重要条件之一。

统计结果表明,有利于海雾生成的气温和海温的温差为 0~3℃,小部分海雾生成时气海温差可超过 4℃,但气海温差太大不利于低层空气冷却饱和。图 5 是 2010 年 2 月 22—24 日气海温差(FNL 中逐 6 h 的 2 m 处气温减去 NEAR-GOOS 的 SST)图,在 22 日 08—20 时(图 5a,b),受到偏北较冷气流影响,渤海和黄海北部的气海温差为 0~-1℃,气温明显低于海温,不利于海雾形成和维持。在黄海中部气海温差为 0~2℃,海温略低于或接近气温,空气中的水汽因冷海面凝结成雾。黄海中部的雾形成并维持。

22 日夜间以后,伴随海域偏南风速增大,大连、青岛和射阳三站的气温明显升高了 2～3℃,23 日 08 时—24 日 08 时(图 5c～e),黄渤海气海温差在 0～2℃,为海雾持续增强提供了有利条件。于是,黄海中部的海雾迅速向四周蔓延,覆盖了北部海域的大部,渤海也生成了海雾,很多地方出现能见度小于 500 m 的浓雾。

24 日 20 时(图 5f),以后,随着气温不断升高,气海温差大于 3℃,不利于海雾维持,成片的海雾断裂、减弱并最终消散。由此可见,海雾的分布与气海温差的变化紧密相关。

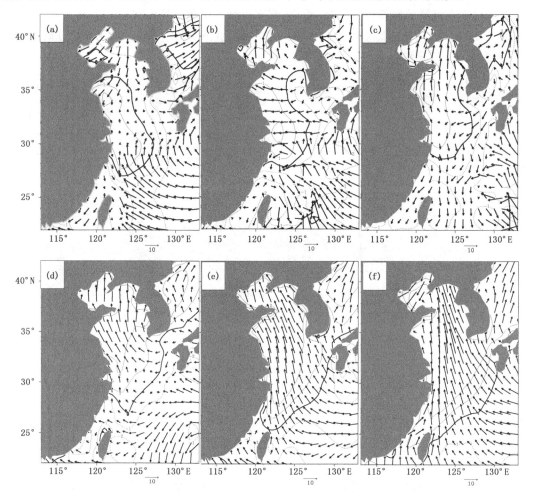

图 5　2010 年 2 月 22—24 日(等值线,海面 2 m 的气海温差,℃)和风场(箭线,m·s⁻¹)
(a) 22 日 08 时;(b)22 日 20 时;(c)23 日 08 时;(d)23 日 20 时;(e)24 日 08 时;(f)24 日 20 时

4　大雾生消的机理

4.1　水汽输送

低空充沛的水汽是海雾形成的重要因子。从本次大雾形成阶段的 2 月 22 日 08—20 时 1000 hPa 的比湿、水汽通量和水汽通量散度图上(图 6a,b)可看出,渤海、黄海北部比湿低于 6 g·kg⁻¹,较小;并且水汽通量矢值小,分布凌乱,且水汽通量散度为 -1×10^{-7} g·s⁻¹·cm⁻²·hPa⁻¹,几个孤零闭合区位于朝鲜半岛西海岸和我国东部沿海陆地上空。这反映因弱冷空气过境,低层吹东北风,则黄海北部雾区消失;黄海中南部比湿达 6～8 g·kg^{-1},有利于海雾维持。

到了 23 日 08 时(图 6c),西太平洋副高南侧的东风从日本国南部海洋上空向西流动,流经台湾东北部洋面上空转成东南风向西北方向行进,同时与从南海北流的西南气流在我国东部沿海海区汇成一支向东海、黄海推进;黄渤海比湿增至 7～8 g·kg^{-1};东海比湿增至 12～17 g·kg^{-1}。对应的水汽通量向黄渤海汇聚,量值加大。水汽通量散度值为 -1×10^{-7}g·s^{-1}·cm^{-2}·hPa^{-1},水汽辐合区位于渤海北部和黄海北部。23 日 20 时—24 日 08 时(图 6d、e),伴随暖湿气流向北输送,渤海、黄海北部比湿增到 8 g·kg^{-1},黄海中南部达 9～12 g·kg^{-1}。这支暖湿气流带来大量的水汽,从南海、台湾以东洋面直至东海、黄渤海出现南北向的强水汽通量区,形成一条水汽输送通道,此时段最强水汽辐合量是 -2.8×10^{-7}g·s^{-1}·cm^{-2}·hPa^{-1}。当暖湿气流流到黄渤海冷的水面上,气温降至露点温度,空气达到饱和,水汽凝结而形成雾。至此,黄海中部雾区迅速向周围扩展,尤其向北向西发展迅速;而在济州岛以南海域的一片雾区也向西偏南方向发展,与黄海中部的雾区叠合成覆盖黄渤海沿海海区的大范围雾区。能见度骤降,雾体浓密。总之,在稳定天气形势下,这是暖湿气流逐渐向北输送,致使水汽通量增大,并在雾区连续辐合,导致大雾持续 4 d 之久。

到了 24 日 20 时(图 5f),地面冷锋移至我国东北地区到渤海北部,锋前的暖湿气流明显东移并减弱,渤海比湿也减弱小于 6 g·kg^{-1},黄海比湿小于 8 g·kg^{-1},12 g·kg^{-1} 大值区已西

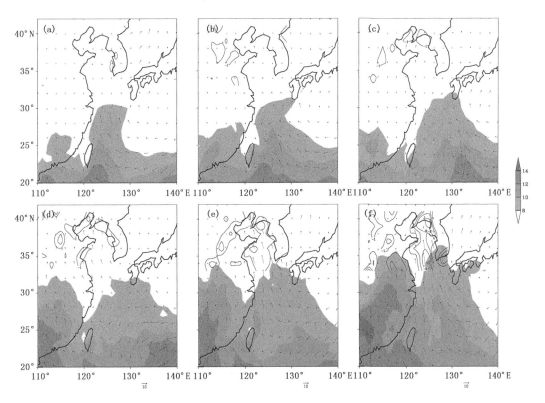

图 6　2010 年 2 月 1000 hPa 比湿、水汽通量及水汽通量散度叠加图

(a) 22 日 08 时;(b) 22 日 20 时;(c) 23 日 08 时;(d) 23 日 20 时;(e) 24 日 08 时;(f) 24 日 20 时
(图中阴影为比湿(单位:g·kg^{-1});箭头为水汽通量(单位:$\times10^{-3}$g·(cm·hPa·s)$^{-1}$);虚线等值线为黄渤海范围内水汽通量散度(范围:32°～41°N,110°～130°E;单位:$\times10^{-7}$g·cm^{-2}·hPa^{-1}·s^{-1}))

移到我国东部陆地上,北部沿海海区的雾逐渐消失。而对应的水汽通量大值矢移至黄海东部到朝鲜半岛沿海,水汽辐合大值区位于黄海东北部沿海和黄海中部偏东地区,其中心值大于$4 \times 10^{-7} g \cdot s^{-1} \cdot cm^{-2} \cdot hPa^{-1}$,水汽辐合抬升较强,导致辽宁南部、朝鲜半岛西海岸和黄海西部雾消散,均出现阵雨。

4.2 湍流混合

湍流对海雾的形成有重要作用。研究表明:海面有水汽凝结后,若湍流太弱,则不易向上扩散,形成一定厚度的雾,湍流太强,则雾易抬升成为低云或消散。因在湍流混合比较充分的情况下,混合层中气温直减率γ趋于γ_d,在稳定层结气层中,湍流层内上部热量向下输送而降低温度,有利于低层空气达到饱和,水汽凝结形成雾(盛裴轩等,2003)。为了研究这个问题,用R_i(简称 Richardson 数)表示大气湍流的发展状况。其计算公式为:

$$R_i = \frac{g}{T_0} \frac{\partial \theta}{\partial z} \Big/ \left(\frac{\partial u}{\partial z} \right)^2 \approx \frac{g}{T_0} \frac{(Z_2 - Z_1)(T_2 - T_1)}{(U_2 - U_1)^2}$$

其中,g 为重力加速度,θ 表示位温,T_0 是地面绝对温度,T_2、T_1 和 U_2、U_1 分别为高度 Z_2、Z_1 处温度和平均风速。由上式 R_i 分母总是正的,R_i 的符号取决于 $\frac{\partial \theta}{\partial z}$。当 $\frac{\partial \theta}{\partial z} < 0$ 时,为静力不稳定,表明热力、动力因素的作用都使湍流运动加强;当 $\frac{\partial \theta}{\partial z} = 0$ 时,说明在静力中性层结下,热力因素对湍流无贡献,但动力因子仍使湍流加强;当 $\frac{\partial \theta}{\partial z} > 0$ 时,静力稳定,热力因子使湍流减弱,湍流是否发展决定于风速切变 $\frac{\partial u}{\partial z}$ 的大小。如果 $\frac{\partial u}{\partial z}$ 很大,使 $R_i < 0.25$ 时,则表示存在强的湍流混合作用,当 $\frac{\partial u}{\partial z}$ 很小时,使 $R_i > 0.25$ 则表明湍流混合作用很弱。故 $R_i = 0.25$ 为临界理查逊数。负 Richardson 数对应着湍流状态,正 Richardson 数是静力稳定的。而当 R_i 在 0.25 和 1.0 之间时,如果原已存在湍流,湍流就能继续,当 R_i 增大到 1 时,湍流才会转为层流状态(Stull,1991)。

沿 123°E 南北向穿过黄海向东 500 km 到朝鲜半岛西部沿海(涵盖黄海大部海域)的经向垂直 Richardson 数分布如图 7 所示,从 22 日 08 时黄海中部雾生成或持续时的图 7a 可看出,黄海中部 $R_i < 0.25$ 廓线自海面上向东部空中伸展,湍流最大发展高度为 170 m,表明黄海中东部存在较强的湍流混合作用,热力和动力因素均对湍流发展有正贡献。到 20 时伴随一条冷锋过境,825 hPa 以上层转为西北风,低空为偏南风(图 3b),垂直风切变加大,使黄海湍流较强,黄海中西部湍流发展高度为 200 m(图 7b),此后,气温持续下降,使海面上空气重新变得饱和,雾复起,黄海中南部被海雾所笼罩(图 1b)。23 日 08 时至 24 日 08 时,海面至 200 m 几乎 R_i 都小于 0.25(图 7c~e),23 日 20 时黄海西部湍流发展甚至达到 240 m,24 日 08 时 $R_i = 1$ 廓线高度位于 280 m 附近,这里湍流在继续。湍流混合引起的垂直输送,可将中上层湿区水汽和雾滴带到近海面层,使海雾突发性增强。至此,黄海中南部的雾体先向西向南,后向北迅速蔓延,覆盖了黄海、东海和渤海大部及鲁、苏、辽南地区(图 1d),沿海的能见度骤降至 500 m 及以下,有的甚至达几十米,突发成范围广、浓度大的大雾天气过程。此间,逆温层底大约在 110~300 m,200 m 以下 $0 < R_i < 0.25$,湍流混合作用较强,利于海雾发生和维持。

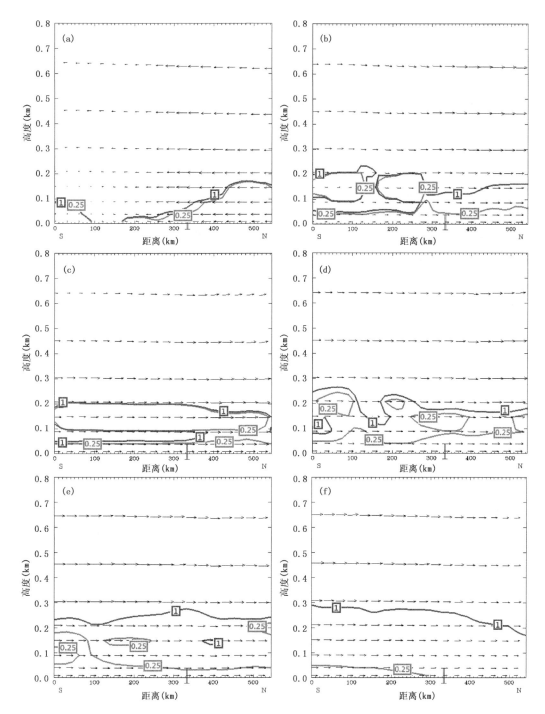

图7　22日08时至24日20时,时间间隔12 h垂直剖面上的理查逊数R_i

(图中等值线为理查逊数(标值分别为1和0.25)、箭线为风场(单位:m・s^{-1}))

　　到了24日08时以后,$R_i<0.25$区域只分布在黄海中西部50 m以下层(图7f),说明湍流明显减弱,使水汽不能向上扩散,并局限在很薄的厚度内,同时,白天气温又显著升高。雾体出现快速北移减弱并消散。

4.3 辐射热力强迫

本次黄渤海大雾主要是平流冷却雾,因此,空气平流和辐射热力强迫作用对于大雾的发生发展非常重要。

4.3.1 温度平流作用

在2月21日20时—24日08时海雾发生发展期,黄渤海500 hPa以下层呈现弱暖平流的输送(图8a),这是低层东北气流随高度顺转成西南风,且风速逐步增大的结果,暖平流中心大于$10×10^{-5}$ K·s^{-1}。此间,22日白天源于蒙古国一股冷空气侵入黄渤海,其中北部在600 hPa以下层有中心小于$30×10^{-5}$ K·s^{-1}的冷平流区(图8b),这支冷平流导致黄海北部的雾消散,中部维持。22日晚上之后,黄渤海中低层暖平流输送再度增强,500 hPa以下层存在一个$10×10^{-5}$ K·s^{-1}暖平流区,尤其是黄海北部的暖平流中心大于$60×10^{-5}$ K·s^{-1}(图8c)。中低层维持暖平流输送,使暖湿气流较长时间停留在温度较低的海面上,不断冷却凝结达到饱和,有利于近海面层逆温的建立和维持,为平流冷却雾持续发展提供了重要条件。

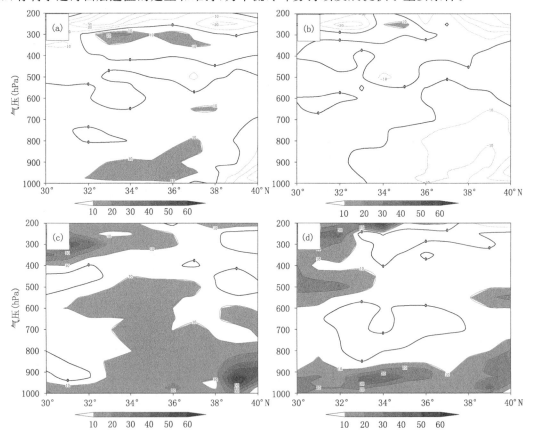

图8　沿123°E经向温度平流(单位:10^{-5} k·s^{-1})垂直剖面图
(a)21日20时;(b)22日08时;(c)24日08时;(d)24日20时

到了24日,在中纬度锋区上有一低槽东移发展,槽后较强的北风逐渐控制黄渤海中层,对应850～600 hPa为冷平流区;但850 hPa以下层仍流行偏南风,大于$30×10^{-5}$ K·s^{-1}最大暖平流中心位于黄海中部(图8d)。至此,这种上干下暖的不稳定大气层结以及天气晴朗、气温升高、水汽骤减致海雾最终消散。这次海雾的消散也是在早晨日出以后,由于太阳对海面加热不均匀,使得晴空区海面升温快,而云雾覆盖区升温慢,从而引发内向蚀损过程。这种过程建立起一个直接环流。其中晴空区因温度高空气上升,雾区因温度低而下沉,并向外扩散以补偿晴空区上升的空气,因此,造成雾区由外向内消散。

4.3.2 辐射冷却作用

大雾前和大雾期间黄渤海气温的日较差值达 5~7℃,这揭示海面辐射冷却导致近海面空气层中水汽凝结达到饱和,产生海雾。由海面气温日较差图可看出,22−24 日是黄海中部雾区向四周延伸、雾浓度增大阶段,与之配合的是 22 日、23 日和 24 日黄海中部青岛附近海面气温日较差分别为 10℃、7℃和 5℃,表明这 3 d 夜间到清晨海面辐射冷却作用较为强烈,对持续大雾过程具有明显的激发作用。

海表温度是海表吸收太阳的短波辐射和来自大气层的净长波辐射以及海表向上净长波辐射的总体效应的反映。海洋热平衡方程可写成:

$$Q_T = Q_{SR} + Q_{LR} + Q_E + Q_S + Q_{Adv} + Q_{Vert} \tag{1}$$

其中,Q_T 表示海洋的热量净变化,右边 Q_{SR} 是海水由海气界面交换的短波辐射通量,Q_{LR} 是海面向大气的净长波辐射通量,Q_E 是海水通过与大气的潜热交换得到的热量,Q_S 表示海水通过与大气的感热交换得到的热量,Q_{Adv}、Q_{Vert} 分别表示海流活动对研究海域带来的水平方向和垂直方向上的热交换。右边 6 项的计算公式如下:

$$Q_{SR} = Q_{SO}(1 - 0.7C)(1 - A_S) \tag{2}$$

$$Q_{LR} = \varepsilon \sigma_{SB} T_S^4 (0.39 - 0.05 e^{1/2})(1 - \lambda n^2) + 4\varepsilon \sigma_{SB} T_S^3 (T_S - T_a) \tag{3}$$

$$Q_E = 6.93 \times 10^{-5} \times (597 - 0.6 T_w)(e_w - e_a)V \tag{4}$$

$$Q_S = C_p \rho_a C_h (U_z - U_w)(T_w - T_z) \tag{5}$$

$$Q_{Adv} = -\rho_o C_{pw} \int_{-H}^{0} (u \frac{\partial T}{\partial x} + v \frac{\partial T}{\partial y}) dz \tag{6}$$

$$Q_{Vert} = -\rho_o C_{pw} \int_{-H}^{0} w \frac{\partial T}{\partial z} dz \tag{7}$$

其中,Q_{SO} 为晴空无云时到达海面的总辐射量,C 为云量,A_S 为海面反射率;T_S 是海表面的温度,T_a 是大气温度,n 为云量,e 为海表比辐射率,λ 是云阻挡系数,$\varepsilon \sigma_{SB}$ 是 Stefan-Boltzmann 常数;T_w 为海面水温,e_w 是依 T_w 计算得到的饱和水汽压,e_a 为空气的水汽压,V 为海上 8 m 处的风速;C_p 为大气定压比热容,ρ_a 为空气密度,C_h 为块体交换系数,U_z 和 T_z 表示高度为 z 处的风速和温度,U_w 表示海面附近的风速;ρ_o 为海水密度,C_{pw} 为海水的定压比热容,u、v、w 为海流速度,H 为海域水深。

由于海表温度变化主要受海气界面辐射通量、潜热通量、感热通量交换的净收支影响,同时也与海流活动影响表层海水温度变化有关,但本文研究的海雾仅存 4 d,考虑短时间海流活动造成的海水热交换是小量,可忽略不计。

利用(1)式,计算了本次大雾过程的海表热通量,其中右式前四项均用 FNL 数据对应的变量计算。当 $Q_T < 0$ 时,表明海表面有热量净支出,海表对大气具有辐射冷却效应。图 9 是本次大雾形成、持续发展和消散过程的 21 日 20 时至 24 日 20 时每 6 h 海表热通量的计算结果。从图 9a 可看出,在 21 日 20 时黄海中北部雾生成阶段,黄渤海海面热通量为净支出区,并由沿海向东热通量负值变大,热通量一般在 −50~−200 W·m⁻²·s⁻¹,128°E 以东小于 −250 W·m⁻²·s⁻¹。但由于低层吹东北风,水汽少,黄海中北部首现轻雾。而在 22 日 20 时大雾开

始发展阶段,黄渤海海表热通量明显加强,表现在小于−100 W·m⁻²·s⁻¹热通量值向北伸展控制了黄海中北部(图9b),其他海域变化甚小,但热通量负值均较大。到了23日20时,小于−100 W·m⁻²·s⁻¹的值区明显东移至黄海125°E以东海域(图9c),负大值区也明显减弱,这可能与大范围的浓雾区阻挡海气之间热量交换所致。此阶段因较强海表辐射冷却作用,导致海面温度降低,同时在暖湿气流的源源不断输送之下,有利于雾滴形成,黄海中北部雾区爆发性向四周发展,雾体骤然增厚,浓雾维持40 h。在24日20时,黄渤海海表的热通量发生较大变化,仅在黄海东南部海面有−50～−150 W·m⁻²·s⁻¹区域,黄渤海大部出现100～200 W·m⁻²·s⁻¹正值区(图9d),说明海面热量已为净收入,辐射冷却效应将逐渐消失,24日白天,大雾消散。对比图1和图9不难发现,海表热通量的负大值区和大雾分布区域十分吻合。这进一步证实了海面热通量表征的海表辐射冷却效应对本次大雾过程有重要的触发、加强和维持作用。

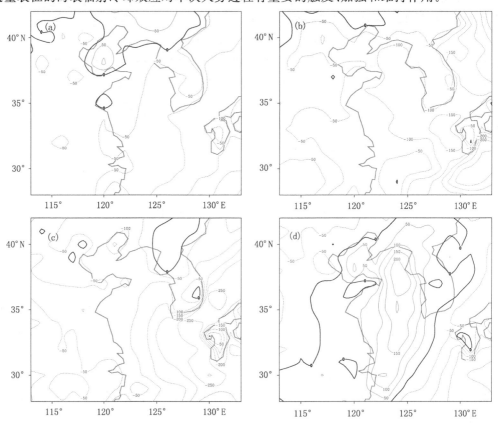

图9 黄渤海净辐射通量(单位:W·m⁻²·s⁻¹)分布图
(a)21日20时;(b)22日20时;(c)23日20时;(d)24日20时

5 结论

通过对2010年2月22—25日黄渤海持续性大雾过程的边界层海气要素特征、大雾成因和生消机理进行了研究,得到以下主要结论:

(1)本次大雾过程具有浓度大、影响范围广和持续时间长的特征,是产生在欧亚中高纬平直环流、大气层结稳定的气象条件下。南支槽前的西南气流与副高西北侧及沿海高压脊后部的偏南气流汇合,形成一支跨越中低纬的偏南气流为海雾形成提供有利的水汽条件。东北地区的冷空气扩散南下影响东部海域后,暖湿空气沿冷海面平流北上形成平流冷却雾。

(2)本次大雾的生消与海表温度、气海温差、空气稳定度和风场等气象、水文要素有密切的关系。大雾期间,黄渤海气温差在 $0\sim2℃$;大气边界层至对流层下部均有逆温和等温层,逆温层内的温差为 $6\sim8℃$,垂直温度的变化是上层温度随时间增大高于底层,使逆温层加强并不断抬升,抑制空气垂直对流的发展。近地层空气湿度较大,$T-T_d=1\sim3℃$、相对湿度达 $80\%\sim100\%$;在 200 m 附近出现一个液态水含量达 $0.6\ g\cdot kg^{-1}$ 大值区;850 hPa 以下层均由 $2\sim4\ m\cdot s^{-1}$ 的东北风随高度顺转成 $6\sim8\ m\cdot s^{-1}$ 的西南风,为大雾形成和持续发展提供了有利条件。

(3)湍流对海雾形成具有重要作用。在这次大雾过程中,湍流最大发展高度达到 240 m,湍流混合作用引起垂直输送,将中上层湿区水汽和雾滴带到近海面层,使海雾突发性增强;同时,湍流层内上部热量向下输送而降低温度,有利于低层空气达到饱和凝结而形成大雾。中低层持续弱暖平流输送,使暖湿气流长时间停留在冷海面上,逐渐冷却凝结有利于近海面层逆温层的建立和维持,为平流冷却雾持续发展提供热力条件;而在夜晚到清晨海面辐射冷却作用较强,本次过程海表热通量负大值区与大雾分布区十分吻合,表明海表辐射冷却效应对平流冷却雾有重要的触发、加强和维持作用。

参考文献

蔡子颖,韩素芹,吴彬贵,等.2012.天津一次雾过程的边界层特征研究[J].气象,**38**(9):1103-1109.

曹祥村,邵利民,李晓东.2012.黄渤海一次持续性大雾过程特征和成因分析[J].气象科技,**40**(1):92-99.

曹治强,方翔,吴晓京,等.2007.2007 年初一雪后大雾天气过程分析[J].气象,**33**(9):52-58.

傅刚,张涛,周发琇.2002.一次黄海海雾的三维数值模拟研究[J].青岛海洋大学学报,**32**(5):859-867.

胡瑞金,周发琇.1997.海雾过程中海洋气象条件影响数值研究[J].青岛海洋大学学报,**27**(3):282-289.

江敦双,张苏平,陆维松.2008.青岛海雾的气候特征和预测研究[J].海洋湖泊通报,**8**(3):7-9.

盛裴轩,毛节泰,李建国,等.2003.大气物理学[M].北京:北京大学出版社.

王彬华.1983.海雾[M].北京:海洋出版社.

王亚男,李永平.2009.冷空气影响下的黄东海海雾特征分析[J].热带气象学报,**25**(2):216-221.

杨伟波,张苏平,薛德强.2010.2010 年一次冬季黄海海雾的成因分析[J].中国海洋大学学报,**42**(增刊):1-10.

张礼春,朱彬,耿慧,等.2013.南京一次持续性浓雾天气过程的边界层特征及水汽来源分析[J].气象,**39**(10):1284-1292.

张苏平,杨育强,王新功,等.2008.低层大气季节变化及与黄海雾季的关系[J].中国海洋大学学报,**38**(5):689-698.

周发琇,王鑫,鲍献文.2004.黄海春季海雾形成的特征[J].海洋学报,**28**(1):28-37.

Barker E H.1977.A marine boundary layer model for the prediction of fog [J].*Boundary Layer*,**11**:267-294.

Cotton W R,Anthes R A.1993.风暴和云动力学[M].北京:气象出版社.

Eldridge R G.1971.The Relationship between visibility and liquid water content in fog [J].*Journal of the Atmosphere Seiences*,**28**:1183-1186.

Gao S H,Wu W,Zhu L L,*et al*.2009.Detection of night-time sea fog/stratus over the Huanghai sea using MTSAT−1RIR data[J].*Acta Oceanologica Sinica*,**28**(2):23-35.

Stull R B.1991.边界层气象学导论[M].徐静琦,杨殿荣译.青岛:青岛海洋大学出版社.

Zdunkowski W G,Barr A E.1972.A radiative conductive model for the prediction of radiation fog [J].*Boundary Layer Meteor*,**51**(2):152-177.

台风"凤凰"的路径和强度变化及其对无锡地区影响的诊断分析

陈潇潇　查书瑶　钱昊钟　王璐璐

(江苏省无锡市气象局,无锡 214101)

摘　要

为探讨 2014 年第 16 号台风"凤凰"运动路径怪异和数次登陆强度不变的特点,了解其给无锡地区带来的影响,本研究通过对台风环境背景场的天气学分析和物理量诊断,对 16 号台风"凤凰"的路径动态、强度变化、结构特征进行分析。结果表明:受副高进退和引导气流作用,台风"凤凰"沿着副高外围,先后经历西进、北上、东出的运动,深层引导气流能较好的指示台风的运动。台风"凤凰"自身体积较小,发生发展前期海温偏低,海洋热容量低,温度条件不利于台风的增强。同时,台风流场结构极为不对称,随着垂直风切的增强,台风强度减弱,并经过数次登陆,破坏了环流结构,总体强度难以增强。由于台风路径偏东,强度偏弱,影响范围较小,水汽输送条件不利,且无冷空气配合,无锡地区在此次台风过程中以中雨为主,风力影响集中在台风环流中心附近,影响总体较小。

关键词:凤凰　路径　引导气流　不对称结构　风雨影响

引言

台风是影响中国的主要灾害性天气,年均有 6～7 个台风登陆中国大陆。登陆台风往往有狂风和暴雨的严重影响[1~2],江苏省作为台风灾害的脆弱承载体,无锡地区的脆弱性高达 3.85 以上[3],台风灾害对人民生活和财产会产生巨大威胁[4]。由于台风个体差异很大,目前对登陆台风的研究主要挑选的是产生过高影响天气的个例,研究的内容主要包括台风的路径分析[5~7]、台风结构的变化特点[8~11]、台风产生暴雨狂风的热力动力研究[12~16]、台风预报与实况差异的成因分析[17~19]以及台风灾害的风险评估[4,20]。2014 年第 16 号台风"凤凰"19—23 日先后在菲律宾、台湾、浙江、上海多次登陆,路径罕见,且多次登陆却维持在强热带风暴级的强度不变。同样作为在中国沿海地区登陆的台风,"凤凰"给无锡地区带来的风雨影响并不严重,这与其他登陆台风常伴有的高影响天气有很大差异。因此,对"凤凰"罕见的运动轨迹和强度变化及由此在无锡地区造成风雨天气的根本成因展开研究,以期为台风预报服务提供更多理论依据。

1　资料与方法

利用常规天气资料、无锡加密自动站资料、NCEP/NCAR 逐日 4 次客观分析资料和海温资料(Final Operational Global Analysis,FNL,分辨率为 1°×1°,垂直方向为 26 层)、温州台风网台风数据,日本气象厅(JMA)提供的 2014 年第 16 号台风"凤凰"6 h 台风最佳路径资料(包含中心气压和最大风速)等。通过天气学分析[21~22],计算诊断了台风环流的风场、气压场、温度场、水汽条件等多种物理量场,对 16 号台风"凤凰"的路径动态、强度变化、结构特征进行分析探讨,并分析对无锡地区造成的风雨影响,以期为同类天气事件的分析和预报提供科学依据。

2 天气过程概述

2014年第16号台风"凤凰"18日正式编号后,19日在菲律宾登陆;21日10时在台湾恒春半岛南部沿海登陆;21日22时在台湾省宜兰县与新北市交界附近沿海登陆;22日19:35前后在浙江省象山县鹤浦镇沿海登陆;23日10:45前后在上海市奉贤区海湾镇沿海登陆,以后路径东北折向入海。总的看来,凤凰有这样几个最显著的特点:(1)多次登陆:国内4次,国外1次;(2)路径怪异:一路是擦边北上;(3)强度不减:19日14时至23日9时,登陆几次都维持在强热带风暴级别(见图1a)。

"凤凰"对无锡地区的影响主要是22—23日,带来的主要影响是降水和大风,北岸地区的无锡、江阴、宜兴3个人工观测台站的逐时降水显示是从22日晚间20时前后开始,持续到24日02时,主要的降水时段为23日04时前后到中午14时。北岸地区范围总的雨量并不显著,以中到大雨为主,仅芙蓉茶厂加密站出现了单站的暴雨(见图1b)。而风则在21日起就有所增大,部分站点达到6级,22—23日,1/2左右的加密自动站出现了6级以上的大风,数个站7级大风,湖边龙头渚加密站出现8级的大风(见图1c~d)。

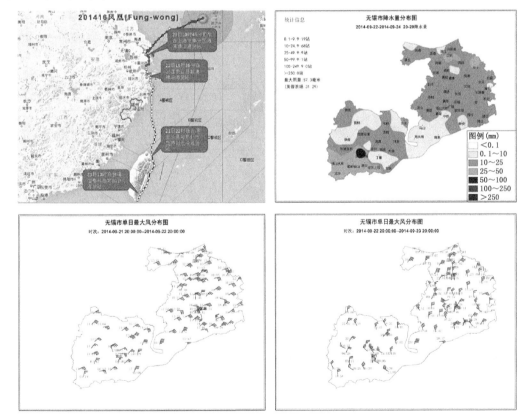

图1 (a)凤凰路径实况;(b)22—23日无锡市台风过程降水量分布;
(c)、(d)分别为21日22时至22日20时和22日20时至23日20时无锡大风实况图

3 台风路径及强度分析

3.1 台风路径分析

3.1.1 副高动态对路径的影响

自台风"凤凰"在 18 日正式编号后,西进至菲律宾吕宋登陆,后打转北上先后擦边登陆台湾、浙江、上海,最后自上海折向东北入海(见图 2a)。本研究主要关注的是 19—24 日台风不同时段的多日平均高度场等值线分布和台风的位置关系:19 号中午到 21 号上午:副高呈带状分布,西伸与大陆高压连通,台风处于副高南侧偏西气流中,以西西北运动为主(见图 1b);21—23 日,副高东退,西伸点退至 125°E,台风沿着副高西侧偏北气流北上(见图 1c);23 日白天起,副高再度西进,此时台风已经越过副高脊线,处于副高北侧的偏东气流中,因此转为东出入海(见图 2b~d)。

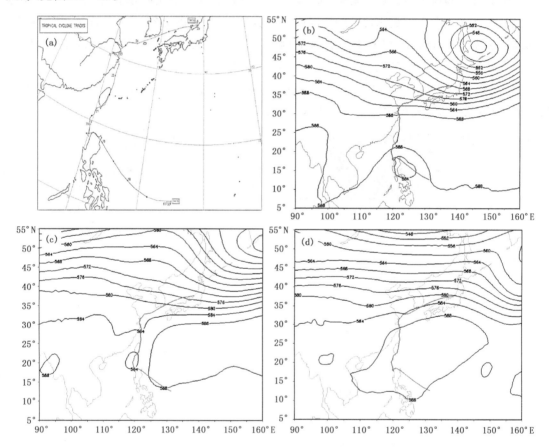

图 2 (a)日本气象厅(JMA)提供"凤凰"逐 6 h 移动路径及多日平均 500 hPa 高度场及台风路径
(等值线:位势高度,单位:gpm);(b)19 日中午至 21 日上午;(c)21—23 日;(d) 23—25 日

3.1.2 引导气流对路径的影响

除了副高对台风路径的影响,引导气流同样对台风走向起着不可替代的作用。Dong 和 Neuman[23]的研究证明:热带风暴的运动与深层平均引导气流的相关比任何单层的引导气流都要好,因为气旋是一个以一个整体运动的垂直方向耦合的系统。以台风中心附近 850~200

hPa 的大气平均风场作为深厚层平均引导气流[5,18](见图 3),可以看到,在距离台风中心 5~7个纬距范围内的平均气流对台风移动路径有较好的引导作用,在 22 日白天以前,以偏北气流引导为主,而 22 日 20 时以后,随着中纬深层平均气流转为偏东风场,台风随后进行了路径的调整,在登陆上海时东折,并且注意到引导气流始终位于台风的右侧,较台风实际的位置有一定的偏移,这样的配置使得台风在运动过程中始终没有深入陆地的外力,一定意义上解释了台风即便是登陆也只是擦边而过而也未有较长停留。

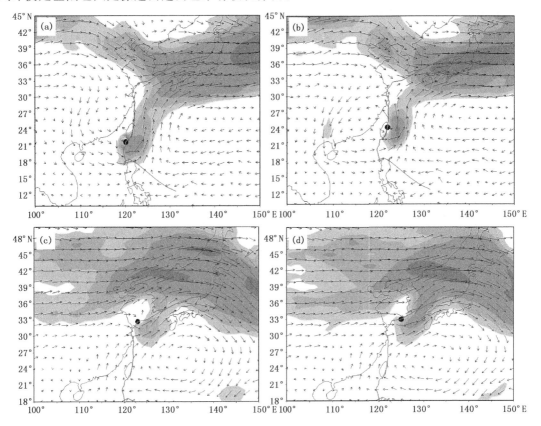

图 3　深层引导气流对台风路径的影响(黑点:台风实时位置;箭头:大气平均风场,单位:m/s)
(a)9 月 21 日 08 时;(b)9 月 21 日 20 时;(c)9 月 24 日 02 时;(d)9 月 24 日 08 时

3.2　台风强度分析

3.2.1　海温对台风强度的作用

在对台风的强度分析前,首先简单对比 2014 年前期发生的几个台风,同为强热带风暴,2014 年 12 号"娜基莉"的 7 级风圈半径在 400 km 左右(以 8 月 2 日为例),而 2014 年 15 号台风"海鸥",7 级风圈达到 280~480 km,"凤凰"的 7 级风圈只有 160~300 km,比"海鸥"要小 1圈,相比之下,"凤凰"台风体积明显偏小,影响范围因此受到牵制。

海温是台风生成发展极为重要的因素之一[24],本研究绘制了西太平洋的 9 月第 3 周的平均海温,并比较了同期海温与去年的温差。可以看到,西北太平洋北部的海温明显偏低,较去年同期要偏低 2~10℃,这对于热带低值系统的生成和维持都是不利的,同时在"凤凰"台风之前,刚有台风"海鸥"活动,强度达到台风级别,西进登陆海南,造成严重的风雨影响,短时间内,海温难以恢复酝酿较强的台风。

3.2.2　不对称结构对台风强度的作用

王振会等[25~26]对台风的结构研究证明:环境流场与台风环流叠加或台风周围的非对称流场都是台风强度减弱的一个原因。进一步分析台风的结构,首先在可见光云图上已经看到,"凤凰"结构极不对称,从风场和大风速区的配置可以看到,"凤凰"偏强的部分仅为右半部,集中在海区,是极为不对称的一个结构,并且这个结构在"凤凰"移动并先后数次登陆的过程中,并没有重组改善,因此这种不对称的结构使得"凤凰"难以进一步发展。

不对称结构往往表明有比较强的垂直风切,而这既减缓台风强度,也影响台风的移动速度[26~28]。图4为"凤凰"环流的风场切变分布,经分析21—23日09时前其强度维持在强热带风暴级,23日10时起减弱为热带风暴级。分别考察强度维持和减弱时的垂直风切变化(这里垂直风切为200 hPa与850 hPa风的矢量差),并分解为纬向风u分量和经向风v分量讨论。首先分析台风强度维持和减弱阶段的经向风切变:可以看到台风中心都始终处于风切变的零度线附近(见图4a~b),虽然由于登陆后的地面摩擦,在陆地一侧的经向风v分量小于在海上的经向风v分量,但经向风切变对台风强度和移动的影响不大。而纬向风切变则不同:在强度

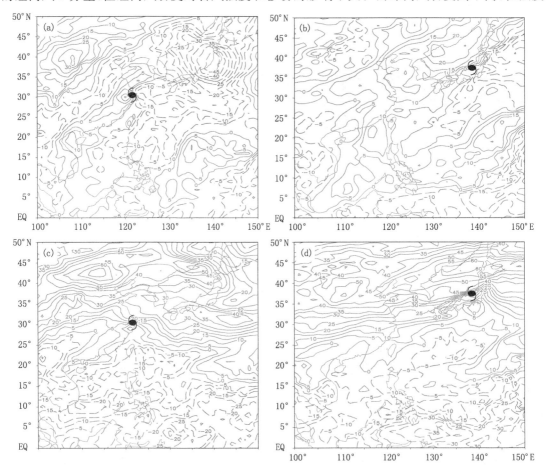

图4　台风强度维持与减弱阶段的垂直风场切变分布(单位:m/s)
(a)强度维持阶段垂直风场切变v分量分布;(b)强度减弱阶段垂直风场切变v分量分布;
(c)强度维持阶段垂直风场切变u分量分布;(d)强度减弱阶段垂直风场切变u分量分布

维持阶段,台风中心位置还处于零切变线附近,中心两侧的正负值也相当,而在强度减弱阶段,纬向风 u 分量的分布可以明显看到台风中心位置偏离零切变线,两侧的正负大值中心也相差较大,达到 25 m/s,形成了不对称的环流结构(见图 4c~d)。

为了进一步了解垂直环流的不对称分布,绘制了 22 日 20 时台风接近江苏时,30°N 的横剖风场,可以看到,台风中心附近上升气流依然存在,且外围有下沉气流,但台风结构不对称,台风中心附近右侧强上升区范围明显大于左侧,可见垂直风切的不对称结构对于台风强度有减弱的作用。此时无锡处于台风外围的左侧下沉区域,受台风主体影响相对较小。此外,经过吕宋岛、台湾以及浙江象山等地的多次登陆,台风结构进一步破坏,强度不会再有发展。

4 台风对无锡地区风雨影响分析

4.1 降水强度影响分析

能造成较强降水必须有充足的水汽供应和强烈的辐合上升运动[29~31]。首先研究此次过程中台风的水汽条件,对 850 hPa 水汽通量和水汽通量散度进行分析可以看到,影响无锡地区前后,台风的水汽输送条件非常一般,没有充沛的水汽供应,而水汽通量辐合区范围很小,且主要集中在台风的东侧,水汽聚集区位于海上,对沿海内陆没有充沛的水汽供应和辐合,缺乏造成强降水的水汽条件。

图 5a 为垂直速度和相对湿度的变化分布,可以看到降水的主要时段,大湿区仅限于台风中心附近较小的范围,对无锡地区上空的时空剖面更加可以说明动力条件与水汽条件的配合并不有利,仅在 800 hPa 下有较明显的上升运动,而 80% 以上的大湿区也仅仅集中在中低层,并且时间持续很短,这远远比不上大暴雨过程中强烈上升运动和充沛水汽输送的条件,无锡也因此没有出现强降水。而对于台风降水,又一因素是要注意冷空气的活动,如果有冷空气的配合,会加强降水强度。绘制 850 hPa 气温与前日同期温差(见图 5b),可以看到,对无锡地区影响最为显著的 22—23 日,台风在东部近海活动,而低槽活动仅到达河套地区。因此,台风的暖湿空气没有能与冷空气相结合,这也降低了降水的强度。在降水时段前后的雷达回波图上,显示主要回波位于江苏东部海面,且回波强度在 30 dBZ 以下,螺旋雨带不宽,层结较为稳定,无对流活动的发生,从而无锡的降水仅达到中等。

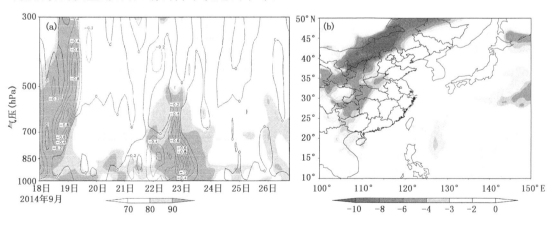

图 5　无锡地区上空垂直速度和相对湿度时空剖面(a)(等值线:垂直速度,单位:Pa/s;阴影:相对湿度,
单位:%);(b)850 hPa 气温日变率(23 日 02 时与前 1 日同时刻温度差,单位:℃)

4.2 地面风力强度分析

关于地面大风的发生,台风预报的最大风圈也仅为 7 级风圈,笔者诊断分析了近地面涡度场的分布[32],分析发现,925 hPa 的涡度在 2×10^{-5} s^{-1} 的大值区基本位于海上,且范围较小,在 5 个经纬距范围以内。对应地面 10 m 风场分布,范围也较小,并且随着涡度大值区的快速东移入海,无锡地区的风力也快速减弱。

5 结论与讨论

2014 年第 16 号台风"凤凰"怪异的路径是副高进退和引导气流共同作用的结果,运动轨迹沿着副高外围先后经历西进、北上、东出,多次擦边登陆但未深入内陆。前期偏低的海温条件制约了"凤凰"发展增强,对风场环流和垂直风切的分析可得"凤凰"结构极为不对称,桎梏了"凤凰"的强度,数次登陆使得不对称结构进一步破坏,较长时间维持在强热带风暴等级,难以发展增强。"凤凰"相对无锡地区路径偏东,强度偏弱,风力影响集中在台风环流中心附近,水汽输送条件不利,且无冷空气配合,无锡地区在此次台风过程中以中雨为主。

虽然同是登陆台风,本研究分析的台风"凤凰"却并未带来高影响的灾害性天气,根本上是受其运动轨迹和强度的制约。"凤凰"未深入内陆登陆,不对称结构也使得台风影响区域主要位于海面。深层引导气流在这里能较好的指示"凤凰"的运动轨迹,对风场垂直切变的分析能直观地揭示"凤凰"的不对称结构特点。不利的水汽条件和冷空气条件直接导致了"凤凰"风雨影响较小。因此,对台风路径、强度的预报应着重关注其环流背景的特点,尤其是副高动态、风场环流分布,在台风天气的预报方面要侧重水汽条件和动力、热力条件分析,以期在今后的预报中做出更准确的判断。

参考文献

[1] 陈林玉,周军.登陆台风暴雨成因浅析及其数值模拟[D].南京:南京信息工程大学,2005.

[2] 段晶晶,吴立广,倪钟萍.2004 台风"艾利"与"米雷"路径异常变化分析[J].气象学报,2014,**72**(1):1-11.

[3] 牛海燕,刘敏,陆敏,等.中国沿海地区近 20 年台风灾害风险评价[J].地理科学,2011,**31**(6):764-768.

[4] 张娇艳,吴立广,张强.全球变暖背景下我国热带气旋灾害趋势分析[J].热带气象学报,2011,**27**(4):442-452.

[5] 田华,李崇银,银辉.大气季节内振荡对西北太平洋台风路径的影响研究[J].大气科学,2010,**34**(3):559-579.

[6] 苏源,吴立广.多时间尺度环流对台风"海棠"(2005)路径的影响分析[J].气象科学,2011,**31**(3):237-246.

[7] Chan J C L, Gray W M. Tropical cyclone movement and surrounding flow relationship[J]. *Mon Wea Rev*,1982,**110**:1354-1374.

[8] 付驹,董贞花,谭季青.台风登陆前后暖心结构变化的探讨[J].科技通报,2011,**27**(1):18-24.

[9] 李小凡.台风涡旋的结构及其与台风运动的关系[J].热带气象学报,1996,**12**(4):314-323.

[10] 程锐,叶成志,许爱华,等.台风"云娜"的热动力结构模拟试验研究[J].暴雨灾害,2007,**26**(2):103-108.

[11] 胡姝,李英,魏娜,等.台风 Nari(0116)登陆台湾过程中结构强度变化的诊断分析[J].大气科学,2013,**37**(1):81-90.

[12] 余贞寿,高守亭,任鸿翔.台风"海棠"特大暴雨数值模拟研究[J].气象学报,2007,**65**(6):864-876.

[13] 韩桂荣,何金海,樊永富.变形场锋生对 0108 登陆台风温带变性和暴雨形成作用的诊断分析[J].气象学

报,2005,(04):468-476.

[14] 孙建华,赵思雄.登陆台风引发的暴雨过程之诊断研究[J].大气科学,2000,**24**(2):223-237.

[15] 王忠东,曹楚,楼丽银,等.超强台风"罗莎"和"韦帕"大风过程对比分析[J].气象科技,2009,**37**(2):156-161.

[16] 杨玉华,雷小途.我国登陆台风引起的大风分布特征的初步分析[J].热带气象学报,2004,**20**(6):633-642.

[17] 余锦华,唐家翔,戴雨涵,等.我国台风路径预报误差及成因分析[J].气象,2012,**38**(6):695-700.

[18] 许映龙,张玲,高拴柱.我国台风预报业务的现状及思考[J].气象,2010,**36**(7):43-49.

[19] 许映龙,韩桂荣,麻素红,等.1109号超强台风"梅花"预报误差分析及思考[J].气象,2011,**37**(10):1196-1205.

[20] 马玉玲,袁艺,潘东华.我国台风灾害救助应急响应的时空分布特征[J].灾害学,2012,**27**(3):132-136.

[21] 朱乾根,林锦瑞,寿绍文,等.天气学原理和方法[M].北京:气象出版社,2000.

[22] 陈联寿,丁一汇.西太平洋台风[M].北京:气象出版社,1979.

[23] Dong K, Neumann C-J. On the relative of binary tropical cyclones[J]. *Mon Wea Rev*,1983,**111**:945-953.

[24] 江吉喜.海表温度对台风移动的影响[J].热带气象学报,1996,**12**(3):246-251.

[25] 河惠卿,王振会,金正润.不对称环流对台风强度变化的影响[J].热带气象学报,2008,**24**(3):249-253.

[26] 王焕毅,杨萌,魏海宁,等.台风"达维"路径变化及物理量诊断分析[J].中国农学通报,2014,**30**(8):256-261.

[27] 温佳,莫伟强,林荣基.台风"莫兰蒂"异常路径的特点、成因和预报[A].中国会议.第28届中国气象学会年会论文集[C].北京:气象出版社,2011.

[28] 胡春梅,端义宏,余晖,等.华南地区热带气旋登陆前强度突变的大尺度环境诊断分析[J].热带气象学报,2005,**21**(4):377-382.

[29] 李英,陈联寿,雷小途.Winnie(9711)台风变性加强过程中的降水变化研究[J].大气科学,2013,**37**(3):623-633.

[30] 孙兴池,王文毅,王业宏,等.0509号台风麦莎影响山东分析[J].热带气象学报,2007,**23**(3):307-312.

[31] 李英,陈联寿,徐祥德.水汽输送影响热带气旋维持和降水的数值模拟实验[J].大气科学,2005,**29**(1):91-98.

[32] 杨玉华,雷小途.我国登陆台风引起的大风分布特征的初步分析[J].热带气象学报,2004,**20**(6):633-642.

第四部分
强对流天气

三峡谷地三类突发性中尺度暴雨概念模型研究

张萍萍[1]　陈赛男[1]　张蒙蒙[1]　韦惠红[1]　董良鹏[1]　张　宁[2]

(1.武汉中心气象台,武汉 430074;2.湖北省气象局科技与预报处,武汉 430074)

摘　要

　　利用 2003—2013 年湖北省加密自动站资料、常规观测资料等对三峡谷地突发性中尺度暴雨进行了分型研究,通过对比分析得出如下结论:①西南涡前冷暖切变结合型以天气尺度强迫为主,584 dagpm 线位置、低层冷暖切变结合区、低层温度平流 0 线位置的预报指示意义强,地面上以北风气流为主,峡谷入口处南侧迎风坡抬升作用强,地面能量场上易形成 Ω 型高能中心;②东北冷槽尾部南北气流汇合型天气尺度系统明显,低层冷切尾部辐合区和温度平流 0 线位置预报指示意义强,地面上南、北风气流并存,并在峡谷入口处交汇进入峡谷,使峡谷入口处南、北两侧迎风坡上多形成地形强迫抬升,地面能量场上峡谷北侧易形成温度梯度大值区;③副高内部边界层辐合型以边界层和地形强迫抬升为主,低层弱切变和散度负值区位置预报指示意义强,地面上以南风气流为主,进入峡谷后易受到地形阻挡作用,形成完整的中尺度辐合中心,配合峡谷入口北侧迎风坡上的地形抬升作用,地形性动力强迫达到最强。

　　关键词:三峡谷地　中尺度暴雨　地形强迫　概念模型

引言

　　很多资料研究表明,特殊地形是诱发中尺度暴雨的一个重要因素,其中峡谷地形则是最复杂的一种地形,峡谷地形的存在使边界层气流沿着峡谷吹时,由于流区收缩,会产生峡管效应,使谷内风速辐合加强,此外,峡谷入口还存在喇叭口以及迎风坡等小地形,是多种地形综合作用的地方[1],这种特殊地形与大气相互作用,通常触发局地突发性中尺度暴雨的产生[2~10]。峡谷地形中若下垫面有水体,则会使峡谷内天气变化更加复杂,峡谷内水域的辐射与热力作用,影响着峡谷与大气之间感热、潜热、水分与动量的交换,对局地环流有一定的瞬时线性和非线性作用。三峡谷地即属于这样一种有水体的特殊峡谷地形,受到峡谷复杂地形以及水体的共同作用,局地突发性暴雨频发,这种中尺度暴雨由于局地、突发,持续时间不长,形成机理复杂,因此预报难度很大。

　　尽管很多文献提出了“峡谷内产生中尺度暴雨的原因多为复杂地形配合有利的天气形势”这样一个观点,然而对于下述三个问题仍无法做出回答,即不同天气形势下峡谷内地形增幅作用是否存在不同之处? 天气形势与复杂地形如何相互作用呢? 预报员如何根据天气形势和环境条件,结合地形,判断出峡谷内是否会发生中尺度暴雨,并绘制危险落区? 为了回答上述三个问题,本文利用三峡谷地作为实验地,针对 2003—2013 年共 30 个中尺度暴雨样本进行分析,并建立了三类三峡谷地突发性中尺度暴雨概念模型,以期揭示不同天气形势下峡谷地形增幅作用的不同之处,并为预报员进行三峡谷地中尺度暴雨预报提供有意义的参考依据。

1 资料、方法及模型分类依据

文中所用资料包括:2003—2013 年三峡谷地探空、地面自动站及区域站资料、卫星云图等其他非常规观测资料以及逐 6 h 的 NCEP/NCAR 再分析资料。三峡谷地中尺度暴雨个例标准:若三峡谷内出现突发性中尺度对流系统 MCS,且 7 个常规自动站(兴山、巴东、秭归、三峡、宜昌、夷陵区、长阳)中有一站出现 1 h 雨量≥30 mm,3 h 雨量≥50 mm,则认定为一个突发性中尺度暴雨个例。此外,根据 7 个自动站所在位置的差异,分成四类,其中宜昌、夷陵区、长阳 3 站位于峡谷入口处,秭归、三峡 2 站位于峡谷 1 中,兴山位于峡谷 2,巴东位于峡谷 3 中(见图 1)。

遴选出 2003—2013 年三峡谷地共 30 个突发性中尺度暴雨个例,针对这些个例从天气形势配置典型特征及 MCS 触发机制上进行分型,分成西南涡前冷暖切变结合型、东北冷槽尾部南北气流汇合型、副高内部边界层辐合型三种类型,以下对这三种类型分别从环流背景及天气系统特征、环境场特征、地形影响特征三个方面进行阐述,并形成有预报意义的概念模型。

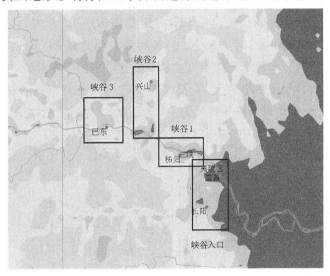

图 1 三峡谷地站点与地形分布图

2 西南涡前冷暖切变结合型

这类过程出现次数最多(12 次),占所有个例的 40%,多发生在午后到夜间,1 h 最强降水达 56.3 mm,3 h 累计降水最强达到 71.1 mm,从云图演变上看多在三峡谷地内生成孤立的小尺度 MCS,最强云顶亮温达到 −79.05℃,并多沿峡谷向东移动,持续时间多为 3～5 h,中尺度暴雨发生地主要集中在峡谷入口处和峡谷 1 中。本类天气选取典型个例为 2008 年 6 月 21 日,降水时段主要发生在 21 日 18—21 时,其中夷陵区 19 时降水 35.1 mm,18—20 时 3 h 累积降水达到 55.7 mm,下面以该过程为例展开分析。

2.1 环流背景及天气系统特征

该类型中高纬度大尺度环流特征多呈现两脊一槽型(图 2a),脊线分别位于乌拉尔山和东北地区,三峡谷地上空处在高原槽前和东北高压脊后,环流较为平直。西太平洋副高主体位于华南地区,584 dagpm 线或者 588 dagpm 线多呈东北—西南走向,自鄂西南伸展到鄂东北地区,经过三峡谷地附近。受高原槽前正涡度平流的影响,低层 700 hPa 或 850 hPa 上自川西多有西南涡生成并缓慢向东移动,三峡谷地处于西南涡前暖式切变线附近,动力抬升显著。与此同时,受东北高压脊后部偏北气流以及西南涡前西南气流的共同影响,在三峡谷地的西北侧多形成冷式切变线,三峡谷地恰好处于冷暖切变线结合处,切变线北侧多有冷平流南下,与西南涡前暖湿气流交汇(图 2b),使得三峡谷地对流不稳定性增强,有利于触发 MCS。925 hPa 受到冷平流影响,北风气流沿着江汉平原南下途经三峡谷地进入到湘北地区,并未进入三峡谷地(图 2c),地面气压场上自贵州至湘西北地区多形成暖倒槽,有利于不稳定能量的累积,为三峡谷地中尺度暴雨的发生进一步积蓄不稳定能量。

2.2　环境场特征

从水汽条件看,受到西南涡前暖湿气流的输送作用影响,这类中尺度暴雨天气的水汽较为充沛,可降水量通常大于 50 mm;从探空图上看(图 2d),受到中层东北地区高压脊后偏北气流影响,中层有干冷空气入侵,出现显著干层;从动力条件看,受到西南涡前冷、暖切变的共同影响,三峡谷地上空出现强动力辐合区,850 hPa 涡度最强达到 $12 \times 10^{-5} \mathrm{~s}^{-1}$;从不稳定条件看,这类天气的 CAPE 值范围多在 300 J/kg 以上,K 指数最强达到 40℃,SI≤0℃,通过绘制综合图发现,低层温度 0 线的分布对于此类中尺度暴雨具有一定的参考价值,中尺度暴雨多发生在低层 0 线附近;从垂直风切变的分布看,低层多存在偏北风与偏东风的较明显的垂直风切变(图 2d),850～300 hPa 平均风均以偏西风为主,导致 MCS 生成之后多沿着峡谷向东移动。

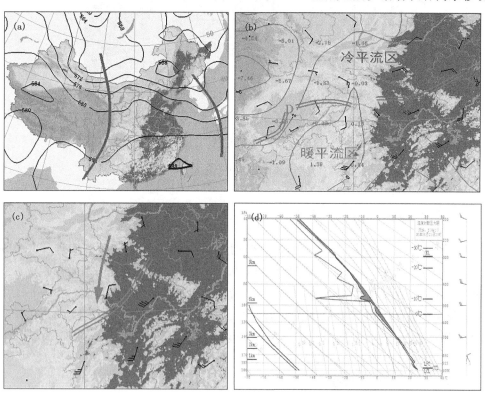

图 2　2008 年 6 月 21 日 20 时 500 hPa 高度场叠加地形(a)、850 hPa 风场叠加
温度平流和地形(b)、925 hPa 风场叠加地形(c)、探空图(d)

2.3 地形影响特征

从地面加密流场分析看,这类中尺度暴雨发生前3个小时内,由于受925 hPa北风气流的引导作用,地面多有北风气流沿着江汉平原南下,夷陵区站处于三峡谷地入口处,受到地面弱冷空气的不断扩散南下影响,本站风向由偏南风逐渐转为偏北风(图3d),从地面比湿与风场配置看,地面风从干区吹向湿区,因此该支气流为干冷气流(图3a),秭归站处于峡谷1中,当三峡入口偏东气流进入峡谷1时,受到地形阻挡多转为西北风,该站西北风与夷陵区站的偏东风之间形成对头风,由于北部峡谷2中比湿较大,因此该西北气流为暖湿气流,与峡谷入口的东北干冷气流形成气流汇合区,使峡谷内不稳定性增强的同时,有利于动力辐合加强。与此同时,随着冷空气南下的北风气流恰好吹到长阳附近,与其西侧的山脉几乎正交,大大增加了迎风坡的上升运动,地形抬升速度图上,长阳附近出现的明显的负值中心(图3b),此外,从地面比湿与长江水域的位置可以看出,长江水体所经之处比湿明显增加,表明水体可能影响长江沿岸周围的水汽含量,峡谷内由于形成了湖风效应,有利于水汽增加[11];从地面加密温度场看,这类中尺度暴雨发生前3个小时内,由于峡谷地势低矮,使得峡谷入口处温度高于两边高山地

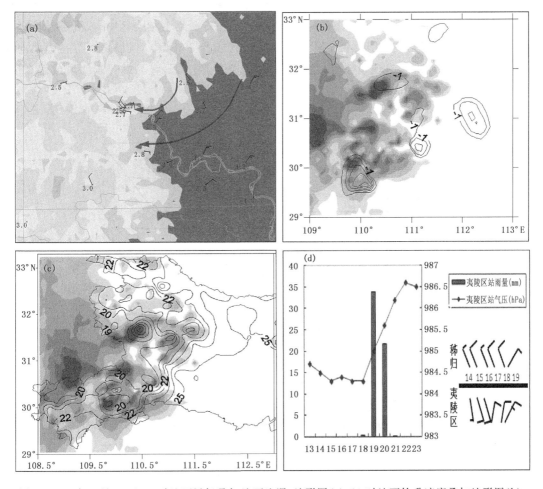

图3 2008年6月21日18时地面风场叠加地面比湿、地形图(a),19时地面抬升速度叠加地形图(b),16时地面温度叠加地形图(c),逐小时雨量、地面气压及秭归、夷陵区风场演变图(d)

区,地面温度场在峡谷入口处出现梯度大值区,并且呈现出沿着峡谷入口分布的温度脊,呈现Ω型,在Ω型的中间轴上是高温地带,有利于侧翼的冷空气向该地区夹挤使暖湿空气抬升,进一步增强对流不稳定性;从夷陵区站逐小时雨量和海平面气压场的演变看,中尺度暴雨发生前单站气压波动较小,随着气压的稳定上升,地面冷空气扩散南下,中尺度暴雨开始发生,显然该类暴雨发生过程中地面有弱冷空气扩散南下对于中尺度暴雨的发生具有重要启动作用。

2.4 模型简述

综合以上大尺度环流背景、天气系统、环境场特征以及地形影响特征分析,绘制该类三峡谷地中尺度暴雨的概念模型图(如图4),并总结出相应的预报指标如下。

该类中尺度暴雨主要发生在三峡入口处以及峡谷1中(长阳、宜昌、夷陵区、秭归、三峡附近),发生的主要机理为:西南涡前暖式切变线南侧的暖湿气流与冷切北侧的干冷气流交汇于三峡谷地,受冷切影响,中层多有干冷空气侵入,出现干层,低层出现冷暖平流交汇区,地面有弱冷气侵入。受峡谷地形作用,地面温度场上出现Ω型,增强对流不稳定性,同时出现东、西气流的气流汇合区,进一步促进动力辐合抬升,触发不稳定能量释放,引发中尺度暴雨的发生。相应的预报指标如下(预报时效为0~3 h):①中层:三峡峡谷西侧存在高原槽,东侧处在584 dagpm线或者588 dagpm线边缘;②低层:三峡谷地处在冷暖切变结合区中,或处在温度平流0线附近,925 hPa宜昌站吹北风,925 hPa与850 hPa(或者700 hPa)风场之间存在强风向切变;③地面:三峡谷地南侧出现暖倒槽,北侧有弱冷空气扩散南下,宜昌站转东北风或偏东风,秭归站转西北风,出现气流汇合区。

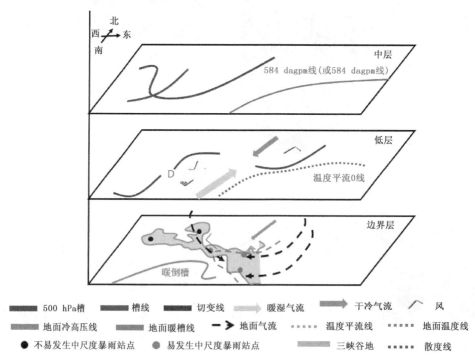

图4 西南涡前冷暖切变结合型概念模型图

3 东北冷槽尾部南北气流汇合型

这类过程出现 10 次,占所有个例的 33.3%,多发生在午后到前半夜,1 h 最强降水达 55 mm,3 h 累计降水最强达到 103.1 mm,从云图演变上看,多在东北—西南向的云带中生成孤立的 MCS,并迅速发展壮大,最强亮温可达−75.12℃,触发地多在峡谷北侧并逐渐南移到峡谷南侧,持续时间 4~6 h,中尺度暴雨多发生在峡谷入口、峡谷 1、峡谷 2 附近。本类天气选取典型个例为 2008 年 7 月 15 日,强降水时段主要发生在 15 日 16—18 时,其中长阳 16 时降水 41.8 mm,16—18 时 3 h 累积降水达到 77.9 mm,下面以该过程为例展开分析。

3.1 环流背景及天气系统特征

中高纬度大尺度环流特征多呈现两槽一脊型,巴尔克什湖和东北地区有低槽形成,两槽之间为高压脊控制,东北低槽势力强大,槽线伸展范围广,尾部通常伸展至华中地区,三峡谷地多处于槽线东侧西南暖湿气流中。该类天气中低槽属于后倾槽,倾斜度较大,受 500 hPa 冷槽引导作用,低层冷切成为主要影响系统,三峡谷地处于 700 hPa 冷切东侧偏南气流中,风速多维持在 4~6 m/s,850 hPa 上三峡谷地则处于冷切尾部动力辐合区中,925 hPa 上若高空冷平流较强,则 925 hPa 同样形成冷切,若高空冷平流作用弱一些,则 925 hPa 上峡谷南侧会出现弱南风气流,与冷切西侧的北支气流汇合进入峡谷,形成气流汇合区,冷暖空气交汇促使对流不稳定型增强,有利于触发 MCS 产生,地面上有明显的冷空气南下(图 5)。

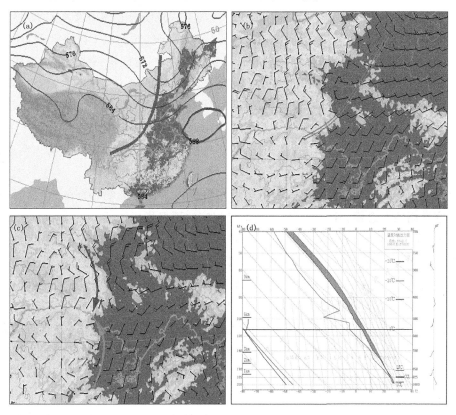

图 5 2008 年 7 月 15 日 14 时 500 hPa 高度场叠加地形(a)、850 hPa 风场叠加地形(b)、
925 hPa 风场叠加地形(c)、08 时探空图(d)

3.2 环境场特征

与西南涡前冷暖切变结合型相比,该类型存在以下相同点:环境场的水汽同样比较充沛,三峡谷地上空动力辐合显著,SI≤0℃。存在以下不同点:从水汽条件看,这类中尺度暴雨天气低层湿度大于中高层,湿层深厚,中间没有明显的干冷侵入;从不稳定条件看,这类天气的CAPE值更大,数值一般大于1000 J/kg,K指数多大于33℃。由于该类天气中低层出现南北气流汇合区,因此925 hPa温度平流分布图上三峡谷地附近出现明显的冷暖空气交汇,该层温度0线的分布对于此类中尺度暴雨同样具有一定的预报意义;从垂直风切变的分布看低层多存在偏南风与偏东风的较明显的垂直风切变,850~300 hPa平均风以偏北风为主,导致MCS生成之后多向南移动。

3.3 地形影响特征

与西南涡前冷暖切变结合型相比,该类型下垫面要素特征的不同之处为:从地面加密流场分析看,这类中尺度暴雨发生前2个小时,地面有南、北两支气流交汇后进入峡谷(图6a),北支气流从低湿区吹向高湿区,为干冷气流,相反南支为暖湿气流,地面产生显著冷暖交汇,长阳站恰好处在汇合气流的迎风坡上,容易受地形抬升作用,使得上升运动增强。从秭归和长阳风场逐小时变化看(图6d),中尺度暴雨发生前3个小时内,秭归为偏南风,与峡谷入口的偏东风之间未形成辐合场,因此秭归附近未产生中尺度暴雨,而长阳站则一直吹偏东风,长时间处在迎风坡上,地形抬升速度强(图6b),因此产生了中尺度暴雨;从地面加密温度场分析看(14时),这类中尺度暴雨发生前3个小时内,由于北方冷空气较明显且多有降水系统发生,峡谷北边气温下降明显,而峡谷南侧则受到925 hPa南风气流影响,气温高于峡谷北侧,同时由于峡谷地形作用,沿着峡谷入口处和峡谷2内形成明显的温度脊,造成峡谷北侧形成较明显温度梯度大值区(图6c),兴山地区处于梯度大值区附近,配合相应的动力系统和水汽条件,容易产生中尺度暴雨。受该热力因素影响,该类中尺度暴雨MCS多触发在峡谷北侧地区。此外,中尺度暴雨的发生伴随着本站气压的稳步上升(图6d),地面冷空气入侵仍起到启动作用,冷暖交汇仍是主要的触发因素,但是与上一型相比,受到冷槽和冷切变影响,冷空气势力明显增强。

3.4 模型简述

综合以上大尺度环流背景、天气系统、环境场特征以及地形影响特征分析,绘制该类三峡谷地中尺度暴雨的概念模型图(图7),并总结出相应的预报指标如下。

该类中尺度暴雨主要发生在三峡入口处以及峡谷1、2中(长阳、宜昌、夷陵区、秭归、三峡、兴山附近),发生的主要机理为:东北冷槽引导低层冷切东移和地面冷空气南下,冷切尾部位于三峡谷地附近,动力辐合显著,边界层出现冷暖平流交汇区,受峡谷地形作用,地面温度场上峡谷地形北侧出现梯度大值区,峡谷1、2及峡谷入口处出现温度脊,增强对流不稳定性,同时边界层和地面上峡谷附近北支干冷与南支暖湿气流交汇,进入三峡谷地,进一步促进动力辐合抬升,触发不稳定能量释放,引发中尺度暴雨的发生。相应的预报指标如下(预报时效为0~3 h):①中层:三峡谷地处于东北冷槽尾部;②低层:三峡谷地处低层处于冷切尾部,或处在温度平流0线附近,或925 hPa出现南北气流交汇,宜昌站吹东风,925 hPa与850 hPa(或者700 hPa)风场之间存在弱风向切变;③地面:三峡谷地西北侧出现弱冷高压,地面有较明显空气南下,宜昌站转东北风,长阳站转东南风,峡谷入口处出现南北气流汇合区。

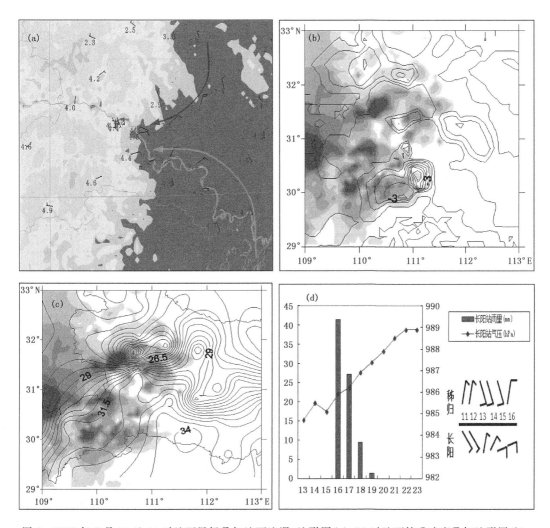

图 6　2008 年 7 月 15 日 14 时地面风场叠加地面比湿、地形图(a),16 时地面抬升速度叠加地形图(b),13 时地面温度叠加地形图(c),逐小时雨量、地面气压及秭归、长阳风场演变图(d)

4　副高内部边界层辐合型

这类过程出现 8 次,占所有个例的 26.6%,多发生在午后到傍晚,1 h 最强降水达 81.4 mm,在三种类型中单小时雨量最强,3 h 累计降水最强达到 98.9 mm,从云图演变上看,多在峡谷内局地生成孤立的 MCS,并迅速发展壮大,最强亮温可达 −87.27℃,触发地多在峡谷 1 和峡谷入口处,多向偏北方移动发展壮大,持续时间 2～4 h,中尺度暴雨多发生在长阳、宜昌、夷陵区、秭归附近。本类天气选取典型个例为 2010 年 8 月 18 日,强降水时段主要发生在 15 日 16—18 时,其中宜昌 17 时降水 49.3 mm,16—18 时 3 h 累积降水达到 56.6 mm,下面以该过程为例展开分析。

4.1　环流背景及天气系统特征

中高纬度大尺度环流最显著特点为副高偏强,并稳定少动,588 dagpm 西伸脊点位于 110° N 附近,三峡谷地多处于副高内部,地面气温很高,能量累积显著。该类天气中,强大副高稳定

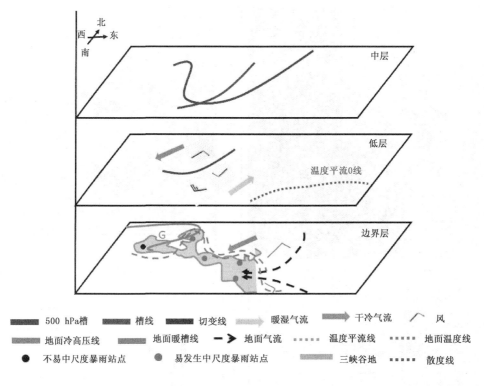

▅ 500 hPa槽	▅ 槽线	▅ 切变线	➡ 暖湿气流	➡ 干冷气流	⌒ 风
▅ 地面冷高压线	▅ 地面暖槽线	➡ 地面气流	····· 温度平流线	····· 地面温度线
● 不易中尺度暴雨站点	● 易发生中尺度暴雨站点	▅ 三峡谷地	····· 散度线

图 7　东北冷槽尾部南北气流汇合型概念模型图

少动带来了大量北上的暖湿空气,500 hPa、700 hPa、850 hPa上三峡谷地均以南风暖湿气流为主,其中700 hPa或850 hPa上峡谷附近多形成≥10 m/s的西南气流,为峡谷内强降水的发生输送暖湿不稳定能量,925 hPa上中尺度暴雨发生过程中,西南气流受到峡谷地形作用,由南风转为东风,进入峡谷,从而导致三峡谷地附近多形成弱暖式切变线,成为MCS产生的动力强迫机制之一(图8)。

4.2　环境场特征

与上述两型相比,本型环境条件存在以下不同点:从水汽条件看,湿度大值区主要维持在中低层;从动力条件看,仅在925 hPa上三峡谷地附近形成弱辐散区,动力抬升作用较弱;从不稳定条件看,CAPE值较大,数值一般大于1200 J/kg,由于925 hPa峡谷附近有弱切变形成,并且形成弱辐散区,对三峡谷地中尺度暴雨落区预报具有一定指示作用;从垂直风切变的分布看925 hPa多吹东风气流,850～500 hPa以南风气流为主,低层多存在偏东风与偏南风的弱垂直风切变,850～300 hPa平均风多以偏南风为主,导致这类MCS生成之后多向偏北移动。

4.3　地形影响特征

与上述两型相比,本型中尺度暴雨发生过程中,地面要素演变存在以下不同点:从地面加密流场分析看,这类中尺度暴雨发生前3个小时内,地面上为一致的东南气流,进入峡谷1后,受地形阻挡作用,秭归和宜昌风速逐渐加大到4 m/s,风向依次发生改变,风向逆时针旋转,逐渐形成一个有组织的涡旋结构(图9a～b,f),形成显著中尺度辐合中心,宜昌附近形成-10×10^{-5} s^{-1}的散度辐合中心(图9c),辐合强度远远大于前两型。本型天气系统层次上的动力抬升机制为925 hPa弱切变,散度值仅为$-1\times10^{-5} s^{-1}$,显然地面中尺度辐合中心的形成,对天气尺度

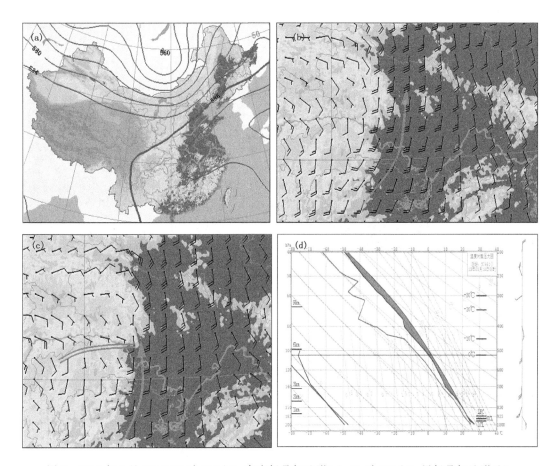

图 8　2010 年 8 月 18 日 20 时 500 hPa 高度场叠加地形(a)、20 时 850 hPa 风场叠加地形(b)、
20 时 925 hPa 风场叠加地形(c)、08 时探空图(d)

系统的动力抬升起到很好的增幅作用。与此同时,偏东气流在北上的过程中,恰好与宜昌北侧的山脉正交,形成较明显的地形抬升速度负值区(图 9d),地形抬升作用配合中尺度辐合中心的形成,大大增强了该类中尺度暴雨的动力抬升作用,地形性动力强迫相比前 2 型更加明显;从地面加密温度场分析看,这类中尺度暴雨发生前 3 个小时(14 时),受到峡谷地形引起的地面受热不均影响,峡谷入口处宜昌附近形成高能中心,宜昌单站温度达到 33.3℃,宜昌站北侧形成明显的温度锋区,有利于中尺度暴雨的发生;从宜昌站逐小时雨量和海平面气压场的演变看,中尺度暴雨发生时,由于雷暴单体内下沉作用影响,气压有短暂的上升,随着降水结束气压下降,与上述两型相比,本类中尺度暴雨发生过程中地面没有受到冷空气影响,暖湿气流则强盛。本型中,地形性动力强迫作用配合地面高能中心、温度锋区的形成,为促使 MCS 触发并发展壮大提供了有利条件。

4.4　模型简述

综合以上大尺度环流背景、天气系统、环境场特征以及地形影响特征分析,绘制该类三峡谷地中尺度暴雨的概念模型图(如图 10),并总结出相应的预报指标如下。

该类中尺度暴雨主要发生在三峡入口处以及峡谷 1 中(长阳、宜昌、夷陵区、秭归、三峡、附近),发生的主要机理为:前期副高强大,588 dagpm 线边缘南风气流发展旺盛,925 hPa 形成弱

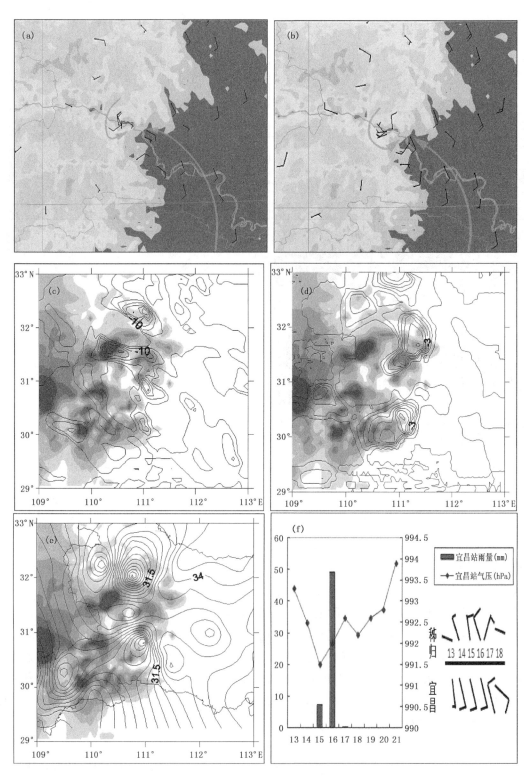

图 9　2010 年 8 月 18 日 15 时地面风场叠加地形图(a)，16 时地面风场叠加地形图(b)，17 时地面散度叠
加地形图(c)，17 时地形抬升速度叠加地形图(d)，14 时地面温度叠加地形图(e)，逐小时雨量、地面气压
及秭归、宜昌风场演变图(f)

切变。受峡谷地形作用,峡谷内部由于受热不均出现高温中心和温度锋区,形成能量累积中心,地面多有东南气流进入峡谷产生中尺度辐合中心,配合地形抬升作用,触发不稳定能量释放,促使 MCS 形成并发展壮大,产生中尺度暴雨天气。相应的预报指标如下(预报时效为 0～3 h):①中层:三峡谷地处于副高 588 dagpm 线右侧;②低层:三峡谷地处南风气流中,925 hPa 出现弱切变线,并出现散度负值区,宜昌站吹东风,925 hPa 与 850 hPa(或者 700 hPa)风场之间存在弱风向切变;③地面:三峡谷地东侧出现暖槽,地面上峡谷内部出现高能中心,并形成明显的梯度大值区,有东南气流进入峡谷,宜昌站为东风,秭归转偏北风,形成显著中尺度辐合中心。

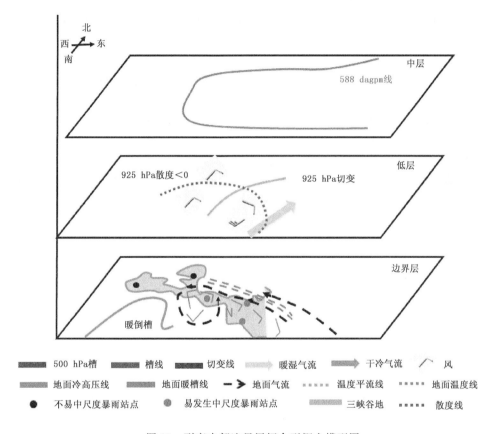

图 10　副高内部边界层辐合型概念模型图

5　结论与讨论

本文结合大尺度环流背景、天气系统、地形影响特征三个方面对三峡谷地三类突发性中尺度暴雨进行了对比分析,对于三峡三类暴雨发生的机理以及地形增幅作用进行了揭示,并建立了相应的概念模型,提出了预报着眼点,对于预报员进行该特殊地形下突发性中尺度暴雨的预报提供了一定的参考。然而本文研究仍然存在以下不足之处:①个例数量有待进一步增加,模型类别有待进一步细化。尤其关注冷池边缘触发型,该类型高空环流形势多变,具体的预报指标需要进一步研究。②地形影响特征分析有待进一步细化。本文目前只研究了由于受到地形影响,地面各要素的水平分布特征,对于地形对边界层垂直流场的影响作用并没有做细致分析,以后进行补充研究。

参考文献

[1] 章淹.1983.地形对降水的作用[J].气象,(02):9-13.

[2] 林必元,张维恒.地形对降水影响的研究[M].北京:气象出版社,2001.

[3] 慕建利,李泽椿,李耀辉,等.高原东侧特大暴雨过程中秦岭山脉的作用[J].高原气象,2009,**28**(6):1282-1290.

[4] 廖移山,冯新,石燕,等.2008年"7·22"襄樊特大暴雨的天气学机理分析及地形的影响[J].气象学报,2011,**69**(6):945-955.

[5] 池再香,邱斌,康学良,等.一次南支槽背景下地形对贵州水城南部特大暴雨的作用[J].大气科学学报,2011,**34**(6):708-716.

[6] 廖菲,洪延超,郑国光.地形对降水的影响研究概述[J].气象科技,2007,**35**(3):305-316.

[7] 彭乃志,傅抱璞,刘建栋,等.三峡库区地形与暴雨的气候分析[J].南京大学学报,1996,**32**(4):728-731.

[8] 余锦华,傅抱璞.山谷地形对盛行气流影响的数值模拟[J].气象学报,1995,**53**(1):50-61.

[9] 胡伯威,崔春光,房春花.1998年7月21—22日鄂东沿江连日特大暴雨成因探讨[J].大气科学,2001,**25**(7):479-490.

[10] 刘引鸽.地形对对流天气和暴雨的作用[J].宝鸡文理学院学报,1995,**3**:68-70.

[11] 李强,李水平,周锁铨,等.基于WRF模式的三峡地区局地下垫面效应的数值试验[J].高原气象,2011,**30**(1):83-93.

黄淮中西部圆形 MβCS 的强对流天气特征及结构和形成机制

苏爱芳　张　宁　袁晓超

（河南省气象台,郑州 450003）

摘　要

综合利用多源资料,对 2005—2013 年黄淮中西部出现的圆形 MβCS 的强对流天气意义,环流背景及典型 MβCS 的结构和形成机制进行了分析研究。结果表明,黄淮中西部圆形 MβCS 出现强对流天气的概率较高,预报预警难度较大。其主要天气形势有切变(辐合)型、下滑槽型和东风倒槽型。"080714"和"130802"两个典型个例的分析显示,即使系统具有相似的环流背景、形态和发展演变规律,由于动力、水汽和对流不稳定条件差异,也会造成强对流天气的明显不同。"080714"以极端强降水为主,对流层中低层具有相对深厚的辐合层和湿层,系统发展至成熟期雷达监测到层云降水区内的南北向带状对流系统,而"130802"以强雷暴和雷暴大风天气为主,系统发展至成熟时雷达监测到单体或多单体风暴合并发展形成前沿伴有线状对流的东西向"弓形"回波。圆形MβCS 均形成于低空高能量区内,对流层中低层以辐合为主,垂直相对涡度(散度)都呈现"正负(负正)"交替分布的特征,边界层辐合较前期有所发展,辐合区宽度在 100 km 左右,狭窄的垂直上升运动区两侧有下沉运动区,形成次级环流。"080714"过程中,对流发展区边界层辐合增强明显,垂直上升运动区也相对深厚,且对流初期具有相对强的低层暖平流,边界层弱冷平流入侵起到对流触发作用,而中高层暖平流的发展导致系统减弱;而"130802"过程中低层冷平流的对流触发作用不明显,边界层至 600 hPa 弱冷平流发展促使系统衰亡。

关键词:强对流　圆形 MβCS　结构特征　温度平流　对流触发

引言

卫星监测具有较高的时空分辨率,能连续监测强对流的发展演变[1],许多学者对不同尺度的 MCS 进行了统计分析及机理研究,揭示了强对流天气的发展演变规律和形成机制[2~10],但较多集中于 MαCS 的研究。而黄淮中西部地区是 MβCS 的高发区[10],虽然尺度较小,却与强对流天气的关系密切,预报预警难度较大。

本文在将对黄淮中西部 2005—2010 年 5—8 月云顶亮温值≤−52℃连续冷云区的直径为20～200 km 圆形 MβCS 的强对流天气特征统计分析的基础上,研究此类系统的环流背景和影响系统,选取典型个例,揭示此类系统的结构特征和形成机制。

1　圆形 MβCS 的强对流天气特征及天气形势

2005—2010 年黄淮中西部共出现 86 个圆形 MβCS,其中,83％的样本产生了短时强降水、雷雨大风、冰雹等强对流天气。有 69 系统产生了短时强降水,≥50 mm/h 强降水事件出现频次较高,最强降水强度达 99 mm/h;有 4 个 MβCS 产生了短时强降水伴雷雨大风、冰雹强对流天气,2 个为短时强降水伴局地龙卷天气,另有 4 个为雷雨大风、冰雹天气。

86 个样本中有 52 个与其他 MαCS 共存,即这些圆形 MβCS 形成于有利于 α 尺度对流系统存在和发展的大尺度环境中。本文将研究仅出现圆形 MβCS 的历史个例。在余下的 34 个圆形 MβCS 中,有 26 个造成了强对流天气,此外,2011—2013 年,还有 9 个系统也给黄淮中西部造成强对流天气。对这个 35 个 MβCS 的环流背景和影响系统进行综合分析。结果表明,圆形 MβCS 形成发展的天气形势可分为切变(辐合)线型(78%)、下滑槽型(16%)、东风倒槽型(4%)及非典型类型(2%)。

2　典型个例的对比分析

2.1　强对流天气特征

　　受副高边缘切变线附近发展的圆形 MβCS 影响,2008 年 7 月 14 日夜里到凌晨(简称"080714"过程)和 2013 年 8 月 2 日午后到夜里(简称"130802"过程),黄淮地区出现强对流天气。2008 年 7 月 14 日 00:00—06:00(图 1a),黄淮中部出现暴雨、局地特大暴雨,有 4 站降水量超过 100 mm,分别是郑州(179 mm)、新郑(146 mm)、长葛(179 mm)和禹州(161 mm),乡镇雨量站的统计结果显示局地还出现了极端特大暴雨,主要位于长葛西北部和禹州交界处,长葛的坡湖、后河、石固和禹州的山货四个乡镇雨量站的降水分别达到 435.3 mm、414.9 mm、276.8 mm 和 325.2 mm。13 年 8 月 2 日 14:00—22:00,淮河流域出现大范围雷暴、局地灾害性大风天气,雷暴集中于 15:07—21:29,16:00 总闪密度达到 5798 次,雷暴大风分别于 18:05、21:02 和 21:15 出现在汝南(17 m/s 偏南大风)、商丘(19 m/s 西南大风)和虞城(18 m/s 偏南大风)。过程伴有局地出现暴雨,商丘降水量最大,为 66 mm(图 1b),但短时强降水特征不明显,睢县 22:00 雨强最强,为 25.1 mm/h。

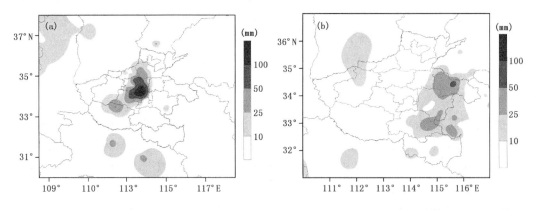

图 1　2008 年 7 月 14 日 00:00—06:00(a)和 2013 年 8 月 2 日 14:00—22:00 降水量图(b)

2.2　圆形 MβCS 的发展演变和结构特征

2.2.1　卫星监测

　　图 2 显示:2008 年 7 月 14 日 00:00 前后,在河南中部有 γ、β 尺度对流云团 A、B、C 发展,3 个云团呈东北至西南向排列。01:00,A、B 快速发展、合并形成 MβCS(D),TBB 最低为 −67℃;02:00,D 发展为圆形 MβCS,中心值降至 −72℃;03:00,D 至成熟阶段,≤−52℃ 面积达最大,为 $2.63×10^4$ km²,中心值不再降低,系统西南部具有较大的 TBB 梯度;05:00—06:00,D 衰亡,系统生命史约为 3.5 h。与国家基本站逐小时降水量对比分析发现,圆形 MβCS 初

生时(01:00),禹州降水强度达 60 mm/h,此后至衰亡期,均产生了 50 mm/h 以上的强降水。此外,对流云团 C 主要影响南阳东北部,原地减弱衰亡。

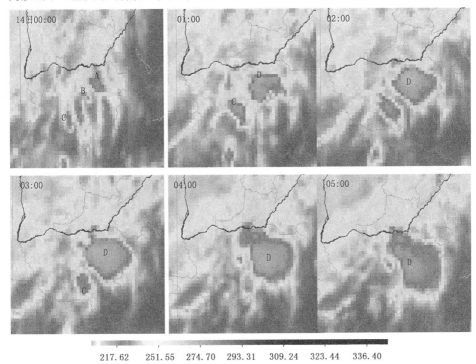

图 2 2008 年 7 月 14 日 00:00—05:00 期间不同时次黄淮中部红 FY-2C 外云图演变

图 3 显示:2013 年 8 月 2 日 14:30,淮河以南有 4 个对流云团形成,信阳境内 A、B 两个云团的最低 TBB 分别为 -50℃ 和 -45℃,沿淮地区开始出现雷暴;14:30—16:30,A、B 发展合并,形成 $M_\beta CS$,最低 TBB 为 -52℃,同时其东西两侧也有对流云团发展与之合并;17:30,系统北移、迅速发展形成具有圆形结构的 $M_\beta CS$,TBB 最低达到 -63℃,面积为 2.3×10^4 km²;18:30—19:30,圆形 $M_\beta CS$ 北移,TBB 不再降低,云团面积达最大,发展至成熟期,汝南和平舆出现短时强降水,分别为 20 mm/h 和 24 mm/h,强降水位于低亮温中心附近和系统北侧前沿;20:30—21:30,圆形结构消失,系统分裂,但其北部前沿进入商丘地区后,商丘境内的商丘和虞城出现灾害性大风,睢县降水强度也达到过程最大;22:30 后,系统迅速减弱衰亡。

可见,两次过程中的圆形 $M_\beta CS$ 生命史均为 3~4 h,具有相似的发展演变特征,且面积大小相似。不同之处在于两个圆形 $M_\beta CS$ 的强度和强对流天气意义,其中"080714"过程中系统强度强,产生的降水具有突发性、局地性、强度大和降水时间集中等特征,而"130802"过程以中系统强度相对弱,降水强度小,但强雷暴和局地灾害性大风天气明显。

2.2.2 圆形 $M_\beta CS$ 的雷达监测

"080714"过程中,郑州雷达监测(图 4)显示:与云团 A、B 的发展对应,14 日 00:02,郑州南部到许昌北部和平顶山东部分别有 β 尺度对流系统(a,b)形成发展,a 的强度强、面积大,反射率因子最大值为 56 dBZ;同时,禹州东部有 γ 尺度对流系统(c)形成。与云团 A、B 合并形成云团 D 的过程对应,00:33 前后,c 和 a 合并,合并处对流加强,6 km 以下回波强度达到 45 dBZ 以上,强中心位于 2~3 km,达到 53 dBZ。01:03,三个对流系统合并形成带状对流系统,带状

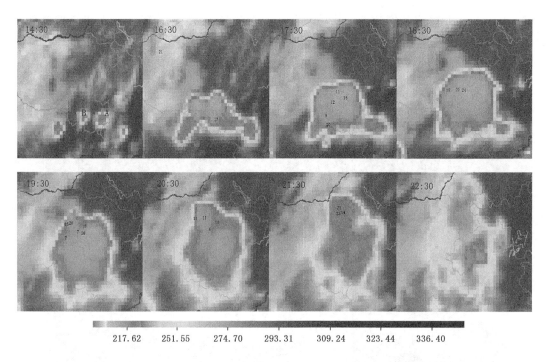

图 3　2013 年 8 月 2 日 14:30—22:30 期间不同时次 FY-2D 红外卫星云图及降水强度(0.5 h 后)

对流系统稳定影响郑州南部、许昌中西部等地,带来强降水天气,在禹州站 1 h 雨量达到 60 mm。强降水回波维持少动,长葛、禹州等地连续出现 50 mm/h 以上强度的短时强降水天气。03:00,强降水回波分裂减弱,雨势逐渐减小。

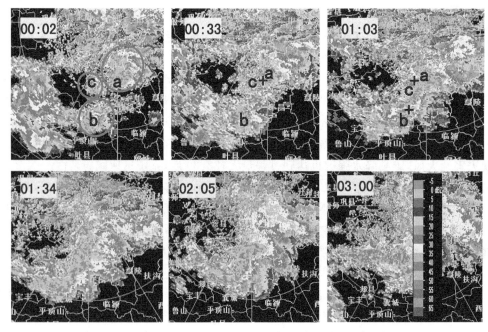

图 4　2008 年 7 月 14 日 00:02—03:30 期间典型时刻郑州雷达反射率(1.5°仰角)

从典型时刻径向风的分布(图 5)来看,在云团 A、B 初生期的 00:02 前后,0.5°仰角上有明显的径向风辐合区;00:39,禹州附近的径向风辐合区和长葛附近的径向风辐合区发展并连接,长葛境内还出现了旋转风达 14 m/s 的正负速度对,14.6°仰角上对应区域存在明显的径向风辐散,有利于局地强降水的产生;01:03,长葛和许昌西部形成一长约 30 km 的中尺度辐合线,辐合线附近的径向风辐合继续加强,对应着对流系统的合并发展;02:05 前后,中尺度辐合线向南延伸,对应圆形 $M_\beta CS$ 发展至最旺盛阶段;03:00 前后,辐合线断裂,系统逐渐减弱衰亡。

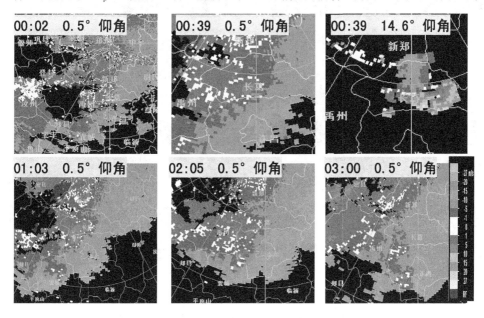

图 5　2008 年 7 月 14 日 00:02—03:00 期间不同时次郑州雷达径向风速演变图

驻马店雷达监测(图 6)显示:13:30 至 14:00 罗山和光山县境内有多单体风暴发展,此时红外卫星云图还无法分辨出对流云团。14:32,A、B 云团分别对应罗山境内 3 个 $M_\gamma CS$ 和商城境内的 2 个 $M_\beta CS$。随后,该地区不断有对流系统形成发展、合并,17:34 前后,形成东西向带状 MCS,此时卫星上可以监测到圆形 $M_\beta CS$,带状对流系统位于云团北侧。随后,带状对流系统北移,中部北凸,17:58 形成"弓"形对流系统,其西部前沿还形成一条较窄、强度在 15～30 dBZ 的线状对流带,南侧形成中气旋,中气旋维持了 2 个体扫,可见此时汝南境内的对流风暴较强,18:05 汝南境内出现雷暴大风。随着"弓"对流系统北移,线状对流自西扩展,18:52,系统中西部前沿均出现了对流线,上蔡境内又出现中气旋,系统较强。"弓"型系统的移动速度快,有的时段会遮住线状对流,说明系统发展迅速,19:34 可以观测到,整个"弓"型对流系统前沿均出现了线状对流,线状对流不仅强度加强,而且伸展高度也达到 2 km 以上,圆形 $M_\beta CS$ 处于最旺盛的阶段。后期改用商丘雷达进行监测,发现 20:35—21:11,"弓"形对流系统及其前沿的线状对流移过商丘和虞城,上述两站观测到灾害性大风,睢县出现强降水,此时 $M_\beta CS$ 开始减弱,其前部的线状对流逐渐消失,$M_\beta CS$ 也分裂衰亡。

2.3　环流背景和影响系统

2008 年 7 月 13 日 20:00(图 7a),黄淮中西部受 200 hPa 高压脊前的反气旋环流控制,500 hPa 华东沿海高压脊旺盛,呈西伸北抬趋势,中纬度低槽东移受阻,河南中部为气流辐散区。对流层中低层河南中部为辐合区,700 hPa 豫中偏南地区有一东西向暖式切变线,850

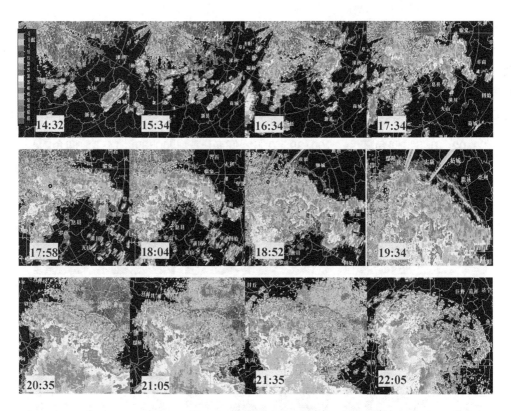

图 6　2013 年 8 月 2 日 14:32—22:05 期间不同时次豫南圆形 $M_\beta CS$ 的雷达监测特征演变图
（第 1、2 行驻马店雷达，0.5°仰角；第 3 行为商丘雷达，1.5°仰角）

hPa 和 925 hPa 沿海高压南侧的东南风大风速轴指向豫中，气流辐合，同时，925 hPa 南阳东部至郑州一线有偏东风和东北风形成的东北至西南向切变线。湿度场上，黄淮中南部在 500 hPa 以下均为准饱和湿区，黄淮北部和华北地区为干区。对应红外云图上，华北低槽云系收缩东移，黄淮西部受沿海高压后部不均匀低云影响，地表最高气温 31℃，辐射增温效应相对弱，在 14 日 00:00 前后，豫中切变辐合区内有圆形 $M_\beta CS$ 形成。图 7b 显示，2013 年 8 月 2 日 08:00，黄淮中西部 200 hPa 环流形势与"080713"过程相似，500 hPa 沿海高压脊也较强盛，同样具有加强西伸北抬及中纬度低槽东移受阻等特征。不同之处在于，河南南部处于沿海高压脊外围的西南辐散气流里，午前以多云天气为主，地表辐射增温明显，最高气温 35℃ 左右。700 hPa、850 hPa 豫东、豫南也受西南辐散气流控制，暖式切变线主要位于 925 hPa 及以下层次。豫东、豫南的准饱和湿层主要位于 500 hPa 和 700 hPa 附近，850 hPa 和 925 hPa 干燥，干湿层呈交替分布特征，与"080714"过程的湿度层结有明显差别。

地面上，08 年 7 月 13 日 20:00，西南地区东北部到江淮东部为地面倒槽，河南中部处于倒槽北侧、沿海高压底部的偏东气流或东北气流里，在郑州东南部、许昌及南阳东北部附近区域均有东北气流和偏东气流形成的 β 尺度的辐合线（图 8a），辐合线附近地表潮湿，温度露点差在 0～3℃，对流云团在辐合线附近形成发展，至 14 日 02:00，辐合线基本稳定，随后东移减弱。在"130802"过程中，2 日 08:00，西南地区东北部至湖北中部有一倒槽，随后倒槽发展东移，14:00 西南地区东部至江淮东部形成东西向地面倒槽，河南东南部位于沿海高压后部、倒槽西北侧，区域自动站分析显示（图 8b），在沿淮地区形成弱西北气流和偏南气流型辐合线，与高空

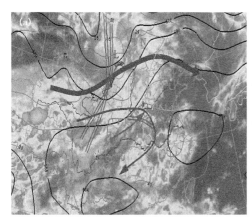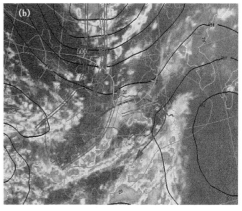

图 7 2008 年 7 月 13 日 20:00 天气形势及 14 日 00:30 FY-2C 红外卫星云图(a)和
2013 年 8 月 2 日 08 时天气形势及 16:00 FY-2D 红外卫星云图(b)

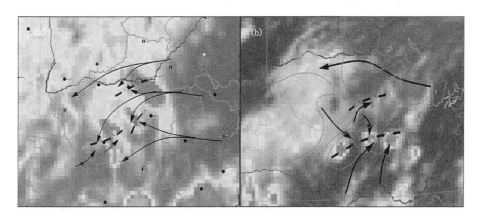

图 8 2008 年 7 月 13 日 20:00 地面中分析及红外云图(a)和
2013 年 8 月 2 日 14:00 地面中尺度分析及红外云图(b)

925 hPa 辐合线位置对应,辐合线附近为 36℃暖中心,但地表干燥,温度露点差 8~10℃,对流云团在辐合线附近发展,并随着辐合线的北推向北方移动,22:00 前后,辐合线减弱消失,云团也随之衰亡。

可见,两次过程均发生在副热带高压加强西伸北抬的过程中,圆形 M$_\beta$CS 均于副高后部低层的切变辐合区及地面中尺度辐合线附近,但辐合区上空的动力结构和湿度层结及地表湿度特征存在明显差异,"080714"过程中,动力辐合层和湿层相对厚,对流云团在对流层中低层及地表饱和或准饱和湿区内形成发展;而"130802"过程中,动力辐合层主要在边界层,湿层薄,且自下向上呈干湿层交替分布的特征。但就形势分析来看,"080714"过程中的极端降水和"130802"的雷暴大风都存在预报难度。

2.4 对流不稳定和水汽条件

"080714"过程的探空分析显示:13 日 20:00(图 9a),郑州上空湿层($T-T_d \leqslant 5℃$)深厚,除992 hPa 温度露点差为 7℃外,385 hPa 以下均为饱和湿层,高空风随高度顺时针旋转,暖平流明显,但 925 hPa 为东北风,说明低层有弱冷空气南侵,抬升暖湿气流触发对流发展;过程结束后,500 hPa 及其上层,有干空气侵入,但冷平流不明显。

"130802"过程中(图9b):2日08:00,阜阳探空站边界层湿层($T-T_d\leqslant5℃$)浅薄,分别位于1003～954 hPa,781～597 hPa和520～472 hPa,其余层次为干层($T-T_d\geqslant5℃$),类似地,临近强对流天气区的徐州探空站也表现出干湿层交叉分布的特征,边界层1001～984 hPa为准饱和层;对流结束后,对流层中层有干空气侵入,925～850 hPa风随高度逆转,有弱冷平流活动。此外,"080714"过程的0℃层高度明显高于"130802"过程,而-20℃高度接近,因此,前者不利于雷暴大风、冰雹类型强对流天气的产生。

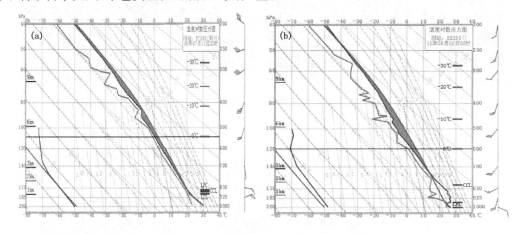

图9 (a)2008年7月14日20:00("080714")过程中郑州探空;
(b)2013年8月2日08:00("130802")过程中的阜阳探空

表1给出了两次过程中强对流邻近区域探空站的物理量特征。从对流初始阶段郑州站和阜阳站的探空分析来看,K指数较高,分别为38℃和40℃,SI指数和LI指数均为负值,$\theta_{se85}>0$,CAPE值均在500 J/kg以上,PW也较高,均在5.9以上,高的对流不稳定能量、有利的对流指数和水汽条件,可以支持圆形$M_\beta CS$的形成和发展。但是,也存在差别,在"080714"过程

表7.1 "080714"和"130802"过程中探空物理量特征

站点	时间	CAPE (J/kg)	CIN (J/kg)	K (℃)	SI (℃)	LI (℃)	SWEAT	0～6 km (m/s)	0～2 km (m/s)	PW (cm)	θ_{se85} (℃)
郑州	08071320	708	1.02	38	-0.5	-2.0	256	13.7	2.27	6.49	6.1
南阳		1169	1.65	38	-0.9	-3.1	260	13.8	3.09	5.97	14.15
郑州	08071408	950	1.47	41	-1.8	-2.4	417	13.42	4.55	6.29	14.85
南阳		399	0.48	37	-1.4	-1.9	258	8.84	4.07	6.13	14.84
阜阳	13080208	340 /3109	1.4 /4.54	40	-1.7	1.1 /-8.3	202	8.3	7.3	5.93 /5.95	12.06
徐州		195 /2472	0.66 /3.72	40	-2.8	-1.3 /-6.7	310	13.95	8.85	5.54 /5.65	16.88
阜阳	13080220	337 /4596	0.84	34	-4.1	-1.8 /-8.4	286	10.41	10.27	5.76 /5.96	27.27
徐州		3618/	5.22	40	-2.3	-8.0	226	7.40	4.75	5.89	23.41

注:"/"后的值为利用14:00地面温度和露点温度计算的订正物理量。

中的 CAPE 值、NCAPE、θ_{se85} 和 LI 的绝对值明显小于"130802"过程,尤其小于 2 日 14:00 计算的订正物理量,而 PW 较大,达到 6.49,有利于强降水的出现。此外,在"080714"过程中关注到南阳东北方向在 14 日 00:00 前后也出现了中尺度对流云团,但很快衰亡,除了 PW 值略小,南阳和郑州站具有相似的探空条件,其云团快速衰亡原因值得进一步分析。在"130802"过程中具有,灾害性大风在傍晚到夜里出现在徐州站探空附近,对比分析发现,徐州站 20:00 K 指数和 CAPE 均较高,LI 指数达到 -8.0,与 08 时相比处于发展状态。两次过程中的垂直风切变条件也有差别,尽管对流初始期二者具有相似的 0~6 km 垂直风切变,但"130802"过程中 0~2 km 垂直风切变明显大于"080714"过程。

从图 10 可以看出:08 年 7 月 13 日 20:00,M_βCS 形成前,河南中部处于 925 hPa 上江淮中部到黄淮西部为 θ_{se} 高值区,在 113°E 附近,356 dagpm 线伸展至 34°N,河南中部位于高能量区和相对湿度 $\geqslant 80\%$ 的高湿区内,平顶山东部有一水汽通量辐合中心,14 日 02:00,356 dagpm 线南压至 32°N 附近,水汽通量大值中心东北移至豫北地区。而在"130802"过程中,河南东南部 925 hPa 相对湿度在 60%~70%,相对干燥,水汽通量辐合也较弱,2 日 14:00,沿淮地区处于弱的水汽通量辐合区内,20:00 黄淮中东部的水汽通量辐合区向北扩展,并有所加强,河南东南部和东部处于 0~-1×10^{-2} 的水汽通量辐合区内,与"080714"过程相似之处在于对流系统形成发展区 θ_{se} 较高,达到 356 K。

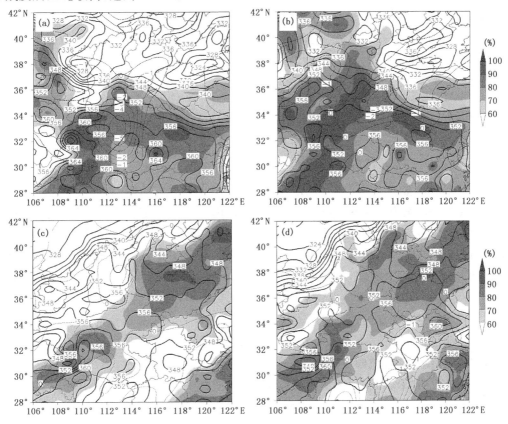

图 10 2008 年 7 月 13 日 20:00(a)、14 日 02:00(b)和 2013 年 8 月 2 日 14:00(c)、20:00(d)925 hPa 水汽通量散度($\leqslant 0$,虚线)、θ_{se}(实线)和相对湿度(相对湿度),NCEP 资料计算结果

对流初始位置 θ_{se} 和温度平流的分布(图11)显示:2008年7月12日20:00—14日20:00,对流初始位置的 θ_{se} 在500 hPa以下随高度的增加而减小,大气表现为对流不稳定的层结结构特征,20:00前后边界层暖平流明显,能量增加,356 dagpm线呈"Ω"形状,同时,500 hPa附近出现弱冷平流,高层冷平流、低层暖平流的热力结构有利于对流不稳定条件的发展,θ_{se} 上下层差最大达到14 K。14日02:00,边界层冷平流入侵,对流系统发展至最旺盛,随后,高层暖平流发展,对流不稳定条件明显减弱,对流云团的发展受到抑制,系统衰亡。2013年8月2日14:00,边界层356 K线也呈"Ω"形状,800～600 hPa冷平流,低层为暖平流,有利于对流不稳定条件的发展,但低层暖平流的持续时间长、冷暖平流的强度较"080714"过程弱,2日20:00后,中层冷平流暖发展,边界层冷平流入侵,对流过程结束。

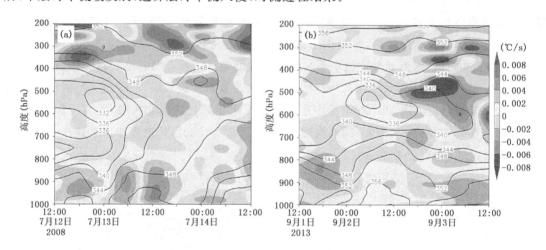

图11　2008年7月12日20:00—14日20:00和2013年8月1日20:00—3日20:00对流云初始位置 θ_{se}、

温度平流的高度—时间演变

(a)114.0°E,34.9°N;(b)114.5°E,32.5°N

综上,"080714"过程中对流层中下层整层为饱和湿层,PW较大,0℃层较高,而"130802"过程中PW尽管也接近6.0,但"干湿层"交替分布,LI绝对值、CAPE和低层垂直风切变和较大。两次过程中的圆形 $M_{\beta}CS$ 形成于低层高能量区内,但水汽条件有明显差别,进而导致对流性天气的差别。对流发生前低层暖平流、高层冷平流的热力结构促使边界层能量升高和不稳定能量的积累,有利于对流云团的形成发展,而边界层弱冷平流入侵,使这种热力结构得以破坏,导致对流不稳定条件减弱,云团趋于衰亡,其中"080714"过程中对流初期具有较强的低层暖平流,边界层冷平流入侵促使对流系统发展旺盛,而中高层暖平流的发展导致系统减弱。在"130802"过程中对流初期的低层暖平流相对弱,对流系统在强对流不稳定区内形成,冷平流的触发作用不明显,而中低层冷平流的发展促使系统衰亡。

2.5　高空动力结构和对流触发

沿114.5°E做"080714"过程中圆形 $M_{\beta}CS$ 的垂直相对涡度、散度和垂直速度的经向垂直剖面(图12)发现,13日20:00,34°～35°N上空,在550 hPa以下为正的垂直相对涡度区和散度负值区,边界层辐合最明显,涡度和散度中心值分别为 $1\times10^{5}\,s^{-1}$ 和 $-2\times10^{5}\,s^{-1}$,辐合区的水平尺度在100 km左右,550 hPa以上为负的垂直相对涡度和散度正值区域,垂直相对涡度负的最大值出现在300 hPa散度最大值出现在150 hPa,为 $-8\times10^{5}\,s^{-1}$,散度最大值出现450

hPa 和 200 hPa 附近,为 $2 \times 10^5 \, s^{-1}$,对应区域整层存在弱的垂直上升运动。14 日 02:00,圆形 $M_β CS$ 处于旺盛期,34°~35°N 上空边界层辐合明显增强,925 hPa 出现 $4 \times 10^5 \, s^{-1}$ 的正垂直相对涡度中心,但辐合区主要位于 850 hPa 以下层次,850 hPa 以上辐合、辐散区呈交错分布特征,最强辐散仍出现在 450 hPa 附近,在对流层顶 200 hPa、100 hPa 附近有弱辐散存在;500 hPa 以下垂直相对涡度也呈现正负交错分布特征,边界层仍为正的垂直相对涡度,垂直上升运动较前期明显加强,上升运动中心位于 850 hPa 附近,中心值达 $-0.4 \, Pa \cdot s^{-1}$,同时,在狭窄上升运动区两侧出现下沉运动支,次级环流建立。14 日 08:00,34°~35°N 上空尽管为正的垂直相对涡度,但对流层中低层以辐散特征和下沉运动为主,不利于系统维持。

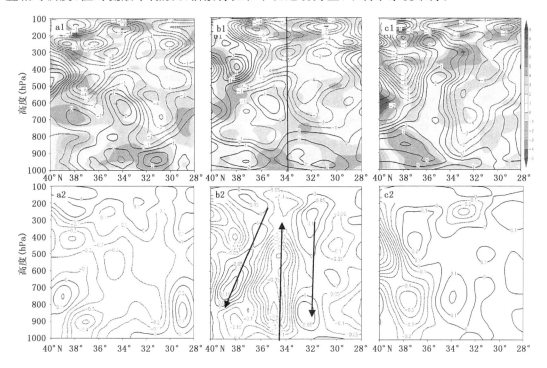

图 12 沿 114.0°E 过对流团中心其中 a1、b1、b3 分别为 2008 年 7 月 13 日 20 时和 14 日 02 时、
08 时的垂直相对涡度(等值线:单位:$10^{-5} \, s^{-1}$)与散度(单位:$10^{-5} \, s^{-1}$)叠加图;
a2、b2、c2 分别为同时刻的垂直速度(单位:$Pa \cdot s^{-1}$)

"130802"过程中,对流初生于 2 日 14:00,圆形 $M_β CS$ 形成于 17:30 前后,在 19:30 仍较强盛,因此,可用 20:00NCEP 计算结果近似代表系统成熟期的物理结构。2 日 14:00,沿 114.5°E 的垂直剖面(图 13a1,a2)显示,对流初始位置 32.5°N 上空,垂直相对涡度自上向上呈正负交替分布特征,正涡度分别出现在 975 hPa 和 550 hPa 附近,对流层顶为负涡度极大值,为 $-4 \times 10^5 \, s^{-1}$,散度自下向上则表现为负正交替分布特征,负散度辐合区分别位于 850 hPa 以下、700~550 hPa 和 400~300 hPa,边界层辐合明显,对流初始位置位于辐合中心北侧,散度值为 $-3 \times 10^5 \, s^{-1}$,辐合区的水平尺度也在 100 km 左右,在 250 hPa 有一辐散中心(中心值为 $2 \times 10^5 \, s^{-1}$),对应区域有垂直上升运动发展,上升运动中心位于 800 hPa 附近,中心值为 $-0.4 \, Pa \cdot s^{-1}$,同时,在狭窄的上升运动区的南北两侧有下沉运动,有利于对流系统的进一步发展。20:00,33°~34°N 处于减弱的圆形 $M_β CS$ 的后界,从图 13b1,b2 可以看出,900~300

hPa为深厚辐合区,对流层顶有明显的辐散,800 hPa以下和600~400 hPa为正的垂直相对涡度,但涡度值较小,同时边界层辐散,对应区域以下沉运动为主。

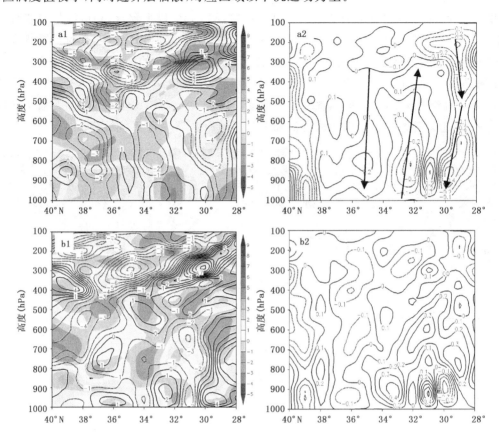

图13　2013年8月2日14:00(a1,b1)、20:00(a2,b2)垂直相对涡度(等值线,虚线涡度≤0)、散度和垂直速度的经向垂直剖面(沿114.5°E)

3　小结和讨论

本文对2005—2013年黄淮中西部出现的圆形$M_\beta CS$进行的强对流天气意义,环流背景及典型$M_\beta CS$的结构和形成机制进行了分析研究,得到以下主要结论:

(1)黄淮中西部圆形$M_\beta CS$出现强对流天气的概率较高,达83%,以短时强降水为主,最强降水强度达99 mm/h;有11%的样本产生雷暴大风、冰雹或局地龙卷等强对流天气。

(2)黄淮中西部圆形$M_\beta CS$的天气形势主要有切变(辐合)型、下滑槽型和东风倒槽型。

(3)"7·14"和"8·02"过程中的$M_\beta CS$具有相似的结构特征和发展规律,但强对流天气特征不同,前者以极端强降水为主,后者以强雷暴大风为主。雷达监测显示,两次过程中的$M_\beta CS$具有不同的雨带结构,"7·14"过程中,对流性回波在稳定性降水回波中发展,圆形$M_\beta CS$成熟时表现为南北向带状对流系统;而"8·02"过程中,单体或多单体风暴在晴空少云区发展,系统成熟期表现为前沿伴有出流边界的东西向弓形对流系统。

(4)上述两次过程的$M_\beta CS$都形成于副高西伸北抬的过程中,低空切变(辐合)线为其主要影响系统,地面辐合线均具有对流触发作用,气流汇合及地面中尺度气旋式环流可能是云团具有圆形形态的主要影响因子。对流发展区具有高能量特征,"7·14"过程辐合层和湿层相对深厚,PW 较大,0℃层较高,而"8·02"过程中辐合层低而薄,干湿层交替分布,对流不稳定条件较有利。两次过程的中层垂直风切变条件均较有利,"8·02"过程具有更强的低层垂直风切变。

(5)对流发生前低层暖平流、高层冷平流的热力结构促使边界层能量升高和不稳定能量积累,有利于对流云团形成发展。"7·14"过程中对流初期有较强的低层暖平流,边界层冷平流入侵促使对流系统发展,而中高层暖平流的发展导致系统减弱。"8·02"过程中对流初期低层暖平流相对弱,对流系统在强对流不稳定区内形成,中低层冷平流发展使系统减弱衰亡。

(6)两种系统形成初期,对流层中低层以辐合为主,至成熟期,垂直相对涡度(散度)呈现"正负(负正)"交替分布,边界层辐合较前期发展,辐合区宽度 100 km 左右,狭窄的垂直上升运动区两侧有下沉运动区,形成次级环流。从对流初生到成熟,"7·14"过程中系统活动区强的偏东气流和正涡度输送使边界层辐合明显增强,上升运动区也相对深厚;而"8·02"过程中涡度平流不明显,边界层辐合线是 $M_\beta CS$ 形成发展的重要动力条件。

参考文献

[1] 巴德 M J,福布斯 G S,格兰特 J R,等.卫星与雷达图像在天气预报中的应用[M]//卢乃锰,冉茂农,刘健,等译.北京:科学出版社,1998.

[2] Houze Jr. Cloud dynamics [M]. International Geophysic Series. Academic Press,1993.

[3] Jirak I L,Cotton W R,McAnelly R L. Satellite and radar survey of mesoscale convective system development [J]. *Mon Wea Rev*,2003,**131**(10):2428-2449.

[4] 马禹,王旭,陶祖钰.中国及其邻近地区中尺度对流系统的普查和时空分布特征[J].自然科学进展,1997,**7**(6):701-706.

[5] 郑永光,陈炯,朱佩君.中国及周边地区夏季中尺度对流系统分布及其日变化特征[J].科学通报,2008,**53**(4):471-481.

[6] 卓鸿,赵平,李春虎,等.夏季黄河下游地区中尺度对流系统的气候特征分布[J].大气科学,2012,**36**(6):1112-1122.

[7] 程麟生,冯伍虎.中纬度中尺度对流系统研究的若干进展[J].高原气象,2002,**21**(4):337-347.

[8] 倪允琪,周秀骥."我国重大天气灾害形成机理与预测理论研究"取得的主要研究成果[J].地球科学进展,2006,**21**(9):881-894.

[9] 王立琨,郑永光,王洪庆,等.华南暴雨试验过程的环境场和云团特征的初步分析[J].气象学报,2001,**59**(1):115-119.

[10] 孙建华,赵思雄.华南"94·6"特大暴雨的中尺度对流系统及其环境场研究 I:引发暴雨的 β 中尺度对流系统的数值模拟研究[J].大气科学,2002,**26**(4):541-557.

我国中东部暖季短时强降水天气的环境物理量统计特征

田付友[1,2,3]　郑永光[1]　张　涛[1]　张小玲[1]　毛冬艳[1]　孙建华[2,3]　赵思雄[2,3]

(1.国家气象中心,北京 100081；2.中国科学院大气物理研究所云降水物理与强风暴重点实验室,
北京 100029；3.中国科学院大学,北京 100049)

摘　要

环境大气的水汽、不稳定和辐合抬升是短时强降水预报的关键。通过时空匹配 2002—2009 年 5 月 1 日至 9 月 30 日的逐小时降水资料和 NCEP 一天四次的 FNL 分析资料,得到了 1573370、355346 和 11401 个无降水、普通降水和短时强降水样本,给出了出现短时强降水天气的不同物理量的必要条件和近似充分条件。28 mm 的 PWAT(整层可降水量)是出现短时强降水的必要条件,PWAT 越大越利于短时强降水的出现,超过 59 mm 的 PWAT 接近于短时强降水出现的充分条件。表征大气热力稳定性的物理量中,BLI(最优抬升指数)对短时强降水的指示意义最好,其次是 K 指数,75% 的短时强降水出现在 BLI 低于 −0.9℃ 时,当 BLI 高于 2.6℃ 时,可以不考虑短时强降水的出现。28.1℃ 的 K 指数值是出现短时强降水天气的必要条件。BCAPE(最大对流有效位能)在降水强度判别中的效果并不显著。约 75% 的短时强降水出现在散度负值区,但不同高度的垂直风切变对降水强度的指示作用不显著。

关键词:短时强降水　物理量统计特征　环境条件

引言

中央气象台定义小时雨量超过 20 mm 的降水为短时强降水。短时强降水多由生命史短、空间范围小、天气变化剧烈的中小尺度对流系统造成,其短时临近预报可以借助雷达和卫星等实时遥感资料的外推预报技术,但由于外推预报技术的局限性(Wilson et al,1998),尚不能预报中尺度对流系统的生消和发展,因此长时效的预报必须基于数值模式。但受限于资料同化、数值模式积云参数化和模式分辨率(Arakawa,2004；Yu et al,2004；Molinari and Dudek,1992)等的影响,当前的全球和中尺度数值模式仍难以对短时强降水和暖区对流性降水进行准确地预报(Fritsch et al,2004),因此,导致短时强降水天气的中尺度对流系统的预报必须是客观与主观、定量和定性的结合。

基于对数值模式在强对流天气预报中的应用局限性认识,Doswell 等(1996)在对产生暴洪的天气型进行总结的基础上提出了"配料"的预报方法,指出不同的暴洪天气需要具备类似的环境条件,且这些环境条件可以通过具体的物理量和指数得到表征。在"配料"预报中,对表征不同天气的不同物理量和指数物理意义和数值分布的准确理解和把握是使用这一方法的基础和前提条件,因此,Miller(1972)对有关指数和物理量在不同强对流天气中的定量化应用做了详细的分析,Rasmussen 等(1998)对不同物理量在美国非超级单体雷暴、超级单体和龙卷天气中的气候特征进行的详细对比表明,综合指数如能量螺旋度等对三类天气的区分度较强,并在其 2003 年的研究中(Rasmussen,2003)进一步给出了能用于识别龙卷和非龙卷冰雹的物理

量及其特征。Thompson 等(2012)针对超级单体和产生龙卷的准线性对流系统的物理量对比分析显示,与浮力相关的量对超级单体和龙卷相关的线性对流系统的区分度最好。这些研究结果为美国的龙卷、冰雹和雷暴大风等强对流天气的预报提供了大量详实的参考资料和预报依据。然而,Lin 等(2001)在对局地地形造成的强降水的共同影响因子进行对比研究时指出,东亚暴雨中出现的高 CAPE 条件在美国和欧洲阿尔卑斯山地形暴雨中并不是必要条件,从而表明不同地区的暴雨天气环境条件并不完全一致。Zheng 等(2013)基于探空的中国和美国中尺度对流系统发生时环境物理量对比显示,中国中尺度对流天气发生的环境条件要比美国的湿的多。由此可见,同一物理量和指数在不同地区所表征强对流天气环境条件可能有很大的差异,因此对于表征对流天气环境条件的物理量和指数的正确选择和应用将直接关系到以动力热力物理参数诊断为主的该类对流性天气的预报,而目前我国这方面的研究工作还较多不足。

本文基于短时强降水天气发生发展的物理机制和环境条件,对多个用于表征强对流天气系统发生发展的水汽状况、不稳定条件和触发条件的物理量来进行统计分析,通过对比我国暖季中东部无降水、普通降水和短时强降水天气中的多个物理量的特征,给出了对短时强降水的预报具有指示意义的物理量的分布特征及其阈值区间,从而给出了这些物理量针对短时强降水发生的必要条件、充分条件和多物理量的综合条件,目的是通过这些物理量及其阈值分布和组合为基于"配料"的短时强降水天气主观预报和动力统计预报方法提供基本条件和物理量配置信息,为短时强降水天气分析和预报提供客观阈值参考指标,以为提高该类天气的预报准确率和精细化水平奠定环境物理量分布特征基础。

1 资料及其处理

逐时降水资料为国家气象信息中心提供的经过质量控制的基本基准气象站整点观测1991—2009 年的整点时刻小时降水资料。由于受观测仪器本身和天气条件的限制,原始资料中各站点小时降水观测资料每年的起始日期并不完全相同,因此资料时间跨度不完全相同,南方全年有观测记录,北方地区大多从 5 月开始至 9 月结束,由于我国短时强降水主要出现在暖季(陈炯等,2013),因此,剔除了记录开始日期晚于 5 月 1 日和(或)结束时段早于 9 月 30 日的站点。由于 NCEP FNL 分析资料的时段为 2002—2009 年,因此只使用了对应时段内的逐时降水资料。

参照中央气象台对于短时强降水天气的定义,根据降水强度将降水分为无降水、普通降水和短时强降水三类进行统计分析。田付友等(2014)基于这套资料的分析表明,随着我国海拔高度的升高,短时强降水天气出现的频率逐渐降低。因此,本文主要使用我国中东部海拔高度低于 1000 m 的站点的小时降水资料(图1)。

2 环境物理量分布特征

强对流天气的发生需要同时具备水汽、不稳定、触发和垂直风切变等几个方面的物理条件,并可以通过不同的环境物理量来表征。表 1 给出了部分物理量的名称符号和单位,包括:用于反映水汽特征的有整层可降水量(PWAT),925 hPa、850 hPa 和 700 hPa 的比湿(q),反映大气中水汽饱和程度的为 850 hPa 和 700 hPa 相对湿度,以及对水汽含量和不稳定度有重要

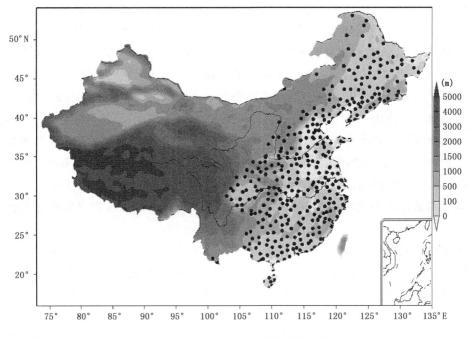

图 1　地形和 411 个站点分布

影响的大气低层温度和假相当温度;反映热力和不稳定条件的物理量有最优抬升指数(BLI),
总指数(TT),K 指数以及 850 hPa 和 500 hPa 的温度差($DT85$);反映动力触发条件的有 850
hPa 和 925 hPa 散度场;表征不稳定能量的是最佳对流有效位能($BCAPE$);表征垂直风切变
(SHR,$Shear$)的物理量为 0~1 km($SHR1$)、0~3 km($SHR3$)和 0~6 km($SHR6$)等垂直风
切变。

表 1　文中部分物理量的简写符号和单位

中文名称	英文名称	简写	单位
整层可降水量	Total precipitable water	$PWAT$	mm
比湿	Specific humidity	q	$g \cdot kg^{-1}$
850 hPa 与 500 hPa 温差	Temperature difference between 850 hPa and 500 hPa	$DT85$	℃
最优抬升指数	Best lifted index	BLI	℃
总指数	Total totals	TT	℃
K 指数	K index	K	℃
最大对流有效位能	Best convective available potential energy	$BCAPE$	$J \cdot kg^{-1}$
散度	Divergence	DIV	s^{-1}
垂直风切变	Vertical wind shear	SHR	$m \cdot s^{-1}$

2.1　水汽条件分析

　　大气中一定含量的水汽是强对流天气发生发展的必要条件,但不同类型强对流天气需
的水汽量有很大的差异(Holloway and Neelin,2009)。图 2 所示为我国中东部暖季三类降水
时整层可降水量($PWAT$)分布的箱线图。此图展示了不同小时降水强度的 $PWAT$ 整体分

布,并能帮助确定不同小时降水强度下的物理量分布及其阈值区间。无降水、普通降水和短时强降水时的 $PWAT$ 变化范围分别为 $6\sim65$ mm、$14\sim70$ mm 和 $28\sim74$ mm,随着小时降水强度的增大,对应的 99% 的上限阈值略有增加,但其下限阈值却增长较大。大气中总是含有一定量的水汽,因此无降水时 6 mm 的 $PWAT$ 表明我国中东部暖季大气水汽量至少要超过 6 mm,而要形成能降落到地面的液态降水,整层大气的水汽含量一般要超过 14 mm 这一阈值(不包含小时雨量小于 0.1 mm·h^{-1} 的部分),而对于短时强降水,这一阈值则增加到 28 mm,表明当 $PWAT$ 低于 28 mm 时,即使出现强的抬升和不稳定条件,也难以出现 20.0 mm·h^{-1} 以上的降雨。以上结果表明,短时强降水和无降水时第一百分位 $PWAT$ 的下限阈值差约为 22 mm,这与短时强降水 20.0 mm·h^{-1} 的阈值非常一致,也与 Humphreys(1919)中不同量级降水与大气水汽含量的阈值相当。

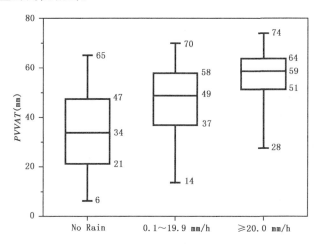

图 2 暖季三种小时降水强度的整层可降水量($PWAT$)箱线图分布。最上端和最下端的
短横线分别表示第 99 和第 1 百分位的 $PWAT$ 分布,箱子表示有 50% 的该类事件
出现在这一范围内,箱子的三条横线分别表示第 75、第 50 和第 25 百分位分布

图 2 还表明,无降水时 $PWAT$ 各百分位段的分布比较均匀,普通降水主要集中在 $PWAT$ 较大的 50% 百分位段内,随着 $PWAT$ 的增大,短时强降水出现的可能性也逐渐增大。75% 的短时强降水天气出现在 $PWAT$ 超过 51 mm 时,普通降水约是 50%,无降水大约是 25%,这表明大气中水汽越充沛,越有利于短时强降水出现。对于短时强降水时 59 mm 的 $PWAT$ 中值,出现普通降水的比例小于 25%,而出现无降水天气比例则远小于 25%,因此 59 mm 的 $PWAT$ 接近短时强降水出现的充分条件;超过 70 mm 时则是短时强降水出现的完全充分条件,因为这时已难以出现无降水天气和普通降水天气。这也就是说,当大气 $PWAT$ 超过 59 mm 时,出现短时强降水的可能性将非常大;而超过 70 mm,则肯定出现短时强降水天气,实际上大气中 $PWAT$ 超过 70 mm 是非常罕见的,因为该条件的短时强降水比例也非常低。

综合分析显示,相对湿度仅能够区分是否易于出现降水天气,$PWAT$、比湿、假相当位温可以一定程度上区分无降水、普通降水和短时强降水天气,但 925 hPa 和 850 hPa 温度对三种强度降水的区分度较小,这是一定的温度数值仅是能够产生短时强降水的必要条件的缘故。针对 $PWAT$ 和比湿,进一步的分析显示,$PWAT$ 对三种强度降水的区分能力比比湿显著。

2.2 不稳定条件分析

本文仅对 *BLI*、*K* 指数、*TT* 和 *DT*85 几个常用物理量进行分析。从图 3 中可见，*BLI*、*K* 指数、*TT* 对于三种强度的降水均有类似的分布形态，即降水强度越强需要的热力不稳定条件越强，对应的物理量分布的中值均向不稳定性增强的一侧偏移；*T*85 由于仅考虑了温度，因此其分布与其他 3 个量有所差异。三种强度降水中 *BLI* 的中值分别为 1.1℃、0.0℃和−2.0℃，*K* 指数的中值分别为 27.8℃、34.5℃和 37.7℃，而 *TT* 和 *DT*85 在三种降水强度下的中值则分别为 42℃、42℃、44℃和 24℃、22℃、23℃，很显然，*TT* 和 *DT*85 在不同降水强度时的中值非常接近，表明 *TT* 和 *T*85 对三种强度降水的区分度比 *BLI* 和 *K* 指数要差。

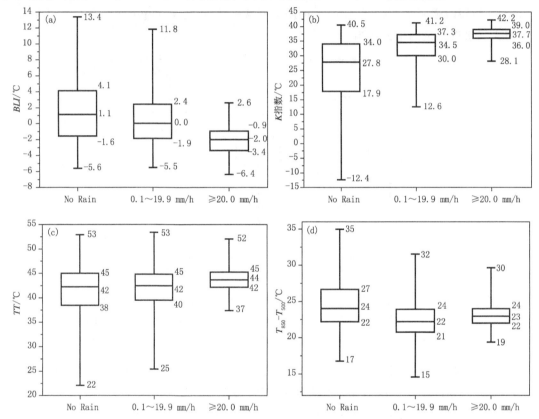

图 3　同图 2，是用于表示大气不稳定性的参数(a)*BLI*、(b)*K* 指数、(c)*TT* 和(d)*T*85 的分布

但 CDF 分析显示，*BLI* 可以将短时强降水与普通降水和无降水事件区分开来，而 *K* 指数对有无降水的区分度更大，考虑到 *BLI* 以数值的正负来区分大气稳定与否，因此 *BLI* 对短时强降水的指示意义更为直观。由于 *BLI* 和 *K* 指数是分别统计得到的，仍然可以认为，当 *BLI* 大于 2.6℃或 *K* 指数小于 28.1℃时，可以不考虑短时强降水天气的出现。一定的 *BCAPE* 有利于短时降水发生，但仍有约 25% 的短时强降水出现时没有 *BCAPE*，且第 50 百分位对应的 *BCAPE* 为 629.0 J·kg^{-1}，不如该量在美国龙卷环境识别中更具有指示性(Thompson et al，2012)。

2.3 动力条件分析

从图 4 所示三种强度降水的散度分布可知，随着降水强度的增大，其箱线图位于散度负值区的比例增大，中值距 0.0 的距离也越远，表明需要的动力条件在增强。无降水时，925 hPa

和850 hPa散度的中值均接近0.0,表示无降水事件出现在散度负值区和正值区的比例约各占一半,普通降水时的中值线均向散度负值一侧移动,表明普通降水出现在散度负值区的比例逐渐增大,且925 hPa比850 hPa散度更明显。大约75%的短时强降水出现在散度负值区,表明无论是925 hPa散度还是850 hPa散度,大尺度环境场导致的辐合抬升动力条件都是短时强降水出现的重要条件。为了更好地认识动力抬升的作用,给出了将925 hPa和850 hPa散度值较小者作为动力条件时的散度分布(DIV)。从DIV分布可以看出,相比于925 hPa和850 hPa散度,DIV对三种强度降水的区分度更明显,相应百分位点的散度值向指示辐合增强的一侧移动,普通降水出现在散度正值区的比例约为25%,而短时强降水则不到25%,表明降水量级越大需要的辐合抬升动力条件越强。从而可知,一定的低层辐合抬升动力条件是出现短时强降水的必要条件,可以较好地用于降水强度的识别。较强或者强垂直风切变并不是有利于短时强降水的充分或必要条件。

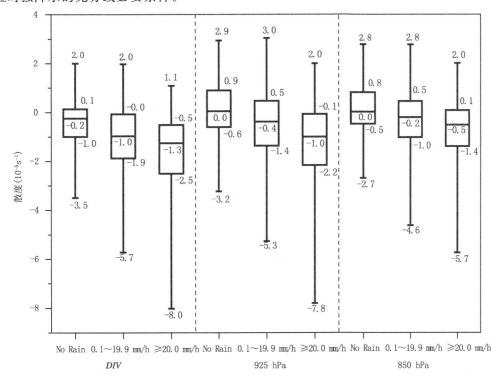

图4 同图2,但为散度的分布,DIV为取925 hPa散度比850 hPa散度较小值时的散度分布

3 小结

本文通过分析代表不同天气条件的物理量分布特征,获得了不同物理量有利于短时强降水天气的必要条件和近似充分条件,主要结论如下:

(1)水汽条件:$PWAT$在区分无降水、普通降水和短时强降水时指示意义最为明显,$PWAT$越大出现短时强降水的可能性越大,其次是比湿,相对湿度可以显著区分能否出现降水,但对于降水的强度并无显著指示意义。假相当位温对短时强降水的指示意义要远好于温度。28 mm的$PWAT$是出现短时强降水的必要条件,59 mm可以近似认为是出现短时强降水的充分条件。

（2）热力条件：表征大气不稳定性的指数中，BLI 和 K 指数对三种强度降水的指示意义较好，TT 和 $DT85$ 对三种强度降水的区分度较小。BLI 指数以数值的正负表征大气的稳定与否，是最容易识别的，75% 的短时强降水出现在 BLI 小于 -1.0 时。而对于 K 指数，75% 的短时强降水出现在 K 指数大于 36.0 时。小于 2.6 的 BLI 或大于 28.1 ℃的 K 指数是出现短时强降水的必要热力指标。$BCAPE$ 在降水强度判别中的效果并不显著。

（3）动力条件：动力条件在区分三种强度降水中的重要性得到了很好的展示。超过 75% 的短时强降水出现在 925 hPa 的散度负值区，对于 850 hPa 的散度场，则出现在散度负值区的比例略少于 75%，可见，对短时强降水的动力触发中，925 hPa 的动力作用比 850 hPa 更为显著，该作用是导致短时强降水的必要条件。垂直风切变在降水强度判别中的作用不显著。

参考文献

陈炯，郑永光，张小玲，等. 2013. 中国暖季短时强降水分布和日变化特征及其与中尺度对流系统日变化关系分析. 气象学报，**71**(3)：367-382.

田付友，郑永光，毛冬艳，等. 2014. 基于 Γ 函数的暖季小时降水概率分布. 气象，**40**(7)：787-795.

Arakawa A. 2004. The cumulus parameterization problem：past，present，and future. *J Climate*，**17**：2493-2525.

Doswell Ⅲ C A，Brooks H E，Maddeox R A. 1996. Flash flood forecasting：an ingredients-based methodology. *Wea Forecasting*，**11**：560-580.

Fritsch J M，Carbone R E. 2004. Improving quantitative precipitation forecasts in the warm season. *Bull Amer Meteor Soc*，**85**，955-965.

Holloway C E，Neelin J D. 2009. Moisture vertical structure，column water vapor，and tropical deep convection. *J Atmos Sci*，**66**，1665-1683.

Humphreys W J. 1919. Intensity of precipitation. *Mon Wea Rev*，**47**(10)：722-722.

LinYuh-lang，Sen Chiao，Ting-an Wang，et al. 2001. Some common ingredients for heavy orographic rainfall. *Wea Forecasting*，**16**，633-660.

Miller R C. 1972. Notes on analysis and severe-storm forecasting procedures of the Air Force Global Weather Central. Air Weather Service (MAC)，U. S. A. F.，Technical Report 200 (Rev.)，183 pp.

Molinari J，Dudek M. 1992. Parameterization of convective precipitation in mesoscale numerical models：a critical review. *Mon Wea Rev*，**120**：326-344.

Rasmussen E N，and D O Blanchard. 1998. Baseline climatology of sounding-derived supercell and tornado parameters. *Wea Forecasting*，**13**(4)：1148-1164.

Rasmussen E N. 2003. Refined supercell and tornado forecast parameters. *Wea Forecasting*，**18**，530-535.

Thompson R L，Smith B T，Grams J S，et al. 2012. Convective modes for significant severe thunderstorm in the contiguous United States. Part Ⅱ：supercell and OLCS tornado environments. *Wea Forecasting*，**27**：1136-1154.

Wilson J W，Crook N A，Mueller C K，et al. 1998. Nowcasting thunderstorms：a status report. *Bull Amer Meteor Soc*，**79**(10)，2079-2099.

Yu X，Lee T Y. 2004. Role of convective parameterization in simulation of a convection band at grey-zone resolutions. *Tellus*，**62**A：617-632.

Zheng Linlin，Sun Jianhua，Zhang Xiaoling，et al. 2013. Organizational modes of mesoscale convective systems over central east China. *Wea Forecasting*，**28**，1081-1098.

"威马逊"台前飑线环境场及其多普勒雷达特征研究

唐明晖[1]　周长青[1]　叶成志[1]　王　强[2]　阳小娟[3]

(1.湖南省气象台,长沙 410007;2.怀化市气象台,怀化 418001;3.邵阳市隆圆县气象局,422200)

摘　要

利用常规观测资料、多普勒雷达资料、地面自动站加密资料以及 NCEP $1°×1°$ 6 h 的再分析资料对 2014 年 7 月 18 日发生在湘赣地区的一次台前飑线过程的环境条件及其多普勒雷达特征进行研究。结果表明:台前飑线产生前,对流层低层较好的水汽条件、条件不稳定层结、高 *CAPE* 值均为其发生发展提供了良好的潜势条件;台风是此次台前飑线过程的主要影响系统,露点锋、地面辐合线为其提供了抬升触发机制;台前飑线西移北上的过程中出现"弓形"回波、中层径向辐合(MARC)、速度大值区、阵风锋。本次台前飑线和以往研究的西风带飑线存在以下差异:本次飑线低层垂直风切变主要以风速差为主;中高层的冷空气侵入并不明显;在成熟阶段,气压场上也没有明显的雷暴高压,但有明显正变压;本次飑线过程是发生在暖湿的环境条件下,后侧入流为东南急流,雨水蒸发并没有西风带飑线那么强烈;雷达速度图上虽有 MARC 特征但最大正负速度差值并不是很大($15\sim27$ m·s^{-1})。上述特征可能是造成该台风飑线过境湖南,但并没有带来严重灾害的主要原因。

关键词:台前飑线　条件不稳定　露点锋　中层径向辐合

引言

飑线是由许多活跃雷暴单体排列成线状的中尺度对流系统,作为一种常见的、能产生巨大破坏的中尺度强对流天气,一直以来都受到了广泛的关注和研究,国内强对流灾害性天气研究专家对其发生条件、组织方式、生命史演变、雷达回波特征、中尺度结构、数值模拟(漆梁波等,2002;余清平等,2002;伍志芳,2003;王莉萍等,2006;韩经纬等,2006;李云川等,2006;朱磊磊等,2009;蔡荽和潘益农,2010;王秀明等,2012,2014)等方面已经有了很多研究结果,比如丁一汇等(1982)研究了我国 18 个飑线个例,根据飑线发生时和发生前 12 h 内高、低空环流征以及天气系统的差异,将我国飑线发生的天气背景分为槽后型、槽前型、高后型和倒槽型四种,并指出冷锋、切变线、低涡、高空急流、露点锋和低空风场不连续线都可以对飑线起到触发和组织作用。上述学者的研究主要是限于西风带系统中的飑线,而有一类飑线生成于热带气旋(Tropical Cyclone,TC)外围雨带以外数百公里的远处,通常被称为台前飑线。相对于西风带系统中的飑线,国内外对东风带系统中的飑线特别是台前飑线一般特征的研究(陈永林等,2009;杨玉莲等,2012)还比较少,台前飑线其往往会在 TC 抵达前即造成一定的灾害(Meng and Zhang,2012),如 2008 年第 9 号强热带风暴"北冕"生成的台前飑线自东向西影响了广东省大部地区,导致了广州白云机场雷千余旅客滞留(张云济,2010)。因此对台前飑线更深入的研究能够极大地促进对于 TC 灾害的预警,并减小灾害和次生灾害可能带来的生命和财产损失,也是对于 TC 研究的一个十分重要而有意义的补充。

本文应用常规观测资料、SWAN 组网图、长沙单站雷达资料、华中区域雷达拼图、地面自动站加密资料以及 NCEP 1°×1° 6 h 的再分析资料对 2014 年 7 月 18 日影响湘赣地区的一次台前飑线过程发生的环境条件及多普勒雷达特征进行详细研究,旨在提高台前飑线的预报预警能力。

1 飑线的天气实况

2014 年 7 月 18 日 16 时至 21 时,从湘赣中南部自南向北出现了一次明显的台前飑线天气过程(图 1a),导致湘赣地区出现了大范围的雷雨大风、局地短时强降水、冰雹(江西永新 1 mm)等强对流天气,有 13 个县(市)国家气象观测站录得了雷雨大风天气,最大风速达 27 m·s⁻¹(江西永新),其中湖南区域自动站上也出现了 30 个站 8 级以上的雷雨大风天气,大风使株洲境内的多处房屋顶被掀。20:30 以后,飑线断裂趋于减弱,21:00 后飑线特征消失,演变成多单体风暴,强对流天气种类从雷暴大风、短时强降水转为一般性雷电、短时强降水为主,19 日 02:30 回波进一步减弱北移出湖南、江西,此次强对流天气过程也趋于结束。

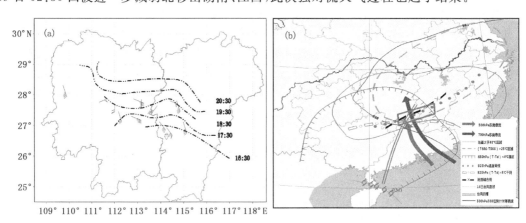

图 1　(a)飑线的动态实况(18 日 16:30—20:30)和国家气象站大风叠加图;(b)18 日 14 时主要影响系统配置中分析图(方框为飑线初生地、🌀 为 18 日 11 时、14 时、17 时、20 时、23 时台风"威马逊"所在位置)

2 台前飑线发生的环境条件及温压场分析

2.1 主要天气形势分析

7 月 18 日 14 时中分析可以看出(图 1b),500 hPa 湖南中东部在副高控制之下,湘南处在副高边缘东南气流中,925 hPa 江南地区有暖脊强烈发展,湘中以南和赣西南地区 850 hPa 温度露点差小于 4℃,这说明湘赣地区低层大气处在一个高温高湿的环境下,湖南东部以及江西大部分地区 850 hPa 与 500 hPa 气温差大于 25℃,地面气温均高于 32℃,湘赣交界处以及偏南地区,甚至超过 34℃,层结很不稳定,850 hPa 上"威马逊"台风倒槽由台风中心向北伸展至湘赣中南部地区,500 hPa 急流、700 hPa 急流以及地面辐合线在湘赣交界南部地区交汇,为飑线的发生、发展提供有利的动力条件。14 时"威马逊"台风中心在海南东北部洋面上,广东南部已受台风外围螺旋云带(图略)影响,15 时至 16 时,"威马逊"台风沿西偏北方向移动,台风倒槽随之西移,在地面辐合线、锋面附近激发对流发生,导致了台前飑线的生成。分析 500 hPa

实况(18 日 08 时、20 时)变温场,湖南 24 h 负变温很弱,仅为 $-1\sim-2$℃,湘北甚至出现 1℃的
正变温(18 日 20 时);700 hPa 实况(18 日 08 时、20 时)24 h 变温场,除 20 时湘北出现 1℃的负
变温外,其他地区甚至出现 1℃的正变温,这说明中高层冷空气不明显。

由 18 日 14 时长沙站探空曲线(图 2)分析可知,层结曲线虽未呈现出明显的"喇叭"型,但
中层还是有偏弱的干层存在,1~3 km 为接近饱和的湿层,具有一定的垂直不稳定条件;925~
600 hPa 风向为明显的顺转,由 2 m·s^{-1}的东南风顺转为 12 m·s^{-1}的西南风,其中底层的垂
直风切变虽明显但是以风速变化为主;CAPE 不但大且伸展的高度高,有利于深对流的发展;
0℃高度在 5.4 km,-20℃高度在 8.5 km,不利于冰雹的形成。分析长沙探空站 7 月 18 日 14
时至 19 日 08 时物理量列表(表 1)分析可知:08 时、14 时的对流抑制有效位能均为 0,说明有利
于不稳定能量的释放,18 日 20 时、19 日 08 时 CIN 分别为 119.3 J/kg、243.7 J/kg,抑制对
流的发展;从 K 指数和 SI 指数的变化情况可以看出,18 日 08 时、14 时、20 时长沙站 K 指数明

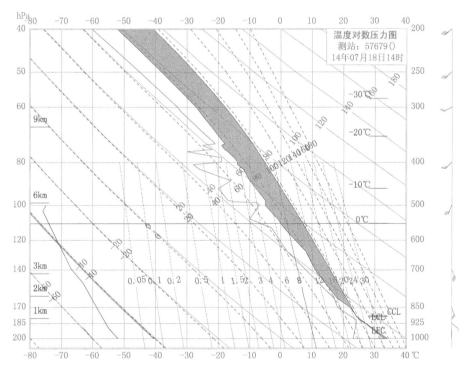

图 2　18 日长沙站 14 时探空曲线

表 1　18 日 14 时至 19 日 08 时长沙探空站物理量

物理量	18 日			19 日
	08 时	14 时	20 时	08 时
SI(℃)	-3.89	-3.89	-3.88	-0.84
K(℃)	42	42	44	34
u(℃)	-3.76	-8.44	-3.99	-1.77
$CAPE$(J/kg)	957.8	4173.3	1762.6	243.7
CIN(J/kg)	0	0	119.3	314

显偏高（大于 40℃），而 SI 均为负值且小于 $-3℃$，说明大气处在极不稳定的状态，强雷暴发生的可能性很大。

2.2 飑线过境时气象要素分析

对录得雷雨大风（20 m·s⁻¹,19:12）的株洲气象站逐分钟气象要素变化曲线进行分析（图3）:18 日 18:57,株洲气温开始骤降,19 min 内气温下降 8.2 ℃（由 31.9 ℃降到 23.7 ℃）;相对湿度在 19:05 后明显增大,从 63% 猛升到 99%（19:15）;本站气压涌升,从 18:59 的 996.9 hPa 骤升至 19:08 的 998.4 hPa,9 min 内上升 2.4 hPa,19:17 之后气压又开始下降,气压变化趋势呈现"雷暴鼻";风场也在这一时段变化剧烈,风向顺转,由 18:54 的 87°转为 19:07 的 151°,风速剧增,从 18:55 的 2.9 m·s⁻¹东北风迅速转为 19:01 的 11.2 m·s⁻¹东南风。上述地面气象要素的变化特点进一步表明株洲雷雨大风产生与飑线过境密切相关。

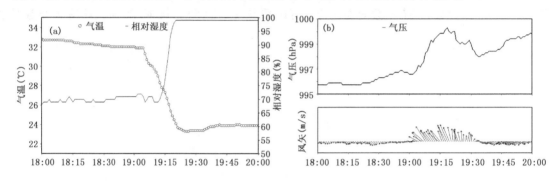

图 3 18 日株洲气象要素分析(18:00—20:00)(a)气温和相对湿度时序图;(b)气压和风矢量时序图

2.3 飑线成熟阶段温压场分析

飑线成熟阶段,结合组网的 SWAN 拼图(18:42)和地面风矢量(19:00)叠加分析(图 4),在飑线强回波带上是强烈辐散,飑线前部是偏北风和偏南风的辐合区,与图 12 分析出的阵风锋相对应,这是由于成熟阶段的飑线,在其附近有明显下沉气流,作为一股冷空气,在近地面底层向外扩散,与飑线前方相对较暖的气流交汇形成。温度场分析(图 4 红色等值线和绿色等值线)飑线后侧有一低于 25℃冷池,冷池中心气温 23℃,与其前部 32℃高温温差达 9℃,这一冷池是由于强烈的对流性降水伴随的蒸发冷却造成的。气压场上并没有分析出以往研究的西风带飑线明显的雷暴高压,这是由于在台前飑线的前缘,飑线的运动有远离台风的趋势,飑前中低压和雷暴高压的气压梯度与台风外围的气压梯度相反,使得飑前中低压与雷暴高压的强度均较弱,整体的地面气压场特征不如以往研究的西风带飑线显著,但是在变压场上还是有明显的反映,从 1 h 变压场(图 4 等值线)分析出飑线后侧有 2.5 hPa 的正变压区存在,正变压主要由雷暴内下沉气流引起,而后侧下沉气流是强风暴气流场中重要特征之一(叶成志等,2013),下沉气流形成近地面冷空气堆和强烈向外辐散气流,可抬升前方低层空气上升,从而使得飑线前部气压降低。

3 台前飑线的环境物理量场分析

3.1 水汽条件

水汽是雷暴的燃料,当水汽随云底上升气流进入雷暴云,凝结成云滴或冰晶时,潜热释放

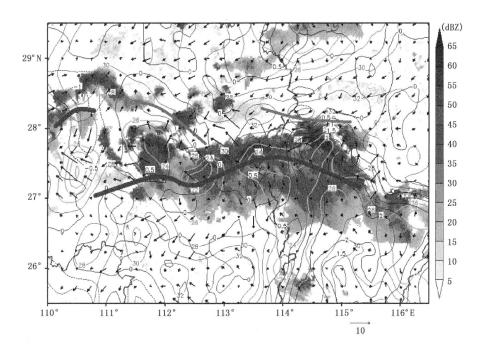

图 4 18 日 SWAN 组网的 0.5°仰角反射率因子图(18:42)、地面温度场、风矢量、1 h 变压场叠加图

出来,驱动了雷暴内的上升气流,而飑线天气大多情况下来源于低层有湿舌或水汽辐合的地区 (梁建宇等,2009)。对 18 日 14 时 700 hPa 的水汽通量和水汽通量散度分布分析发现(图 5a), 由于台风倒槽偏东气流的作用,导致从华南向北出现了一条明显水汽通量输送带,湘中以南地 区水汽通量散度大值区正处在水汽通量大值区的南北向的水汽输送带上。分析比湿垂直分布 可知(图 5b 红色虚线),强对流发生区域低层比湿很大,700 hPa 以下比湿均在 10 g·kg^{-1} 以 上,850 hPa 以下甚至达到了 14 g·kg^{-1} 以上,对流层低层大气的水汽含量十分丰富,为台前 飑线的发生提供了充足的水汽来源。分析 18 日 14 时沿株洲站的水汽通量散度垂直剖面发现

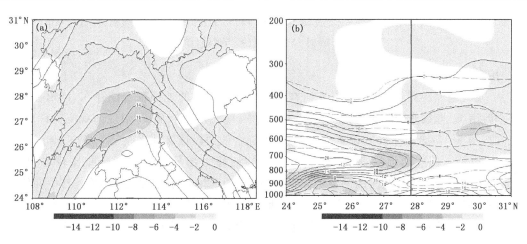

图 5 18 时 14 时(a)700 hPa 和(b)沿 113°E 的水汽通量(实线)、水汽通量散度(色斑)、比湿(虚线)的垂直剖面 (水汽通量单位:g·cm^{-1}·hPa^{-1}·s^{-1};水汽通量散度单位:10^{-7}g·s^{-1}·cm^{-2}·hPa^{-1}, 竖线为株洲站所在纬度为 27.86°N)

(图5b),飑线发生区域为水汽通量大值区,低层存在倾斜向上的水汽辐合区。这种水汽通量大值区和水汽通量散度集中在中下层的水汽场分布特点与强降水过程的深厚湿对流特点不同,飑线过程所伴随的降水呈现出强度大但历时短的特性。

3.2　热力和条件不稳定性分析

层结不稳定是雷暴发生三要素之一,层结不稳定条件不仅与温度层结有关,同时也与低层水汽含量关系密切(王秀明等,2013)。从18日14时(图6a)分析出湖南江西850 hPa和500 hPa温度差≥24℃;从对应的850 hPa比湿分布分析出,湘赣地区的比湿均在12 g/kg以上,湘赣中南部比湿甚至≥14 g/kg,可见湘赣地区空气层处于条件不稳定状态下。从18日14时850 hPa假相当位温(θ_{se})分布(图6b)分析出湘赣中南部处于大于82℃的大值区,在台风倒槽的偏东气流下,台风的螺旋外围云系的温湿能被输送到湘赣中部偏南地区,形成明显的高温湿能舌,从实况来看,台前飑线正是从热力和条件不稳定有利的区域首先发展起来。沿着株洲站(116°E,27°N)做垂直剖面图分析(图7),株洲上空,随着高度的增加假相当位温减小非常显著,差值达到了30 K,对流层中层在700 hPa至350 hPa有干冷盖,该干冷盖和低层的暖湿气流为不稳定能量的积蓄及释放提供有力的条件(王中等,2013)。

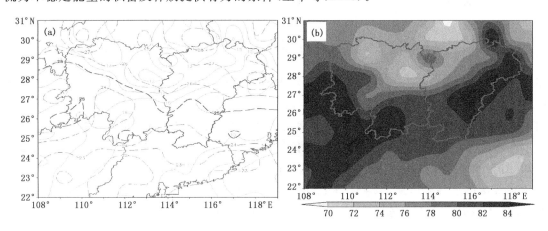

图6　(a)18日14时850 hPa比湿—实线(单位:g/Kg)和850 hPa与500 hPa气温差—虚线(单位:℃);
(b)18日14时850 hPa假相当位温(单位:℃)

3.3　抬升触发条件分析

从14时地面观测资料分析(图8a),在湘赣地区有明显的地面辐合线存在,该辐合线东段位于湘赣南部(飑线东段的发源地),西段伸至湘中(飑线西段);从17时地面观测资料来看,相比14时(图8b)辐合线东段的位置有所北翘,但辐合线西段位置几乎维持不变。分析18日14时850 hPa露点温度和温度叠加图(图9a),可知湘赣大部分地区温度分布比较均匀,而在26.5°N以北有东南—西北向的湿度不连续线存在,因此形成了明显的露点锋,其中湘赣中南部的露点梯度达到了6°/纬度。沿113°E做垂直速度垂直剖面图(图9b)分析出,地面辐合线(26.5°N)附近,为一致的上升气流,可见地面辐合为对流的产生提供了重要的抬升条件。

从以上分析可知,随着午后不稳定能量的增加,湘赣中南部的地面辐合线为对流天气的产生起到了一个扰动源的作用,而飑线在环境风的作用下西移北上的过程中得到维持和发展,和850 hPa的干线及地面辐合线的抬升触发是密不可分的。

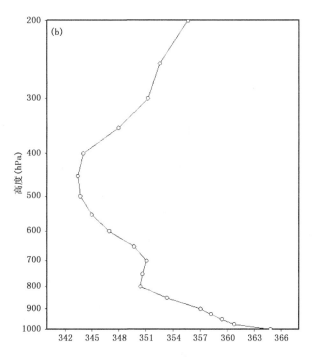

图 7　18 日 14 时株洲站假相当位温 θ_{se} 垂直分布（单位：K），剖面点为（113°E,27°N）

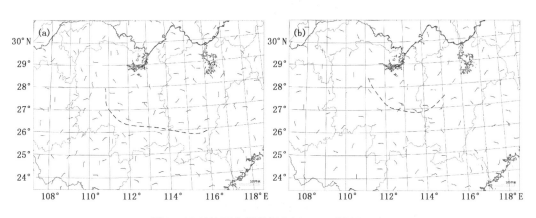

图 8　18 日地面实况风场(a)14:00;(b)17:00)

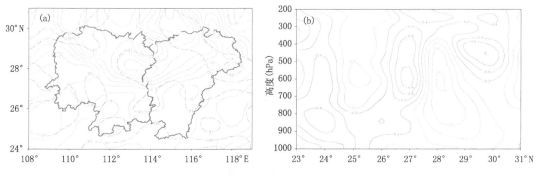

图 9　(a)18 日 14 时露点温度（绿实线）和温度（红虚线）叠加图（单位：℃）；

(b)18 日 14 时沿 113°E 垂直速度高度剖面图（单位 Pa·s⁻¹）

分析 20 时、23 时的地面观测资料,在湖南有不连续的地面辐合线存在,但从 20 时 850 hPa 露点温度和温度叠加图分析,露点温度和温度梯度都不明显,即 850 hPa 干线消失,但地面辐合线的抬升触发机制仍然存在,也可以解释为什么飑线在 20:30 后开始衰减,逐渐演变成多单体风暴,强对流天气种类从雷暴大风、短时强降水转为一般性雷电、短时强降水为主。

3.4 垂直风切变

数值试验表明,显著弓形回波往往出现在大的层结不稳定和中等到强的垂直风切变区域,当垂直风切变局限于低层大气时,对强烈的弓形回波的形成最为有利(俞小鼎等,2006)。从 18 日 14 时对流有效位能和低层垂直风切变图中(图 10a)分析出,在湘中以南地区有中等强度的垂直风切变,且 CAPE 超过了 2000 J·kg^{-1},有利于弓形回波的发展(俞小鼎等,2006),此次台前飑线正是从高 CAPE 和低层中等垂直风切变的湘中以南地区发展起来的。另分析株洲站风场剖面时序图(图 10b),18 日 14 时,株洲底层处于台风倒槽左前部,900 hPa 为偏东北风,中低层从东北风顺转为南风,且风速从 4 m·s^{-1} 逐增大到 12 m·s^{-1}。20 时,台风倒槽已经从株洲过境,近地层转为偏东风,低层到高层由东风顺转为东南风,到了 19 日 02 时,垂直风切变明显减弱。与典型的西风带系统下飑线天气风向随高度显著顺转有所不同(叶成志等,2013),本次台前飑线风向顺转不明显,垂直风切变主要是以风速差为主。

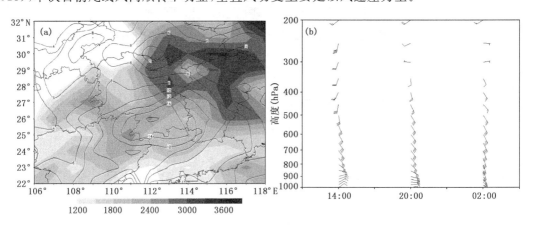

图 10 (a)18 日 14 时对流有效位能 CAPE(色斑)(单位:J·kg^{-1})与 1~3 km 垂直风切变叠加(单位:m·s^{-1});
(b)株洲站点(27°N,113°E)风场剖面时序图(18 日 14 时至 19 日 02 时)

4 台前飑线演变分析

对 14 时到 21 时华中区域的雷达拼图进行分析后发现,此次台前飑线初生阶段属于断线发展型(图 11a1)(Blustein et al,1987),发展和成熟阶段属于尾随层云型(图 11b1)(Parker et al.,2000)。对照该阶段的 TBB 卫星云图进行分析,15:00(图 11a2)有螺旋对流云带在湘赣中部偏南地区发展,其中心最低温度达−50℃,但是−32℃ 以下的区域较小。18:00(图 10b2),断线型的对流云带在湘赣偏南地区已经合并成狭窄的带状,存在明显的温度梯度大值区,中心温度在−80℃ 左右。此后,狭窄的带状云系演变成宽广的带状云系,范围明显扩大,中心温度(−80℃)区域进一步增大,此宽广的对流云在"威马逊"台风的远距离牵引作用下西移北上,21:00,湘赣的对流云强度明显减弱,温度梯度大值区已经消失,最低温度仅为−30℃ 左右。

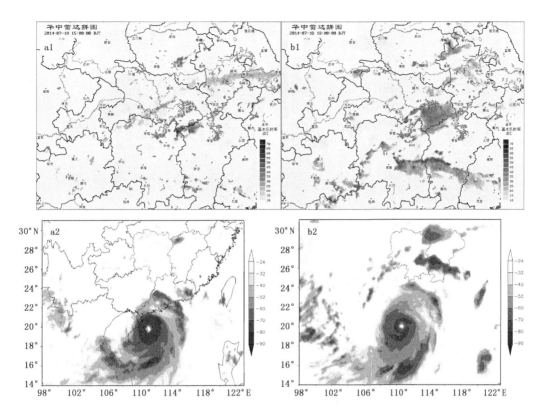

图 11 18 日华中区域雷达拼图(上)(单位:dBZ)和 TBB 卫星云图(下)(单位:℃)

(a)15:00;(b)18:00

4.1 飑线初生阶段

15:48 左右(图 12a1),在湘赣中南部地区已经有多个不连续的强风暴单体生成,0.5°仰角反射率因子达到了 65 dBZ,强回波中心扩展到 7.8 km 高度,其中江西的强风暴单体导致江西永新站 16:35 降下 1 mm 的冰雹和录得了 27 m·s^{-1} 的大风天气。17:03 湘赣的多单体强风暴合并后发展成东西长约 230 km 飑线(图 12a2),合并过程中导致了江西莲花站录得了17 m·s^{-1} 的大风。

4.2 飑线增强、成熟阶段

此后,飑线在高空东南偏东环境风的引导下,以 12.1 m·s^{-1} 的速度西移北上,呈明显的弧状分布,飑线内部含有多个弓状回波,飑线前沿是高反射率梯度区,强回波中心强度达到了65 dBZ(图 12a3),飑线后部有明显的弱回波通道,对应的回波顶高为 10 km;0.5°仰角相对风暴平均速度图(图 12b)有明显的径向速度辐合;0.5°仰角径向速度图上(图 11c)显示飑线东段有明显的速度大值区、飑线西段有"逆风区"。"逆风区"周围的中小尺度辐合使得飑线西端源源不断地有新的风暴单体激发生成。在飑线发展成熟一直到强盛阶段,速度大值区和逆风区一直和飑线伴随。该速度大值区表征了后侧的入流急流(章国材,2011),它向下沉气流提供了高能量的空气,通过垂直动能量交换和雨水蒸发,增加地面出流的强度导致了雷雨大风的出现。

国内学者孙鸿娉、汤达章对多普勒雷达非降水回波速度场进行了大量的研究指出(孙鸿娉

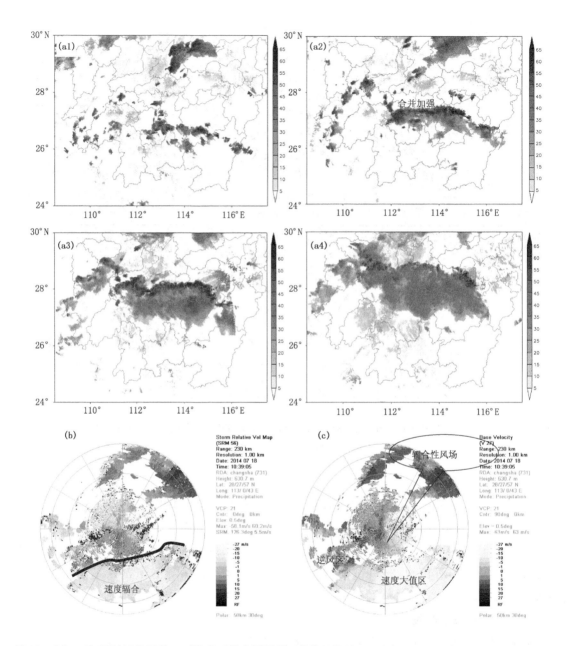

图 12 (a)18 日 SWAN 组网的 0.5°仰角反射率因子图（单位：dBZ）a1:15:48,a2:17:42,a3:18:42,a4:21:06;

(b)18:39 长沙雷达 0.5°仰角相对风暴平均速度图（单位：m·s⁻¹）；

(c)18:39 长沙雷达站 0.5°仰角径向速度图（单位：m·s⁻¹）

等,2007),非降水回波作为风场"示踪器",可揭示大气边界层辐合、辐散等动力结构,对局地产生和移入天气系统的发展有很大影响,对临近预报有非常重要的指示意义。19:09 以前,雷达50 km 距离圈内为明显的非气象回波,从径向速度图分析其为辐合性风场(图 12c),随着台前飑线前沿移入到 50 km 距离圈内,该辐合性风场使得台前飑线再度增强,其前沿出现了明显的阵风锋(图 13a1),该阵风锋和飑线伴随了 7 个体扫。此时飑线发展到最强盛的阶段,速度大值区(大于 27 m·s⁻¹)面积达到最大(图 13a2),从对应的反射率因子垂直剖面(图 13a3)可以看出飑线前沿强反射率因子梯度,形成了陡直的前沿,后边是较大范围的层状云降水回波。从对应的径向速度垂直剖面(图13a4)分析出以下特点:弓形回波前沿低层径向速度达到了17 m·s^{-1},越接近前沿,径向速度最大值的高度越低,说明其后部有一股非常强的暖空气进入对流云的下方;高层的辐散、中层径向辐合(MARC,代表了由前向后的强上升气流和后侧入流之间的过渡区)、后侧入流急流(RIN)特征明显。值得一提的是,和西风带飑线不同,本次台前飑线的入流急流为暖湿的东南风,且中层没有明显的干空气侵入,因此垂直动能量交换和雨水蒸发没有这么强烈,故导致本次台前飑线并没有出现极端大风;且对比多普勒雷达径向速度图分析发现,MARC(俞小鼎等,2006)的最大正负速度差值为范围为15~20 m·s^{-1},和以前研究的西风带飑线相比(俞小鼎等,2006;叶成志等,2013),该差值并不是很大。

对飑线强盛阶段导致株洲、湘潭出现雷雨大风的F5风暴单体的VIL(垂直液态含水量)、dBZM(反射率因子最大值)、HGT(反射率因子最大值所在的高度)、MV(风暴单体的移动速度)演变进行详细分析可知(图13b),在大风产生(19:12)前VIL值有一次明显的"跃增",之后VIL值的突然减小,大风产生在VIL剧降阶段。从dBZM曲线可以看出,dBZM强度比较大,最大达到65 dBZ,平均值为57 dBZ,对应的HGT曲线图最大值为6.3 km,平均值为4.5 km,低于零度层高度(5.043 km),故可以排除降雹的可能性。从MV演变可以看出,雷雨大风产生前风暴单体的移动速度一直在增加,达到了14 m·s^{-1},快速移动的风暴单体预示着雷雨大风的即将产生。

4.3 飑线消散阶段

随着飑线前沿的阵风锋脱离主体,飑线结构变得松散。反射率因子强度有所下降,对应的速度大值区(大于15 m·s^{-1})减弱,可见暖空气慢慢被切断,此后飑线已进入了衰减阶段。此前的狭窄的积云强回波断裂,演变成多单体风暴(图12a4)。强对流天气种类从雷暴大风、短时强降水转为一般性雷电、短时强降水为主。

5 本次台前飑线临近预报预警的成功和不足

本次台前飑线过程由于预报难度大,且可借鉴的深入内陆造成影响的台风飑线预报经验不足,致使该过程的预报从中央台到相关省份均出现了不同程度的漏报,但短临的预警服务做了有效的弥补。飑线初生前期,即16:30以前,湖南已经出现了分散的多单体强风暴,湖南省气象台短临预报员从SWAN拼图和长沙雷达探测到江西南部的线状强风暴,从更新的实况获得江西永新出现了冰雹、雷雨大风天气,立刻加强了对湘赣南部的对流风暴的追踪,识别出了和飑线伴随的速度大值区和逆风区等特征,根据风暴属性列表对飑线的北偏西移动速度进行了估算,果断地对即将受飑线影响的下游地区进行了雷雨大风预警的服务。特别是针对7月14—17日连续性大暴雨过程受灾严重的地区,即湖南西部的凤凰、安化做了准确及时的预警服务。但是,在整个预警过程中,也存在一定的不足。在飑线扫过长沙后,随着阵风锋脱离飑线主体,飑线后部低层速度大值区减弱消失,可惜预警人员对这一速度特征掌握的信息量不够,而执着于反射率因子在短时间内仍然较强(大于50 dBZ),回波顶高仍维持8 km,VIL相对偏高,故导致了位于湘东北的岳阳地区雷雨大风预警出现了空报。

不过值得补充的是,在飑线在湘赣中南部形成之前,15时30分,岳阳局地受强风暴单体的影响,实况产生了雷雨大风和短时强降水,不稳定能量已得到了释放。这或许可以解释飑线

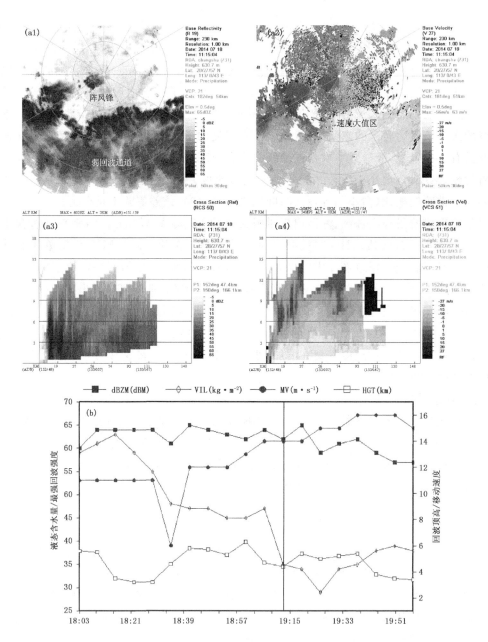

图 13 (a)18 日 19:15 长沙雷达回波分析(a1:0.5°仰角反射率因子图(单位:dBZ);a2:0.5°仰角径向速度图(单位:m·s⁻¹);a3:反射率因子剖面图(单位:dBZ);a4:径向速度剖面图(单位:m·s⁻¹),剖面点为(152°,47.5 km)和(150°,166.1 km));(b)F5 风暴单体属性曲线图(dBZM 曲线(单位:dBZ),VIL 曲线(单位:kg·m⁻²),HGT 曲线(单位:km),MV 曲线图(单位:m·s⁻¹),竖线所在时间为株洲雷雨大风发生时间)

扫过长沙北上到岳阳时,强度并没得到加强。

6 总结与探讨

利用常规观测资料、加密自动站资料、组网的 SWAN 雷达资料以及 NCEP 再分析资料对 2014 年 7 月 18 日的发生在湘赣的一次台前飑线环境条件及多普勒雷达特征进行研究分析,

并探讨本次台前飑线的可预警性,结果表明:

台前飑线产生前,对流层低层较好的水汽条件、对流热力不稳定层结、中等强度的垂直风切变、强温度梯度直减率、高 $CAPE$ 值均为其发生发展提供了良好的潜势条件;台风外围螺旋云系导致湘赣中部偏南地区锋面的产生,触发了台前飑线的生成,而随着自南向北发展,地面辐合线的维持亦为其提供了触发机制;多普勒雷达速度图上,飑线西移北上的过程中出现"弓形"回波、中层径向辐合(MARC)、速度大值区等特征,飑线东段速度大值区和西段的逆风区一直和飑线伴随;在飑线的强盛期,低仰角探测到了明显的阵风锋。且雷达 50 km 距离圈内的非气象回波反演的辐合速度特征对这次飑线的再次增强有一定的临近预报能力。

本次台前飑线和以往研究的西风带飑线有所不同,本次台前飑线底层垂直风切变主要是以风速差为主;中高层冷空气的侵入不明显;在飑线的成熟阶段,气压场上并没有分析出明显的雷暴高压,在速度图上 MARC 特征虽明显但速度差值并不是很大。这些差异是否具有普遍性? 深入内陆的台前飑线是否致灾性不强? 还需通过更多个例的对比研究,进一步验证并揭示其本质特征。

参考文献

蔡斐,潘益农.2010.地表通量输送对飑线过程影响的数值模拟研究[J].热带气象学报,**26**(1):105-110.

陈永林,王智,曹晓岗,等.2009.0509 号台风"麦莎"登陆螺旋云带的增幅及其台前飑线的特征研究[J].气象学报,**67**(5):828-839.

丁一汇,李鸿洲,章名立,等.1982.我国飑线发生条件的研究[J].大气科学,**6**(1):18-27.

韩经纬,孟雪峰,宋桂英.2006.一次伴随强沙尘暴天气飑线的多普勒雷达回波特征[J].气象,**32**(10):57-63.

李云川,王福侠,裴宇杰,等.2006.用 CINRAD-SA 雷达产品识别冰雹、大风和强降水[J].气象,**32**(10):64-69.

梁建宇,孙建华.2012.2009 年 6 月一次飑线过程灾害性大风的形成机制[J].大气科学,**36**(2):316-336.

漆梁波,陈永林.2004.一次长江三角洲飑线的综合分析[J].应用气象学报,**15**(2):162-173.

孙鸿娉,汤达章,李培仁,等.2007.多普勒雷达非降水回波在临近预报中的应用研究[J].气象科学,**27**(3):272-279.

王中,白莹莹,杜钦,等.2008.一次无地面冷空气触发的西南涡特大暴雨分析[J].气象,**34**(12):63-71.

王莉萍,崔晓东,常英,等.2006.一次飑线天气的非常规气象资料特征分析[J].气象,**32**(10):88-93.

伍志方.2003.CINRAD/SA 新一代天气雷达观测夏季热带飑线的特征分析[J].气象,**29**(3):38-40.

杨玉莲,陈思毅,梁俊聪,等.2012.广西"0823"台前飑线诊断分析[J].安徽农业科学,**40**(17):9401-9404.

叶成志,唐明晖,叶成志,等.2013.2013 年湖南首场致灾性强对流天气过程成因分析[J].暴雨灾害,**32**(1):1-11.

余清平,陈中一,王永升.2002.一次飑线过程的三维模拟[J].气象科技,**30**(3):144-151.

王秀明,俞小鼎,周小刚.2014.雷暴潜势预报中几个基本问题的讨论[J].气象,**40**(4):389-398.

王秀明,俞小鼎,周小刚,等.2012."6.3"区域致灾雷暴大风形成及维持原因分析[J].高原气象,**31**(2):504-514.

俞小鼎,姚秀萍,熊廷南,等.2006.多普勒天气雷达原理与业务应用[M].北京:气象出版社.

章国材.2011.强对流天气分析与预报[M].北京:气象出版社.

张云济.2010.2007—2009 年我国登陆台风台前飑线的统计特征[D].北京大学物理学院大气与海洋科学系,22-28.

朱磊磊,吴增茂,邰庆国,等. 2009. 山东 04.28 强飑线过程重力波结构的分析[J]. 热带气象学报,25(4):465-474.

Blustein, H. B, G. T. Marx and M. H. Jain,1987. Formation of Mesosacle Lines of Precipitation: Nonsevere Squall Lines in Oklahoma during the Spring. Monthly Weather Review, **115**: 2719-2727.

Parker, M. D. and R. H. Johnson,2000. Organizational Modes of Midlatitude Mesoscale Convective Systems [J]. Monthly Weather Review, **128**: 3413-3436.

Meng Zhiyong, Zhang Yunji, 2012. On the Squall Lines Preceding Landfalling Tropical Cyclones in China[J]. Monthly Weather Review, **140**, 445-470.

甘肃省短时强降水的分布特征及中尺度环境条件配置

黄玉霞　王宝鉴　王　勇　吉惠敏　谭　丹　李文莉　肖　玮

(兰州中心气象台,兰州 730020)

摘　要

甘肃短时强降水年频次介于 0.1～4.5 次,有三个活跃区域,分别是陇东南、庆阳市的东北部、甘岷山区。短时强降水始于春末的 5 月,6 月开始增多,7 月爆发式增长,8 月达到鼎盛期,9 月迅速减少;7 月下旬和 8 月上、中旬短时强降水次数占总次数的比例达 53.7%,其分布的阶段性特征可能与东亚夏季风阶段而非连续的推进和撤退有关。甘肃短时强降水以夜雨为主,主峰期在 19—23 时,21 时达到了峰值,次峰期在 00—03 时,02 时达到峰值。PW、CAPE、W 等 19 个物理量与短时强降水有较好的相关性。根据 500 hPa 环流形势,结合水汽、不稳定条件及触发系统,将甘肃短时强降水概念模型归纳为三大类型,其中低槽型中尺度环境条件场配置的特点是深湿高能＋低层辐合抬升,西北气流型的特点是浅湿高能＋中(高)层辐合(散)抬升,高压内部型的特点是能量积累＋弱冷空气扰动。

关键词:短时强降水　时空分布特征　大尺度流型　中尺度环境条件配置

引言

短时强降水是强对流天气的一种,容易导致滑坡、泥石流等地质灾害,造成重大的人员伤亡和财产损失。陇东南地区地处全国四大泥石流高发区,境内高山沟壑林立,地形地貌和地质结构非常复杂,每年都会因短时强降水引发滑坡、泥石流等地质灾害,如 2010 年的"8·8"舟曲特大山洪泥石流灾害和 2012 年的"5·10"岷县特大冰雹和山洪泥石流灾害。因此,自"8·8"舟曲之后,兰州中心气象台一直把短时强降水作为强对流天气预报业务的重中之重。众所周知,短时强降水是在中小尺度对流系统中产生的,但以大尺度系统为背景,大尺度系统影响或者决定着中小尺度系统生成、发展或移动,而中小尺度系统又对大尺度系统有所反馈。因此,近年来国家强天气中心(SPC)将中尺度天气图分析技术应用到强对流业务预报中[1~4],这一技术的核心思想是从强对流天气形成的三个必要条件出发,分析判断未来是否有利于形成中尺度天气的环境条件,进而判断中尺度对流天气系统发生发展的潜势。应该说,随着中分析技术在全国省级气象台的推广应用,短时强降水、冰雹、雷暴大风等强对流天气的预报能力得到了极大地提高[5~8]。本文在统计分析甘肃短时强降水时空分布特征的基础上,重点介绍基于中分析技术构建的甘肃短时强降水的大尺度流型及其中尺度环境条件配置。

1　短时强降水时空分布特征

1.1　空间分布特征

甘肃≥20 mm/h 的短时强降水在河东总体上呈东北—西南走向分布,各地差异较大,介于 0.1～4.5 次/年。有三个活跃区域,分别是陇东南(陇南—天水),庆阳市的东北部,甘岷山区(甘南高原及其邻近的岷县、舟曲等地)。其中,陇南市徽成盆地—天水麦积和康县—文县是甘肃省短时强降水发生频次最高的区域,中心分别位于徽县江洛镇(4.5次/年),康县的康南林场和碧口镇(3.0次/年)。庆阳市环县—华池是甘肃省短时强降水发生频次次高的区域,为1.0~3.0次/年,中心在华池堡子山。甘南高原边坡及岷山山系交织的区域是甘肃省短时强降水第三易发区,但相对其他两个区域,该区域的高发中心较为分散,较大的为合作勒秀(2.8次/年)和舟曲中牌(3.5次/年)。对比近40年甘肃暴雨日数地理分布图可知(图1b),除陇南与短时强降水频次的地理分布相似外,其他两个高发中心都不一致,这与陈炯等对比中国短时强降水频率(≥20 mm/h)地理分布与年平均暴雨日数非常类似的研究结论不一致[9]。说明甘肃省短时强降水强对流属性和短时特征非常显著。

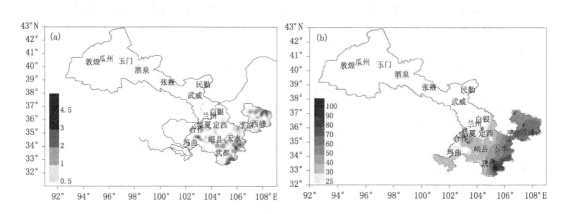

图 1 甘肃省强降水的年频次空间分布
(a)≥20 mm/h 的短时强降水;(b)20—20 时暴雨日数

1.2 季节及日变化特征

甘肃≥20 mm/h 的短时强降水月和旬的频次分布均呈单峰型(图2)。短时强降水始于春末的 5 月,6 月开始增多,7 月爆发式增长,8 月达到鼎盛期,9 月迅速减少,呈现出快速增强、迅速减弱的特点。其中,8 月最多,占全年总数的 41.6%;7 月次之,占总次数的 35.6%(图2a)。由于中国雨带的季节性移动与东亚夏季风密切相关,7—8 月随着夏季风和副热带高压的西升北抬,甘肃河东的广大地区受其影响[10]强对流活动也就显著活跃起来。

旬分布上,7 月下旬和 8 月上、中旬发生短时强降水的次数占总次数的比例达 53.7%,说明这三旬是甘肃降水强度最大、时间最集中的时段,也验证了夏季暴雨多发在"七下八上"的谚语。短时强降水旬分布的阶段性发展特征可能与东亚夏季风以阶段性而非连续性的方式推进和撤退有关[11]。

甘肃短时强降水的日变化呈正态分布,19 时至次日 03 时是短时强降水的多发时段,其中,主峰期在 19—23 时,晚间的 21 时达到了峰值,总共发生了 271 站次,占总次数的 9.8%;次峰期在 00—03 时,凌晨的 02 时达到峰值,占总次数的 6.6%;07—16 时是最不活跃的时段。

陈炯等[9]给出短时强降水的月和候频次分布特征表明,中国大陆(东部)7 月短时强降水达到鼎盛,而甘肃则在 8 月达到最活跃期;中国大陆(东部)在 7 月中旬达到鼎盛,甘肃则在 7 月下旬达到最盛,这也再次说明区域性的强对流活动与东亚夏季风的季节性不连续进退有关。此外,甘肃短时强降水的日变化也和中国大陆(东部)有所不同,主要表现在中国大陆的三峰型

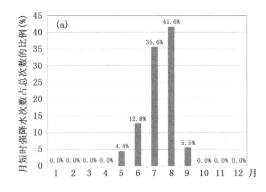
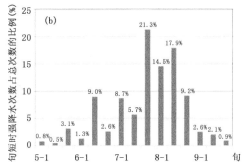
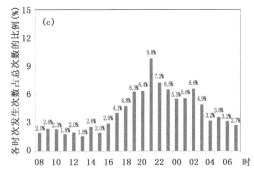

图 2　甘肃省≥20 mm/h 短时强降水的时间变化图

(a)月;(b)旬;(c)时次

和甘肃的两峰型,除 02 时的峰值对应一致外,其他两个峰值出现的时间均不一致。其中,中国东部降水的主峰出现在午后的 16—17 时,而甘肃出现在夜晚的 21 时,中国东部降水的次峰出现在早晨的 06—08 时,而甘肃此时段为短时强降水的最不活跃期。

2　短时强降水发生发展潜势的环境条件要素构成

近年来,在暴雨、强对流等预报中越来越重视对中尺度环境条件的分析,在开展中分析业务时,由于表征水汽、不稳定、抬升条件的对流参数较多,如何从众多的物理量中挑选具有代表意义的对流参数进而快速分析判断对流发生发展的潜势意义重大。下文将利用统计分析和显著性检验方法,从基于 NCEP 1°×1°再分析资料计算的 37 个物理量中挑选出适合西北区东部的中尺度天气环境条件构成要素。其方法首先将甘肃省 101°～109°E,33°～37°N 的区域内以 1°×1°进行格点划分,确定甘肃范围内 20 个格点为研究对象,然后以该格点为中心,判断其 0.5°范围内是否存在≥20 mm/h 的短时强降水,若有则认为该格点在某个时次有短时强降水,即 $y=1$,否则 $y=0$,从而建立短时强降水的(0,1)序列。计算各格点短时强降水与物理量参数的相关系数,并进行显著性检验。

对于表征水汽条件的 13 个物理量,由表 1 可知,除 700 hPa、850 hPa 水汽通量散度和短时强降水呈负相关外,其他物理量均呈正相关,大多能通过 0.01 的信度检验。说明充沛的水汽及中低层水汽的辐合是短时强降水发生的必要条件,同时也可以看出有利于甘肃短时强降水发生的水汽主要集中在对流层中低层的 700 hPa 和 850 hPa。

表 1　短时强降水与水汽条件的相关性分析

格点	PW	Q_{500}	Q_{700}	Q_{850}	Rh_{700}	Rh_{850}	$DIV(QU_{700})$	$DIV(QU_{850})$
1	0.24*	0.22*	0.22*	0.22*				
2	0.39**	0.22*	0.44**	0.42**	0.26**	0.21*	−0.25*	−0.64**
3	0.28**	0.21*	0.31**	0.32**	0.23*	0.25*	−0.25	
4	0.36**	0.27**	0.37**	0.37**	0.23*	0.23*		−0.26**
5	0.38**	0.30**	0.42**	0.42**	0.39**			−0.20*
6	0.26**	0.22*	0.25*	0.28**		0.25*	−0.38**	−0.33**
7	0.24*		0.26**	0.28**	0.17	0.21*		−0.37**
8	0.28**	0.17	0.35**	0.37**	0.26**	0.33**	−0.18	
9	0.32**	0.22*	0.32**	0.34**	0.25*	0.28**	−0.23*	
10								−0.17
11			0.18*	0.17			−0.20*	−0.17
12	0.27**	0.21*	0.22*	0.25*	0.20*	0.32**	−0.24*	−0.34**
13	0.33**	0.21*	0.26**	0.29**	0.18	0.32**	−0.17	−0.27**
14	0.22*		0.21*	0.20*		0.21*		−0.25*
15	0.32**	0.23*	0.28**	0.33**	0.19	0.38**	−0.40**	−0.35**
16	0.31**	0.20*	0.27**	0.32**		0.34**	−0.27**	−0.39**
17	0.27**	0.22*	0.21*	0.25*	0.17	0.27*		−0.17
18	0.41**	0.35**	0.34**	0.38**	0.25*	0.39**		−0.37**
19	0.26**	0.18*	0.21*	0.29**		0.26*		−0.33**
20	0.44**	0.36**	0.34**	0.42**	0.24*	0.42**		−0.35**

备注：*表示通过 0.05 的信度检验($R_q>0.19$)，**表示通过 0.01 的信度检验($R_q>0.25$)。

对表征热力不稳定的 14 个物理量与短时强降水的相关分析表明，$CAPE$、A、K、（700 hPa、850 hPa）、LI 等 6 个物理量与短时强降水的相关性较好，除 LI 呈负相关外，其他均呈显著的正相关。动力不稳定的 11 个物理量与短时强降水的相关分析表明对流层中下层的垂直速度 W（500 hPa、700 hPa）、涡度（700 hPa）及散度（200 hPa、700 hPa）等 5 个物理量能通过相关信度检验，但通过检验的物理量具有明显的区域特点。其中，700 hPa、500 hPa 垂直速度与甘肃中部和陇东南的短时强降水呈负相关，说明对流层中下层存在上升气流有助于强降水的产生；对海拔较高的高原边坡地带，低层的辐合和高层（700 hPa、200 hPa）的辐散有利于短时强降水的产生。

3　短时强降水大尺度流型及中尺度环境条件配置

随着基于"配料"思路的中分析技术的业务化应用，以大尺度流型结合中尺度环境条件配置为概念模型的强对流天气预报模型不断被建立。因此，本文基于这种思路，选取 2008—2013 年 71 个短时强降水个例，根据 500 hPa 环流形势，结合水汽、不稳定条件及触发系统，提炼出甘肃短时强降水概念模型。

3.1　低槽型【深湿高能＋低层辐合抬升】

500 hPa 形势场表现为西低东高，西北区东部 850～500 hPa 均受西南风控制，量级可接近或达到急流标准,水汽主要来自南海,孟加拉湾水汽为辅,水汽充沛且深厚。过程发生时,建立了上冷下暖的不稳定层结(图3)。

中尺度环境条件配置为:大气可降水量在35～45 mm,能量条件最好(CAPE 中心值在1200～2000 J/kg),垂直上升运动旺盛。在700 hPa 槽线或切变线、地面冷锋或辐合线的触发下产生降水,强降水的范围与强度是三类中最大、最强的,落区多位于700 hPa 槽线或切变线的右侧,与 CAPE 的脊线或梯度区重合(图4)。

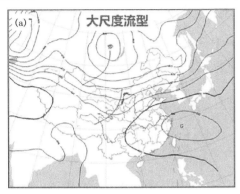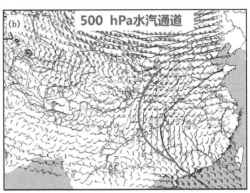

图3　低槽型的大尺度流型(a)及水汽源地(b)

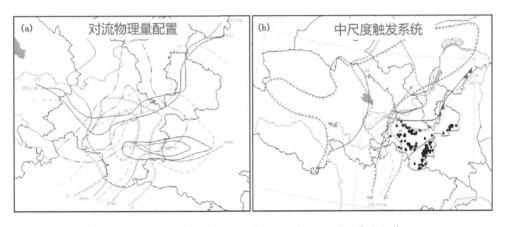

图4　低槽型的对流参数(a)、中尺度触发系统及短时强降水的落区(b)

3.2　西北气流型【浅湿高能＋中(高)层辐合(散)抬升】

500 hPa 形势场表现为高压主体位于青海高原,西北区东部受脊前西北气流控制,水汽主要来自700 hPa 的西南风输送,但达不到急流标准,风速一般在8～10 m/s,水汽条件一般,厚度较浅。500 hPa 冷槽、700 hPa 暖脊的特征较明显,冷平流较强,过程前形成上冷下暖的不稳定形势(图5)。

中尺度环境条件配置为:大气可降水量在30～35 mm,厚度较浅,较低槽型低10 mm 左右;能量条件好,CAPE 中心值在900～1300 J/kg,动力抬升表现为对流层中层的显著辐合和高层的辐散,$LI \leqslant -2℃$;触发系统为700 hPa 切变线。降水范围相对较大,短时强降水通常发生在切变线两侧,与高 CAPE、高 LI 区重叠(图6)。

3.3　高压内部型【能量积累＋弱冷空气扰动】

在过程前3～5 d 西北区东部受暖性高压控制,高压主体位于青海高原东南部,气温逐渐

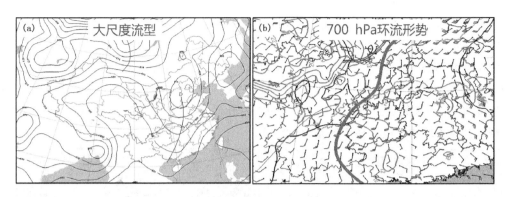

图 5　西北气流型的大尺度流型(a)及水汽源地(b)

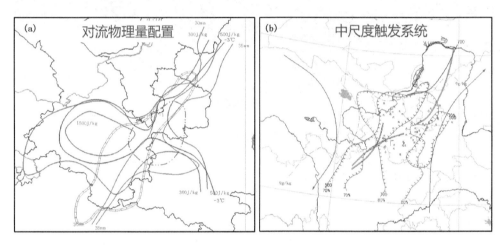

图 6　西北气流型的对流参数(a)、中尺度触发系统及短时强降水的落区(b)

升高,能量不断积累,同时副热带高压外围西南风携带来自南海的暖湿水汽向西北区东部扩散,700 hPa 上甘肃河东有西南东北向的切变线,850 hPa 为东北风,向高压内部输送冷空气,冷暖空气交汇时发生短时强降水,落区通常在冷空气侵入的位置,降水范围最小(图 7)。

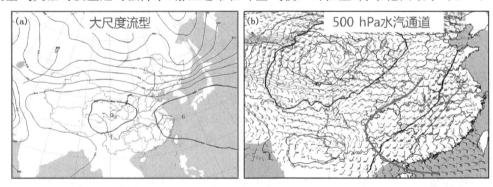

图 7　高压内部型的大尺度流型(a)及水汽源地(b)

　　中尺度环境条件配置为:水汽条件好,大气可降水量在 30~50 mm,特点是过程前3~5 d 西北区东部受暖性高压控制,气温逐渐升高,能量不断积累,至强降水发生前 CAPE 可达 600 ~1000 J/kg,小股冷空气的扰动入侵导致强降水的发生,落区通常在冷空气侵入的位置,降水范围最小,与温度小槽的位置基本一致(图8)。

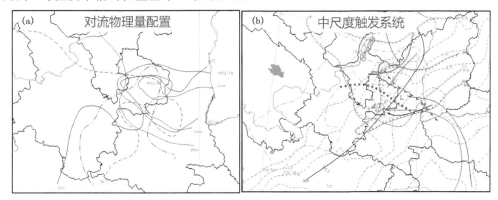

图8 高压内部型的对流参数(a)、中尺度触发系统及短时强降水的落区(b)

4 小结

(1)甘肃短时强降水总体呈东北—西南走向分布,有三个活跃区域,分别位于陇东南、庆阳东北部和甘岷山区。甘肃省短时强降水强对流属性和短时特征显著。

(2)甘肃短时强降水始于5月,6月开始增多,7月爆发式增长,8月达到鼎盛期,9月迅速减少,呈现出快速增强、迅速减弱的特点。7月下旬和8月上、中旬发生短时强降水的次数占总次数的比例超过了53.7%,短时强降水旬分布的阶段性发展特征可能与东亚夏季风以阶段性而非连续性的方式推进和撤退有关。甘肃的短时强降水以夜雨为主,从防灾减灾的角度看这大大增加了短时强降水的危害性。

(3)PW、$CAPE$、W 等19个物理量与短时强降水有较好的相关性。

(4)甘肃短时强降水概念模型为低槽型、西北气流型和高压内部型。低槽型中尺度环境条件配置的特点是深湿高能+低层辐合抬升,即湿层非常深厚,能量条件非常好,在700 hPa槽线或切变线、地面冷锋或辐合线的触发下产生降水,范围与强度是三类中最大、最强的。西北气流型的中尺度环境条件配置是浅湿高能+中(高)层辐合(散)抬升,即水汽厚度较浅,中(高)层辐合(散)强烈,700 hPa切变线引发强降水,范围和强度次之。高压内部型的特点是能量积累+弱冷空气扰动,即强对流天气的能量源自3~5 d的积累,在较好的水汽条件配合下,常因小股冷空气的触发而产生强降水,但范围和强度最小。

参考文献

[1] 张小玲,张涛,刘鑫华,等.中尺度天气的高空地面综合图分析.气象,2010,**36**(7):143-150.

[2] 张小玲,谌芸,张涛.对流天气预报中的环境场条件分析.气象学报,2012,**70**(4):642-654.

[3] 张涛,蓝渝,毛冬艳,等.国家级中尺度天气分析业务技术进展Ⅰ:对流天气环境场分析业务技术规范的改进与产品集成系统支撑技术.气象,2013,**39**(7):894-900.

[4] 蓝渝,张涛,郑永光,等.国家级中尺度天气分析业务技术进展Ⅱ:对流天气中尺度过程分析规范和支撑技术.气象,2013,**39**(7):901-910.

[5] 毛冬艳,乔林,陈涛,等.2004年7月10日北京暴雨的中尺度分析.气象,2005,**31**(5):42-46.

[6] 郑媛媛,姚晨,郝莹,等.不同类型大尺度环流背景下强对流天气的短时临近预报预警研究.气象,2011,

$\mathbf{37}(7):795\text{-}801.$

［7］ 许爱华,谌芸,等.中尺度天气图分析技术在 2011 年我国南方 4 次强降水过程中的应用.气象,2013,**39**(7):883-893.

［8］ 杜小玲.2012 年贵州暴雨的中尺度环境场分析及短期预报着眼点.气象,2013,**39**(7):861-873.

［9］ 陈炯,郑永光,张小玲,等.中国暖季短时强降水分布和日变化特征及其与中尺度对流系统日变化关系分析.气象学报,2013,**71**(3):367-382.

［10］ 王宝鉴,李栋梁,黄玉霞,等.东亚夏季风异常与西北东部汛期降水的关系分析.冰川冻土,2004,**26**(5):563-568.

［11］ 丁一汇,等.暴雨洪涝.北京:气象出版社,2009.

［12］ 俞小鼎.基于构成要素的预报方法—配料法.气象,2011,**37**(8):913-918.

［13］ Doswell C A Ⅲ. The distinction between large-scale and mesoscale contribution to severe convection:A case study example. *Wea Forecasting*,**2**(1):3-16.

［14］ Maddox R A,Chapell C F,Hoxit L R,Snoptic and Meso-a aspects of flash events. *Bull Amer Met Soc*,1979,**60**:115-123.

2007—2013 年河北省飑线的特征分析

郝雪明　裴宇杰　段宇辉　杨晓亮　金晓青　何丽华　匡顺四　申莉莉

(河北省气象台,石家庄 050021)

摘　要

利用 2007—2013 年河北省 30 个飑线个例资料分析飑线的时空分布、天气形势特征和雷达特征。研究表明,河北省飑线主要发生在 5 月下旬至 8 月中旬的午后到傍晚时段,持续时间在 4 h 左右。河北飑线主要的生成源地在河北省西北部,对流泡多在太行山上生成,东移下山过程在浅山区或平原地带发展加强为组织性强的飑线。根据不同的影响系统将飑线过程天气型暂分为四种:冷涡影响型、强降水影响型、热力影响型和短波槽或切变线影响型。飑线的主要雷达特征是弓形回波、阵风锋和低空强后侧入流。

关键词:飑线　天气概念模型　雷达特征

1　河北飑线的时空分布

选取了 2007—2013 年雷达资料比较完整的 30 个飑线个例进行分析(图 1)。从发生次数的年际变化来看,2011—2013 年发生飑线的频次较多,合计占总样本数的 63%。但这并不意味这呈逐年增多的趋势,因为 2014 年发生在河北的飑线过程并不多。

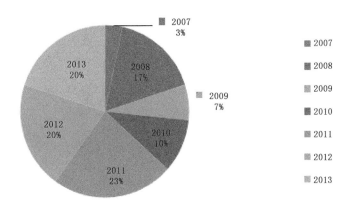

图 1　2007—2013 年飑线出现频次的年分布图

飑线主要发生在对流天气活动频繁的季节,一般为 5 月下旬至 8 月中旬。这与华北的雨季基本对应。最早一次出现在 5 月末(2012 年 5 月 25 日),最晚一次出现飑线为 9 月末(2012 年 9 月 27 日)。其中 7 月份飑线活动比较频繁,尤其以 7 月下旬为主(图 2)。

飑线的日变化。飑线的开始生成时间主要在午后到傍晚时段(13—18 时),凌晨偶尔也会有飑线出现(2012 年 7 月 22 日),这种情况一般随着大降水出现(图 3)。

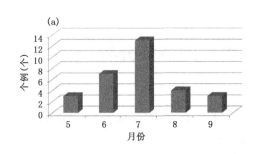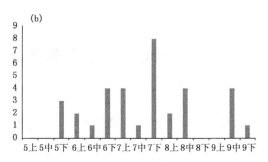

图 2　飑线出现频次的月(a)和旬(b)分布图

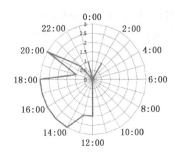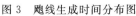

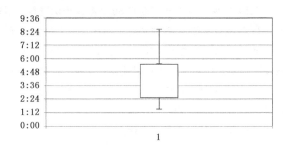

图 3　飑线生成时间分布图　　　　　图 4　飑线生命史

飑线的生命史一般为 2～5 h,平均为 4 h 14 min(图 4)。

飑线主要发生在河北省的保定、石家庄一带。总体呈西部多东部少、北部多南部少的分布特点(图 5)。

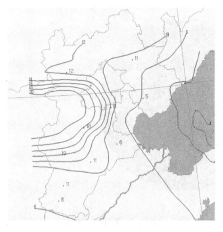

图 5　飑线出现频次的地理分布

2　河北飑线的天气分型

天气型暂分为四种:冷涡影响型(含横槽、涡底槽、涡底西北气流等)共 6 例;强降水影响型(低槽冷锋、低涡、副高 3 例)共 9 例;热力影响型 3 例;短波槽或切变线影响型(含前倾 2 例)共12 例。

2.1 冷涡类飑线过程

冷涡类飑线过程,除了个别过程(20080625)受到冷涡后部西北气流影响,飑线影响偏南,造成石家庄、邢台、邯郸的雷雨冰雹过程,其他 4 个过程主要影响区域都在华北的中北部。5 个冷涡类飑线过程都伴随有明显冰雹天气。

从高低空系统的配置上看(图 6),主要影响系统为:高空急流、高空冷涡、低空切变线、地面低压、冷锋(地面辐合线)。

200 hPa 高空急流位于 43°N 附近,飑线影响区域主要位于高空急流北侧或左前侧,500 hPa 高空冷涡位置偏北、偏东,冷涡后部常伴随有横槽,横槽下摆后,形成明显的低空切变,地面系统表现为冷锋前的地面低压,有地面辐合线存在。

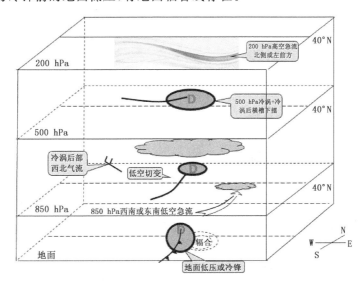

图 6　飑线的天气概念模型(冷涡类)

少数飑线过程的强对流区域位于冷涡的偏南区域,冷涡后部有较强的西北气流,上干冷下暖湿的不稳定层结,造成了华北中南部地区的飑线过程,伴随有大范围的冰雹、大风天气。

2.2 强降水型

强降水型又分为低槽冷锋类、低涡类、副高影响类三种。下面分别阐述其天气特征并给出概念模型。

2.2.1 低槽冷锋类形势特征与概念模型

形势特征:

(1) 500 hPa 有低槽、温度槽与之配合,温度槽落后于高度槽,槽后为冷平流。

(2) 低层有低槽或切变线对应,其南部常有 12 m/s 的西南急流,槽前或切变线南侧有暖脊,为高温高湿区。

(3) 地面低压或倒槽中,有锋面活动。

(4) 200 hPa 常处在高空急流入口区的右侧或出口区的左侧辐散区中。

天气模型:

如图 7 所示。

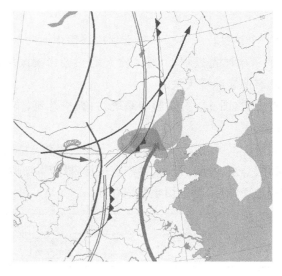

图 7　飑线的天气概念模型（强降水类中的低槽冷锋）

2.2.2　低涡类形势特征与概念模型

形势特征：

（1）500 hPa 上有横槽南压或低槽东移，槽后为冷平流。

（2）700 hPa 上有低槽或切变线对应，其南部常有 12 m/s 的西南急流，槽前或切变线南侧有较强暖平流。

（3）850 hPa 上形成低涡结构或有低涡移入，有冷性切变线和暖性切变线相配合。

（4）地面上为暖性低压或冷锋。

（5）200 hPa 常常处在疏散槽前或高空急流入口区的右侧或出口区的左侧辐散区中。

天气模型：

如图 8 所示。

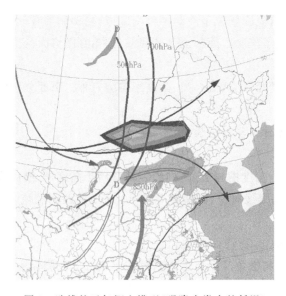

图 8　飑线的天气概念模型（强降水类中的低涡）

2.2.3　副高类形势特征与概念模型

形势特征：

(1)500 hPa受副高脊后的西南气流控制,低层湿度较大(有时整层湿度大),具有对流不稳定条件。

(2)西风槽携带的冷空气沿副高西北侧东移,对流层中层有弱冷空气影响南下,冷暖空气区交汇地区出现强对流天气。

(3)在副高边缘对流层中低层和地面有低值辐合系统存在,触发强降水、大风等强对流天气。

天气模型：

如图9所示。

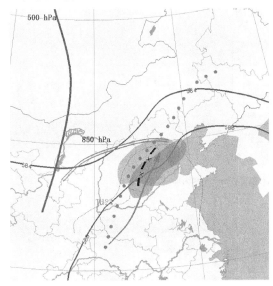

图9　飑线的天气概念模型(强降水类中的副高影响)　　　图10　飑线的天气概念模型(热力类)

2.3　热力型形势特征与概念模型

热力类飑线过程,与冷涡类有明显不同:3个典型热力类过程中,只有1个过程位于200 hPa高空急流轴的北侧,其余2个过程与高空急流没有明显相关。3个过程中,都没有出现冰雹天气,以短时大风和强降水天气为主,主要影响区域位于华北中南部,以石家庄、邢台、邯郸为主要影响。

从高低空影响系统配置分析,华北位于500 hPa西风槽前正涡度平流区,有明显的上升区;低层850 hPa的风切变位置偏南,位于华北南部地区,且移速较快;地面上,有热低压存在,且前期的地面温度相对较高。整体看,中低层的影响系统呈前倾结构,低层风切变移过华北南部后,形成上干冷下暖湿的不稳定层结,利于飑线的发生、发展(图10)。

2.4　短波槽型飑线的形势特征和概念模型：

从12例短波槽影响出现的飑线来总结归纳：

(1)短波槽可以是西北气流中的短波,或西风带上的东移的槽;

(2)一般500 hPa有冷温槽配合;

(3)500 hPa槽后有超过20 m/s的西北风大风速核,更有利于飑线形成;

(4)850 hPa槽有时落后于500 hPa,构成前倾槽形势;

(5)850 hPa有露点温度高于16℃的湿舌;

(6)地面一般处于低压的前部或底部,有地面辐合线存在;

(7)地面大风出现在500 hPa槽和温度槽前,地面低压的底部或前部。

飑线过境时风向突变、气压陡升、气温急降、伴随着大风、冰雹、雷电等天气现象[1]。以2013年8月4日过程为例,这是一次典型的西风槽产生的飑线过程,在河北省的石家庄、衡水以北地区造成54站出现瞬时大风,张家口和承德两个地区北部的5个县出现冰雹,保定、沧州分别在在4日夜间22时和23时许飑线过境,从逐小时地面气象要素的演变可见,气压涌升、温度和露点温度骤降,1 h降幅接近10℃,相对湿度上升,风力猛增,极大风接近了20 m/s,飑线系统过境造成的气象要素的剧烈变化可见一斑(图11)。

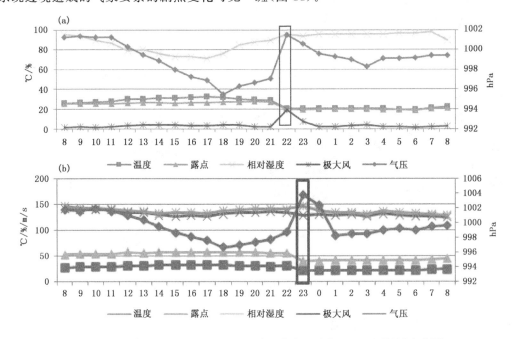

图11　2013年8月4日08—5日08时飑线产生时的地面温压湿风变化图

(a)保定;(b)沧州

从天气形势来看,500 hPa西风带短波槽东移影响河北,槽后有−8℃的冷温槽配合,同时槽后有500 hPa大风速核配合,地面为庞大低压的前部,高空冷空气叠加在低层暖湿空气之上,使垂直不稳定层结加剧,大风速核使高低空的风垂直切变加大,有利于飑线等强天气的产生,短波槽可直接启动触发强对流天气产生,大风核冰雹落区位于高空槽前(图12)。

小结:据统计,飑线过程大多伴随着冰雹和强降水。66.7%的飑线过程伴随冰雹,76.7%的飑线过程伴随强降水。

飑线过程发生时,60%(共18例)个例在200 hPa伴有高空急流,其中急流左侧(包括左前侧)9例、右侧8例(包括5例右后侧)、1例正下方。30%(9例)在500 hPa也伴随大风速核。地面以低压或冷锋为主,5例冷锋,占17%;热低压10例,占33.3%。飑线发生时大都存在地面辐合(97%以上)。

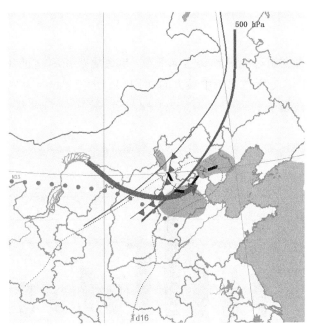

图12　飑线的天气概念模型(短波槽)

3　河北省飑线在不同天气背景下的雷达演变特征

产生飑线的天气尺度的高空系统主要是槽(占86.21%),剩余的13.79%为冷涡(图13a);地面系统则主要有:气旋、低压、冷锋,他们所在的比例如图13b所示。其中当高空影响系统为西来的高空槽时,地面气旋、地面低压分别占三分之一。因此飑线主要的生成源地在河北省西北部,对流泡多在太行山上生成,东移下山过程在浅山区或平原地带发展加强为组织性强的飑线。

演变规律为:分散的强对流单体或多单体风暴→短带/长带状风暴→飑线(弓形或含有超级单体)→宽带状或块状或片絮状风暴群,整个过程为3～12 h,其中飑线阶段一般为4 h左右。

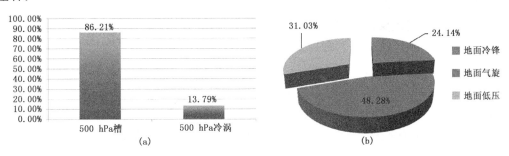

图13　飑线主要影响系统

4 飑线的雷达气候学特征

4.1 生命史特征

飑线持续时间最少也超过 1.5 h,约占 6.9%。生命史最长不超过 9 h,约占 6.9%。持续 4 h 左右的约占 31.03%,是所占比例中最大的(图 14)。大于 4 h 的为 72.41%,说明飑线的生命史大多数情况下都会超过 4 h。

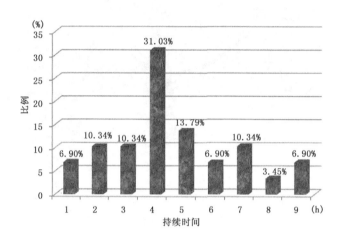

图 14　飑线的生命史(雷达特征)

4.2 演变规律

飑线以自西北向东南方向移动为主,占过程总数的 65.52%,自西向东的过程占 20.69%,其他方向的占 13.79%。说明河北省的飑线有 86.21% 是西来系统造成的,在太行山上新生发展,随后下山后在浅山区或平原地带组织性增强,形成飑线。

飑线形成前主要都是分散的强对流回波,这个阶段需要 1~5 h 的时间。当其不断发展加强为飑线时,初期多为带状回波,回波强度为 45~65 dBZ,在其前沿多伴有阵风锋。成熟期的飑线生命史为 1.5~9 h,其中超过一半(51.72%)的飑线都是带状回波结构,混合型降水回波有 41.38%,此阶段的中尺度系统为阵风锋、中气旋、低空强后侧入流、中层径向辐合、回波悬垂。消亡期多为混合型回波,以层云降水回波为主,回波强度为 30~40 dBZ。有极少数过程在降水过后出现超折射现象,约占总数的 6.9%(图 15 和图 16)。

4.3 雷达特征

统计的所有飑线过程中,会出现的雷达特征有:弓形回波、阵风锋、回波悬垂、弱回波区、逆风区、速度模糊、中层辐散、中层径向辐合、中气旋、低空强后侧入流。

上述特征中,出现最多的是弓形回波(占 79.32%),其次是阵风锋(占 72.41%),两者同时出现的占 48.28%。与强风相伴随的雷达特征是中气旋和低空强后侧入流[2],两者所占比例同为 34.48%。弓形回波伴有中气旋的过程有 34.48%,弓形回波伴有低空强后侧入流的过程也是 34.48%,但是没有弓形回波、中气旋、低空强后侧入流三者共存在一个过程中(图 17)。

飑线成熟期间,最强反射率因子强度可达 45~65 dBZ,回波顶高可达 12~19 km,垂直累计液态水含量(VIL)最大值可达 45~80 kg/m²(图 18)。

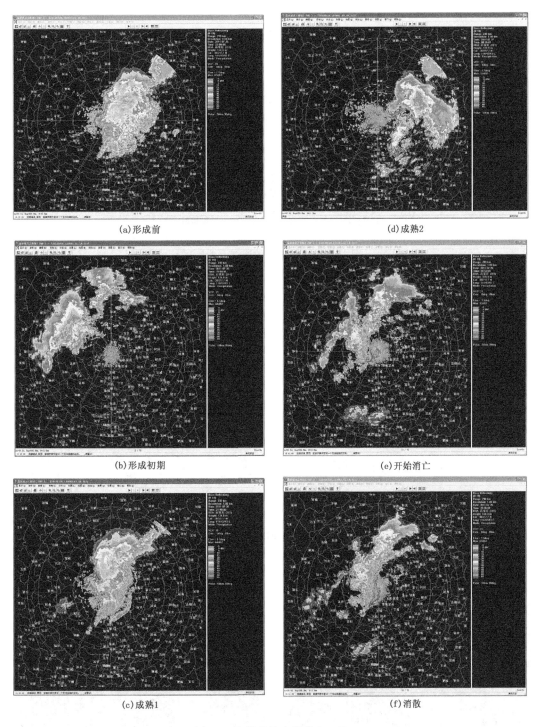

(a)形成前	(d)成熟2
(b)形成初期	(e)开始消亡
(c)成熟1	(f)消散

图 15　飑线的演变规律(a～f)

4.4　中尺度系统特征规律

(1)飑线的主要雷达特征是弓形回波、阵风锋(图 19)。当高空槽为主要影响系统时,有 65.52％的会出现弓形回波,68.79％会出现阵风锋。

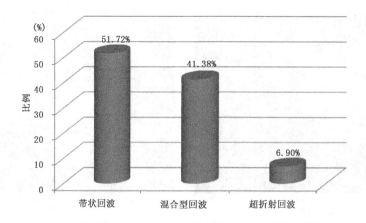

图 16　飑线发生时的回波类型比例

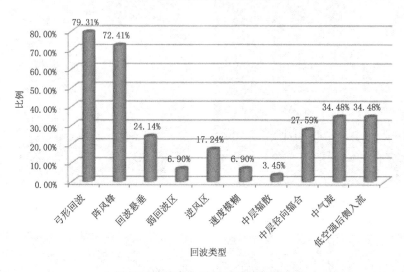

图 17　飑线发生时的雷达特征分布

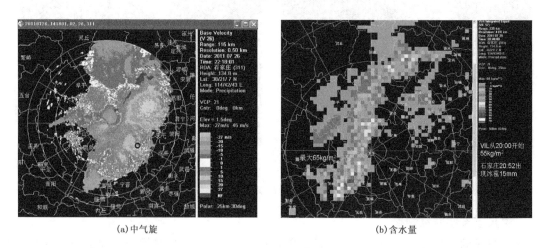

(a)中气旋　　　　　　　　　　　　　　　(b)含水量

图 18　飑线发生时的典型雷达特征(a～b)

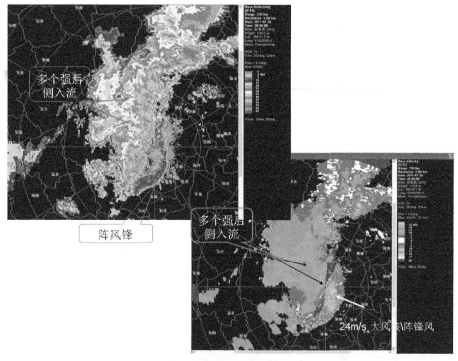

(a)强入流

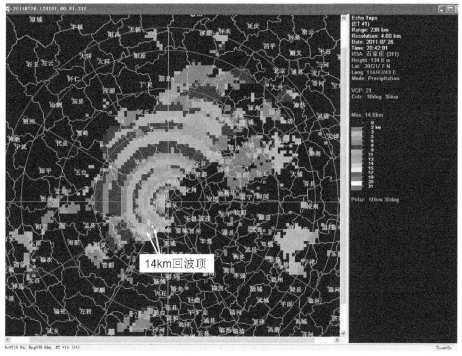

(b)旧波顶

图 19　飑线发生时的典型雷达特征

（2）与灾害性大风相关连的中尺度雷达天气特征是阵风锋、低空强后侧入流。当 500 hPa 出现急流时，有 20.69% 在地面出现阵风锋，10.34% 出现低空强后侧入流。

（3）阵风锋多出现在飑线形成前、飑线形成的初期阶段，一般出现在 0.5°仰角，个别强的阵风锋可以在 1.5°仰角甚至 2.4°仰角出现，反射率因子强度为 10～25 dBZ。阵风锋出现的位置，主要位于带状回波前侧 10 km 左右的地方，特别是弓形回波凸出的曲率最大处，也有一些出现的飑线以东方向的右后侧。

（4）低空强后侧入流，多出现在 0.5°、1.5°仰角（0.7～2.5 km 高度上），平均径向速度值可达 16～27 m/s，以西北风、西南风的风向为主。

5　小结

利用 2007—2013 年河北省 30 个飑线个例资料从天气形势、气象要素变化和雷达特征等方面得出如下结论：

（1）河北省飑线主要发生在 5 月下旬—8 月中旬的午后到傍晚时段，持续时间在 4 h 左右。

（2）河北飑线主要的生成源地在河北省西北部，对流泡多在太行山上生成，东移下山过程在浅山区或平原地带发展加强为组织性强的飑线。

（3）根据不同的影响系统将飑线过程天气型暂分为四种：冷涡影响型、强降水影响型、热力影响型和短波槽或切变线影响型。

（4）飑线的主要雷达特征是弓形回波、阵风锋和低空强后侧入流。

参考文献

[1]　朱乾根,寿绍文,林锦瑞,等.天气学原理和方法[M].北京:气象出版社,2000.

[2]　俞小鼎,姚秀萍,熊廷南,等.多普勒天气雷达原理与业务应用[M].北京:气象出版社,2006.

内蒙古典型暴雨过程中尺度特征及非常规观测资料的应用

常　煜[1]　刘澜波[2]

(1.内蒙古呼伦贝尔市气象局,呼伦贝尔市 021008;2.内蒙古包头市气象局,包头 014000)

摘　要

利用非常规观测资料探讨内蒙古近年来发生的 7 例典型暴雨个例中尺度特征发现:内蒙古暴雨过程小时雨强在 1 h 或 3 h 即可达到暴雨或大暴雨量级,小时雨强组成的雨团活动是内蒙古暴雨过程主要表现形式。冷锋云系中的中尺度对流系统(MCS)造成的雨团稳定少动,维持时间在 2 ~8 h,云—地闪(CG)密度增长缓慢而且发生频次低;涡旋云系中雨团跳跃式出现在 MCS 冷云区或冷空气流入一侧,雨团出现的频次较高,持续出现的时间可长达 22 h,是中尺度对流单体不断生消的结果,CG 密度增长迅速而且发生频次高。地面加密风场中尺度切变线先于 MCS 和雨团出现,而且 MCS 和雨团位于中尺度切变线冷空气一侧,中尺度切变线造成的局地辐合可以作为 MCS 发展的启动机制。

关键词: 小时雨强　中尺度对流系统　云—地闪密度

引言

MCS 发生发展的机理研究是目前暴雨灾害性天气研究的重点之一(陶诗言等,2003)。中尺度涡旋(扰动)是暴雨的直接影响系统,而在涡旋中出现的中尺度云团,甚至更小的 MCS,为暴雨中强降水的直接制造者(Rockwood *et al*,1988;寿亦萱等,2007;赵思雄等,2007)。闪电数据能提高卫星降水估计以及更好理解和预测暴洪中发生的对流风暴(Price *et al*,2011),闪电数据可以随时获取而且覆盖范围广,因此研究闪电探测技术在中尺度对流系统中的应用具有非常重要的意义。云地闪可以估计对流降水的落区和强度 (Price *et al*,2011;苗爱梅等,2012)。

内蒙古自治区地处我国北部边疆,降水历时短、相对强度大、局地性强多对流性暴雨(顾润源等,2012;常煜和韩经纬,2015)。本文对内蒙古近年来发生的典型区域性暴雨过程小时雨强特性进行诊断分析,初探非常规观测资料在内蒙古暴雨过程强降水的应用情况,对提高预报准确率及预防由短时强降水引起的灾害天气具有非常重要的意义。

1　资料来源和暴雨个例

1.1　资料来源

内蒙古信息中心提供的全区 119 站 24 h 降水量和 1 h 降水量资料;内蒙古地区自动气象站风场资料;NCEP 1°×1°再分析资料;FY-2E 卫星黑体亮温资料(TBB)。闪电定位资料选取内蒙古地区 21 部 ADTD 型闪电定位仪提供的资料。将 0.5°×0.5°网格内正地闪和负地闪发生频次总和定义为单位网格地闪密度。

基金项目:中国气象局预报员专项(CMAYBY2014-009)。

1.2 暴雨个例

本文选取近年来内蒙古地区发生的典型暴雨过程7例。

将单站1 h降水量≥10 mm定义为强降水。强降水平均强度定义为强降水总量级与总次数之比。强降水持续时间定义为1 h降雨量≥10 mm连续出现时间的总和。强降水最长持续时间内累积降水量定义为强降水最大累积雨量。为了便于对强降水进行研究,参照文献(朱乾根等,1992;赵思雄等,2004),将1 h水量≥10 mm,生命史≥2 h且范围达到或超过几十千米的雨区称为雨团。本文MCS定义标准参考文献(付炜,2013)。

因此本文将雨团在原地生成并消亡的过程定义为原地生消雨团过程;雨团连续发生或3 h内再次出现定义为移动雨团过程。在7例暴雨过程中,共出现14次原地生消雨团,其中9次伴有云地闪活动;移动雨团过程出现11次,其中有6次伴有云地闪活动。云地闪活动约占雨团总过程的60%。

2 暴雨过程中尺度特征

7例暴雨过程暴雨总站次与强降水平均强度空间分布共同特征表现在频次高值区集中出现在阴山山脉南部和东部地区。内蒙古强降水大于30 mm·h^{-1}的落区主要分布在内蒙古中部和东部偏南地区(图1a),西部偏南地区也出现降雨量大于20 mm·h^{-1}的强降水事件,强降水最大值极值出现在2012年6月25日16时内蒙古中部察哈尔右翼后旗1 h降雨量为68.4 mm·h^{-1},1 h即达到暴雨。持续强降水最大累积降水量除内蒙古西部和中部偏北地区为10 mm外(图1b),其余地区都在20 mm以上,值得关注的是内蒙古中部和东部偏南地区1 h或3 h的强降水累计雨量超过50 mm或100 mm,强降水在较短时间即可达到暴雨或大暴雨的量级。

内蒙古暴雨过程强降水持续时间在1~5 h(图1c),其中强降水持续时间在1~2 h次数占总次数88%,持续时间在4~5 h占3%,并主要出现在大兴安岭东部和阴山山脉南部暖湿气

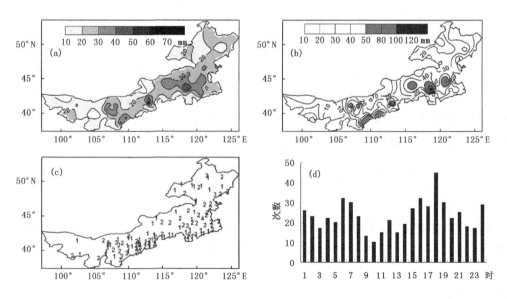

图1 7例暴雨过程(a)强降水最大值(单位:mm);(b)强降水最大累积降水量(单位:mm);
(c)强降水最长持续时间(单位:h);(d)强降水日变化

流迎风坡。对 7 例暴雨个例强降水发生频次日变化研究可见(图 1d),上午强降水最不活跃,午后强降水发生次数开始增加,在 18 时达到峰值,次峰值出现在 24 时和 06 时,可见午后热对流是暴雨过程强降水发生的主要机制。另外强降水的次峰值出现在午夜和凌晨的特点,形成这种现象的原因可能与低空急流日变化有关。可见,内蒙古暴雨基本上是在较短的时间内由短时强降水实现的,具有明显中尺度特征。

3　中尺度对流系统和闪电密度与雨团的关系

通过对 7 例暴雨过程雨团落区与 MCS 研究得出如下特征:冷锋云系中发展的 MCS 造成的雨团持续时间在 3～8 h,多原地生消雨团;涡旋云系中不断生消的 MCS 是雨团呈跳跃式出现的主要原因,持续时间可长达 22 h,多移动性雨团过程。雨团与 TBB 云顶亮温低于 −52℃ 的冷云区有很好的对应关系,强降水落区基本位于前进方向的冷云区右侧,冷云区冷空气流入一侧,这与 Kane(1987)研究结果相一致。另外一个特点是在中尺度对流系统移出的区域仍有雨团的出现,但是强度不大,在 10～20 mm·h⁻¹。

对给出的 15 次伴有云地闪活动的雨团特征研究发现,共同特征是在雨团出现前单位网格地闪密度(简称地闪密度,下同)值较小或基本没有云地闪发生,MCS 处于发展阶段,当雨团开始出现地闪密度呈增多趋势,MCS 冷云区低于 −52℃ 面积增大,当地闪密度不再增多或趋于减少时期,雨团雨强也随之减弱或结束。Holle 等(1994)研究证实了地闪密度增强与云顶面积增大表明对流系统将要持续,在对流系统消散阶段地闪密度迅速降低为零,强天气趋向于发生在风暴发展和成熟期。值得关注的是,移动雨团过程地闪密度最大值达到 2000 次·h⁻¹,原地生消雨团过程地闪密度值最大值仅为 800 次·h⁻¹。Tollerud 等(1992)和 Tadesse(2009)研究指出在对流系统成长阶段云地闪活动和面积扩展率对对流发生的强度、降水总量和雷暴持续时间具有很好的指示意义。

3.1　个例"20120719−23"中移动雨团过程特征

2012 年 7 月 20 日 14 时涡旋云系处于波动阶段(图 2),首先在内蒙古西部干旱区阿拉善盟开始出现对流单体,对流单体中出现 TBB≤−42℃ 冷云区,15 时内蒙古西部对流单体面积扩大雨团雨强减弱,此刻,中部地区中 γ 尺度对流单体新生,地闪密度由 14 时 173 次·h⁻¹ 猛增到 793 次·h⁻¹(图 3),尤其在 21—23 时较短时间内,最大单位单位网格地闪密度迅速增加到 1230 次·h⁻¹,与雨团和对流云团基本相重合;00—11 时由于冷空气侵入,雨团出现在冷云区,雨强减弱,但此时段地闪密度开始减少。09—11 时冷云区随涡旋云系东移过程向偏南方向移动,云团移出的区域仍有雨团出现。

地面资料能提供 MCS 演化过程和生命期所处阶段具有指示意义的信息(Rigo et al,2007)。对此个例 2012 年 7 月 20 日 14 时至 21 日 08 时地面加密风场与雨团和中尺度对流系统叠加可见,20 日 11 时,强降水出现前,河套南部为 1～4 m·s⁻¹ 的偏南风,河套西北部存在中尺度切变,并且持续到 14 时(图 4);20 时切变线略向东移,对流单体开始发展,切变线附近开始出现雨团;21 日 02 时地面中尺度辐合线北侧的偏北风风速突增,达到 4～8 m·s⁻¹;21 日 08 时中尺度切变线南压,降水也开始减弱。由此可见,强降水中心出现在地面中尺度切变线附近,并且地面中尺度风场辐合较强降水提前出现,降水强度随辐合区南侧偏南风风速的增强而增大。风场扰动可能先于对流扰动的出现,地面切变线造成的辐合区是启动对流活动的中尺度系统。

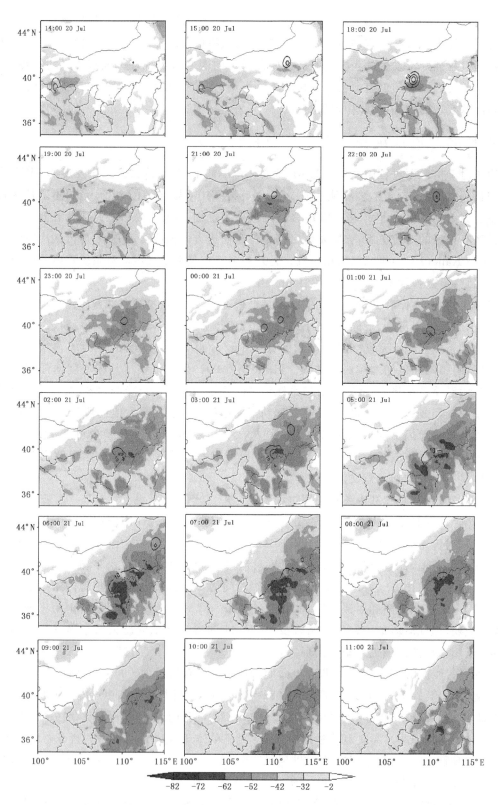

图 2　2012 年 7 月 20 日 14:00—21 日 11:00 逐时 TBB(彩色阴影)和降水量

(等值线,间隔 10 mm,单位:mm)

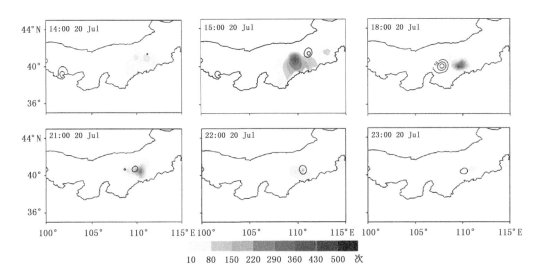

图 3 2012 年 7 月 20 日 14:00—21 日 00:00 逐时地闪密度(阴影)和降水量
(等值线,间隔 10 mm,单位:mm)

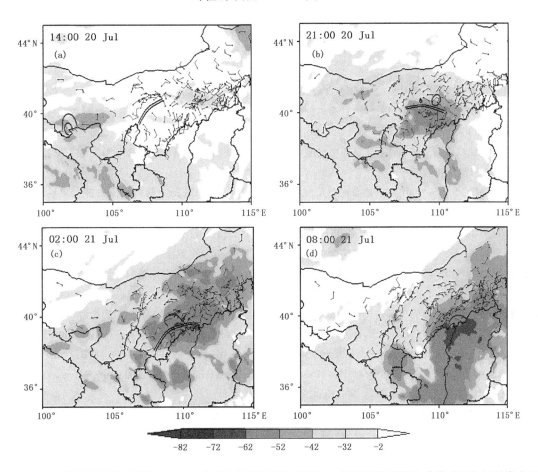

图 4 自动站风场(风羽,单位:m/s)(双实线为地面切变),卫星 1 h 间隔 TBB(阴影,单位:℃)和逐时降水量
(等值线间隔为 10 mm,单位:mm)

2012 年 7 月(a)20 日 14:00;(b)20 日 21:00;(c)21 日 02:00;(d)21 日 08:00

4 结论和讨论

(1)内蒙古暴雨基本上是由强降水在较短的时间内产生的,强降水历时短,局地性强,强降水时段集中,具有明显日变化特征和中尺度特征。

(2)7例暴雨个例地闪密度与雨团存在较好的对应关系,地闪密度增大可以提前预示对流单体将要发展和雨团将要出现,雨团大概出现在地闪密集区,地闪密度达到最密集与雨团雨强最强和中尺度对流系统达到成熟阶段基本相吻合。

(3)冷锋云系和涡旋云系是影响内蒙古暴雨过程的主要云系,冷锋云系中 MCS 造成的强降水基本稳定少动,维持时间在 2～8 h,水平尺度小,地闪密度在云团发展到成熟时期增长缓慢。涡旋云系中 MCS 造成的强降水具有跳跃式,是中尺度对流单体不断生消的结果,地闪密度值在云团发展到成熟时期快速增多。

(4)地面风场中尺度切变线先于中尺度对流系统和雨团的出现,中尺度切变线造成的局地辐合可以作为 MCS 发展的启动机制。

参考文献

常煜,韩经纬.2015.一次阻塞形势下的内蒙古暴雨过程特征分析[J].高原气象,34(3):741-752.

付炜,王东海,殷红,等.2013.青藏高原与东亚地区暖季 MCSs 统计特征的对比分析[J].高原气象,**32**(4):929-943.

顾润源,孙永刚,韩经纬,等.2012.内蒙古自治区天气预报手册[M].北京:气象出版社.

苗爱梅,董春卿,张红雨,等.2012."0811"暴雨过程中 MCC 与一般暴雨云图的对比分析[J].高原气象,(03):731-744.

寿亦萱,许健民.2007a."05·6"东北暴雨中尺度对流系统研究 I:常规资料和卫星资料分析[J].气象学报,**65**(2):160-171.

寿亦萱,许健民.2007b."05·6"东北暴雨中尺度对流系统研究 II:MCS 动力结构特征和雷达卫星资料分析[J].气象学报,**65**(2):172-182.

陶诗言,赵思雄,周晓平等.2003.天气学和天气预报的研究进展[J].大气科学,27(4):451-467.

朱乾根,林锦瑞,寿绍文,等.1992.天气学原理和方法[M].北京:气象出版社.

赵思雄,张立生,孙建华.2007.2007 年淮河流域致洪暴雨及其中尺度系统特征的分析[J].气候与环境研究,**12**(6):713-727.

赵思雄,陶祖钰,孙建华,等.2004.长江流域梅雨锋暴雨机理的分析研究[J].北京:气象出版社.

Holle R L,Watson A I,López R E,*et al*.1994.The life cycle of lightning and severe weather in a 3—4 June 1985 PRE-STORM Mesoscale Convective System[J].*Mon Weather Rev*.**122**:1798-1808.

Kane J R J,Chelius C R,Fritsch J M.1987.Precipitation characteristics of Mesoscale Convective weather system[J].*J Clim Appl Meteorol*.**26**,1345-1357.

Price C,Yair Y,Mugnai A,*et al*.2011.Using lighting data to better understand and predict flash floods in the mediterranean[J].*Surv Geophys*.**32**:733-751.

Rigo T,Llasat M.2007.Analysis of mesoscale convective systems in Catalonia using meteorological radar for the period 1996—2000[J].*Atmospheric Research*.**83**,458-472.

Rockwood A A,Maddox R A.1988.Mesoscale and synoptic scale interactions leading to intense convection:the case of 7 June 1982[J].*Wea Forecasting*,**3**:51-68.

Tadesse A, Anagnostou E N. 2009. Characterization of warm season convective systems over US in terms of cloud to ground lighting, cloud kinematics, and precipitation[J]. *Atmospheric Research*, **91**:36-46.

Tollerud E I, Augusting J A, Jamison B D. 1992. Cloud top characteristics of Mesoscale Convective Systems in 1986[J]. Pre print, sixth conf. on satellite meteorology and oceanography, Atlanta, GA Amer Meteor Soc, J3-J7.

山西北部强对流天气多普勒雷达径向速度特征

杨淑华　梁进秋　张玉芳　刘洁莉　陈　真　贾利芳　徐　鑫

(山西省大同市气象局，大同 037010)

摘　要

强对流天气是山西北部地区夏季主要降水形势。大同地区多普勒天气雷达投入业务运行已经有 9 年，通过对 9 年资料深入细致的研究，结果显示：多普勒雷达径向速度图上能判断强对流天气的中小尺度系统主要有 8 类：中小尺度辐合线、中低层西南急流、牛眼结构、中尺度气旋、逆风区、气旋性辐合线、西北气流、高空大风速核等。大部分短时强降水是多种中小尺度相互作用的结果。西南急流和西北气流沿径向延长线相交的区域常常是强降水落区；冷锋过境后，如果有西南急流输送，仍可以产生短时强降水，落区在冷锋控制地区；对于孤立的回波体，如果有西南急流配合回波会发展，当有西北气流侵入时即可断定会有强降水产生；高空大风速核和低层西南急流是绝大多数短时强降水具有的特征。本文选取 2014 年山西北部小时雨强大于 10 mm 的 32 次强对流天气为研究对象，对上述研究结果进行检验。

关键词：强对流　中小尺度　落区　多普勒雷达径向速度

引言

强对流天气是在大尺度环流背景下，由中小尺度系统造成的，往往具有发生突然、致灾严重、造成损失巨大的特点，在短期天气预报中预报准确率低，对于爆发具体时间更难确定。多普勒天气雷达的工作原理以多普勒效应为基础，可以测定散射体相对于雷达的速度，在一定条件下反演出大气风场、气流垂直速度的分布以及湍流情况等，一次体扫时间 6 min，所以说多普勒雷达对于强对流天气预报具有非常重要意义。本文选取 2014 年小时雨强大于 10 mm 的 32 次强对流天气为研究对象，目的是通过高时间分辨率的多普勒雷达径向速度产品识别中小尺度系统，将发布预警时间提前到 30 min 以上，以期提高强对流天气预报提前量，提高短时临近预报能力，为防灾减灾服务。

1　强对流天气中小尺度系统

1.1　逆风区型

张沛源(1995)等研究认为，在逆风区附近存在明显的水平风向垂直切变，反映了强对流内的上升气流引起的水平动量交换过程。这种动量交换影响了水平辐合辐散的强弱分布，造成了中尺度垂直环流的形成，是一个很好的暴雨判据。在逆风区附近及其移动路径上将出现和正出现暴雨，只要逆风区存在，回波和降雨强度都不会减弱。并且逆风区厚度与雨强有较好的相关性。本文 32 例强对流天气中出现逆风区的有 8 例，逆风区对于短时临近预报的时间提前量为 38～78 min。

实例：图 1 是大同市多普勒雷达 2014 年 6 月 22 日观测到的降水回波，在 1.5°仰角基本反射率图上(图 1a),在灵丘县史庄上游地区有一块状回波,对应在 1.5°仰角径向速度图上(图 1b)出现逆风区,2.4°径向速度图上(图 1c)逆风区仍然存在,到 4.3°仰角径向速度图上逆风区消失但有 27 m·s⁻¹ 的大风区(图 1d)。逆风区的出现表示此处的风向发生了剧烈变化,产生了强烈的风切变和辐合,当云团进入逆风区后发展增强,回波往往加强且移速减慢。本例史庄上游出现逆风区后块状回波迅速发展,78 min 后在史庄产生短时强降水,最大小时雨强达 33 mm。所以当径向速度图上出现逆风区时,即可发布预警信号。

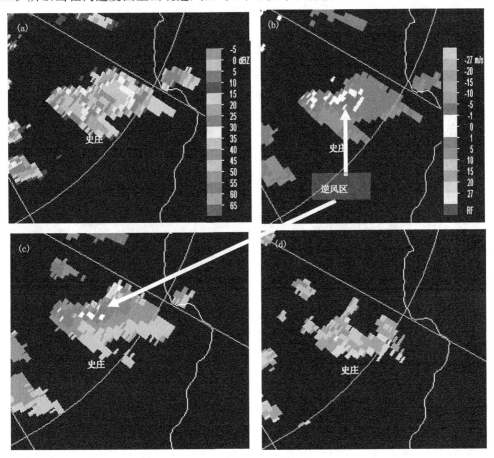

图 1   2014 年 6 月 22 日 10:28 多普勒雷达产品图

(a)1.5°仰角基本反射率;(b)1.5°仰角径向速度;(c)2.4°仰角径向速度;(d):4.3°仰角径向速度

1.2　中尺度气旋型

中尺度气旋是与强对流风暴的上升气流和后侧下沉气流紧密相联系的小尺度涡旋。它的出现表示气流旋转性很强,产生强烈的风切变和辐合,出现中尺度气旋时云团回波加强且移速减慢,很容易产生强降水。32 例强对流天气中出现中尺度气旋的有 6 例,对于短时临近预报的时间提前量为 34～58 min。

实例:2014 年 7 月 3 日 16:24 在 1.5°仰角基本反射率图上,在灵丘县下关镇的上游地区有一块状回波(图 2a),对应在 1.5°仰角径向速度图上有一个中尺度气旋(图 2b),2.4°径向速度图上为辐散区(图 2c),4.3°径向速度图上为明显的中尺度辐散(图 2d)。本例下关上游出现中尺度气旋后块状回波迅速发展,47 min 后在下关产生短时强降水,小时雨强达 22.5 mm。

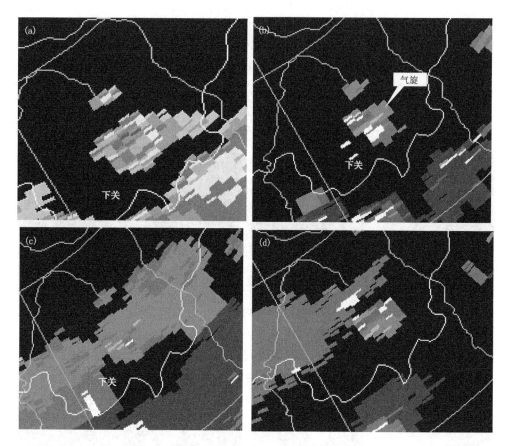

图 2   2014 年 7 月 3 日 16:24 多普勒雷达回波图

(a)0.5°仰角基本反射率;(b):1.5°仰角径向速度;(c)2.4°仰角径向速度;(d)4.3°仰角径向速度

1.3   低空西南急流型

低空西南急流是与强降水相联系的水平动量相对集中的气流带,具有风速极大值,急流轴上下均有明显的风速垂直切变,常与夏季暴雨相联系。多普勒雷达径向速度虽然不是大气真实速度,但沿着雷达径向速度仍能间接反映大气运动情况。

实例一:2014 年 6 月 24 日 13:40 在 1.5°仰角基本反射率图上(图 3a),在浑源县北紫峰西南方向有一块状回波,对应在 1.5°仰角径向速度图上(图 3b)有一个风速为 10 m·s^{-1}西南急流并且延伸到 2.4°仰角高度上(大约 6 km),3.4°径向速度图上为明显的辐散区。由此可判断在西南急流的引导下回波体将向东北方向移动并且加强。75 min 后在北紫峰产生短时强降水,小时雨强达 19.4 mm。

实例二:2014 年 7 月 15 日 17:14 在 1.5°仰角基本反射率图上(图 4a),左云上游地区 80 km 处有一块状回波,对应在 1.5°仰角径向速度图上(图 4b)有一个风速为 15 m·s^{-1}西南急流,西南急流伸展高度达到 4.3°仰角上(大约 5.5 km)(图 4c、图 4d)。如此深厚的西南急流为强降水的产生提供了水汽和热力条件。2 h 以后该回波发展为具有强天气性质的弓形回波,给左云带来小时雨强 17.6 mm 的短时强降水。

以上两个个例说明,对于孤立回波单体如果有西南急流配合更容易发展加强产生强降水,通过西南急流和西北气流沿径向运动延长线相交的区域常常是强降水落区。32 例强对流天

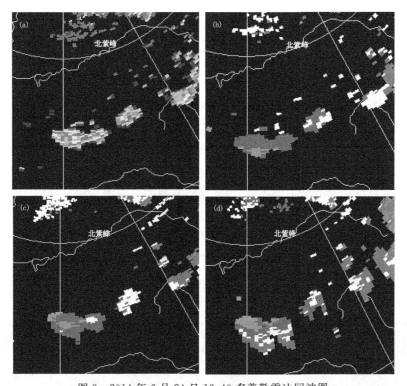

图 3　2014 年 6 月 24 日 13:40 多普勒雷达回波图

(a)1.5°仰角基本反射率;(b):1.5°仰角径向速度;(c):2.4°仰角径向速度;(d):3.4°仰角径向速度

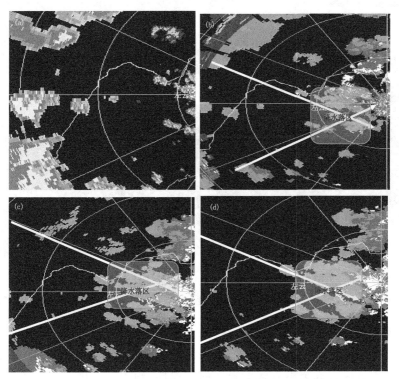

图 4　2014 年 7 月 15 日 17:14 多普勒雷达回波图

(a)1.5°仰角基本反射率;(b)1.5°仰角径向速度;(c)3.4°仰角径向速度;(d)4.3°仰角径向速度

气中出现低空西南急流的有 24 例,对于短时临近预报时间提前量为 63～82 min。因而说通过多普勒雷达径向速度图的低空西南急流来判断回波的移动方向和落区及降水时间是非常有用的。

1.4 西北气流＋中尺度辐合线型

实例:2014 年 7 月 29 日 18:58 在 1.5°仰角基本反射率图(图 5a)有 A、B、C 三个回波群,下面根据径向速度场判断它们的发展情况:在 1.5°仰角径向速度图上(图 5b),在距离测站48～80 km 处有西北气流移向测站,在西北气流东南侧有中尺度辐合线,到 6.0°仰角径向速度图上(图 5d)可见西北气流伸展到 10 km 高度,可以判断 A 回波群一定会发展增强;B 回波由于没有能量和水汽输送发展潜力不大,C 回波虽然有西南气流输送能量,但由于缺乏冷空气仍然是逐渐减弱的趋势。所以说 A、B、C 三块回波将发展加强的是 A 回波。实况是 A 回波在65 min 后给所经地区带来强降水天气,最大小时雨强达 20.9 mm。

通过对比 18:58—20:03 径向速度图和基本反射率图(图 6)可知,伴随西北气流的加强和东南移,产生强降水的是 A 回波,B 和 C 逐渐减弱无强降水产生。所以说在发布短时临近预报预警时,应该根据径向速度场特征判断回波的发展趋势,避免漏报和空报,提高准确率。

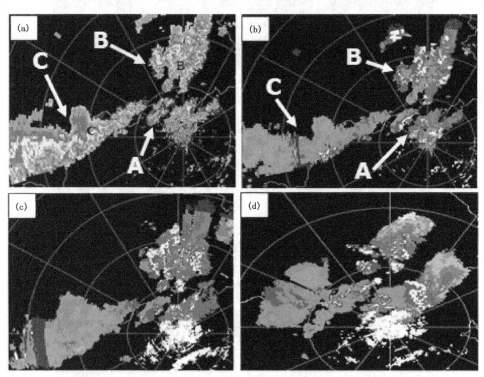

图 5 2014 年 7 月 29 日 18:58 多普勒雷达回波图
(a)1.5°仰角基本反射率;(b)1.5°仰角径向速度;(c)2.4°仰角径向速度;(d)6.0°仰角径向速度

1.5 西南气流＋西北气流＋中尺度辐合线型

图 7 是 2014 年 8 月 2 日 17:09—18:09 观测到的降水回波,在 17:09 1.5°仰角基本反射率图上,左云上游地区有五个中心强度较强的回波群,到 17:33 这五个回波群发展成片,到18:09 可以看到回波强度开始减弱。下面通过径向速度图分析减弱原因:在 17:09 径向速度

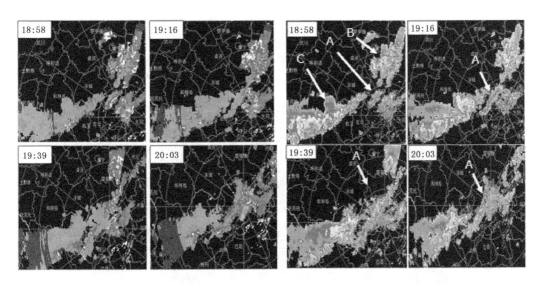

图 6　2014 年 7 月 29 日 18:58—20:03 径向速度图(左)和基本反射率演变图(右)

图上西南和西北气流沿径向运动的延长线相交区域在左云地区,北部回波没有足够水汽供应,南部回波没有干冷空气侵入,因而说在回波体在到达运动延长线相交区域前强度一般发展较慢。若只根据回波强度来发布预警信号容易造成空报和漏报。

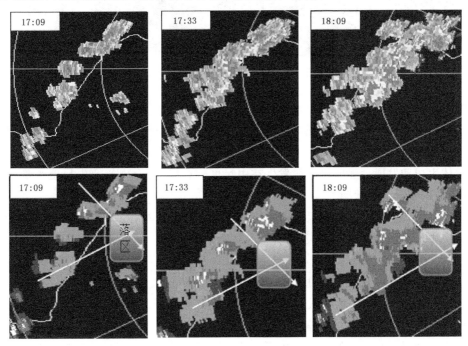

图 7　2014 年 8 月 2 日 17:09—18:09 1.5°仰角基本反射率图和径向速度图

从图 8 可见到 19:14 回波群继续减弱但在东南方向有新的回波发展增强,新回波就是由西北和西南气流相遇造成的,到 19:50 回波群继续减弱消散的同时该新回波体发展增强。径向速度图上可以看到 19:14 出现小尺度辐合线,19:50 辐合区发展东移,给左云带来小时雨强 13.2 mm 短时强降水。

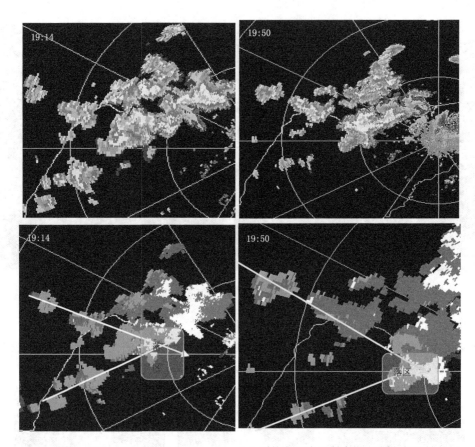

图 8　2014 年 8 月 2 日 19:14—19:50 1.5°仰角基本反射率和径向速度图

1.6　中尺度辐合线持续型

中尺度辐合是触发对流和加强对流的主要系统。低层中尺度辐合场和高层中尺度辐散场的发展与耦合对中尺度系统发展有很好的预示作用。回波单体间的低层辐合高层辐散促使新的回波单体生成和发展。强风暴一般发生在中尺度辐合线、辐合中心及中尺度气旋与反气旋之间,有较强的辐合上升运动。

在 32 次强对流天气中,由中尺度辐合线造成短时强降水的有 13 例,当多普勒雷达径向速度图上出现中尺度辐合线时,加强了辐合上升运动,在它们的移动路径上将有强降水发生。

实例:2014 年 8 月 3 日 18:37 在浑源和灵丘有两个带状回波,对应在径向速度图上可见灵丘的回波有中尺度辐合线配合,所以判断该回波将会继续发展加强且移速减慢,此时即可发布短时临近预报预警。浑源的回波虽然有东南气流供应能量,但由于没有冷空气配合会在东移过程中强度减弱。到 19:09 灵丘中尺度辐合线加强,对应回波强度有所加强。而浑源处的回波强度明显减弱。在 0.5°仰角上可以看到灵丘地区有东南气流辐合,1.5°~2.4°仰角为辐合,3.4°仰角上对应辐散区,即出现了中低层辐合高层辐散配置。由以上特征可以判断灵丘地区的回波强度会继续发展增强。实况是 20:00 该回波给灵丘带来最大小时雨强为 17.7 mm的强降水。此后回波移动缓慢,21:00 又给灵丘带来最大小时雨强为 17.7 mm 的强降水。

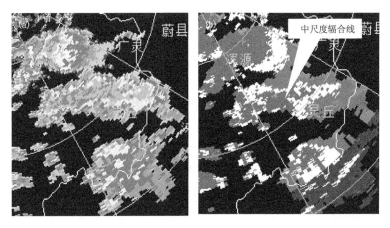

图 10　2014 年 8 月 3 日 18:37 1.5°仰角雷达图

(a)基本反射率图;(b)径向速度图

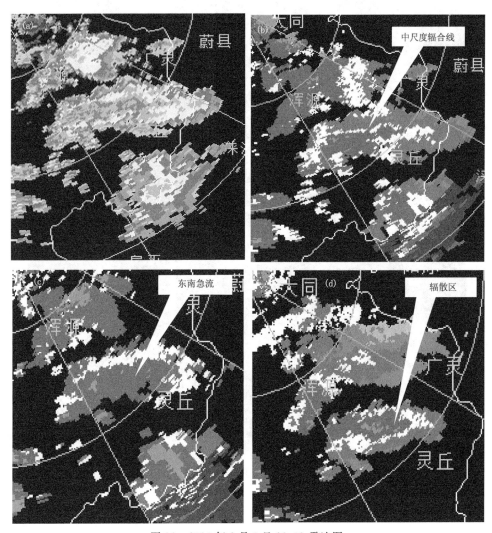

图 11　2014 年 8 月 3 日 19:09 雷达图

(a)1.5°仰角基本反射率图;(b)1.5°仰角径向速度图;(c)0.5°仰角径向速度图;(d)3.4°仰角径向速度图

1.7 西北气流后部＋西南急流型

在32例强对流天气中,由西北气流后部配合西南急流造成短时强降水的有5例,当多普勒雷达径向速度图上出现西北和西南急流时,在加强了辐合上升运动的同时有冷空气入侵,冷暖空气相遇是降水效率较高的一种配置。

实例:2014年8月4日05:34在1.5°仰角径向速度图上,冷空气已经到达雷达测站,与之对应的回波A出现小时雨强为10.3 mm强降水,在回波的西南侧有15 m·s⁻¹以上西南急流供应水汽和能量,由此可以判断回波A将继续发展加强。到了06:04测站出现牛眼结构,中心风速15 m·s⁻¹,在偏北急流作用下3 km左右的西南急流被抬升凝结,回波强度增强。伴随东北急流和西南急流的持续交汇,回波群发展加强面积增大。到06:28短时强降水开始,最大小时雨强15.8 mm;从07:27开始由于北方新一轮冷空气的入侵和南方源源不断暖湿气流输送降水再次加强,最大小时雨强达14.8 mm。

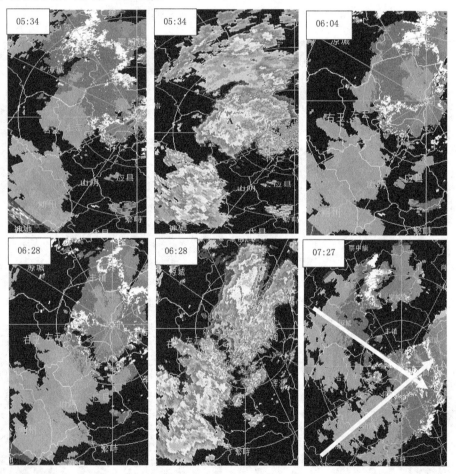

图12　2014年8月4日05:34—07:27 1.5°仰角基本反射率图和1.5°仰角径向速度图

1.8 气旋性辐合线型

气旋性辐合线不仅有旋转而且有辐合,是造成强降水的直接原因,也是强对流的触发系统。

实例:2014年6月24日15:10在1.5°仰角基本反射率图上有A、B、C三块回波(图13a),

对应在径向速度图上可见(图 13b),A 有大于 15 m·s⁻¹ 东南急流供应水汽个能量,C 处有 5 m·s⁻¹ 东南风供应水汽,B 处出现中尺度气旋式辐合线,A 和 B 由于有东南急流和辐合线配合回波强度都较强;到 15:27(图 13c、图 13d)由于东南急流和中尺度辐合线减弱,A 和 B 强度减弱,C 处开始出现中尺度气旋式辐合线,强度开始增强;到 15:39(图 13e、图 13f),由于 C 处的中尺度气旋式辐合线增强,强度开始进一步增强;到 15:51(图 13g、图 13 h),C 处的中尺度气旋式辐合线持续,强度开始进一步增强增强,中心强度超过 55 dBZ。

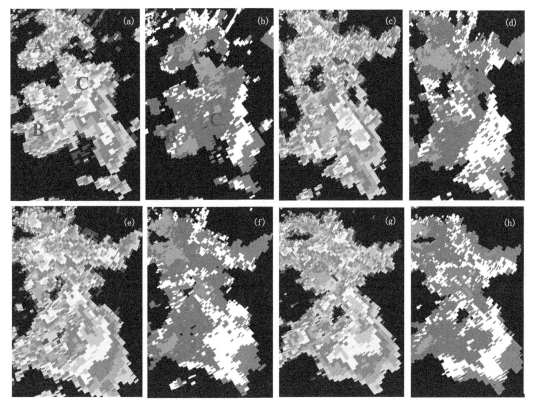

图 13　2014 年 6 月 24 1.5°仰角基本反射率图(a:15:10;c:15:27;e:15:39;g:15:51)
与 1.5°仰角径向速度图(b:15:10;d:15:27;f:15:39;h:15:51)

2　结　论

(1)通过对 2014 年 32 个短时强降水个例进行分析,在多普勒雷达径向速度图上产生短时强降水的中小尺度系统有:中小尺度辐合线、中低层西南急流、低层牛眼结构、中尺度气旋、逆风区、气旋性辐合线、西北气流、高空大风速核等。大部分短时强降水是多种中小尺度相互作用的结果。

(2)多普勒雷达径向速度图上西南急流和西北气流沿径向延长线相交的区域常常是强降水落区。

(3)多普勒雷达径向速度图上冷锋过境后,如果依然有西南急流输送,仍可以产生短时强降水,落区在冷锋控制地区。

(4)多普勒雷达径向速度图上对于孤立的回波体,如果有西南急流配合回波体会发展加强,当有西北气流侵入时即可断定会有强降水产生。

（5）多普勒雷达径向速度图上高空大风速核和低层西南急流是绝大多数短时强降水具有的特征。

参考文献

张沛源,陈荣林.多普勒速度图上的暴雨判据研究[J].应用气象学报,1995,6(3):371-374.

一次引发暴雨天气的中尺度低涡过程的数值研究

赵　宇

（南京信息工程大学,南京 210044）

摘　要

利用常规观测资料和 WRF 模式的模拟资料对 2008 年 7 月 17—19 日发生在山东的远距离暴雨过程中尺度低涡的结构进行了分析。结果表明,数值模拟可以清楚地捕捉到中尺度低涡东移过程中伴随新的涡旋中心形成,并替换旧的涡旋中心的过程,而不是简单的低涡沿切变线东移。中尺度低涡上空近地面层的冷池、600～400 hPa 的弱冷空气堆、900～850 hPa 的弱风区及高低空急流耦合发展是中尺度低涡形成和发展阶段的重要特征。中尺度低涡减弱阶段,下沉运动变强,低空急流和高空出流都明显减弱。

关键词:暴雨　中尺度低涡　结构　涡度收支　登陆台风

引言

2008 年 7 月 17—19 日,受 0807 号台风海鸥减弱的热带风暴与西风槽的共同影响,山东出现了 2008 年汛期最强的降水过程,山东大部地区普降暴雨到大暴雨。这次暴雨过程是热带气旋远距离暴雨。热带气旋远距离暴雨具有降水强度大、突发性强、预报难度大的特点。近年来,随着中尺度数值模式的不断发展和完善以及高时空分辨率资料的获得,人们有可能更多地关注台风远距离暴雨的中尺度系统的活动特征(孙建华等,2006;周毅等,2009;Schumacher *et al*,2011;Zhao *et al*,2009;赵宇等,2011;闫菲等,2012;张雪晨等,2013)。但因这一问题本身的复杂性,目前对引发台风远距离暴雨的中尺度对流系统(MCSs)、中尺度涡(MCVs)的结构特征以及其与台风环流之间相互作用的特点还不是很清楚。本文借助 WRF 模式的模拟结果对与该暴雨过程相关联的中尺度低涡进行深入的研究,探讨中尺度低涡的结构及其形成机制,为深入理解台风远距离暴雨中尺度系统的发生发展,提高暴雨预报提供参考。

1　降水概况

这次降水过程从 2008 年 7 月 17 日下午首先在鲁西南开始,然后逐渐向东北发展。17 日 20 时—18 日 20 时,山东共有 29 个县(市)雨量超过 100 mm,两个降水中心分别位于鲁中的沂源和鲁西南的曹县,降水量分别为 129.1 mm 和 115 mm(图 1)。鲁中的强降水中心主要是 18 日 08 时—14 时形成的,沂源 6 h 降水达 103 mm。

2　中尺度低涡的结构及演变分析

采用中尺度模式 WRF3.2 对该暴雨过程进行数值模拟。模拟采用双向双重嵌套,模拟区域格距分别为 30 km、10 km,积分的初始时间为 2008 年 8 月 17 日 20 时,积分 24 h。对比细网格模拟的 17 日 20 时至 18 日 20 时降水量与实况雨量(图 1),可以发现模式较好地再现了此次降水过程,下面主要利用模拟结果做进一步的分析。

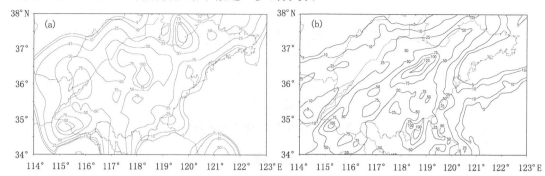

图 1   2008 年 8 月 17 日 20 时至 18 日 20 时降水量实况(a)及模拟(b)(单位:mm)
(等值线:5,10,25,50,75,100,120)

2.1   对流层各层流场分析

这次暴雨过程是由"海鸥"台风和副热带高压外围共同向山东输送水汽,与低涡相互作用造成的(李媛等,2014)。18 日 02 时,850 hPa 上河南和山东交界处有一东西向闭合低压生成。18 日 08 时,中尺度低涡移到鲁南地区。该中尺度低涡和切变线是暴雨的直接制造者。18 日 02 时,模拟也显示这一带有东西带状气旋性环流(图 2a),环流东部气旋性曲率较大。18 日 04 时,气旋性环流东移,在切变线东侧的降水区新生一个环流中心(图 2b)。18 日 05 时(图 2c),东西两环流中心合并形成一个完整的中尺度低涡。925 hPa 流场与 850 hPa 流场类似,18 日 05 时形成中尺度低涡的雏形(图 2e),但低涡的中心较 850 hPa 偏南。700 hPa(图 2f)和 500 hPa 上没有中尺度低涡,相应位置为气旋性曲率最大处。中尺度低涡主要在 850 hPa 以下,随高度向北倾斜。低涡生成后,直到 18 日 20 时都一直维持,初期长轴为近东西向,降水主要分布在低涡的东北和东南象限,18 日 01—08 时最大雨强约为 35 mm/h(图 2d),低涡形成后沿切变线东移,18 日 09 时之后,低涡东南象限的降水逐渐减弱,东北象限的最大雨强维持在 20～30 mm/h。

可见,数值模拟资料可以清楚地看到中尺度低涡的发展过程,是旧的涡旋中心减弱消失,新的涡旋中心发展替换的过程,而不是简单的低涡沿切变线东移。最强的降水发生在中尺度低涡形成前,中尺度低涡形成后,强降水维持数小时,降水位于低涡的东北和东南象限。

2.2   中尺度低涡的结构和演变

2.2.1   中尺度低涡发展各阶段的划分

根据中尺度低涡环流的发展和区域(33°～37°N,113°～119°E,图 2 中方框)平均的涡度强度,中尺度低涡可以分为三个阶段:中尺度低涡开始阶段(18 日 05 时之前)、发展阶段(18 日 06—09 时)及维持减弱阶段(18 日 10—20 时)。选取中尺度低涡形成前的 18 日 02 时、形成时的 18 日 05 时、发展阶段的 18 日 08 时及维持减弱阶段的 18 日 12 时来研究中尺度低涡的结构特征和演变。

2.2.2   中尺度低涡发展各阶段的结构特征

中尺度低涡形成前,其未来生成区有强降水和对流发展,分析 18 日 02 时沿未来低涡生成中心 34.8°N 温度离差的垂直剖面表明,随对流的发展,低涡生成区上空有明显的增温(图 3a),地面至 800 hPa 为冷池,高层 200～100 hPa 为冷云顶。低层冷池向外辐散的冷空气与环

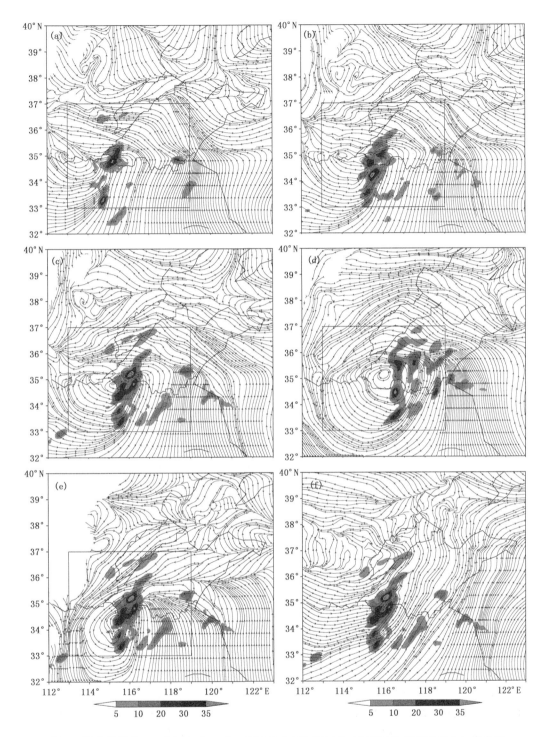

图2 模式模拟的 850 hPa(a、b、c、d)、925 hPa(e)及 700 hPa(f)流场及相应时次 1 h 降水量
（阴影，mm）分布：(a)18 日 02 时；(b)18 日 04 时；(c、e、f)18 日 05 时；(d)18 日 07 时

境场暖湿气流辐合可以增强中低层气流的辐合，有利于中尺度低涡的形成和发展。未来低涡
生成中心东部上空大于 15 m/s 的风速从 800 hPa 伸展到 550 hPa(图 3b)，而低涡中心上空的

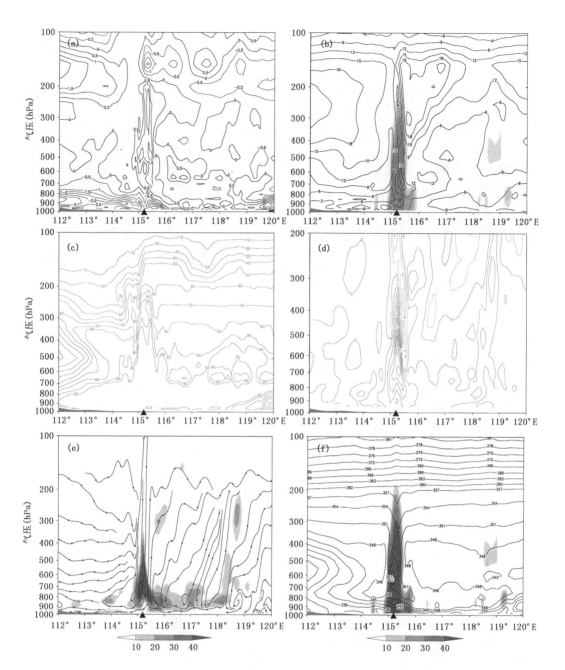

图3　细网格模拟的7月18日02时各物理量沿中尺度低涡中心34.8°N的垂直分布
(a)温度离差(℃);(b)风速(m·s⁻¹)和雷达反射率(阴影,dBZ,色标同图6f);(c)相对湿度(%);(d)位涡(PVU);(e)垂直环流(u,w×20, m·s⁻¹)和涡度(阴影,10⁻⁵s⁻¹);(f)相当位温(K)和雷达反射率(阴影,dBZ)(三角符号为18日05时低涡中心位置)

风速较弱。低空急流右侧高空的出流比较强,形成高低空急流耦合的形势(图 3b、3e)。低涡生成区上空的上升运动从地面伸展到整个对流层,低涡中心东部为大范围的上升运动(图3e)。低涡中心上空为正涡度柱(图 3e)和明显的位涡异常(图 3d)。低涡生成区上空从地面到300 hPa 为相对湿度大于 95% 的深厚饱和层(图 3c),此饱和区 800 hPa 以下为稳定层结,

800～300 hPa 相当位温线呈垂直走向,为中性层结(图 3f)。上述物理量的分布非常有利于中尺度涡旋的形成,因为受到湿位涡守恒的制约(吴国雄等,1995),对流层低层的绝对涡度会显著增加,非常有利于这一地区对流层低层中尺度涡旋的生成或者发展。

中尺度低涡形成时(18 日 05 时)的主要变化是低涡中心上空已转为弱的下沉气流(图4a),低涡中心上空的对流减弱消失,主要的对流区东移到低涡中心东部(图 4b)。低涡形成后其中心上空的正涡度明显减小,强的正涡度和强的潜热加热都位于低涡中心东部的降水区上

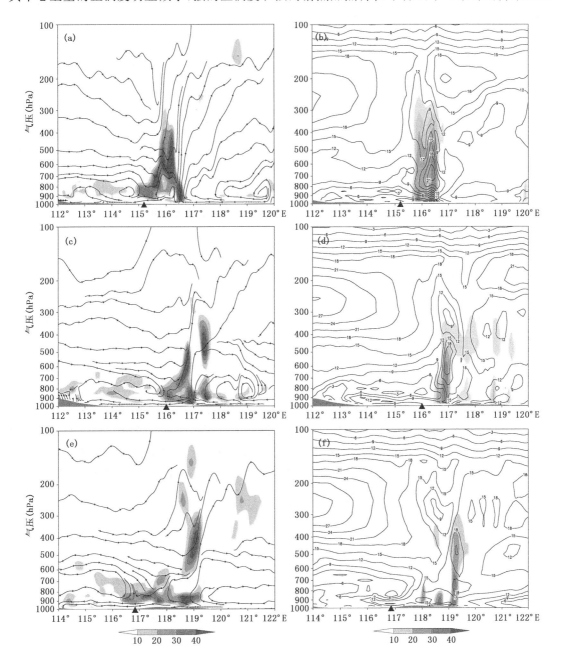

图 4 细网格模拟的沿低涡中心(a,c,e)垂直环流(和涡度(阴影)及风速和雷达反射率(右侧,阴影)的垂直分布(a)和(b):18 日 05 时;(c)和(d):18 日 08 时;(e)和(f):18 日 12 时(三角符号为低涡中心)

空,中尺度低涡被夹在上下两个冷堆之间。饱和层的厚度明显减小,大于 95% 的饱和层从地面只发展到 750 hPa,弱冷平流从西北方向侵入低涡,有利于中尺度低涡的发展。低涡中心东部的低空急流中心风速增大到 21 m·s^{-1},等风速线 15 m·s^{-1} 伸展到 400 hPa,对流区在急流附近发展,其右侧高空出流风速达 21 m·s^{-1},位于 200 hPa 附近,低涡上空及其西侧的风速进一步减小,低涡中心及其西部 850 hPa 附近出现了小于 3 m·s^{-1} 的弱风区(图 4b),中尺度低涡形成在弱风区附近。

中尺度低涡发展阶段(18 日 08 时),低涡中心上空 900~700 hPa 为下沉气流,对流进一步东移,正涡度柱伸展的高度降低,低涡中心上空 600~400 hPa 冷空气堆和小于 3 m·s^{-1} 的弱风区仍维持,低涡中心东侧对流伸展高度有所降低(图 4d),低空急流减弱,右侧高空中尺度风速仍为 21 m·s^{-1},与低空急流的距离加大,高低空急流耦合效应减弱。低涡中心东侧相应的降水明显减弱。

中尺度低涡维持减弱阶段(18 日 12 时),低涡中心上空的下沉气流增强(图 4e),低涡东侧的反气旋环流明显东移,上升运动减弱,对流与低涡中心的距离变得更大。虽然低空急流中心仍为 18 m·s^{-1},但右侧的高空出流减弱明显(图 4f),高低空急流耦合作用减弱。雷达反射率在 30 dBZ 以下,比中尺度低涡的初始和发展阶段弱,弱风区仍维持,其上空 600~400 hPa 的冷空气堆消失,低涡上空没有冷平流的作用,不利于中尺度低涡的发展。

3 结论和讨论

本文利用常规观测和数值模拟资料分析了发生在山东的一次热带气旋远距离暴雨过程中尺度低涡的发展演变过程,结果表明:

(1)850 hPa 上的中尺度低涡和切变线是暴雨的直接制造者。从模拟资料上可以清楚地捕捉到中尺度低涡的发展演变,中尺度低涡东移过程中伴随新的涡旋中心形成,替换旧的涡旋中心的过程,而不是简单的低涡沿切变线东移。

(2)中尺度低涡形成在强降水发生后,低涡形成前其上空有明显的增温,深厚的饱和层,近地面层为冷堆,其中心以上升运动为主。中尺度低涡形成后其中心转为下沉运动,对流区东移,降水区位于低涡的东北和东南象限。中尺度低涡上空近地面层的冷池、600~400 hPa 的弱冷空气堆、900~850 hPa 的弱风区及高低空急流耦合发展是中尺度低涡形成和发展阶段的重要特征。中尺度低涡维持阶段,下沉运动变强、变厚,低空急流和高空出流都明显减弱,低涡上空 600~400 hPa 的冷空气堆减弱消失。

参考文献

李媛,赵宇,李婷,等.2014.一次台风远距离暴雨中的干侵入分析[J].气象科学,**34**(5):536-542.

孙建华,齐琳琳,赵思雄.2006.“9608”号台风登陆北上引发北方特大暴雨的中尺度对流系统[J].气象学报,**64**(1):57-71.

吴国雄,蔡雅萍,唐晓菁.1995.湿位涡和倾斜涡度发展[J].气象学报,**53**(4):387-404.

闫菲,李艳伟,周毓荃,等.2012.受“碧利斯”影响的一次中尺度对流系统模拟研究[J].大气科学学报,**35**(6):737-745.

张雪晨,郑媛媛,姚晨,等.2013.一次远距离台风暴雨中尺度对流系统的分析[J].大气科学学报,**36**(3):346-353.

赵宇,崔晓鹏,高守亭.2011.引发华北特大暴雨过程的中尺度对流系统结构特征研究[J].大气科学,**35**(5):945-962.

周毅,赵磊刚,李昀英.2009.台风暴雨过程中不同尺度系统的相互作用[J].气象科学,**29**(2):173-180.

Schumacher R S,Jr. Galarneau T J,Bosart L F. 2011. Distant effects of a recurving tropical cyclone on rainfall in a midlatitude convective system:a high-impact predecessor rain event[J]. *Mon Wea Rev*,2011,**139**(2):650-667.

Zhao Yu,Cui X P,Wang J G. 2009. A study on a heavy rainfall event triggered by inverted typhoon trough in Shandong Province[J]. *Acta Meteorologica Sinica*,**23**(4):468-484.

"2014. 7. 24"宜宾南部山区局地大暴雨中尺度分析

郭银尧[1]　肖递祥[2]

(1. 宜宾市气象局,宜宾 644000；2. 四川省气象台,成都 610072)

摘　要

利用常规气象资料、NCEP 再分析资料以及新一代天气雷达资料、加密自动雨量站、Google earth 地形资料等,采取天气学诊断分析方法,对出现在宜宾市珙县孝儿镇的一次局地大暴雨过程进行了分析。结果表明:局地暴雨发生前期持续数日的高温高湿状态使得大气不稳定能量的不断积累,为中尺度系统形成创造了有利的环境条件,宜宾站 SI 指数的变化与南部山区暴雨的发生有一定的相关性;山区下垫面的地形强迫抬升为中尺度系统的发展提供了有利的触发条件,雨区与地形走向关系密切;新一代天气雷达资料和自动雨量站的风场资料能较好地监测到山区中小尺度系统的生成和发展。

关键词:局地大暴雨　中尺度系统　地形强迫抬升

引言

宜宾市地处四川盆地西南部丘陵地带,地势较为复杂,夏季多局地强降水,近年来随着新一代雷达和遥感技术的应用,对引发暴雨的中小尺度系统机理研究较为广泛[1~4],但中小尺度的突发性暴雨仍为地市州的预报难点,本文利用精度较高的 Google earth 地形资料和 NCEP 再分析资料对一次典型的局地大暴雨进行分析,旨在揭示宜宾南部山区暴雨触发机制,对指导本地降水预报防范山区洪涝和泥石流灾害具有一定的实际意义。

1　过程概况

7 月 23 日 20 时至 24 日 08 时,宜宾市出现了一次局地的对流性降雨天气过程,降雨中心区主要位于宜宾市中部和南部,根据自动雨量站的统计,超过 50 mm 的有 22 站,超过 100 mm 的有 1 站,位于珙县孝儿镇,雨量为 126.9 mm,降雨过程极为迅速和集中,孝儿站点两小时内降雨量达 120.5 mm。孝儿镇有 12 个村受灾,倒塌房屋 9 间,损害较为严重。据统计,从今年 6 月截至 8 月 20 日,宜宾市共发生暴雨 18 次,包括 5 次大暴雨,只有 8 月 17 日发生区域性暴雨,其余时次均为局地性强降水。其中 50~100 mm 的 13 次中,南北较为均衡,各发生 7 次;而大暴雨则多数发生在南部(筠连县、高县、珙县),5 次中有 4 次。

2　环流背景

7 月中旬以来,盆地东部和南部受副热带高压控制,随着副高缓慢东退,青藏高压在 22 日建立,四川盆地处于两高之间,此时热带低压"麦迪逊"位于台湾海峡,23 日 08 时,川西高原为两高之间的低槽,四川省大部处于鞍型场控制之下,300 hPa 上也有此特征,有利于能量的进一步积累,23 日孝儿镇最高温度为 38℃,青海南部为一温度槽,等温线密集处垂直于高度场,且较为深厚,有利于冷平流向四川地区输送,850 hPa 上温度槽位于甘肃南部,更加偏东。23日 20 时川西高原的低槽东移南压,盆地南部依然处于均压场的控制,此时"麦迪逊"从福建省登陆,副热带高压进一步东移,588 dagpm 线已移至华北地区,有利于海上偏南风的深入。

3 中尺度触发系统

从过程实况特征来看,属于局地的大气对流运动,盆地均处于均压场的控制,800～500 hPa 各层均只有 2 dagpm 之差,风速较小,因此选择细网格的风速对宜宾地区的风场进行鉴别,23 日 08 时,由于副热带高压处于盆地东部,且有"麦迪逊"外围的风速叠加,盆地南部为较为一致的东南风,有利于水汽的引导输送,700 hPa 盆地南部为反气旋控制,有利于白天的积温,850 hPa 上盆地南部风速较小,没有明显的风向特征,但陕甘南部有一支北风,风速达 10 m·s^{-1},说明冷锋已处于盆地北部边缘。到了 20 时,由于副热带高压东退和"麦迪逊"北上,500 hPa 上风速减小,依然维持东南风,700 hPa 则转为一致的南风,盆地北部已有北风与之产生切变,说明冷锋已进入盆地(图 1a),850 hPa 上北风进一步南压,宜宾上空为偏东风(图 1b),而 925 hPa 上北风已到达宜宾北部,在长江入口处形成气旋式辐合,高低层的风场特征与锋面北高南低的垂直分布较为吻合(图 1c),20 时宜宾探空站风速随高度逆转,也说明有冷平流的入侵,地面锋线正位于宜宾城区上空,此时按锋面前沿 6～10 m·s^{-1} 的风速计算,冷气团将于 3～5 h 之后过境宜宾南部。

到了 02 时,即降雨发生 1 h 以前,700 hPa 上风场变化不大,宜宾南部仍为偏南风,低层特征更为明显:850 hPa 最南端的北风已压至宜宾西南部(图 1e),925 hPa 上北风前沿已到贵州省西北部,宜宾南部均为偏北风(图 1f),从地面 03、04 时的实况风场也能看到近地面层的北风加强,说明此时冷锋已过境宜宾南部。

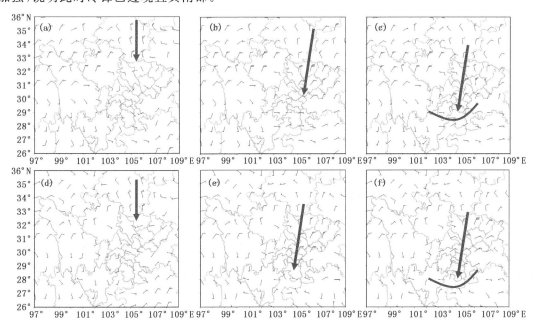

图 1　7 月 23 日 20 时到 24 日 02 时风场(单位:m·s^{-1})

a、b、c 分别为 23 日 20 时 700 hPa、850 hPa、925 hPa;d、e、f 分别为 24 日 02 时 700 hPa、850 hPa、925 hPa

通过风场可以知道地面有冷气团的入侵,从 05 时的 3 h 变压场可以看到,宜宾地区处于一个由北向南逐渐加强的正变压区,冷空气加上冷池效应,最高变压中心达到 23 hPa。孝儿站点 03 时到 04 时温度下降了 3.8℃,变温明显,但冷气团范围较小,只覆盖了盆地中部和南部的部分地方,属于中小尺度范围。位于宜宾西南部的筠连从 03 时的静风到 04 时的偏北风,风速达到 18 m·s⁻¹,说明此次过程具有发展迅速和局地的特征。

4 中尺度系统发展的环境条件

4.1 动力条件

较强的动力抬升条件能促发和维持强对流的发展,采用 NCEP 1°×1°再分析资料计算出垂直涡度和散度场。从 23 日 20 时的垂直涡度和散度场可以看到,700 hPa 上,宜宾地区还处在负涡度及辐散状态,850 hPa 宜宾北部已经有正涡度和一定的辐合,但数值较小。到了 02时,700 hPa 显示宜宾地区仍然处于负涡度,但有一定的辐合存在,850 hPa 的辐合并不明显,但涡度迅速增加,说明较低层有明显的抬升作用,此时在 1500 m 左右的高空正处于对流云发展旺盛阶段。

4.2 水汽条件

虽然孝儿镇的强降水只持续了 2 h,但没有外界的水汽输送很难形成大暴雨,从宜宾南部(虚线:E:104°～105°)所在的 28°N 水汽通量散度上可以看到,23 日 20 时(图 2a)负值区位于宜宾东部,强中心随高度减小,24 日 02 时(图 2b)850 hPa 到 925 hPa 均为负值区,强中心位于106°E,并向西延伸,说明此时在孝儿镇海拔 800～1500 m 的高度上有较强的水汽辐合,对该地形成大暴雨提供了持续充沛的水汽条件。

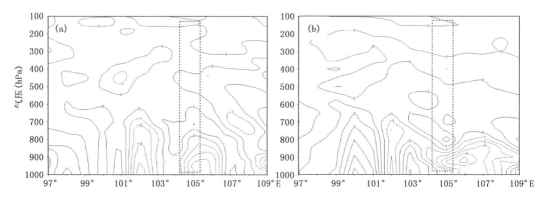

图 2　28°N 水汽通量散度(单位:10⁻⁶ kg·m⁻²·Pa⁻¹·s⁻¹):(a)23 日 20 时;(b)24 日 02 时

4.3 能量条件

由于 7 月中旬前期的晴热天气,积蓄了较好的热力条件,21、22 日宜宾大部最高温度连续超过 35℃,22 日珙县孝儿最高温度达 38.9℃。从宜宾探空站资料(02 时为当日加密探空)表1 中可以看出,各项物理量均处在大气不稳定状态的数值,但是集中激增的时间是在 23 日 20时到 24 日 02 时之间,$CAPE$ 值增长了 1964.1 J·kg⁻¹,K 指数增加了 18,SI 指数下降了3.17,$\theta_{se500-850}$ 维持在 -25℃ 以上,比湿三层累加(>40 g·kg⁻¹ 即达到暴雨水汽条件)达到50.65 g·kg⁻¹。有利于大暴雨的产生。

表 1　宜宾探空站 23 日 08 时至 24 日 02 时部分物理量

Time(h)	$CAPE(\text{J}\cdot\text{kg}^{-1})$	$K(℃)$	$SI(℃)$	$\theta_{se500-850}(℃)$	$q_{(700+850+925)}(\text{g}\cdot\text{kg}^{-1})$
23—08	794.5	37	−1.42	−22.23	41.25
23—14	1483.4	37	−4.0	−30.73	37.52
23—20	899.5	31	−4.41	−27.93	33.87
24—02	2863.6	49	−7.58	−29.57	50.65

考虑到 02 时的探空资料没有连续性,且有一定延迟,对于临近预报很难观察到物理量激增的过程,因此对于 2014 年宜宾的暴雨过程和 20 时的物理量进行了一些统计对比,发现了宜宾局地暴雨的出现和前期 20 时 SI 指数有一定的相关性[5],表 2 所示,在 7 月 20 日到 8 月 7日之间,宜宾市共发生了 6 场局地暴雨,其中 4 次位于南部山区,7 月 24 日到 8 月 5 日的局地暴雨均符合:发生在一次 $SI\leqslant-4℃$(或非常接近于−4℃),连续两次 $SI\leqslant-3℃$ 之后的第二天,且区域性暴雨无此特征。

表 2　2014 年宜宾局地暴雨与 SI 指数相关性

日期	7.20	7.24	7.30	8.01	8.04	8.05
$SI(℃)$	−2.88	−4.27	−3.35	−2.12	−3.17	−1.06
一次 $SI\leqslant-4$	○	●	●	○	●	○
二次 $SI\leqslant-3$	○	●	○	●	○	●

5　雷达回波演变

过程从宜宾 SC 多普勒雷达产品上也能比较清楚地辨析,为了便于比较,选取了 1.5°仰角125 km 的范围,如图 3 所示,在 a 时段即对流发展阶段,从基本速度图上可以看到宜宾上空为较强的西北风,雷达附近风速达到 29 m·s⁻¹,而高层显示出相反的速度特征,以偏南风为主,显示出上层与下层的风向交汇,此时宜宾南部孝儿镇(红圈内)上空,有负速度区的出现,在反射率因子图中,强回波中心出现在孝儿镇西边,可以观察到孝儿镇上空出现 55 dBZ 的小型对流回波,为本地生成;b 时段即发展旺盛阶段,可以从径向速度图中看到宜宾上空依然是较强西北风,并且回波前沿逐渐清晰,有一条"S"状的光滑辐合线,与低层西北风相垂直的区域,为辐合最强区域[7],可以观察到此时反射率因子图中回波中心向孝儿镇上空靠拢,与辐合带相吻合;c 时段即崩溃阶段前夕,低层的西北风开始减弱,径向速度图上珙县境内依然有一些切变,但已没有光滑的辐合线,反射率因子图上也显示回波开始分散减弱。整个过程持续 1 h15 min,孝儿镇处在发展过程中辐合最强的径向位置[6],回波生成的区域与西北风径向位置的负速度区位置密切相关。

从多普勒雷达风廓线 VAD 产品上也可以清楚地看到整个过程的发生和减弱,01:30 左右高层 ND 即干区(线圈内)逐渐缩短,说明垂直方向上饱和湿空气的增加,致使凝结的空气粒子被探测到[8],从低层到高层风速呈顺转,有冷暖平流的交汇。此时偏东风可看做冷暖气团的交汇面,由于交汇剧烈,厚度较薄;从 04 时起,偏东风逐渐增厚,显示了冷暖气团交汇的减弱,高层由上往下逐渐由偏南风转为偏北风,说明已无明显系统,直到整层大气变为一致的偏北风,

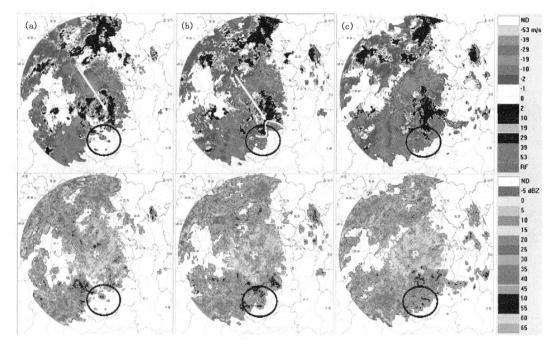

图 3　宜宾多普勒雷达 1.5°仰角径向速度和反射率因子

(a)03 时 10 分；(b)03 时 47 分；(c)04 时 24 分

对流趋于结束。

综合以上分析，可以得出此次过程的触发机制，当大气处于饱和的临界状态下，偏北风的介入将导致湿空气冷却凝结，对局地对流的生成作用明显，且此时偏南风及偏东风带来的水汽补充，对强对流的发展起到了支撑作用。对流的发生出现在气团交汇期，此时风速的增加有助于对流的聚集。而对流的生成地点及聚集区多集中在南部山区，从雷达回波图上可以清晰地看到"S"形曲线和东南部的无回波区，证实了下垫面的地形对回波初期的抬升作用及后期阻挡作用。

6　地形强迫抬升作用

从地面观测资料、多普勒雷达产品上，可以知道，触发本次降雨过程的中尺度系统，主要是地面冷锋和中尺度地形的抬升作用。珙县孝儿镇位于四川盆地南部川滇黔三省交界，西临南广河水系，北部和东部为大娄山西北—东南向的余脉，采用 google earth 海拔资料模拟出宜宾市南部山区的地形，地势呈北高南低（图 4a）。南下的冷空气经珙县会由于地形加剧了气流的辐合和抬升作用，有利于降水增幅。采用 NCEP $1°×1°$ 资料，利用近地层垂直速度计算方案[9]：

$$\omega = \frac{\partial p_0}{\partial t} + (-\rho_0 g)\left[u_0 \frac{\Delta H}{\Delta x} + v_0 \frac{\Delta H}{\Delta y}\right] + (-\rho_0 g)\frac{c_D}{f}\zeta_0$$

等式右边三项依次为变压项、地形爬坡项、摩擦项，变压项和摩擦项为小项，爬坡项为主要作用。由于珙县由北向南处在 700～1500 m，因此计算出 925～850 hPa 爬坡项（图 4b1、b2），可以看到 925 hPa 宜宾南部地区为下沉气流，850 hPa 即为负值，差值达到 $5×10^{-3}$ · hPa·s^{-1}，能观察到较强的地形强迫抬升作用。

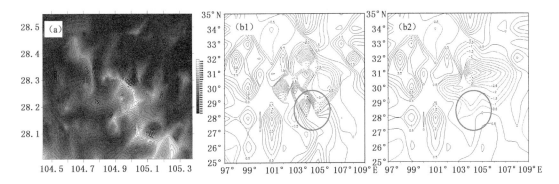

图4 (a)宜宾南部实际地形等高线;(b)垂直速度(单位:$10^{-3} \cdot hPa \cdot s^{-1}$):
(b1)24日02时925 hPa,(b2)24日02时850 hPa

7 小结

本文对2014年7月24日出现在宜宾南部山区珙县孝儿镇的一次局地大暴雨的环流背景、中尺度触发系统和环境条件、雷达资料和地形强迫抬升作用进行了分析,得出以下结论:

(1)宜宾南部山区北低南高的地势有利于地形强迫抬升,对中尺度系统的动力条件具有增幅作用,是触发局地暴雨的关键之一,因此应重点关注其发展初期的动力作用。

(2)在夏季高能高湿的环境场下,低层偏北风带来的冷气团与热带风暴登陆带来的偏东和偏南风的交汇,是触发局地暴雨的原因之二,应密切监视地面中小尺度冷气团的移动,对过程开始时间有一定的判断。

(3)宜宾探空站的物理量激增是局地暴雨突发的另一原因,且物理量变化在局地暴雨发生前期有一定的统计规律,本地区沙氏指数在暴雨发生前的2日内出现一次$SI \leqslant -4℃$或连续两次$SI \leqslant -3℃$时,发生局地暴雨的概率较大。

(4)使用新一代雷达产品时应联系本地地理特征:系统高度较低时,辐合区域并不明显和平直,而顺山势而定,掌握地势较高的区域位置有利于对回波的停留和发展进行预判,增加临近落区预报的把握。

参考文献

[1] 王迎春,钱婷婷,郑永光,等.对引发密云泥石流的局地暴雨的分析和诊断[J].应用气象学报,2003,**14**(3):277-286.

[2] 郭虎,段丽,杨波,等."0679"香山局地大暴雨的中小尺度天气分析[J].应用气象学报,2008,**19**(3):265-275.

[3] 许远波,尹恒,谭永秀,等.副高边缘一次局地突发性大暴雨的中尺度分析[J].暴雨灾害,2009,**28**(1):58-63.

[4] 康岚,冯汉中,屠妮妮,等.一次川渝大暴雨的中尺度分析[J].气象,2008,**34**(10):40-49.

[5] 黄小培,韦革宁.百色地区"94.6"大暴雨前期沙氏指数(SI)的演变特征及风的垂直变化特点[J].广西气象,1994,**03**:P458.

[6] 张晓东.一次大暴雨雷达回波特征及数值模拟[J].气象科技,2010,**38**(5):550-557.

[7] 张磊,张继韬.一次局地强冰雹的多普勒雷达回波特征分析[J].沙漠与绿洲气象,2013,**7**(4):26-30.

[8] 王天义,朱克云,张杰,等.风廓线雷达与多普勒天气雷达风矢量产品对比及相关分析[J].气象科技,2014,**42**(2):231-239.

[9] 肖红茹,冯汉中,王瑾,等."灿都"影响四川"100722"暴雨天气过程分析[J].服务总结与技术分析,2010,135-145.

第五部分
雾霾、高温等灾害性天气及中期预报

1981—2013 年上海市霾时间序列演变特征及影响因素分析

马井会　毛卓成　瞿元昊

（上海市城市环境气象中心，上海 200135）

摘　要

利用 1981—2013 年上海市地面气象观测资料及 NCEP 逐日再分析资料，分析上海市霾的时间变化特征、霾日空间分布特征、大气水平能见度、相对湿度、风力与霾的关系以及近 10a 气候变化对霾的影响。结果表明：上海地区近 10a 霾日数明显减少，相对湿度下降及能见度上升，空气质量转好是导致霾减少的直接原因，气候变化导致的气温升高、相对湿度降低以及冬季风减弱是霾日减少的可能因素。上海霾空间分布呈现中心城区和西部郊区多，东南部郊区少的特征。

关键词：霾　能见度　相对湿度　气候变化

引言

2014 年 1 月 4 日，国家减灾办、民政部首次将危害健康的雾霾天气纳入 2013 年自然灾情进行通报。我国学者从霾的观测识别（宋文英等，2012；徐政等，2011）到时空分布、气候特征（高歌，2008；吴蒙等，2012；赵普生等，2012）、成因分析（刘永红等，2011；丁一汇等，2014；王丽涛等，2012）以及数值模拟（胡荣章等，2009；An Junling *et al*，2013）、气溶胶特性（刘琼等，2012；王静等，2013）等方面开展了大量研究工作。IPCC AR5 关于气候变化的最新结论是："人类对气候的影响（>95％机会）可以解释一半以上 1951—2010 年全球平均温度的上升"，这一结论再度提高了人类活动对全球气候变暖的可信度（王绍武等，2013）。近几十年来，气候变暖造成极端天气气候频发，污染问题也日渐严重，特别是近年来在中国频发的大面积雾霾天气事件，严重影响了我们的生活和身体健康。张小曳等对 2013 年 1 月 1—16 日中国中东部地区的 $PM_{2.5}$ 质量浓度进行了观测，发现静稳型天气和高浓度的气溶胶有利于雾霾的形成，同时指出当今中国出现的雾霾天气，都已经不是完全的自然现象，其产生的原因都与人类活动产生的气溶胶粒子密切相关（张小曳，2013）。宋连春等（2013）通过对 1961—2012 年中国冬半年霾变化特征分析发现，从区域分布来看，华南、长江中下游、华北等地霾日数呈增加趋势，而东北、西北东部、西南东部霾日数呈减少趋势。目前中国四大霾严重地区为京津冀地区、长三角地区、珠三角地区与四川盆地（徐政等，2011）。王明洁等（2013）对 1981—2010 年深圳市不同等级霾天气特征进行分析表明，深圳市的大气颗粒物污染加剧可能是深圳能见度恶化、霾天气增多的一个重要原因。上海作为长江三角洲城市群的中心城市，改革开放以来，城市化、工业化发展迅猛，机动车拥有量、建筑工地扬尘量和工业耗煤量、工业废气排放量都在不断增加，雾霾已成为城市发展过程中影响城市环境的重要因素和制约城市可持续发展的一个严重问题。因此深入研究上海地区霾时空演变变化规律，探讨造成霾生成或加重的气象因子及气候背景尤为重

资助项目：中国气象局预报员专项（CMAYBY2014-022）和上海市科研计划项目（14DZ1202904）。

要。目前针对上海不同等级霾天气长序列的研究较少,本研究对上海市历史霾资料进行分析,揭示上海市霾天气的长期变化特征及空间分布特征,同时分析大气水平能见度、相对湿度、气候变化与霾的关系,以期为上海市霾预测、控制和大气污染的治理提供理论参考。

1 资料与方法

本文所使用的气象资料为 1981—2013 年上海地面气象观测站资料,其中霾及能见度、相对湿度资料长度为 1981—2013 年;PM_{10} 监测数据取自上海市环境监测中心;霾日以观测记录为准,根据《霾的观测和预报等级》(QX/T 113—2010)规定将霾分为 4 级:轻微霾(能见度:5~10 km);轻度霾(3~5 km);中度霾(2~3 km);重度霾(1~2 km)。气象场资料采用 NCEP/NCAR FNL(Final Analysis)逐 6 小时 1°×1°全球再分析资料。

2 结论

2.1 霾年际变化特征

由图 1 可见,2001—2004 年,上海地区霾日数出现异常偏高,这与上海市人工观测能见度参考自动气象站能见度仪(芬兰 VAISALA 公司 PWD20 型)有关,能见度仪测得的能见度相比人工观测能见度明显偏低(杨玉霞和胡雪红,2009),因此造成霾日数飙升,因此采用 Guass 方法对霾日时间序列进行滤波,得到霾日数的年变化趋势(图 1 中点实线)。可见,上海市年霾日数年变化呈现 4 个显著阶段:第一阶段(1981—1994 年),以 34.5 d/10a 的线性趋势显著增多,这与上海地区经济快速发展、人口剧增、污染物排放增多密不可分(任阵海等,2008);该时期为上海经济复苏至改革开放关键期,机动车数量和人口数量逐年增加,霾日呈现逐年增加的趋势;第 2 阶段(1995—2002 年),霾日数开始快速增多,以 31.5 d/a 的线性趋势递增;此时上海处于改革开放全面推进和快速发展阶段,经济迅速发展、城市规模不断扩大、人口剧增、汽车保有量至 2003 年 1 月已超过 65 万辆,这些因素导致空气污染加剧,霾天气频发;第 3 阶段(2003—2010 年),霾日数显著下降,由 2003 年的 229 d 减少到 2010 年的 39 d(达到 20 世纪 80、90 年代平均水平),年增长率为 -23.7 d/a。该阶段是上海申请举办世界博览会成功到举办的 8 年,为保障上海世博会期间的空气质量,苏、浙、沪三省市联合实施了世博会长三角区域

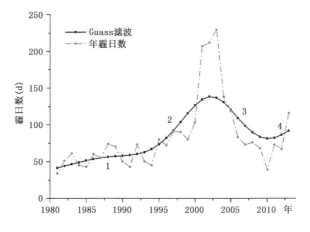

图 1　1981—2013 上海市霾日逐年际变化及 Guass 滤波

空气质量保障联防联控措施,重点对世博园区 300 km 半径范围内污染企业实施全面综合整治,发挥了区域联动效果,为 2010 年上海世博会期间空气质量优良率创历史新高打下了坚实的基础,霾日数创近 10a 的新低,从 2001—2013 年 PM_{10} 年平均 API 分指数变化来看(图 2),2010 年之前,PM_{10} 分指数呈现线性递减趋势,验证了节能减排的效果;第 4 阶段(2011—2013年),霾日数又呈现递增趋势,由 2011 年 40 d 递增至 2013 年的 116 d,11 年之后 PM_{10} 分指数也有所上升,这与世博会结束后,被关闭的工厂恢复生产有一定的关系。

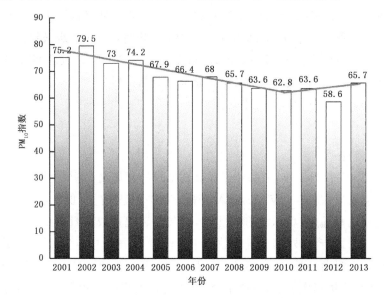

图 2　2001—2013 年 PM_{10} 年平均 API 分指数

由图 3 可知,上海市月霾日数大值主要出现在上半年,在 1995 年以前呈现平稳震荡趋势,均维持在 5~40 d,从霾日数月变化来看,上海地区霾日数呈现明显的季节变化,冬半年多、夏半年少,春季多、秋季少,这种季节变化特点和大气污染的季节变化特点一致,冬季大气污染物扩散条件较差,混合层高度较低,降水量较少,污染物容易累积,容易出现霾天气,而夏季大气

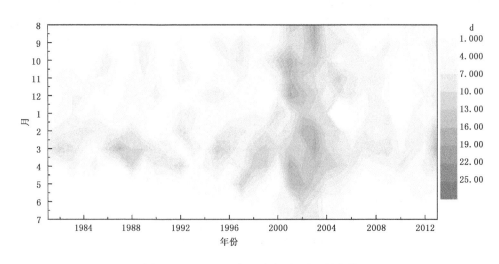

图 3　1981—2013 年上海市霾日年、月变化

污染物扩散条件较好,混合层高度升高,降水量大,大气污染物稀释扩散作用增强,大气能见度较好,霾出现的概率降低,而秋季和春季的气象条件正好处于夏冬季和冬夏季的转换时期,对大气污染物的扩散能力相当,所以春季和秋季的大气污染状况以及灰霾天气发生情况接近(任阵海等,2008)。同时,霾日数逐月分布存在明显的年际变化,2004—2012 年 2—5 月的霾日呈现明显减少趋势,2013 年又呈现显著增加趋势。

上半年霾的月度变化规律与大气环流密切相关,上半年北方冷空气活动频繁,副高北抬缓慢,冷暖空气对峙时间较长,容易在上海地区生成变性高压,而变性高压控制区内为下沉气流,且风力较小,因此在下沉区域内空气污染物的输送、扩散受到抑制,导致污染物累积增加;下半年大气环流形势相反,副热带高压南落速度快,冷空气势力强,冷空气导致水平风力加大,扩散条件转好,霾日数呈现先减少的态势,10—12 月,西伯利亚冷高压开始南下并逐渐控制中国大部,高压控制下晴空少云,风力较小,同时盛行下沉气流,北方取暖燃煤量增加,产生的污染物物不易扩散,通过低空流场对上海有一定的输送,因此霾日数呈现先减少后增加的状态。

2.2 上海地区霾日空间分布特征

从上海 33a 霾年平均日数空间分布特征来看(图 4),上海地区霾年平均日数空间分布差异较大,呈现中心城区及西部郊区多,东南部郊区少的特征。中心城区徐家汇观测站霾年平均日数最多,达 82 d;东南部郊区南汇最少为 10 d。上海市霾年平均日数最多(徐家汇)和最少(南汇)霾日相差 72 d,可见中心城区人口密集对霾的影响比较大。西部郊区(青浦、松江)霾年平均日数达 61 d,比东部郊区偏多 50 余天,这与西部郊区接近内陆地区,上游城市群输送以及海陆风深入内陆,造成海陆风辐合出现在中心城区的概率大有关(蒋维楣等,2004)。

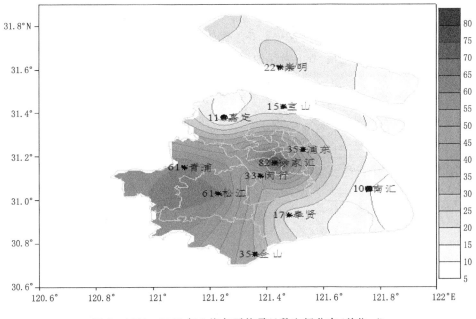

图 4　1981—2013 年上海年平均霾日数空间分布(单位:d)

2.3 能见度、相对湿度、风速演变特征

由图 5 可知,任何年份霾日的能见度均低于非霾日,霾日平均能见度较非霾日约低 3 km;无论霾日还是非霾日能见度总体均呈上升趋势,1992—1994 年降至最低,近 10a 呈现迅速上

升趋势,且非霾日能见度转好幅度明显大于霾日。

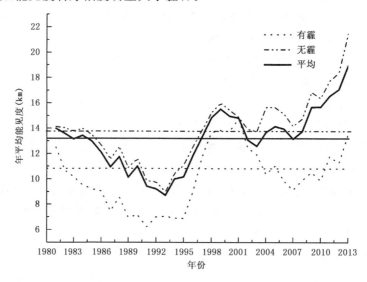

图 5 1981—2013 年上海地区年平均能见度随时间变化

由图 6 可知,上海地区年平均相对湿度总体呈现逐年下降趋势,2000 年以前年平均相对湿度均高于多年平均相对湿度 76%,下降速度较为平缓,但 2000 年以后年平均相对湿度下降速度加快,均低于多年平均相对湿度,以 1%/a 的速率下降,其中 2011 年为最低,年平均相对湿度仅为 62.6%。霾日的平均相对湿度低于非霾日的平均相对湿度,可见霾主要是发生在较干燥的大气环境的天气现象。另一个值得注意的现象是,2000 年以后,相对湿度随时间变化与能见度变化相反,能见度总体呈现逐年上升趋势,而相对湿度呈下降趋势,造成这种现象的可能原因我们将在 2.4 节及 2.5 节中做详细讨论。

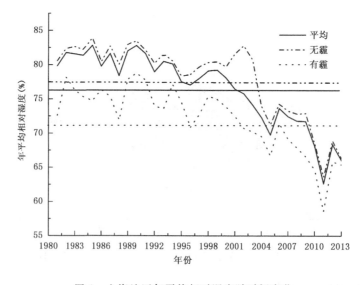

图 6 上海地区年平均相对湿度随时间变化

由图 7 可见,过去 33a 年平均风速呈现明显的波动,20 世纪 80 年代后期是较明显的小风期,近 10a,年平均风速呈现明显的减弱趋势。霾日的年平均风速较非霾日低 0.8 m/s,较年平均风速低 0.6 m/s,可见霾主要是发生在小风静稳天气形势下的天气现象。但近 10a 风力明显减小,但霾日数也呈现下降趋势,可见年平均风速不是影响霾日的唯一因素,空气质量好转以及相对湿度下降可能是最主要的原因。

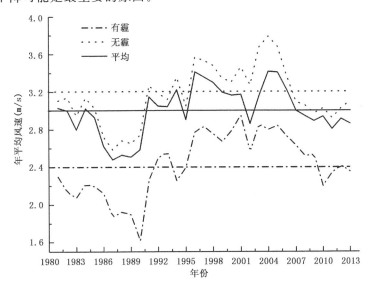

图 7　上海地区年平均风速随时间变化

2.4　最大相对湿度逐年变化特征及 M-K 检验

众所周知,颗粒物的吸湿增长是影响能见度的主要因素,因此也是影响霾的主要原因,2004 年以来的霾日减少及能见度的增加除了节能减排导致的污染物减少,与相对湿度的下降导致颗粒物吸湿增长减弱也有一定关系,由图 8 可见,上海市年平均最大相对湿度近 10a 呈现显著下降趋势,与霾日年变化趋势一致(图 1),从 UF 和 UB 统计量曲线看多年相对湿度日最大值来看(图 9),在 2004年发生突变,随后这种减少态势逐渐显著起来,2007—2013 年显著性水平检验也超过了 0.001 临界值($\mu_{0.001}=2.56$),结果显示近 10a 相对湿度最大值处在显著下降过程之中。

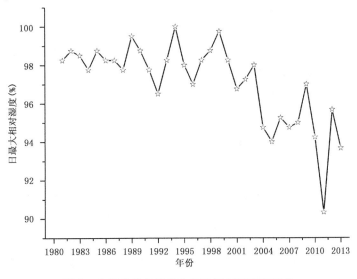

图 8　上海市平均日最大相对湿度随时间变化

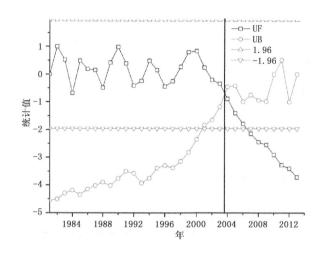

图 9　上海市平均日最大相对湿度 M-K 检验

2.5　气候影响因素分析

由 2.4 节分析可知,年平均最大相对湿度在 2004 年后呈现逐年下降的趋势,是否与气候变化相关有关呢? 由图 10 可见,冬季(11 月至次年 1 月)霾日数占全年总霾日数的近 40％,因此考察近 10 a 冬季环流背景及相关要素的变化情况,以期从气候变化角度解释相对湿度下降进而揭示霾日的变化。

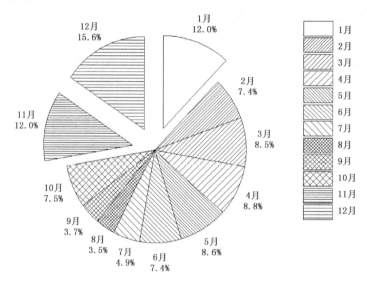

图 10　上海市各月霾出现比例

2.5.1　温度距平

从 2004—2013 年年平均 1000 hPa 及 850 hPa 温度均平来看(图 11),中东部地区均呈现明显的正距平,其中上海地区 1000 hPa 和 850 hPa 近 10a 温度分别偏高 0.2℃和 0.6℃;但冬季的距平显示(图 12),1000 hPa 温度变化不明显,850 hPa 温度偏低 0.25℃;可见,虽然近 10 年上海地区低空气温整体偏高,但冬季中低空气温是比常年偏低,因此不利于静稳天气的维持,不利于霾的出现,这是一个可能近 10a 霾日数减少的原因之一。

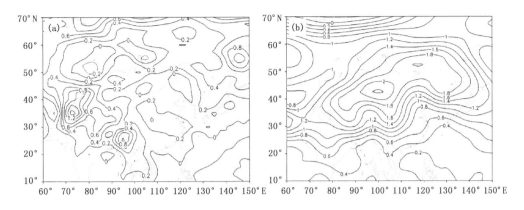

图 11 2004—2013 年 1000 hPa(a)、850 hPa(b)年平均温度距平(1948—2003)

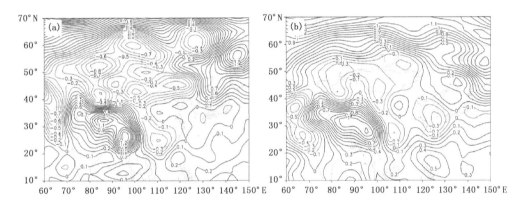

图 12 2004—2013 年冬季(11、12、1 月)1000 hPa(a)、850 hPa(b)年平均温度距平(1948—2003)

2.5.2 低空风场距平

从近 10a 的年平均 1000 hPa 及 850 hPa 风场距平来看(图 13),中东部地区南到东南风显著增大,其中华东沿海地区偏南风增加尤为明显;但冬季的距平显示(图 14),1000 hPa 和 850 hPa 偏南风略有增加。可见,虽然近 10a 上海地区低空偏南风有所增强,一般对上海而言,偏北风容易带来污染气团,而偏南风增大不利于霾的出现,这可能是近 10a 霾日数减少的原因之一。

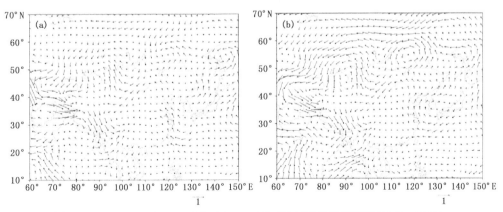

图 13 2004—2013 年 1000 hPa(a)、850 hPa(b)年平均风场距平(1948—2003)

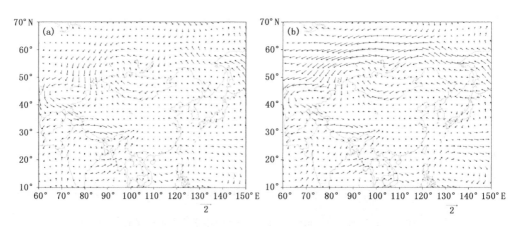

图14 2004—2013年冬季(11、12、1月)1000 hPa(a)、850 hPa(b)年平均风场距平(1948—2003年)

2.5.3 1000 hPa相对湿度距平

近10a中国中东部相对湿度呈现明显的负距平,上海地区相对湿度下降2%~3%(图15),冬季相对湿度近10a负距平尤为明显,上海地区为−4%左右,由于气溶胶消光系数的变化主要取决于气溶胶粒子尺度的变化,而相对湿度是造成气溶胶吸湿增长粒径尺度增大的主要因素(Pan et al,2009)。因此,近10a相对湿度下降,尤其是冬季相对湿度下降,气溶胶粒子吸湿增长作用减小,因此导致能见度增加,从而霾减少。

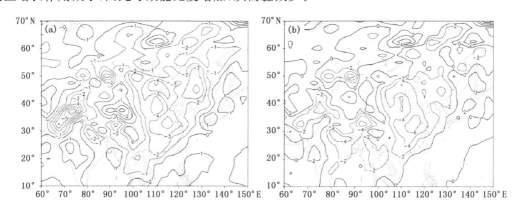

图15 2004—2013年1000 hPa年平均相对湿度距平(a)及
冬季(11、12、1月)1000 hPa平均相对湿度距平 (b)(1948—2003)

由此可见,近10a气候变化是导致霾日数减少的原因之一,气候变暖,冬季风减弱,相对湿度下降均导致上海地区能见度上升,因此,气候背景可能是影响霾天气的另一个主要原因。

3 结论与讨论

本文利用上海地区33a霾观测资料分析了上海地区霾时间变化规律及空间分布特征,结合NCEP全球再分析资料,分析了霾日逐年变化规律,并对比分析了可能造成霾日变化的气象要素及气候背景,研究表明:

(1)1981—2013年上海市年霾日数呈现显著震荡趋势,呈现明显的四个阶段:1999年以前为平稳上升期,2000—2004年为快速上升期,可能与能见度自动化业务试运行有关;2004—

2010 为显著下降期,与气候变化和上海筹办上海世博会大气污染联合防控关系密切;2010—2013 年又呈现明显递增趋势。

(2)上海市年平均霾日数空间分布呈现中心城区及西部郊区多,北部及东南部郊区少的分布特征,这与上游城市群输送及海陆风辐合出现在中心城区以及中心城区人口密度大,污染物排放量大有关。

(3)霾造成大气水平能见度明显下降,霾日平均能见度较非霾日低 3 km,近 20a 上海市平均能见度呈现明显上升趋势,此趋势与相对湿度变化趋势相反;霾日年平均风速较非霾日低 0.8 m/s,静稳天气更容易造成霾日的增加。

(4)近 10a 上海地区近地层气温明显升高,相对湿度显著下降,冬季风减弱,这些因素均能导致上海地区能见度上升从而霾日数减少,因此,气候背景变化可能是影响霾天气的另一个主要原因。

参考文献

An Junling,Li Ying,Chen Yong,*et al*. 2013. Enhancements of major aerosol components due to additional HONO sources in the North China Plain (NCP) and implications for visibility and haze [J]. *Advances in Atmospheric Sciences*,**30**(1):57-66.

Pan X L,Yan P,Tang J. 2009. Observational study of influence of aerosol hygroscopic growth on scattering coefficient over rural area near Beijing mega-city [J]. *Atmos Chem Phys*,**9**(75):19-30.

丁一汇,柳艳菊. 2014. 近 50 年我国雾和霾的长期变化特征及其与大气湿度的关系[J]. 中国科学(地球科学),**44**(1):37-48.

高歌. 2008. 1961—2005 年中国霾日气候特征及变化分析[J]. 地理学报,**63**(7):761-768.

胡荣章,刘红年,张美根,等. 2009. 南京地区大气灰霾的数值模拟[J]. 环境科学学报,**29**(4):808-814.

刘永红,冯婷,蔡铭. 2011. 广州灰霾现象特征分析[J]. 环境科学研究,**24**(10):1081-1087.

刘琼,耿福海,陈勇航,等. 2012. 上海不同强度干霾期间气溶胶垂直分布特征[J]. 中国环境科学,**32**(2):207-213.

蒋维楣,孙鉴泞,曹文俊,等. 2004. 空气污染气象学教程[M]. 北京:气象出版社.

任阵海,苏福庆,陈朝晖,等. 2008. 夏秋季节天气系统对边界层内大气中 PM_{10} 浓度分布和演变过程的影响[J]. 大气科学,**32**(4):741-751.

宋文英,梅士龙,孙华. 2012. 基于自动站资料的灰霾观测判据研讨[J]. 气象科学,**32**(1):74-79.

宋连春,高荣,李莹,等. 2013. 1961—2012 年中国冬半年霾日数的变化特征及气候成因分析[J]. 气候变化研究进展,**9**(5):313-318.

王丽涛,潘雪梅,郑佳,等. 2012. 河北及周边地区霾污染特征的模拟研究[J]. 环境科学学报,**32**(4):925-931.

王明洁,朱小雅,陈申鹏. 2013. 1981—2010 年深圳市不同等级霾天气特征分析[J]. 中国环境科学,**33**(9):1563-1568.

王静,牛生杰,许丹,等. 2013. 南京一次典型雾霾天气气溶胶光学特性[J]. 中国环境科学,**33**(2):201-208.

王绍武,罗勇,赵宗慈,等. 2013. IPCC 第 5 次评估报告问世[J]. 气候变化研究进展,**9**(6):436-439.

吴兑,毕雪岩,邓雪娇,等. 2006. 珠江三角洲大气灰霾导致能见度下降问题研究[J]. 气象学报,**64**(4):510-517.

吴蒙,范绍佳,吴兑,等. 2012. 广州地区灰霾与清洁天气变化特征及影响因素分析[J]. 中国环境科学,**32**(8):1409-1415.

徐政,李卫军,于阳春,等. 2011. 济南秋季霾与非霾天气下气溶胶光学性质的观测[J]. 中国环境科学,**31**(4):

546-552.

杨玉霞,胡雪红.2009.PWD 20 能见度仪及与目测能见度对比分析[J]. 兰州大学学报,**45** SuPP:62-63.

赵普生,徐晓峰,孟伟,等.2012.京津冀区域霾天气特征[J]. 中国环境科学,**32**(1):31-36.

张小曳,孙俊英,王亚强,等.2013.我国雾-霾成因及其治理的思考[J].科学通报,2013,**58**:1178-1187.

GX/T113-2010 霾的观测和预报等级 [S].

2014 年 APEC 会议期间呼和浩特市灰霾日及与 2013 年气象条件对比

宋桂英　狄　慧　江　靖　陈云刚

(内蒙古气象台,呼和浩特 010051)

摘　要

2014 年 11 月 3—12 日,APEC 会议在北京召开,内蒙古部分城市属于"京津冀"周边重点防控城市。本文利用内蒙古环境监测中心站的空气质量监测资料和常规气象资料、NCEP 再分析资料,以呼和浩特市为代表,分析 APEC 会议前后内蒙古重点防控城市灰霾日及其气象条件,并与 2013 年同期进行对比,结论如下:(1) APEC 会议期间,呼和浩特市有 1 个灰霾日,比 2013 年同期下降 7 d,降幅 87.5％。(2)2013 年 10 月末到 11 月初,呼和浩特市无冷空气活动,近地面盛行 2～6 m/s 的偏南风,灰霾天持续。2014 年 10 月 25 日前后,呼和浩特市上空仍无冷空气活动。11 月 2 日到 11 日为持续 10 d 的静稳天气,地面盛行 2～4 m/s 的偏南弱风。(3)2014 年 10 月 24 日前,呼和浩特市灰霾天重于 2013 年;2014 年 10 月 25 日之后,灰霾天迅速减轻,颗粒物浓度几乎全部低于 2013 年同期,空气质量达标。这与无冷空气活动、地面微风的气象条件是不相符合的。(4)内蒙古政府于 10 月末开始实施空气质量保障方案,11 月 1 日启动全面防控措施。APEC 会议前后,呼和浩特市灰霾天得到全面控制,应该是高强度防控的直接效果。

关键词:APEC 会议　灰霾　颗粒物浓度　气象条件　防控

引言

环境与空气质量是 APEC 会议期间中国面向世界的一个重要方面。随着世界经济规模迅速扩大和城市化进程加快,空气污染日益严重,由细粒子气溶胶造成的能见度恶化事件越来越多,由于人类经济活动排放的污染物,使大气能见度下降,并对人类自身的生活环境造成污染[1-3]。如何在加快城市经济发展的同时,大力治理环境污染,保护人民身体健康,是世界各国面临的新问题。中国政府于 2013 年 9 月 10 日公布了《大气污染防治行动计划》,力争逐步消除重污染天气。

2014 年 11 月 3—12 日,APEC 会议在北京召开。内蒙古地区属于"京津冀"大气污染防控圈。呼和浩特市、包头市、鄂尔多斯市、乌兰察布市、锡林郭勒盟、赤峰市是"京津冀"地区重点防控城市。内蒙古地区近年来经济迅速发展,GDP 水平居于全国前列,内蒙古西部地区以呼和浩特市、包头市、鄂尔多斯市为中心,形成集电力、能源、钢铁为一体的西部经济圈。另一方面,经济活动带来的大气污染物排放也日益增多,空气污染问题日渐凸显。

内蒙古政府于 10 月份启动北京周边重点城市空气质量保障方案,10 月末实施逐步减排

资金项目:中国气象局小型业务建设项目(京津冀、长三角及珠三角环境气象预报预警服务系统建设);内蒙古雾、霾预报专家团队共同资助。

措施,11 月 1 日启动严格控制措施,全面减排。由于防控减排与生产净值存在相对立的关系,防控措施的成本往往直接对应经济的损失量,比较容易评价。但减排措施实施后,对其成效的评价很少[4~5],特别是对于华北地区减排效果的评价不多见。

文中以呼和浩特市为代表站,分析 APEC 会议前后灰霾天污染颗粒物变化及其气象条件特征,并与 2013 年同期进行对比。在此基础上讨论气象条件与政府防控措施的效果,力求为政府防控措施的效果提供一些科学依据。

1 资料及研究方法

文中采用内蒙古环境监测中心站的颗粒物逐小时监测资料、AQI 日指数资料。气象常规观测资料为 3 h 间隔的地面风向、风速资料。NCEP 再分析资料采用 NCEP/NCAR 提供的全球逐 6 h 再分析资料,包括 1000~100 hPa 各层的位势高度、气温、风向风速等要素,水平网格距为 $1°×1°$。时间段为 2013 年、2014 年 10 月 14 日到 11 月 13 日。

空气质量监测站点的位置、数量是根据城市人口和建成区面积计算后确定的,点位位置是网格布点后优化的,根据此原理,呼和浩特市共有 8 个污染颗粒物监测点位。反映一个城市空气质量的监测数据为多个点位平均值。

灰霾的判别标准采用《霾的观测和预报等级》(QX/T 113—2010),天气状况为能见度<10 km,排除降水、沙尘暴、扬尘、烟幕、吹雪、雪暴等现象造成的视程障碍,且相对湿度<80%,即可判定为霾。中度霾:PM$_{2.5}$ 浓度大于 115 $\mu g/m^3$ 且小于等于 150 $\mu g/m^3$,易形成中度空气污染。重度霾:PM$_{2.5}$ 浓度大于 150 $\mu g/m^3$ 且小于等于 250 $\mu g/m^3$,易形成重度空气污染。严重霾:PM$_{2.5}$ 浓度大于 250 $\mu g/m^3$ 且小于等于 500 $\mu g/m^3$,易形成严重空气污染。

2 对比结果

2.1 APEC 会议前后灰霾日及历史对比结果

2013 年、2014 年 10 月 14 日到 11 月 13 日呼和浩特市没有发生降水、沙尘暴、吹雪等现象,两个时段内首要污染物为 PM$_{10}$ 或 PM$_{2.5}$,空气污染主要由霾造成。

由呼和浩特市污染物监测资料可知:10 月 14 日到 10 月 31 日,2013 年有轻度以上霾 8 d,其中,中度霾 3 d,重度霾 2 d。2014 年轻度及以上霾 6 d,其中,中度霾 0 d,1 d 重度霾。轻度及以上霾日比 2013 年同期下降 25%,重度霾日下降 50%。11 月 1 日到 13 日,2013 年有轻度以上霾 8 d,其中,中度霾 1 d,重度霾 1 d。2014 只有 1 天轻度霾,无中度以上霾日。轻度及以上霾日比 2013 年同期下降 87.5%,重度霾日下降 100%。

2.1.2 颗粒物日平均浓度变化特征对比结果

对比 2013 年、2014 年 10 月 14 日到 11 月 13 日颗粒物浓度的逐日特征可以探寻 APEC 会议前后颗粒物分布的变化(图 1)。PM$_{10}$ 日平均浓度对比特征为:10 月 24 日前,PM$_{10}$ 日平均浓度 2014、2013 年相当,2014 年略高。10 月 14 日到 24 日,PM$_{10}$ 日平均浓度有 6 d 低于 2013 年,减少量在 29~90 $\mu g/m^3$,降幅在 12%~27%。PM$_{10}$ 日平均浓度有 5 d 高于 2013 年,增加量为 31~162 $\mu g/m^3$,增幅在 31%~142%。

2014 年 10 月 25 日开始,PM$_{10}$ 日平均浓度出现大幅下降。10 月 25 日到 11 月 13 日共 20 d 中,2014 年共有 17 d 低于 2013 年同期。此时段中,PM$_{10}$ 日平均浓度 2013 年在 74~380

$\mu g/m^3$，2014 年同期为 $25\sim138\ \mu g/m^3$，下降量为 $25\sim315\ \mu g/m^3$，降幅 21％～87％。

$PM_{2.5}$ 日平均浓度特征类似：10 月 24 日前，2013 年 $PM_{2.5}$ 日平均浓度为 $17\sim103\ \mu g/m^3$，2014 年 $PM_{2.5}$ 日平均浓度为 $39\sim114\ \mu g/m^3$。在这个时段的 11 d 内，$PM_{2.5}$ 日平均浓度有 5 d 低于 2013 年，降幅在 0％～43％，有 6 d 高于 2013 年，增幅在 73％～255％。即 10 月 24 日前，2014 年 $PM_{2.5}$ 日平均浓度高于 2013 年同期。

2014 年 10 月 25 日后，$PM_{2.5}$ 日平均浓度出现大幅下降。10 月 25 日到 11 月 13 日的 20 d 中，2014 年有 17 d $PM_{2.5}$ 日平均浓度低于 2013 年同期。2013 年 10 月 25 日到 11 月 13 日，$PM_{2.5}$ 日平均浓度在 $28\sim163\ \mu g/m^3$，而 2014 年同期为 $6\sim71\ \mu g/m^3$，下降量为 $1\sim147\ \mu g/m^3$，降幅 2％～92％。

由此，2014 年 10 月 25 日 APEC 会议前，呼和浩特市污染水平略重于 2013 年历史同期，25 日后迅速改善，到 11 月 1 日 APEC 会议期间基本达标。

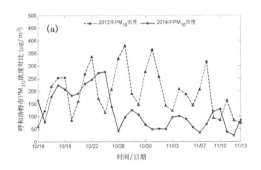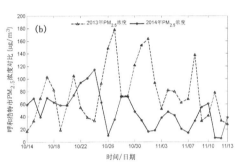

图 1　2013 年、2014 年 10 月 14 日—11 月 13 日呼和浩特市污染颗粒物浓度逐日变化图

(a)PM_{10}；(b)$PM_{2.5}$

2.2　APEC 会议前后气象条件及历史对比结果

2014 年 10 月 25 日前，呼和浩特市灰霾天略重于 2013 年历史同期，并且 10 月 22 日到 25 日属于阶段性灰霾天，2013 年 10 月 20 日至 28 日呼和浩特市属于持续性灰霾天。因此选择 2013 年、2014 年 10 月 22 日到 28 日进行灰霾天及气象条件对比。

2.2.1　冷空气活动分析及对比结果

对比高空冷空气分布、活动情况，分析探讨 2014 年 10 月 25 日后颗粒物浓度下降、灰霾天迅速好转的气象条件。

温度平流是代表冷空活动强弱的物理量，整层大气的温度平流分布可以反映出整层大气冷空气活动的情况。由呼和浩特市 2013 年、2014 年 10 月 21 日到 11 月 13 日温度平流与风叠加的时间序列剖面图（图 2）可见：2013 年 10 月 21 日到 11 月 13 日，呼和浩特市高空冷空气活动较频繁，但达到地面的冷空气不多。其中，冷空气势力较强、能到达地面的共有三次：10 月 22 日，11 月 4—6 日、9—11 日。2013 年 22 日有一股较强冷空气掠过呼和浩特市，但时间短暂，23 日被一股更强的暖空气代替，近地面西北风转东北风，风力减小到 2～4 m/s。之后，10 月 24 日到 11 月 4 日，呼和浩特市上空无冷空气活动，近地面低层盛行 2～6 m/s 的偏南风、东南风，这是 2013 年 10 月末到 11 月初呼和浩特市持续灰霾天、颗粒物浓度居高不下的气象因素。

11 月 5 日后，呼和浩特市上空冷空气活动频繁，地面低层盛行 8 m/s 以上的偏西风、偏北

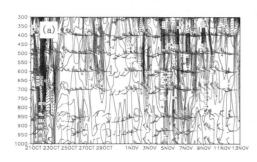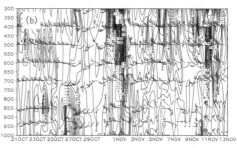

图2　10月21日—11月13日沿呼和浩特市温度平流(单位：10^{-5}K/s)、
风(单位：m/s)垂直剖面时序图（a. 2013年；b. 2014年)

风。11月5—6日、9—11日两次冷空气活动强，并且持续时间长，冷空气持续时间均超过两日以上，负温度平流中心值为-20×10^{-5}K/s，这是2013年11月3日后呼和浩特市灰霾天减轻的气象条件[6~7]。

在此时段内，2014年呼和浩特市上空共有三次冷空气活动：10月26—27日，11月1—2日、11—12日。其中，10月26日冷空气最弱，范围只存在于700 hPa以下，中心值为-14^{-5}K/s。在10月25日之前、10月26日之后的大部分时间段内，呼和浩特市上空几乎没有冷空气活动，近地面全部为2~6 m/s的偏南风。气象条件中冷空气因子、风因子均不利于呼和浩特市污染颗粒物浓度的下降。10月25日呼和浩特市污染颗粒物浓度出现大幅下降很可能不是气象条件的原因。

第二次冷空气活动在11月1—2日，此次冷空气在600 hPa附近的高空最强，但到近地面时温度平流减弱到$(-6 \sim 0) \times 10^{-5}$K/s。即冷空气自高空侵入呼和浩特市，但由于持续时间、冷空气强度等因素，冷空气到达地面时强度较弱，对污染颗粒物的扩散作用有限。之后，2日到11日，呼和浩特市整层大气没有明显的冷平流，地面附近盛行风为2~4 m/s的东南风或偏南风，而微风、4 m/s以下的弱风，加上偏南风向，实际上是最不利于污染颗粒物的扩散，并且这种静稳型天气持续了10 d。直到11月11—12日呼和浩特市上空出现冷空气侵入，自11日夜间到13日，地面到高空全部出现8 m/s以上的偏北风，有利的气象条件才彻底建立。10月25日到11月APEC会议期间，呼和浩特市污染颗粒物浓度持续下降，空气质量迅速好转应该与气象条件关系不大。

2.2.2　地面日平均风速分析及对比结果

进一步对比呼和浩特市2013年、2014年10月14日到11月13日地面风(图3)可看到：10月14日到11月13日31 d中，2013年呼和浩特市地面日平均风速为0.9~7.2 m/s，有25 d日平均风速小于4 m/s，有2 d小于2 m/s。而10月25日到11月13日有18 d地面日平均风速小于4 m/s，其中，11月1、2日2 d地面日平均风速小于2 m/s。

10月14日到11月13日，2014年呼和浩特市地面日平均风速为1.3~6.2 m/s，31 d中有27 d地面日平均风速小于4 m/s，有3 d小于2 m/s。10月25日到11月13日有17 d地面日平均风速小于4 m/s，28、29、30日3 d地面日平均风速小于2 m/s。

2013年10月22日到28日，呼和浩特市属于持续灰霾天，并且，到27日达到重度霾程度，28日后10月31日、11月1日达到持续性重度霾，地面微风、静风是灰霾天的重要原因。2014年10

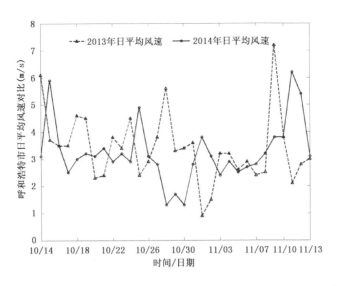

图 3　呼和浩特市 2013 年、2014 年 10 月 14 日—11 月 13 日地面风速对比图

月 25 日是灰霾天的转折点,25 日前,灰霾天持续,25 日后减轻,28 日后灰霾消散,空气质量达标。但地面日平均风速是以 4 m/s 以下小风为主,特别是 11 月 1—2 日出现持续性微风或静风,显然,地面风速与呼和浩特市空气质量迅速好转、大气污染得到有效治理没有直接联系。

2.2.3　颗粒物小时浓度与地面风速关系对比结果

对比分析 2013 年、2014 年 10 月 22 日到 28 日,呼和浩特市污染物小时浓度变化(图 4)可见:2013 年、2014 年呼和浩特市 PM_{10}、$PM_{2.5}$ 都有傍晚到午夜浓度增大、中午到下午逐渐减小的趋势。再比较 2013 年、2014 年 10 月 22—28 日地面风速与污染颗粒物小时浓度的关系。此时段内,呼和浩特市地面是典型的 5 m/s 以下的微风,特别是 2014 年,风速为 2~4 m/s 小风速,26—28 日是 1~4 m/s 小风速。因为风速较小,风速与 PM_{10}、$PM_{2.5}$ 小时浓度的关系几乎很微弱,但是,总体来说,午后风速加大,傍晚到午夜风速减小直至静风,仍然对应污染物减小和污染物聚集的时段。

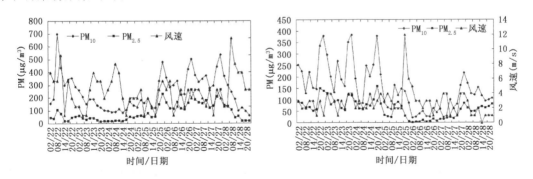

图 4　呼和浩特市 10 月 14 日至 11 月 13 日颗粒物小时浓度、地面风速时序图

(a)2013 年;(b)2014 年

对比两年 PM_{10} 的变化曲线看出,2014 年 10 月 22 日到 25 日 02 时前 PM_{10} 的小时浓度大多数高于 2013 年同期,23 日 23 时最大差值 280 $\mu g/m^3$,升幅 269%。这种升幅维持到 24 日

23 时,25 日 02 时出现拐点,25 日 02 时,2013 年 25 日 02 时 PM_{10} 小时浓度为 143 $\mu g/m^3$,2014 年 PM_{10} 小时浓度 89 $\mu g/m^3$,之后,一直到 28 日,2014 年几乎全部低于 2013 年同期的浓度值。下降差值最大为 26 日 23 时的 460 $\mu g/m^3$,降幅 91%。25 日～28 日呼和浩特市 PM_{10} 小时浓度比 2013 年同期锐减。由图也可看到,$PM_{2.5}$ 与 PM_{10} 随时间的变化趋势非常接近,升降几乎是同步的。$PM_{2.5}$ 小时浓度最大上升量在 24 日 20 时,达 105 $\mu g/m^3$,升幅 184%,25 日 02 时后下降的速度、趋势非常明显。下降最大量在 26 日 23 时,达 260 $\mu g/m^3$,降幅 97%。

上述分析看出,10 月 25 日后呼和浩特市灰霾天好转,地面风的气象条件未起到积极作用。

3　讨论

APEC 会议前,呼和浩特市 2014 年、2013 年 10 月 14 日到 25 日,轻度及以上灰霾日没有明显差异,PM_{10}、$PM_{2.5}$ 日平均浓度高于 2013 年。25 日后到 APEC 会议期间,呼和浩特市只有 1 d 轻度霾,无中度以上霾日。轻度及以上霾比 2013 年同期下降 87.5%,重度霾下降 100%。PM_{10}、$PM_{2.5}$ 日平均浓度也出现大幅下降。

25 日前后,冷空气活动相似,但灰霾日差异较大:2013 年 10 月 23 日到 11 月 4 日,大气中高层无冷空气活动,近地面盛行 2～6 m/s 的偏南风、东南风,这是 2013 年 10 月末到 11 月初和浩特市持续灰霾天、颗粒物浓度居高不下的气象因素。2014 年 10 月 25 日前后,呼和浩特市几乎没有冷空气活动,近地面全部为 2～6 m/s 的偏南风,属于阶段性灰霾天。11 月 2 日到 11 日,呼和浩特市出现了持续 10 d 的静稳型天气,地面盛行 2～4 m/s 的东南风或偏南风。但是,10 月 25 日后 PM_{10}、$PM_{2.5}$ 的小时浓度几乎全部低于 2013 年同期,在 26 日 23 时,PM_{10}、$PM_{2.5}$ 的小时浓度同时出现最大下降量,降幅达 91%、97%,这与静稳型天气促进污染物累积的共识是不符的。

地面风速与 PM_{10}、$PM_{2.5}$ 小时浓度的关系仍然同步:2013 年、2014 年 10 月 22—28 日呼和浩特市地面均是 5 m/s 以下的微风,特别是 2014 年 26 日到 28 日为 1～4 m/s 小风速。因为风速较小,风速与 PM_{10}、$PM_{2.5}$ 小时浓度的关系很微弱,但是,总体来说,PM_{10}、$PM_{2.5}$ 的小时浓度都是傍晚到午夜增大、次日中午到下午逐渐减小。傍晚到午夜风速减小直至静风,仍然对应污染物聚集的时段,午后风速加大,对应污染物浓度减小。

2014 年 10 月 25 日后,2014 年的气象条件比 2013 年同期差,2014 年 APEC 会议期间,呼和浩特市出现了持续 10 d 的静稳型天气。并且,傍晚到午夜风速减小仍然对应污染物聚集,午后风速加大对应污染物浓度减小。但是,2013 年 10 月末到 11 月初呼和浩特市持续灰霾天,同期 2014 年呼和浩特市灰霾消散,颗粒物浓度大幅下降。APEC 会议期间,静稳型气象条件对霾天气未起到积极作用。

内蒙古自治区政府针对 APEC 会议重点城市空气质量保障工作,采取的措施是逐步减排,据环保部门报告,政府于 10 月末开始采取减排措施,11 月 1 日启动严格防控手段。包括:关停排污企业、渣土车禁止进城、黄标车停运、限制秸秆焚烧等。减排初期呼和浩特市无论污染日数还是主要污染物,均出现较大变化。主要污染物由之前的 $PM_{2.5}$、PM_{10} 转变为 SO_2。10 月 25 日后,即政府采取减排措施期间,呼和浩特市大气污染得到全面控制,污染颗粒物浓度减小、大气污染减轻或解除。APEC 会议期间呼和浩特市空气质量转好,空气污染得到有效控制。究其原因,应该是政府减排措施的直接效果。

4 小结

(1) APEC 会议前后,呼和浩特市 2014 年 10 月 14 日到 10 月 31 日有 6 d 灰霾日,其中 1 d 重度霾。灰霾日比 2013 年同期下降 2 d,重度霾下降 1 d。11 月 1 日到 13 日有 1 天灰霾日,无重度霾。灰霾日比 2013 年同期下降 7 d,降幅 87.5%,重度霾下降 100%。

2013 年、2014 年 10 月 14 日到 25 日,呼和浩特市轻度及以上灰霾日没有明显差异,PM_{10}、$PM_{2.5}$ 日平均浓度高于 2013 年。10 月 25 开始,PM_{10}、$PM_{2.5}$ 日平均浓度出现大幅下降,到 11 月 1 日 APEC 会议期间完全达标。

(2)2013 年 10 月 23 日到 11 月 4 日,大气中高层无冷空气活动,近地面盛行 2~6 m/s 的偏南风、东南风,这是 2013 年 10 月末到 11 月初和浩特市持续灰霾天、颗粒物浓度居高不下的气象因素。11 月 5—6 日、9—11 日两次冷空气活动强,并且持续时间均超过两日以上,2013 年 11 月 3 日后呼和浩特市灰霾天减轻。

(3)2014 年 10 月 25 日前后,呼和浩特市上空中高层几乎没有冷空气活动,近地面全部为 2~6 m/s 的偏南风。11 月 2 日到 11 日,呼和浩特市出现静稳型天气,地面盛行 2~4 m/s 的东南风或偏南风,并持续了 10 d。然而,2014 年 10 月 25 日之后,PM_{10}、$PM_{2.5}$ 的小时浓度几乎全部低于 2013 年同期,在 26 日 23 时,PM_{10}、$PM_{2.5}$ 的小时浓度同时出现最大下降量,降幅达 91%、97%,这与地面微风的特征是不符合一般规律的。

(4)呼和浩特市灰霾天得到全面控制,污染颗粒物浓度减小、大气污染减轻或解除,气象条件中高空冷空气及地面风没有起到决定性作用。内蒙古政府针对 APEC 会议重点城市空气质量保障工作,于 10 月末开始采取减排措施,11 月 1 日启动全面防控手段,包括:关停排污企业、渣土车禁止进城、黄标车停运、限制秸秆焚烧等。呼和浩特市空气质量转好,应该是政府防控的直接效果。

感谢:本文颗粒物监测资料来源于内蒙古环境监测中心站的空气质量监测资料,这里表示感谢!

参考文献

[1] Fang G C,Wu Y S,Chen J C,*et al*. Concentrations of ambient air particulates(TSP, $PM_{2.5-10}$)and ionic species at offshore areas near Taiwan Strait[J]. *Journal of Hazardous Materials*,2006, B**132**:269-276.

[2] Huang W,Tan J G,Kan H D,*et al*. Visibility,air quality and daily mortality in Shanghai,China[J]. *Science of the Total Environment*. 2009,**407**:3295-3300.

[3] Chang D,Song Y,Liu B. Visibility trends in six megacities in China 1973－2007[J]. *Atmospheric Research*. 2009,**94**:161-167.

[4] 吴兑,毕雪岩,邓雪娇,等.珠江三角洲大气灰霾导致能见度下降问题研究[J].气象学报,2006,**64**(04):510-517.

[5] Tucker W G. An overview of $PM_{2.5}$ Sources and Control Strategies[J]. *Fuel Processing Technology*,2000, **65**:379-392.

[6] 李婷苑,邓雪娇,范邵佳,等. 2010 年广州亚运期间空气质量与污染气象条件分析[J].环境科学,2012,**33**(9):2032-2038.

[7] 吴兑,廖碧婷,吴晟,等.2010 年广州亚运会期间灰霾天气分析[J].环境科学学报,2012,**32**(3):521-527.

［8］ 赵普生,张小玲,徐晓峰.利用日均及14时气象数据进行霾日判定的比较分析[J].环境科学学报,2011,**31**(4):705-708.

［9］ Deng X Y,Tie X X,Wu D,*et al*.Long-term trend of visibility and its characterizations in the Pearl River Delta(PRD)region,China[J].*Atmospheric Environment*,2008,**42**:1424-1435.

［10］ Tan J H,Duan J H,Chen D H,*et al*.Chemical characteristics of haze during summer and winter in Guangzhou[J].*Atmospheric Research*,2009,**94**:238-245.

［11］ 吴兑,吴晟,陈欢欢,等.珠三角2009年11月严重灰霾天气过程分析[J].中山大学学报（自然科学版）,2011,**50**(5):120-127.

［12］ 吴蒙,范邵佳,吴兑,等.广州地区灰霾与清洁天气变化特征及影响因素分析[J].中国环境科学,2012,**32**(8):1409-1415.

北京地区一次持续雾霾过程特征分析

高永辉　伍禹新　吴旭丹　李　俊

（空军气象中心,北京 100095）

摘　要

2014 年 2 月 20—26 日,北京出现持续 7 日的雾霾天气过程。本文利用空军某机场气象台观测资料和常规观探测资料,从过程概况、环流形势、湿度和风的要素场特征、层结稳定度、动力条件、污染物浓度等方面,对此次过程发生、发展和消亡的物理成因进行一些分析,为雾霾天气的预报提供一些参考依据。

关键词:雾霾　特征分析

1　过程概述

2014 年 2 月下旬,北京出现连续 7 日雾霾天气,白天以霾为主,入夜后以雾为主,雾和霾交替出现,导致空气质量迅速下降,严重影响了交通运输和人们的正常生活,给社会带来很大的危害与恐慌,引起了广泛关注。其中 2 月 19 日全市 AQI(空气质量指数)为 91,20 日就上升至 267,从良好的级别跃升到了重度污染,连升了三级。北京市空气重污染应急指挥部办公室 20 日中午启动了空气重污染黄色预警预案。这是 2013 年《北京市空气重污染应急预案》出台后,发布的首个"空气重污染黄色预警"。中央气象台 20 日 18 时也发布霾黄色预警。中国气象局、环境保护部首次联合发布京津冀及周边地区重污染天气预报;21 日 12 时,北京市空气重污染应急指挥部将空气重污染黄色预警提升至橙色预警。这是北京首次启动空气重污染橙色预警,仅次于最高级别的红色预警。环保部称,21 日,我国约有 $1.43 \times 10^6 km^2$ 受到灰霾影响,约占国土面积的 15%,其中,重霾面积约为 $8.1 \times 10^5 km^2$,主要集中在北京、河北、山西、山东、河南、辽宁等地。截至 2 月 23 日,中央气象台连续第四天发布霾黄色预警。中央气象台 24 日 18 时还发布今年首个霾橙色预警。此次北京持续多日的雾霾天气于 27 日凌晨因一次中等强度冷空气的到来而烟消云散。

中国气象局风云三号极轨卫星(FY-3B、FY-3A)也监测到了此次雾霾过程(图 1、图 2)。

2　环流形势及要素场特征分析

2.1　环流形势分析

2 月份,北半球中高纬对流层中部平均环流的主要特点是在中高纬度为以极地低压为中心的环绕纬圈的西风环流,西风带中有尺度很大的槽脊,其中三个明显大槽分别位于亚洲东岸、北美东部和欧洲东部。2014 年 2 月 20 日,欧亚中高纬 500 hPa 上为两槽一脊形势,北京处在脊区控制。两槽分别位于欧洲西部和亚洲东部,其中东部槽为深厚的东亚大槽。在中西伯利亚上空存在一深厚的横向极涡,中心位于 60°N 以北(如图 3)。受其影响,欧亚中高纬度地

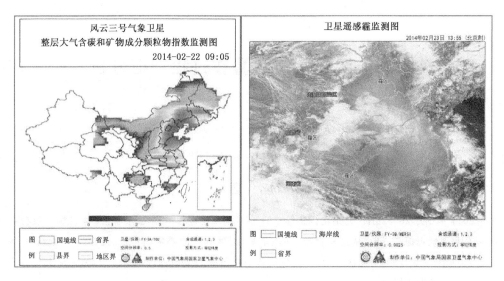

图1　FY-3A气象卫星监测图像　　　　　图2　FY-3B气象卫星监测图像

区经向度较弱。此后,欧亚中高纬的极涡向北移动,与极地低涡合并;此外,位于欧洲西部的槽受极区冷平流补充影响逐渐发展加深。正是由于这种形势演变,使得我国北方大部长时间维持在脊区控制,且华北上空的脊不断发展加深,暖平流不断加强,为此次持续雾霾天气提供了环流背景条件。由于空中回暖迅速,加之2月份地表温度低,就很容易形成比较稳定的逆温层。

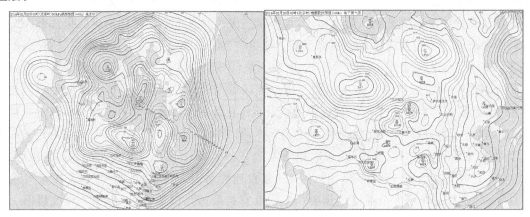

图3　2月20日08时500 hPa形势图　　　图4　2月26日08时地面图

　　地面图上(如图4),北京地区处于大陆高压后部并逐渐转为均压场控制下,气压场弱,气压梯度力小,导致地面及低空的风速很小。受近地面静稳天气控制,且空气在水平和垂直方向流动性均非常小,导致大气扩散条件非常差。而稳定的大气又容易使工业废气、汽车尾气、燃煤排放的废气等大气污染物的聚集。在稳定的天气背景下,就极易产生持续的雾霾天气。

2.2　要素场特征分析

2.2.1　湿度场特征

　　图5给出了2月19日01时到27日08时空军某机场地面相对湿度和能见度演变图,从图中可以看出19日能见度很好,可达20 km,20日起能见度迅速转差,由5 km转差到1 km

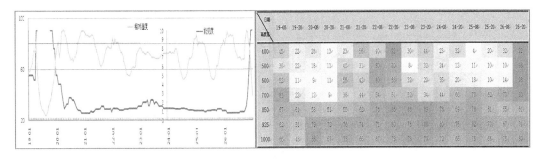

图 5　北京 19—27 日地面湿度演变图　　　图 6　19—27 日空中湿度时间剖面图

左右,最差 0.8 km;随后几天,除 23 日能见度最好时达 2.2 km 外,其余大多在 1 km 左右。相对湿度从 19 日 12 时开始逐渐增大到 90% 以上,此后,随着日变化高低起伏,夜间湿度增加,到 80% 以上,午后湿度减小,达 50%～60%。能见度和相对湿度主要呈现反位相变化趋势。相对湿度降低,能见度好转,相对湿度增加,能见度转差。26 日 20 时后,随着相对湿度急剧降低,能见度迅速转好,宣告此次持续多日的雾霾过程结束。若依据 80% 划分雾和霾的分界线,则表明此次雾霾过程为雾和霾交替出现的,夜间演变成雾,昼间演变成霾。过程大多时次为霾现象,其中 23—24 日全部为霾现象影响。此外,由北京站雾霾期间的相对湿度的时间剖面图(图 6)可以看出,雾霾持续期间,大气低层(从地面到 850 hPa 之间)存在一个明显湿区,而 700 hPa 以上为干区。

2.2.2　风场特征

从雾霾持续期间(20 日 01 时至 26 日 16 时,共 160 个时次)的统计结果表明:风向为北—北东—东风(0°～90°)的时次共 122 个时次,占总时次的 76%,其中风向为 20°～60° 的就有 95 个时次,约占总时次的 60%;雾霾持续期间平均风速 1.7 m/s,最大 4 m/s,仅 4 个时次;风速为 0 m/s 的,也仅有 7 个时次,而 1～2 m/s 的风速共 131 个时次,约占总时次数的 82%。由此可见,雾霾期间在近地面风的特征为:盛行 20°～40° 的风向,且风速约为 1～2 m/s。因此,持续雾霾发生期间,地面并不是静风,而是有微风,平均风速在 1～2 m/s。由此也反映出持续雾霾发生期间地面气压场较弱,气压梯度小的气压场特征。此外,通过分析北京(54511 站)的高空风图可看出:在 5000 m 以下雾霾持续期高空风图为反"S"型(如图 7),而在雾霾消散期(26 日 20 时)和雾霾出现以前(19 日 08 时)的高空风图为"S"型(如图 8)。这也反映出在雾霾持续期低层为暖平流,中高层为冷平流。相反,在雾霾消散期则为近地面层为冷平流,中高层为暖平流。

3　大气稳定层结及动力条件分析

3.1　大气稳定层结分析

图 9 给出了 21—23 日 08 时北京的温度垂直变化图。通过对 2 月 19—27 日探空曲线分析发现:在 850 hPa 以下,雾霾持续期间,除了 22—23 日两天 08 时没有出现逆温层外,而其余 4 d 均出现类似 21 日 08 时的显示稳定层结的逆温层,逆温层厚度大体相当。综合考虑 20—26 日北京地区天气实况可以看出,逆温层的存在不仅不利于污染物的扩散,而且有利于水汽的聚集。空气的饱和程度决定着能见度的好坏程度(即相对湿度越高,能见度越差),这与 22—23 日雾霾强度(能见度)变化是一致的。由此可见,稳定的逆温层使得大气湍流交换能力和

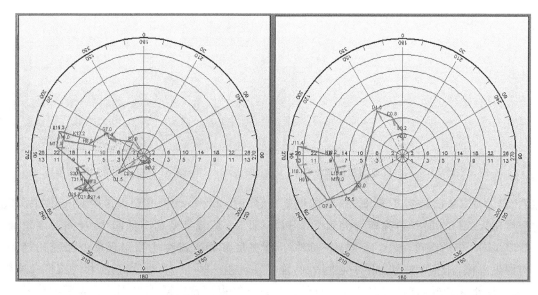

图 7 21 日 20 时北京高空风图   图 8 26 日 20 时北京高空风图

热力对流均较弱,水汽和大量污染物不易于向空中扩散,就像一个巨大的暖盖,将北京地区牢牢的笼罩起来,造成空气质量恶化和能见度下降,为雾霾天气的维持提供了有利的条件。此外,在雾霾天气的形成阶段(如 20 日 08 时),空军某机场能见度也仅为 1.3 km,而此时北京上空并没有逆温层。可见逆温层不是雾霾形成的充分必要条件,只是对雾霾的持续及雾霾的强度有所影响。

图 9 北京(54511 站)探空图(从左至右依次为 21、22、23 日 08 时)

3.2 动力条件分析

表 1 给出了雾霾期间各层的辐合辐散特征分布情况。

表 1 19 日 08 时至 26 日 20 时北京上空各层散度列表(单位:$10^{-6}s^{-1}$)

高度(hPa)\时间	19—08	19—20	20—08	20—20	21—08	21—20	22—08	22—20	23—08	23—20	24—08	24—20	25—08	25—20	26—08	26—20
400	0.0	0.2	−1	0.1	−0.2	−0.2	0.0	−0.4	−0.4	0.4	0.3	0.0	−0.4	0.0	1.2	−2.0
500	−0.8	0.6	0.8	−0.2	−0.2	−0.4	1.1	−0.3	0.6	−0.1	0.4	0.1	1.0	0.0	−0.2	0.4
600	0.0	−0.2	0.6	0.1	0.8	0.0	0.8	−0.2	0.8	−0.2	0.2	−1.0	0.8	−0.3	−0.4	−0.2
700	1.0	−1.2	0.0	0.0	−1.2	−0.1	−0.1	0.4	0.0	0.0	−0.5	−0.9	−0.8	0.3	0.6	−2.8
850	−1.0	1.0	2.0	1.6	1.9	1.6	1.8	2.4	2.0	1.9	0.9	1.9	1.9	1.4	2.0	−3.4
925	−1.8	0.8	−0.3	0.0	−1.4	−1.3	−3	−1	−1.8	−0.4	−0.2	−0.2	−1	0.0	−0.3	2.0
1000	0.0	−1.4	−2.8	−1	−1.2	−1.4	−1.8	−2.6	−1.6	0.0	−0.4	−0.4	−1.4	−0.8	−2.2	4.0

从表中可以清楚地看到:在雾霾持续期,北京上空大气底层925 hPa、1000 hPa的散度值均为负值,850 hPa散度均为正值,700～500 hPa之间的散度值也是正负相间。也就是说,在雾霾期间大气的底层(925 hPa以下)为弱的辐合区,850 hPa为辐散区,再往上高空700 hPa又为辐合区交替出现。由这种特征可以分析得出,在雾霾持续期间,大气为稳定状态,大气底层的水汽及雾霾粒子等污染物颗粒得不到有效扩散,而是有利于其积累和聚集,致使能见度逐渐转差,并长时间得以维持。而26日20时,受一股弱冷空气影响,925 hPa以下为辐散区,有下沉运动,雾霾消散。

4 污染物特征分析

根据大气悬浮颗粒物的空气动力学当量直径(Dp)不同,将大气悬浮颗粒物大致分为4类,其中$Dp \leqslant 10 \ \mu m$的为可吸入悬浮颗粒物,$Dp \leqslant 2.5 \ \mu m$的为$PM_{2.5}$,也称为"可入肺颗粒物"。后者多为二次污染物。研究表明,与大气中较粗的颗粒物PM_{10}相比,$PM_{2.5}$富含大量的有毒、有害物质且在大气中停留时间长、输送距离远,因而对人体健康和大气环境质量的影响更大。本文采用北京市环保监测中心海淀万柳站的大气监测数据(图10),并以此数据对此次雾霾过程的悬浮颗粒含量进行分析。结果表明,在悬浮颗粒监测中较大悬浮颗粒PM_{10}中主要的贡献者是$PM_{2.5}$,此外悬浮颗粒的浓度与能见度有明显的一致性,即悬浮颗粒浓度越大,能见度越差,反之,悬浮颗粒浓度越小,能见度越好。纵观此次持续的雾霾过程,以25日夜间到26日夜间空气污染最为严重,$PM_{2.5}$污染物浓度最大566 $\mu g/m^3$,达到红色霾预警等级。

分析悬浮颗粒浓度与相对湿度的对应关系后发现,$PM_{2.5}$的浓度随着相对湿度的增大而增大,但并不一定随着相对湿度的减小而减小。在雾霾持续期间,日最高相对湿度越大,当日能见度就越差。如23日的能见度比此次过程中其他几天都稍好一些,最好达到2.2 km,当日最大相对湿度不足80%,而其他几日的相对湿度最大都达到80%以上,甚至90%以上,能见度均在1.0 km左右徘徊。以上的特征说明雾霾天气的强弱(能见度)跟大气的饱和程度有直接关系。除此之外,$PM_{2.5}$颗粒的浓度不仅与相对湿度有关,而且还包含复杂的化学过程。

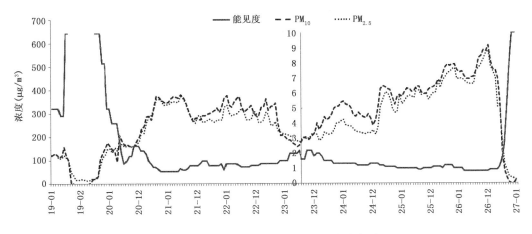

图10 19—26日能见度及悬浮颗粒浓度图

5 总结

通过对 2014 年 2 月 20—26 日持续雾霾过程的环流形势、要素场特征、大气稳定层结、动力条件、污染物浓度分析等六方面的分析,可总结出持续雾霾天气有如下几个特征:

(1)高空图上,我国北方大部长时间维持在脊区控制,且华北上空的脊不断发展加深,暖平流不断加强,地面图上,北京地区处于大陆高压后部并逐渐转为均压场控制下,气压场弱,气压梯度力小,导致地面及低空的风速很小。这是有利于雾霾天气持续的环流背景。

(2)能见度和相对湿度呈现反位相变化趋势。此次雾霾过程为雾和霾交替出现,夜间演变成雾,昼间演变成霾,大多时次为霾现象,其中 23—24 日全部为霾现象影响;雾霾持续期间,大气低层(从地面到 850 hPa 之间)存在一个明显湿区,而 700 hPa 以上为干区。雾霾期间在近地面风的特征为,盛行 20°～60° 的风向,且风速为 1～2 m/s。在 5000 m 以下,雾霾持续期高空风图为反“S”型,而在雾霾消散期(26 日 20 时)和雾霾出现以前(19 日 08 时)的高空风图为“S”型。反映出在雾霾持续期低层为暖平流,中高层为冷平流。相反,在雾霾消散期则为近地面层为冷平流。

(3)逆温层不是雾霾形成的充分必要条件,只是对雾霾的持续及雾霾的强度有所影响。

(4)在雾霾期间大气的底层(925 hPa 以下)为弱的辐合区,850 hPa 为辐散区,再往上高空 700 hPa 又为辐合区交替出现。这种结构特征致使大气底层的水汽及雾霾粒子等污染物颗粒得不到有效扩散,而是有利于其积累和聚集,能见度逐渐转差,并长时间得以维持。

(5)悬浮颗粒的浓度与能见度有明显的一致性,即悬浮颗粒浓度越大,能见度越差,反之,悬浮颗粒浓度越小,能见度越好。$PM_{2.5}$ 颗粒的浓度不仅与相对湿度有关,而且还包含复杂的化学过程。

参考文献

李崇志,于清平,陈彦.2009.霾的判别方法探讨[J].南京气象学院学报,**32**(2):327-332.

吴兑.2005.关于霾与雾的区别和灰霾天气预警的讨论[J].气象,**31**(4):3-7.

夏永胜.2012.轻雾、烟、霾、浮尘的判断方法[J].现代农业科技,(4):34-36.

周涛,汝小龙.2012.北京市雾霾天气成因及治理措施研究[J].华北电力大学学报,(4):12-16.

2013—2014 年冬半年北京重污染过程气象传输条件分析及预报指数初建

花　丛　张碧辉　张恒德

（国家气象中心,北京 100081）

摘　要

结合地面常规观测资料和空气质量数据,利用聚类分析方法对 2013－2014 年冬半年北京地区的气象传输轨迹特征进行了统计分析,并通过潜在源区贡献法（PSCF）分析了污染物的潜在源区。结果表明:影响北京的气团主要来自西南、偏东和西北三条路径,其中西南和偏东路径中重污染天气的出现概率分别为 56.58％和 43.80％,为典型的污染物传输路径。潜在源区分析发现,高 PSCF 值主要对应西南和偏东轨迹气团所影响的山东西部、河北中南部及天津等地,其形成与下垫面排放及气团移动速度有关。在此基础上,结合 $PM_{2.5}$ 排放源强度构建传输气象指数,经检验发现与 $PM_{2.5}$ 浓度的生消变化有较好的一致性,且有约 6 h 的预报提前量。通过与静稳指数的综合分析可从不同角度解释污染浓度的变化特征,从而有助于加深对重污染天气的理解,并在预报评估中发挥参考作用。

关键词:重污染天气　聚类分析　PSCF　传输气象指数

引言

北京作为高速发展的环首都经济圈的中心,近年来由于频发的大气重污染事件而受到社会各界的广泛关注。国外已有研究证明,大气污染物可通过平流输送对其他地区产生影响（Chiapello et al,1997;Baker,2010）。国内也有研究指出,北京地区的大气污染是本地排放与周边区域输送作用的共同结果（徐祥德,2002）。因此,结合气象条件、局地地形条件及区域污染源分布情况对气象传输条件进行分析研究显得尤为重要。

针对北京及华北地区的大气污染物输送问题,苏福庆等（2004a,2004b）利用历史资料总结了北京市外来污染物的主要输入通道,并指出输送汇及其摆动是形成华北平原及北京重污染区的主要形式。陈朝晖等（2008）通过一次大气污染过程分析了天气型与污染输送路径之间的关系。张志刚等（2004）利用模式模拟污染物的远距离输送和沉降过程,指出北京大气环境中 20％的 PM_{10} 及 23％左右的 SO_2 都来自周边地区。近年来,在分析污染物传输方面,Hysplit 模式及轨迹聚类方法成为重要工具。许多学者以此为基础,对国内大气污染现象较为严重的城市和地区的污染物传输问题进行了研究（王艳等,2008;杨素英等,2010;刘世玺等,2010;朱佳雷等,2011;王茜,2013）。

2013—2014 年冬半年,北京地区多次出现重污染天气。针对这一时期的污染物传输特征尚缺乏深入分析,同时对于污染物浓度的预报也缺少有效的客观参考依据。因此,本文首先利用轨迹分析方法对污染物气象传输特征进行统计,并分析污染物潜在源区,在此基础上初步构建客观预报指数,以期能提高对北京重污染天气的分析和预报水平。

1 资料和方法

本文所用 AQI 及 PM$_{2.5}$ 监测数据来源于全国城市空气质量实时发布平台（http://113.108.142.147:20035/emcpublish/），时间分辨率为 6 h。PM$_{2.5}$ 排放源数据采用清华大学2010 年排放源清单（图 1），格点分辨率为 0.25°×0.25°。气象数据来源于中国气象局常规地面观测资料。

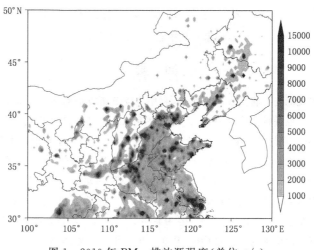

图 1 2010 年 PM$_{2.5}$ 排放源强度（单位：t/a）

Hysplit 为美国国家海洋大气研究中心（NOAA）开发的一款欧拉和拉格朗日混合型大气扩散模式，其平流和扩散的处理均采用拉格朗日方法。Hysplit 模式对输送、扩散和沉降过程方面考虑得较为完整，目前在国内外广泛应用于分析污染物来源及确定传输路径。本文中模拟初始场采用 NCEP 全球资料同化系统 GDAS（Global Data Assimilation System）提供的1°×1°分析场资料。此外，在进行轨迹聚类及 PSCF 分析时，使用到了 TrajStat 软件（Wang *et al*，2009）。

2 空气质量概况

根据《环境空气质量指数（AQI）技术规定（试行）》，当 AQI 超过 200 时，空气质量达到重度及以上污染。本文定义 AQI 级别一级和二级（0～100）的时次为清洁时次，三级和四级（101～200）为轻污染时次，五级和六级（>200）为重污染时次。对北京城区 8 个国控点（图 2）监测数据取平均值，用于表征城区 AQI 总体状况，统计 2013 年 11 月—2014 年 3 月每日 4 个时次（02 时、08 时、14 时、20 时）的 AQI 分布情况，去除缺测，共得到 580 个数据样本。统计结果见表 1。可见北京共有 131 个时次出现重污染天气，占总数的 22.59%；清洁时次共 282 次，占48.62%，不到总数的一半。

图 3 给出了 AQI 逐月分布情况。在统计时段，各月 AQI 中位数分别为 90、78、114、143、117。其中 2 月空气质量状况较其他月份偏差，为重污染天气高发时段。第三个四分位数分别为 169、146、182、274、195，均达到或接近国家标准四级中度污染，说明约 25% 的时次空气质量超过四级。此外，各月均出现 AQI 大于 200 的重污染天气，其中 1 月极值达到 500，出现爆表现象。

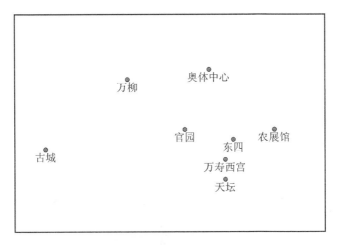

图 2　北京城区环境监测站点分布图

表 1　2013 年 11 月—2014 年 3 月北京城区 AQI 分布情况

	清洁(0~100)	轻污染(101~200)	重污染(>200)	总样本
时次	282	167	131	580
百分比(%)	48.62	28.79	22.59	100

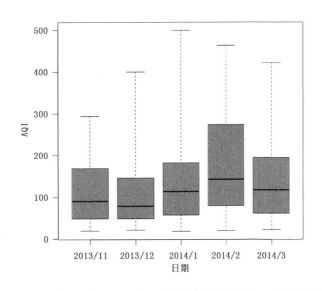

图 3　2013 年 11 月—2014 年 3 月北京城区逐月 AQI 分布箱线图

3　气象传输特征分析

利用 TrajStat 软件计算 2013 年 11 月至 2014 年 3 月逐 6 h 的 604 条气团后向轨迹,每条轨迹模拟时长 48 h,时间分辨率为 1 h。用聚类分析方法对轨迹进行分组,得到 3 条主要传输路径,如图 4 所示。其中聚类 1 共 80 条轨迹,主要为来自河北中南部、沿太行山东麓传输的西南路径气流。这一类型的传输路径多出现在地面高压的西侧或西北侧。聚类 2 共 396 条轨迹,主要为蒙古国经内蒙古中部、河北西北部进入北京的西北路径气流。这类传输气团多随西北或偏北路径的冷空气前锋影响北京。聚类3共128条轨迹,主要为来自辽宁西部经渤海湾、天津进入北京的偏东路径气流。该类传输路线多出现在地面高压南部或低压北部的弱辐合区内。其中,聚类2的轨迹长度明显长于聚类1和聚类3,在模拟时间相同的前提下,说明偏东和偏南路径气团的移动速度明显小于西北路径气团。

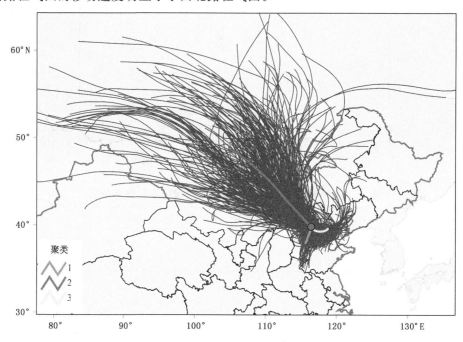

图4　2013年11月至2014年3月北京48 h后向轨迹分析及聚类结果

表2　聚类分析统计结果

聚类	轨迹数	平均 AQI	重污染轨迹数	重污染轨迹平均 AQI	重污染轨迹出现概率(%)
1	76	238.13	43	308.37	56.58
2	383	92.34	35	256.14	9.14
3	121	197.43	53	287.08	43.80
合计	580	133.37	131	285.80	22.59

定义模拟开始时北京 AQI 大于200的时刻对应的轨迹为重污染轨迹。在聚类分析的基础上对有 AQI 观测数据的580条轨迹进行分类,结果如表2所示。聚类1西南路径气流和聚类3偏东路径气流的平均 AQI 为238.13和197.43,分别达到或接近重污染水平;其中重污染轨迹的出现概率分别为56.58%和43.80%,重污染轨迹的平均 AQI 更高达308.37和287.08,可见这两条路径为典型的污染物传输路径。相比之下,聚类2西北路径气流的平均 AQI 为92.34,重污染轨迹出现概率仅为9.14%,为典型的清洁路径。

结合地面风玫瑰图(图5)可以看出,重污染天气发生时,北京多为偏南或偏东风,几乎没有西北风出现,风速均小于4 m/s。在这两种风向下,气团经过河北中南部、东部以及天津等高污染排放区进入北京,小风速使大气中携带的污染物有充足的时间进行二次转化,从而进一步加重污染程度。而清洁状态下，偏北路径的气团占主导，在来自内蒙古中部、河北北部等较高海拔低排放区的气流影响下，对污染物有明显清除作用。

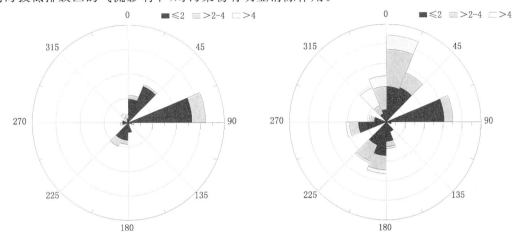

图 5　重污染(左)及清洁(右)时刻地面观测风玫瑰图，其中填色表示风速(单位:m/s)

4　潜在源区分析

潜在源区贡献法 PSCF(Potential source contribution function)(Biegalski and Hopke，2004)是一种应用广泛的污染物源地统计方法，通过结合气团轨迹和某要素值(本文指 AQI)来给出可能的排放源位置。PSCF 函数表征经过某一区域的气团到达观测点时对应的要素值超过设定阈值的条件概率。本文中设定当轨迹对应的 AQI 大于 200 时，认定该轨迹为重污染轨迹。将 $30°\sim60°N$，$80°\sim130°E$ 的范围划分为 $0.25°\times0.25°$ 的网格，经过网格(i,j)的重污染轨迹数为 m_{ij}，经过网格(i,j)的总轨迹数为 n_{ij}，则 $PSCF$ 的表达式可写作(1)。对 n_{ij} 较小的网格可能出现非常高的 $PSCF_{ij}$，因此通过经验权重函数 $W(n_{ij})$ 对其进行降误差处理(王爱平等，2014)。$W(n_{ij})$的表达式为(2)。其中 n_{ave} 为研究区域内每个网格的平均轨迹端点数，本文中 $n_{ave}=2$。高 $PSCF_{ij}$ 值所对应的区域即污染物的潜在源区，经过该区域的轨迹为污染物传输的主要路径。

$$PSCF_{ij}=\frac{m_{ij}}{n_{ij}}\cdot W(n_{ij}) \tag{1}$$

$$W(n_{ij})=\begin{cases}1.00, & 3nave<n_{ij}\\0.70, & 1.5nave<n_{ij}\leqslant3nave\\0.4, & nave<n_{ij}\leqslant1.5nave\\0.17, & n_{ij}\leqslant nave\end{cases} \tag{2}$$

由图 6 可以看出，高 $PSCF_{ij}$ 值主要出现在山东西部、河北中南部，一般超过 0.6。经过上述地区的轨迹对应聚类 1，为源于内陆工业区的西南路径气团，其本身污染物含量较高，且秋冬季沿途多有秸秆焚烧，进一步加大了污染物浓度；到达北京后易在北侧的燕山山脉前形成堆积，污染物难以扩散，出现重污染天气的概率最高。聚类 3 对应的偏东路径气团从辽宁西部经渤海湾、河北东部、天津等地进入北京。由于经过渤海海面，气团相对湿度一般较高，有利于污染物的二次反应及能见度的降低。然而，偏东路径气团在陆地污染区滞留时间相对较短，故

$PSCF_{ij}$值低于西南路径气团。聚类 2 对应的西北路径气团中，$PSCF_{ij}$值相对较高的区域出现在山西北部，该地区同样为排放强度较大的工业区；而在蒙古国、内蒙古中西部等地，下垫面排放强度低，相应的 $PSCF_{ij}$值也较低。

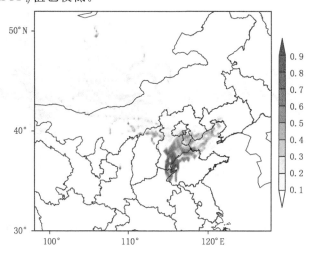

图 6 北京潜在源贡献因子（PSCF）分布

5 污染物传输指数

5.1 传输指数的构建

通过以上分析可以看出，传输轨迹中包含了大量对重污染天气有指示意义的信息。张磊等(2013)结合轨迹模式的输出结果和污染物排放源强度，设计了一种可评估污染物平流输送强度的客观参数，并通过与 CO 和 O_3 浓度资料的对比验证，证明其可较为合理的表征传输强度。本文在此基础上引入潜在源贡献因子（PSCF），用于更好的描述污染物源地对输送条件的影响。此外，由于冬半年北京地区的重污染过程主要表现为雾、霾天气，首要污染物多为 $PM_{2.5}$，故结合 $PM_{2.5}$排放源清单计算污染物传输强度如下：

$$T_l(i,j) = R_l(i,j) \cdot E(i,j) \cdot W_d(i,j) \cdot W_u(i,j) \cdot PSCF \tag{3}$$

式(3)中，T 为传输强度；R 为输送概率；E 为 $PM_{2.5}$排放强度；W_d 为距离权重函数；W_u 为时间权重函数，$PSCF$ 为潜在源贡献因子。下标 l 和(i,j)是对应的轨迹和网格。

$$R_l(i,j) = \frac{\tau_l(i,j)}{n} \tag{4}$$

式(4)中，$\tau_l(i,j)$为轨迹 l 在网格(i,j)内的停留时间；n 为所有轨迹运行的总时间。两者都用轨迹点的个数表示。

$$W_d(i,j) = \frac{1}{d(i,j)/5 + 1} \tag{5}$$

式(5)中，$d(i,j)$为网格(i,j)与观测点的距离。

$$W_u(i,j) = \frac{1}{t_l(i,j)/18 + 1} \tag{6}$$

式(6)中，$t_l(i,j)$为轨迹 l 对应的气团从网格(i,j)移动到观测点所需的时间，单位为 1 h。

通过公式(3)计算得到某条轨迹的污染物传输强度后，将该轨迹的所有传输强度求和即为

该轨迹的传输指数 T_{all}：

$$T_{all} = \sum_{\substack{i=1 \\ j=1}}^{\substack{i=m \\ j=n}} T_l(i,j) \tag{7}$$

其中，m、n 分别代表经向和纬向上的网格数。

5.2 结果分析

计算输出 2013 年 11 月至 2014 年 3 月逐 6 h 间隔的传输指数，并与 $PM_{2.5}$ 浓度的观测值进行对比(图 7)，发现二者之间的变化趋势存在一致性，其相关系数为 0.3462，通过 0.05 的显著性检验。这一特点说明，传输指数的构建方式基本合理，能够表征平流输送对北京 $PM_{2.5}$ 浓度变化的重要影响，说明外来污染物是北京重污染天气形成过程中不可忽视的因素。

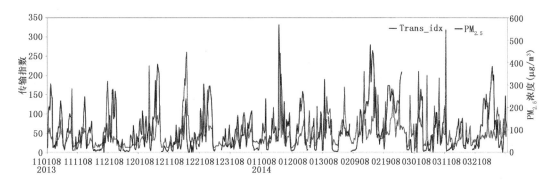

图 7 2013 年 11 月至 2014 年 3 月北京 $PM_{2.5}$ 浓度与传输指数时间序列

通过观察发现，$PM_{2.5}$ 浓度较之传输指数的变化常存在一定滞后性。这一点从天气学意义上很好理解：平流输送对污染物的传输导致了 $PM_{2.5}$ 浓度的变化，$PM_{2.5}$ 浓度相对传输条件的变化有一定滞后响应时间。为计算响应时间的长度，对二者进行时滞相关分析，即逐时次计算 $PM_{2.5}$ 浓度与传输指数之间的相关系数。结果显示(表 3)，在 $PM_{2.5}$ 浓度滞后传输指数 6 h 的情况下，二者相关性最为明显。说明传输指数对污染物浓度变化有大约 6 h 的预报提前量，可以此作为参照，估算污染物浓度的变化趋势。

表 3 $PM_{2.5}$ 浓度与传输指数时滞相关分析

$PM_{2.5}$滞后时间(h)	0	6	12	18	24
相关系数	0.3462	0.3592	0.2924	0.2226	0.2219

前文已指出，北京地区的污染是本地排放与周边地区输送作用的共同结果。在这两种因子的共同作用下，针对不同的污染过程，传输指数与 $PM_{2.5}$ 浓度之间的关系体现出不同特征，而这些特征可用于分析传输条件在污染天气形成中的作用。为此引入静稳指数作为表征本地气象条件对污染物影响的特征量。静稳指数是在考虑了湿度、风速、逆温强度、混合层高度等反映大气温湿条件及动力状况的物理要素基础上构建的能定量反映大气静稳程度的指标，已在中央气象台实现业务化应用，能较好的反映实际气象条件下对污染物的稀释、扩散能力。通过分析发现，传输作用对污染物浓度的影响主要分为以下三种：

(1)传输作用为主，本地积累为辅。以 2014 年 1 月 12－20 日的污染过程为例(图 8a)。这一时段，传输指数与 $PM_{2.5}$ 浓度之间体现出较好的一致性，相关系数高达 0.8102。其中从 15

日夜间至 16 日白天,传输作用迅速增强,传输指数在 16 日 08 时出现峰值。与此同时,PM$_{2.5}$ 浓度也出现迅速增长,并与传输指数同时达到最高值。随后传输指数逐渐减小,PM$_{2.5}$ 浓度也随之降低。静稳指数与 PM$_{2.5}$ 浓度之间则并无明显相关关系,其峰值出现时间滞后于 PM$_{2.5}$。说明这一过程中,污染物浓度的增加主要来自区域间传输。

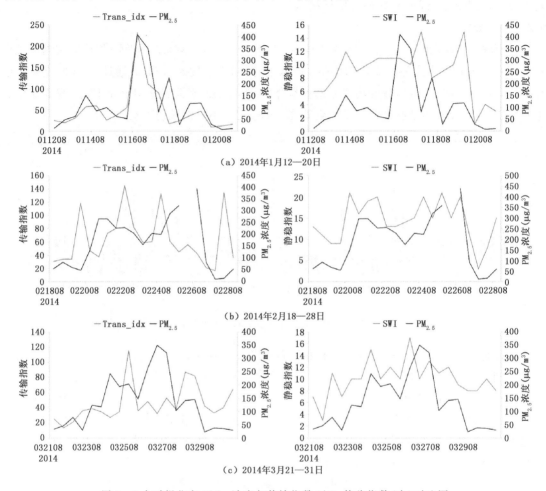

图 8　3 个时报北京 PM$_{2.5}$ 浓度与传输指数(左)、静稳指数(右)对比图

(2)本地积累为主,传输作用为辅。以 2014 年 2 月 18—28 日的污染过程为例(图 8b)。此次污染过程持续时间较长,静稳指数与 PM$_{2.5}$ 浓度之间相关系数高达 0.7459,对 19—20 日污染物浓度的增长,20—21 日、24—26 日污染物高值浓度的维持及 26—27 日污染物的清除过程均有体现,有较好的预报意义。而传输指数与 PM$_{2.5}$ 浓度之间并无明显相关性,说明该过程中传输对污染物浓度的贡献较小。

(3)传输与本地积累共同作用。多数情况下,传输指数、静稳指数与污染物浓度之间均有一定相关性,即证明了污染天气的出现是本地积累和周边输送作用的共同结果。以 2014 年 3 月 21—31 日的污染过程为例(图 8c)。23—24 日,静稳指数逐渐升高,静稳天气条件建立,PM$_{2.5}$ 浓度逐渐上升;25 日,传输指数明显升高,传输作用加强,随后 PM$_{2.5}$ 浓度迅速增加;26—27 日,传输指数减小,静稳指数进一步增大,此时 PM$_{2.5}$ 浓度的上升以本地累积为主。可见,利用传输指数和静稳指数可从不同角度解释污染天气的生消变化特征,从而有助于加深对重污染天气的理解,也可以在预报评估中发挥参考作用。

传输指数可从整体上表征气团轨迹对污染物的输送能力,而组成传输指数的传输强度可代表输送能力的空间分布情况。将2013年11月—2014年3月逐6 h共604条轨迹的传输强度进行叠加,得到不同地区对北京的污染物传输强度分布。图9显示,天津、河北中南部、山东西北部及河南北部传输强度大于1,说明上述地区的污染物可通过区域传输对北京产生较明显影响,其传输强度之和占到总强度的99.78%(表4)。其中河北中部、天津西部距离北京近,工业发达,排放强度较高,且经过这两个区域的气流到达北京后易与燕山和太行山脉形成地形辐合,使污染物难以扩散,进一步加重污染程度,因此传输作用最为明显,与之对应的大于100的传输强度占总传输强度的89.28%。工业较为发达的太原、济南、郑州等周边省会城市,由于较少有气团轨迹经过或距离北京较远等原因,传输作用并不明显。

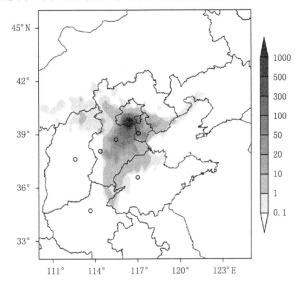

图9 2013年11月至2014年3月北京传输强度分布情况

表4 不同传输强度占总传输强度的比例

传输强度范围	≥1000	[100,1000)	[1,100)	[0.1,1)
比例(%)	73.36	15.92	10.49	0.21

6 小结

本文利用轨迹分析和聚类方法,对北京地区2013—2014年秋冬季节的气团传输轨迹特征进行了分析,并利用PSCF法对污染物的潜在源区进行了计算;在此基础上,结合$PM_{2.5}$排放源强度构建传输气象指数,用于表征气象条件对污染物的传输能力。得到的主要结论如下:

(1)秋冬季影响北京的气团主要来自西南、偏东和西北三条路径,其中西南和偏东路径中重污染天气的出现概率分别为56.58%和43.80%,为典型的污染物传输路径;西北路径中重污染天气出现概率较低,为清洁路径。

(2)潜在源贡献因子分析表明,高PSCF值主要对应西南和偏东轨迹气团所影响的山东西部、河北中南部及天津等地,其形成与下垫面排放源强度及气团移动速度有关。

(3)基于轨迹分析、排放源强度和 $PSCF$ 值构建的传输气象指数能够在一定程度上反映污染物浓度的生消变化,且有约 6 h 的预报提前量,可在预报业务中用作客观参考依据。

(4)在不同的污染过程中,由于气象条件的不同,传输作用对污染物浓度的影响体现出不同特征。通过与静稳指数的综合分析,可从不同角度解释污染物的生消变化,从而在预报评估中发挥作用。

(5)天津及河北中部的污染物传输对北京地区影响最为显著。可参照传输强度的空间分布对污染源进行合理调控和减排,做到空气质量改善和经济发展兼顾。

需要说明的是,传输气象指数的构建过程中采用了 $PM_{2.5}$ 排放源强度,因此主要适用于以细颗粒物为首要污染物的污染天气类型,且由于排放源为常量,无法反映由排放强度突变引起的大气污染事件。此外,传输作用仅是形成污染天气的条件之一,故仅参考传输指数难以正确判断大气污染物变化情况。在未来的工作中,可尝试将传输指数与静稳指数进行结合,以构建能够较为全面反应污染物浓度变化的物理量。

参考文献

陈朝晖,程水源,苏福庆,等.2008.华北区域大气污染过程中天气型和输送路径分析[J].环境科学研究,**21**(1):17-21.

刘世玺,安俊琳,朱彬,等. 2010.远距离输送作用对南京大气污染的影响[J].生态环境学报,**19**(11):2629-2635.

苏福庆,任阵海,高庆先,等.2004a.北京及华北平原边界层大气中污染物的汇聚系统——边界层输送汇[J].环境科学研究,**17**(1):21-25.

苏福庆,高庆先,张志刚,等.2004b.北京边界层外来污染物输送通道[J].环境科学研究,**17**(1):26-29.

王爱平,朱彬,银燕,等.2014.黄山顶夏季气溶胶数浓度特征及其输送潜在源区[J].中国环境科学,**34**(4):852-861.

王茜.2013.利用轨迹模式研究上海大气污染的输送来源.环境科学研究[J],**26**(4):357-363.

王艳,柴发合,刘厚凤,等.2008.长江三角洲地区大气污染物水平输送场特征分析[J].环境科学研究,**21**(1):22-29.

徐祥德.2002.北京及周边地区大气污染机理及调控原理研究[J].中国基础科学,**8**:19-22.

杨素英,赵秀勇,刘宁微.2010.北京秋季一次重污染天气过程的成因分析[J].气象与环境学报,**26**(5):13-16.

张磊,金莲姬,朱彬,等.2013.2011 年 6—8 月平流输送对黄山顶污染物浓度的影响[J].中国环境科学,**33**(6):969-978.

朱佳雷,王体健,邢莉,等.2011.江苏省一次重霾污染天气的特征和机理分析[J].中国环境科学,**31**(12):1943-1950.

Baker J. 2010. A cluster analysis of long range air transport pathways and associated pollutant concentrations within the UK[J]. Atmospheric Environment,**44**,563-571.

Biegalski S R,Hopke P K. 2004. Total potential source contribution function analysis of trace elements determined in aerosol samples collected near lake huron[J]. *Environ Sci Tec*,**38**:4276-4284.

Chiapello I,Bergametti G,Chatenet B,*et al*. 1997:Origins of African dust transported over the northeastern tropical Atlantic[J]. Journal of Geophysical Research,**102**:13701-13709.

Wang Y Q,Zhang X Y,Draxler R R. 2009. TrajStat:GIS-based software that uses various trajectory statistical analysis methods to identify potential sources from long-term air pollution measurement data[J]. Environmental Modelling & Software,**24**(8):938-939.

1959—2012 年湘潭市大雾的时空分布特征及其发生的天气形势分类

欧阳也能　袁红松　游枭雄　黄　娟

（湖南省湘潭市气象局,湘潭 411107）

摘　要

利用 1959—2012 年湘潭 3 个观测站资料,采用线性倾向估计、普查分析等方法,研究了湘潭市大雾的时空分布特征并将大雾发生的天气形势进行分类。结果表明:全市大雾年平均日数 18.9 d,湘乡站最多(25.7d),韶山站最少(11.8 d);3 站的大雾日数整体均呈逐年增加的趋势,变化速率介于 1.13 d/10a 与 2.41 d/10a 之间,1977—2002 年为大雾多发时期;20 世纪 90 年代以前每 10a 以 4~6 d 的趋势递增,进入 21 世纪后大雾年大雾日数呈下降趋势;连续大雾中,以连续 2 d 的连续大雾最多,占总雾日数的 80%。低空有下沉逆温,地面有辐射逆温,是连续大雾产生的重要条件。形成大雾的 500 hPa 形势场特征主要有 NW 型(槽后西北气流型),SW-NW 型(低槽过境型),W 型(持续平直气流型),SW 型(槽前西南气流型),NW-W 型(由脊转槽型)等 5 种;地面形势主要有两种类型:一种是地面上受小高压控制或处于均匀场中;另一种为地面高压底后部、低压倒槽中或弱冷锋前。

关键词:大雾　时空分布　天气形势　湘潭市

引言

雾是由浮游空中的大量微小水滴组成,略呈乳白色,影响大气水平能见度的一种常见天气现象,将水平能见度小于 1.0 km 的雾统称为大雾。大雾是每年秋冬季节湘潭市常见的灾害性天气之一,大雾除直接影响人们的生产生活外,最主要的是对航空、水运、公路等交通运输安全的影响。2000 年 12 月 21—26 日湘潭市连续 6 d 出现了大雾天气,有些地方的能见度甚至为 0,造成大范围的高速公路封闭,大小交通事故不断。2012 年 1 月 31 日湖南省大范围的大雾天气,全省 79 县市被大雾笼罩造成,造成黄花机场 70 个进出港航班不同程度延误。大雾所造成经济损失事件和人员伤亡事件非常常见。因此,对大雾做出准确的预报,及时发布预警相对重要,为了提高大雾预报的准确率,就必须对大雾气候特征和天气过程进行深入分析。我国对于大雾天气气候的研究已有一定基础[1~6];邵振平、于谦花对发生在河南的大雾做了成因分析[7~8];王金兰、任遵海、陈锋立,对大雾天气进行了数值模拟[9~11];李才媛等[12]在 2007 年对近 10 a 武汉市大雾变化特征及 2006 年一次大雾个例分析中对近 10 a 武汉市的大雾变化进行统计分析,得出大雾的年际月际的变化特点;王继志等[13]在北京城市能见度及雾特征分析中指出,大雾一般出现在夜间,上午 10 点前消散;李法然等[14]在湖州市大雾天气的成因分析及预报研究中提出了一个大雾预报的天气学模型。利用历史资料分析气候特征的有很多,分析

资助项目:湘潭市科技计划一般项目(SF20121001)"湘潭市大雾天气精细化预报技术研究"。

方法多样[15~20];周慧等[21]在湖南省大暴雨时空分布特征及其分型中对发生在湖南的大暴雨建立天气学分型;但对大雾的天气条件分析及分型研究还未见报道。本文根据1959—2012年湘潭3个观测站资料大雾观测记录,分析了近53a湘潭市的大雾变化,得出大雾的时空分布特征,湘潭市大雾变化,得出大雾的时空分布特征,同时通过2002—2012年11a中出现的大雾,分析大雾日的前一天20时与大雾日当天08时的高空实况图,以500 hPa形势场特征为主,将出现大雾的天气形势进行分型,力求揭示湘潭大雾的时空分布特征和环流形势特征,提炼出对大雾预报有用的天气分型,以其为大雾预报预警提供参考依据。

1 资料与方法

文中所用大雾统计资料来源于湘潭境内3个气象观测站(湘潭、湘乡、韶山)的地面气象记录月报表信息化资料库,资料年限为1959—2012年。按照《地面气象观测规范》对日界(20—20时)的规定,将在某一规定日界内出现的大雾,无论其出现在何时段,均记为一个大雾日或一次大雾。500 hPa高空图和地面图采用的是湖南省气象局信息中心保存的(wosis格式)历史实况资料。

采用线性倾向估计法、统计分析、普查分析[22~23]等方法分析湘潭市53a来大雾的天气气候特征。分析大雾日的高空地面天气实况图,对大雾发生的天气形势进行归类。

线性倾向估计法:用一次线性方程:$y=a+bt$定量描述研究对象的变化趋势,方程中的系数采用最小二乘法确定。式中b为回归系数,表示气候变量y的趋势倾向,$b>0$是,说明随时间增加y呈上升趋势,$b<0$时,说明随时间增加y呈下降趋势,b值的大小反映了上升或下降的速率,即表示上升或下降的倾向程度。$10b$定义为各气象要素10a的气候倾向率,气候倾向率的大小表明各气象要素变化幅度的大小[22]。

2 结果分析

2.1 湘潭大雾的气候特征

湘潭市全市大雾年平均日数为18.9 d。湘乡、湘潭、韶山的年平均日数分别为25.7 d、19.2 d和11.8 d。1959—2012年54a中湘乡站出现大雾日1390 d,而韶山站出现大雾日637 d,仅湘乡站的一半。分析3站大雾日数随时间序列的变化(如图1),可以看出湘潭全市3站的大雾日数整体均呈逐年增加的趋势,气候倾向率湘潭为1.13 d/10 a,湘乡为2.42 d/10 a,韶山为2.21 d/10 a,1977—2002年为大雾多发时期。从年代际的变化情况看出(图2),20世纪60年代至21世纪10代湘潭全市(3个观测站的10 a平均)10 a平均大雾日数分别为10.7 d、16 d、23.1 d、27.3 d、20 d、12.4 d,90年代以前每10 a以4~6 d的趋势递增,1994年是54 a中大雾最多的年份,湘乡出现了48 d,比历年平均值偏多118.8%,湘潭出现了42 d,比历年平均值偏多86.8%;进入21世纪后大雾日数呈逐渐下降趋势,2012年湘潭站仅出现了8个大雾日,比历年平均偏少58.3%,是70年代以来最少的一年。

大雾月际差异大,从当年10月份开始明显增多,而从次年4月份开始大雾逐渐减少,7—9月大雾日最少,按统计当年10月到次年3月出现的大雾日数站总大雾日数的比例为湘潭75.8%,湘乡68.1%,韶山63.7%,而7—9月的大雾日数仅占总大雾日数为湘潭4.8%、湘乡9.3%、韶山13.9%。按季节统计,冬季大雾最多,春秋季次之,夏季最少(见表1)。湘潭站冬季平均雾日 8.4 d,春季 5.2 d,夏季 0.9 d,秋季 4.7 d。

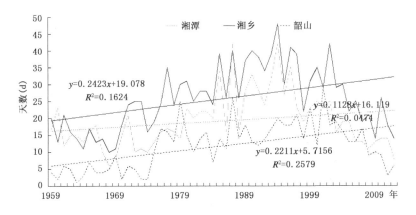

图 1   1959－2012 年湘潭各站历年雾日的年际变化

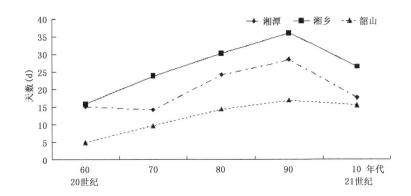

图 2   湘潭各站 10a 平均雾日的年代际变化

表 1   大雾日的季节特点

	冬季(12—2 月)	春季(3—5 月)	夏季(6—8 月)	秋季(9—11 月)
湘潭	43.7%	27.0%	4.8%	24.5%
湘乡	37.0%	26.8%	9.3%	27.0%
韶山	37.0%	29.7%	14.0%	19.3%

2.2   持续性大雾天气过程日数及分布特征

绝大部分的大雾以单日出现为主,但也有连续性的大雾出现。因韶山站出现连续性大雾的概率很少,只统计湘潭、湘乡两站连续大雾的情况(见表 2),连续大雾日数有 2～7 d,以连续 2 d 的连续大雾最多,占总数的 80%,也有 3 d、4 d、5 d、6 d、7 d,连续时间最长出现在 1996 年,湘潭站从 12 月 20—31 日连续 12 d 出现大雾,而湘乡站 1996 年 12 月 20—31 日 12 d 内仅 22 日和 28 日没出现大雾,其他 10 d 均为大雾天气。

表 2   连续大雾日数分布情况

	连续 2 d	连续 3 d	连续 4 d	连续 5 d	连续 6 d	连续 7 d	连续 12 d
湘潭	115	19	6	1	1	0	1
湘乡	163	36	10	7	2	1	0

分析连续大雾日的本站资料,一般连续大雾时段辐射降温明显,一般都≥5℃,最大的达到14.6℃。大部分连续大雾日的第一天为雨转晴,气压较高,往后气压平稳或小幅度的下降,2000年12月21—26日连续6 d大雾,20日20时至21日08时有5.1 mm的降水,21日白天转为晴天气温,6 d的辐射降温都达到了7℃以上,23—26日甚至超过了10℃。连续大雾一般出现在冷空气过境后冷高压控制,天气形势稳定,高空为槽后偏北气流控制,未来为连晴天气的形势下,由于冷空气过境时造成降水,空气中水汽含量大,冷空气过后,晴朗无风,加上空气的含水量较高,这是形成大雾的最好形势。低空有下沉逆温,地面有辐射逆温,这是雾形成和长时间不消的重要条件[24~25]。

2.3 大雾发生的天气形势分类

雾的形成主要受天气条件和下垫面条件共同影响,潮湿的下垫面上有利于形成雾。根据形成的条件不同,雾一般分为辐射雾、平流雾和平流—辐射雾。一般而言,辐射雾出现在晴好天气下,而平流雾出现时大多伴随降水,或者天气阴沉。湘潭地区所出现的雾大多为辐射雾。

2.3.1 大雾日高空天气形势特征

为了研究湘潭大雾的天气特征,统计分析了2002—2012年11a中出现的大雾日(湘潭站165次,湘乡站260次,韶山站133次)前一天20时与大雾日当天08时的高空实况图,以500 hPa形势场特征为主,将大雾分为5种类型。

2.3.1.1 Ⅰ型-NW型(槽后西北气流型)

大雾日的前一天20时(如图3中a1~a3)与当天08时高空500 hPa(如图3中b1—b3)均处于槽后西北气流控制,700 hPa都处于西北气流控制,而850 hPa湘北、湘西有高压存在,湘潭市处于高压控制之中,属于晴好天气。此类天气的特点是700 hPa的湿度小于850 hPa的湿度,925 hPa到地面有明显的逆温存在(如图3:Ⅰ型大雾20时与08时天气形势对比)。大雾形势中此类形势出现较多,11a中共出现了55次,占总数的33.3%。

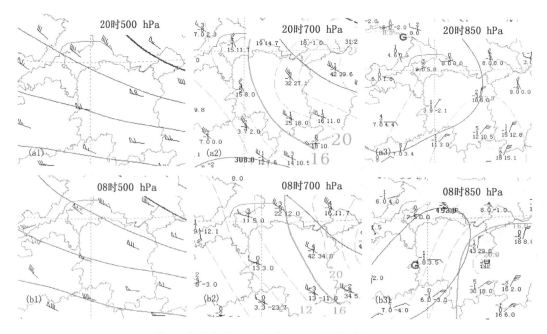

图3 Ⅰ型大雾20时与次日08时天气形势对比

2.3.1.2　Ⅱ型—SW→NW 型(低槽过境型)

大雾日前一天 20 时(如图 4 中 c1～c3)500 hPa 低槽处在鄂西北—重庆—贵州北部一线,湘潭还处于槽前西南气流控制,700 hPa 气流平直或者在湘北有弱切变,850 hPa 切变已到湘南,湘潭处于偏北气流控制;大雾日当日 08 时(如图 4 中 d1～d3)500 hPa 湘潭转为槽后西北气流或处于槽底平直 W 风即将转为 NW 气流,700 hPa 和 850 hPa 均为 NW 气流或者为偏北气流,属于雨停转晴天的天气。此类形势 700 hPa 和 850 hPa 的湿度都比较大,925 hPa 到地面也有逆温存在,但逆温幅度小于Ⅰ型。此类形势最多,出现了 63 次,占总数的 38.2%。

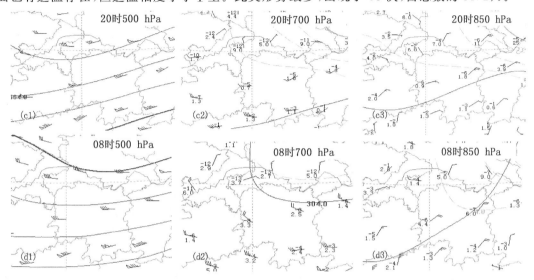

图 4　Ⅱ型大雾 20 时与次日 08 时天气形势对比

2.3.1.3　Ⅲ型-W 型(持续平直气流型)

大雾日的前一天 20 时与当天 08 时高空 500 hPa 均处于平直气流控制,700 hPa 和 850 hPa 有弱切变,高空湿度较大,700 hPa 和 850 hPa 的温度露点差小于 3℃,有弱降水或天气阴沉。

2.3.1.4　Ⅳ型-SW 型(槽前西南气流型)

大雾日的前一天 20 时与当天 08 时高空 500 hPa 均处于槽前西南气流控制,槽的位置比较远,在 700 hPa 和 850 hPa 有弱切变。

2.3.1.5　Ⅴ型-NW-W 型(由脊转槽型)

大雾日的前一天 20 时高空 500 hPa 处于弱的偏北气流或者平直气流控制,700 hPa 和 850 hPa 处于反气旋中,大雾日当天 08 时高空 500 hPa 转为槽前西南气流控制。此类形势出现的高低空的配置类型较多,最主要就是两类,一类是脊过境,但槽的位置离湘潭还较远,在 100°E 以西,降雨形势还不明显,也就是说在明显降雨过程来临之前,第二类就是高空有低槽快速过境。

前面两个类型是最常见的大雾天气形势,Ⅲ型、Ⅳ型、Ⅴ型三个类型发生的频率几乎相等,Ⅲ型占 9.7%、Ⅳ型占 9.1%、Ⅴ型占 9.7%。如表 3 所示。

表 3　大雾天气分型的次数统计

类型	Ⅰ型	Ⅱ型	Ⅲ型	Ⅳ型	Ⅴ型	合计
次数/次	55	63	16	15	16	165

2.3.2　大雾日地面天气形势特征

从地面形势分析大雾天气形势和形成条件,地面形势相对复杂,通过统计分析 2005—2012 年 8a 中大雾日前一日 20 时和当日 05 时的地面形势。对大雾日的地面形势大致为两种类型。一类是地面上受小高压控制或处于均匀场中,前一天 20 时地面处于小高压控制或处于均压场中,湘北、湘中大部分地区均为晴空无云区,到当天 05 时地面仍处于小高压控制或处于均匀场中,贵州北部、湘西湘北、湖北南部部分站点已经出现了大雾天气;另一类为地面高压底后部、低压倒槽中或弱冷锋前。05 时地面图上云系较多,湘西或湘中个别站点有大雾出现。两类地面形势有个共同的特点就是,大雾形成前后风向会有一个明显的转变的过程,一般是从偏北风转为偏南风,风向的转变反映不同气流的混合作用。

3　结论

(1)湘潭境内大雾分布不均,湘乡站出现大雾日数最多,而韶山站出现大雾日仅为湘乡站的一半。湘潭全市 3 站的大雾日数整体均呈逐年增加的趋势,气候倾向率湘潭为 1.13 d/10a,湘乡为 2.42 d/10a,韶山为 2.21 d/10a,1977—2002 年为大雾多发时期。年代际的特征:20 世纪 90 年代以前每年以 4~6 d 的趋势递增,进入 21 世纪后大雾日数呈下降趋势。

(2)大雾月际差异大,从当年 10 月份开始明显增多,而从次年 4 月份开始大雾逐渐减少,7—9 月大雾日最少。按季节统计冬季最多,而夏季大雾明显减少。

(3)连续大雾日数有 2~7 d,以连续 2 d 连续大雾最多,占总数的 80%。也有 4 d、5 d、6 d、7 d,连续时间最长出现 12 d。

(4)通过对 2002—2012 年 11a 中共出现大雾天气高空形势特征分析,建立 5 类天气学分型,即 NW 型(槽后西北气流型)、SW-NW 型(低槽过境型)、W 型(持续平直气流型)、SW 型(槽前西南气流型)、NW-W 型(由脊转槽型)。大雾日地面形势大致可分为两种类型:一种是地面上受小高压控制或处于均匀场中,对应晴好天气,且大雾日 05 时地面图上湘西、湘北有大雾;另一种为地面高压底后部、低压倒槽中或弱冷锋前。

参考文献

[1] 李盾,万蓉.武汉地区雾的特点及其对交通的影响[J].湖北气象,2000,**26**(3):20-22.

[2] 张永涛,谷秀杰,王友贺,等.河南省北部一次大雾天气过程分析[J].气象与环境科学,2009,**32**(3):29-31.

[3] 黄玉仁,沈鹰,黄玉生,等.城市化对西双版纳辐射雾的影响[J].高原气象,2001,**20**(2):186-190.

[4] 周月华,王海军,吴义城.增暖背景下武汉地区雾的变化特征分析[J].气象科技,2005,**33**(6):509-511.

[5] 谷秀杰,王友贺,张永涛,等.郑州市大雾气候特点及一次个例分析[J].气象与环境科学,2009,**32**(4):40-43.

[6] 常军,李素萍,李祯,等.CAR 和 SVM 方法在郑州冬半年大雾气候趋势预测中的试用[J].气象与环境科学,2008,**31**(1):16-19.

[7] 邵振平.郑州机场能见度变化特征及雾的成因分析[J].气象与环境科学,2014,**37**(1):75-82.

[8] 喻谦花,邵宇翔,齐伊玲.2012年河南省中东部一次大雾成因分析[J].气象与环境科学,2012,**35**(4):27-32.

[9] 王金兰,寿绍文,刘泽军,等.河南省一次大雾的数值模拟及生消机制分析[J].气象与环境科学,2008,**31**(1):39-44.

[10] 任遵海,孙学金,顾亚进,等.江面平流雾的数值研究[J].气象科技,2000,**20**(2):280-289.

[11] 陈锋立,王春明,王洋,等.一次大雾天气过程的数值模拟研究[J].气象与环境科学,2011,**34**(2):31-38.

[12] 李才媛,韦惠红,王东阡,等.近10年武汉市大雾变化特征及2006年一次大雾个例分析[J].暴雨灾害,2007,**26**(3):241-245.

[13] 王继志,徐祥德,杨元琴.北京城市能见度及雾特征分析[J].应用气象学报,2002,**13**(特刊):160-168.

[14] 李法然,周之栩,陈卫锋,等.湖州市大雾天气的成因分析及预报研究[J].应用气象学报,2005,**16**(6):754-803.

[15] 周慧,杨令,周斌,等.湖南省大暴雨时空分布特征及其分型[J].高压气象,2013,**32**(5):1-7.

[16] 陈敏.三门峡市近50年降水变化趋势及周期分析[J].气象与环境科学,2013,**36**(1):44-49.

[17] 左洪超,吕世华,胡隐樵.中国近50年气温及降水量的变化趋势分析[J].高原气象,2004,**23**(2):238-244.

[18] 任国玉,郭军,徐铭志,等.近50年中国地面气候变化基本特征[J].气象学报,2005,**63**(6):924-956.

[19] 王红振,明亮,晋建设,等.近50年黄河中游三花区间降水特征分析[J].气象与环境科学,2009,**32**(2):78-82.

[20] 刘少华,胡彩虹,王爱琴.郑州市近58a降水量变化分析[J].气象与环境科学,2010,**33**(3):18-22.

[21] 周伟东,朱浩华,史军.华东地区最高最低气温时空变化特征[J].气象与环境科学,2009,**32**(1):16-21.

[22] 魏凤英.现代气候统计诊断与预测技术(第2版)[M].北京:气象出版社,2007.

[23] 黄嘉佑.气象统计分析与预报方法[M].北京:气象出版社.

[24] 葛良玉,江燕如,梁汉明,等.1996年岁末沪宁线持续五天大雾的原因探讨[J].气象科学,1998,**6**(18):181-188.

[25] 张恒德,饶晓琴,乔林.一次华东地区大范围持续雾过程的诊断分析[J].高原气象,2011,**30**(5):1255-1260.

2015 年 2 月 21 日内蒙古风雪沙尘天气分析

孟雪峰　孙永刚　仲　夏

(内蒙古自治区气象台,呼和浩特 010051)

摘　要

本文利用高空、地面常规观测资料、NCEP 再分析和内蒙古沙尘暴监测站器测资料,针对 2015 年 2 月 21 日内蒙古中部阴山北麓地区出现暴风雪后转强沙尘暴天气,进行了综合观测和对比分析。结果表明:本次天气过程是受强冷空气活动影响,高空蒙古冷涡迅速发展加强产生的。地面冷锋形成降雪,锋区风力较大形成了暴风雪,随后副冷锋影响风力明显增强,伴随沙尘暴天气。暴风雪与沙尘暴差异表现在:(1)影响系统相同部位不同,冷涡、冷锋是它们的主要影响系统,暴风雪多发生在锋区及其暖区中;沙尘暴多发生在锋区后部的强冷平流控制区中。(2)水汽条件差异明显,暴风雪相对湿度需要大于 70%;沙尘暴相对湿度小于 30%。(3)大气层结需求不同,暴风雪对不稳定层结要求不高;沙尘暴对不稳定层结,深厚的混合层有较高的要求。(4)暴风雪发生时气温骤降,沙尘暴发生时,温度缓慢持续下降。

关键词:沙尘暴　暴风雪　对比分析　PM_{10}

引言

沙尘暴已成为我国北方地区严重的环境问题之一,内蒙古自治区地处我国北方,是沙尘暴多发地区之一,在干旱的春季沙尘暴发生尤为频繁。对农牧业生产、城市交通和人民生活造成了严重的危害,受到国际和国内的广泛关注。学者们从观测分析研究(张强等,2004;岳平等,2008)、天气气候特征统计分析(Gamo,1996;叶笃正等,2000;周秀骥等,2002;钱正安等,2002)、成因分析与预报技术(胡隐樵等,1996;孙永刚等,2009;张金艳等,2010;贺哲,2012)、大气层结条件(Carlson,1972;Pauley,1996;Taklkemi,1999;王式功,1995;钱正安等,2004;姜学恭,2006;孙永刚,2011)、沙尘暴期间高空、地面气象要素变化特征分析(胡隐樵等,1996;胡泽勇等,2002)、沙尘粒子的物理化学特性(王伏村等,2012)、生态环境和气候效应以及辐射强迫(胡隐樵等,1990)等领域开展了深入研究。

暴风雪(俗称白毛风)是内蒙古高原特别是草原牧区的一种危害严重的气象灾害,主要特征是强风、降温、降雪同时发生,能见度低,造成出牧的人和家畜畜摔伤、冻伤、冻死等严重损失。暴风雪研究成果不断增多,在暴风雪成因和预报技术(宫德吉,2001;孙永刚等,2012;孟雪峰等,2012);天气气候特征统计分析(宫德吉和李彰俊,1998);暴风雪灾害影响评估(李彰俊等,2005);暴雪的中尺度数值模拟(姜学恭等,2006;王文等,2000,2002)等方面取得了成果。

2015 年 2 月 21 日,受入冬以来最强冷空气活动影响,内蒙古大部地区出现降雪、大风、沙尘暴、寒潮等天气,尤其是中部阴山山脉北麓地区出现了暴风雪后转强沙尘暴天气。本文应用常规观测资料、NCEP、内蒙古沙尘暴监测站观测资料,重点针对先后出现暴风雪、沙尘暴的内蒙古中部阴山山脉北麓地区进行深入分析,希望揭示内蒙古暴风雪、沙尘暴两种灾害天气的成因、气象条件、气象要素有哪些差异,为进一步提高灾害天气定量预报奠定基础。

1 天气概述

2015年2月19—22日,受高空冷涡、地面蒙古气旋和冷锋的共同影响,内蒙古自西向东出现降雪、大风、沙尘暴、寒潮等天气。在内蒙古中、西部以小雪为主,东部地区出现大到暴雪(图1),乌兰察布市、锡林郭勒盟、呼伦贝尔市西部出现了吹雪即暴风雪天气(图2a);内蒙古西部偏北、中部地区出现沙尘天气,乌兰察布市北部、锡林郭勒盟西部出现沙尘暴天气(图2a),朱日和最小能见度达400 m,最大风速二连浩特达到24 m/s;内蒙古中、西部出现寒潮天气,阿拉善盟北部、巴彦淖尔市、鄂尔多斯市、包头市、呼和浩特市、乌兰察布市、锡林郭勒盟西部达到强寒潮(图2b),最强降温白云鄂博达14℃。2015年2月21日,内蒙古中部阴山山脉北麓地

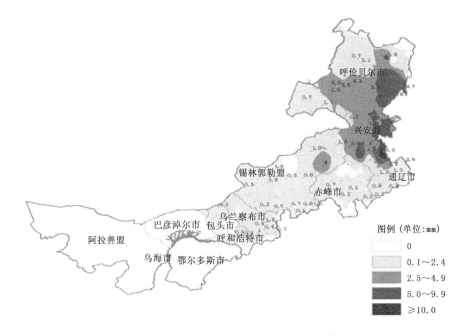

图1 2015年2月21日08时至22日08时降雪量图

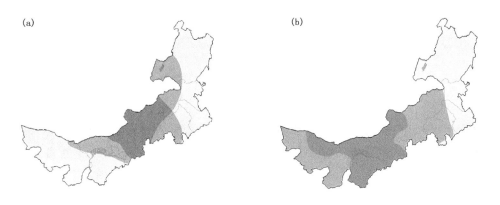

图2 2015年2月21日08时至22日08时(a)暴风雪、沙尘暴区域和(b)过程寒潮落区图

区出现了暴风雪后转强沙尘暴天气。这一区域是本次强冷空气活动影响最严重的地区,发生的天气最为复杂多样,是本文重点分析研究的区域。

2 天气成因分析

2.1 环流形势特征

20日20时500 hPa欧亚大陆为两脊一槽型,乌拉尔山高压脊强盛,东亚125°E为高压脊控制,在蒙古国西部形成一强盛的蒙古冷涡(图3),21日08时,蒙古冷涡迅速发展加强,已经影响到内蒙古北部地区。700 hPa、850 hPa配合有冷涡系统,冷涡后部冷平流异常强盛。可见,冷空气强盛且开始爆发南下,主要影响区域就是内蒙古中部阴山山脉北麓地区(图4)。

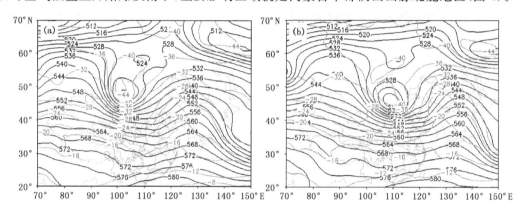

图3 2015年2月500 hPa形势场:(a)20日20时;(b)21日08时

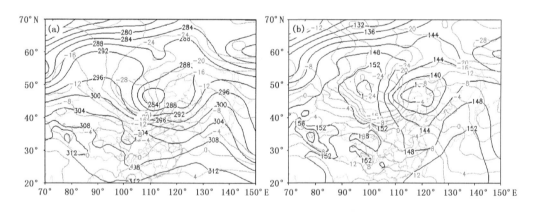

图4 2015年2月21日08时形势场
(a)700 hPa;(b)850 hPa

地面图上(图5),强冷空气快速东移南下,地面冷锋较强,在冷锋附近形成降雪,冷锋移动过程中内蒙古中西部地区形成小量级降雪,由于冷锋锋区风力较大,形成了吹雪现象(暴风雪)。在地面冷锋后部可以分析出副冷锋,在副冷锋后风力明显增强,伴随沙尘暴天气,冷锋形成降雪和吹雪,随后副冷锋移过形成沙尘暴天气,在内蒙古中部的阴山山脉北麓出现暴风雪后的强沙尘暴天气。

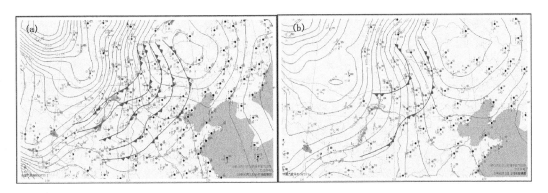

图5　2015年2月21日05时至17时地面冷锋演变图(a)和2015年2月21日08时地面冷锋、副冷锋(b)

2.2　大风成因

　　大风是暴风雪、沙尘暴形成的重要因素,大风的形成原因和条件对暴风雪、沙尘暴的预报至关重要。从21日02时和21日08时300 hPa全风速可见(图6),内蒙古阴山山脉北麓受高空急流出口区右侧高空辐合区控制,形成了高空辐合,下沉气流有动量下传作用,有利于对流层低层形成大风。21日08时850 hPa全风速(图7)大值区已经控制了内蒙古中、西部地区,另外,700 hPa温度平流在内蒙古中部地区形成强冷平流中心,表明强冷空气强劲下冲有有利于地面大风的形成。在地面图上(图5)形成等压线密集带影响阴山山脉北麓地区,梯度风使地面风速进一步加大。

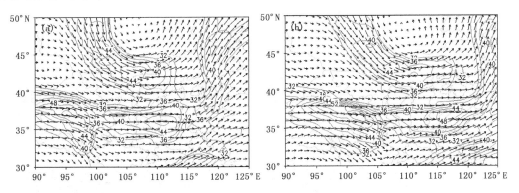

图6　2015年2月21日02时(a)和21日08时(b)300 hPa全风速

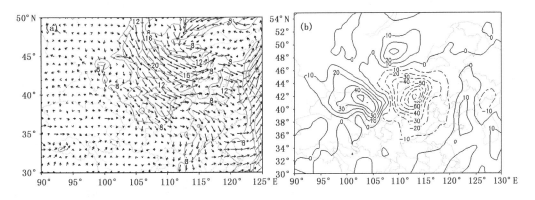

图7　2015年2月21日08时850 hPa全风速(a)和700 hPa温度平流(b)

2.3 降雪条件

吹雪、暴风雪的形成充足的降雪是必要条件。本次过程内蒙古中、西部地区的降雪是由地面冷锋移过形成的,从动力抬升条件来看(图8)21日08时受冷锋影响,850 hPa内蒙古河套北部为正涡度,强度不是很强,到21日14时冷锋移过,850 hPa内蒙古河套北部已经是正涡度区。可见降雪的动力抬升条件较弱且持续时间短,从700 hPa相对湿度和风场分析(图9),冷涡系统没有水汽通道配合,降水以本地水汽为主,从53463、54102的T-ln$p$图可见(图10),由于前期降水的影响,单站本地水汽条件较好,因此,该地区只形成了小雪天气。由于对流层低层和地面风力较大,形成了吹雪即暴风雪天气。

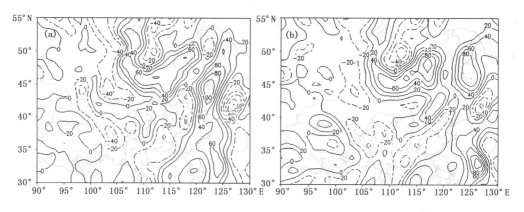

图8 2015年2月21日08时(a)和14时(b)850 hPa涡度场

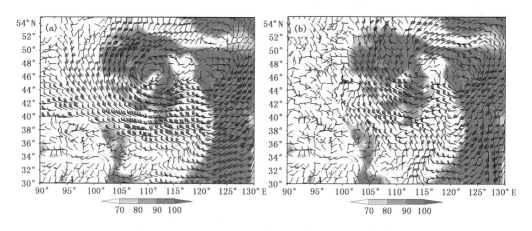

图9 2015年2月21日08时700 hPa(a)和850 hPa(b)相对湿度场、风场

2.4 大气层结条件

大气层结稳定性是沙尘暴形成的重要因素,是沙尘暴预报的关键。相关研究表明,在沙尘暴天气中,温度平流垂直分布差异直接影响大气层结稳定性,由于高低层这种温度平流差异,使得垂直气温直减率加大并保持这一趋势,形成沙尘暴发生的不稳定层结条件。700~500 hPa较高的强冷平流中心与其下层的温度平流差异是形成干对流沙尘暴和深厚混合层的根本原因。

2015年2月21日08时温度平流剖面图可见(图11),强冷平流中心高度在700 hPa以上,可见其形成的混合层可以达到700 hPa以上,这种大气层结极有利于沙尘暴的形成。因

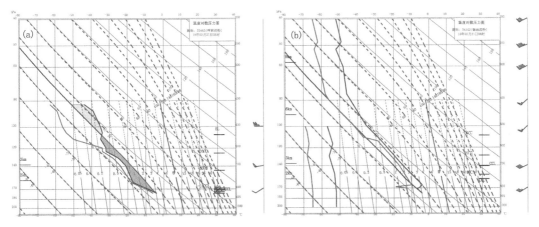

图 10 2015 年 2 月 21 日 08 时呼和浩特 53463(a)和锡林浩特 54102(b)T-$\ln p$ 图

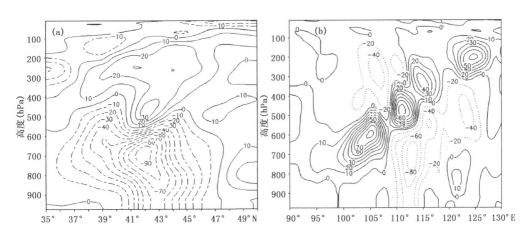

图 11 2015 年 2 月 21 日 08 时 113°E(a)和 42°N(b)的温度平流剖面图

此,在强冷平流到达之前,冷锋锋区抬升作用形成降雪天气,当 700 hPa 强冷平流中心到达后,副冷锋过境,开始形成沙尘暴天气,并持续到温度平流垂直分布差异作用结束或太阳辐射日变化使得大气层结不利于沙尘暴形成,沙尘暴天气在入夜后结束。

2.5 暴风雪与沙尘暴差异分析

从影响系统分析,暴风雪与沙尘暴都发生在强冷空气活动中,冷涡、冷锋是它们的主要影响系统,暴风雪多发生在锋区及其暖区中;沙尘暴多发生在锋区后部的强冷平流控制区中。

从水汽条件分析,差异明显,暴风雪需要较好的湿度场形成降雪,相对湿度需要大于70%;沙尘暴发生在干燥的急流中,相对湿度小于 30%。

从大气层结分析,暴风雪只需要抬升运动产生降雪,对不稳定层结,深厚的混合层没有要求;沙尘暴对不稳定层结,深厚的混合层有较高的要求。

3 气象要素特征分析

针对内蒙古中部阴山山脉北麓地区出现了暴风雪后转强沙尘暴天气,应用朱日和沙尘暴监测站观测资料,对天气过程中各气象要素的演变进行分析,给出暴风雪、沙尘暴气象要素特征如下。

3.1 风向风速

在暴风雪、沙尘暴发生时，风速明显加大，暴风雪发生阶段风速在 10～15 m/s，沙尘暴发生阶段风速进一步加强，风速在 10 m/s 至 25 m/s 之间，主体风速更强（图 12）。风向由西南风转为西西北风，一直持续到沙尘暴结束（图 13）。

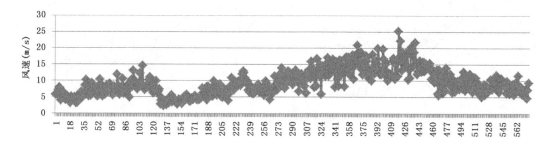

图 12　朱日和风梯度塔 2015 年 2 月 20 日 07 时至 22 日 06 时逐 5 min 10 m 风速变化图

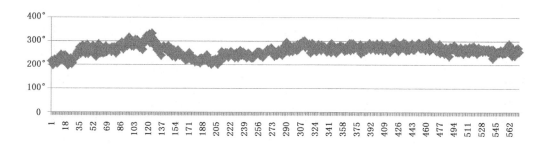

图 13　朱日和风梯度塔 2015 年 2 月 20 日 07 时至 22 日 06 时逐 5 min 10 m 风向演变图

3.2 温度与相对湿度

在暴风雪、沙尘暴发生时，温度明显下降，尤其是在暴风雪发生时气温骤降，在沙尘暴发生时段，温度缓慢持续下降。

在暴风雪发生时段，相对湿度较高，达到 70％以上，在沙尘暴发生时段，相对湿度很低，在 30％以下，有时达到 20％，暴风雪天气转为沙尘暴天气时，相对湿度快速下降。

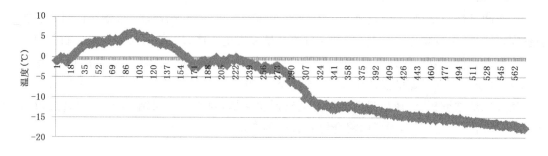

图 14　朱日和风梯度塔 2015 年 2 月 20 日 07 时至 22 日 06 时逐 5 min 10 m 温度

3.3 PM₁₀浓度与器测能见度

在暴风雪发生时段，PM_{10}浓度有所增长，在 1000 $\mu g/m^3$ 上下浮动，在沙尘暴发生时段，

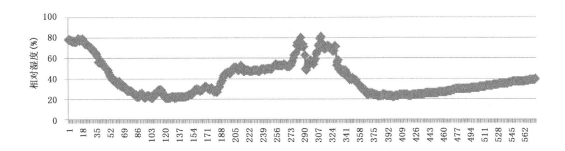

图 15 朱日和风梯度塔 2015 年 2 月 20 日 07 时至 22 日 06 时逐 5 min 10 m 相对湿度

PM_{10} 浓度急速增长达到极值,超出观测最大值,可见,朱日和的沙尘暴已经达到强沙尘暴强度,甚至达到了黑风标准。在暴风雪向沙尘暴转变过程中,PM_{10} 浓度波动较大。

在暴风雪发生时段,能见度有所减小,在 5000~10000 浮动,可见,朱日和的吹雪不强,对能见度影响不大,在沙尘暴发生时段,能见度迅速减小,最小能见度只有 200 m,与 PM_{10} 浓度有很好的反相关关系。

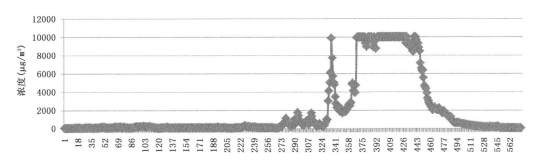

图 16 朱日和 2015 年 2 月 20 日 07 时至 22 日 06 时逐 5 min PM_{10} 浓度

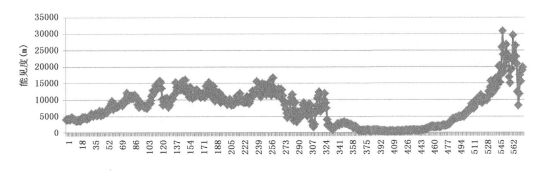

图 17 朱日和 2015 年 2 月 20 日 07 时至 22 日 06 时逐 5 min 器测能见度

4 结论

(1)本次天气过程是强冷空气活动造成的,受高空蒙古冷涡迅速发展加强影响,内蒙古大部地区出现降雪、大风、沙尘暴、寒潮天气。内蒙古中部阴山山脉北麓地区出现暴风雪后转强沙尘暴天气。

(2)在较强的冷锋附近形成小量级降雪,由于冷锋锋区风力较大,形成了吹雪现象(暴风雪）。在地面冷锋后部有副冷锋,在副冷锋后风力明显增强,伴随沙尘暴天气。

（3）暴风雪与沙尘暴差异表现在:①影响系统相同,暴风雪与沙尘暴都发生在强冷空气活动中,冷涡、冷锋是它们的主要影响系统,暴风雪多发生在锋区及其暖区中;沙尘暴多发生在锋区后部的强冷平流控制区中。②水汽条件差异明显,暴风雪需要较好的湿度场形成降雪,相对湿度需要大于70%;沙尘暴发生在干燥的急流中,相对湿度小于30%。③大气层结需求不同,暴风雪只需要抬升运动产生降雪,对不稳定层结,深厚的混合层没有要求;沙尘暴对不稳定层结,深厚的混合层有较高的要求。

（4）暴风雪与沙尘暴气象要素特征差异为:①风向风速相近,暴风雪、沙尘暴发生时,风速明显加大,风速在 $10\sim25$ m/s,主体风速更强。风向由西南风转为西西北风,一直持续。②温度与相对湿度有明显差异,暴风雪发生时气温骤降,沙尘暴发生时,温度缓慢持续下降;暴风雪发生时,相对湿度较高,达到70%以上,沙尘暴发生时,相对湿度在30%以下。③ PM_{10} 浓度与器测能见度沙尘暴天气更加敏感,沙尘暴发生时, PM_{10} 浓度明显增长,能见度迅速减小;暴风雪发生时, PM_{10} 浓度、能见度有所变化,但不明显。

参考文献

宫德吉.2001.内蒙古的暴风雪灾害及其形成过程的研究[J].气象,**8**:19-24.

宫德吉,李彰俊.1998.内蒙古大(暴)雪与白灾的气候学特征[J].气象,**26**(12):24-28.

贺哲.2012.2006年3月末河南一次沙尘暴过程的天气成因分析[J].气象,**38**(8):38-48.

胡隐樵,光田宁.1996.强沙尘暴微气象特征和局地触发机制[J].大气科学,**21**(5):1582-1589.

胡隐樵,光田宁.1996.沙尘暴发展与干飑线—黑风暴形成机理的分析[J].高原气象,**15**(2):178-185.

胡隐樵,奇跃进,杨选利.1990.河西戈壁(化音)小气候和热量平衡特征的初步分析[J].高原气象,**9**(2):113-119.

胡泽勇,黄荣辉,卫国安.2002.2000年6月4日沙尘暴过程过境时敦煌地面气象要素及地表能量平衡特征变化[J].大气科学,**26**(1):1-8.

姜学恭,李彰俊,康玲,等.2006.北方一次强降雪过程的中尺度数值模拟[J].高原气象,**25**(3):476-483.

姜学恭,沈建国.2006.内蒙古两类持续型沙尘暴的天气特征[J].气候与环境研究,**11**(6):702-711.

李彰俊,郭瑞清,吴学宏.2005."雪尘暴"灾情形成的多因素灰色关联分析——以2001年初锡林郭勒草原牧区特大"雪尘暴"为例[J].自然灾害学报,**5**:35-41.

孟雪峰,孙永刚,姜艳丰,等.内蒙古东北部一次致灾大到暴雪天气分析[J].气象,(7):877-883.

钱正安,蔡英,刘景涛.2004.中国北方沙尘暴研究若干进展[J].干旱区资源与环境,**18**(S1):1-7.

钱正安,宋敏红,李万元.2002.近50年中国北方沙尘暴的分布及变化趋势分析[J].中国沙漠,**22**(2):106-111.

孙永刚,孟雪峰,宋桂英.2009.基于定量监测的沙尘暴定量预报方法研究[J].气象,**35**(3):87-93.

孙永刚,孟雪峰,孙鑫.等.2012.内蒙古暴风雪天气成因分析[J].兰州大学学报,**48**(5):46-53.

孙永刚,孟雪峰,赵毅勇,等.2011.内蒙古一次强沙尘暴过程综合观测分析[J].气候与环境研究,**16**(6):742-752.

王伏村,许东蓓,王宝鉴,等.2012.河西走廊一次特强沙尘暴的热力动力特征分析[J].气象,**38**(8):56-65.

王式功,扬德保.1995.我国西北地区黑风暴的成因和对策[J].中国沙漠,**15**:19-30.

王文,程麟生.2000."96·1"高原暴雪过程横波型不稳定的数值研究[J].应用气象学报,(4):392-399.

王文,刘建军,李栋梁,等.2002.一次高原强降雪过程三维对称不稳定数值模拟研究[J].高原气象,**21**(2):

132-138.

王文辉,徐祥德.1979.锡盟大雪和"77·10"暴雪分析[J].气象学报,**37**(3):80-86.

叶笃正,丑纪范,刘纪远.2000.关于我国华北地区沙尘天气的成因与治理对策[J].地理学报,**55**(5):513-521.

尹晓惠.2009.我国沙尘天气研究的最新进展与展望[J].中国沙漠,**29**(4):728-733.

岳平,牛生杰,张强.2008a.民勤一次沙尘暴的观测分析[J].高原气象,**27**(2):401-407.

岳平,牛生杰,张强,等.2008b.春季晴日蒙古高原半干旱荒漠草原地边界层结构的一次观测研究[J].高原气象,**27**(4):757-763.

张金艳,李勇,蔡芗宁,等.2010.2006年春季我国沙尘天气特征及成因分析[J].气象,**36**(1):61-67.

张强,卫国安,侯平.2004.初夏敦煌戈壁大气边界层结构特征的一次观测研究[J].高原气象,**23**(5):587-59.

周秀骥,徐祥德,颜鹏.2002.2000年春季沙尘暴动力学特征[J].中国科学(D辑),**32**(4):327-334.

Carlson T N,Prospero J M.1972.The large-scale movement of Saharan air outbreak over the northern equatorial Atlantic[J].*J Appl Meteo*,**11**:283-297.

Gamo M.1996.Thickness of dry convection and large-scale subsidence above deserts[J].*Boundary Layer Meteorology*,**79**:265-278.

Pauley P M,Baker N L,Barker E H.1996.An observational study of the "interstate 5"dust storm case.[J].Bull *Amer Meteor Soc*,**77**:693-719.

Takemi T.1999.Structure and evotution of a severe squall line over the arid region in northwest China[J].*Mon Wea Rev*,**127**:1301-1309.

近10a甘肃沙尘暴统计特征及3·9沙尘暴天气特征对比分析

王 勇 狄潇泓 孔祥伟 伏 晶 车玉川

(兰州中心气象台,兰州 730020)

摘 要

统计了近10a来甘肃省发生的沙尘暴过程,给出了甘肃省沙尘暴天气的时空分布特征;利用常规气象观测、NCEP/NCAR 1°×1°再分析资料,对2013年3月9日甘肃大范围特强沙尘暴天气过程成因进行天气学分析,并对比分析了近年来的5次春季强沙尘暴过程。结果表明:当西北地区上空高空风速加大,500 hPa上20 m/s的强风速区内,700 hPa风速≥12 m/s的强风速带以内,500 hPa槽前,700 hPa槽线附近或后部,冷平流最强的区域,地面冷锋之后气压梯度最大的区域的交叉地带,受高低空强风速带的动量下传作用、地面冷高压前部强的气压梯度、变压风的作用,容易产生地面大风。另外,当这一区域与河西走廊重合时,地形的狭管效应对地面风有增大作用,要格外注意。考虑季节因素,结合各地表层的温湿状况,天气系统的强度和移速,做出沙尘暴天气预报。

关键词:沙尘暴 时空分布 对比分析 NCEP资料 中尺度分析

引言

大风沙尘暴是我国主要的灾害性天气,对工农业生产、交通运输和人民生活带来严重危害,并且还会造成严重的大气污染。张强等(2004)、岳平等(2008)从观测分析对沙尘暴产生物理机制上解释了特强沙尘暴天气的沙尘壁特征;钱正安等(2002)、冯鑫媛等(2010)从气候特征方面分析了近50 a中国北方沙尘暴的分布及变化趋势及不同类型沙尘暴时间变化特征及其成因;在沙尘暴产生机理上,胡隐樵等(1996)研究了强冷锋前干飑线发展同黑风爆发的关系;针对一些春季典型特强沙尘暴的天气特征、成因及对策研究分析方面,许东蓓等(2011)利用螺旋度理论研究了2009年4月28—30日沙尘暴的动力结构;赵庆云等(2012)对"2010.04.24"特强沙尘暴爆发时急流中心的变化进行了研究;孙军等(2002)发现沙尘暴过程是冷锋在移至我国西北地区时产生的一种强烈锋生过程。近年来许多研究人员应用新资料、新方法在沙尘暴数值模拟和中尺度分析方面取得了很多成果,对预报员了解沙尘暴的生成机理和提高预报水平具有重要的指导意义(王伏村等,2012;钱莉等,2010;汤绪等,2004;王劲松等,2004)。

通过分析近10 a的甘肃沙尘暴天气时空分布特征,发现甘肃河西走廊86.6%的沙尘暴出现在植被覆盖度较差的冬春季节,主要集中在3—5月;空间分布上主要集中出现在河西西部酒泉和武威民勤;从变化趋势上看,沙尘暴天气过程发生次数近年来呈减少的趋势。2013年3月8—14日在甘肃省发生了区域性大风、强沙尘暴天气,这次强风伴随的沙尘天气给工农业生产和人民生活带来严重影响。利用NCEP 1°×1°再分析物理量场资料,从天气学条件、中尺度环境场、物理量场诊断等方面分析成因,并对比分析了今年来5次春季强沙尘暴过程,总结其发生规律,寻找可作为大风、沙尘暴预报业务应用的预报指标,提高大风、沙尘暴天气的预报准确率。

1 资料说明

使用的资料是气象信息综合分析处理系统(Micaps)识别的地面填图资料,主要包括 02、08、14、20 时的四个时次,每个时次均能反映前 6 个小时的天气现象,此资料 1998 年之后才有,之前依据电码进行手工填报。研究时段为 2001—2014 年的春季(3、4、5月),每年 368 个文件,资料总缺测率少于 1%。

按照中国气象局监测网络司 2000 年修订的地面气象电码手册中有关沙尘天气现象电码的规定进行数据统计,统计原则如下:浮尘由现在天气现象(电码 6)决定;扬沙由现在天气现象(电码 7、8)决定;沙尘暴(包括强沙尘暴、特强沙尘暴)由现在天气现象(电码 9、30—35)和过去天气天气现象(电码 3)共同决定,其中过去天气现象当电码为 3 且温度大于 0℃时才视为沙尘暴。沙尘天气以日为单位,一日指 20 时至次日 20 时,取当日沙尘最强现象,即沙尘暴>扬沙>浮尘。

2 近 10a 沙尘天气时空分布特征

2.1 沙尘暴空间分布

从甘肃强沙尘暴的空间分布看,强沙尘暴主要发生在河西走廊地区,且该地区强沙尘暴的年平均发生日数主要在 0.3 d 以下,酒泉和金昌是强沙尘暴的高发区,大值中心为民勤,大约为每 3 年发生两次强沙尘暴,金塔也是强沙尘暴发生频次较高的站点。除去民勤之外,甘肃全省的强沙尘暴呈现由西北向东南递减的趋势,甘肃河东地区发生强沙尘暴较少,每 10a 内最多发生一次强沙尘暴天气,部分地区就没有发生过强沙尘暴。

沙尘暴的空间分布特征(图 1a)和强沙尘暴的空间分布特征基本一致,河西走廊是高发区,酒泉和金昌是两个大值中心,年平均发生日数在 1 d 以上。民勤仍是大值中心,年平均发生日数(4.72 d)接近 5 d,但与扬沙、浮尘的空间分布对比可知,民勤地区沙尘暴发生频次较高,也就是说该地区的沙尘天气主要是沙尘暴强度及以上,金塔的情况和民勤也是一致的,然而敦煌的情况却相反,扬沙、浮尘天气明显多于沙尘暴天气,尤其是扬沙天气较多。此外,全省有 45 站未发生过沙尘暴,主要集中在河东地区。

从沙尘暴发生频次的样本分布(图 1b)来看,甘肃 55.56% 的站点没有发生过沙尘暴,27.16% 的站点沙尘发生频次低于 0.5 d/a,只有 17.28% 的站点能超过 0.5 d/a,只有民勤一个站点的沙尘暴年平均发生频次超过 4.5 d/a。

2.2 沙尘暴月、日空间分布特征

从春季各月沙尘暴的平均发生频次空间分布(图 2)来看,沙尘暴主要发生在 4 月份,3 月和 5 月的沙尘暴平均发生频次相当,酒泉地区 5 月份的沙尘暴发生频次要略大于 3 月份。

从沙尘暴日分布特征(图 3)来看,甘肃境内的沙尘暴主要发生在 14—20 时,这段时间由于午后加热,大气层结的热力不稳定性显著增加,容易引发沙尘暴。其次是 08—14 时段也较容易发生沙尘暴,02—08 时和 20—02 时段内沙尘暴发生频次均较少,尤其是 02—08 时最少,可能由于该时段大气层结在一天之内最为稳定所致。

2.3 沙尘暴变化趋势特征

图 4 为甘肃省近 14 a 沙尘暴线性变化趋势的空间分布,由于所使用资料的限制导致只有

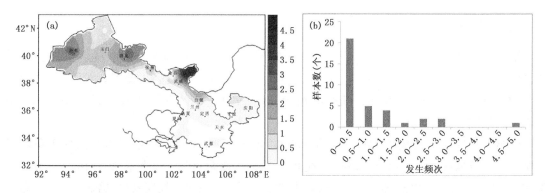

图1　甘肃春季沙尘暴平均发生日数的空间分布(单位:d)(a)以及发生过沙尘暴的样本分布(b)

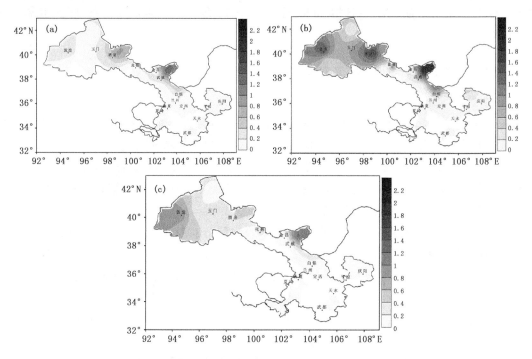

图2　甘肃春季沙尘暴平均发生日数的空间分布(单位:d)

(a)3月;(b)4月;(c)5月

14 a的统计时间,虽然统计时间较短,但河西走廊西部沙尘暴发生次数相对较多且基本是连续变化,其线性趋势仍有一定的指示意义,然而河东地区由于沙尘暴次数很少(近14 a发生总次数<2 d),偶然性较大,故河东地区的统计意义较弱,因而以下主要讨论河西走廊的沙尘暴近14 a的线性变化趋势。

甘肃河西走廊的沙尘暴除了酒泉南部以外,近14 a其余地区主要呈现减少趋势,其中以民勤的减少趋势最为显著(图5),线性系数达到了−0.56 d/a,基本上是两年减少一次,2011年之后每年的发生日数均在2 d以下,这可能与民勤近些年的治沙工程导致的下垫面变化有较大关系。与之相反的是,肃北的沙尘暴近14 a呈增加趋势(图5),主要是由于2010年之后沙尘暴日数增加所致,但其变化趋势并不显著。

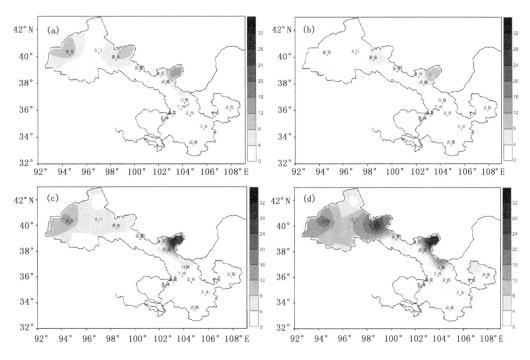

图 3　甘肃春季沙尘暴日空间分布特征(单位:d):(a)02 时;(b)08 时;(c)14 时;(d)20 时

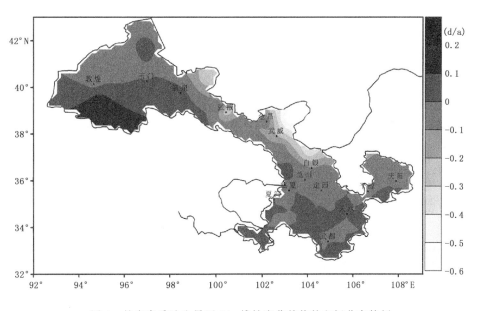

图 4　甘肃春季沙尘暴近 14a 线性变化趋势的空间分布特征

2.4　沙尘天气时间变化

2.4.1　年变化

　　从 2002—2014 年的沙尘出现频次来看(图 6),2013 年出现的浮尘次数为近 13 a 最多,其余为 2006 年和 2003 年;扬沙的次数与浮尘的分布基本一致,沙尘暴与强沙尘暴也与扬沙基本一致,出现最多的年份在 2006 年,近 5a 呈减少的趋势,但是 2013 年又有一个明显增多。这也

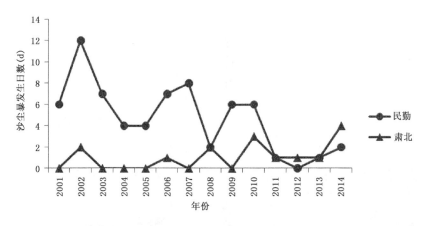

图 5　民勤和肃北两站近 14a 春季沙尘暴日数演变曲线

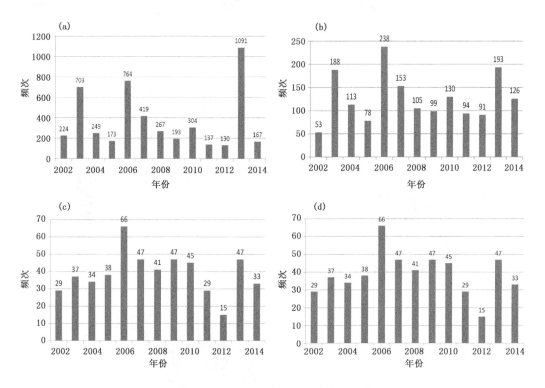

图 6　2002—2014 年沙尘天气年际变化
(a)浮尘；(b)扬沙；(c)沙尘暴；(d)强沙尘暴

是由于 2013 年 3 月 9 日出现在全省大部的一次强沙尘暴天气过程影响造成的。

2.4.2　旬变化

从沙尘暴的旬变化趋势来看(图 7)，扬沙、浮尘天气一年四季均可出现，但主要出现在 3 月上旬到 4 月下旬，5 月各旬也会发生，相对较少，7 月中旬偶尔也会出现强沙尘暴天气。可以看到甘肃省出现的沙尘天气主要还是集中在春季，其余时间段发生沙尘天气的次数较少。

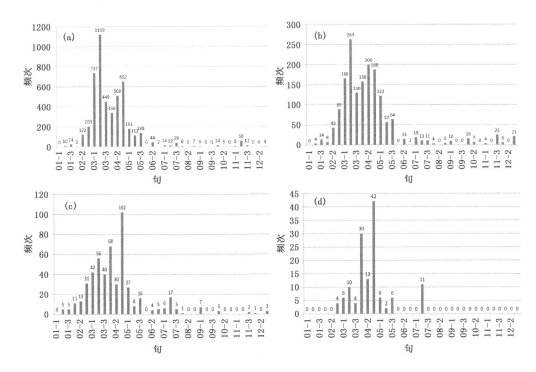

图 7　2002—2014 年沙尘天气旬变化
(a)浮尘；(b)扬沙；(c)沙尘暴；(d)强沙尘暴

3　2013 年 3 月 9 日甘肃特强沙尘暴天气分析

3.1　天气实况

3.1.1　沙尘实况

2013 年 3 月 8—14 日,甘肃省出现范围很大、持续时间特长的沙尘天气,全省共计 73 个观测站出现沙尘天气,达总站数的 91.3%,其间,在 8—9 日出现强沙尘暴过程。具体情况是:自 3 月 8 日傍晚开始,河西西部的马鬃山、金塔、鼎新三站先后出现大风、沙尘暴,夜间沙尘强度减弱,9 日上午,敦煌出现沙尘暴,中午以后,随着大风沙尘区域的东移,沙尘暴主要出现在陇东,崇信、环县、庆城、西峰、宁县、灵台等地陆续出现沙尘暴,这次过程中,鼎新、西峰、宁县三站能见度小于 500 m,达到强沙尘暴。

3.1.2　气象要素

3 月 8 日在沙尘暴出现前后,各地气象要素变化剧烈,冷锋来临前,温度升高、气压缓降、空气干燥,天气晴朗,风速不大。前期干燥大气的升温降压有利于能量储存。当冷锋过境时,前期集聚的能量释放,各气象要素发生突然的跳跃变化。以金塔站为例(图 8),在沙尘暴发生前,温度稳定上升,气压缓降,湿度较低,风速缓慢增加。17 时冷锋来临,到 20 时温度猛降 12 ℃,从 22 ℃降至 10 ℃,相对湿度增大,海平面气压从 1003 hPa 猛升至 1012 hPa,3 h 变压达 +9.2 hPa,出现 8 m/s 的大风,大风卷起沙尘,出现沙尘暴。其他出现沙尘暴的站点情况类似,不再赘述。

3.2　环流背景

过程前期,500 hPa 上,亚欧中高纬为平直纬向多波动的西风气流,3 月 8 日 08 时,西西伯

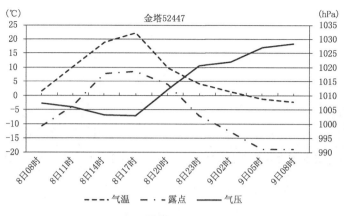

图 8 金塔站 3 月 8—9 日三线图

利亚低压槽在东移至新疆以北后,高度槽减弱,表现为一个小槽,与之配合的温度槽保持原有的深度。20 时(图 9a),小槽东移,温度槽移速较慢,落后于小槽,并且加深,此时有一支风速≥26 m/s 的强风带从槽后穿越槽区伸向河套,700 hPa 上(图 9b),同时刻强锋区已进入河西西部,河西走廊上空等温线和等压线几乎垂直,河西上空冷平流很强,而河东正处于暖平流之下,

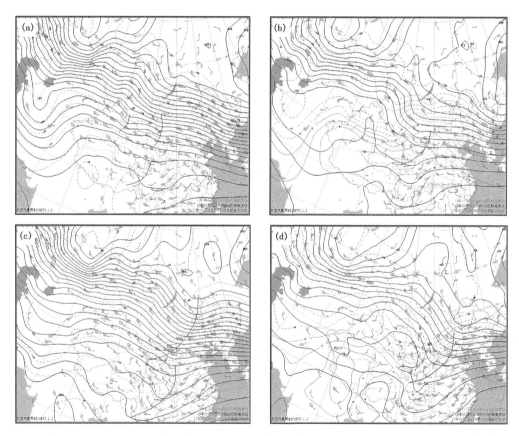

图 9 高空 500 hPa、700 hPa 形势图

(a)3 月 8 日 20 时 500 hPa 高空形势;(b)3 月 8 日 20 时 700 hPa 高空形势;

(c)3 月 9 日 08 时 500 hPa 高空形势;(d)3 月 9 日 08 时 700 hPa 高空形势

大气处于斜压不稳定状态。9 日 08 时,500 hPa 小槽迅速向东发展并在河套加深(图 9c),温度槽仍落后于高度槽,强风速带南端接近宁夏中部。700 hPa 上(图 9d),高空锋区快速东移至内蒙古东部,斜压不稳定区域也随之东移。陇东上空出现 22 m/s 的偏北风。综合分析,这次沙尘暴过程是新疆小槽在东移过程中发展加强造成的,高空强锋区及与之伴随的强的斜压不稳定是这次沙尘暴天气产生的动力机制,而 700 hPa 强风速带产生的动量下传也有对地面风速加大做出贡献。

地面上,8 日 20 时,新疆北部冷高压发展加强,中心强度达 1035 hPa,冷高压前蒙古气旋发展,中心强度为 990 hPa,此时河西西部 3 h 正变压+5.8 hPa,河东为大片的负变压区。(图 10)从地面冷锋动态图可以看到,触发这次大风沙尘暴的地面系统为冷高压前部的地面冷锋。9 日 08 时,冷高压东移并加强至 1042.5 hPa。陇东 3 h 正变压+6.5 hPa,说明锋前动力和平流减压显著,低压加深,冷锋前后气压梯度加强,冷锋锋生,在陇东引发沙尘暴。在加压区,大的 3 h 正变压产生的变压风对地面大风的加强做出很大贡献,沙尘暴在变压梯度最大的区域发生并维持。

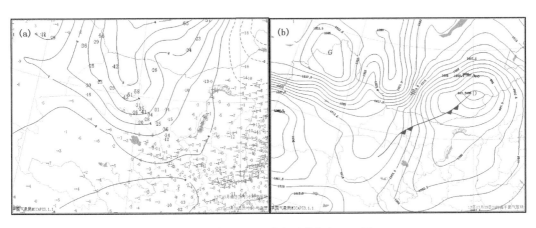

图 10 3 月 8 日 20 时地面形势和 △P₃ 图
(a)3 小时变压;(b)海平面气压

4 近 5a 春季强沙尘暴过程对比分析

4.1 近 5a 历次沙尘暴过程实况

从表 1 可以看到近 5a 春季,甘肃省共出现沙尘暴过程 13 次,其中 4 月为沙尘暴主要发生月份,共出现 8 次,有 3 次达到强沙尘暴;3 月出现 3 次沙尘暴过程,并且 2 次达到强沙尘暴;5 月也偶尔会出现沙尘暴,5 年里共出现 2 次。

甘肃省 4 月的沙尘暴过程集中在中旬后期至下旬,当地面冷高压中心强度达 1030 hPa,高压前部,西北区范围内低压达 1000 hPa,△P₃ 达+2.5 hPa 以上时,要关注有无沙尘暴出现的可能,△P₃ 越大,出现强沙尘暴的可能性越大。当与 500 hPa 低压槽配合的冷槽出现冷中心时,更易达到强沙尘暴。一般沙尘暴出现区域上空,500 hPa 和 700 hPa 上偏西风速均大于 20 m/s,一般高空风速比低空要大。

3 月的沙尘暴过程地面系统强度较 4 月强,地面冷高压强度一般在 1040 hPa 以上,高压前部的低压中心强度 1000 hPa 左右,ΔP_3 在 $+6.0$ hPa 以上时。高空形势与影响系统和 4 月相似。

表 1 近 5a 甘肃春季(3、4、5 月)历次沙尘暴过程高低空系统

日期		沙尘暴(强)站数	500 hPa 冷中心强度(℃)	西北风速(m/s)		地面系统强度(hPa)		
				500 hPa	700 hPa	冷高压	低压	ΔP_3
1	2010.3.19	6(4)	−40	46	24	1040 ·	1000	7.2
2	2010.3.28	5	−41	24	18	1045	1002.5	6.3
3	2010.4.24	16(10)	−40	28	24	1040	1002.5	8.2
4	2011.4.25	4	—	32	22	1025	997.5	2.5
5	2011.4.28	9(7)	−36	36	20	1030	985	7.9
6	2011.5.16	4(3)	−40	22	20	1027.5	990	2.0
7	2012.4.1	4	−20	40	20	1032.5	1002.5	8.7
8	2012.4.18	3(1)	—	26	18	1022.5	995	5.0
9	2013.3.8	10(3)	—	26	22	1042.5	990	8.0
10	2013.4.17	3	—	18	14	1030	995	2.8
11	2014.4.23	12(7)	−36	46	22	1040	992.5	8.7
12	2014.4.29	3	—	28	18	1032.5	1000	6.4
13	2014.5.24	3	−20	26	18			

从表还可以看到地面大风出现的所需的条件:500 hPa、700 hPa 风速大小表明了动量下传对地面风速加大作用的强弱;地面冷高压强度表明冷空气的强度,冷高压和其前部低压间的压力差表明冷锋前后气压梯度力的大小,当这个压力差较大时,气压梯度力做功,使空气流动加快,地面风速加大;ΔP_3 越大,表明变压风越大,地面风速加大。500 hPa 冷中心的强度表明冷空气的强弱,还反映了大气斜压不稳定性的强弱。所以,结合前期温湿状况,用表 中简单的物理量,即可初步判断有无沙尘暴出现的可能。

4.2 近 5a 五次强沙尘暴过程概况

选取最近 5 a 中,甘肃省五次强沙尘暴过程(时间分别为:2010 年 3 月 19 日、2010 年 4 月 24 日、2011 年 4 月 28 日、2013 年 3 月 8 日、2013 年 3 月 9 日)对比分析其出现区域和开始时间(表 2)。

表 2 历次强沙尘暴过程概况

日期	3.19	4.24	4.28	3.8	3.9
沙尘暴区域	中部	河西	河西	河西西部	陇东
时间	17 时始	9 时始	17 时至夜间	18—22 时	11—17 时

由上表可见,甘肃省的强沙尘暴从河西经中部到陇东均可出现,以河西出现次数较多。沙尘暴在一天中的任何时间均可出现,但以午后 17 时前后开始的居多。

4.3 中尺度分析(高低空系统的配置)

NCEP 1°×1° 6 h 间隔的再分析资料,弥补了实际探空观测 12 h 间隔时间分辨率的不足,这里主要用 NECP1°×1° 再分析资料对近 5 a 的五次强沙尘暴过程进行对比分析,找出高低空

影响系统的配置的异同点,讨论沙尘暴过程的动力和不稳定条件,以得出一些强沙尘暴的预报方法,以提高今后沙尘暴预报预警准确率。

4.3.1　2010年3月19日甘肃中部强沙尘暴

这次过程的特征是:高空风速很大,动量下传作用明显,700 hPa上,温度线落后于高度线,两者之间形成较大的交角,大气斜压性明显,低压槽后冷平流明显。强沙尘暴出现在500 hPa风速>50 m/s的急流核附近,700 hPa风速>30 m/s的急流核右前侧,以及风速>14 m/s的等风速线包括的范围内。地面上冷锋过后,西北大风区内,700 hPa冷平流最强的区域,河西东部到陇中出现沙尘暴(图11)。

4.3.2　2010年4月24日甘肃河西特强沙尘暴

本次特强沙尘暴的特点是:沙尘范围大,强沙尘暴站数多;近地面湿度较大,沙尘、雨雪交替;高空风速非常大,500 hPa偏西风急流中心34 m/s,700 hPa西北风急流中心风速达26 m/s,动量下传显著,尘暴出现在700 hPa上12 m/s等风速线内。大气斜压性非常强,从700 hPa到500 hPa高空锋区和冷平流均很强,700 hPa冷平流最强的区域出现沙尘暴(图12)。

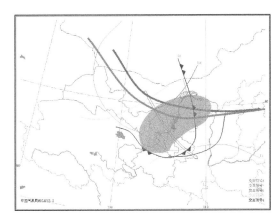 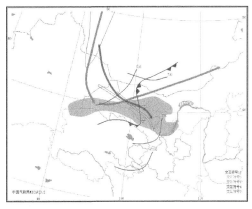

图11　2010年3月19日20时NECP资料　　　　图12　2010年4月24日20时NECP资料
　　　　高低空系统配置　　　　　　　　　　　　　　　高低空系统配置

4.3.3　2011年4月28日甘肃河西强沙尘暴

这次过程,高空500 hPa、700 hPa都有强锋区东移,700 hPa上锋区更明显,温度槽明显落后于高度槽,且温度槽较高度槽深厚,温度线和高度线交角很大,接近90°,大气处于斜压的动力不稳定状态,在地面冷锋过后,高空温度槽过境时出现沙尘天气。沙尘暴出现在沿河西走廊一带,500 hPa上20 m/s等风速线内,700 hPa上12 m/s等风速线内(图13)。

4.3.4　2013年3月8日河西西部沙尘暴过程

从高低空系统配置图可以看到,沙尘暴发生在500 hPa斜压槽前,700 hPa槽线附近或后部,冷平流最强的区域;500 hPa上20 m/s的强风速区内,700 hPa风速≥12 m/s的强风速带以内;地面冷锋之后气压梯度最大的区域(图14)。

4.3.5　2013年3月9日陇东沙尘暴过程

沙尘暴发生在500 hPa斜压槽前,20 m/s的强风速区内,700 hPa槽后部,急流右前方,冷平流最强的区域,且风速≥12 m/s的强风速带以内;地面冷锋之后气压梯度最大的地带(图15)。

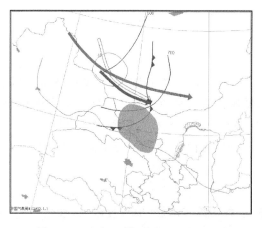 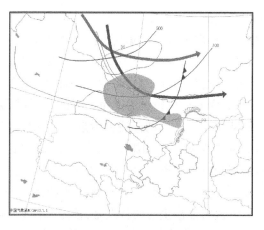

图 13　2011 年 4 月 28 日 14 时 NECP
资料高低空系统配置

图 14　2013 年 3 月 8 日 20 时 NECP
资料高低空系统配置

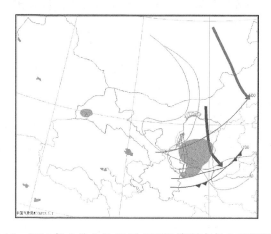

图 15　2013 年 3 月 9 日 08 时 NECP 资料高低空系统配置

4.4　异同点

共同特点:首先,高空西北风形成急流,500 hPa 风速一般在 20 m/s 以上,700 hPa 在 12 m/s 以上,高空风动量下传作用明显,沙尘暴一般出现在急流轴右侧前方;其次,高空锋区强,大气有很强的斜压不稳定性,槽后冷平流明显,在冷平流最强也是大气斜压性最强的地区,易出现沙尘暴;再次,地面上冷高压较强,冷锋后气压梯度较大的地域易出现沙尘暴。

不同点:历次过程高低空系统强度和位置不同,影响范围和过境时间不同,因此出现沙尘暴的强度和区域也不同。

4.5　历次强沙尘暴过程 NECP 物理量对比分析

4.5.1　动力条件

1)高低层散度:与强对流不同,历次沙尘暴过程 200 hPa 辐散不明显,700 hPa 辐合也不明显,有的过程甚至低层辐散。

2)500 hPa 涡度:几次过程都有负涡度中心逼近沙尘暴区,表明高空槽的影响。

3)700 hPa 上升速度:沙尘暴区过程前低层上升运动较显著,约 10 cm/s。

4.5.2 湿度条件

1) 700 hPa 比湿:各次过程均在 2 g/kg 以下,表明沙尘暴过程是干过程。

2) 700 hPa 相对湿度:除去"4·24"过程较湿外,其余过程均在 20% 左右,当冷空气临近时,有一个增大的过程。

4.5.3 不稳定条件

1) BCAPE:除"3·9"过程,其余在沙尘暴区域都有增大的过程,说明沙尘暴过程中也有对流不稳定能量存在;

2) K:除"4·24"过程,其余均在 10℃ 以下。

3) Li:历次过程均为"正",但在沙尘暴临近前有减小趋势,沙尘暴发生时再次增大。

4) Si:同"K"指数,历次过程均为"正",沙尘暴临近前减小,随着沙尘暴的出现增大。

5) $\theta_{se(700-500)}$:均为"正",但在 8℃ 以内,临近沙尘暴,有减小,接近 0℃ 的趋势。

综合分析,在动力条件方面,沙尘暴天气过程的大尺度特征更为明显,表现较强的平流作用,而对流活动则较弱。500 hPa 上大范围负涡度的入侵,在低层垂直运动场上,表现为冷锋前部大范围量级在 10 cm/s 的上升运动区,冷锋后部为下沉运动区。在湿度条件上,绝大多数沙尘暴过程湿度很小,为"干"过程。不稳定条件方面,各物理量均在"强对流"过程的稳定范围内,接近中性的位置,在沙尘暴来临前有接近中性,甚至略微不稳定的趋势,说明沙尘暴的不稳定条件不同于强对流,但它在过程前却有加大,说明沙尘暴过程中,不稳定条件也是必要的。

5 小结

沙尘暴发生需要三个条件:疏松的沙源、地面强风、层结不稳定。春季,西北地区地面增温显著,地表冰冻层早已融化,沙漠、戈壁裸露,具备沙源的物质条件。另外,春季近地层加热显著,易形成低层大气静力不稳定层结。所以,西北地区每到春季,当强风条件具备时,干燥疏松的沙尘物质,在不稳定的层结条件下,被冷空气前锋抬起后,又在冷锋后部大风的吹动下,向下游扩散,出现沙尘暴天气。对天气预报来说,关键的是做好地面强风的预报。风力加大可以从四个方面考虑:首先,是地面气压梯度的增大;其次,地面 3 h 变压产生的变压风使地面风力加大的作用不容忽视;再次,高空强风的动量下传作用使近地层风速加大;最后,地形的狭管效应、俯冲效应均能引起地面风的加大。由以上分析的历次过程的相同点可以看到:当西北地区上空高空风速加大,500 hPa 上 20 m/s 的强风速区内,700 hPa 风速 ≥12 m/s 的强风速带以内,500 hPa 槽前,700 hPa 槽线附近或后部,冷平流最强的区域,地面冷锋之后气压梯度最大的区域的交叉地带,受高低空强风速带的动量下传作用、地面冷高压前部强的气压梯度、变压风的作用,容易产生地面大风。另外,当这一区域与河西走廊重合时,地形的狭管效应对地面风有增大作用,要格外注意。考虑季节因素,结合各地表层的温湿状况,天气系统的强度和移速,做出沙尘暴天气预报。

参考文献

冯鑫媛,王式功,程一帆,等.2010.中国北方中西部沙尘暴气候特征[J].中国沙漠,**30**(2):394-399.

胡隐樵,光田宁.1996a.强沙尘暴微气象特征和局地触发机制[J].大气科学,**21**(5):1582-1589.

胡隐樵,光田宁.1996b.强沙尘暴发展与干飑线-黑风暴形成的一个机理分析[J].高原气象,**15**(2):178-185.

李玲萍,罗晓玲,王锡稳.2007.夏季强沙尘暴天气分析及预报[J].甘肃科学学报,**19**(3):57-61.

钱莉,杨金虎,杨晓玲,等.2010.河西走廊东部"2008.5.2"强沙尘暴成因分析[J].高原气象,**29**(3):719-725.

钱莉,杨永龙,王荣哲,等.2011.河西走廊"2010.04.24"黑风成因分析[J].高原气象,**30**(6):1653-1660.

钱正安,蔡英,刘景涛,等.2006.中蒙地区沙尘暴研究的若干进展[J].地球物理学报,**49**(1):83-92.

钱正安,宋敏红,李万元.2002.近50年中国北方沙尘暴的分布及变化趋势[J].中国沙漠,**22**(2):106-111.

孙军,姚秀萍.2002.一次沙尘暴过程锋生函数和地表热通量的数值诊断[J].高原气象,**21**(5):488-494.

汤绪,俞亚勋,李耀辉,等.2004.甘肃河西走廊春季强沙尘暴与低空急流[J].高原气象,**23**(6):840-846.

王伏村,许东蓓,王宝鉴,等.2012.河西走廊一次特强沙尘暴的热力动力特征分析[J].气象,**38**(8):950-959.

王劲松,李耀辉,康凤琴,等.2004."4.12"沙尘暴天气的数值模拟及诊断分析[J].高原气象,**23**(1):89-96.

王式功,董光荣,陈惠忠,等.2000.沙尘暴研究的进展[J].中国沙漠,**20**(4):349-356.

王锡稳,黄玉霞,刘志国,等.2007.甘肃夏季特强沙尘暴分析[J].气象科技,**35**(5):681-686.

许东蓓,任余龙,李文莉,等.2011."4.29"中国西北强沙尘暴数值模拟及螺旋度分析[J].高原气象,**30**(1):115-124.

岳平,牛生杰,王连喜,等.2006.一次夏季强沙尘暴形成机理的综合分析[J].中国沙漠,**26**(3):370-374.

张强,王胜.2005.论特强沙尘暴(黑风)的物理特征及其气候效应[J].中国沙漠,**25**(5):675-681.

赵庆云,张武,吕萍,等.2012.河西走廊"2010.04.24"特强沙尘暴特征分析[J].高原气象,**31**(3):688-696.

概率回归等级方法在宁夏分级沙尘预报中的应用

陈豫英　陈　楠　李　强　何劲夫　聂晶鑫

(宁夏气象台,银川 750002)

摘　要

利用 2010—2013 年的 2—5 月 T639 模式产品和同时段宁夏 25 站沙尘实况资料,应用概率回归方法建立了宁夏春季两个等级(一般沙尘和强沙尘)的沙尘概率预报方程,并使用 B 评分、B_s 评分及 B_{ias} 方法分别对 2014 年 2—5 月预报结果进行了检验评估。评估结果表明:该方法对宁夏春季分级沙尘有预报能力,气候概率越大,预报方程选取的预报因子代表性和物理意义越明确,预报效果也越好;沙尘过程范围越大、强度越强,过程预报效果越明显;且随着预报时效临近,模式调整,预报能力也显著提高;但由于宁夏沙尘正样本数相对较少,尤其是强沙尘气候概率小,因此导致预报漏报率较高,概率预报偏差率呈现一致的偏少倾向。

关键词: 概率回归方法　分级沙尘　预报评估

引言

西北地区由于特殊的气候、地理、生态环境和下垫面状况,不仅是全球四大沙尘暴区之一的中亚沙尘暴区的一部分,也是我国沙尘暴的高发区[1~3]。宁夏地处西北内陆,由于纬度较高,生态环境脆弱,冷空气经常光顾,春季在频繁遭受沙尘天气袭击的同时,还遭遇寒潮、大风、霜冻、雨雪等灾害性天气的侵袭,往往冻灾、风灾、沙灾等灾害集中爆发,损失惨重[4~7]。

多年来,我国气象工作者使用天气学方法、数值模式、数值预报产品释用等方法在沙尘天气的预报方法和系统研发方面取得了一系列成果,如向鸣、赵光平、保广裕、宋煜、张强等[8~12]选取典型沙尘暴个例,使用天气学方法,提取关键影响因子,建立沙尘暴预报模型和预报系统;孙军、徐建芬等[13~14]通过改进 MM5 等模式参数预报沙尘暴;张芬馥、赵翠光等[15~19]使用MOS、BP、卡尔曼滤波等数值预报释用方法预报沙尘暴。这些成果都为沙尘的精细化预报提供了重要的技术支撑。目前,国内沙尘预报业务普遍使用的还是以数值预报释用方法为主,但上述研究多以 T106、T213 或 MM5 等数值预报产品为基础,预报对象以沙尘暴为主,而现行预报业务使用的模式产品已升级到分辨率更高的 T639 模式,并随着服务的需求,需要更精细的沙尘预报产品。高洁、赵声蓉、赵翠光等[20~22]利用概率回归方法在西北区夏季降水、雾等小概率天气预报中取得了较好的效果。本文尝试利用高分辨率的精细模式 T639 资料,使用概率回归方法制作宁夏分级沙尘预报,通过在 2014 年春季沙尘预报中的效果检验,为西北干旱区沙尘精细化预报提供一种新方法、新思路。

基金项目:宁夏科技支撑计划项目 2012ZYS160、中国气象局气象关键技术集成与应用项目 CMAGJ2015M66、中国气象局预报员专项 CMAYBY2014-076。

1 资料和方法

1.1 资料

使用国家气象中心通过 FTP 下发的 T639 模式 20：00（北京时，下同）起报的预报产品以及宁夏 25 个国家级观测站沙尘实况资料（测站分布见图 3a）。资料时间为 2010－2014 年的 2－5 月，其中 2010－2013 年的 2－5 月资料为建模样本，2014 年 2－5 月为检验评估样本。

1.2 因子预处理

T639 模式产品的网格距为 0.5625°×0.5625°，预报时效为 72 h，时间间隔为 3 h。基础产品包括 14 层 35 个物理量，通过热力、动力等诊断分析，计算出 112 个扩展物理量，插值到站点上，每个测站可得到 867 个物理量作为备选因子库。同时，考虑到模式可能会有提前或滞后的预报偏差以及数值预报中 0 场预报误差最小，因此，建立方程时，将 0 场和相应预报时次的因子作为备选因子，还同时选取预报时次前后 4 个时次的数据作为备选因子。

1.3 概率回归等级预报方法

预报对象（实况资料）的处理直接影响着预报效果。首先统计了 2010－2013 年 2－5 月宁夏 25 站浮尘、扬沙、沙尘暴 3 个不同强度沙尘的样本数及各占总样本和沙尘样本的比率，统计时，对于一天内同时出现 3 种沙尘天气的只取最强的。统计结果表明：宁夏沙尘样本占总样本的 5.5％，其中，浮尘、扬沙、沙尘暴分别占总样本的 0.9％、4.3％、0.4％，占沙尘样本的 15.9％、77.6％、6.5％。宁夏近 3 年沙尘天气发生较少，属于小概率天气事件，且多以扬沙为主，因此，为了同时兼顾天气发生的正样本数达最多和预报对象足够精细，将沙尘预报分为 2 级：一般沙尘包括扬沙和浮尘，强沙尘包括沙尘暴。建立一般沙尘预报方程前，将样本中出现沙尘天气（包括浮尘、扬沙和沙尘暴）的赋值 1，其他样本赋值 0；对于强沙尘预报则将样本中出现沙尘暴天气的赋值 1，其他样本赋值 0。使用逐步回归方法建立宁夏分级沙尘概率回归方程。逐步回归方法已有详细介绍[21~23]，这里不再赘述。

这里需要指出的是，使用交叉验证方法来确定每个测站的最终预报概率判别值和预报方程因子库。交叉验证方法思路是，随机取建模总样本的 90％作为预报测试集，剩余 10％样本作为训练集，不断交叉更换预报测试样本，直到遍历整个样本集为止，将每次测试得到的结果汇集并进行检验，以预报准确率和正样本的概括率都达到相对最优作为选取标准，公式如下：

$$准确率 = \frac{预报正确的样本}{所有样本数}$$

$$正样本的概括率 = \frac{预报正确的正样本数}{所有正样本数}$$

1.4 预报模型建立

由于近 3 年宁夏沙尘样本数少，因此将 2010－2013 年 2－5 月作为一个时段，分别建立宁夏 25 站分级沙尘预报模型，预报时效为 72 h，时间分辨率为 24 h，使用 2014 年 2－5 月资料进行预报效果评估检验。

1.5 概率预报评估方法

采用 B 评分、B_s 评分及 B_{ias} 方法进行检验评估，具体计算公式[24]如下：

$$B = \frac{1}{N} \sum_{i=1}^{N} (F_i - O_i)^2 \tag{1}$$

$$B_s = 1 - \frac{B}{B_c} \tag{2}$$

$$B_{ias} = \left(\frac{R_f}{R_0} - 1\right) \times 100\% \tag{3}$$

(1)式中,F_i 为预报百分率,O_i 为实况百分率,天气出现为 1,不出现为 0,N 为预报总次数,其中,$B=0$ 为预报正确,$B=1$ 为预报不正确;(2)式为技巧评分,式中 B 为(1)式求出的实际预报布莱尔评分,B_c 为气候概率布莱尔评分,其中,$B_s>0$ 表示有预报技巧,$B_s<0$ 表示无预报技巧;(3)式,利用偏离方法评估预报偏多、偏少的倾向,式中 R_f 为实际预报概率,R_0 为气候预报概率,$B_{ias}>0$ 表示预报有偏多倾向,$B_{ias}<0$ 表示预报有偏少倾向。

2　预报效果检验

表 1　宁夏一般沙尘和强沙尘气候概率分布

	测站	石炭井	石嘴山	惠农	贺兰	平罗	吴忠	银川	陶乐	青铜峡	永宁	灵武	中卫	中宁
北部	一般	0.12	0.12	0.09	0.16	0.44	0.08	0.77	0.04	0.18	0.08	0.16	0.14	0.13
	强	0.02	0.02	0.02	0.02	0.03	0.01	0.03	0.02	0.03	0.01	0.01	0.03	0.02

	测站	兴仁	盐池	麻黄山	海原	同心	韦州		测站	固原	西吉	六盘山	彭阳	隆德	泾源
中部	一般	0.56	0.38	0.36	0.12	0.27	0.26	南部	一般	0.28	0.18	0.03	0.15	0.07	0.06
	强	0.03	0.06	0.01	0.00	0.00	0.04		强	0.01	0.00	0.00	0.01	0.00	0.00

注:北部、中部、南部分别代表宁夏引黄灌区、中部干旱带、南部山区。

如表 1 所示,宁夏一般沙尘气候概率分布在 0.02~0.56,88% 测站在 0.4 以下,强沙尘气候概率在 0~0.06,92% 测站在 0.03 以下,有 6 站历史上从未出现过强沙尘天气,其中 4 站分布在南部山区。沙尘的区域分布特征为:中部干旱带出现概率较多,其次是引黄灌区,南部山区最少;90% 以上的沙尘天气出现在白天[1,5,7]。

2014 年 2—5 月宁夏沙尘实况为:共出现 27 个沙尘日,3 个强沙尘日,140 站次一般沙尘、8 站次强沙尘,较历史同期偏少 33% 和 43%;10 站次以上沙尘过程有 6 次,15 站次以上 2 次,其中 4 月 24 日出现了 2014 年范围最大、强度最强沙尘天气,全区 19 站扬沙或浮尘,6 站强沙尘。

2.1　单站预报效果评估

宁夏一般沙尘的评估结果如图 1,预报效果随预报时效延长而降低,24 h 的预报效果明显优于 48 h 和 72 h。B 评分如图 1a,B 值普遍在 0.008~0.124,南部山区较大,中北部较小,其中,24~72 h 时段内 B 值最小值都在银川站,均低于 0.01,B 值最大值都在六盘山站,分别为 0.08、0.088、0.124。技巧评分如图 1b 所示,全区都为正技巧,大部的 B_s 值都在 0.2 以上,其中,中北部 B_s 值较大,普遍在 0.22~0.76,南部山区 B_s 值较小,在 0.19~0.4,B_s 极值分布与 B 值相反,24~72 h 时段内 B_s 最大值都在银川站,分别为 0.76、0.7、0.36,最小值都在六盘山站,分别为 0.23、0.2、0.19。B_{ias} 结果见图 1c,整个预报时段内,概率预报都呈现出偏少倾向,气候预报概率为 0.158~0.459,而实际预报概率则在 −0.008~0.35,实际预报概率较气候预报概率明显偏小,B_{ias} 结果普遍为负值;而 2014 年一般沙尘实况也较历史同期偏少 33%,因此预报趋势与实况演变吻合。

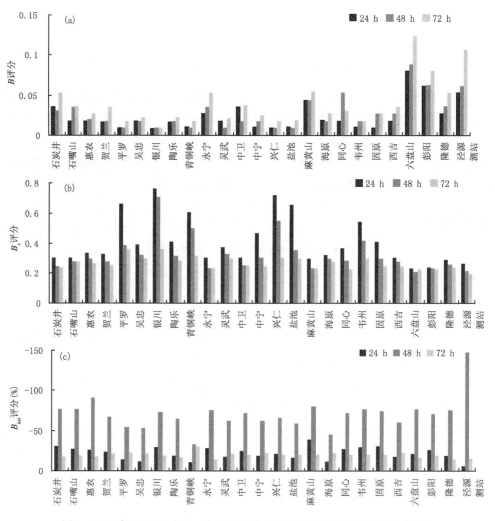

图1　2014年2—5月宁夏一般沙尘 B 评分(a)、B_s 评分(b)和 B_{ias} 评分(c)

由于宁夏出现强沙尘次数少,属于小概率天气,因此 B 评分方法失去意义,采用技巧评分和偏差率相结合的方法来评估宁夏强沙尘概率预报水平。技巧评分 B_s 如图2a,强沙尘与一般沙尘的 B_s 评分结果相似,预报效果随预报时效延长显著降低,24 h预报效果明显好于其他时段。B_s 评分全区都为正值,中北部大,南部山区小,其中,24~72 h最大值都在盐池,B_s 值分别为0.53、0.36、0.12,最小值在西吉和泾源,B_s 值在0.01以下。B_{ias} 结果见图2b,整个预报时段内,概率预报都呈现出偏少倾向,气候预报概率为0.14~0.412,而实际预报概率则在 -0.048~0.043,实际预报概率较气候预报概率显著偏小,B_{ias} 结果为负值,而2014年强沙尘实况也较历史同期偏少43%,因此预报与实况演变趋势一致。

上述分析表明,一般沙尘和强沙尘的 B_s 评分都为正值,说明该方法对宁夏沙尘有预报能力,且气候概率大的测站,正样本数多,选取的预报因子物理意义更明确,预报方程更稳定,预报效果也更好,如银川、兴仁、盐池、平罗,一般沙尘气候概率基本都在0.38以上,2014年实况出现沙尘次数也都在10次以上,较其他测站明显偏多,因此预报效果也较好,24 h的 B_s 评分都在0.65以上,预报准确率也达到75%~85%;而气候概率小的测站,如石炭井、石嘴山、六

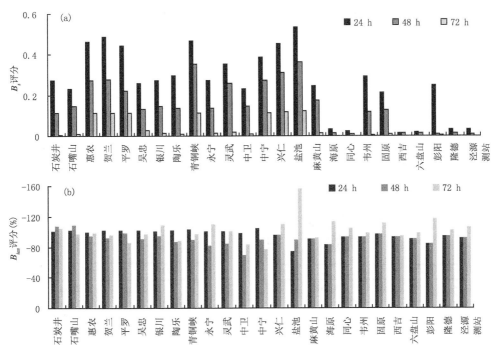

图 2　2014 年 2—5 月宁夏强沙尘 B_s 评分(a)和 B_{ias} 评分(b)

盘山、彭阳等,2014 年实况仅出现 1~2 次,因此预报效果也较差,24 h 的 B_s 评分都在 0.3 以下,预报准确率也仅为 60% 左右;强沙尘也是如此,2014 年仅出现强沙尘的 8 站,本身气候概率大,实际预报效果也较好,24 h 的 B_s 值基本都 0.4 以上,最大在盐池,达 0.53,预报效果最好,而海原、同心、六盘山、西吉、隆德、泾源等 6 站,气候概率为 0,2014 年实况也未出现强沙尘,B_s 值基本在 0.03 以下,预报效果差。

2.2　沙尘过程和典型强沙尘个例预报效果评估

从沙尘天气过程预报效果看:6 次大范围的沙尘天气过程基本都能提前 72 h 预报出来,并且预报范围随着预报时效临近逐步订正,但总体上预报范围较实况偏小,尤其是南部山区漏报较多,这与该地区发生沙尘气候概率小、预报概率判别值高、模式预报能力弱有关;对于大范围的强沙尘天气能提前 72 h 预报,但预报时效越长,漏报越多,而对于单站强沙尘天气在 72 h 和 48 h 基本没有预报能力,但随着预报时效临近,模式调整,预报能力逐步提高,到 24 h 预报效果有明显改善,但对单站强沙尘天气有 1~2 站的空报,对范围较大强沙尘天气有 2~4 站空报和漏报。

以 2014 年 4 月 24 日宁夏出现的年内范围最大、强度最强的沙尘天气过程为例,评估该产品对大范围强沙尘天气过程的预报效果。从图 3 看,4 月 21 日该产品提前 72 h 就对此次沙尘过程做了预报,但预报的沙尘范围明显偏小、强度偏弱,预报一般沙尘主要分布在中北部,仅预报盐池有强沙尘;到 48 h 时段,该产品预报一般沙尘范围扩大到南部山区,且强沙尘的预报范围和强度进一步增大;24 h 预报一般沙尘范围与实况较为接近,并且预报出宁夏东部的强沙尘天气,但西部 3 站漏报、东部 1 站空报,一般沙尘和强沙尘的预报准确率为 73.3% 和 42.9%。

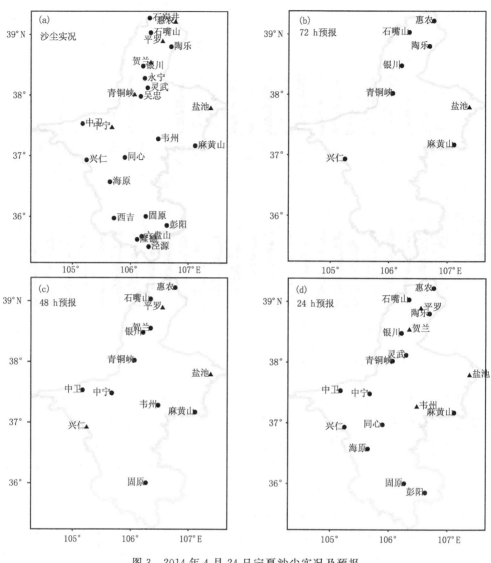

图 3　2014 年 4 月 24 日宁夏沙尘实况及预报

（●扬沙或浮尘　▲沙尘暴）

3　预报因子分析

表 2 给出了不同强度沙尘天气各时效入选预报方程频数最高的前 10 个因子,可以看出:宁夏沙尘预报主要关注热力、动力、水汽等物理特征的因子,其中一般沙尘预报中使用频次最高的因子是位涡,其次是锋生函数和水平方向的水汽通量,这些因子大都集中在对流层中低层400 hPa 及以下层次;而强沙尘预报除了有中低层的冷空气、动量和动力因子,还增加了对流层顶 150 hPa 的涡度、湿度因子。说明宁夏强沙尘天气的预报,除了中低层的热力、动力因子,高层的动力和湿度条件也很重要,高低层天气系统的相互配合,促使锋生和干对流发展,有利于在边界层发生强烈湍流混合产生地面强风及强沙尘天气,这与预报员预报强沙尘的思路吻合,因此分级沙尘预报结果对预报员制作沙尘预报有积极的指导作用。

表 2　分级沙尘预报因子出现频次排序

序号	一般沙尘	强沙尘
1	700 hPa 锋生函数	700 hPa 涡度平流
2	400 hPa 湿位涡倾斜发展判据	150 hPa 相对湿度
3	500 hPa X 方向水汽通量	400 hPa 锋生函数
4	600 hPa 湿位涡倾斜发展判据	700 hPa 锋生函数
5	600 hPa X 方向水汽通量	150 hPa 3 h 最小相对湿度
6	850 hPa 位涡倾斜发展判据	700 hPa 位涡倾斜发展判据
7	400 hPa 锋生函数	150 hPa 涡度平流
8	700 hPa 位涡倾斜发展判据	500 hPa 锋生函数
9	700 hPa 湿位涡倾斜发展判据	500 hPa 湿位涡倾斜发展判据
10	200 hPa Q 矢量散度	600 hPa 纬向风 e 指数

4　结论和讨论

上述分析结果表明,气候概率越大,预报方程选取的预报因子代表性和物理意义越明确,预报效果也越好;沙尘过程范围越大、强度越强,过程预报效果越明显;且随着预报时效临近,模式调整,预报能力也显著提高。因此,概率分级预报对宁夏沙尘精细化预报有积极的指导和应用价值,并在 2014 年实际业务应用中发挥了关键的技术支撑作用。该产品对 2014 年的 6 次大范围沙尘天气过程基本都能提前 72 h 预报出来,尤其是对 4 月 24 日强沙尘天气,参考该产品,宁夏气象台提前 24 h 发布沙尘预警,取得了较好的的预报服务效果。目前,宁夏已将概率预报方法推广应用到分级降水、分级雾霾等小概率天气事件预报中,都取得了一定的效果。未来,还将尝试将该方法推广应用到强对流等其他小概率天气预报中。

虽然模式的起报时间为前一日 20:00,实时业务应用时得到预报结果已过了预报时效的前 12 h(前一日夜间 20:00 至当日 8:00),但从 2014 年开始中国气象局取消了夜间云能天人工观测,事实上 2014 年以后的沙尘数据都是白天 8:00—20:00 的实况观测资料,因此不影响实际业务应用。

但是,该方法在实际业务中也还存在很多问题,如:沙尘概率预报偏差都呈现出明显的偏少倾向,这说明实际预报漏报较多,特别是强沙尘;另外,预报员如何利用其他主客观预报产品订正客观概率预报结果等问题也有待于解决。因此,需要获取更长的历史样本对预报方程改进完善,加强对有明确物理意义预报因子的分析和选取,并结合预报员的主观经验,随着数值预报模式的提高和统计方法的完善,该方法的预报能力将得到进一步提升。

参考文献

[1]　钱正安,翟章,陈敏连,等.我国西北地区沙尘暴的分级标准和个例谱及其统计特征.中国沙尘暴研究 [M].北京:气象出版社,1997.

[2]　尹晓惠.我国沙尘天气研究的最新进展与展望[J].中国沙漠,2009,**29**(4):728-733.

[3]　王式功,董光荣,陈惠忠,等.沙尘暴研究的进展[J].中国沙漠,2000,**20**(4):349-356.

[4]　陈豫英,赵广平.两次典型强沙尘暴过程的对比分析[J].气象,2003,**29**(9):18-22.

[5] 赵光平,郑广芬,王卫东.宁夏特强沙尘暴气候背景及其成灾规律研究[J].中国沙漠,2003,**23**(4): 420-427.

[6] 李艳春,赵光平,陈楠,等.宁夏沙尘暴天气研究进展[J].中国沙漠,2006,**26**(1):137-141.

[7] 冯建民,胡文东,陈楠,等.沙尘暴.宁夏天气预报手册[M]北京:气象出版社,2012.

[8] 向鸣,吕新生,陈永航.塔克拉马于沙漠腹地局地沙尘暴短期预报方法初探[J].新疆气象,1999,**22**(1): 13-16.

[9] 赵光平,王连喜,杨淑萍.宁夏区域性强沙尘暴短期预报系统[J].中国沙漠,2001,**21**(2):175-181.

[10] 保广裕,高顺年,戴升,等.西宁地区沙尘暴天气的环流特征及其预报[J].气象,2002,**28**(5):27-31.

[11] 宋煜,曲晓波,隋洪起,等.大连沙尘天气及预报模型分析[J].气象,2008,**34**(11):54-61.

[12] 张强,郭铌.相似离度在甘肃省冬春季强沙尘暴天气人型判别和预报中的应用研究.沙尘暴形成机制 及监测预报和影响评估技术研究[M].北京:气象出版社,2011.

[13] 孙军,李泽椿.西北地区沙尘暴预报方法的初步研究[J].气象,2001,**27**(1):19-24.

[14] 徐建芬,李耀辉,陈晓光.西北地区沙尘暴诊断分析及落区预报研究[A].陈晓光主编.西北重要天气成 因及数值预报方法研究[C].北京:气象出版社,2002.

[15] 张芬馥,陆如华.数值预报产品对"5·5"特大沙尘暴的释用能力分析[J].气象,1994,**20**(4):34-36.

[16] 叶燕华,王平鲁.西北春季区域性沙尘天气 MOS 预报方法探讨[J].中国沙漠,2004,**24**(3):355-359.

[17] 赵翠光.人工神经元网络方法在沙尘暴短期预报中的应用[J].气象,2004,**30**(4):39-41.

[18] 梁钰,布亚林,贺哲,等.用卡尔曼滤波制作河南省冬春季沙尘天气短期预报[J].气象,2006,**32**(1): 62-67.

[19] 左合君,勾芒芒,李钢铁,等.BP 网络模型在沙尘暴预测中的应用研究[J].中国沙漠,2010,**30**(1): 193-197.

[20] 高洁,刘端次,靳英燕.用事件概率回归方法预报咸阳机场辐射雾消散[J].气象,2005,**31**(4):81-84.

[21] 赵声蓉,赵翠光,邵明轩.事件概率回归估计与降水等级预报[J].应用气象学报,2009,**20**(5):521-529.

[22] 赵翠光,李泽椿.中国西北地区夏季降水分区客观预报[J].中国沙漠,2013,**33**(5):1544-1551.

[23] 陈豫英,陈楠,王素艳,等.MOS 方法在动力延伸期候平均气温预报中的应用[J].应用气象学报,2011, **22**(1):86-95.

[24] 周兵,陆晨,周小平,等.北京地区夏季降水概率预报业务应用研究[J].气象,1996,**22**(1):3-6.

[25] 陈豫英,许吟隆,陈楠,等.SRES A2 和 B2 情景下宁夏可利用水资源的变化[J].中国沙漠,2011,**31**(1): 207-216.

低温阴雨背景下 2014 年南京青奥会精细化预报技术分析

刘 梅　陈圣劼　韩桂荣　杨梦兮　王啸华

(江苏省气象台,南京 210008)

摘 要

2014 年 8 月青奥会关键时段天气预报体现了较高的精细化水平,且服务效果显著。本文从多模式资料的综合分析判断、中小尺度系统的分析、实况分析订正、现代化监测资料分析等角度,展开深入细致分析,探讨了各因素在精细化预报中的作用和订正能力,为做好定时定点定量预报提供思路。发现在数值预报快速发展,产品的多样化情况下,预报员要从更高角度对模式进行判断、提炼,在依赖数值预报的同时,要注重对实况的分析和推断,预报员的分析和主观订正关键时刻起到重大作用。另外,现代化监测资料虽然具有一定误差,但从应用中发现最新资料分析也可为短临精细化预报提供很好的参考。

关键词:青奥会　精细化预报　技术分析

引 言

2014 年 8 月青奥会在南京隆重举行,青奥会是青年人全球范围内最高水平的综合体育赛事,参赛选手年龄为 14～18 周岁,无论从赛事、活动、群体脆弱性等各方面对天气都具有较高的敏感性,开(闭)幕式、火炬传递,以及一些项目的举行都需要提供精细化预报结论。而南京 8 月份各种灾害性天气都有可能发生,根据统计雷电、高温、暴雨、强对流等灾害发生概率均较大。因温度较高,湿度较大,局地对流时常发生,这种背景下做好精细化预报可以说存在着很大的难度和挑战。而正是在青奥的契机下,在现代科技的支持下,充分发挥预报员经验的基础上,青奥期间精细化天气预报创造了完美,社会各界亲身感受到天气预报的精细化水平,现就青奥期间精细化预报技术展开深入分析。

1　青奥会关键时段天气预报效果

2014 年 8 月长江中下游出现持续阴雨天气,南京有一半以上的天数出现降水,在这种复杂天气形势下,完成了青奥会期间的各项天气预报,每一次预报基本做到精致和完美,特别在关键赛事和重大活动期间天气预报更是精准无误,如火炬传递、开幕式彩排、开幕式、闭幕式和一些敏感赛事等节点的精细化预报。在 8 月 6 日、12 日和 14 日南京的零星小雨均预报准确,并提前做出了活动具体开展时间段的降水、气温、风力等预报。在持续阴雨天气的大背景下对短暂的降水间歇也进行了精确的预报,如 10 日阴天且是降水的间隙,提前做出了 10 日阴天无降水的预报结论。表 1 为提前 24 h 开闭幕式期间天气的预报和实况,开幕式、闭幕式期间给出了精细化逐小时天气预报,并给出演出期间降水较弱但 22 时之后降水加强的预报结论。从实况分析,降水量级、开始、加强时间均预报较好,22 时之后降水也正如预报所言,明显加强。关键节点的精细预报在整个青奥会期间起到很好服务效果和社会反响。

表 1   开、闭幕式期间奥体中心预报与实况

	类别	18 h	19 h	20 h	21 h	22 h	23 h
开幕式	预报	0.1	0.3	0.5	0.5	1.0	1.0
	实况	0.0	1.0	0.8	0.2	1.2	0.9
闭幕式	预报	0.1	0.2	0.5	0.2	0.3	1.0
	实况	0.0	0.0	0.0	0.0	0.2	3.1

2   青奥会期间天气背景分析

2014 年 8 月持续阴雨从大的环流形势分析也具有其明显的独特性,从高空形势分析,200 hPa 上 100°~120°E 南亚高压脊线平均位置在 28°N 附近,500 hPa 上在 120°E 的副高脊线位于 24°~25°N,副高位置和南亚高压位置类似于江苏梅雨期间的位置。30°~40°N 范围内长江中下游地区正位于中高层浅槽波动区。同时从中高层高度场距平分析,长江中下游到山东半岛均为明显的负距平,说明在该时期有利于弱冷空气到达江淮地区。这种大的环流背景为 2014 年 8 月长江中下游地区的持续降水和温度持续偏低提供了稳定的背景。

8 月份低层风场和湿度的日变化分布(图 1)为持续降水提供了很好的湿度条件和动力条件,从 700 hPa、850 hPa 高度上 110°~120°E 平均风场在 30°~32°N 区域内存在明显西南风,并伴有一定的低空急流,但急流位置总体较偏南,在 32N 附近有明显风向、风速辐合。湿度分布在 700 hPa 上 32°N 附近刚处于 70%湿区的边缘,并呈现 1~2 d 的强弱变化周期,850 hPa 上 32°N 附近湿度较 700 hPa 要高,大部分时段在 80%以上,可见在 8 月份长江中下游地区低层水汽输送条件较好,也存在一定的动力条件,但湿层厚度和梅雨期水汽相比较小,大的环流背景和低层湿度、动力条件决定了 8 月降水持续型、强度较弱的特征。在这种复杂环流背景下,如何做好关键时段精细化预报,主要从以下几方面展开具体分析,为精细化预报制作提供参考。

3   青奥会期间精细化预报技术分析

3.1   多模式资料融合分析判断

预报员每天面对大量资料,如何在有限的时间内利用好这些资料并从大量资料中快速提取出有用的信息,在本次预报中从不同方面做好了多模式资料的融合分析判断,并进行了有效应用,首先是开展多模式资料稳定性和差异性分析,针对全球数值模式资料(EC、T639、GFS、JAPAN)中的高度场、风场、降水等要素,采用实时跟踪监测、检验评估和对比分析,确定各模式的优劣和预报效果,为预报员提供不同模式近期在江苏范围内的预报效果和不同要素的偏差情况,最终为数值预报的订正提供参考。

如在形势稳定性检验中,以 EC 模式为例,提前 10 d 开始跟踪监测模式对 16 日预报情况,并检验该模式在 0~72 h 内的预报效果,8 月 6—9 日起报的预报结果一直处于不稳定状态,6—7 日预报 16 日高空 500 hPa 为槽后脊前西到西北气流控制中,而 9 日起报模式发生较大调整,中纬度高原东部有西风槽形成,南京处于 580~584 dagpm 线之间槽前西到西南气流中,850 hPa 切变线位于 30°N 以南湖南—江西—浙江一线,10 日后形势场预报一直很稳定,有利于对开幕式天气的确定性预报,也极大的增强了预报员的信心。在模式预报判断中,开展的模

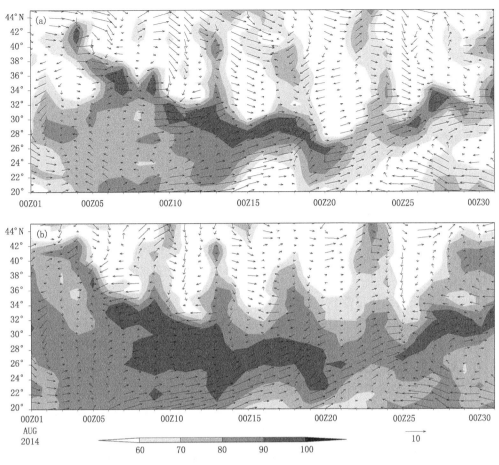

图1　2014年8月700 hPa(a)、850 hPa(b) 110°～120°E平均风矢量(箭头)和
湿度(填色)在20°～45°N范围日变化

式间差异性的检验,包括模式间形势、影响系统位置、降水区域量级等差异性分析。精细化的
天气预报对数值模式产品较为依赖,预报员需随时监测数值模式产品的预报质量和能力,以便
订正和改进自己的预报。青奥会期间,检验发现:(1) EC 预报最为稳定且与实况最接近,GFS
对系统的预报强度常偏弱,但 EC 对系统的预报较实况偏慢,低层影响系统预报偏南偏慢;(2)
EC 细网格对于发生在暖区里的小雨空报率较高,对发生在冷区里的小雨易漏报;(3)PWARF
模式对江淮之间的暴雨也有较好预报,但强度偏强,淮北有明显空报。这些检验结论为预报员
判断提供了很好的参考。

在模式预报性能检验的基础上,不同模式降水量级的比较分析、系统与降水的跟踪分析判
断,以及降水的强弱的综合分析都为最后精细化预报起到很好的作用,以 EC 细网格 6 h 降水
量预报(20 时起始场)为例,不同时间对开幕式 16 日 20 时至 17 日 02 时降水量的预报效果见
图 2,8－9 日预报南京无雨,10 日开始预报均有雨,量级上不断变化,开始报雨的时间与形势
场的调整时间一致,可见 EC 预报从形势到降水的预报相对稳定。同时参考其他各模式的预
报情况发现,所有模式在该时段均报了降水,但降水量级上存在较大差异。6 家模式有三家都
预报了中等强度的降水,根据对模式的性能和稳定性检验,选择相信 EC 的预报结论,做出降
水量级的预报。

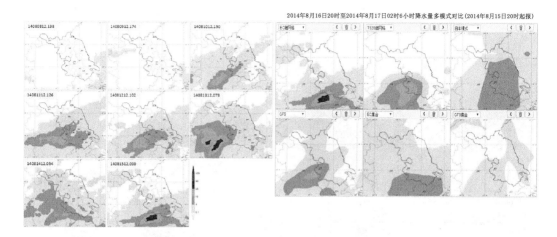

图 2　不同模式对 1620～1702 h 时段降水预报结果

（左：EC 不同起报时间预报结果；右：1520 h 时不同模式预报结果）

3.2　中小尺度系统精细化跟踪分析判断

做好精细化预报在依赖数值预报基础上，仔细分析当前模式细网格资料中系统的移动、发展也是关键一环，在青奥天气预报期间充分利用各模式的细网格资料，对影响本地区的天气系统、湿度区域、垂直分布变化均进行跟踪分析，为降水量级、加强时段的预报判断提供信息。如 16 日开幕式预报，仔细分析了 EC 细网格的风场和不同层次湿度的变化，图 3 为 500 hPa 和 700 hPa 风场预报的分析，根据当时的分析在中层 500 hPa 从 17 时到 20 时有弱的潜槽影响南京，但冷空气较弱，中层环流一直较平直，同时低层 700 hPa 和 850 hPa 暖湿系统是北抬增强的趋势，17 时 700 hPa 切变线位于浙江北部，而到 20 时北抬到苏南一带，23 时继续北抬到沿江一带，在这种高低空形势配合下，22 时前低层辐合较强的区域位置偏南，可以判断南京地区有弱降水，但 22 时之后系统的北抬逼近，中层波动移出，西南气流再次增强，降水量级有可能加强。并跟踪分析了各家模式对湿度变化的预报，南京地区湿度均是在 22 时前后有明显加强。在综合分析风场和湿度的基础上更加确定了开幕式期间有弱降水，但 22 时后降水增强。

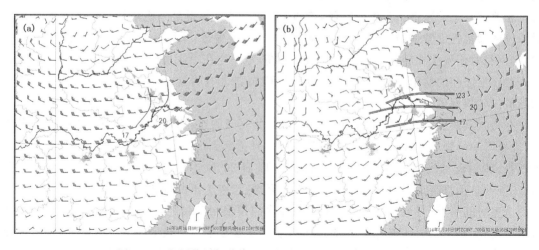

图 3　EC 细网格风场分析（a：500 hPa 风场；b：700 hPa 风场）

3.3 实况分析应用到预报外推订正中

实况的细致分析是预报员做好预报的一个必经环节,预报场毕竟不是现实,眼前实况的深入透彻分析可以更好的认识预报场。闭幕式期间预报和实况让组委会不得不承认气象预报的精细化水平,在24～72 h内我们做出了闭幕式期间有1～5 mm降水的预报,闭幕式当日上午根据数值预报进一步对预报做出调整,预报闭幕式期间阴天为主,有时有小雨,20—23时降雨量:0.5～3 mm。同时根据形势分析做出了22时前后降水量可能增强的预报。当日,降水实况简直如预报员的神算,在闭幕式期间基本无明显降水,以阴天为主,仅出现0.2 mm的降水,但22—23时降水明显增强。

在当日预报分析中,除了现代化监测资料和多资料融合分析依旧起着重要作用外,实况的分析应用对当日预报起到很好的参考,根据27—28日降水实况和各层风场分析(图4)发现,在高空环流平直,850 hPa有弱切变的大背景下,南京降水的强弱和700 hPa风向有很好的对应关系,当700 hPa上偏西风时以阴天为主,基本没有降水,但当转为西南风时降水明显。同时从28日08时实况还发现预报场河套南部的北槽位置比实况南下偏慢。根据实况分析所得结论来分析订正模式风场预报,在28日20时南京上空700 hPa为偏西风,降水应该不明显,以阴天为主,但在23时850～700 hPa西南风加大,同时500 hPa北槽有所影响,从而判断该时段降水已经加大。而各模式预报降水加强的时段均较晚,通过实况检验和分析对模式预报

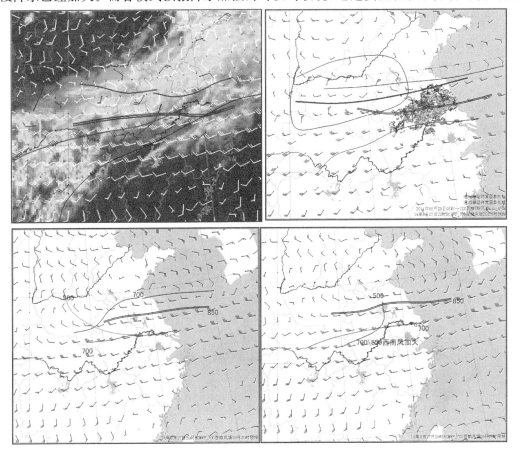

图4　8月27—28日高空实况检验和预报场精细分析

结果进行订正,做出精细化预报而且预报非常准确,实况降水增强的时间确实比模式较早。在多次临近预报中也都应用了实况的分析来外推订正模式预报结果,如在对风速比较敏感的水上项目的风速预报中,充分对金牛湖周围风速的预报和实况进行统计分析后,订正做出风速的逐小时精细化预报。

3.4 现代化监测资料和客观产品开发在临近预报中发挥重要作用

为保障青奥会期间精细化天气预报,南京站近年装置了新的仪器设备,如 GPS、微波辐射计、风廓线、闪电定位仪等,青奥期间国家卫星中心还启动了卫星的加密观察。这些新资料在形势判断、降水量、系统强度等方面可以说发挥了重要作用。

8 月 24 日受地面气旋触发,午后安徽中东部有飑线生成并向东移动,14—15 时移经南京过程中造成多个比赛场馆出现雷暴、强风和强降水天气。表 2 为各场馆 14—15 时降水和极大风实况。

表 2　8 月 24 日 14—15 时各场馆降水和极大风实况

比赛场馆	小时雨量(mm)	瞬时级大风(m/s)
奥体	16.8	11.9
玄武湖	12.9	9.3
青奥村	9.8	11.8
鱼嘴公园	9.2	16.6
钟山高尔夫场	4.9	15.3
青奥体育公园	9.8	12.5
金牛湖	9.7	12.7

本次强对流 10 时 30 分在合肥北部有回波逐渐发展,呈带状分布,11 时,回波迅速发展,已呈现明显带状结构,回波中心强度达 45～50 dBZ,顶高 8～9 km。未来强回波是否会影响南京?移动过程中是否会加强?预报员充分利用现代化监测资料做出准确判断,发现 12 时地面散度场(图 5)在南京有明显的大值区,表明南京有辐合加强的趋势,从而判断未来回波在东移过程中将会加强,并对南京产生较大影响,南京风廓线资料也显示(图 5)对流层中低层西南低空急流正在迅速向下扩展加强,为强对流提供动力条件和低层强垂直风切变,结合雷达资料做

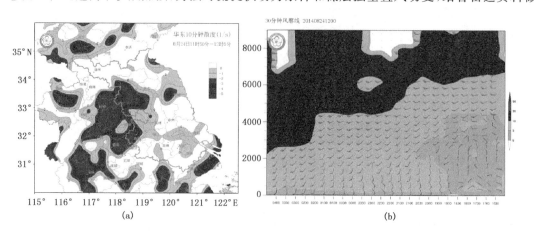

图 5　8 月 24 日 12 时地面散度场(a)和南京风廓线资料(b)

出 14 时左右飑线将到达南京地区并影响场馆的预报结论。并提前发布了雷电、雷雨大风和短时强降水的预警信号,起到了很好的服务效果。

4 小结

通过对青奥会期间精细化预报技术分析和总结发现:

(1)本次精细化实战预报形成了精细化预报制作规范思路。发散与集合思想的有效结合融会贯通,提高了预报效率和质量。积累了制作定时、定点、定量产品的预报经验。即使在数值预报迅速发展的今天,预报员的分析和主观订正关键时刻起到重大作用。

(2)数值预报快速发展,产品的多样化给预报员提出更好的要求,预报员不仅会参考模式,而且要学会对模式的判断、综合、提炼。预报员在依赖数值预报的同时,要注重对实况的分析和推断,从现实中发现有用的信息。

(3)现代化监测资料虽然具有一定误差,但从应用中发现最新及时的资料分析可为短临预报提供很好的参考,特别是在一些局地灾害天气的预报中具有更好的利用价值。

中小河流洪水气象预警技术及业务应用

包红军

(国家气象中心,北京 100081)

摘 要

针对国内外水文气象与中小河流洪水预警研究进展与国内气象部门业务现状,本文提出中小河流洪水气象预警技术,并利用该技术建立了国家级中小河流洪水气象预警客观预报模型。将中小流域分为有完整气象水文资料流域、无水文资料有气象资料流域、无资料流域进行推求流域中小河流致洪降水动态临界阈值。针对有完整水文资料流域,采用流域水文模型技术反演流域致洪降水临界动态阈值;针对无水文资料有气象资料流域,依据防洪标准采用水文频率分析技术推求致洪降水临界阈值;针对无资料流域,通过流域水文移植技术移植有资料流域的致洪临界阈值。采用 ECMWF 细网格预报建立小河流流域面雨量预报模型,结合中小流域致洪降水临界阈值确定技术,建立全国中小河流洪水气象风险预警客观模型。选取 2014 年第 9 号台风"威马逊"(超强台风级)影响的我国华南西南的南部中小河流为试验流域,进行中小河流洪水风险预警客观模型的检验。结果表明,全国中小河流洪水气象预警客观模型效果良好,为气象风险预警业务预报员提供重要的参考。

关键词:中小河流洪水气象预警 临界阈值 面雨量预报 客观预警模型 威马逊

引言

暴雨洪涝灾害是我国影响范围最广、持续时间最长、造成损失最大的一类自然灾害[1]。其中,中小河流由于防洪标准普遍偏低,其洪灾损失占总洪灾损失的 70%~80%,近年来呈现多发、重发态势[2~3]。由于大部分中小河流站网密度偏小,缺少必要的应急监测手段,预报方案不健全,加上中小河流源短流急,洪水具有强度大、历时短、难预报/预警、难预防的特点,暴雨诱发的中小河流洪水预警已经成为防洪减灾工作中突出的难点。

而就目前研究状况而言,西方发达国家基于高精度 GIS 和 DEM 数据,提取中小河流流域信息,并以动态临界雨量理念为基础,发展面向中小河流山洪的暴雨洪水预警指导业务系统(Flash Flood Guidance,FFG)。我国基于动态临界面雨量的中小河流洪水预警仍处于研究和起步阶段[4]。

本文针对国内外水文气象与中小河流洪水预警研究进展与国内气象部门业务现状,将中小流域分为有完整气象水文资料流域、无水文资料有气象资料流域、无资料流域进行推求流域中小河流致洪降水动态临界阈值,采用 ECMWF 细网格预报建立小河流流域面雨量预报模型,建立全国中小河流洪水气象风险预警客观模型。选取 2014 年第 9 号台风"威马逊"(超强台风级)影响的我国华南西南的南部中小河流为试验流域,进行中小河流洪水风险预警客观模型的验证。

1 中小河流洪水气象风险预警技术

小河流洪水气象风险预警服务是以中小河流洪水预警指标为基础,结合流域雨水、墒情监测和预报,做出中小流域洪水潜在的气象风险等级(红、橙、黄、蓝)预警服务,是提升气象部门气象风险预警服务水平,增强中小河流洪水灾害防御能力,最大程度避免和减轻灾害可能造成的损失的关键保障,也是各级政府和有关部门组织中小河流防汛和灾害预警防治等决策的重要依据。然而,由于中小河流洪水气象风险预警服务是一项涉及多学科且技术难度较大的技术,其精度很大程度上取决于风险预警指标的科学性和准确性,以及中小流域降水预报的精确性,因此,风险预警指标的确定和流域面雨量是中小河流洪水气象风险预警服务业务工作的基础。

1.1 中小河流致洪降水临界阈值确定

1.1.1 完整气象、水文资料的中小河流

中小河流洪水的大小除了与降雨总量、降雨强度有关外,还和流域初始状态(土壤含水量)密切相关。当土壤较干(湿)时,降水下渗大(小),产生地表径流则小(大)。因此,在建立中小河流洪水气象风险预警阈值时,应该考虑中小河流防治区中小流域土壤含水量情况。土壤含水量指标可采用土壤含水量饱和度,由水文模型输出。随着流域土壤饱和度的变化,中小河流洪水气象风险预警阈值也会随之发生变化,故称之为动态临界阈值(面雨量)。

这里以安徽南部屯溪流域为例,利用屯溪流域雨量站降雨资料以及屯溪水文站流量资料,采用分布式新安江模型[5~6]计算流域土壤含水量饱和度,根据土壤含水量饱和度和中小河流洪水发生前时间尺度 24 h(国家级中小河流风险预警时效为 24 h)的最大降雨量,应用基于幂函数的最小均方差准则的 W-H(Widrow-Hoff)算法,建立中小河流洪水预警非线性判别函数,得出在不同土壤含水量饱和度下的 24 h 预报时效的中小河流洪水气象风险预警临界阈值。

根据流域的土壤含水量饱和度和降雨量绘制 X-Y 散点图,X 轴为土壤含水量饱和度,Y 轴为降雨量。以 24 h 雨量为例,针对历史资料系列中流域发生过的洪水(不分大小),分别在其前 24 h 降水量以及发生之前的土壤饱和度。

将土壤饱和度和最大 24 h 雨量绘制成 X-Y 散点图,并根据其对应的洪水过程是否超过警戒流量分为 2 类,用中小河流洪水临界雨量阈值线(非线性)作为判别函数,将土壤含水量饱和度和最大降雨量组成的状态空间分为 2 个部分,作为系统模式识别进行研究。本文应用基于幂函数的最小均方差准则算法[4],建立不同土壤含水量饱和度下的中小河流洪水气象风险预警判别函数。

定义幂函数判别函数:

$$d(x) = w_1 x_{a11} + w_2 x_2^{a2} + w_3 = w x^A \tag{1}$$

这里 $x = (x_1^{a1}, x_2^{a2}, 1)$ 称为增广特征矢量,$w = (w_1, w_2, w_3)$ 称为增广权矢量。此时增广特征矢量的全体称为增广特征空间。根据判别函数 $d(x)$ 的值来判断 x 的类别(即是否超洪水风险指标)。一般情况下,由于洪水形成的高度非线性,很难有完全一致的判别结果。因此,所求得的权矢量应该让尽可能使被错分的训练模式最少。

屯溪流域 1980—2008 年的气象、水文资料进行分布式新安江模型参数化方案优选。根据

水利部水情预报规范,达到预报甲等方案。选出在洪峰出现之前的最大 24 h 降雨量,统计对应降雨发生之前的不同土壤饱和度,得到雨量与土壤含水量饱和度分类图(图 1)。

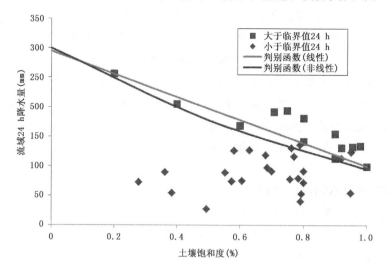

图 1　屯溪流域 24 h 降雨量与土壤含水量饱和度分类图

利用在洪峰出现之前的最大 24 h 降雨量和不同土壤含水量饱和度,应用基于幂函数的最小均方差准则的 W-H(Widrow-Hoff)算法(简称幂函数法),得出在不同土壤含水量饱和度下的动态临界雨量预警指标线。

对 1980—2003 年的屯溪流域洪水进行验证,对于超警洪水,对于幂函数法 24 h 时效均预警成功;而未超警洪水中,24 h 时效分别空报 3 次。

1.1.2　缺水文资料、有完整气象资料的中小河流

推求中小河流洪水临界阈值需要有较长序列降水资料的流域,一般指具有 20a 以上资料降水资料的流域。在气象部门中,往往有的是多年降水资料,但缺乏流量、水位资料。可以根据长序列降水资料来推求中小流域的致洪暴雨临界面雨量。本次研究中是依据防洪标准,基于流域水文模拟与水文频率分析方法,推求发生中小河流超警洪水对应的警戒雨量。图 2 为根据屯溪流域 1980—2003 年降水资料推求的降水频率曲线。根据频率曲线推求 5 年一遇洪水的临界面雨量为 129.2 mm。应用频率曲线法得到屯溪流域致洪暴雨 24 h 临界面雨量对 37 场洪水进行检验,13 场超警洪水,成功预警 11 场;未超警洪水 24 场,空报 5 场。取得不错的预警效果,只比动态临界面雨量法稍差一点。

1.1.3　无资料流域的中小河流

对于我国西部的中小河流常常存在既无水文资料,有无气象资料,这对中小河流致洪降水阈值推求往往难以使用上述方法实现。无资料流域的中小河流洪水风险预警临界阈值,可以基于对有资料流域的研究获得。本次研究基于流域水文移植技术,利用有资料地区推求的动态临界阈值,依据流域相似性原理,建立洪水与流域地貌特征及降水的关系,移植有资料流域的临界阈值。

1.2　中小河流流域面雨量预报

中小河流流域面雨量预报,即面向流域的定量降水预报现在很大程度上还是依靠数值天

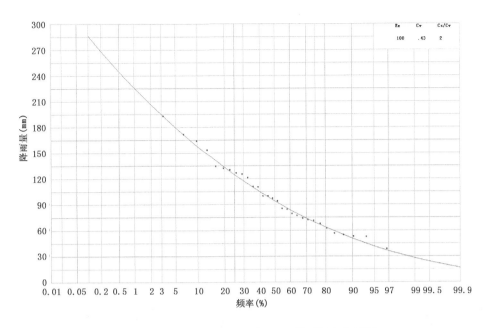

图 2　屯溪流域 1980—2003 年 24 h 暴雨频率曲线图

气预报技术。在以芝加哥学派为主导的气象科研工作者的推动下,数值预报技术得到了突飞猛进的发展,多个国家数值预报模式的定量降水技术得到开发和业务化应用,最为突出的是1979 年投入业务运行的欧洲中期数值预报中心(ECMWF)的定量降水模式,标志着数值天气预报走向成熟。在国家级中小河流流域面雨量预报上,本次研究基于 ECMWF 细网格预报进行全国中小流域面雨量预报。

1.3　中小河流流域面雨量预报

基于上述技术,对有水文、气象资料中小河流流域进行有资料的中小河流致洪降水动态阈值推求,对于有足量降水资料缺水文资料流域采用流域水文模拟和水文频率分析方法进行推求临界阈值,无资料流域采用基于有资料流域进行移植,建立全国中小河流致洪降水动态临界阈值;基于 ECMWF 细网格降水建立全国中小河流流域面雨量预报模型;结合致洪临界阈值和面雨量预报,根据《暴雨诱发的中小河流洪水风险预警服务业务规范》推求全国中小河流洪水风险预警等级。

2　在 2014 年第 9 号台风"威马逊"(超强台风级)影响的中小河流洪水气象预警中检验

2.1　2014 年 7 月 18—21 日台风强降水过程

受 2014 年第 9 号台风"威马逊"(超强台风级)先后登陆华南三省(区),造成了较强量级的降水。17 日至 21 日,海南、广西沿海、云南南部等地累计降雨量有 200~500 mm,海南海口、昌江、白沙等地局地达 500~712 mm(见图 3),其中 18 日海南海口、琼山、澄迈、昌江、白沙等地日降雨量在 400 mm 以上,多地小时雨强达 100~139 mm/h。

受"威马逊"影响,我国华南地区海南境内南渡江、昌化江发生超警以上洪水,超警幅度0.21~7.48 m,其中南渡江上游发生超历史实测记录洪水;广西左江、郁江、明江、防城河发生超警戒洪水,甚至超保证洪水。海南、广东西南部、广西及云南南部多地出现洪涝灾害,造成较为严重的经济损失。

2.2 客观模型的风险预警验证

根据《暴雨诱发的中小河流洪水风险预警服务业务》规范,客观模型每日两次发布08时和20时的24 h时效的中小河流洪水风险预警产品。图为7月18—21日客观预报产品图。

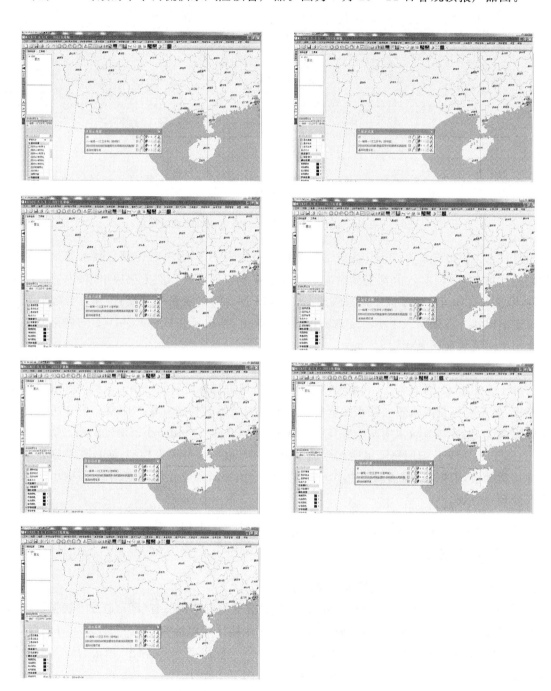

图3 2014年7月18—21日客观模型的预报结果

从客观模型实际业务应用,并与洪水实况对比来看,海南南渡江、昌化江发生超警以上洪水,超警幅度 0.21～7.48 m,其中南渡江上游发生超历史实测记录洪水;广西明江、左江、郁江等 11 条河流 18 个站出现超警洪水,超警幅度在 0.27～4.55 m;云南中部以南的珠江、红河、澜沧江、伊洛瓦底江、怒江部分支流发生超警戒、超保证水位洪水,部分河段超历史最高水位。客观模型的中小河流洪水气象预警效果良好,基本都预警出洪水,为提高中小河流洪水气象预警服务能力提供重要的支撑。

3 结论与讨论

本次研究建立了中小河流洪水气象风险预警技术,并以此建立国家级中小河流洪水气象风险预警服务客观预报模型,并在 2014 年第 9 号台风“威马逊”(超强台风级)影响的中小河流洪水气象风险预警中进行实例验证,取得较好的业务应用的效果。对提高国家级中小河流洪水气象风险预警服务能力和发挥对下指导与推广应用起到了重要的推动作用。

参考文献

[1] 包红军.基于 EPS 的水文与水力学相结合的洪水预报研究.河海大学博士论文,2009,1-20.

[2] 章国材.暴雨洪涝预报与风险评估.北京:气象出版社,2012.

[3] 黄金池.我国中小河流洪水综合管理探讨.中国防汛抗旱,2010,5:7-8,15.

[4] 包红军.中小河流洪水气象风险预警阈值指标确定技术研究.第三届气象服务发展论坛文集.北京:气象出版社,197-204.

[5] 王莉莉,李致家,包红军.基于 DEM 栅格的水文模型在沂河流域的应用.水利学报,2007,37(1):417-422.

[6] Bao H J,Zhao L N,He Y.,et al. Coupling ensemble weather predictions based on TIGGE database with Grid-Xinanjiang model for flood forecast. Advances in Geosciences,2011,29:61-67.